Eco-Design
Günter Fleischer

Springer

Berlin
Heidelberg
New York
Barcelona
Hongkong
London
Mailand
Paris
Singapore
Tokio

Günter Fleischer (Hrsg.)

Eco-Design

**Effiziente Entwicklung
nachhaltiger Produkte mit euroMat**

Mitherausgegeben von:
J. Becker, U. Braunmiller, F. Klocke, W. Klöpffer und W. Michaeli

mit 96 Abbildungen, 80 Tabellen und 38 Flußdiagrammen

 Springer

Professor
Dr.-Ing. Günter Fleischer
Technische Universität Berlin
Institut für Technischen Umweltschutz
Lehrgebiet Abfallvermeidung
und Sekundärrohstoffwirtschaft
Strasse des 17. Juni 135
10623 Berlin
Deutschland

ISBN-13:978-3-642-64058-2   Springer Verlag Berlin Heidelberg New York

Die Deutsche Bibliothek – CIP-Einheitsaufnahme

Eco-Design : effiziente Entwicklung nachhaltiger Produkte mit
euroMat / Hrsg.: Günther Fleischer. Mithrsg.: J. Becker … – Berlin ;
Heidelberg ; New York ; Barcelona ; Hongkong ; London ; Mailand ;
Paris ; Singapur ; Tokio : Springer, 2000
   ISBN-13:978-3-642-64058-2   e-ISBN-13:978-3-642-59628-5
   DOI: 10.1007/978-3-642-59628-5

Einbandgestaltung: de'blik, Berlin
Satz: Fotosatz-Service Köhler GmbH, Würzburg

SPIN: 10662260   2/3020 – 5 4 3 2 1 0 – Gedruckt auf säurefreiem Papier

Herausgeberverzeichnis

Prof. Dr.-Ing. Günter Fleischer (Hauptherausgeber),
  Technische Universität Berlin, FG Abfallwirtschaft, Sekr. KF 6,
  Straße des 17. Juni 135, D-10623 Berlin

Dr.-Ing. Jörg Becker, Brandenburgische Technische Universität Cottbus,
  Humanökologisches Zentrum, Postfach 101344, D-03013 Cottbus

Dr.-Ing. Ulrich Braunmiller, Fraunhofer-Institut Chemische Technologie,
  Joseph-von-Fraunhofer-Straße 7, D-76327 Pfinztal

Prof. Dr.-Ing. Fritz Klocke, Fraunhofer-Institut Produkionstechnologie,
  Steinbachstraße 17, D-52074 Aachen

Prof. Dr. Walter Klöpffer, C.A.U. GmbH, AG Chemikalien-,
  Produkt- und Systembewertung, Daimlerstraße 23, D-63303 Dreieich

Prof. Dr.-Ing. Walter Michaeli, Rheinisch-Westfälische Technische Hochschule,
  Institut für Kunststoffverarbeitung, D-52056 Aachen

Autorenverzeichnis

Dr.-Ing. Ulrich Braunmiller
Fraunhofer-Institut Chemische
Technologie

Dipl.-Ing. Jens Dobberkau
Brandenburgische Technische Universität Cottbus

Dipl.-Ing. Frank Döpper
Fraunhofer-Institut Produkionstechnologie

Dipl.-Ing. Dirk Gutberlet
RWTH Aachen, Institut für Kunststoffverarbeitung

Dipl.-Phys. Hans-Joachim Haupt
Brandenburgische Technische
Universität Cottbus

Dipl.-Ing. Birgit Keim
Fraunhofer-Institut Chemische
Technologie

Dipl.-Ing. Heiko Kunst
Technische Universität Berlin

Dipl.-Chem. Klaus Langguth
Fraunhofer-Institut Chemische
Technologie

Dr.-Ing. Jürgen van Marwick
RWTH Aachen, Institut für Kunststoffverarbeitung

Wieland Oberst
Fraunhofer-Institut Chemische
Technologie

Dipl.-Ing. Gerald Rebitzer
Technische Universität Berlin

Dipl.-Ing. Ute Schiller
Technische Universität Berlin

Dr.-Ing. Wulf-Peter Schmidt
Ford-Werke AG
(ehem. Technische Universität Berlin)

Dr. Stephan Volkwein
C.A.U. GmbH

Dipl.-Ing. Joachim Wolf
RWTH Aachen, Institut für
Kunststoffverarbeitung

Dipl.-Ing. Christoph Würtz
Fraunhofer-Institut Produktionstechnologie

Dipl.-Phys. Harald Zell,
RWTH Aachen, Institut für
Kunststoffverarbeitung

Vorwort

Bei der Entwicklung von national und international wettbewerbsfähigen Produkten spielt die Materialauswahl eine zentrale Rolle. Traditionell erfolgt die Auswahl der Materialien, basierend auf den spezifischen Erfahrungen der Akteure, allein nach den gebrauchs- und fertigungstechnischen Eigenschaften sowie den Herstellkosten. Diese Vorgehensweise läßt Werkstoffgruppen, für die weniger Erfahrungen vorliegen, weitgehend außer acht. Ebensowenig werden die Lebenswegkosten, Aspekte der Recyclingfähigkeit, der Arbeitsumwelt und der Umweltverträglichkeit über den gesamten Lebensweg des Produkts berücksichtigt.

Optimierungspotentiale können hinsichtlich der traditionell berücksichtigten Eigenschaften nicht ausgeschöpft werden, wenn die Auswahl nur aus bestehenden bzw. „alt bekannten" Materialien und Verbundmaterialien erfolgt. Auch bei Neuentwicklungen fehlt häufig die Möglichkeit, aus der Grundgesamtheit der Materialien das bestgeeignete auszuwählen, da dies nur über die vorherige Darstellung des Materials bzw. Verbundmaterials möglich und damit äußerst zeit- und kostenaufwendig ist.

Die derzeitige gesetzliche Entwicklung geht einerseits in Richtung Produkthaftung für den gesamten Lebensweg des Produkts und andererseits zur Nachweispflicht der Umweltverträglichkeit neuer Produkte. Dazu gehören die Forderungen aus dem Kreislaufwirtschaftsgesetz, welches verlangt, Produkte so zu gestalten, daß die genutzten Materialien dem Wirtschaftskreislauf mit geringstem Aufwand wieder zugeführt werden können. Die Frage der Arbeitsumwelt gewinnt für den Produktentwickler ebenfalls, insbesondere im Bereich der Nachkonsumtion, zunehmend an Bedeutung. Die hier nur kurz angesprochenen veränderten Rahmenbedingungen machen eine neue Vorgehensweise notwendig.

Aus diesem Grund müssen geeignete Instrumente entwickelt werden, welche den heutigen Anforderungen bei der Materialauswahl gerecht werden. Das Instrument euroMat '98 (*entwicklungsbegleitendes Instrument für umwelt- und recyclingorientierte Materiallösungen*) stellt einen wesentlichen Schritt in diese Richtung dar.

Bei gegebenem Anforderungsprofil für ein neues Bauteil bzw. Produkt beginnt die Auswahl optimaler Materialien bzw. Verbundmaterialien mit der Gesamtheit aller Stoffe. Aus der Gruppe der Materialien, die die Gebrauchs- und fertigungstechnischen Eigenschaften erfüllen, werden diejenigen bestimmt, die über die notwendigen Kreislaufeigenschaften verfügen sowie über den gesamten Lebensweg die Anforderungen an die Arbeitsumwelt und die Umwelt erfüllen und kostengünstig sind. Diese Auswahl kann objektiv und eindeutig so kurzfristig erfolgen, daß das Ergebnis rechtzeitig als Entscheidungsgrundlage dienen kann. Weiterhin können mit Hilfe von euroMat neue Materialien bzw. Verbundmaterialien mit vollkommen neuen Gebrauchseigenschaftsspektren identifiziert werden. In diesem Sinn trägt euroMat zur Steigerung der Wettbewerbsfähigkeit bei, indem es die Entwicklung innovativer und erfolgreicher Produkte ermöglicht.

Intention des Buchs

Leistungsfähigkeit des Buchs (was wird geboten?). *Eco-Design* bietet dem Leser die Möglichkeit, sich mit den Leitsätzen von euroMat vertraut zu machen und die Methodik sowie die Vorgehensweise kennenzulernen. Wie bereits erwähnt, handelt es sich bei euroMat '98 um *einen* Schritt in die Richtung des *systematisch* betriebenen Eco-Designs. Dem Leser wird über die Darstellung der Methodik verdeutlicht, daß euroMat '98 keine vorgefertigten (verbund-)materialspezifischen, sondern ungewichtete produktbezogene und nachvollziehbare Bewertungen für die Bereiche

- Gebrauchseigenschaften,
- Fertigung,
- Recycling,
- Arbeitsumwelt,
- Umwelt und
- Kosten

über den Produktlebensweg liefert. Dem Produktentwickler wird die Möglichkeit geboten, auf der Basis unternehmensrelevanter Gesichtspunkte eine optimale Materialentscheidung zu treffen.

Hinweise auf das Projekt (Geschichte und Zukunft). Die in diesem Buch vorgestellte Eco-Design-Methode wurde im Rahmen des von mir initiierten und unter meiner Leitung stehenden Forschungsprojekts „Systematische Auswahlkriterien für die Entwicklung von Verbundwerkstoffen unter Beachtung ökologischer Erfordernisse", welches unter dem förderpolitischen Leitsatz „Strategien für die Produktion im 21. Jahrhundert – Sicherung des Industriestandorts Deutschland" steht, über einen Zeitraum von 3 Jahren entwickelt. Im September 1994 startete dieses Projekt als sog. 1jährige Definitionsphase, an die sich eine 2jährige Durchführungsphase anschloß. Die deutsche Forschungsanstalt für Luft- und Raumfahrt e.V. (DLR) fungierte als Projektträger und das BMBF als Mittelgeber. Die Methodenentwicklung erfolgte durch ein interdisziplinäres Team aus den 6 Forschungsinstituten:

- Institut für Technischen Umweltschutz, TU Berlin, Lehrgebiet Abfallvermeidung und Sekundärrohstoffwirtschaft (Projektleitung) (TUB);

- Brandenburgische Technische Universität Cottbus,
  Humanökologisches Zentrum (BTUC);
- Fraunhofer-Institut Chemische Technologie, Pfinztal (ICT);
- Fraunhofer-Institut Produktionstechnologie, Aachen (IPT);
- Gesellschaft für Consulting und Analytik im Umweltbereich mbH,
  Dreieich (C. A. U.);
- Institut für Kunststoffverarbeitung an der RWTH Aachen (IKV).

Die Erweiterung und Validierung der Methode erfolgt seit 1998 in einer 3. Projektphase, deren Ziel die Umsetzung von euroMat in einen Softwareprototypen in Form eines wissensbasierten Informations- und Kommunikationssystems ist. Das IKV der RWTH Aachen nimmt an dieser Projektphase nicht mehr teil. Erweitert wurde die Projektgruppe um die 4 Industrieunternehmen:

- Ford-Werke AG, Köln
- MAN Technologie AG, Augsburg
- P & D Systemtechnik GmbH, Bad Oeynhausen
- Sachsenring Entwicklungsgesellschat mbH (SEG), Zwickau

sowie die Softwareentwicklungsfirma

- CTB CAMTEC Software GmbH, Berlin.

Im Namen der Mitherausgeber möchte ich allen an diesem Buch sowie dem Projekt beteiligten, dem Mittelgeber (BMBF) und dem Projektträger (DLR) für ihre Arbeit danken. Mein besonderer Dank gilt Herrn Dr.-Ing. W.-P. Schmidt, der es in hervorragender Weise verstand, die Projektarbeit der 6 beteiligten Institute zu koordinieren und zu motivieren. Damit hat er einen wesentlichen Anteil am erfolgreichen Abschluß der beiden Projektphasen. Weiterhin möchte ich Frau Dipl.-Ing. H. Warnst für die Unterstützung kurzfristig zu klärender werkstoffwissenschaftlicher Fragen und Probleme danken. Frau Dipl.-Ing. U. Schiller hat durch Ihren unermüdlichen Einsatz bei der redaktionellen Leitung die Herausgabe dieses Buchs erst möglich gemacht. Ihr, sowie Frau P. Schmietendorf, die für Layout-technische Anpassungen verantwortlich war, danke ich herzlich.

Berlin, im Februar 1999   Günter Fleischer

Inhaltsverzeichnis

1 Zusammenfassung 1

2 Einleitung 2

3 Methode euroMat '98 4

3.1 Grundprinzipien und Gesamtmethode
Gerald Rebitzer, Ute Schiller, Wulf-Peter Schmidt 4

    3.1.1 Top-down-Ansatz 4
    3.1.2 Integrative Materialauswahl 4
    3.1.3 Iterative und entwicklungsbegleitende Materialauswahl ... 5
    3.1.4 Interaktive Materialauswahl und Schnittstellen 15
    3.1.5 Funktionsweise von euroMat '98: Gesamtablaufplan ... 15

3.2 Modul Technik
Ulrich Braunmiller, Frank Döpper, Dirk Gutberlet,
Gerald Rebitzer, Ute Schiller 22

    3.2.1 Grundlagen der Vorgehensweise 22
    3.2.1.1 Materialauswahl (Anforderungsprofil) 23
    3.2.1.2 Materialauswahl (Gebrauchseigenschaften) 23
    3.2.1.3 Materialauswahl (Aufbaubarkeit) 25
    3.2.1.4 Fertigung 25
    3.2.1.5 Recycling 27
    3.2.2 Qualitative Betrachtung und Bewertung
        (1. Iterationsschritt) 28
    3.2.2.1 Systemgrenze und -umfang 28
    3.2.2.2 Datenbasis und Eigenschaftsermittlung 32
    3.2.2.3 Bewertung der Technischen Eignung 38
    3.2.3 Halbquantitative Betrachtung und Bewertung
        (2. Iterationsschritt) 46
    3.2.3.1 Systemgrenze und Systemumfang 46
    3.2.3.2 Datenbasis und Eigenschaftsermittlung 49
    3.2.3.3 Bewertung der Technischen Eignung 52
    3.2.4 Teilquantitative Betrachtung und Bewertung
        (3. Iterationsschritt) 59
    3.2.4.1 Systemgrenze und Systemumfang 59

3.2.4.2   Datenbasis und Eigenschaftsermittlung   62
3.2.4.3   Bewertung der Technischen Eignung   70

3.3   Modul Arbeitsumwelt
       Jörg Becker, Jens Dobberkau, Hans-Joachim Haupt   75

       3.3.1   Grundlagen der Vorgehensweise   75
       3.3.2   Qualitative Betrachtung und Bewertung
                (1. Iterationsschritt)   76
       3.3.2.1   Systemgrenze und Systemumfang   76
       3.3.2.2   Datenbasis und Eigenschaftsermittlung   77
       3.3.2.3   Bewertung   78
       3.3.3   Halbquantitative Betrachtung und Bewertung
                (2. Iterationsschritt)   79
       3.3.3.1   Systemgrenze und Systemumfang   79
       3.3.3.2   Datenbasis und Eigenschaftsermittlung   80
       3.3.3.3   Bewertung   80
       3.3.4   Teilquantitative Betrachtung und Bewertung
                (3. Iterationsschritt)   82
       3.3.4.1   Systemgrenze und Systemumfang   82
       3.3.4.2   Datenbasis und Eigenschaftsermittlung   83
       3.3.4.3   Bewertung   84

3.4   Modul Umwelt
       Walter Klöpffer, Wulf-Peter Schmidt, Stephan Volkwein   88

       3.4.1   Grundlagen der Vorgehensweise   88
       3.4.2   Qualitative Betrachtung und Bewertung
                (1. Iterationsschritt)   90
       3.4.2.1   Systemgrenze und Systemumfang   90
       3.4.2.2   Datenbasis und Eigenschaftsermittlung   90
       3.4.2.3   Bewertung im Modul Umwelt   92
       3.4.3   Halbquantitative Betrachtung und Bewertung
                (2. Iterationsschritt)   93
       3.4.3.1   Systemgrenze und Systemumfang   93
       3.4.3.2   Datenbasis und Eigenschaftsermittlung   94
       3.4.3.3   Bewertung im Modul Umwelt   96
       3.4.4   Teilquantitative Betrachtung und Bewertung
                (3. Iterationsschritt)   97
       3.4.4.1   Systemgrenze und Systemumfang   97
       3.4.4.2   Datenbasis und Eigenschaftsermittlung   98
       3.4.4.3   Bewertung der Umweltbelastungspotentiale   99

3.5   Modul Kosten
       Gerald Rebitzer 103

       3.5.1   Grundlagen der Vorgehensweise 103
       3.5.2   Qualitative Betrachtung und Bewertung
                (1. Iterationsschritt) 104

3.5.2.1   Systemgrenze und Systemumfang 104
3.5.2.2   Datenbasis und Eigenschaftsermittlung 105
3.5.2.3   Bewertung im Modul Kosten 106
3.5.3   Halbquantitative Betrachtung und Bewertung
            (2. Iterationsschritt) 108
3.5.3.1   Systemgrenze und Systemumfang 108
3.5.3.2   Datenbasis und Eigenschaftsermittlung 108
3.5.3.3   Bewertung im Modul Kosten 110

3.6   Modul Gesamtbewertung – Integration der Auswahlkriterien
        und Interaktion
        Heiko Kunst 112

        3.6.1   Grundlagen der Vorgehensweise 112
        3.6.2   Qualitative Betrachtung und Bewertung
                    (1. Iterationsschritt) 113
        3.6.2.1   Systemgrenze und Systemumfang 113
        3.6.2.2   Datenbasis und Eigenschaftsermittlung 113
        3.6.2.3   Bewertung der Auswahlkriterien:
                    Defizitausweisung 114
        3.6.3   Halb- und teilquantitative Betrachtung und Bewertung
                    (2. und 3. Iterationsschritt) 115
        3.6.3.1   Systemgrenze und Systemumfang 115
        3.6.3.2   Datenbasis und Eigenschaftsermittlung 115
        3.6.3.3   Bewertung der Auswahlkriterien 116

4   Anwendung der Methode 118

4.1   Beispiel Bodengruppe von Hybridfahrzeugen
        Wulf-Peter Schmidt 119

        4.1.1   Einleitung 119
        4.1.2   Qualitative Betrachtung und Bewertung
                    (1. Iterationsschritt) 119
        4.1.2.1   Materialauswahl 119
        4.1.2.2   Integrative Defizit- bzw. Potentialausweisung –
                    Materialgruppen 120
        4.1.3   Halbquantitative Betrachtung und Bewertung
                    (2. Iterationsschritt) 120
        4.1.3.1   Materialauswahl 120
        4.1.3.2   Integrative Bewertung: (Verbund-)
                    Materialcluster 121
        4.1.4   Teilquantitative Betrachtung und Bewertung
                    (3. Iterationsschritt) 123
        4.1.4.1   Materialauswahl 123
        4.1.4.2   Integrative Bewertung: (Verbund-)Materialarten 123

4.2   Beispiel Werkzeugkoffer
        Stephan Volkwein 124

        4.2.1   Einleitung 124
        4.2.2   Qualitative Betrachtung und Bewertung
                  (1. Iterationsschritt) 125
        4.2.2.1   Materialauswahl 125
        4.2.2.2   Integrative Defizit- bzw. Potentialausweisung –
                  Materialgruppen 126
        4.2.3   Halbquantitative Betrachtung und Bewertung
                  (2. Iterationsschritt) 126
        4.2.3.1   Materialauswahl 126
        4.2.3.2   Integrative Bewertung: (Verbund-)Materialcluster 127
        4.2.4   Teilquantitative Betrachtung und Bewertung
                  (3. Iterationsschritt) 128
        4.2.4.1   Materialauswahl 128
        4.2.4.2   Integrative Bewertung: (Verbund-)Materialarten 128

4.3   Beispiel Gehäuse für Schaltschränke
        Klaus Langguth 130

        4.3.1   Einleitung 130
        4.3.2   Qualitative Betrachtung und Bewertung
                  (1. Iterationsschritt) 130
        4.3.2.1   Materialauswahl 130
        4.3.2.2   Integrative Defizit- bzw. Potentialausweisung –
                  Materialgruppen 131
        4.3.3   Halbquantitative Betrachtung und Bewertung
                  (2. Iterationsschritt) 132
        4.3.3.1   Materialauswahl 132
        4.3.3.2   Integrative Bewertung: (Verbund-)Materialcluster 132
        4.3.4   Teilquantitative Betrachtung und Bewertung
                  (3. Iterationsschritt) 132
        4.3.4.1   Materialauswahl 132
        4.3.4.2   Integrative Bewertung: (Verbund-)Materialarten 133

4.4   Beispiel diffusionsarme Rohre für Fußbodenheizungen
        Dirk Gutberlet, Jürgen van Marwick, Joachim Wolf 134

        4.4.1   Einleitung 134
        4.4.2   Qualitative Betrachtung und Bewertung
                  (1. Iterationsschritt) 134
        4.4.2.1   Materialauswahl 134
        4.4.2.2   Integrative Defizit- bzw. Potentialausweisung –
                  Materialgruppen 135
        4.4.3   Halbquantitative Betrachtung und Bewertung
                  (2. Iterationsschritt) 136

4.4.3.1   Materialauswahl 136
4.4.3.2   Integrative Bewertung: (Verbund-)Materialcluster 137
4.4.4   Teilquantitative Betrachtung und Bewertung
          (3. Iterationsschritt) 137
4.4.4.1   Materialauswahl 137
4.4.4.2   Integrative Bewertung: (Verbund-)Materialarten 138

4.5   Beispiel Gerüstbohlen aus Verbundwerkstoffen
      Frank Döpper 139
      4.5.1   Einleitung 139
      4.5.2   Qualitative Betrachtung und Bewertung
                (1. Iterationsschritt) 140
      4.5.2.1   Materialauswahl 140
      4.5.2.2   Integrative Defizit- bzw. Potentialausweisung –
                Materialgruppen 141
      4.5.3   Halbquantitative Betrachtung und Bewertung
                (2. Iterationsschritt) 141
      4.5.3.1   Materialauswahl 141
      4.5.3.2   Integrative Bewertung: (Verbund-)Materialcluster 142
      4.5.4   Teilquantitative Betrachtung und Bewertung
                (3. Iterationsschritt) 143
      4.5.4.1   Materialauswahl 143
      4.5.4.2   Integrative Bewertung: (Verbund-)Materialarten 143

4.6   Beispiel Getränkeverpackung
      Walter Klöpffer 144
      4.6.1   Einleitung 144
      4.6.2   Qualitative Betrachtung und Bewertung
                (1. Iterationsschritt) 144
      4.6.2.1   Materialauswahl 144
      4.6.2.2   Integrative Defizit- bzw. Potentialausweisung –
                Materialgruppen 145
      4.6.3   Halbquantitative Betrachtung und Bewertung
                (2. Iterationsschritt) 146
      4.6.3.1   Materialauswahl 146
      4.6.3.2   Integrative Bewertung: (Verbund-)Materialcluster 146
      4.6.4   Teilquantitative Betrachtung und Bewertung
                (3. Iterationsschritt) 147
      4.6.4.1   Materialauswahl 147
      4.6.4.2   Integrative Bewertung: (Verbund-)Materialarten 147

4.7   Beispiel Behälter für Kühlträgerflüssigkeit
      Jens Dobberkau 149
      4.7.1   Einleitung 149
      4.7.2   Qualitative Betrachtung und Bewertung
                (1. Iterationsschritt) 149

4.7.2.1   Materialauswahl 149
4.7.2.2   Integrative Defizit- bzw. Potentialausweisung –
            Materialgruppen 149
4.7.3   Halbquantitative Betrachtung und Bewertung
            (2. Iterationsschritt) 151
4.7.3.1   Materialauswahl 151
4.7.3.2   Integrative Bewertung: (Verbund-)Materialcluster 151

4.8   Beispiel Elastischer Bodenbelag auf Doppelbodenplatten
        Ute Schiller 153

4.8.1   Einleitung 153
4.8.2   Qualitative Betrachtung und Bewertung
            (1. Iterationsschritt) 154
4.8.2.1   Materialauswahl 154
4.8.2.2   Integrative Defizit- bzw. Potentialausweisung –
            Materialgruppen 154
4.8.3   Halbquantitative Betrachtung und Bewertung
            (2. Iterationsschritt) 155
4.8.3.1   Materialauswahl 155
4.8.3.2   Integrative Bewertung: (Verbund-)Materialcluster 155

4.9   Beispiel Kühlschranktür
        Gerald Rebitzer 156

4.9.1   Einleitung 156
4.9.2   Qualitative Betrachtung und Bewertung
            (1. Iterationsschritt) 156
4.9.2.1   Materialauswahl 156
4.9.2.2   Integrative Defizit- bzw. /Potentialausweisung –
            Materialgruppen 157
4.9.3   Halbquantitative Betrachtung und Bewertung
            (2. Iterationsschritt) 158
4.9.3.1   Materialauswahl 158
4.9.3.2   Integrative Bewertung: (Verbund-)Materialcluster 159

4.10   Beispiel Zisterne für Regenwasser
        Birgit Keim, Wieland Oberst 160

4.10.1   Einleitung 160
4.10.2   Qualitative Betrachtung und Bewertung
            (1. Iterationsschritt) 160
4.10.2.1   Materialauswahl 160
4.10.2.2   Integrative Defizit- bzw. Potentialausweisung –
            Materialgruppen 161
4.10.3   Halbquantitative Betrachtung und Bewertung
            (2. Iterationsschritt) 161

4.10.3.1   Materialauswahl 161
4.10.3.2   Integrative Bewertung: (Verbund-)Materialcluster   162

4.11   Beispiel Tiefziehplatte für mittleres Beanspruchungsniveau
        Hans-Joachim Haupt 163

        4.11.1   Einleitung 163
        4.11.2   Qualitative Betrachtung und Bewertung
                    (1. Iterationsschritt) 164
        4.11.2.1   Materialauswahl 164
        4.11.2.2   Integrative Defizit- bzw. Potentialausweisung –
                    Materialgruppen 164
        4.11.3   Halbquantitative Betrachtung und Bewertung
                    (2. Iterationsschritt) 165
        4.11.3.1   Materialauswahl 165
        4.11.3.2   Integrative Bewertung: (Verbund-)Materialcluster   165

**5   Aussagesicherheit von euroMat '98:
        Bewertung, Fehlerbetrachtung und Geltungsbereich** 168

5.1   Horizontale Fehlerbetrachtung
        Ulrich Braunmiller, Jens Dobberkau, Dirk Gutberlet,
        Hans-Joachim Haupt, Heiko Kunst, Gerald Rebitzer,
        Wulf-Peter Schmidt, Stephan Volkwein, Joachim Wolf 168

        5.1.1   Modul Technik 169
        5.1.1.1   Gebrauchseigenschaften 169
        5.1.1.2   Recyclingeigenschaften 181
        5.1.2   Modul Arbeitsumwelt 187
        5.1.2.1   Allgemeine Fehlerbetrachtung 187
        5.1.2.2   Beispielbezogene Fehlerbetrachtung 190
        5.1.2.3   Kombinierte Fehlerbetrachtung 195
        5.1.3   Modul Umwelt 195
        5.1.3.1   Allgemeine Betrachtung 195
        5.1.3.2   Beispielbezogene Betrachtung 202
        5.1.3.3   Kombinierte Fehlerbetrachtung 210
        5.1.4   Modul Kosten 212
        5.1.4.1   Allgemeine Betrachtung 212
        5.1.4.2   Beispielbezogene Betrachtung 218
        5.1.4.3   Kombinierte Fehlerbetrachtung 221

5.2   Vertikale Fehlerbetrachtung
        Heiko Kunst, Gerald Rebitzer, Wulf-Peter Schmidt 222

        5.2.1   Allgemeine Betrachtung 222
        5.2.2   Beispielbezogene Betrachtung 224
        5.2.2.1   Vergleich des Gesamt-Rankings
                    über die Iterationsschritte 224

5.2.2.2	Untersuchung einzelner Wechselwirkungen	225
5.2.3	Kombinierte Betrachtung	227

6   Ausblick ······························ 228

7   Anhang ····························· 231

7.1   A.1: Erklärung der Elemente eines Ablaufplans (ALP) ········ 231

7.2   A.2: Erklärung der in den Ablaufplänen verwendeten Abkürzungen ······················ 233

7.3   A.3: Vorgehensweise bei der Materialauswahl nach euroMat
Ute Schiller ······················ 235

7.3.1   A.3.1: Überblick ···················· 235
7.3.2   A.3.2: Erstellung des Anforderungsprofils ········· 236
7.3.3   A.3.3: Überarbeitung des Anforderungsprofils ······· 240
7.3.4   A.3.4: Materialauswahl ················· 241
7.3.4.1   A.3.4.1: Auswahl homogener Materialien ········· 243
7.3.4.2   A.3.4.2: Auswahl geeigneter Stoffzusätze ········· 244
7.3.4.3   A.3.4.3: Auswahl geeigneter Verbundmaterialmodelle und Materialkomponenten ··············· 248
7.3.4.4   A.3.4.4: Aufbaubarkeit eines dauerhaften Verbundes ··················· 252
7.3.5   A.3.5: Bewertung der Eignung der ausgewählten (Verbund-)Materialien ··············· 269

7.4   A.4: Vorgehensweise bei der Ermittlung und Bewertung der Fertungseigenschaften nach euroMat
Gerald Rebitzer ····················· 271

7.4.1   A.4.1: Überblick ···················· 271
7.4.2   A.4.2: Qualitative Betrachtung und Bewertung (1. Iterationsschritt) ················· 272
7.4.3   A.4.3: Halbquantitative Betrachtung und Bewertung (2. Iterationsschritt) ················· 275
7.4.4   A.4.4: Teilquantitative Betrachtung und Bewertung (3. Iterationsschritt) ················· 278
7.4.5   A.4.5: Ermittlung geeigneter Fertigungshilfsstoffe (ab 2. Iterationsschritt) ················ 279
7.4.6   A.4.6: Abgleich der Eigenschaftsveränderungen der (Verbund-)Materialien durch die Fertigung mit dem Anforderungsprofil (ab 3. Iterationsschritt) ········ 281

7.5   A.5: Vorgehensweise bei der Ermittlung und Bewertung
der Recyclingeigenschaften nach euroMat
Ute Schiller 283

     7.5.1   A.5.1: Überblick 283
     7.5.2   A.5.2: Identifikation von Verunreinigungen im Altprodukt
bzw. Altstoff 284
     7.5.3   A.5.3: Weiter- und Wiederverwendung 285
     7.5.4   A.5.4: Recycling (werkstoffliches und rohstoffliches
Recycling, energetische Verwertung) 290
     7.5.5   A.5.5: Beseitigung 295
     7.5.6   A.5.6: Auflösen des Verbundes 297

7.6   A.6: Vorgehensweise bei der Bewertung der ökologischen
Eigenschaften über den Lebensweg nach euroMat
Wulf-Peter Schmidt 298

     7.6.1   A.6.1: Überblick 298
     7.6.2   A.6.2: Qualitative Bewertung (1. Iterationsschritt) 299
     7.6.3   A.6.3: Halbquantitative Bewertung (2. Iterationsschritt)   301
     7.6.4   A.6.4: Teilquantitative Bewertung (3. Iterationsschritt) . . 303

7.7   A.7: Vorgehensweise bei der Bewertung der Arbeitsumwelteigenschaften über den Lebensweg nach euroMat
Jens Dobberkau, Hans-Joachim Haupt 305

     7.7.1   A.7.1: Überblick 305
     7.7.2   A.7.2: Betrachtung der Arbeitsumwelt
über den Lebensweg 306
     7.7.3   A.7.3: Gesamtbewertung Arbeitsumwelt 309

7.8   A.8: Vorgehensweise bei der Bewertung der
Kosteneigenschaften über den Lebensweg nach euroMat
Gerald Rebitzer 310

     7.8.1   A.8.1: Überblick 310
     7.8.2   A.8.2: Qualitative Bewertung (1. Iterationsschritt) 311
     7.8.3   A.8.3: Halbquantitative Bewertung
(2. Iterationsschritt) 314

7.9   A.9: Gesamtbewertung der (Verbund-)Materiallösungen
Heiko Kunst 320

7.10   A.10: Eigenschaftsermittlung für Verbundmaterialien
Dirk Gutberlet 324

     7.10.1   A.10.1: Berechenbarkeit von Materialkennwerten
bzw. Abschätzungsregeln 324

7.10.2	A.10.2: Mischungsregeln	326
7.10.3	A.10.3: Zusammenstellung von Abschätzungsregeln	327
7.10.3.1	Zugfestigkeit	327
7.10.3.2	Druckfestigkeit	327
7.10.3.3	Zugdehnung	328
7.10.3.4	Härte	328
7.10.3.5	Zug-Elastizitäts-Modul	328
7.10.3.6	Querkontraktionszahl	330
7.10.3.7	Bruchzähigkeit	330
7.10.3.8	Linearer Ausdehnungskoeffizient	330
7.10.3.9	Verlustmodul	330
7.10.3.10	Spezifische Wärmekapazität	331
7.10.3.11	Gebrauchstemperatur	331
7.10.3.12	Wärmeleitfähigkeit	331
7.10.3.13	Brennbarkeit	332
7.10.3.14	Formbeständigkeit	332
7.10.3.15	Rohdichte	332
7.10.3.16	Wasseraufnahme (23 °C)	332
7.10.3.17	Feuchteaufnahme (RT, 50 %)	332
7.10.4	Verwendete Formelzeichen	333
7.10.5	Indizes	333

Glossar und Abkürzungsverzeichnis 335

Literatur 352
    Zitierte Normen und Richtlinien 358
    euroMat-Publikationen 359

Sachwortverzeichnis 361

KAPITEL 1

Zusammenfassung

Bei der Entwicklung national und international wettbewerbsfähiger Produkte spielt die Auswahl von innovativen (Verbund-)Materialien unter technischen, wirtschaftlichen und ökologischen Gesichtspunkten eine immer größere Rolle. Bislang ist es jedoch üblich, lediglich von den bestehenden Materialien auszugehen und ökologische sowie weitere, für den gesamten Lebensweg eines Produkts relevante Aspekte entweder gar nicht oder nur unzureichend zu berücksichtigen.

Daher wurde mit euroMat '98 ein Instrument entwickelt, mit dem für ein gegebenes Anforderungsprofil für ein Produkt aus der Gesamtheit der möglichen Materialkombinationen und dementsprechend möglicher Verfahren (Herstellungs-, Fertigungs- und Recyclingverfahren) potentiell geeignete innovative Materialien und Verfahren schnell und sicher identifiziert und bewertet werden können (Top-down-Ansatz).

Dem Instrument euroMat '98 liegt die sog. t3i-Methode zugrunde. Dabei steht das „t" für top-down (Auswahl aus der Grundgesamtheit aller Materialien, s. oben) und „3i" für integrativ, iterativ und interaktiv. Der integrative Charakter von euroMat '98 spiegelt sich in der Berücksichtigung aller relevanten Bereiche über den Lebensweg (Technik, Umwelt, Arbeitsumwelt und Kosten) wider. Um einem entscheidenden Vorteil des Instruments – der entwicklungsbegleitenden Materialauswahl – gerecht werden zu können, wird euroMat '98 iterativ durchgeführt und somit der anfänglich geringen und mit fortschreitender Entwicklungszeit wachsenden Datenbasis (von der Idee bis zur Produktreife) entsprochen. Nach jedem Iterationsschritt erfolgt eine Rückkopplung mit den Entscheidungsträgern des Unternehmens (interaktive Materialauswahl), um bestehende bzw. geplante Unternehmenskonzepte und -strategien sowie die von den Entscheidungsträgern gewünschte Detailtiefe zu erfassen.

Diese Methode wurde durch Praxisbeispiele in Zusammenarbeit von 6 Instituten und 11 Unternehmen aus den verschiedensten Branchen (von der Automobil- bis zur Verpackungsbranche) validiert. Im Rahmen einer umfassenden Fehlerbetrachtung ist eine hohe Aussagesicherheit jedes Iterationsschritts bei mit den Iterationsstufen steigender Aussageschärfe für euroMat '98 ermittelt worden.

Als Schlußfolgerung konnte abgeleitet werden, daß noch einige methodische Aspekte ergänzt und die optimierte Methode an neuen Beispielen untersucht werden müssen. Als wesentlicher Aspekt wurde dabei die Notwendigkeit der Schaffung einer Datenstruktur sowie eines wissensbasierten Systems identifiziert.

Einleitung

Der wichtigste Hebel für den Produkterfolg ist die Produktentwicklung – vor allen anderen Möglichkeiten wie beispielsweise der Verlagerung der Fertigung in Billiglohnländer oder der Rationalisierung der Logistik. In der Produktentwicklung werden 70–95 % der Selbstkosten eines Produkts bereits determiniert [Ehrlenspiel 1985; S. 2], [Siegwart, Senti 1995; S. 58]. Durch die zunehmende Bedeutung der Produktverantwortung, die sich auch auf die Entsorgung erstreckt, wird dieser Anteil weiter zunehmen. Dennoch werden häufig viele Entwicklungsprojekte zur Produktinnovation gestartet, ohne daß grundlegende technologische [Boutellier, Völker 1997; S. 16] aber auch ökonomische und ökologische Fragen geklärt sind.

Eine auf das (zukünftige) Produkt optimal abgestimmte Materialauswahl stellt eine entscheidende Basis für fast alle technischen Innovationen dar und bestimmt damit maßgeblich den wirtschaftlichen Produkterfolg. Dies trägt zur Sicherung und Verbesserung der nationalen bzw. internationalen Wettbewerbsfähigkeit von Unternehmen bei [Weber 1989; S. 155 ff], [TAB 1995; S. 2], [Hornbogen 1986; S. 542], [Czichos/BAM 1987; S. 4 f], [Wissenschaftsrat 1993; S. 11].

Hochleistungsmaterialien, insbesondere Verbundmaterialien, können Eigenschaften realisieren, die mit konventionellen Werkstoffen nicht zu erreichen sind. Diese Materialien müssen neben den klassischen Kostenrestriktionen und Anforderungen an Gebrauchs- und Fertigungseigenschaften u. a. auch die zukunftsgerichteten Forderungen nach minimalen Umweltbelastungen und minimalen Gesamtkosten des Produkts von der Herstellung bis zur Entsorgung erfüllen, um dem Leitbild der nachhaltigen Entwicklung („sustainable development") gerecht werden zu können. Dies muß gerade bei der Auswahl von Verbundmaterialien berücksichtigt werden, da diese oft mit dem „Makel" der vermeintlich fehlenden Kreislauffähigkeit behaftet sind.

Internationale Bestrebungen, wie sie sich auch in der Konferenz von Rio [Agenda 21 1993] manifestierten, zeigen, daß nur unter Beachtung dieser ökologischen und ökonomischen Erfordernisse der Industriestandort Deutschland dauerhaft gesichert werden kann.

Andererseits sind Materialinnovationen nur möglich, wenn sich der Produktentwickler von den althergebrachten Materialien lösen und vorurteilsfrei alle Materialien und Verbundmaterialien [kurz: (Verbund-)Materialien] in Betracht ziehen kann. Diese Erkenntnis stellt die Grundidee des entwickelten Instruments *euroMat '98 (entwicklungsbegleitendes Instrument für umwelt- und recyclingorientierte Materiallösungen)* dar, um die schnelle und sichere Auswahl und Entwicklung innovativer Materiallösungen zu ermöglichen.

Ausgangspunkt des Instruments sind *alle* aus technischer Sicht theoretisch möglichen Materialien und Materialkombinationen (Top-down-Ansatz), die in verschiedenen Iterationsschritten (iterativ) auf diejenigen Materiallösungen eingeengt werden, die nach einer umfassenden Bewertung (Integration der strategisch bedeutenden Auswahlkriterien) und in Abstimmung (Interaktion) mit den relevanten Interessengruppen des Unternehmens optimal sind. Dieses sog. *t3i-Vorgehen (top-down, iterativ, integrativ und interaktiv)* dient dazu, den Forschungs- und Entwicklungsaufwand (F&E-Aufwand) im Unternehmen für das zukünftige Produkt zu minimieren, indem ermittelt wird, welcher F&E-Aufwand zielführend ist.

Durch euroMat '98 wird frühzeitig geklärt, welche Materialien und Materialanwendungen weiter erforscht und entwickelt und welche kurz-, mittel- und langfristig für ein Produkt eingesetzt werden sollten. Dadurch ergeben sich Verkürzungen in der Entwicklungszeit bis zur Serienreife und Produktion sowie eine gesteigerte Wettbewerbsfähigkeit. Der immer wichtiger werdende Faktor time-to-market kann dadurch verbessert und Kostensenkungs- sowie Erlös- und Absatzpotentiale zur Sicherung sowie auch zum Ausbau der Marktposition können genutzt werden.

KAPITEL 3

Methode euroMat '98

3.1
Grundprinzipien und Gesamtmethode

Gerald Rebitzer, Ute Schiller, Wulf-Peter Schmidt

3.1.1
Top-down-Ansatz

Die Basis für euro*Mat* '98 bildet das sog. Top-down-Modell (s. Abb. 3.1–1), dessen Grundidee es ist, für ein Anforderungsprofil aus der Gesamtheit der möglichen Materialkombinationen und dementsprechend aus der Gesamtheit möglicher Verfahren (Herstellungs-, Fertigungs- und Recyclingverfahren; in Abb. 3.1–1 unter Technik zusammengefaßt) potentiell geeignete Materialien und Verfahren zu identifizieren. Die dabei ermittelten Kennzahlen bzw. das Ranking sowie die in den Bereichen Umwelt, Arbeitsumwelt und Kosten ermittelten Kenngrößen dienen der integrierenden Gesamtbewertung der einzelnen Materialien. Dabei werden alle über den gesamten Lebensweg (von der Rohstoffgewinnung bis zur Entsorgung) prinzipiell in Frage kommenden Herstellungs-, Fertigungs- und Recyclingverfahren berücksichtigt. Mit Hilfe dieser Gesamtbewertung werden Empfehlungen für die primär geeigneten bzw. zu entwickelnden (Verbund-)Materialien an die F&E-Experten bzw. die Entscheidungsträger des beauftragenden Unternehmens weitergeleitet.

3.1.2
Integrative Materialauswahl

Der integrative Charakter von euro*Mat* '98 spiegelt sich in der Berücksichtigung aller relevanten Bereiche über den gesamten Lebensweg der jeweils betrachteten (Verbund-)Materialien wider. Diese Bereiche sind zum einen zusammengefaßt in dem *eigenschaftsermittelnden und bewertenden Modul*

– *Technik*; dieses Modul setzt sich aus den Bereichen Materialauswahl/Aufbaubarkeit, Herstellung, Fertigung und Recycling zusammen;

und zum anderen in den *ausschließlich bewertenden Modulen* (über den gesamten Lebensweg)

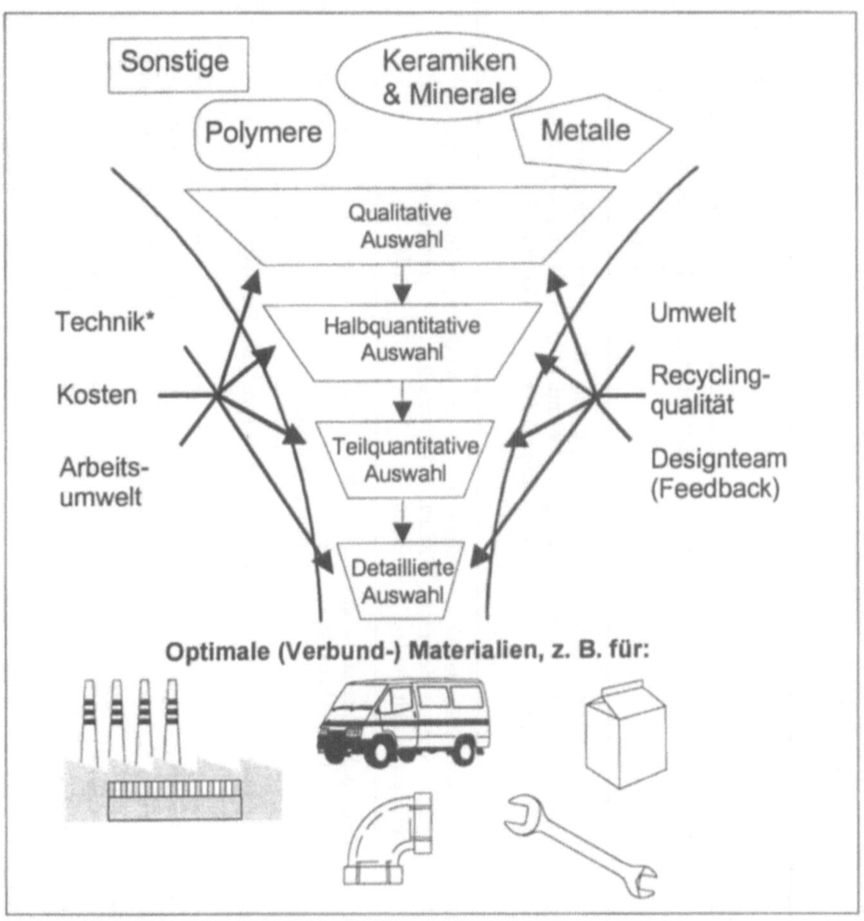

Abb. 3.1-1. Auswahl von innovativen und umweltgerechten (Verbund-)Materialien nach dem Top-down-Modell, *Stern* Erfüllung des Anforderungsprofils, Bestimmung von geeigneten Herstellungs-, Fertigungs- und Recyclingverfahren

- *Umwelt* (ökologische Bewertung) sowie
- *Arbeitsumwelt* (arbeitswissenschaftliche Bewertung) und
- *Kosten* (ökonomische Beurteilung).

3.1.3
Iterative und entwicklungsbegleitende Materialauswahl

Um dem Ziel des Instruments – der *entwicklungsbegleitenden* Materialauswahl – gerecht werden zu können, wird euroMat '98 iterativ durchgeführt (s. Abb. 3.1–2 sowie Tabelle 3.1–1) und somit der anfänglich geringen und mit fortschreitender Entwicklungszeit (von der Idee bis zur Produktreife) wachsenden Datenbasis entsprochen (s. Abb. 3.1–3).

Tabelle 3.1–1. Übersicht über die Iterationsschritte

Auswahl-kriterium	Detaillierungs-kategorie	1. Iterationsschritt	2. Iterationsschritt	3. Iterationsschritt	4. und 5. Iterationsschritt
Technik – Materialauswahl und Aufbaubarkeit	Untersuchungs-gegenstand	Grundgesamtheit der (Verbund-)Materialien	(Verbund-)Materialgruppen	(Verbund-)Materialcluster	(Verbund-)Material(VM)arten bzw. -spezifikationen
	Untersuchungs-ergebnis	(Verbund-) Materialgruppen	(Verbund-)Materialcluster	(Verbund-)Materialarten	VM-Spezifikation bzw. (potentielles) VM-Handelsprodukt
	Systemgrenze, -umfang	Anforderungsprofil (sehr wichtige Anforderungen) des Produkts	Anforderungsprofil (sehr wichtige und z. T. wichtige Anforderungen) des Produkts	Anforderungsprofil (sehr wichtige und wichtige Anforderungen) des Produkts	Anforderungsprofil (alle Anforderungen) des Produkts
	Datenart und Art der Bewertung	Qualitativ; wie gut die Anforderungen erfüllt werden	Semiquantitativ (Bandbreiten); wie gut die Anforderungen erfüllt werden	Teilquantitativ; wie gut die Anforderungen erfüllt werden	Quantitativ; wie gut die Anforderungen erfüllt werden
	Datenherkunft	Empirische Materialdaten, Abschätzungen	Empirische Materialdaten, spezifischer Rechenansatz, Faustformeln, Regeln	Empirische Materialdaten, spezifischer Rechenansatz, Faustformeln, Regeln	Empirische Materialdaten, spezifischer Rechenansatz, Regeln, ggf. Tests
	Vorgehen	Abgleich zwischen Eigenschaftsprofilen der Materialien und Anforderungsprofil des Produkts, Verträglichkeitsüberlegungen			
	Bewertungs-kriterien	Differenzierung nach Anforderungen, die erfüllt werden müssen bzw. sollten sowie solchen, die übererfüllt werden sollten. Das Kriterium ist die Erfüllung. Ausschluß von (Verbund-)Materialien, die sehr wichtige Anforderungen nie erfüllen werden können			
	Aussagesicherheit	Hohe Aussagesicherheit bei großer Unschärfe	Hohe Aussagesicherheit bei mittlerer Unschärfe	Hohe Aussagesicherheit bei geringer Unschärfe	Hohe Aussagesicherheit bei geringerer Unschärfe als im 3. Iterationsschritt ist zu erwarten

Technik – Herstellung und Fertigung	Untersuchungsgegenstand	(Verbund-)Materialgruppen	(Verbund-)Materialcluster	(Verbund-)Materialarten	VM-Spezifikation bzw. (potentielles) VM-Handelsprodukt
	Untersuchungsergebnis	Fertigungshauptgruppen nach DIN 8580 für die (Verbund-)Materialherstellung und -bearbeitung	Fertigungsuntergruppen nach DIN 8580	Fertigungsverfahren nach DIN 8580 usw.	Einzelne, konkrete Verfahrensvarianten, die hinsichtlich der Apparate/Aggregate bzw. der Fertigungsparameter variieren
	Systemgrenze, -umfang	Gesamtheit der Herstellungs- und Fertigungsverfahren sowie -wege für alle als theoretisch geeignet ausgewiesenen (Verbund-)Materialien			
	Datenart	Qualitativ	Semiquantitativ	Teilquantitativ	Quantitativ, repräsentativ
	Datenherkunft	Sekundärdaten, DIN 8580, Erfahrungen, Abschätzungen	Sekundärdaten, DIN 8580, Erfahrungen, Abschätzung	Sekundär-, Primärdaten, Erfahrungen, Abschätzung	Sekundär-, Primärdaten, Erfahrungen, ggf. Tests
	Vorgehen	Abgleich zwischen Herstellungs- und Fertigungsmöglichkeiten der betrachteten Verfahren mit dem Anforderungsprofil des Produkts, Abgleich zwischen dem Eigenschaftsprofil des (Verbund-)Materials und dem Anforderungsprofil der Verfahren			
	Bewertungskriterien	Kriterien wie Qualität, konstruktive Restriktionen, (firmenspezifische) Erfahrung, Taktzeit, Stückzahl, Anzahl der Prozeßschritte, Entwicklungsstand, Stand der Technik; Kriterien können anwenderspezifisch motiviert sein			
Technik – Recycling	Untersuchungsgegenstand	(Verbund-)Materialgruppen	(Verbund-)Materialcluster	(Verbund-)Materialarten	VM-Spezifikation bzw. (potentielles) VM-Handelsprodukt
	Untersuchungsergebnis	Recyclingverfahrensgruppen, Recyclingproduktgruppen	Recyclingverfahrenscluster, Recyclingproduktcluster	Recyclingverfahrensarten, Recyclingproduktarten	Einzelne, konkrete Recyclingprodukte oder -spezifikationen, konkrete Verfahrensvarianten, die hinsichtlich der Apparate bzw. Aggregate bzw. der Betriebsbedingungen variieren, Logistikstrategien

Tabelle 3.1–1 (Fortsetzung)

Auswahl-kriterium	Detaillierungs-kategorie	1. Iterationsschritt	2. Iterationsschritt	3. Iterationsschritt	4. und 5. Iterationsschritt
	Systemgrenze, -umfang	Produkt-/Bauteil-, werkstoffliches, rohstoffliches Recycling, energetische Verwertung, Beseitigung			Wie 1. bis 3. Iteration plus Logistik
	Datenart	Qualitativ	Semiquantitativ	Teilquantitativ	Quantitativ
	Datenherkunft	Sekundärdaten, Erfahrungen, Abschätzungen			Sekundär-, Primärdaten, Erfahrungen, ggf. Tests
	Vorgehen	Identifizieren möglicher Recyclingprodukte, Abgleich zwischen dem Eigenschaftsprofil des zu entsorgenden (Verbund-)Materials und dem Anforderungsprofil des Recyclingverfahrens, Abgleich zwischen Möglichkeiten des Recyclingverfahrens mit dem Anforderungsprofil der identifizierten Recyclingprodukte			
	Bewertungs-kriterien	Technischer Werterhalt (Hierarchie des Kreislaufwirtschaftsgesetzes), technischer Aufwand, Bedarf für Recycling-produkte, Qualität des Recyclings (Substitutionsgrad, Ausbringen)			
	Aussage-sicherheit	Hohe Aussagesicherheit bei großer Unschärfe	Hohe Aussagesicherheit bei mittlerer Unschärfe	Hohe Aussagesicherheit bei geringer Unschärfe	Hohe Aussagesicherheit bei geringerer Unschärfe als im 3. Iterationsschritt ist zu erwarten
Arbeitsumwelt	Untersuchungs-gegenstand	(Verbund-)Materialgruppen, Auswirkungen auf die Arbeitsumwelt der als geeignet ausgewiesenen Verfahrensgruppen der (Verbund-)Materialgruppen bzw. repräsentativen Verfahren für die (Verbund-)Gruppen	(Verbund-)Materialcluster, Auswirkungen auf die Arbeitsumwelt der als geeignet ausgewiesenen Verfahrenscluster der (Verbund-)Materialcluster bzw. repräsentativen Verfahrenscluster	(Verbund-)Materialart, Auswirkungen auf die Arbeitsumwelt der als geeignet ausgewiesenen Verfahrensarten der (Verbund-)Materialarten bzw. repräsentativen Verfahrensarten	Einzelne, konkrete (Verbund-)Materialspezifikationen bzw. (potentielle) VM-Handelsprodukte, Auswirkungen auf die Arbeitsumwelt der als geeignet ausgewiesenen Verfahrensarten der (Verbund-)Materialien, Logistikstrategien

	Systemgrenze, -umfang	Gefahrstoffe in sich unterscheidenden Bereichen des Hauptlebenswegs, ohne Gewinnung und Nutzung	Gefahrstoffe, Lärm, physische Belastungen, Klima (Hitze), mechanische Schwingungen, Strahlung in sich unterscheidenden Bereichen des Hauptlebenswegs, ohne Gewinnung und Nutzung		Wie 3. Iteration unter Einbeziehung der Gewinnungs- und Nutzungsphase
	Datenart	Qualitativ	Semiquantitativ hinsichtlich Gefahrstoffen, sonst qualitativ	Teilquantitativ	Quantitativ, repräsentativ
	Datenherkunft	Sekundärdaten, Erfahrungen, Abschätzungen	Sekundärdaten, Erfahrungen, Abschätzungen	Sekundärdaten, Erfahrungen, Abschätzungen	Sekundär-, Primärdaten, Erfahrungen, ggf. Tests
	Bewertungskriterien	Gefahrstoffe	Gefahrstoffe, Lärm, physische Belastungen, Klima (Hitze), mechanische Schwingungen, Strahlung		
	Aussagesicherheit	Hohe Aussagesicherheit (60 % des Wirkungsumfangs erfaßt) bei großer Unschärfe	Hohe Aussagesicherheit (90 % des Wirkungsumfangs erfaßt) bei geringer Unschärfe		Hohe Aussagesicherheit bei geringerer Unschärfe als im 3. Iterationsschritt ist zu erwarten
Umwelt	Untersuchungsgegenstand	(Verbund-)Materialgruppen, Elementarflüsse der als geeignet ausgewiesenen Verfahrensgruppen über den gesamten Lebensweg der (Verbund-)Materialgruppen bzw. repräsentativen Verfahren für diese Materialgruppen	(Verbund-)Materialcluster, Auswirkungen auf die Umwelt der als geeignet ausgewiesenen Verfahrenscluster über den gesamten Lebensweg der (Verbund-)Materialcluster bzw. repräsentativen Verfahren für diese Materialcluster	(Verbund-)Materialarten, Auswirkungen auf die Umwelt der als geeignet ausgewiesenen Verfahrensarten über den gesamten Lebensweg der (Verbund-)Materialarten bzw. repräsentativen Verfahren für diese Materialarten	Einzelne, konkrete (Verbund-)Materialspezifikationen bzw. (potentielle) VM-Handelsprodukte, Auswirkungen auf die Umwelt der als geeignet ausgewiesenen Verfahrensspezifikationen über den gesamten Lebensweg der (Verbund-)Materialien, Logistikstrategien

Tabelle 3.1–1 (Fortsetzung)

Auswahl-kriterium	Detaillierungs-kategorie	1. Iterationsschritt	2. Iterationsschritt	3. Iterationsschritt	4. und 5. Iterationsschritt
	Systemgrenze, -umfang	Bereiche der Haupt-lebenswege (Rohstoff-gewinnung bis zur finalen Beseitigung), die sich unterscheiden (ohne Transport)	Bereiche der Haupt-lebenswege (Rohstoffge-winnung bis zur finalen Beseitigung), die sich unter-scheiden (mit Transport), Energieerzeugung	Haupt- und Teile des Nebenlebenswegs (zur Herstellung der Hilfs- und Betriebsstoffe)	Vollständige Lebenswege
	Datenart	Qualitativ (alle Umweltbelastungen)	Semiquantitativ (Energie-bedarf quantitativ, sonst halbquantitativ)	Teilquantitativ (GWP, ODP, NP, RDP, AP quan-titativ, Rest qualitativ)	Quantitativ, repräsentativ
	Datenherkunft	Alle Datenquellen		Überwiegend Sekundär-daten; in Ausnahmen Schätzungen	Sekundär- und (überwiegend) Primärdaten
	Vorgehen	Nach ISO 14.040 ff, VDI 4600 und den Erkenntnissen der SETAC Europe WG Screening and Streamlining LCA			
	Bewertungs-kriterien	„Rotes-Lämpchen-Prinzip" (Problem-identifikation)	Minimierung von Energie-bedarf und sonstigen Umweltbelastungen (ABC/XYZ-Bewertung)	Ort, Zeit, Gefährdung, Anteil an den Gesamt-belastungen	Ort, Zeit, Gefährdung, Anteil an den Gesamt-belastungen
	Aussage-sicherheit	Hohe Aussagesicherheit (10–35% der Wirkungen erfaßt) bei sehr großer Unschärfe	Hohe Aussagesicherheit (20–95% der Wirkungen erfaßt) bei mittlerer Unschärfe	Hohe Aussagesicherheit (80–95% der Wirkungen erfaßt) bei geringer Unschärfe	Wie full-scale-Ökobilanz, hohe Aussagesicherheit bei geringerer Unschärfe als im 3. Iterationsschritt zu erwarten

Kosten					
	Untersuchungs-gegenstand	(Verbund-)Materialgruppen, die Kosten der als geeignet ausgewiesenen Verfahrensgruppen über den gesamten Lebensweg der (Verbund-)Materialgruppen bzw. repräsentativen Verfahren für diese Materialgruppen	(Verbund-)Materialcluster, die Kosten der als geeignet ausgewiesenen Verfahrenscluster über den gesamten Lebensweg der (Verbund-)Materialcluster bzw. repräsentativen Verfahren für diese Materialcluster	(Verbund-)Materialart, die Kosten der als geeignet ausgewiesenen Verfahrensarten über den gesamten Lebensweg der (Verbund-)Materialarten bzw. repräsentativen Verfahren für diese Materialarten	Einzelne, konkrete (Verbund)-Materialspezifikationen bzw. (potentielle) VM-Handelsprodukte, die Kosten der als geeignet ausgewiesenen Verfahrensarten über den gesamten Lebensweg der (Verbund-)Materialien, Logistikstrategien
	Systemgrenze, -umfang	F&E und monetärer Hauptlebensweg (s. Umwelt, ohne Transport) und Chancen und Risiken	F&E und monetärer Hauptlebensweg (s. Umwelt, mit außerbetrieblichem Transport) und Chancen und Risiken	Wie 2. Iteration unter Einbeziehung von Kapital- und innerbetrieblichen Logistikkosten	
	Datenart	Qualitativ (Kostenkategorien: F&E, Material, Fertigung, Nutzung, Recycling, Chancen und Risiken)	Semiquantitativ (quantitativ: Material, Fertigung, Nutzung, Recycling, außerbetrieblicher Transport; sonst semiquantitativ)	Teilquantitativ	Quantitativ
	Datenherkunft	Alle Datenquellen		Überwiegend Sekundärdaten; in Ausnahmen Schätzungen	Sekundär- und Primärdaten

Tabelle 3.1–1 (Fortsetzung)

Auswahl-kriterium	Detaillierungs-kategorie	1. Iterationsschritt	2. Iterationsschritt	3. Iterationsschritt	4. und 5. Iterationsschritt
	Vorgehen	Iteratives Screening von Life cycle costs (begleitend zum Modul Umwelt), mit Diskontierung zukünftiger Kosten und Erlöse, z. T. nach VDI 2225 und VDI 2235			
	Bewertungs-kriterien	Ermittlung potentieller Cost-drivers (Problemidentifikation)	Vergleich der diskontierten Gesamtkosten über den Lebensweg, Beurteilung des zu erwartenden Markterfolgs und potentielle Erlössituation (Chancen und Risiken)		
	Aussage-sicherheit	Hohe Aussagesicherheit (70 % der potentiellen Kosten erfaßt) bei großer Unschärfe	Hohe Aussagesicherheit (80 % der potentiellen Kosten erfaßt) bei geringer Unschärfe	Hohe Aussagesicherheit bei geringerer bzw. wesentlich geringerer Unschärfe als im 2. Iterationsschritt ist zu erwarten	
Risiko, Zeit/ time-to-market, Konstruktion		Erweiterungsmöglichkeiten für euroMat – zukünftige Forschungsfelder			

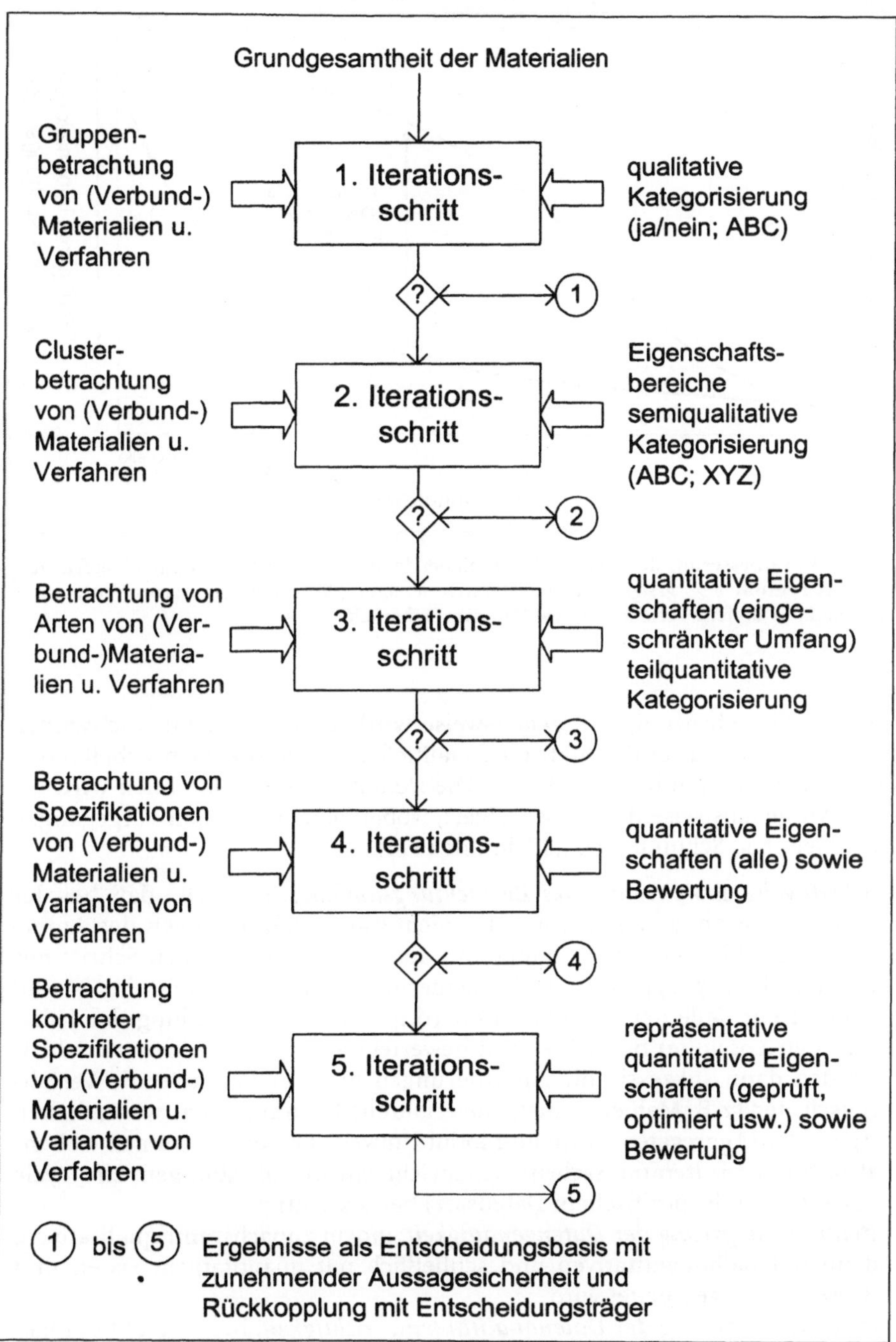

Abb. 3.1–2. Iterative Vorgehensweise zur Materialauswahl nach euroMat '98

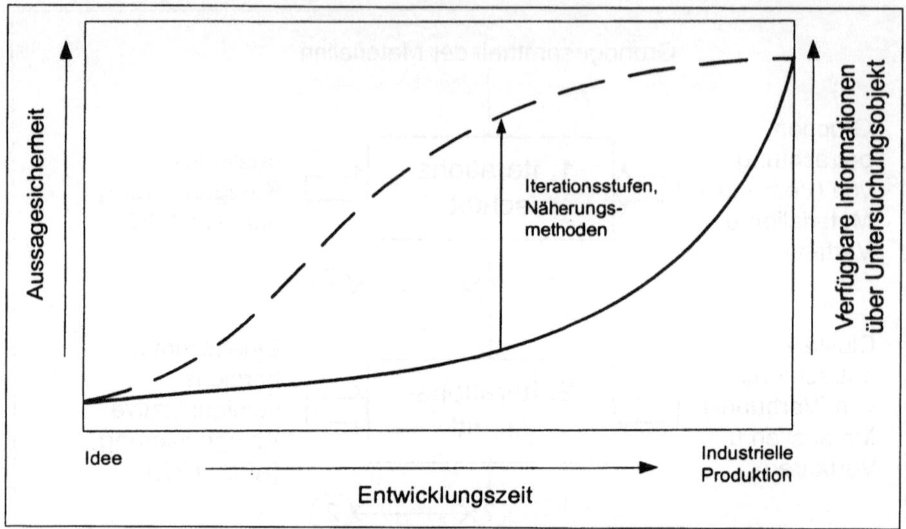

Abb. 3.1–3. Verbesserung der Aussagesicherheit bei der entwicklungsbegleitenden Materialauswahl durch euroMat '98, *gestrichelte Linie* iterative Screening-Vorgehensweise (euroMat), *durchgezogene Linie* übliche Verfahrensweise/Datenverfügbarkeit

Durch die schrittweise Vorgehensweise wird zeitparallel zum wachsenden Entwicklungsstand der Produkte die Detailtiefe innerhalb der zu bearbeitenden Module erhöht (s. Abb. 3.1–2, 3.1–3). Die Detailtiefe in den Modulen wird bei dieser Vorgehensweise iterativ gesteigert, wobei folgendermaßen vorgegangen wird [Fleischer, Schmidt 1997], [Schmidt 1996]:

- *Schrittweise Erweiterung des Betrachtungsumfangs*, d.h. z.B., daß bei der Materialauswahl anfänglich nur die wichtigsten Anforderungen des Anforderungsprofils, bei der Fertigung und dem Recycling im ersten Schritt nur die Verfahrensgruppen (z.B. Zerkleinerung; Elektrolyse) und im Modul Umwelt nur Teile der Grundstruktur (d.h. ohne die Herstellung der Hilfs- und Betriebsstoffe) betrachtet und bewertet werden. Von Schritt zu Schritt werden dann sukzessiv die Anforderungen niederer Priorität, die Verfahrenscluster (z.B. Mahlen; Amalgamverfahren) bis hin zu den wesentlichen Apparaten/Aggregaten sowie im Modul Umwelt auch die relevanten Nebenstrukturen (5. Iterationsschritt: entspricht einem vollständigen Life cycle assessment mit spezifischem Datensatz) berücksichtigt.
- *Iterative Steigerung der Datengenauigkeit*, indem zunächst mit qualitativen, dann mit halbquantitativen und schließlich mit quantitativen Daten und Bewertungen gearbeitet wird.
- *Iterative Steigerung der Datenqualität bzw. -richtigkeit*, beginnend bei ingenieurmäßig geschätzten Daten bis hin zu repräsentativen Praxisdaten.

Am Ende eines jeden Iterationsschritts erfolgt die bereits erwähnte Bewertung der als geeignet identifizierten

1. (Verbund-)Materialgruppen (1. Iterationsschritt),
2. (Verbund-)Materialcluster (2. Iterationsschritt),
3. (Verbund-)Materialarten (3. Iterationsschritt),
4. (Verbund-)Materialspezifikationen (4. Iterationsschritt) bzw. der
5. (potentiellen) Handelsprodukte (5. Iterationsschritt)
    mit den dazugehörigen möglichen Verfahren.

3.1.4
Interaktive Materialauswahl und Schnittstellen

Im Anschluß an jeden Iterationsschritt erfolgt eine Rückkopplung mit den relevanten Entscheidungsträgern in Forschung und Entwicklung (Abb. 3.1–2), um bestehende bzw. geplante Unternehmenskonzepte/-strategien sowie die vom Unternehmen gewünschte Detailtiefe (Anzahl der Iterationsschritte) zu erfassen (s. auch Kapitel 3.6). Oft kristallisieren sich schon nach dem 3. Iterationsschritt große Unterschiede zwischen bestimmten Materialien heraus, so daß auf eine weitere vertiefende Bearbeitung verzichtet werden kann.

Eine Interaktion findet jedoch nicht nur am Ende jedes Iterationsschritts statt. Daneben sind die einzelnen Module interaktiv miteinander verknüpft, um einen effizienten und zielorientierten Informationsfluß innerhalb der Module sowie das Ineinandergreifen und die Abstimmung zwischen den Modulen sicherzustellen. Zu diesem Zweck sind interne (innerhalb von euroMat '98) und externe Schnittstellen zu entscheidungsrelevanten Bereichen innerhalb und außerhalb des Unternehmens (s. auch Kapitel 3.6, Abb. 3.6–1) vorgesehen.

Die internen Schnittstellen sind in Tabelle 3.1–2, die externen Schnittstellen in Tabelle 3.1–3 aufgeführt.

Die notwendigen externen Schnittstellen können hier nur andeutungsweise dargestellt werden. Nicht eingegangen wird auf die Interaktionen zwischen den Unternehmensbereichen und zwischen dem Unternehmen und Zulieferern, Kunden und Beratern. Diese Interaktionen werden in Kapitel 3.6 behandelt und stellen einen Schwerpunkt zukünftiger Forschungsaktivitäten dar.

3.1.5
Funktionsweise von euroMat '98: Gesamtablaufplan

Eine Formalisierung der methodischen Vorgehensweise für euroMat '98 erfolgte in Form von Ablaufplänen, die zur Übersicht in Form des Gesamtablaufplans sowie für die einzelnen Module im Anhang abgebildet sind. Auf den in Abb. 3.1–4 dargestellten Gesamtablaufplan wird im folgenden mit s. eM 0–85 verwiesen.

Nachdem ein Unternehmen den Bedarf für ein bestimmtes, neu entwickeltes bzw. mit neuen (Verbund-)Materialien herzustellendes Bauteil/Produkt identifiziert hat, wird für diese Anwendung ein Anforderungsprofil erstellt [s. Unterprogramm Materialauswahl M0 (Anhang) und eM5 (im folgenden Gesamt-

Tabelle 3.1–2. Interne Schnittstellen von euroMat '98

Informationsfluß Von → an	Technik – Materialauswahl	Technik – Fertigung	Technik – Recycling	Arbeitsumwelt	Umwelt	Kosten	Gesamtbewertung
Technik – Materialauswahl	–	(Verbund-)Materialien, Bauteil/Produktgeometrie, fertigungsbeeinflußte bzw. -beeinflußbare Eigenschaften	(Verbund-)Materialien, Anforderungen an Kreislauffähigkeit, Einsatz von Sekundärmaterialien, Hinweise für Trennung von VM und andere recyclingrelevante Materialeigenschaften	(Verbund-)Materialien, Verbote bzw. Einschränkungen die Arbeitsplätze betreffend	(Verbund-)Materialien, funktionelle Einheit (Nutzengleichheit), Stoffverbote und -einschränkungen	(Verbund-)Materialien, funktionelle Einheit (Nutzengleichheit)	Technische Eignung (Gebrauchseigenschaften) der (Verbund-)Materialien, Ranking, Defizitausweisung, Entwicklungstrends und -potentiale
Technik – Fertigung	Rückkopplung: Beseitigung von Defiziten durch Fertigung, Eigenschaftsveränderungen durch Fertigung	–	Durch Fertigung erzeugte Eigenschaften, Verbindungstechniken (Trennung), recyclinggerechte Fertigung	Fertigungsverfahren und -wege, Hinweise auf Defizite (Hot spots), ggf. relevante Daten	Fertigungsverfahren, Hinweise auf Defizite (Hot spots), ggf. In- und Output-Daten	Fertigungsverfahren und -wege, Hinweise auf Defizite (Cost-drivers), ggf. Daten zu Investitions- und Betriebskosten	Bewertung der Fertigungseigenschaften, Ranking, Defizitausweisung, Entwicklungstrends und -potentiale
Technik – Recycling	Mögliche Recyclingprodukte, Hinweise auf Closed-loop-Recycling (Wiederverwendung und -verwertung)	Rückkopplung: Einfluß Fertigung auf Kreislauffähigkeit, recyclinggerechte Konstruktion bzw. Fertigung	–	Recyclingverfahren und -pfade, Hinweise auf Defizite (Hot spots), ggf. relevante Daten	Recyclingverfahren und -pfade, Hinweise auf Defizite (Hot spots), Recyclingprodukte (substituierte Umweltbelastungen) ggf. In- und Output-Daten	Recyclingverfahren und -pfade, Hinweise auf Defizite (Cost-drivers), Recyclingprodukte (Erlöse), ggf. Daten zu Investitions- und Betriebskosten	Bewertung der Recyclingeigenschaften, Ranking, Defizitausweisung, Entwicklungstrends und -potentiale

Arbeitsumwelt	–	–	–	–	Arbeitsbereiche, Hinweise auf Defizite (Hot spots), die sich auf Umweltbelastungen beziehen könnten	Arbeitsbereiche, Hinweise auf Defizite (Cost-drivers, insbesondere Schutzmaßnahmen)	Bewertung der Arbeitsumwelteigenschaften, Ranking, Defizitausweisung, Entwicklungstrends und -potentiale
Umwelt	–	–	Identifikation der (für ein Material) technisch zu bewertenden Recyclingpfade	In- und Output von Prozessen, Hinweise auf lokale Defizite (Hot spots)	–	Hinweise auf Defizite (Cost-drivers) im Bereich Kosten für Emissionsminderung, produktionsintegrierten Umweltschutz, Erkenntnisse bezüglich der funktionellen Einheit	Bewertung der Umwelteigenschaften, Ranking, Defizitausweisung, Entwicklungstrends und -potentiale
Kosten	–	–	–	–	Erkenntnisse bezüglich der funktionellen Einheit	–	Bewertung der Life cycle costs, Ranking, Defizitausweisung, Entwicklungstrends und -potentiale
Gesamtbewertung	Entscheidungsgrundlage für folgenden Iterationsschritt (Auswahl)	Entscheidungsgrundlage für folgenden Iterationsschritt (Auswahl)	Entscheidungsgrundlage für folgenden Iterationsschritt (Auswahl)	Entscheidungsgrundlage für folgenden Iterationsschritt (Auswahl)	Entscheidungsgrundlage für folgenden Iterationsschritt (Auswahl)	Entscheidungsgrundlage für folgenden Iterationsschritt (Auswahl)	–

Tabelle 3.1–3. Externe Schnittstellen von euroMat '98

Informationsfluß Von → an	Technik – Materialauswahl	Technik – Fertigung	Technik – Recycling	Arbeitsumwelt	Umwelt	Kosten	Gesamt-bewertung
F&E-Abteilung	Konstruktions- und Materialwissen, Abschätzungsregeln	Stand der Technik und Wissenschaft, Entwicklungspotential, Abschätzungsregeln	Stand der Technik und Wissenschaft, Entwicklungspotential, Abschätzungsregeln	–	–	Entwicklungsstand (Bauteil/Produkt), (Verbund-)Material	Machbarkeitseinschätzung, insbesondere bezüglich der Zeitachse
Umweltabteilung/ Arbeitssicherheit	Stoff-, Materialverbote und -einschränkungen	Verbote und Einschränkungen bezüglich von Hilfs- und Betriebsstoffen	Recyclingquoten (interne und externe Zielvorgaben)	Grenzwerte, Stoff- und Energieflußdaten, Informationen aus Umweltmanagement, speziell Wissen über Arbeitsplatzbelastungen	Grenzwerte, Stoff- und Energieflußdaten, Informationen aus Umweltmanagement	Kostenauswirkungen durch den Einsatz von Umwelttechnik und (end-of-pipe und integriert)	Stand der Diskussion in der „Umweltszene", gesellschaftliche und rechtliche Entwicklungstrends und -potentiale
Planungsabteilung	–	–	–	–	–	Kosten für Umstellung/Erweiterung der Produktion	–
Beschaffung	–	–	–	–	–	Materialpreise, Kosten für Sekundärrohstoffe, Logistikkosten	Langfristige Zuliefererrestriktionen, Logistikrestriktionen

Qualitäts-sicherung	Ergänzung des Anforderungs-profils	Qualitätsstan-dards von Ver-fahren	Qualitätsanfor-derungen an Sekundär-rohstoffe	Interne Qua-litätsstandards in Bezug auf Arbeitssicherheit und Arbeitsplatz-belastung	Interne Umwelt-standdards	Interne Qua-litätsstandards	Angaben zu Qua-litätsaspekten unterschiedlicher (Verbund-)Mate-rialien
Marketing	–	–	Angaben zur Situation auf Se-kundärrohstoff-märkten	–	–	Marktpotentiale und Risiken, Absatzsituation	Markttrends, Image von Produkten und Materialien
Produktion	Konstruktions- und Material-wissen	Fertigungs-Know-how	Recycling-Know-how (Verfahren, Einsatz von Se-kundärrohstoffen)	Know-how über spezielle Pro-blembereiche (Hot spots)	Know-how über spezielle Pro-blembereiche (Hot spots)	Angaben zu Ko-sten verschiede-ner Verfahren/ Abläufe	Auswirkungen auf Leistungserstellung
Controlling	–	–	–	–	–	Kosten für Mate-rialien und Ver-fahren, Methoden zur Kostenab-schätzung und -ermittlung (In-vestitions- und Betriebskosten)	Möglicher Finanz-rahmen für Ent-wicklung, strategi-sche Planung
Geschäfts-führung	–	–	–	–	–	–	Unternehmenspe-zifische Entschei-dungskriterien und Randbedingungen, Unternehmens-strategie

Tabelle 3.1-3 (Fortsetzung)

Informationsfluß Von → an	Technik – Materialauswahl	Technik – Fertigung	Technik – Recycling	Arbeitsumwelt	Umwelt	Kosten	Gesamt- bewertung
Kunde	Produkteigen- schaften (Anfor- derungsprofil)	–	Anforderungen an Kreislauffähig- fähigkeit, Einsatz von Sekundär- rohstoffen	–	–	Zahlungs- bereitschaft	Anforderungen an Umwelt-, Arbeits- umwelt- und tech- nische Qualitäts- standards, Liefer- sicherheit
Zulieferer	Wie innerhalb des Unternehmens	Wie innerhalb des Unternehmens	Wie innerhalb des Unternehmens ggf. Recycling- konzepte (chain management)	Wie innerhalb des Unter- nehmens	Wie innerhalb des Unter- nehmens	Wie innerhalb des Unter- nehmens, Logistikkosten	Wie innerhalb des Unternehmens
Berater/ Forschung	Stand der Wissen- schaft und Technik, Abschät- zungsregeln, Ent- wicklungstrends	Stand der Wissen- schaft und Technik, Abschät- zungsregeln, Ent- wicklungstrends/ -potentiale	Stand der Wissen- schaft und Technik, Abschät- zungsregeln, Ent- wicklungstrends/ -potentiale	Stand der Wis- senschaft und Technik, Abschät- zungsreregeln, Entwicklungs- trends, Daten- bank	Stand der Wis- senschaft und Technik, Abschät- zungsregeln, Entwicklungs- trends	Stand der Wis- senschaft und Technik, Abschät- zungsregeln, Ent- wicklungstrends	Strategische, takti- sche und operative Auswirkungen, Potentiale

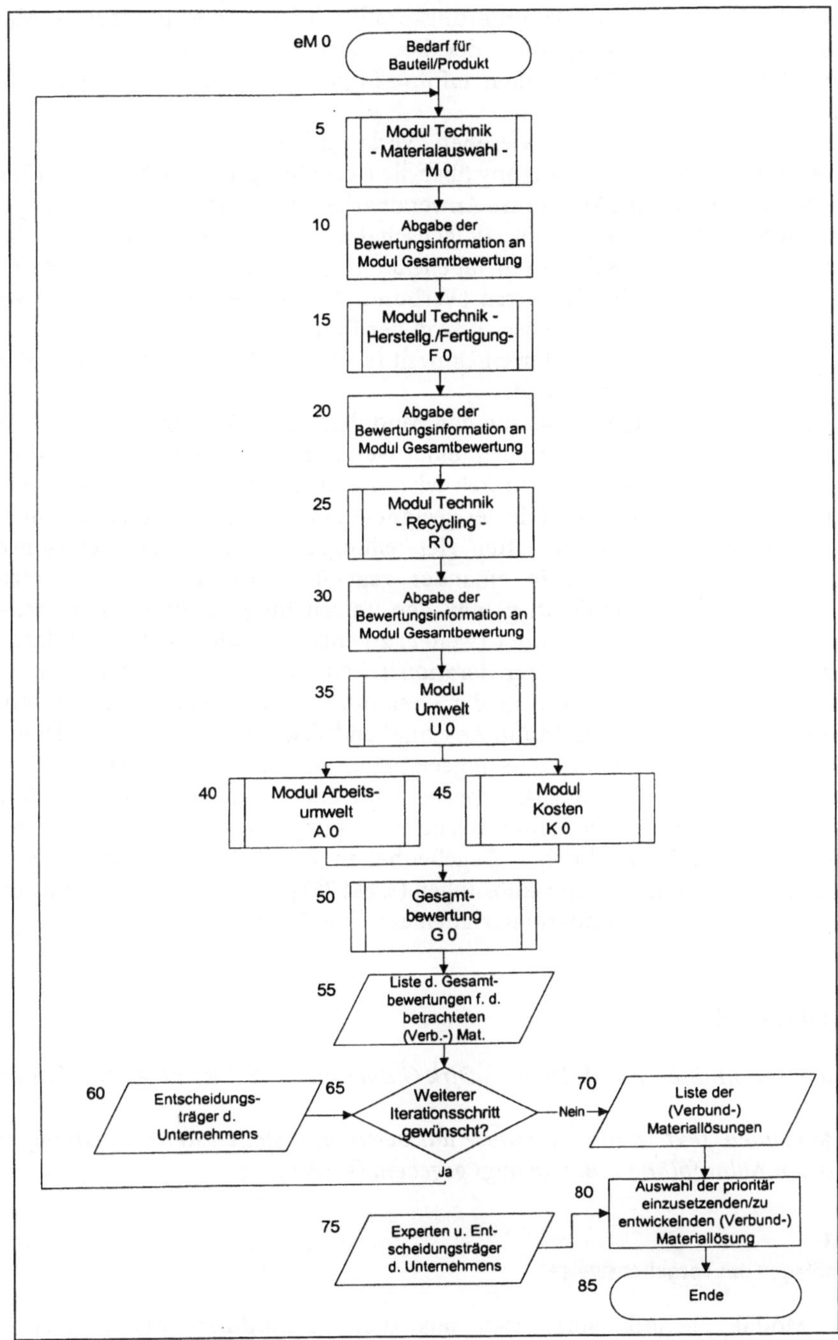

Abb. 3.1–4. Gesamtablaufplan für die allgemeine Vorgehensweise von euroMat '98

ablaufplan)]. Mit diesem Anforderungsprofil wird im Unterprogramm Materialauswahl die Grundgesamtheit der theoretisch bzw. praktisch zur Verfügung stehenden (Verbund-)Materialien auf ihre Eignung hin untersucht und bewertet.

Für die als geeignet ausgewiesenen (Verbund-)Materialien werden alle Verfahren von der Rohstoffgewinnung über die Herstellung/Fertigung (s. eM 15) bis zum Recycling (s. eM 25) auf ihre Anwendbarkeit bezüglich der Erzeugung der gewünschten (Verbund-)Materialeigenschaften überprüft und hinsichtlich ihrer Eignung sowie nach den in Tabelle 3.1–1 genannten Kriterien bewertet.

Die als geeignet identifizierten (Verbund-)Materialien und Verfahren werden über den gesamten Lebensweg (von der Rohstoffentnahme bis zur Entsorgung) nach den Auswahlkriterien Umwelt (s. eM 35), Arbeitsumwelt (s. eM 40) und Kosten (s. eM 45) bewertet.

Die Bewertungsergebnisse aus den Modulen Technik, Umwelt, Arbeitsumwelt sowie Kosten werden in Form einer Gesamtbewertung (s. eM 50) zusammengefaßt und dargestellt. Dadurch wird die Möglichkeit gegeben, die unterschiedlichen Vor- und Nachteile der geeigneten Materialien in den betrachteten Bereichen Gebrauchseigenschaften, Herstellung, Fertigung, Recycling, Umwelt, Arbeitsumwelt sowie Kosten einander gegenüberzustellen und im letzten gewünschten Iterationsschritt gemäß den unternehmensbedingten Interessen das prioritär einzusetzende oder (weiter) zu entwickelnde (Verbund-)Material auszuwählen. Sollte ein weiterer Iterationsschritt (s. eM 60, 65) erwünscht bzw. erforderlich sein, dienen die in der Gesamtbewertung erfaßten (Verbund-)-Materialien wiederum als Input. Abschließend liegt eine Liste vor, welche die mittels euroMat '98 als theoretisch geeignet ausgewiesenen (Verbund-)Materiallösungen enthält (s. eM 75). Experten und Entscheidungsträger des Unternehmens (s. eM 70) wählen unter Berücksichtigung der spezifischen Unternehmensziele sowie betrieblicher Gegebenheiten (s. eM 80) aus der Liste der geeigneten (Verbund-)Materiallösungen (s. eM 75) prioritär einzusetzende bzw. zu entwickelnde (Verbund-)Materialien aus (s. eM 85).

3.2
Modul Technik

Ulrich Braunmiller, Frank Döpper, Dirk Gutberlet, Gerald Rebitzer, Ute Schiller

Im folgenden Text werden Verweise auf bestimmte Stellen der im Anhang enthaltenen Ablaufpläne z. B. wie folgt gegeben: (s. FA 0).

3.2.1
Grundlagen der Vorgehensweise

Das Modul Technik setzt sich aus den Teilmodulen Materialauswahl, Gebrauchseigenschaften, Fertigung und Recycling zusammen. Die Erstellung des Anforderungsprofils sowie die Betrachtung der Aufbaubarkeit von Verbundmaterialien erfolgen im Rahmen der Materialauswahl.

3.2.1.1
Materialauswahl (Anforderungsprofil)

Den Startpunkt von euroMat bildet die gemeinsam mit den F&E-, Marketing-
und Betriebswirtschaftsexperten (s. Kapitel 3.6, Abb. 3.6–1) des Unternehmens
durchzuführende Erstellung des erweiterten Anforderungsprofils für das zu
entwickelnde Bauteil bzw. Produkt (s. MA 0 ff). Beim erweiterten Anforderungsprofil werden an das Bauteil bzw. Produkt zusätzlich zu den üblicherweise
berücksichtigten Bereichen der Gebrauchs-, der Fertigungs- und der ökonomischen Eigenschaften [Koller 1985] noch Anforderungen in weiteren Bereichen
gestellt. Hierzu gehören die Kreislauffähigkeit, die Arbeitsumwelt- und die
Umwelteigenschaften des Bauteils bzw. Produkts bzw. der eingesetzten Materialien sowie eine auf die Lebenszykluskosten ausgedehnte ökonomische Betrachtung. Alle Anforderungen werden nach Wichtigkeit mit einem Wichtungsfaktor
F_l versehen.

Im Anforderungsprofil sollen primär die aus dem jeweiligen Anwendungs-
und Belastungsfall abgeleiteten minimalen Anforderungen (z. B. minimale Zug-
beanspruchung, der das Bauteil Stand halten muß) sowie Volumen- und/oder
Massenrestriktionen (z. B. maximale Wandstärke des Bauteils) aufgeführt werden. Materialkennwerte, die sich bei ähnlichen Bauteilen für spezielle Materialien aus den realisierten konstruktiven Lösungen ergeben, sollten möglichst
nicht aufgeführt werden. Durch einen einfachen Abgleich mit solchen Materialkennwerten könnten im Modul Gebrauchseigenschaften (Verbund-)
Materialien fälschlich als ungeeignet identifiziert werden, die bei einer werk-
stoffgerechten Konstruktion (z. B. andere Wandstärken) den vorgegebenen Ein-
satzanforderungen genügen würden. Des weiteren werden häufig Prüfungen
am konkreten Bauteil im Anforderungsprofil vorgegeben. Um diese Prüfungen
zu berücksichtigen, müssen sie in physikalisch faßbare Zielgrößen umgewandelt werden.

3.2.1.2
Materialauswahl (Gebrauchseigenschaften)

Ausgehend von dem erweiterten Anforderungsprofil werden in jedem Iterationsschritt durch einen Abgleich der Gebrauchseigenschaften der (Ver-
bund-)Materialien mit den Anforderungen potentiell geeignete (Verbund-)
Materialien aus der Grundgesamtheit aller möglichen (Verbund-)Materialien
sowie geeignete Verbundmaterialmodelle identifiziert (s. MM 0 ff).

Im Rahmen der iterativen Vorgehensweise werden zunächst die Gebrauchseigenschaften der (Verbund-)Materialgruppen bestimmt und qualitativ bewertet. Der Ausgangspunkt dieser Betrachtung wird durch die Gesamtheit aller
Materialien (s. Abb. 3.2–1) sowie deren denkbaren Kombinationen gebildet. Mit
steigenden Iterationsschritten wird die Gruppenbetrachtung auf Cluster bis hin
zu (Verbund-)Materialspezifikationen und (potentiellen) Handelsprodukten
(s. Glossar) differenziert. Zum anderen werden die Bewertungen in Abhängigkeit des Iterationsschritts qualitativ, halbquantitativ bzw. quantitativ durchge-

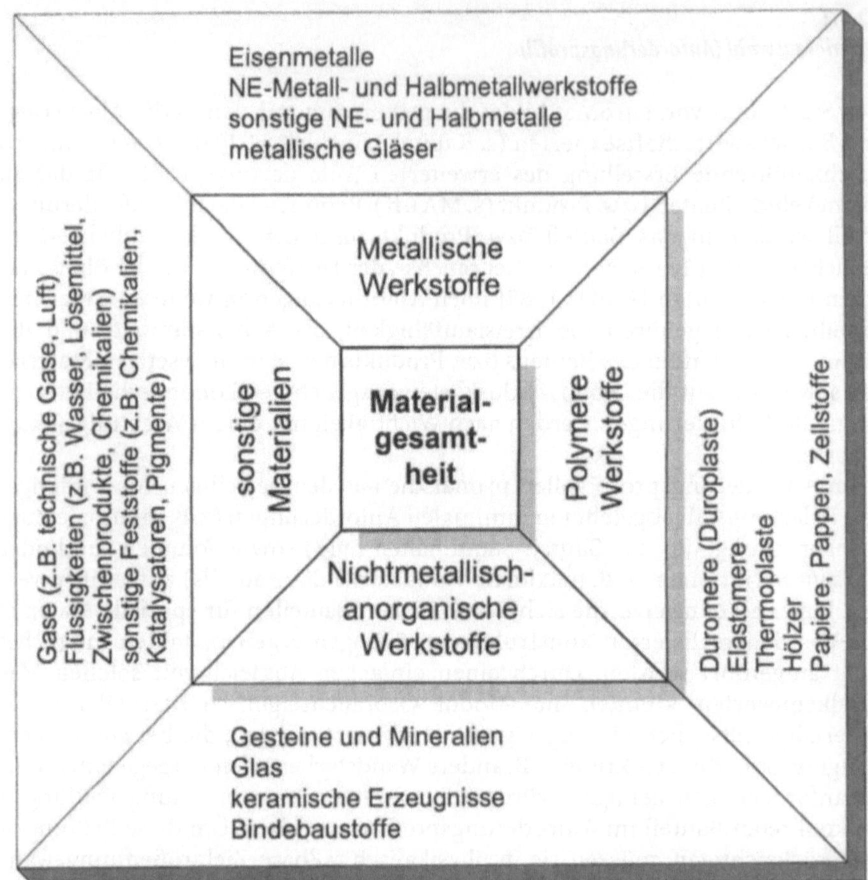

Abb. 3.2–1. Strukturierung der Materialgesamtheit gemäß euroMat in Hauptgruppen (metallische, polymere, nichtmetallisch-anorganische Werkstoffe, sonstige Materialien) und Gruppen

führt. Beginnend mit den höchstgewichteten Anforderungen werden mit jedem weiteren Iterationsschritt auch weniger wichtige Anforderungen bei der Materialauswahl berücksichtigt. Die grundsätzliche Vorgehensweise bei der Materialauswahl in jedem Iterationsschritt ist in Abb. 3.2–2 dargestellt.

In jedem Iterationsschritt können vom Anwender für den Abgleich unterschiedliche Auswahlmodelle angewandt werden. Hier stehen das Trichtermodell, das Schleifenmodell und das Kombinationsmodell zur Auswahl [BMBF 1995]. Die (Verbund-)Materialeigenschaften müssen für die unterschiedlichen Verbundmaterialmodelle Faserverbund, Teilchenverbund, Schichtverbund sowie Durchdringungsverbund mittels Beschreibungsansätzen auf Basis der Eigenschaften der Verbundmaterialkomponenten ermittelt werden (s. MV 0 ff).

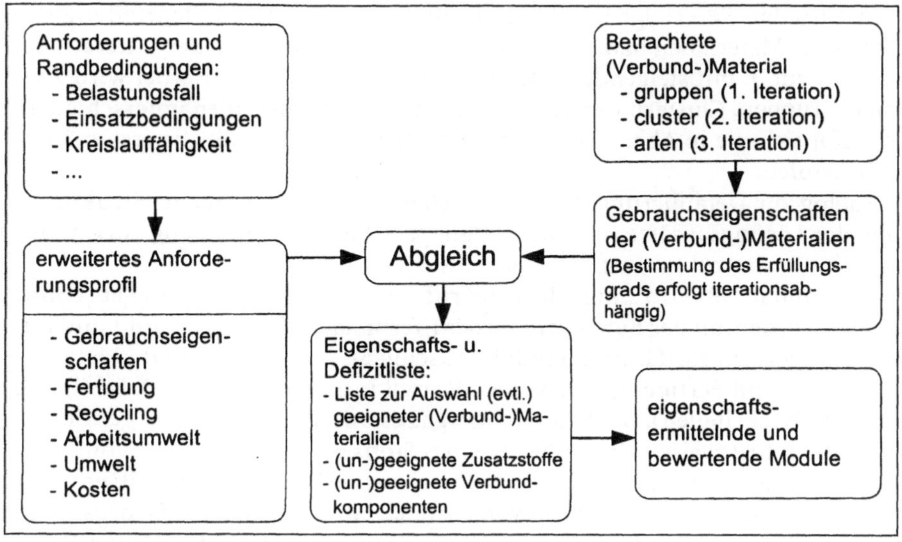

Abb. 3.2–2. Grundsätzliche Vorgehensweise bei der (Verbund-)Materialauswahl bei jedem durchzuführenden Iterationsschritt

3.2.1.3
Materialauswahl (Aufbaubarkeit)

Aus der Gesamtheit der als potentiell geeignet identifizierten (Verbund-)Materialien sind an dieser Stelle nur diejenigen Verbundmaterialien zu betrachten, die in der Praxis mit der identifizierten Zusammensetzung bisher noch nicht zum Einsatz kamen (s. MAB 5–20). Für diese ist abzuschätzen, ob der als geeignet ausgewiesene Aufbau des Materials mit der vorgeschlagenen Zusammensetzung einen den Anforderungen entsprechenden und über die geforderte Nutzungsdauer des Produkts dauerhaften Verbund gewährleisten kann.

Aus diesem Grund sind die Verbundmaterialien und die Grenzschichten zwischen den Verbundkomponenten auf ihre makroskopischen und mikroskopischen Werkstoffeigenschaften hin genauer zu untersuchen. Diese Eigenschaften entscheiden dann über die mögliche Eignung des Verbundmaterials für die geplante Nutzung. So ist z. B. zu ermitteln, ob die Haftung zwischen Matrix und Füll- bzw. Verstärkungsstoffen den Anforderungen genügt.

3.2.1.4
Fertigung

Gemäß DIN 8580 wird Fertigung definiert als die Überführung eines Körpers oder des Stoffs, aus welchem er besteht, von einem Rohzustand in einen Fertigzustand durch schrittweise Veränderung der Form oder der Stoffeigenschaften oder beider.

In euroMat '98 erfolgt im Modul Technik – Fertigung die Beurteilung der (Verbund-)Materialien bzw. ihrer Fertigungseigenschaften von der 1. Iterationsstufe bis zur 3. mit steigendem Detaillierungsgrad (s. F0ff). Hierbei wird zwischen Gruppen, Clustern und Arten von (Verbund-)Materialien unterschieden. Es ergibt sich die in Abb. 3.2–3 dargestellte Grundstruktur für die ersten 3 Iterationsstufen.

Analog zur Detaillierung der betrachteten Materialien wird eine Strukturierung der Lösungsansätze für eine fertigungstechnische Umsetzung vorgenommen. Die Basisstruktur resultiert aus DIN 8580.

In euroMat '98 wird unter dem Begriff Fertigung der Lebenswegabschnitt verstanden, der mit der Bereitstellung des (Verbund-)Materials beginnt und mit dem fertigen, einsatzfähigen Produkt abschließt. Gehen (Verbund-)Materialherstellung und Fertigung durch einen Prozeß ineinander über (z. B. Fertigung von CFK-Wickelteilen), wird dieser Übergangsprozeß zur Fertigung gezählt.

Bei der schrittweisen Überführung eines Stoffs oder eines Körpers vom Rohzustand in den Fertigzustand wird der einzelne Schritt als Arbeitsvorgang bezeichnet [DIN 8580]. Innerhalb von euroMat '98 wird ein Arbeitsvorgang im 1. Iterationsschritt durch eine Fertigungshauptgruppe, im 2. durch eine Fertigungsuntergruppe nach DIN 8580 dargestellt. Im 3. Iterationsschritt ist ein Arbeitsvorgang mit einem Fertigungsprozeß gleichzusetzen. Die Zusammenstellung von Arbeitsvorgängen, die insgesamt zu einem fertigen Bauteil führt, wird Fertigungsweg genannt.

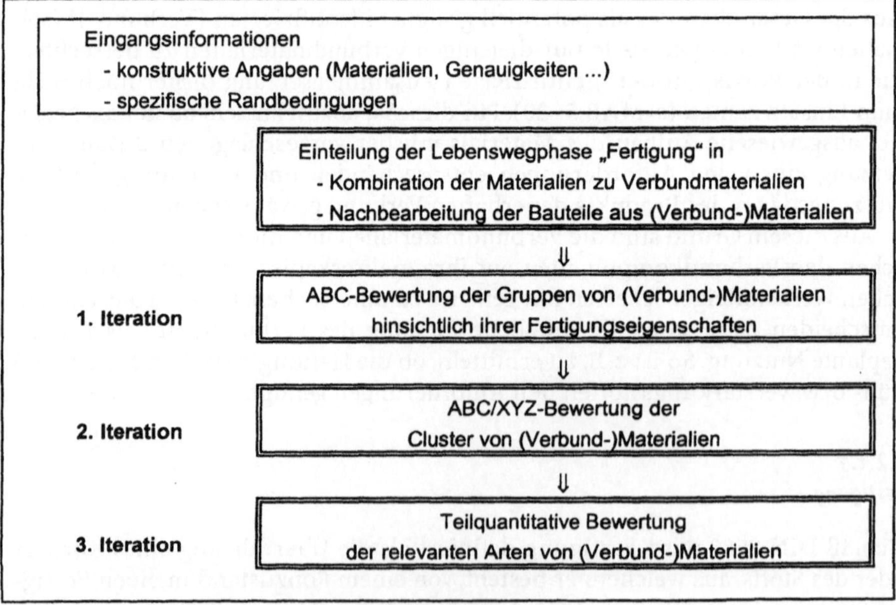

Abb. 3.2–3. Grundstruktur des Moduls Technik – Fertigung

3.2.1.5
Recycling

Durch die Einführung des Begriffs der „Produktverantwortung" [KrW-/AbfG 1994, § 22] mit dem Kreislaufwirtschaftsgesetz und entsprechende Öko-labeling-Initiativen auf europäischer Ebene ist es notwendig geworden, bereits bei der Planung eines Produkts Kriterien wie Reparaturfreundlichkeit, Wieder-verwendbarkeit, Demontierbarkeit und Verwertbarkeit zu berücksichtigen. Caspers-Merk versteht unter Produktverantwortung die Verantwortung über den Lebensweg eines Produkts – von der Produktion über die Gebrauchsphase bis hin zur Entsorgung. [Caspers-Merk 1996; S. 2–5]

In der Kreislaufwirtschaft gilt es nach Fleischer [1996], die in Abb. 3.2–4 dar-gestellten Phasen aufeinander abzustimmen. Daher sollten Stoffe, die den Pro-duktlebensweg verlassen, entweder dem gleichen Produktlebensweg (Wieder-verwendung bzw. Wiederverwertung) oder anderen Produktlebenswegen (Weiterverwendung bzw. Weiterverwertung [VDI 2243, Teil 1]) zugeführt werden. Entsprechende Ansätze wurden bereits mit dem Konzept „Design for Recycling" [VDI 2243] entwickelt.

Im Modul Technik – Recycling wird das Recyclingverhalten von (Verbund-)Materialien wie im gesamten Instrument mit Hilfe der iterativen Screening-Methode erfaßt. Zur Ermittlung des Recyclingverhaltens sind das Potential des jeweils betrachteten (Verbund-)Materials am Ende der Nutzungsphase hin-

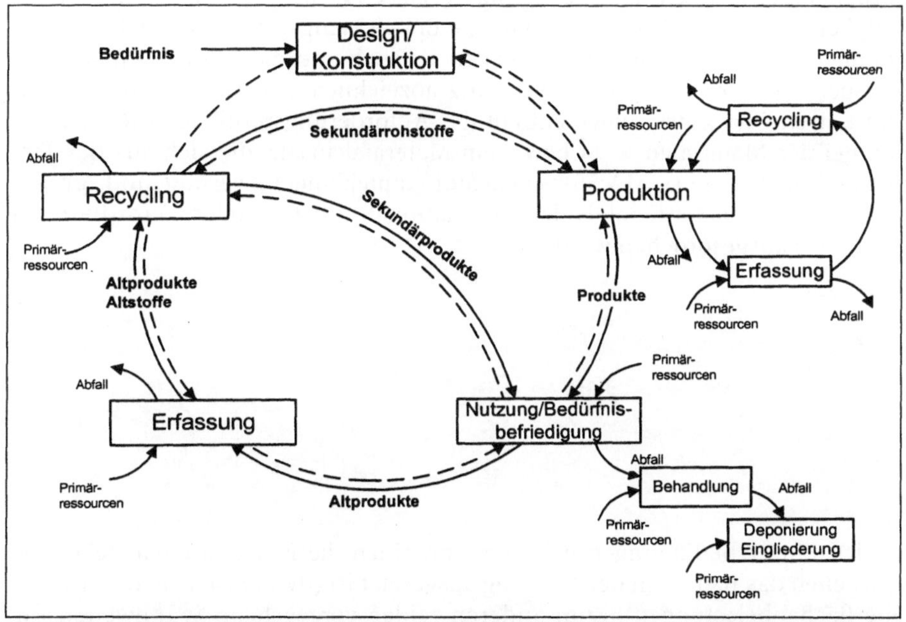

Abb. 3.2–4. Phasen und Interaktionen der Kreislaufwirtschaft, *durchgezogene Linie* Stoff- bzw. Energiefluß, *gestrichelte Linie* Informationsfluß [Fleischer 1996]

sichtlich geeigneter Verwendungs- und Verwertungsoptionen sowie der abge-
schätzte Bedarf zu betrachten. Ausgangspunkt der Betrachtung ist die heutige
Recyclingsituation, bei langlebigen Produkten muß darüber hinaus das Szenario in mittlerer und ferner Zukunft abgeschätzt werden.

3.2.2
Qualitative Betrachtung und Bewertung (1. Iterationsschritt)

3.2.2.1
Systemgrenze und -umfang

Materialauswahl [Anforderungsprofil (s. MA 0–MA 320)]. Zur Erstellung des
Anforderungsprofils werden der Nutzungszeithorizont (s. MA 5), für den das
Produkt am Markt erscheinen soll, und die jeweiligen Einsatzbedingungen
(s. MA 35) für das Produkt erfaßt, die sich aus der speziellen Nutzung ergeben.
Im Anforderungsprofil werden ebenfalls die Sicherheitsanforderungen für das
Material bzw. das Bauteil aufgeführt, die aus den für die Bauteilnutzung relevanten Normen, Richtlinien und betriebs- bzw. brancheninternen Vorgaben
(s. MA 25) abgeleitet werden. Die Materialanforderungen, die aus der speziellen
Nutzung des Produkts bzw. den vorgesehenen Einsatzbedingungen resultieren,
sind nach Wichtigkeit geordnet in das Anforderungsprofil aufzunehmen
(s. MA 20, 30, 40, 50, 65, 75).

Im erweiterten Anforderungsprofil werden zusätzlich noch Anforderungen
bezüglich der Herstell- und Fertigungsverfahren (s. MA 45, 55), der Recyclingfähigkeit (s. MA 45, 55) sowie allgemeine Entwicklungstrends (s. MA 15) aufgenommen, die sich sowohl im nationalen als auch internationalen Maßstab für
die spezielle oder ähnliche Anwendung abzeichnen. Als weitere Information
und Entscheidungsgrundlage enthält das Anforderungsprofil auch Restriktionen bei der Materialauswahl bzw. dem Materaialeinsatz, die sich aus der Fir-
menpolitik ableiten (s. MA 55), sowie Stoffempfehlungen, -verbote und -grenz-
werte, die durch nationale oder internationale Gesetze oder Verordnungen
(s. MA 25) ausgesprochen werden.

> **Beispiel Bodengruppe (vgl. Kapitel 4.1):**
> **zusätzliche Anforderungen und Stoffverbote**
>
> Kreislauffähigkeit; kein Einsatz von Asbest, PVC, FCKW, PCB, PCl, Teeröle,
> Cd, Dichlormethan und Trichlorethan in der Herstellung und Fertigung.

Zu den Einsatzbedingungen gehören zum einen die mechanischen Belastungen, denen das Bauteil in der Nutzung ausgesetzt ist (dynamische bzw. statische
Oberflächenbelastungen). Zum anderen zählen vorgegebene Spannweiten für
die Bauteilmaße bzw. das -gewicht sowie Betriebs- und Umgebungsbedingungen wie Drücke, Temperaturen, Medien und Strahlungsbelastungen zu dieser

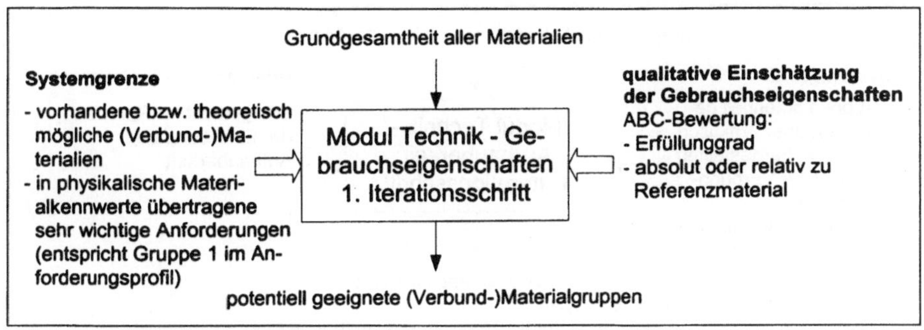

Abb. 3.2–5. Systemgrenzen und Systemumfang des Moduls Technik – Gebrauchseigenschaften im 1. Iterationsschritt

Kategorie. Die Mengenrelevanz des Bauteils, d. h. die Angabe der geplanten Produktionsmengen des Bauteils, wird auch zu den Einsatzbedingungen gezählt.

Materialauswahl [Gebrauchseigenschaften (s. MM 0–MM 160)]. Im 1. Iterationsschritt bilden die Materialgruppen nach Abb. 3.2–1 den Startpunkt der Auswahl.

Aus dem vollständigen Anforderungsprofil (s. MM 5, MA 240) sind die wichtigsten bzw. charakteristischen Anforderungen an das Produkt auszuwählen (Abb. 3.2–5, s. MM 10). Diese Anforderungen dienen als Basisanforderungen für die Materialauswahl, da diese Anforderungen unbedingt durch das Material zu erfüllen sind, um für die spezielle Nutzung in Frage zu kommen. Die geforderten mechanischen Eigenschaften, die sich aus den Belastungen während der Lebensdauer des Bauteils bzw. Produkts ergeben, müssen durch ein funktionsfähiges Bauteil erfüllt werden. Diese werden daher in jedem Fall als relevante Eigenschaften mit den Eigenschaftsprofilen der (Verbund-)Materialgruppen abgeglichen. Hiernach erfolgt sukzessive in Abhängigkeit der anforderungsspezifischen Wichtungsfaktoren der qualitative Abgleich zwischen weiteren wichtigen Gebrauchsanforderungen und den (Verbund-)Materialeigenschaften (s. MM 140 ff).

Materialauswahl [Aufbaubarkeit (s. MAB 0–MAB 170)] Die im 1. Iterationsschritt als potentiell geeignet identifizierten (Verbund-)Materialgruppen sind auf die bisher praktisch noch nicht hergestellten bzw. eingesetzten Verbundmaterialgruppen zu reduzieren. Letztere kennzeichnen gemeinsam mit den durch die Materialien zu erfüllenden wichtigsten Anforderungen des Anforderungsprofils das zu betrachtende System (Abb. 3.2–6).

Fertigung (s. F 0–F 40). Der 1. Iterationsschritt dieses Teils des Moduls Technik untersucht die Fertigungseigenschaften der im Modul Technik – Gebrauchseigenschaften als potentiell geeignet ausgewählten (Verbund-)Materialgruppen (s. Abb. 3.2–7). Die Produktlebenswegphase Fertigung wird hierbei in die Berei-

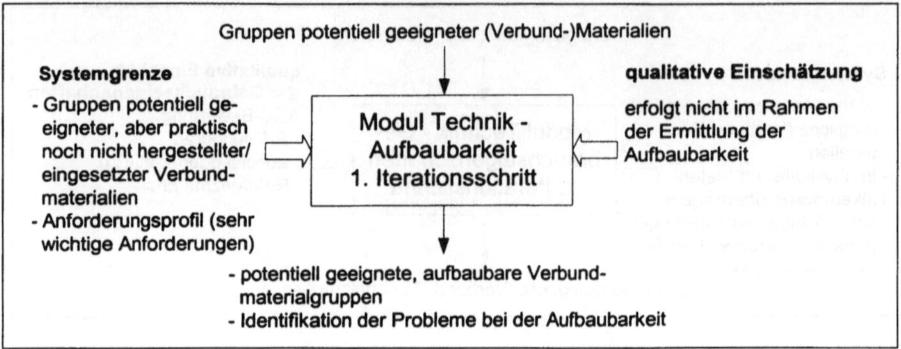

Abb. 3.2–6. Systemgrenze und Systemumfang des Moduls Technik – Aufbaubarkeit im 1. Iterationsschritt

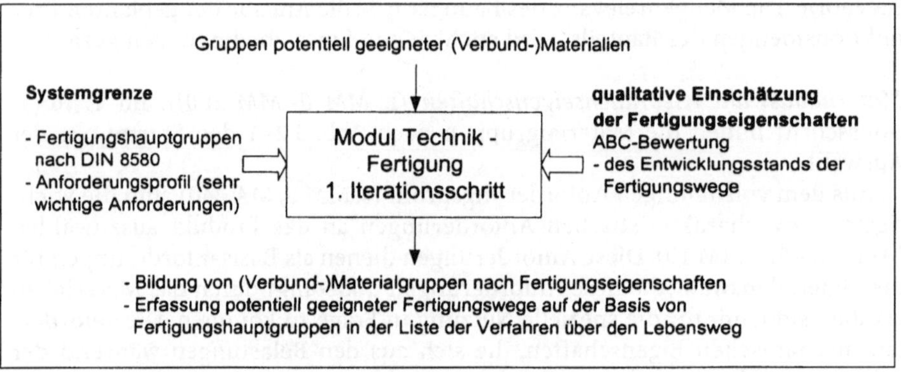

Abb. 3.2–7. Systemgrenzen und Systemumfang des Moduls Technik – Fertigung im 1. Iterationsschritt

che „Kombination der Materialien zu Verbundmaterialien und Formgebung" und „Nachbearbeitung der Bauteile aus (Verbund-)Materialien" untergliedert. Hierdurch wird zunächst eine grobe Abbildung des Fertigungswegs möglich (s. FA 15 – FA 55).

Der Grund für die Aufspaltung der Fertigung in 2 Bereiche liegt darin, daß z.B. Bauteile aus Faserverbundwerkstoffen – soweit möglich – endkonturnah hergestellt werden (Near-net-shape-Konzepte), um eine materialbedingt komplizierte Nachbearbeitung zu vermeiden bzw. zu minimieren. Dennoch ist zur Gewährleistung der vollständigen Funktionstüchtigkeit des Bauteils häufig eine Nachbearbeitung erforderlich [Klocke1995].

Innerhalb der beiden definierten Bereiche „Kombination der Materialien zu Verbundmaterialien und Formgebung" und „Nachbearbeitung der Bauteile aus (Verbund-)Materialien" wird im Rahmen des 1. Iterationsschritts eine Betrachtung auf der Detaillierung der Hauptgruppen der Fertigungsverfahren ausgehend von DIN 8580 vorgenommen.

> **Beispiel Bodengruppe:**
> **Gliederung der Fertigung in 2 Bereiche**
>
> Die Herstellung der Plattenrohgeometrie ausgehend von vorhandenem Matrixmaterial und einem Faserwerkstoff mittels Urformen (z. B. RTM-Verfahren) entfällt in den Bereich „Kombination der Materialien zu Verbundmaterialien und Formgebung", das Trennen der Rohplatten (z. B. Umrißfräsen) zur Erzeugung einer gewünschten Kantenqualität dagegen in den Bereich „Nachbearbeitung der Bauteile aus Verbundmaterialien".

Recycling (s. R 0 – R 80). Im Modul Technik – Recycling sind für die als geeignet ausgewiesenen (Verbund-)Materialgruppen die in Frage kommenden Recyclingverfahrens(haupt)gruppen (in Anlehnung an die DIN 8580) zu identifizieren. Dazu sind die Verwendungs- und Verwertungsmöglichkeiten der Altbauteile bzw. Abfälle näher zu betrachten [DIN 8580, VDI 2243]. Für die Verwendung sind das Produkt- bzw. das Bauteilrecycling und für die Verwertung das werkstoffliche und das rohstoffliche Recycling sowie die energetische Verwertung und die Beseitigung als mögliche Entsorgungswege zu untersuchen.

Der Systemumfang ist neben den als geeignet identifizierten Materialien ebenso von den daraus herstellbaren Recyclingprodukten abhängig, für die ein Bedarf zum Zeitpunkt des Abfallanfalls ausgewiesen werden kann (s. RW 28 – RW 70). Zusätzlich wirken sich die nach dem Stand der Wissenschaft zur Herstellung dieser Recyclingprodukte voraussichtlich einsetzbaren Recyclingverfahrensgruppen auf den Systemumfang aus.

Daraus ergibt sich die im Abb. 3.2–8 dargestellte Übersicht von Systemgrenzen und Systemumfang.

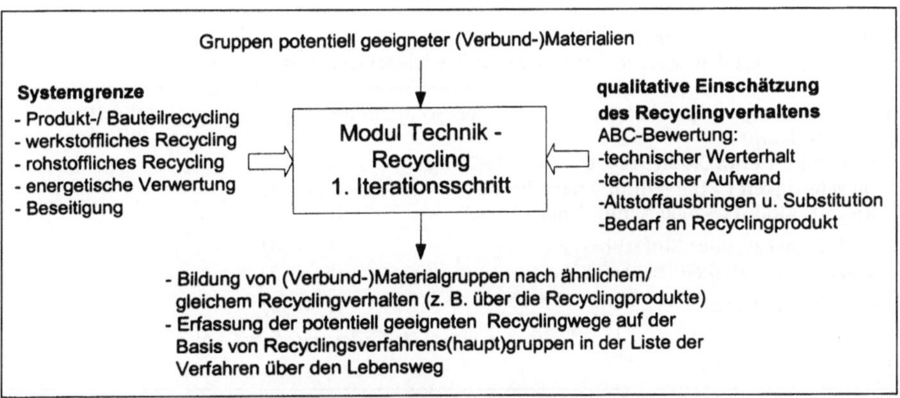

Abb. 3.2–8. Systemgrenzen und Systemumfang des Moduls Technik – Recycling im 1. Iterationsschritt

3.2.2.2
Datenbasis und Eigenschaftsermittlung

Materialauswahl (Anforderungsprofil). Im Anforderungsprofil sind aus dem
jeweiligen Anwendungs- und Belastungsfall abgeleitete Anforderungen und
Zielgrößen aufgeführt. Bei der Erstellung der Anforderungsprofile für die bei-
spielhaften Anwendungen von euroMat '98 (s. Kapitel 4) hat sich gezeigt, daß
häufig Materialkennwerte, die aus ähnlichen Bauteilen für spezielle Materialien
aus den realisierten konstruktiven Lösungen resultieren, und Prüfungen am
konkreten Bauteil Bestandteil des ursprünglichen Anforderungsprofils sind.
Um diese Prüfungen bei der Materialauswahl berücksichtigen zu können, müssen sie in physikalisch faßbare Zielgrößen übertragen werden.

Während der Bearbeitung der Beispiele wurde zudem deutlich, daß eine
Übertragung dieser Bauteilprüfungen in Materialkenngrößen sehr schwierig
und oft nicht möglich ist. Eine Beurteilung der möglichen (Verbund-)Materia-
lien bezüglich dieser Gebrauchsanforderungen ist daher bei dem geringen
Detaillierungsgrad der 1. Iterationsstufe sehr unscharf.

Können aus den geforderten Produkteigenschaften des Anforderungsprofils
keine repräsentativen Materialeigenschaften abgeleitet werden, sind – sofern

Tabelle 3.2–1. Datenblatt zur Erfassung des Anforderungsprofils – Beispiel Bodengruppe
(Auszug)

Pfad	*Pfadname*	*Blatt-Nr.*
19–2–7–1–1–1	Verkehrswesen-Automobilbau-Spezialfahrzeuge- Leichtbaufahrzeuge-Karosserie-Bodengruppe	1

Beschreibung der speziellen Nutzung und der Einsatzbedingungen:
Bodengruppe von Hybridfahrzeugen; Druckbelastungen bei Kollisionen, Einsatz bei –40 °C bis
+100 °C, Witterung, Lebensdauer 15 Jahre, Stückzahlen bis 10000/Jahr, Serienproduktion

Nutzungsbezogene (nicht werkstoffbezogene) Normen, Richtlinien und Vorschriften:
Altauto-VO, VDA-260

Entwicklungstrends für die spezielle Nutzung:
Leichtbau (maximal akzeptabel bis 10 DM/kg Gewichtseinsparung)

Anforderungsprofil: abgeleitete notwendige *Eigenschaften und ihre Relevanz (F_i) für die
spezielle Nutzung*

1	Gewicht für etwa 3,4-m²-Platte (etwa <18,25 kg)	($F_i = 10$)
	Biegefestigkeit (>100 N/mm²) nach EN 63	($F_i = 8$)
	Biege-E-Modul (>7000 N/mm²) nach EN 63	($F_i = 8$)
2	Lackierbarkeit oder Einfärbbarkeit	($F_i = 6$)
	Wärmebeständigkeit (bis 100 °C)	($F_i = 5$)
3	Geringe Alterung	($F_i = 3$)

*1 sehr wichtige Anforderung, $F_i = 7 – 10$; 2 wichtige Anforderung, $F_i = 4 – 6$; 3 weniger wichtige
Anforderung, $F_i = 1 – 3$.*

Zusätzliche Anforderungen/Stoffverbote
Kreislauffähigkeit

vorhanden – die bereits im Einsatz befindlichen Materiallösungen auf anwendungsspezifische Materialeigenschaften hin zu untersuchen. Außerdem können Anforderungsprofile ähnlicher Produkte (s. MA 70) herangezogen werden. Diese Kennwerte bzw. Spannbreiten der Eigenschaften sind als Anforderungen im Anforderungsprofil aufzunehmen. Alle Bestandteile des Anforderungsprofils werden in ein strukturiertes Datenblatt [Tabelle 3.2-1, mit einem Auszug des Anforderungsprofils des Beispiels Bodengruppe (vgl. Kapitel 4.1)] eingetragen. Zur systematischen Zuordnung des bearbeiteten Produkts wird ein Pfad in Abhängigkeit vom jeweiligen Industriebereich angegeben [BMBF 1995; S. 64].

Materialauswahl (Gebrauchseigenschaften). Um die Materialauswahl bei dem geringen Detaillierungsgrad der 1. Iteration für die Gruppenbetrachtungen durchzuführen, werden sukzessive zunächst die sehr wichtigen Anforderungen ($F_1 = 7 - 10$, s. Kapitel 3.2.2.3) qualitativ mit den generellen Gruppeneigenschaften der homogenen Materialien (Monomaterialien) abgeglichen (besonders starke Ausprägung, besonders schwache Ausprägung) (s. MH 0 – 100). Existieren keine allgemeinen Aussagen zu den Gruppeneigenschaften oder werden diese Anforderungen nicht von allen Mitgliedern der Materialgruppen erfüllt, wird versucht, mittels Materialdatenbanken allgemeine Aussagen zu identifizieren oder Teilmengen von Materialgruppen zu bilden, die den geforderten Eigenschaften genügen.

> **Beispiel Bodengruppe:**
> **Einschätzung von Eigenschaften der Materialgruppen**
>
> Thermoplaste, Duroplaste und Elastomere erfüllen i. allg. nicht die geforderten Festigkeiten. Daher werden für diese Materialien entsprechende Verstärkungsmöglichkeiten untersucht.

Werden im Lauf des sukzessiven Abgleichs zwischen Anforderungs- und Eigenschaftsprofils (in der Reihenfolge der Wichtigkeit der Anforderungen) bei den Materialien Defizite bei der Erfüllung der Anforderungen aufgezeigt, so ist zu überpüfen, ob diese Defizite durch eine Modifikation durch Zusatzstoffe wie Stabilisatoren, Weichmacher, Schlagzähmodifikatoren oder ähnliches evtl. aufgehoben werden können (s. MS 0 – 290). Als Entscheidungshilfen werden z. B. das Wissen von Werkstoffexperten oder die Erfahrung mit Bauteilen für ähnliche bzw. vergleichbare Einsatzbedingungen sowie Abschätzungsregeln genutzt (s. MS 35 – 120). Bei einer Vielzahl von Zusätzen und auch Verbundkomponenten muß damit gerechnet werden, daß sie zwar die gewünschte Eigenschaftsverbesserung bewirken, aber bei anderen Eigenschaften gelegentlich zu einer Verschlechterung führen können [Domininghaus 1992; S. 163/159]. Daher müssen im Fall einer erfolgversprechenden Modifikation durch einen Zusatzstoff die bisher bereits erfüllten Anforderungen erneut mit den nun veränderten Materialeigenschaften abgeglichen werden (s. MS 175).

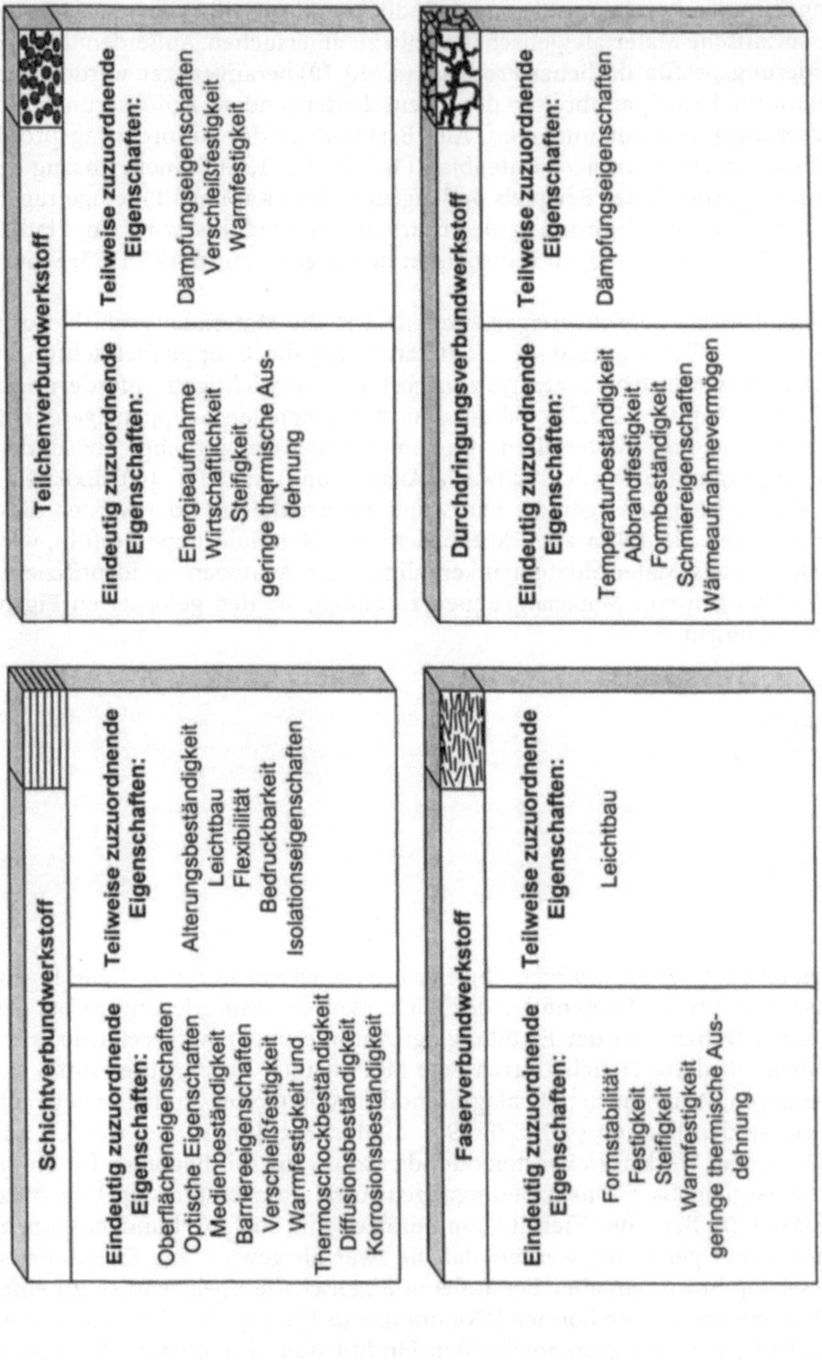

Abb. 3.2–9. Zuordnung von Gebrauchseigenschaften zu Verbundmaterialmodellen

Weisen die identifizierten Materialgruppen bei weiteren Anforderungen Defizite auf oder werden zusätzliche Optionen gewünscht, werden potentiell geeignete Verbundmaterialmodelle unter Verwendung der grundsätzlichen Zuordnung von Gebrauchseigenschaften und Verbundmaterialmodellen identifiziert (Abb. 3.2–9, s. MV 10).

Anschließend werden die Materialgruppen als Verbundmaterialkomponenten zu den bereits betrachteten, defizitären Materialien hinzugefügt, die zu einer Aufhebung des Defizits führen (s. MV 275–340). Die resultierende Eigenschaftsveränderungen werden abgeschätzt und mit den Anforderungen abgeglichen (s. MM 100–130).

Kann eine (Verbund-)Materialgruppe eine der sehr wichtigen Anforderungen, auch unter Zugabe von Stoffzusätzen, mit Sicherheit nicht erfüllen, wird diese als ungeeignet ausgewiesen und aus den weiteren Betrachtungen ausgeschlossen. Um die Gefahr, evtl. innovative Materialien für ein Anforderungsprofil nicht zu berücksichtigen, auszuschließen, werden alle anderen Materialien, d.h. auch die, bei denen nur eine geringe Wahrscheinlichkeit für die Erfüllung der Anforderungen besteht, weiterbetrachtet und in die Liste der potentiell geeigneten (Verbund-)Materialgruppen aufgenommen (s. Abb. 3.2–10 im Beispielkasten).

Beispiel Bodengruppe:
Bestimmung des Verbundmaterialmodells

Der Untersuchungsrahmen kann bei der Bodengruppe auf Faserverbundwerkstoffe und Schichtverbundwerkstoffe eingeengt werden, da diese prinzipiell in den wichtigsten Eigenschaften dem Anforderungsprofil genügen können.

Die beim qualitativen Abgleich zwischen Materialeigenschaften und geforderten Gebrauchseigenschaften als sicher sowie als evtl. geeignet ausgewiesenen Materialgruppen bzw. Verbundmaterialgruppen werden ebenso wie die als sicher ungeeignet identifizierten (Verbund-)Materialgruppen dokumentiert. Diese Informationen werden in die Liste zur Auswahl der geeigneten (Verbund-)Materialgruppen (s. MM 120) aufgenommen.

Materialauswahl (Aufbaubarkeit). Für die zu betrachtenden Verbundmaterialgruppen sind die Verbundkomponenten einer jeden Gruppe zu ermitteln (s. MAB 25, 30). Sollten die Verbundkomponenten innerhalb einer Gruppe nicht ähnlich sein, so sind die Gruppen entsprechend neu zusammenzustellen. Für jede Komponente sind die innerhalb des betrachteten Materials wirkenden Wechselwirkungen (Intraphasenwechselwirkungen; s. MAB 35) zu ermitteln. Die Wechselwirkungen zwischen den Komponenten und Phasen des Verbunds (Interphasenwechselwirkungen; s. MAB 40), die Herstellbarkeit des Verbunds (s. MAB 45), die räumliche Interphasenanordnung sowie das Zeitstandsverhalten (s. MAB 50, 55) sind mit Hilfe vorhandener Datenbanken sowie über Exper-

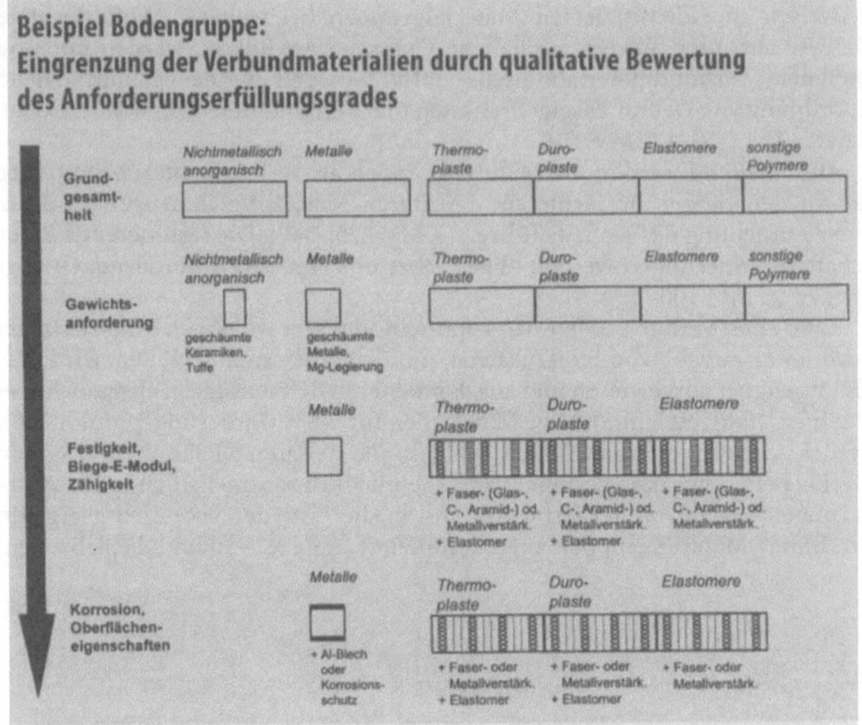

Abb. 3.2–10. Qualitative Materialauswahl für das Anforderungsprofil Bodengruppe Hybridfahrzeug (Gruppenbetrachtung) in der 1. Iteration

tenbefragungen, Analogieschlüsse usw. für die Verbundmaterialgruppen abzuschätzen. Die Detailtiefe der Datenbasis und somit der zu erwartenden Ergebnisse entspricht derjenigen des 1. Iterationsschritts. In der Regel beinhalten die Ergebnisse des 1. Iterationsschritts nur Angaben darüber, ob Probleme bei der Aufbaubarkeit zu erwarten sind oder nicht und wie diese im Prinzip beseitigt werden können.

Fertigung. Für die Auswahl geeigneter Fertigungsverfahren sind bestimmte Eingangsinformationen erforderlich. Hierzu zählen sowohl die notwendigen konstruktiven Angaben [(Verbund-)Materialien, Erzeugnisgeometrie] (s. FA 5) als auch unternehmens- oder erzeugnisspezifische Informationen (Stückzahlen, vorhandene Bearbeitungsverfahren), die im Anforderungsprofil vermerkt sind (s. FA 13). Ausgehend von diesen vorgegebenen Rahmenbedingungen erfolgen innerhalb der definierten Bereiche der Fertigung im 1. Iterationsschritt zunächst eine Identifikation der grundsätzlich einsetzbaren Hauptgruppen gemäß DIN 8580 und anschließend die Bestimmung des Fertigungswegs auf dieser Basis. Die Betrachtungsebenen der Iterationsschritte im Modul Technik – Fertigung sind in Tabelle 3.2–2 dargestellt.

Tabelle 3.2–2. Betrachtungsebenen „Fertigungsverfahren" in den ersten 3 Iterationsstufen, nach DIN 8580

Betrachtungsebene	Fertigungsverfahren					
Hauptgruppen	Urformen	Umformen	Trennen	Fügen	Beschichten	Stoffeigenschaft ändern
(1. Iteration)	Fertigen eines festen Körpers aus formlosen Stoffen durch Schaffen des Zusammenhalts	Fertigen durch bildsames (plastisches) Ändern der Form eines festen Körpers	Fertigen durch Ändern der Form eines festen Körpers, wobei der Zusammenhalt örtlich aufgehoben, d.h. im Ganzen vermindert wird	Zusammenbringen von 2 oder mehr Werkstücken geometrisch bestimmter fester Form oder von ebensolchen Werkstücken mit formlosem Stoff	Aufbringen einer fest haftenden Schicht aus formlosem Stoff auf ein Werkstück	Fertigen eines festen Körpers durch Umlagern, Aussondern oder Einbringen von Stoffteilchen, wobei etwaige Formänderungen nicht zum Wesen des Verfahrens gehören
Untergruppen (2. Iteration)	z.B. Druckgießen; Kalandrieren; Gießen von Beton, Gips; Sandformen; Herstellung von Faserplatten; Abscheiden aus der Dampfphase in einer Form; elektrolytisches Abscheiden in einer Form	z.B. Walzen; Tiefziehen; Längen; Biegeumformen mit drehender Werkzeugbewegung; Verschieben (Schubumformen) mit geradliniger Werkzeugbewegung	z.B. Messerschneiden; Drehen; Strahlspanen; Chemisches Abtragen; Auseinandernehmen; Lösemittelreinigen	z.B. Ineinanderschieben; Einfüllen; Schrauben; Vergießen; Fügen durch Nietverfahren; Schmelzverbindungsschweißen; Verbindungshochtemperaturlöten; Kleben mit physikalisch abbindenden Klebstoffen	z.B. Anstreichen, Lackieren; Spachteln; Putzen, Verputzen; elektrostatisches Beschichten; Schmelzauftragschweißen; Auftragshartlöten; Vakuumbedampfen; chemisches Beschichten	z.B. Verfestigen durch Schmieden; Tiefkühlen; Austenitformen; Sintern, Brennen; Magnetisieren; Bestrahlen; Belichten
Fertigungsverfahren (3. Iteration)	z.B. Warmkammerdruckgießen; Mehrkomponentenspritzgießen	z.B. Kaltwalzen; Streckformenvakuumverfahren	z.B. Wasserstrahlschneiden; Bandsägen	z.B. WIG-Schweißen; Heizelementschweißen	z.B. CVD-Verfahren; Pulverlackieren	z.B. Ionisierende Bestrahlung

Die Bestimmung der für eine (Verbund-)Materialgruppe prinzipiell in Frage kommenden Fertigungshauptgruppen erfolgt durch Abgleich der betrachteten Materialien mit den erfaßten Daten zu den materialspezifischen Leistungsmerkmalen der Hauptgruppen (s. FA 32). So ist z. B. die Hauptgruppe Umformen für Eisenmetalle generell geeignet, während sie für Duromere im Regelfall nicht in Frage kommt. Die Erzeugnisgeometrie wird im 1. Iterationsschritt aufgrund des Detaillierungsgrads noch nicht berücksichtigt. Aus den in Frage kommenden Hauptgruppen stellt der Anwender von euroMat '98 unter Zuhilfenahme von Regeln (s. FA 50) die in Frage kommenden Fertigungswege zusammen (s. FA 55). Dabei können für eine (Verbund-)Materialgruppe auch mehrere alternative Fertigungswege ausgewählt und an die Bewertung weitergegeben werden.

Eventuell vorhandene Datenlücken, insbesondere bei neuen Verbundmaterialien, können durch die Befragung von Werkstoffherstellern sowie durch Abschätzungen anhand ähnlicher Werkstoffe, Bauteile bzw. Fertigungswege geschlossen werden (s. FA 85–130). Bei neuen Materialien ist eine Interaktion mit dem Modul Technik – Aufbaubarkeit vorgesehen (s. FA 100–115).

Recycling. Zur Abschätzung der Recyclingeigenschaften werden für die potentiellen (Verbund-)Materiallösungen die möglichen Recyclingprodukte, deren Bedarf zum Zeitpunkt des Abfallanfalls sowie die zu deren Herstellung denkbaren bzw. (theoretisch) notwendigen Recyclingverfahrensgruppen bestimmt (s. RV 5–95, RW 5–70) und anschließend bewertet (s. Kapitel 3.2.2.3). Dabei wird auf eine qualitative Datenbasis – die aus Sekundärdaten, Erfahrungen und Abschätzungen resultiert – zurückgegriffen (s. RV 125–185, RW 125–185).

Als Grundlage für die Verfahrensauswahl für die ausgewiesenen (Verbund-)-Materialgruppen und die Anforderungsprofile der Recyclingprodukte dienen Listen zu Recyclingverfahren (z. B. [Woidasky 1995]), Prozeßdatenblätter zu Verarbeitungsverfahren sowie gesetzliche Vorgaben (z. B. [KrW-/AbfG 1994, § 4 Abs. 4, § 5 Abs. 4, § 6 Abs. 1, 2]) (s. RW 100–155, 235–270).

3.2.2.3
Bewertung der Technischen Eignung

Begonnen wird mit der Wichtung der Anforderungen, die im Anforderungsprofil aufgeführt werden. Dies dient dazu, in Abhängigkeit von der geplanten Nutzung bzw. vom Einsatzbereich des zukünftigen Produkts oder Bauteils die Relevanz einzelner Anforderungen herauszuarbeiten und so die geforderten Präferenzen transparent zu machen. Diese Wichtung geht indirekt über die Bewertung der Gebrauchseigenschaften in die Gesamtbewertung ein.

Nach der im Modul Technik – Gebrauchseigenschaften durchgeführten Auswahl der für ein gegebenes Anforderungsprofil potentiell geeigneten (Verbund-)Materialgruppen inklusive der Ermittlung ihrer Fertigungs- und Recyclingeigenschaften, erfolgt jeweils eine Bewertung dieser (Verbund-)Materialgruppen aus Sicht der Gebrauchs-, Fertigungs- bzw. Recyclingeigenschaften. Diese 3 Bewertungen gehen in die Gesamtbewertung der (Verbund-)Materialgruppen (s. Kapitel 3.6) ein.

Materialauswahl (Anforderungsprofil). Die im Anforderungsprofil fixierten Materialanforderungen, Grenzwerte und Zielgrößen sind nach ihrer Relevanz für die entsprechende spezielle Nutzung zu wichten. Das Datenblatt zur Erfassung des Anforderungsprofils bietet hierzu die Möglichkeit, die Anforderungen nach sehr wichtigen, wichtigen und weniger wichtigen Anforderungen zu strukturieren. Zur Abstufung zwischen den in einer Klasse eingeordneten Anforderungen untereinander wird jede einzelne Anforderung mit einem Wichtungsfaktor (F_1) versehen.

Werden im Verlauf der Entwicklung neue Erkenntnisse gewonnen, z.B. durch die Interaktion mit der Marketingabteilung am Ende jedes Iterationsschritts (s. Kapitel 3.6), wird der Wichtungsfaktor F_1 ggf. für die weitere Betrachtung verändert.

Die Ermittlung der Wichtigkeit der Anforderungen geht im 1. Iterationsschritt insofern in die Bewertung der Gebrauchseigenschaften ein, da nur die sehr wichtigen Anforderungen für den Eigenschaftsabgleich (s. Kapitel 3.2.2.2, Gebrauchseigenschaften) herangezogen werden.

Beispiel Bodengruppe:
Relevanz der Anforderung und Wichtungsfaktor

1. Leichtbau ($F_1 = 10$),
2. Lackierbarkeit oder Einfärbbarkeit ($F_1 = 6$),
3. Geräuschdämmung ($F_1 = 3$),

(*1* sehr wichtige Anforderung, $F_1 = 7-10$; *2* wichtige Anforderung, $F_1 = 4-6$; *3* weniger wichtige Anforderung, $F_1 = 1-3$).

Tabelle 3.2-3. Kurzcharakteristik der im Anforderungsprofil zu erfassenden Anforderungen

Relevanz der Anforderung	Wichtungs-faktor F_1	Bemerkungen
Sehr wichtig (alle Iterationsschritte)	7-10	Anforderungen, die durch die Materialien unbedingt und vollständig zu erfüllen sind
Wichtig (ab 2. Iterationsschritt)	4-6	Anforderungen, bei denen es sich z.B. um lebensdauerverlängernde, die Nutzung erleichternde bzw. zusätzliche Anforderungen handelt (in der Regel kein Ausschlußkriterium)
Weniger wichtig (ab 3. Iterationsschritt)	1-3	Anforderungen, welche keinen Einfluß auf die geforderte Lebensdauer oder die Funktionalität des Bauteils haben. In der Regel „Wunschanforderungen", die nicht ausschließlich durch die identifizierten Materialien zu erfüllen sind (z.B. Wahl der Fertigungsverfahren). Diese Anforderungen stellen kein Ausschlußkriterium für bereits als geeignet identifizierte (Verbund-) Materialien dar

In Tabelle 3.2–3 ist eine Kurzcharakterisierung der Wichtungsklassen und des Wichtungsfaktors dargestellt.

Materialauswahl [Gebrauchseigenschaften (s. MB 0–MB 155)]. An die Identifikation der sicher und wahrscheinlich geeigneten bzw. ungeeigneten (Verbund-)-Materialien schließt sich die Ermittlung des Anforderungserfüllungsgrads F_2 der potentiell geeigneten Materiallösungen an (s. MB 15). Die Bewertung erfolgt in dieser Iteration rein qualitativ mit einer ABC-Beurteilung (s. MB 20). Die Einschätzung des Erfüllungsgrads kann in jeder Iteration absolut oder relativ zu einem im Vorfeld definierten Referenzmaterial durchgeführt werden. Sollte eine relative Bewertung gewählt werden, wird das Referenzmaterial mit B bewertet, um den Abgleich zwischen Anforderung und Materialeigenschaft mit „besser als" oder „schlechter als" das Referenzmaterial bzw. „gleich" dem Referenzmaterial beurteilen zu können. In Tabelle 3.2–4 sind die qualitativen Bewertungen strukturiert und charakterisiert. Eine Bewertung der Möglichkeiten der Defizitbeseitigung und die sich einzelfallabhängig anschließende Ermittlung des F&E-Bedarfs (s. MB 35–75) wird erst ab dem 2. Iterationsschritt durchgeführt.

Die potentiell geeigneten Materiallösungen werden gemäß ihres Erfüllungsgrads F_2 im 1. Iterationsschritt mit A, B oder C bewertet.

Zur Bildung einer Kennzahl für die Bewertung der Gebrauchseigenschaften (s. MB 125) werden zunächst den qualitativen Bewertungen des Erfüllungsgrads F_2 (A, B und C) die Initialbewertungen $I_{F2} = 0$; 0,5 bzw. 1 zugeordnet (s. MB 122). Die Summe aller Produkte aus den Wichtungsfaktoren F_1 (Anzahl

Tabelle 3.2–4. Qualitative Bewertungskriterien (Erfüllungsgrad Gebrauchseigenschaften F_2) für die Materialauswahl im 1. Iterationsschritt (s. MB 20)

Bewer-tung	ABC-Bewertung der Materialauswahl im 1. Iterationsschritt	
	Mit Referenzmaterial	Ohne Referenzmaterial
A	Das betrachtete Material erfüllt die Anforderungen schlechter als das Referenzmaterial	Die Anforderungen werden wahrscheinlich nicht erfüllt
B	Das Material stellt das Referenzmaterial dar	Die Anforderung wird nicht vollständig erfüllt
	Anforderung wird von dem Material genauso gut bzw. nur unwesentlich besser/schlechter als vom Referenzmaterial erfüllt (bei einer relativen Bewertung der Gebrauchseigenschaften)	Fast jedes Material hat mit der Erfüllung der Anforderung Probleme
	–	Die Anforderung wird wahrscheinlich nur von einer begrenzten Materialzahl innerhalb der jeweils betrachteten Materialgruppe erfüllt
C	Anforderung wird besser als vom Referenzmaterial erfüllt	Die Anforderung wird mit hoher Wahrscheinlichkeit erfüllt

Initialbewertung des mit ABC bewerteten Erfüllungsgrads F_2, um Ranking vornehmen zu können: A = 0; B = 0,5; C = 1.

der Produkte aus den Wichtungsfaktoren F_1: Anzahl der sehr wichtigen Anforderungen) (s. MB 132) und der jeweils vergebenen Initialbewertung I_{F2} für eine (Verbund-)Materialgruppe ergibt die gesuchte Kennzahl für den 1. Iterationsschritt (Gl. 3.2–1). Je größer die Kennzahl ist, desto besser ist ein Material aus Sicht der Gebrauchseigenschaften zu bewerten bzw. desto weniger Defizite weist es auf. Auf der Basis dieser Kennzahlen wird ein Ranking durchgeführt (s. MB 145), welches an das Modul Gesamtbewertung weitergegeben wird.

$$M^{[1]}_{\text{(Verbund-)Material}} = \sum_{i=1}^{n} F_{1i} \cdot I_{F2i,\,\text{(Verbund-)Material}} \qquad (3.2\text{–}1)$$

- $M^{[1]}_{\text{(Verbund-)Material}}$: Materialbewertungskennzahl des 1. Iterationsschritts für die Gebrauchseigenschaften der jeweils betrachteten (Verbund-)-Materialgruppe;
  für den 2. Iterationsschritt lautet die entsprechende Materialbewertungskennzahl für die Gebrauchseigenschaften der entsprechenden (Verbund-) Materialcluster $M^{[2]}_{\text{(Verbund-)Material}}$
- 1 … n:
  - 1. Iterationsschritt: Anzahl der sehr wichtigen Anforderungen,
  - 2. Iterationsschritt: Anzahl der sehr wichtigen und wichtigen Anforderungen;
- F_1: Wichtungsfaktor; dient zur Wichtung der Anforderungen im Anforderungsprofil,
  - sehr wichtige Anforderungen: $F_1 = 7\text{–}10$,
  - wichtige Anforderungen: $F_1 = 4\text{–}10$;
- F_2: Erfüllungsgrad; gibt an, wie gut die jeweilige Anforderung vom betrachteten (Verbund-)Material erfüllt wird (s. Tabelle 3.2–4);
- I_{F2}: Initialbewertung des mit ABC bewerteten Erfüllungsgrads F_2 (s. Fußnote der Tabelle 3.2–4).

Materialauswahl (Aufbaubarkeit). Eine explizite Bewertung der Aufbaubarkeit der Verbundmaterialien erfolgt nicht. Nachdem die Aufbaubarkeit für die noch nicht praxiserprobten Verbunde abgeschätzt wurde und ggf. für problematische Verbundmaterialien geeignete Gruppen von Stoffzusätzen, Mischungspartnern, Behandlungs- und Herstellungsverfahren sowie -bedingungen ausgewiesen wurden, erfolgt im Rahmen der Materialauswahl (Gebrauchseigenschaften) die qualitative Einschätzung des Erfüllungsgrads der betrachteten Anforderungen des Anforderungsprofils durch die Eigenschaften der in der Liste zur Auswahl der geeigneten (Verbund-)Materialien enthaltenen (Verbund-)Materialien (s. M 50, MB 0–155).

Fertigung. Im Rahmen der 1. Iterationsstufe werden die einzelnen Arbeitsvorgänge jedes Fertigungswegs für eine (Verbund-)Materialgruppe, d.h. die Hauptgruppen, qualitativ charakterisiert (s. FA 170). Die ABC-Bewertung erfolgt hierbei nach dem in Tabelle 3.2–5 dargestellten Raster (s. FA 165).

Die Bewertung jedes Arbeitsvorgangs im Modul Technik – Fertigung ist ausschließlich im Zusammenhang mit dem entsprechenden (Verbund-)Material

Tabelle 3.2–5. Kriterien für eine ABC-Bewertung in der 1. Iterationsstufe

Einstufung im ABC-Raster	Kriterium
A	Keine bzw. geringe Erfahrungen bezüglich Fertigungseigenschaften bzw. Bearbeitungsverfahren der Gruppe von (Verbund-)Materialien
B	Fertigungseigenschaften bzw. Bearbeitungsverfahren sind bekannt, mit technischen Problemen muß jedoch gerechnet werden (z. B. Anwendung eines für einen bestimmten Werkstoff etablierten Verfahrens für einen ähnlichen Werkstoff)
C	Etablierte bzw. beherrschte Fertigungs- bzw. Bearbeitungsverfahren

(Gruppe, Cluster, Art) zu sehen. Bewertet wird nicht der Entwicklungsstand eines Verfahrens generell, sondern der Entwicklungsstand des Einsatzes des jeweiligen Verfahrens bzw. der Haupt- oder Untergruppe für das betrachtete (Verbund-)Material.

Ergeben sich bei der Bewertung der Arbeitsvorgänge von Materialien innerhalb einer (Verbund-)Materialgruppe signifikante Unterschiede, so sind neue Gruppen nach Fertigungseigenschaften zu bilden (s. FA 180–185).

Die abschließende Bewertung der Fertigungseigenschaften der Gruppen erfolgt durch die Bestimmung der Anzahl der A-Bewertungen (potentielle technische Problempunkte) für jeden Fertigungsweg (s. FA 195). Je weniger A-Bewertungen ein Fertigungsweg aufweist, desto besser wird er bewertet [Ranking (s. FA 205)]. Das resultierende Ranking wird an das Modul Gesamtbewertung weitergegeben (s. Kapitel 3.6).

Recycling. Zur qualitativen Bewertung im Modul Technik – Recycling werden die im folgenden dargestellten Kriterien herangezogen:

1. Altstoffausbringung: Nicht immer kann der Altstoff vollständig auf einem Niveau rezykliert werden. Oftmals kann nach Trenn- oder Aufarbeitungsprozessen nur ein gewisser Teil des Materials auf einer höheren Wertstufe rezykliert werden, der restliche Anteil auf einer niedrigeren Wertstufe. Auch hängt die Höhe des Altstoffausbringens beispielsweise von Verunreinigungen und Störstoffen ab, von denen der Altstoff zu befreien ist, bevor er dem Recycling zugeführt werden kann. In einem solchen Fall ist der prozentuale Anteil des Altstoffausbringens zu ermitteln und für die Bewertung mit dem Substitutionsfaktor ins Verhältnis zu setzen (s. RW 305, RV 305). Die Ausbringung ist gleich 0, wenn der Altstoff bzw. das Altprodukt beseitigt werden (s. RB 110).

Beispiel Bodengruppe: Altstoffausbringung

Die Altstoffausbringung für Stahl liegt durch Aufbereitung und erneutes Einschmelzen nach der Gebrauchsphase zwischen 73 % (worst case) und 98 % (best case).

2. Substitutionsfaktor: Er gibt an, wieviel Material des sonst nur aus Neuware (Primärrohstoff) bestehenden Produkts im Verhältnis zum eingesetzten Sekundärrohstoff tatsächlich durch Sekundärrohstoff ersetzt werden kann. [Fleischer 1995; S. 367].

$$\text{Substitutionsfaktor} = \left(\frac{m_{\text{substituierte Neuware}}}{m_{\text{Sekundärware}}} \right)_{\text{gleiche Funktionalität}} \qquad (3.2-2)$$

Der Substitutionsfaktor ist vom Aufbereitungsprodukt sowie von den Anforderungen, die an das zu substituierende Material gestellt werden (s. RW 300–310), qualitätsabhängig.

Der Substitutionsfaktor ist gleich 1, wenn die gleiche Menge Sekundärware die Neuware ersetzt. Im seltenen Fall, daß weniger Sekundärware als Neuware benötigt wird, ist er sogar >1. Meist wird jedoch mehr Sekundärware benötigt als dadurch an Neuware ersetzt werden kann, dabei wird der Substitutionsfaktor <1. Je höher der Zahlenwert, desto besser ist die Bewertung.

Beispiel Bodengruppe: Substitutionsfaktor

SMC (sheet mould compound) wird durch Partikelrecycling in neues SMC-Material eingearbeitet. Dabei nimmt das Rezyklat die Funktion von Komponenten mit höherer Dichte ein, die Masse der substituierten Neuware ist also größer als die der Sekundärware, der Substitutionsfaktor ist >1 (im Bereich 1,20–1,25).

3. Technischer Werterhalt (s. RW 335, RV 305): Er gibt an, ob und wie viele Verfahrensschritte durch das Recycling gegenüber der Herstellung mit Primärmaterialien eingespart werden können. Hierzu gibt die VDI 2243 eine Orientierungshilfe.
4. Bedarf für die potentiellen Recyclingprodukte (s. RW 350, RV 345): Hierfür wird die Wahrscheinlichkeit (1. Iterationsschritt) für den bzw. die Höhe des Bedarfs in Bezug auf die anfallende Recyclingproduktmenge abgeschätzt (2. und 3. Iterationsschritt).
5. Technischer Aufwand (s. RW 320, RV 320): Er gibt an, wie hoch der Aufwand z. B. über zusätzliche (Aufarbeitungs- oder Aufbereitungs-)Verfahren ist, um das Recyclingziel zu erreichen.

Die Bewertungskriterien sind in Tabelle 3.2–6 zusammengestellt.

Um die Kennzahlenbildung sowie eine vergleichende Bewertung unter Berücksichtigung aller Kriterien für die je (Verbund-)Material betrachteten Recyclingverfahren zu ermöglichen, werden den qualitativen Bewertungsgrößen Werte und den Kriterien Wichtungsfaktoren $r_i^{[1]}$ zugewiesen (Tabelle 3.2–7, Tabelle 3.2–8).

Tabelle 3.2–6. Bewertung des Recyclingverhaltens im 1. Iterationsschritt

Kriterien	Bewertung	Bewertungskriterien
Technischer Werterhalt $B_W^{[1]}$	Ausschluß des Recyclingprodukts sinnvoll?	Wenn im Anforderungsprofil ein höherer technischer Werterhalt gefordert ist als das Recyclingprodukt erfüllen kann (z.B. wenn die Verwertung gefordert und nur eine Deponierung bzw. Beseitigung möglich ist)
	A	Deponierung Energetische Verwertung Rohstoffliches Recycling (wenn es sich nur unwesentlich von der energetischen Verwertung unterscheidet, z.B. Pyrolyse, ggf. Hochofen)
	B	Rohstoffliches Recycling Werkstoffliches Recycling
	C	Produkt- und Bauteilrecycling
Verhältnis von Altstoffausbringen zu Substitutionsfaktor $B_S^{[1]}$	A	Geringes Altstoffausbringen bei geringem Substitutionsfaktor Großes Altstoffausbringen bei geringem Substitutionsfaktor Geringes Altstoffausbringen bei großem Substitutionsfaktor
	B	Mittleres Altstoffausbringen bei mittlerem Substitutionsfaktor
	C	Großes Altstoffausbringen bei großem Substitutionsfaktor
Bedarf für Recyclingprodukte zum Zeitpunkt des Abfallanfalls $B_B^{[1]}$ (s. Anforderungsprofil)	Ausschluß des Recyclingverfahren sinnvoll?	Kein Bedarf für das Recyclingprodukt
	A	Unwahrscheinlicher Bedarf
	B	Wahrscheinlicher Bedarf
	C	Bedarf vorhanden
Technischer Aufwand $B_A^{[1]}$	A	Recyclingverfahren existiert noch nicht für dieses Material
	B	Recyclingverfahren existiert im Labormaßstab
	C	Recyclingverfahren wird industriell eingesetzt

Tabelle 3.2–7. Wertzuweisung für die Kennzahlbildung im 1. Iterationsschritt

Bewertung	Zugewiesener Wert der Initialbewertung $IB^{[1]}$
A	0
B	0,5
C	1

Tabelle 3.2–8. Gewichtung der Recyclingkriterien im 1. Iterationsschritt

Kriterien	Gewichtungsfaktor	Begründung
Technischer Werterhalt	$r_W^{[1]} = 0{,}2$	Es erfolgt eine mittlere Gewichtung, da es für die Kreislaufführung von Produkten und Materialien sehr wichtig ist, die Stoffe auf einem ansprechend hohen Niveau im Kreis zu führen
Altstoffausbringung und Substitutionsfaktor	$r_S^{[1]} = 0{,}3$	Erhält höhere Gewichtung, da geringe Altstoffausbringung zu keinem Recycling des Rests führt. Geringer Substitutionsfaktor bewirkt, daß die dringend benötigten Anwendungsfelder für Rezyklat nicht gefunden werden können
Bedarf für das Recyclingprodukt	$r_B^{[1]} = 0{,}35$	Höchste Gewichtung, da der Bedarf an Recyclingprodukten ausschlaggebend für die Durchführung des Recyclings ist
Technischer Aufwand	$r_A^{[1]} = 0{,}15$	Wird geringer gewichtet, da technische Probleme gelöst werden können bzw. sich auch ein hoher technischer Aufwand in Abhängigkeit von der Wertschöpfung rechnen kann. Es wird daher mehr Wert auf die Wertschöpfung gelegt

Die Recyclingkennzahl $R^{[1]}$ wird für jede betrachtete Recyclingproduktgruppe und die entsprechenden Recyclingverfahren wie folgt ermittelt:

$$R^{[1]} = \frac{\sum\limits_{i} IB_i^{[1]} \cdot r_i^{[1]}}{j} \tag{3.2-3}$$

- $R^{[1]}$: Recyclingkennzahl des 1. Iterationsschritts für in Gruppen zusammengefaßte Recyclingprodukte und Verfahren;
- $IB_i^{[1]}$: Initialbewertungen der Recyclingkriterien des 1. Iterationsschrittclusters (s. Tabelle 3.2–7);
- i: W, A, S, B (s. auch Tabelle 3.2–6);
- $r_i^{[1]}$: Gewichtungsfaktor je Recyclingkriterium (s. Tabelle 3.2–8);
- j: Anzahl der Kriterien; bei Berücksichtigung aller in Tabelle 3.2–8 aufgeführten Kriterien ist j = 4.

3.2.3
Halbquantitative Betrachtung und Bewertung (2. Iterationsschritt)

3.2.3.1
Systemgrenze und Systemumfang

Materialauswahl [Anforderungsprofil (s. MA 500 – MA 580)]. Soweit möglich, werden die für die sehr wichtigen und wichtigen Anforderungen aufgeführten Prüfungen am Bauteil in repräsentative physikalische Materialkennwerte übertragen, die als Ziel- bzw. Vergleichsgröße bei der Materialauswahl genutzt werden können.

Diese Umsetzung ist häufig nicht durch einfache analytische Betrachtungen, sondern nur durch eine detaillierte FEM-Berechnung zu erreichen. In diesem Iterationsschritt wird noch eine große Anzahl von unterschiedlichen (Verbund-)-Materialclustern betrachtet. Um den Berechnungsaufwand vor dem Hintergrund der halbquantitativen Bewertung in sinnvollen Grenzen zu halten, wird in dieser Iteration die Umsetzung der Bauteilprüfungen in Zielgrößen nur vorgenommen, wenn dies mittels analytischer Betrachtungen erreicht werden kann.

Materialauswahl [Gebrauchseigenschaften (s. MM 0 – MM 160)]. In der 2. Iteration werden unter Berücksichtigung der in physikalische Materialkennwerte umgesetzten sehr wichtigen und wichtigen Anforderungen potentiell geeignete (Verbund-)Materialcluster gebildet. Ausgangspunkt dabei sind die im 1. Iterationsschritt nach Eigenschaften im Modul Technik (s. z.B. MH 60, MV 390, FA 185) sowie durch die bewertenden Module Umwelt, Arbeitsumwelt und Kosten gebildeten (Verbund-)Materialgruppen (s. Abb. 3.2–11).

Da die (Verbund-)Materialcluster aus (Verbund-)Materialien bestehen, die hinsichtlich der wichtigsten Anforderung vergleichbare Eigenschaften aufweisen, können die Eigenschaftswerte bei anderen wichtigen Anforderungen signifikant unterschiedlich sein. Durch unterschiedliche Materialclusterbildung für jede wichtige Anforderung kann dieses Problem nicht gelöst werden, da dies zu

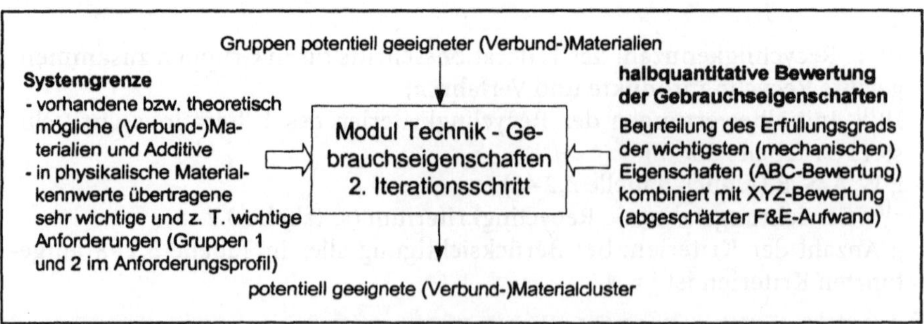

Abb. 3.2–11. Systemgrenzen und Systemumfang des Moduls Technik – Gebrauchseigenschaften im 2. Iterationsschritt

Schwierigkeiten bei der Bewertung der (Verbund-)Materialien untereinander führt und zusätzlich die Handhabbarkeit der Methode stark vermindert wird. Daher wird das Eigenschaftsspektrum in den gebildeten Materialclustern bezüglich der weiteren Anforderungen durch die Angabe von Eigenschaftsbandbreiten beschrieben.

Materialauswahl [Aufbaubarkeit (s. MAB 0 – MAB 170)]. Im 2. Iterationsschritt werden bei der Ermittlung der Gebrauchseigenschaften die potentiell geeigneten (Verbund-)Materialgruppen in der Liste zur Auswahl der geeigneten (Verbund-)Materialien zu Clustern weiter spezifiziert. Aus diesen Clustern sind für die Aufbaubarkeit wiederum diejenigen (Verbund-)Materialcluster zu identifizieren und zu betrachten, die ihre Eigenschaften in der Praxis noch nicht unter Beweis stellen konnten. In Abhängigkeit von den Anforderungen (sehr wichtige und wichtige) des Anforderungsprofils wird für diese Verbundmaterialcluster die Aufbaubarkeit gemäß dem Detaillierungsgrad des 2. Iterationsschritts für die bereits für den 1. Iterationsschritt dargestellten Aspekte abgeschätzt (Abb. 3.2–12).

Fertigung (s. FB 0 – FB 215). Im Rahmen des 2. Iterationsschritts werden die im 1. Schritt als grundsätzlich geeignet identifizierten Gruppen von (Verbund-) Materialien unter Berücksichtigung von neuen Angaben des Entscheidungsträgers mit dem Produktdesigner (s. Kapitel 3.6) stärker differenziert (s. FB 10). Betrachtet werden in dieser Iteration Cluster von (Verbund-)Materialien.

Ausgehend von diesem höheren Detaillierungsgrad hinsichtlich der betrachteten Materialien ist ebenfalls eine differenziertere Beurteilung der Fertigungseigenschaften möglich. Hierzu werden in Anlehnung an die DIN 8580 die Produktentstehungsphasen „Kombination der Materialien zu Verbundmaterialien und Formgebung" und „Nachbearbeitung der Bauteile aus (Verbund-)Materialien" weiter aufgegliedert. Beispiele für die entsprechenden Untergruppen gemäß DIN 8580 sind in Tabelle 3.2–2 dargestellt. Durch Zusammenstellung der

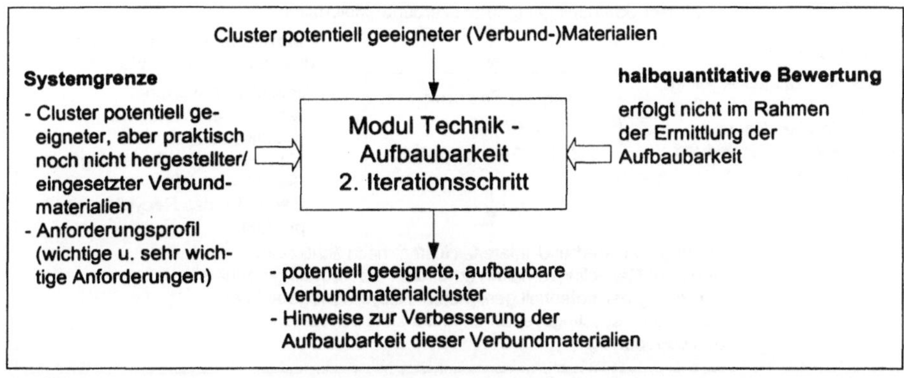

Abb. 3.2–12. Systemgrenzen und Systemumfang des Moduls Technik – Aufbaubarkeit im 2. Iterationsschritt

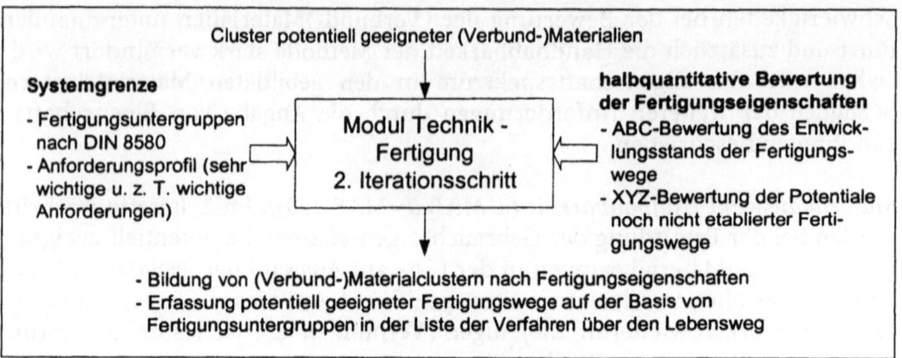

Abb. 3.2–13. Systemgrenzen und Systemumfang des Moduls Technik – Fertigung im 2. Iterationsschritt

einzelnen Untergruppen ergibt sich somit eine Detaillierung des Fertigungswegs (s. FB 20–70) (Abb. 3.2–13).

Recycling (s. R 0–R 80). Systemgrenze und Systemumfang des Moduls Technik – Recycling ergeben sich wie im 1. Iterationsschritt aus den Recyclingformen nach VDI 2243 (s. R 65–75, R 85, R 90), die im 2. Iterationsschritt halbquantitativ betrachtet werden. Den Untersuchungsgegenstand stellen die im Teilmodul Materialauswahl/Gebrauchseigenschaften des Moduls Technik als potentiell geeignet ausgewiesenen (Verbund-)Materialcluster dar (s. R 3), für welche nach der Nutzungsphase mögliche Recyclingproduktcluster zu identifizieren sind und deren Bedarf ab dem Zeitpunkt des Abfallanfalls abgeschätzt wird. Das Untersuchungsergebnis dieses 2. Iterationsschritts sind die für diese Recyclingproduktcluster in Frage kommenden Recyclingverfahrenscluster (Abb. 3.2–14).

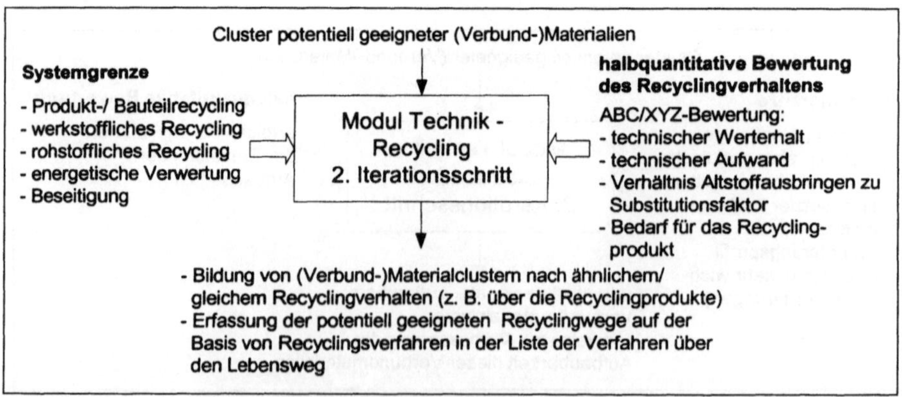

Abb. 3.2–14. Systemgrenzen und Systemumfang des Moduls Technik – Recycling im 2. Iterationsschritt

3.2.3.2
Datenbasis und Eigenschaftsermittlung

Materialauswahl (Anforderungsprofil). Zu Beginn der 2. Iteration werden die Ergebnisse aller eigenschaftsermittelnden und bewertenden Module des 1. Iterationsschritts begutachtet (s. MA 505, MA 525, MA 530, MA 550), um überflüssig gewordene bzw. diskussionswürdige Anforderungen, die beispielsweise auf früher verwendete Materialien, Konstruktionen oder Fertigungsverfahren zurückgehen, zu identifizieren (s. MA 560). Diese Anforderungen werden zur Disposition gestellt. Zusätzlich kann das Anforderungsprofil ggf. unter Berücksichtigung neuer Randbedingungen oder externer Vorgaben wie Änderung von Sicherheitsvorschriften, firmeninternen Fertigungs- bzw. Herstellungsverfahren oder Projektzielverschiebung überarbeitet bzw. erweitert werden (s. MA 560).

> **Beispiel Bodengruppe:**
> **Überarbeitung und Modifikation des Anforderungsprofils**
>
> 1. Iteration 1: Leichtbau ($F_1 = 10$);
> 2. Iteration 2: Gewicht für ca. $3{,}4\text{-m}^2$-Platte etwa < 18 kg ($F_1 = 10$).
>   Die Restriktion für die spezielle Nutzung ist das Bauteilgewicht. Diese Restriktion kann aufgrund von werkstoffgerechten Lösungen nicht durch die Dichte des (Verbund-)Materials beschrieben werden.

Materialauswahl (Gebrauchseigenschaften). In diesem Teilmodul erfolgt an dieser Stelle der Abgleich der sehr wichtigen und wichtigen Anforderungen aus dem Anforderungsprofil mit den Eigenschaften der (Verbund-)Materialgruppen aus dem 1. Iterationsschritt. Ziel ist die weitere Einengung der in Frage kommenden Materialien durch die Auswahl potentiell geeigneter Cluster aus den (Verbund-)Materialgruppen.

Wenn in Datenbanken keine Eigenschaften zu den (Verbund-)Materialclustern vorliegen, können diese auf verschiedene Weise abgeschätzt werden. Beispielsweise kann das Materialverhalten eines Verbundwerkstoffs mittels einer empirischen Beschreibung erfolgen (s. MV 190). Dies ist mit einem erheblichen experimentellen Aufwand verbunden (s. MV 185), so daß dies in der Regel nicht zweckmäßig ist. Für bestimmte Belastungsfälle und (Verbund-)Materialmodelle oder modifizierte Materialien können für einzelne Materialkombinationen spezifische, nicht verallgemeinerbare Rechenansätze zur Beschreibung des resultierenden Materialverhaltens angegeben werden (s. MV 170–175, MS 115–120). Bei diesem Vorgehen ist sicherzustellen, daß die Geltungsbereiche der verwendeten Abschätzungsformeln nicht verlassen werden und daß eine Vergleichbarkeit der eingesetzten Materialeigenschaften der Komponenten, die verschiedenen Materialgruppen (z.B.: Metalle ↔ Kunststoffe) zugeordnet sind, gewährleistet ist. Allgemeingültiger als diese Rechenansätze sind Mischungsregeln und Summenformeln sowie Faust- und Näherungsformeln. Detaillierte Ausführungen zu diesen Abschätzungsregeln finden sich im Kapitel 3.2.4.2 (Gebrauchseigenschaften) sowie im Anhang.

**Beispiel Bodengruppe:
Bestimmung der Festigkeit von Faserverbundwerkstoffen
und Berücksichtigung des Geltungsbereichs der Abschätzungsformel**

Bei einer eher kurzzeitigen Belastung können faserverstärkte Kunststoffe als hart-spröde (Verbund-)Materialien angesehen werden. Daher erfolgt die Dimensionierung der Bodenplatten auch für die Faserverbundwerkstoffe mit polymerer Matrix in 1. Näherung gegen eine zulässige Maximalspannung. Die Faserverbundwerkstoffestigkeit kann unter der Annahme, daß die Bauteilbelastungen im quasielastischen Bereich liegen, durch ein volumenbezogenes Mittel aus den Festigkeiten der Fasern und der Matrix abgeschätzt werden (Gl. 3.2–4):

$$\sigma_{zul\_Verbund} = \sigma_{zul\_Matrix} \cdot (1 - \varphi_{Faser}) + \sigma_{zul\_Faser} \cdot \varphi_{Faser} \cdot \eta \qquad (3.2\text{–}4)$$

Zur Berücksichtigung der Faserorientierung, der Faserverteilung und der Faser-Matrix-Haftung auf die Verbundwerkstoffestigkeit ist in dieser Formel als Abminderungsfaktor der Wirkungsgrad η eingeführt worden.

Der überwiegende Teil der Verbundmaterialien besteht in der Regel aus einer Vielzahl verschiedener Komponenten, von welchen die Mehrzahl nur einen geringen prozentualen Gewichtsanteil im Verbund einnimmt, deren Einfluß auf die Verbundeigenschaften aber nicht unterschätzt werden darf. Dazu zählen z. B. bei Faserverbundwerkstoffen auf polymerer Basis Füllstoffe, Haftvermittler u. ä. Trotz ihres z. T. nicht unerheblichen Einflusses auf die Verbundeigenschaften werden in dieser Iteration diese Komponenten bei der quantitativen Bewertung weitestgehend vernachlässigt und die Beschreibung eines nur die Hauptkomponenten umfassenden (Verbund-)Materials angestrebt [Menges 1990], [Michaeli 1993]. Der Einfluß dieser Zusatzkomponenten wird in einigen Abschätzungsregeln durch Konstanten berücksichtigt. Die möglichen Wertebereiche dieser (verbund-)materialspezifischen Konstanten in Abschätzungsformeln werden durch Bandbreitenbetrachtungen in typischen Größenordnungen berücksichtigt.

**Beispiel Bodengruppe: Abschätzung einer
Cluster-spezifischen Konstanten in einer Abschätzungsformel**

Zur Abschätzung des Wirkungsgrads η der Gl. 3.2–4 kann z. B. die Bruchspannung von glasmattenverstärkten Thermoplasten (GMT) zugrundegelegt werden, die etwa 100 MPa beträgt. Aus typischen Festigkeiten der Komponenten Glasfaser und Polyolefinen (insbesondere PP) ergibt sich somit ein Wirkungsgrad $\eta = 0{,}1$. Für alle Festigkeitsberechnungen der Bodenplatte wird dieser Wert für den Wirkungsgrad gesetzt. Der niedrig angesetzte Wirkungsgrad deutet ein Forschungsdefizit in diesen Bereich an, aber selbst unter optimalen Bedingungen erscheint ein Wirkungsgrad nahe 1 als technisch und physikalisch nicht erzielbar.

Die (Verbund-)Materialeigenschaftsspektren der einzelnen gebildeten (Verbund-)Materialcluster werden durch Spannweiten dargestellt. Diese Spannweiten werden durch die Berechnung der (Verbund-)Materialeigenschaften vieler individueller (Verbund-)Materialien dieses Clusters als Funktion der Eigenschaften der Einzelkomponenten und des Verbundmaterialmodells (z.B.: Variationsbreite des Faservolumengehalts) berechnet. Speziell die extremen (Verbund-)Materialeigenschaftskombinationen werden hier betrachtet. Die typische Größenordnung der Werte für die verbundmaterialmodell- oder materialspezifischen Konstanten in einigen Abschätzungsregeln werden durch vergleichende Positiv- und Negativabschätzungen festgelegt.

Aufgrund des Detaillierungsgrads der 2. Iteration wird der vorgegebene mechanische Belastungsfall in mehrere einfache Grundlastfälle zerlegt, die durch einfache analytische oder empirische Ansätze beschrieben werden können (s. z.B. MH 65, MS 205). Da die Grundlastfälle nur für bestimmte Belastungsarten und Geometrien vorliegen, muß sichergestellt werden, daß die charakteristischen Belastungsarten und geometrischen Randbedingungen des Anforderungsprofils durch die Grundlastfälle beschrieben werden [Hütte 1996], [Dubbel 1987]. Bei der Dimensionierung von Bauteilen aus Materialien, die unterschiedlichen Materialgruppen angehören (s. Abb. 3.2–1), muß in jedem Einzelfall eine geeignete Auslegungsmethode gewählt werden, da z.B. Metallbauteile auf der Basis anderer Vergleichsgrößen ausgelegt werden als solche aus Kunststoffen. Im allgemeinen werden Bauteile aus metallischen Werkstoffen gegen eine zulässige Spannung im höchstbelasteten Querschnitt ausgelegt [Pahl 1997], [Dubbel 1987]. Demgegenüber sind für Bauteile aus polymeren Werkstoffen je nach vorherrschender Belastungsart andere werkstoffspezifische Vergleichsgrößen relevant [Taprogge 1994], [Menges 1990].

Durch die Superposition der Ergebnisse der einzelnen Grundlastfälle können die aus dem Belastungsfall resultierenden Spannungen und Dehnungen für eine stark vereinfachte Konstruktion ermittelt werden. Hierbei ist zu beachten, daß die werkstoffspezifischen Randbedingungen beachtet und eingehalten werden, unter denen eine Superposition der Ergebnisse zulässig ist [Menges 1990].

Mit diesen Vergleichsgrößen werden die Eigenschaftsprofile der (Verbund-)-Materialien abgeglichen (s. MV 10, MV 165, MV 250, MS 35, MS 105, MS 175).

Materialauswahl (Aufbaubarkeit). Analog dem 1. Iterationsschritt werden die als geeignet ausgewiesenen Verbundmaterialcluster, die bisher über keine Praxisrelevanz verfügen, näher betrachtet (s. MAB 10). Die Aufbaubarkeit wird abgeschätzt, indem Verbundmaterialprobleme wie z.B. störende Wechselwirkungen an den Phasengrenzflächen der Verbundwerkstoffkomponenten (s. MABB 0–100), Haftungsprobleme (s. MABC 0–130) bzw. Mischbarkeitsprobleme (s. MABC 145–560), Interdiffusion (s. MABE 0–310) sowie ungewollte chemische Reaktionen (s. MABE 345–530) überschlägig ermittelt werden. Außerdem sind die gemäß Anforderungsprofil erforderlichen Teilchengeometrien in den Verbundmaterialien zu ermitteln (s. MABD 0–60). Zum anderen ist das thermische Verhalten der beteiligten Phasen des Verbundmaterials im Temperaturbereich der Umformung, der Lagerung und des Gebrauchs zu

untersuchen (s. MABE 545–660) und – ebenso wie für die bereits davor abgeschätzten Probleme – mit den genauen Anforderungen des Anforderungsprofils
durch als geeignet zu identifizierende Vorbehandlungen und Zusätze abzuglei-
chen. Die daraus resultierenden Änderungen der Verbundmaterialzusammen-
setzung sind der Liste zur Auswahl der geeigneten (Verbund-)Materialien hin-
zuzufügen ebenso wie die erforderlichen (Vor-)Behandlungsverfahren der Liste
der Verfahren über den Lebensweg.

Fertigung. Die Auswahl der Fertigungsverfahren für die potentiell geeigneten
(Verbund-)Materialcluster basiert im 2. Iterationsschritt auf den Fertigungs-
untergruppen nach DIN 8580 (s. auch Tabelle 3.2–2). Zunächst erfolgt ein
Abgleich der Untergruppen mit den im Modul Technik – Materialauswahl
(Gebrauchseigenschaften) identifizierten (Verbund-)Materialclustern (s. FB 30).
Dadurch werden die prinzipiell für ein Material einsetzbaren Untergruppen
ermittelt. Dieses Zwischenergebnis (s. FB 35) ist der Input für den folgenden
Abgleich mit der Bauteil- bzw. Produktgeometrie (s. FB 45). Aus der resultie-
renden Schnittmenge stellt der Anwender von euroMat '98 einen oder mehrere
Fertigungswege für jeden Cluster zusammen (s. FB 70). Datenlücken können
analog zum Vorgehen im 1. Iterationsschritt geschlossen werden.

Im 2. und 3. Iterationsschritt werden auch evtl. nötige Fertigungshilfsstoffe
für Untergruppen bzw. Verfahren ermittelt (s. FB 81, FB 132). Außerdem wird
überprüft, ob sich durch die ausgewählten Verfahren eine Änderung der Materialeigenschaften ergeben kann (s. FB 155). Dies ist nowendig, da durch
bestimmte Eigenschaftsveränderungen eine Erfüllung des Anforderungsprofils
möglicherweise nicht mehr gegeben ist.

Alle ermittelten Fertigungswege werden in der „Datenbasis Fertigungswege"
(s. FB 146, FB 147, FB 150) abgelegt, um diese Informationen später für die Auswahl
von Fertigungswegen inklusive -verfahren für ähnliche Bauteile nutzen zu können.

Recycling. Die Datenbasis für den 2. Iterationsschritt beruht auf halbquantitativen
Angaben. Dazu wird auf das Fachwissen von Experten, z. B. in Datenbanken abge-
legte recyclingrelevante Materialkenngrößen (wie beispielsweise der Heizwert),
Prozeßdatenblätter zu Aufbereitungs- und Recyclingverfahren (z. B. [Woidasky
1995]), gesetzliche Vorgaben usw. zurückgegriffen (s. RV 20–35, RW 125–145,
RW 235–270). Der Bedarf für die aus dem jeweils betrachteten (Verbund-)Mate-
rialcluster herstellbaren möglichen Recyclingprodukte kann über Marktanaly-
sen, Expertenbefragungen sowie Literaturrecherchen für den Zeitraum des
potentiellen Abfallanfalls abgeschätzt werden (s. RV 50–95, RW 25–70). Außerdem wird bei Recherchen speziell auf neue Entwicklungstrends zur Abschätzung
von Recyclingszenarios am Lebensende des Produkts Wert gelegt.

3.2.3.3
Bewertung der Technischen Eignung

Analog zum 1. Iterationsschritt (s. Kapitel 3.2.2.3) folgen nach der Ermittlung
der Eigenschaften innerhalb des Moduls Technik (Gebrauchseigenschaften,

Fertigung, Recycling) die jeweiligen Bewertungen für die potentiell geeigneten (Verbund-)Materialcluster. Diese 3 Einzelbewertungen gehen in die Gesamtbewertung der (Verbund-)Materialcluster (s. Kapitel 3.6) ein.

Materialauswahl (Anforderungsprofil). Im Fall einer Erweiterung oder Neustrukturierung des Anforderungsprofils aufgrund von neuen Randbedingungen und dem Ergebnis des vorgeschalteten Iterationsschritts (s. MA 530, MA 550) hat eine Einteilung der neuen oder modifizierten Anforderungen in 1 der 3 Wichtungsklassen (sehr wichtig, wichtig, weniger wichtig) zu erfolgen. Zudem muß jede neue oder veränderte bzw. detaillierter aufgeführte Anforderung mit einem Wichtungsfaktor aus dem der Wichtigkeitsklasse entsprechenden Bereich (s. Tabelle 3.2–3) versehen werden (s. MA 565).

> **Beispiel Bodengruppe:**
> **Spezifizieren und Modifizieren einer Anforderung**
>
> Aufgrund der Erfahrungen mit ähnlichen Bauteilen wurden die Materialanforderungen bezüglich der Korrosionsbeständigkeit detaillierter aufgeschlüsselt:
>
> 1. Iteration 1: Korrosionsbeständigkeit ($F_1 = 7$);
> 2. Iteration 2: Beständigkeit gegen Winterlaugen, Öle, Bremsflüssigkeiten ($F_1 = 7$).

Materialauswahl [Gebrauchseigenschaften (s. MB 0–MB 155)]. Die Bewertung der (Verbund-)Materialcluster erfolgt bezüglich des Erfüllungsgrads der sehr wichtigen und wichtigen Anforderungen (s. MB 15) zunächst analog zum 1. Iterationsschritt qualitativ mit einer ABC-Einstufung (s. MB 20). Die Abgrenzung untereinander und die Charakterisierung der ABC-Einstufungen ist identisch mit der 1. Iteration. Durch die Bildung von (Verbund-)Materialclustern und Ermittlung ihrer Eigenschaften ist der Aussagewert der qualitativen Betrachtung im Vergleich zur 1. Iteration jedoch höher.

Beim Abgleich der sehr wichtigen und wichtigen Anforderungen mit den (Verbund-)Materialeigenschaften der Cluster im 2. Iterationsschritt führt die Nichterfüllung einer Anforderung durch ein Mitglied des Clusters nicht automatisch zum Ausschluß desselben, wenn dieses Defizit u.U., d.h. durch F&E-Anstrengungen, beseitigt werden kann. Bei einem hohen zu erwartenden Innovationspotential dieses Clusters für die spezielle Anwendung kann es sinnvoll sein, die als ungenügend eingeschätzte Anforderungserfüllung als Defizit auszuweisen und den resultierenden Forschungs- und Entwicklungsbedarf zu ermitteln (s. MB 60). Das Innovationspotential eines (Verbund-)Materialclusters kann aus dem Erfüllungsgrad F_2 [wie gut wird die betrachtete Anforderung durch das (Verbund-)Material erfüllt] und der Gesamtbewertung aus dem vorangegangenen Iterationsschritt (s. MB 15, MB 35, MB 45–70) abgeschätzt werden. Zur korrekten Festlegung der Variationsbandbreiten und -spannweiten

in den folgenden Modulen des Instruments muß die Information weitergegeben werden, daß die Materialien des defizitären Clusters zur Erfüllung der
Anforderungen zumindest bereichsweise bis zu ihrer Leistungsgrenze ausgenutzt werden.

Existiert kein Innovationspotential, werden alle geeigneten bzw. ungeeigneten (Verbund-)Materialkombinationen dieses Clusters in 2 neugebil-
dete Clustern diversifiziert. Der mit Sicherheit oder wahrscheinlich nicht geeignete und kein Innovationspotential besitzende Cluster wird ausgeschlossen.
In diesem Fall wird der F&E-Bedarf nicht ermittelt, da eine Weiterentwicklung dieser Materialien für diese Anwendung keine erkennbaren Vorteile verspricht.

Der F&E-Bedarf im Modul Technik – Gebrauchseigenschaften wird für
die (wahrscheinlich) geeigneten (Verbund-)Materialcluster mit Hilfe der
XYZ-Bewertung in Tabelle 3.2–9 abgeschätzt. Die mit Forschungsbedarf ausgewiesenen (Verbund-)Materialcluster können für den Anwender mittel- oder
langfristige hochinnovative Lösungspotentiale darstellen, insbesondere in Fällen,
in denen dieser Cluster trotz der Defizite eine sehr gute Gesamtbewertung erhält.

Beispiel Bodengruppe:
Ausweisen von technischen Defiziten

Leichtmetallfasern als Polymerverstärkung sind bei der Bodengruppe als
Verstärkungsfaser nur bei sehr guter Haftung ($\eta > 0,5$; vgl. Gl. 3.2–4) sinnvoll. In diesem Bereich wird ein technisches Defizit identifiziert.

Tabelle 3.2–9. Halbquantitative Bewertungskriterien für die Materialauswahl für den 2. Iterationsschritt

Bewertung des Erfüllungsgrads F_2

Bewertung	Kriterien
ABC	s. 1. Iterationsschritt

Bewertung der Möglichkeit der Beseitigung der Defizite

Bewertung	Kriterien
X	Der F&E-Aufwand, der zur Erfüllung der Anforderung erforderlich wäre, wird als unvertretbar hoch eingeschätzt Die Anforderung ist nach dem Stand der Wissenschaft noch nicht erfüllbar
Y	Wahrscheinlich könnte dieses Defizit mit vertretbarem F&E-Aufwand beseitigt werden Der erforderliche F&E-Aufwand kann nicht genau abgeschätzt werden
Z	Der erforderliche F&E-Aufwand wird als gering bzw. lohnenswert eingeschätzt

Tabelle 3.2–10. Wertzuweisung für die Kennzahlbildung in der 2. Iteration für das Modul Technik – Materialauswahl	Bewertung: zugewiesener Wert (Initialbewertung)		
	C = 0,7 B = 0,35 A = 0,0	Z = 0,3 Y = 0,15 X = 0,0	
	C, Z = 1,0 B, Z = 0,65 A, Z = 0,3	C, Y = 0,85 B, Y = 0,5 A, Y = 0,15	C, X = 0,7 B, X = 0,35 A, X = 0,0

Zur Bildung einer Kennzahl für die Bewertung der Gebrauchseigenschaften im 2. Iterationsschritt wird zunächst für jede Anforderung jedes (Verbund-)Materialclusters eine ABC- sowie ein XYZ-Bewertung gemäß Tabelle 3.2–9 durchgeführt (s. MB 110, MB 122, MB 125, MB 132). Den resultierenden ABC/XYZ-Bewertungen werden die in Tabelle 3.2–10 aufgeführten Initialbewertungen zugeordnet (s. MB 122). Die Kennzahl je (Verbund-)Materialcluster, die Basis für das Ranking ist, wird – wie im 1. Iterationsschritt – mit Gl. 3.2–1 ermittelt. Je größer die Kennzahl, desto besser wird ein Material bewertet. Ausgewiesen beim Ranking (s. MB 145) werden jedoch nur Unterschiede in der Kennzahl von mindestens 20%, um Unsicherheiten bei den verwendeten Daten sowie den Abschätzungsregeln usw. zu berücksichtigen.

Materialauswahl (Aufbaubarkeit). Im Modul Technik – Aufbaubarkeit selbst erfolgt keine Bewertung der technischen Eignung. Diese wird – wie im 1. Iterationsschritt bereits dargestellt – für alle Verbundmaterialcluster, die in der Liste zur Auswahl der geeigneten (Verbund-)Materialien abgelegt sind, nach abgeschlossener Materialauswahl (s. M 30, MM 0–160) sowie nach der Überprüfung der Aufbaubarkeit noch nicht praxiserprobter Verbundmaterialien (s. M 45, MAB 0–170) durchgeführt (s. M 50, MB 0–155).

Fertigung. Die Bewertung im Rahmen des 2. Iterationsschritts erfolgt analog zur Bewertung der Gebrauchseigenschaften zunächst qualitativ mit einer ABC-Beurteilung für jeden Arbeitsvorgang, d. h. für jede Untergruppe innerhalb eines Fertigungswegs (s. FB 170). Der Bewertung liegt das gleiche Raster wie im 1. Iterationsschritt zugrunde (s. Tabelle 3.2–5) (s. FB 165). Durch die Betrachtung von Fertigungsuntergruppen in Kombination mit Clustern von Materialien ist der Aussagewert der qualitativen Bewertung im Vergleich zur 1. Iteration jedoch höher.

Sofern bei der Bewertung von Fertigungswegen eines (Verbund-)Materialclusters große Unterschiede auftreten, werden neue (Verbund-)Materialcluster nach Fertigungseigenschaften gebildet (Fertigungscluster) (s. FB 180–185).

Sofern alle Untergruppen eines Fertigungswegs mit C bewertet werden, wird diesem die Kennzahl 0 (bestmögliche Bewertung) zugewiesen. Für dieses Fertigungscluster wird keine XYZ-Bewertung durchgeführt.

Bei allen anderen Fertigungsclustern werden in einem 2. Schritt XYZ-Bewertungen für alle mit A oder B bewerteten Arbeitsvorgänge gemäß Tabelle 3.2–11 durchgeführt (s. FB 195) (Tabelle 3.2–11).

Anschließend erhält jede AB/XYZ-Kombination eine Initialbewertung nach Tabelle 3.2–12 (s. FB 200). Die Aufsummierung dieser Initialbewertungen für einen Fertigungscluster führt zur Fertigungskennzahl (s. FB 205). Je niedriger die Kennzahl für einen Fertigungscluster ist, desto besser ist er zu bewerten. Da die Anzahl der Problempunkte innerhalb eines Fertigungswegs für die Bewertung relevant ist (je mehr Probleme auftreten, desto schlechter ist der Fertigungsweg einzuschätzen) ist die schlechteste Bewertung mit der höchsten, die beste mit der niedrigsten Initialbewertung versehen (gegensätzlich zur Systematik bei der Bewertung der Gebrauchs- und Recyclingeigenschaften).

Es schließt sich ein Ranking an (s. FB 210), dessen Ergebnis an das Modul Gesamtbewertung (s. Kapitel 3.6) weitergegeben wird.

Tabelle 3.2–11. Halbquantitative Bewertungskriterien für das Modul Technik – Fertigung im 2. Iterationsschritt

Qualitative Bewertung	
Bewertung	**Kriterien**
ABC	s. 1. Iterationsschritt

Bewertung der Möglichkeit der Beseitigung der Defizite	
Bewertung	**Kriterien**
X	Der F&E-Aufwand, der zur Realisierung des Fertigungsverfahrens erforderlich wäre, wird als unvertretbar hoch eingeschätzt Das Verfahren ist nach dem Stand der Wissenschaft noch nicht realisierbar
Y	Wahrscheinlich könnten die Defizite des Fertigungsverfahrens mit vertretbarem F&E-Aufwand beseitigt werden Der erforderliche F&E-Aufwand kann nicht genau abgeschätzt werden
Z	Der erforderliche F&E-Aufwand zur Realisierung des Fertigungsverfahrens wird als gering bzw. lohnenswert eingeschätzt

Tabelle 3.2–12. Wertzuweisung für die Kennzahlbildung in der 2. Iteration für das Modul Technik – Fertigung

Bewertung: zugewiesener Wert (Initialbewertung)		
C = 0		
B, Z = 0,1	B, Y = 0,5	B, X = 0,9
A, Z = 0,2	A, Y = 0,6	A, X = 1,0

Beispiel Bodengruppe: Strahlspanen

Das Trennen einer Platte aus glasfaserverstärkten Polyolefinen mittels Strahlspanen (z. B. Wasserstrahlschneiden) ist nicht etabliert, es muß mit technischen Problemen gerechnet werden (B). Es ist jedoch davon auszugehen, daß diese Probleme mit vertretbarem F&E-Aufwand beseitigt werden können (Y). Es ergibt sich somit eine BY-Bewertung für diesen Arbeitsvorgang eines möglichen Fertigungswegs des Clusters glasfaserverstärkte Polyolefine.

Recycling. Im 2. Iterationsschritt erfolgt eine halbquantitative Kategorisierung (ABC/XYZ) der nach ihrem Recyclingverhalten in Clustern zusammengefaßten (Verbund-)Materialien (Tabelle 3.2–13).

Beispiel Bodengruppe: Technischer Werterhalt

Die Wieder- und Weiterverwendung der Bodengruppe scheidet aus, da keine Anwendungen existieren, daher kommt für die Bodengruppe bestenfalls die werkstoffliche Wiederverwertung, evtl. sogar ein up-cycling in Frage (Bewertung B, Z).

Für die Berechnung der Recyclingkennzahl (s. Gl. 3.2–5) je Cluster macht sich eine Wertzuweisung zu den bewerteten Recyclingkriterien $B_i^{[2]}$ (Initialbewer-

Tabelle 3.2–13. Bewertung des Recyclingverhaltens in der 2. Iterationsstufe

Kennzahlen	Bewertung		Kriterien
Technischer Werterhalt $B_W^{[2]}$	ABC-Bewertung wie im 1. Iterationsschritt		
	A	X	Sonderabfallverbrennung bzw. Sonderabfalldeponierung (Beseitigung nach [KrW-/AbfG 1994])
		Y	Müllverbrennung bzw. -deponierung (Beseitigung nach [KrW-/AbfG 1994])
		Z	Energiegewinnung (Verwertung nach [KrW-/AbfG 1994]), Heizwert >11 kJ/g
	B	X	Rohstoffliche Verwertung
		Y	Werkstoffliche Weiterverwertung Down-cycling
		Z	Werkstoffliche Wiederverwertung Up-cycling, Weiterverwertung

Tabelle 3.2–13 (Fortsetzung)

Kennzahlen	Bewertung	Kriterien
	X	Weiterverwendung in qualitativ niederwertigen Produkten bzw. Bauteilen
	Y	Weiterverwendung in qualitativ höherwertigen Produkten oder Bauteilen
	C	Wiederverwendung von Bauteilen oder Bestandteilen des Produkts
	Z	Wiederverwendung des gesamten Produkts
Verhältnis von Altstoffausbringen zu Substitutionsfaktor $B_S^{[2]}$	C, Z	Ausbringung über 95 %, Substitution hoch
	C, Y	Ausbringung > 95 %, Substitution mittel
	A, Z	Ausbringung > 95 %, Substitution gering
	C, Y	Ausbringung zwischen 75 % und 95 %, Substitution hoch
	B, Y	Ausbringung zwischen 75 % und 95 %, Substitution mittel
	A, Y	Ausbringung zwischen 75 % und 95 %, Substitution gering
	A, Z	Ausbringung < 75 %, Substitution hoch
	A, Y	Ausbringung < 75 %, Substitution mittel
	A, X	Ausbringung < 75 %, Substitution gering
Bedarf für das Recyclingprodukt (in Bezug auf anfallende Mengen) $B_B^{[2]}$	ABC-Bewertung wie im 1. Iterationsschritt	
	X	Nur geringer Bedarf
	Y	Mittlerer Bedarf
	Z	Hoher Bedarf
Technischer Aufwand $B_A^{[2]}$	X	Aufwendiger als Referenzverfahren (z. B. zusätzliche Aufbereitungsverfahren im Vergleich zum Referenzverfahren erforderlich) bzw. hoher zusätzlicher Aufwand – um geforderte Qualität zu erzeugen bzw. – da stark schwankende Qualität
	Y	Referenzverfahren bzw. mittlerer zusätzlicher Aufwand – um geforderte Qualität zu erzeugen bzw. – da schwankende Qualität
	Z	Weniger aufwendig als Referenzverfahren bzw. kein oder geringer zusätzlicher Aufwand – um geforderte Qualität zu erzeugen bzw. – da konstante Qualität

Tabelle 3.2–14. Gewichtung der Recyclingkriterien in der 2. Iteration

Kriterium	Gewichtungsfaktor	Begründung
Technischer Werterhalt	$r_W^{[2]} = 0{,}2$	Wie in der 1. Iteration
Altstoffausbringung und Substitution	$r_S^{[2]} = 0{,}3$	Wie in der 1. Iteration
Bedarf für das Recyclingprodukt	$r_B^{[2]} = 0{,}35$	Wie in der 1. Iteration
Technischer Aufwand	$r_A^{[2]} = 0{,}15$	Wie in der 1. Iteration

tung) und eine Wichtung der so erhaltenen Kennzahl mit dem Wichtungsfaktor $r_i^{[2]}$ erforderlich.

$$R^{[2]} = \sum_i IB_i^{[2]} \cdot r_i^{[2]} \qquad\qquad (3.2-5)$$

- $R^{[2]}$: Recyclingkennzahl des 2. Iterationsschritts für in Clustern zusammengefaßte Recyclingprodukte und Verfahren;
- $IB_i^{[2]}$: Initialbewertungen der Recyclingkriterien des 2. Iterationsschritts je Cluster (s. Tabelle 3.2–10);
- i: W, A, S, B (s. auch Tabelle 3.2–14);
- $r_i^{[2]}$: Gewichtungsfaktor je Recyclingkriterium (s. Tabelle 3.2–14).

Die Recyclingkennzahlen der (Verbund-)Materialcluster werden in ein Ranking überführt, wobei die Kennzahlen dokumentiert bleiben. Die als geeignet identifizierten Recyclingwege je (Verbund-)Materialcluster sowie die Rankingergebnisse werden ab dem 2. Iterationsschritt – im Gegensatz zu den anderen Teilmodulen des Moduls Technik – an das Modul Umwelt weitergegeben. Im Modul Umwelt wird für die als geeignet ausgewiesenen Recyclingwege – zusätzlich zu der Ermittlung der Umwelteigenschaften – bestimmt, welche Recyclingwege gegenüber der Beseitigung des (Verbund-)Materialclusters ökologisch ungünstiger abschneiden. Diese werden in der Liste der Verfahren über den Lebensweg mit dem Vermerk „Recyclingweg aus ökologischer Sicht nicht sinnvoll" gekennzeichnet und aus der weiteren Betrachtung (Ermittlung der Arbeitsumwelteigenschaften und der Kosten über den Lebensweg sowie Gesamtbewertung) ausgeschlossen. Die Ergebnisse bleiben jedoch in der Liste der Verfahren über den Lebensweg für evtl. später erforderliche Vergleiche erhalten. Alle anderen Recyclingwege und deren Bewertungen werden an das Modul Gesamtbewertung weitergegeben.

3.2.4
Teilquantitative Betrachtung und Bewertung (3. Iterationsschritt)

3.2.4.1
Systemgrenze und Systemumfang

Materialauswahl [Anforderungsprofil (s. MA 500–MA 580)]. Eine Erweiterung und Modifikation des Anforderungsprofils kann – unter zusätzlicher Berücksichtigung der weniger wichtigen Anforderungen – analog zur 2. Iteration erfolgen.

Materialauswahl [Gebrauchseigenschaften (s. MM 0–MM 160)]. Die in der 2. Iteration als geeignet eingestuften (Verbund-)Materialcluster werden in Abhängigkeit der detaillierteren Gebrauchseigenschaftsermittlung in (Verbund-)Materialarten aufgeteilt. Zusätzlich werden bei Bedarf die geeigneten (Verbund-)Materialarten zu weiteren, für die Anwendung bestmöglichen Kombinationen (z. B. Partikel-Schicht-Verbundmaterial) verknüpft (s. MV 205) sowie Art und Menge von erforderlichen Stoff- und Materialzusätzen (s. MS 280) quantitativ spezifiziert (Abb. 3.2–15).

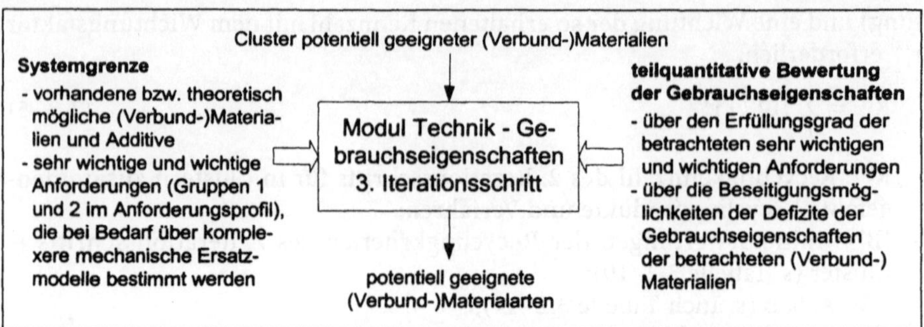

Abb. 3.2–15. Systemgrenzen und Systemumfang des Moduls Technik – Gebrauchseigenschaften im 3. Iterationsschritt

Materialauswahl [Aufbaubarkeit (MAB 0 – MAB 170)]. Aus den Arten der potentiell geeigneten (Verbund-)Materialien sind wiederum diejenigen Verbundmaterialien zu Arten zusammenzufassen, die ihre Eigenschaften in der Praxis noch nicht ausreichend bzw. gar nicht unter Beweis stellen konnten. Für diese ist zu überprüfen, ob sie in der Lage sind, die sehr wichtigen und die wichtigen Anforderungen in vollem Umfang zu erfüllen (Abb. 3.2–16).

Fertigung (s. FC 0 – FC 75). Durch die 2. Iterationsstufe sowie eine erneute Rückkopplung mit dem Entscheidungsträger (Feedback mit dem Produktdesigner) erfolgt eine weitere Eingrenzung der betrachteten (Verbund-)Materialien. Nach der Betrachtung von Gruppen in der 1. Iteration sowie Clustern in der 2. werden im Rahmen der 3. Iterationsstufe einzelne Arten als Eingangsgröße betrachtet, die Ergebnis des Moduls Technik – Gebrauchseigenschaften sind.

Analog zur Steigerung des Detaillierungsgrads hinsichtlich der betrachteten (Verbund-)Materialien werden in der 3. Iterationsstufe bezüglich der Fertigungseigenschaften einzelne Fertigungsverfahren untersucht und charakteri-

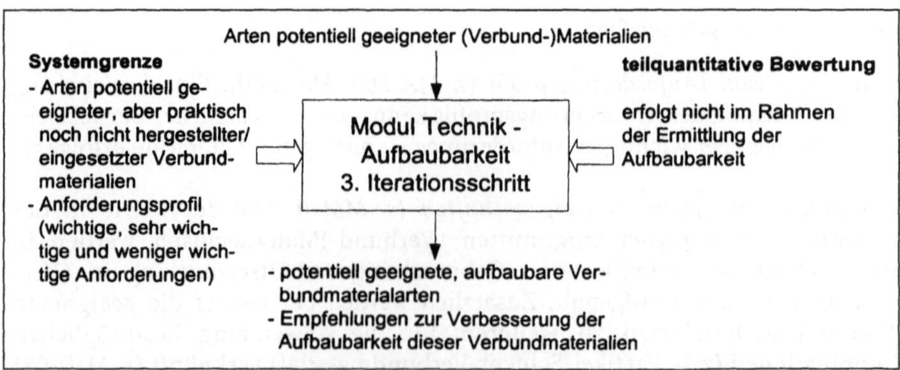

Abb. 3.2–16. Systemgrenzen und Systemumfang des Moduls Technik – Aufbaubarkeit im 3. Iterationsschritt

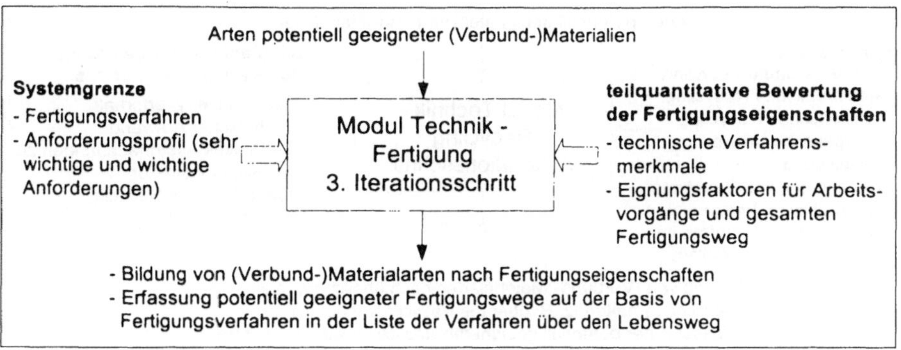

Abb. 3.2–17. Systemgrenzen und Systemumfang des Moduls Technik – Fertigung im 3. Iterationsschritt

siert. Voraussetzung hierfür ist die Aufgliederung der Produktentstehung in einzelne Arbeitsvorgänge auf der Basis von konkreten Verfahren [DIN 8580], wie beispielsweise „Einbringen eines Durchbruchs" oder"Erzeugen der Umrißkontur". Ausgehend von den in der 2. Iteration als geeignet ausgewiesenen Untergruppen von Fertigungsverfahren können somit einzelne Fertigungsverfahren mit quantitativen Angaben ermittelt und einem Vergleich unterzogen werden. Der Fertigungsweg ergibt sich aus der Zusammenstellung der einzelnen Fertigungsverfahren bzw. -prozesse (s. FC 5) (Abb. 3.2–17).

Recycling (s. R 0–R 80). Die Systemgrenze des Moduls Technik – Recycling entspricht der im 1. und 2. Iterationsschritt festgelegten und ergibt sich somit wiederum aus den Recyclingformen nach VDI 2243, die in der 3. Iteration jedoch teilquantitativ betrachtet werden. Vom Modul Technik – Materialauswahl/Gebrauchseigenschaften werden (Verbund-)Materialarten diesem Modul zur Verfügung gestellt, für die geeignete Recyclingproduktarten und für diese wiederum geeignete Recyclingverfahrensarten zu identifizieren sind. Im 3. Iterationsschritt werden auch Zusatzstoffe und Additive betrachtet. Daneben werden der Grad an Verunreinigungen bzw. der Reinigungsaufwand, der Störstoffanteil (wie beispielsweise Halogene und Schwermetalle) und ein evtl. Eigenschaftsverlust durch Alterung abgeschätzt. Beim Anfall gemischter Fraktionen wird darüber hinaus noch deren Mischbarkeit betrachtet.

Beispiel Bodengruppe: Alterung

Die Alterung durch thermische Autooxidation wird im Bereich des Abgasrohrs um den Faktor 2^8 größer sein als in den übrigen Bereichen der Bodengruppe. Beim Recycling des Bauteils mit Kunststoffanteilen muß daher der Eigenschaftsverlust durch Alterung des Materials berücksichtigt werden.

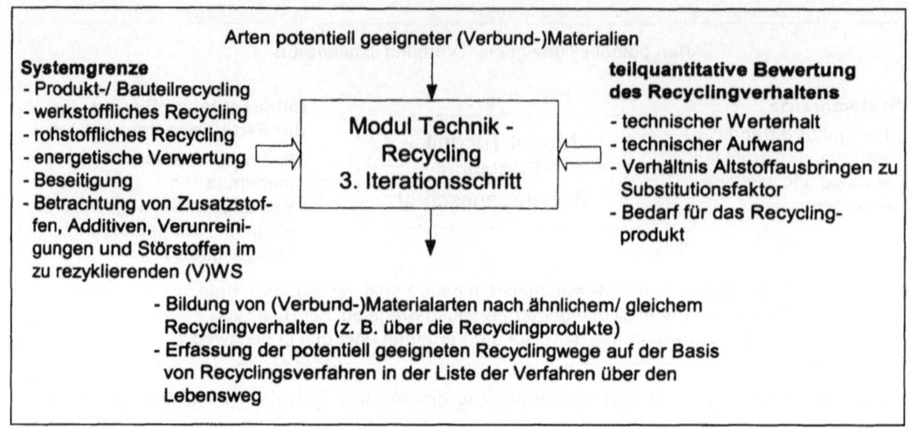

Abb. 3.2–18. Systemgrenzen und Systemumfang des Moduls Technik – Recycling im 3. Iterationsschritt

Für das Recycling existieren aber auch Stabilisatoren und Verträglichkeitsmacher. Wird durch deren Einsatz ein (Verbund-)Material besser rezyklierbar als in den ersten beiden Iterationen angenommen, erfolgt eine Aufwertung. Die Aspekte gehen direkt in das Kriterium technischer Aufwand ein.

Darüber hinaus wird die in der 2. Iterationsstufe halbquantitativ durchgeführte Abschätzung von Altstoffausbringung, Substitutionsfaktor und Bedarf verfeinert (Abb. 3.2–18).

3.2.4.2
Datenbasis und Eigenschaftsermittlung

Materialauswahl (Anforderungsprofil). Eine Erweiterung oder Modifikation des Anforderungsprofils erfolgt analog zur 2. Iteration (s. Kapitel 3.2.3.2).

Materialauswahl (Gebrauchseigenschaften). Die fehlenden (Verbund-)Materialeigenschaften der (Verbund-)Materialarten werden bei diesem Detaillierungsgrad durch Abschätzungsregeln berechnet, die möglichst alle verwendeten Komponenten berücksichtigen. Die möglichen Wertebereiche der verbundmaterialmodell- oder materialspezifischen Konstanten in den Abschätzungsregeln werden analog zur 2. Iteration angenähert. Ebenso werden die Eigenschaftsspektren der (Verbund-)Materialarten bei den weniger wichtigen Anforderungen durch die Angabe von Eigenschaftsbandbreiten beschrieben. In der 3. Iteration werden die Vergleichsgrößen, die sich aus dem vorgegebenen mechanischen Belastungsfall ergeben, durch die Superposition detaillierter definierter Grundlastfälle bestimmt. Analog zur 2. Iteration werden die Eigenschaftsprofile der (Verbund-)Materialarten mit den ermittelten Vergleichsgrößen abgeglichen und die nicht geeigneten Materialien werden ausgeschlossen.

Für die Eigenschaftsberechnung der (Verbund-)Materialien müssen hier neben detaillierten und vollständigen Materialdatenblättern auch entsprechende Ansätze und Beschreibungsformeln für die betrachteten Verbundmaterialmodelle (s. MV 40) vorliegen. Die (Verbund-)Materialeigenschaftsspektren der einzelnen gebildeten (Verbund-)Materialarten werden, wie in der 2. Iteration, durch Spannweiten dargestellt. Zur Berechnung der Eigenschaften der Verbundmaterialarten bzw. anderer Materialkombinationen (Stoffzusätze usw.) werden in dieser Iteration Faust- bzw. Näherungsformeln oder allgemeingültige Mischungsregeln und Summenformeln (s. MH 65, MS 50, MS 85–100, MV 155–175, s. auch Anhang: Eigenschaftsermittlung für Verbundmaterialien), aber auch verstärkt spezifische, nicht verallgemeinerbare Rechenansätze für einzelne (Verbund-)Materialarten (s. MS 115, MV 170) herangezogen.

Mischungsregeln beschreiben allgemein die Verknüpfung der Eigenschaften einzelner Komponenten, Phasen oder Werkstoffe zur Gesamteigenschaft eines Verbundmaterials. Der Gewichtungsfaktor für die jeweilige Einzeleigenschaft ist in erster Linie der Anteil der Einzelkomponenten im (Verbund-)Material. Hierbei kommen sowohl der Volumen- als auch der Gewichtsanteil zum Einsatz. Die einfachste Form der Mischungsregel stellt die Linearkombination der Einzeleigenschaften zur Verbundeigenschaft dar. Eine weitere Möglichkeit zur Darstellung dieses Zusammenhangs stellt die inverse Mischungsregel dar [Haag 1981]. Unter idealen Bedingungen lassen sich mit den aufgeführten allgemeinen Mischungsregeln die Eigenschaften eines 2- oder mehrphasigen Verbundmaterials berechnen. Im Realfall hängen die Eigenschaften der Verbundmaterialien zusätzlich von der Grenzflächenhaftung und in komplexer Weise vom Gefügeaufbau, d.h. von der Dichte, der Form, der Größe, der Orientierung und der Verteilung der Phasenanteile, ab [Menges 1990].

Die lineare Mischungsregel (Gl. 3.2–6) kann in Anlehnung an die Elektrotechnik als eine Reihenschaltung, die inverse Mischungsregel (Gl. 3.2–7) als eine Parallelschaltung der Einzeleigenschaften $E_{\text{Komponente,i}}$ aufgefaßt werden. Daher ist auch eine beliebige Kombination aus diesen beiden Grundformen der Mischungsregeln zur Beschreibung des resultierenden Materialverhaltens des Verbundsystems E_{Verbund} mittels der Anteile der Komponenten $\varphi_{\text{Komponente,i}}$ möglich.

Lineare Mischungsregel

$$E_{\text{Verbund}} = \sum_i E_{\text{Komponente,i}} \cdot \varphi_{\text{Komponente,i}} \qquad\qquad (3.2-6)$$

Inverse Mischungsregel

$$\frac{1}{E_{\text{Verbund}}} = \sum_i \left(\varphi_{\text{Komponente,i}} \cdot \frac{1}{E_{\text{Komponente,i}}} \right) \qquad\qquad (3.2-7)$$

Weitere Ausführungen zu verschiedenen Formen von Abschätzungsregeln finden sich im Anhang (Eigenschaftsermittlung für Verbundmaterialien).

Beispiel Bodengruppe:
Detailliertere Bestimmung der mechanischen Vergleichsgrößen

Laut Anforderungsprofil stellen die Platten der Bodengruppe keine Strukturelemente oder tragende Bauteile der Fahrzeugkarosserie dar. Sie nehmen somit keine äußeren Kräfte über die Karosserie auf. Im Gegensatz zur 2. Iteration, in der die Platten als Rechteckquerschnitt angenommen wurden, wird in der 3. Iteration eine versteifende Bauteilgestaltung der Bodenplatten berücksichtigt. Diese versteifende Gestaltung der Bodengruppe kann u.a. mittels Rippen realisiert werden. Für die Abschätzung des notwendigen Materialeinsatzes der (Verbund-)Materialarten wird vereinfachend angenommen, daß die Bodenplatten ausschließlich in Richtung der größeren lateralen Abmessung in gleichmäßigem Abstand verrippt sind. Andere versteifende Konstruktionsvarianten werden in der 3. Iteration nicht berücksichtigt.

Es wird davon ausgegangen, daß die Platte umlaufend fest eingespannt ist und alle angreifenden Lasten als mittige Punktlast aufgefaßt werden können. Aus technischen Handbüchern (z.B. [Dubbel 1987], [Szabo 1975], [Neuber 1969] [Hütte 1955]) können Berechnungsformeln für einfache Konstruktionselemente mit verschiedenen Lasten und Einspannsituationen entnommen werden. In dieser Untersuchung wird das mechanische Verhalten der Bodenplatte durch die Überlagerung des mechanischen Verhaltens zweier jeweils an den Stirnseiten eingespannter Balken beschrieben.

Materialauswahl (Aufbaubarkeit). Für die bisher noch nicht praxiserprobten Verbundmaterialarten sind wiederum die Intraphasenwechselwirkungen (Bindungsarten der Verbundkomponenten; s. MABA 0–25) zu erfassen. Auf dieser Grundlage sowie mittels Analogieschlüssen und Expertenwissen sind die Wechselwirkungen zwischen den Komponenten jeder Verbundmaterialart (Interphasenwechselwirkungen) zu ermitteln (s. MABB 0–30). Es kann davon ausgegangen werden, daß zwischen 2 Komponenten bzw. Phasen eines Verbunds meist physikalische und seltener chemische Bindungen existieren [BMBF 1995; S. 95]. Mit Hilfe des Anforderungsprofils und dem Fachwissen zu Materialeigenschaften ist festzustellen, ob der Einsatz von Haftvermittlern zur Unterstützung der natürlichen Interphase erforderlich ist (s. MABB 35–90).

Um die Herstellbarkeit der Interphase und somit des Verbunds zu überprüfen, ist über die Liste der möglichen Verbundmaterialherstellungsverfahren zu ermitteln, welche Aggregatzustände die Komponenten aufweisen müssen, um in einen dauerhaften Verbund überführt werden zu können (s. MABC 0–15). Sollen feste mit flüssigen Komponenten kombiniert werden, so sind neben der Viskosität die Benetzbarkeit der Füll- und Verstärkungsstoffe durch die flüssigen Komponente über den Benetzungswinkel der festen durch die flüssige Komponente (Young-Gleichung, s. Gl. 3.2–8) sowie die Oberflächenrauhigkeit der festen Phase zu ermitteln (s. MABC 20–130) [BMBF 1995; S. 97 f], [Wenzel 1995; S. 15ff].

$$\gamma_{s,v} = \gamma_{s,l} + \gamma_{l,v} \cos\varphi \pm f' \qquad \text{Youngsche Gleichung} \qquad (3.2-8)$$

- γ: freie Energie der Grenzflächen zwischen fester (s), flüssiger (l) bzw. gasförmiger (v) Phase;
- ϑ: Benetzungswinkel ($\vartheta = 0°$: vollständige Benetzung, $0° < \vartheta < 90°$: gute Benetzung, $90° < \vartheta < 180°$: schlechte Benetzung, $\vartheta = 180°$: keine Benetzung);
- f': Korrekturfaktor für Oberflächenrauhigkeit.

Für den Fall, daß flüssige Phasen zu mischen sind (s. MABC 145–165), ist zu unterscheiden, ob es sich dabei um Polymerpaare (s. MABC 175), Metallpaare (s. MABC 450) oder nichtmetallisch-anorganische Materialien (NAWs), die mit Metallen zu kombinieren sind (s. MABC 455), handelt. Prinzipiell gilt jedoch, daß die Eigenschaften des Verbunds von der gegenseitigen Mischbarkeit der Komponenten abhängen [BMBF 1995; S. 102]. Bei teilweiser Mischbarkeit der Komponenten können Durchdringungsverbunde, die über starke strukturelle Wechselwirkungen verfügen, erzeugt werden. Sind die Komponenten vollständig mischbar, werden in der Regel homogene Mischungen und keine Verbundmaterialien, und mit vollständig unmischbaren Komponenten keine dauerhaften bzw. leistungsfähigen Verbunde erhalten (Ausnahme: Metalle). Zu beachten ist, daß die Mischbarkeit stark temperaturabhängig ist [BMBF 1995; S. 102].

Für zu mischende Polymerpaare sind bei ähnlichen Löslichkeitsparametern (s. MABC 180–195) geeignete Mischungstemperaturen sowie Abkühltemperaturprofile zur Verbundmaterialherstellung zu ermitteln (s. MABC 200–270). Wenn die Löslichkeitsparameter zu stark voneinander abweichen, um leistungsfähige Verbunde zu erzeugen, sind geeignete Mischungspartner in Form von Kopolymeren bzw. Blends zu identifizieren (s. MABC 295–350), da diese sich oft als bessere Mischungspartner erweisen (s. [BMBF1995; S. 102–107]). Können keine geeigneten Mischungspartner ausgewiesen werden, so ist die Möglichkeit der kontrollierten Entmischung, wodurch Einfluß auf die Strukturbildungsmechanismen bei der Phasenseparation genommen werden kann, genauer zu untersuchen (s. MABC 355–395; s. auch [BMBF 1995; S. 107–111]).

Sollen metallische Verbundmaterialien aus Schmelzen erzeugt werden, so sind deren Mischungseigenschaften und Erstarrungsgeschwindigkeiten den Phasendiagrammen der Mischphasen zu entnehmen. Auch bei vollständiger Mischbarkeit der Schmelzen können sich, wenn die Mischung einem Eutektikum entspricht, bei geeigneter Erstarrungsgeschwindigkeit getrennte (Misch-)-Phasen und somit Verbundwerkstoffe ausbilden (s. MABC 450, 460, 465, 475, 485).

Für die Kombination von nichtmetallisch-anorganischen Materialien mit Metallen sind ebenfalls die geeigneten Mischungstemperaturen und Abkühltemperaturprofile zu ermitteln. Können die gewünschten Eigenschaften darüber nicht erzeugt werden, so sind geeignete Modifikationen des Stoffsystems zu identifizieren (s. MABC 455, 470, 480, 490–555).

Die Betrachtung des Zeitstandverhaltens von Materialien (s. MABE 0–670) ist erforderlich, da sich die Materialeigenschaften in Abhängigkeit von der Zeit für jedes Material entsprechend dem werkstofflichen Aufbau sowie der Herstellung und Verarbeitung verändern. Entscheidende Ausgangsgrößen stellen dabei die geplante Nutzungsdauer, die Art und die Größe der Belastung sowie die unmittelbaren Kontaktmedien und Umgebungseinflüsse (s. MABE 25, 65) des Bauteils und somit des potentiell geeigneten (Verbund-)Materials dar. Läßt sich das Alterungsverhalten von Verbundmaterialien nicht abschätzen, so sind höhere Sicherheitszuschläge einzukalkulieren (s. MABE 285, 290, 300, 310), die jedoch einen höheren Materialbedarf und somit eine Volumen- bzw. Gewichtszunahme des Bauteils bewirken.

Fertigung. Im 3. Iterationsschritt werden konkrete Verfahren für die potentiell geeigneten (Verbund-)Materialarten ausgewält. Durch den Abgleich mit Verfahrensdatenblättern (s. Tabelle 3.2–15) werden die einsetzbaren Arbeitsvorgänge ermittelt und daraus die Fertigungswege zusammengestellt (s. FC 5). Auch auf dieser Detaillierungsebene wird überprüft, ob relevante Eigenschaftsveränderungen durch die Fertigung auftreten können (s. FC 15).

Als Vorlage für die Datenbasis dienen Prozeßdatenblätter, die material- und arbeitsvorgangspezifisch erstellt werden. Hierbei werden die technologischen sowie ökonomischen und ökologischen Verfahrensmerkmale erfaßt. Letztere werden an die Module Umwelt und Kosten weitergegeben und gehen dort in die Bewertung ein. Die Struktur eines solchen Prozeßdatenblatts im Modul Technik – Fertigung ist in Tabelle 3.2–15 dargestellt.

In Abhängigkeit der betrachteten Arten von (Verbund-)Materialien, der konstruktiven Randbedingungen sowie des definierten Arbeitsvorgangs sind die Verfahrensmerkmale ggf. spezifisch zu ergänzen.

Datenlücken können durch Expertenbefragungen, Literatur- und Datenbankrecherchen sowie Abschätzungen und Analogiebetrachtungen geschlossen werden. Insbesondere können hier Angaben von Fertigungsbetrieben aus dem Bereich Maschinenbau sowie Ergebnisse von fertigungsspezifischen Forschungsprojekten genutzt werden. Relevant sind auch Datenbanken zur Materialauswahl, z.B. von Kunststoffen, da diese teilweise auch Informationen zu einsetzbaren Fertigungsverfahren in Abhängigkeit vom Material enthalten.

Recycling. Gegenüber der 2. Iterationsstufe wird im 3. Iterationsschritt auf eine verbesserte teilquantitative Datenbasis zurückgegriffen, die sich aus – u.a. in Datenbanken abgelegten – Sekundärdaten, Expertenwissen und Erfahrungen sowie Abschätzungen zusammensetzt.

Für die 3. Iteration wird die Zusammensetzung der in Arten zusammengefaßten Materialien oder der schon vorausgewählten Einzelstoffe betrachtet. Da Zusatzstoffe ebenfalls in die Betrachtung mit einfließen, müssen auch deren Zusammensetzung und Menge bekannt sein.

Tabelle 3.2-15. Prozeßdatenblatt der 3. Iterationsstufe im Modul Technik – Fertigung

Verfahrensmerkmale	Fertigungsverfahren 1	Fertigungsverfahren 2	Fertigungsverfahren 3
Technische Verfahrensmerkmale (quantitativ)			
Konstruktive Restriktionen			
Material			
Werkstückgeometrie			
Werkstückmaße			
Werkstückgewicht			
Qualitative Merkmale			
Maßgenauigkeiten			
Formgenauigkeiten			
Oberflächengüte			
Thermische Einflüsse			
Mechanische Einflüsse			
Sonstige Merkmale			
Werkzeugverschleiß			
Sonstiges			
Ökologische Verfahrensmerkmale (quantitativ)			
Kurzfristige Auswirkungen			
Stoffliche Emissionen			
Geräuschemissionen			
Strahlung			
Langfristige Auswirkungen			
Abfälle, fest			
Abfälle, flüssig			
Abfälle, gasförmig			
Ökonomische Verfahrensmerkmale (quantitativ)			
Investitionsbedarf			
Betriebskosten			
Materialbedarf			
Stückzahlbereich			

Es erfolgt zusätzlich auch eine Abschätzung der Eigenschaften des durch werkstoffliches Recycling gewonnenen Rezyklats.

3.2.4.3
Bewertung der Technischen Eignung

Analog zum 1. und 2. Iterationsschritt folgen nach der Ermittlung der Eigen-
schaften innerhalb des Moduls Technik (Gebrauchseigenschaften, Fertigung,
Recycling) die jeweiligen Bewertungen für die potentiell geeigneten (Verbund-)
Materialarten. Diese 3 Einzelbewertungen gehen in die Gesamtbewertung der
(Verbund-)Materialarten (s. Kapitel 3.6) ein.

Materialauswahl (Anforderungsprofil). Wie in der 2. Iteration sind eine Neustrukturierung der Anforderungen bezüglich ihrer Wichtigkeit bzw. die Hinzu-

Tabelle 3.2–16. Teilquantitative Bewertungskriterien des Moduls Technik – Gebrauchseigenschaften (Erfüllungsgrad F_2) im 3. Iterationsschritt

Erfüllungs-grad F_2	Bewertung der Materialauswahl im 3. Iterationsschritt
0	– Die Anforderungen werden mit hoher Wahrscheinlichkeit nicht erfüllt – Die Anforderung ist nach dem Stand der Wissenschaft noch nicht erfüllbar
0,3	– Es wird ein hoher F&E-Aufwand vermutet oder er ist abschätzbar
0,5	– Der erforderliche F&E-Aufwand kann nicht genau abgeschätzt werden – Das Material ist für diese Anforderung (Nutzung) deutlich überdimensioniert, und es erwachsen keine Vorteile daraus
0,7	– Die Anforderung wird nur geringfügig unterschritten, und es kann abgeschätzt werden, daß dieses Defizit mit vertretbarem F&E-Aufwand beseitigt werden kann – Fast jedes Material hat mit der Erfüllung der Anforderung Probleme – Die Anforderung wird genau erfüllt, jedoch ist ein gewisser Spielraum der Materialeigenschaft nach oben hin wünschenswert, kann aber derzeit von diesem Material nicht erfüllt werden – Eine Übererfüllung der Anforderung ist nicht zwingend erforderlich
1,0	– Die Anforderung wird genau erfüllt (Übererfüllung hat keine Vorteile) – Ein Sicherheitszuschlag kann sinnvollerweise eingehalten werden – Eine deutliche Überdimensionierung verspricht zusätzliche Vorteile

nahme, Modifikation oder das Entfernen von Anforderungen und damit eine Neubewertung der Wichtigkeit möglich.

Materialauswahl (Gebrauchseigenschaften). Beim Abgleich der sehr wichtigen, wichtigen und weniger wichtigen Anforderungen mit den jeweiligen (Verbund-)Materialeigenschaften führt die Nichterfüllung einer Anforderung durch eine (Verbund-)Materialart in dieser Iteration ebenfalls nicht automatisch zum Ausschluß. Mit diesen (Verbund-)Materialarten wird genauso wie in der 2. Iteration verfahren (vgl. Kapitel 3.2.3.3). Die Bewertung des Erfüllungsgrads F_2 aller (Verbund-)Materialarten für die einzelne Anforderungen des Profils (s. MB 15) erfolgt im 3. Iterationsschritt jedoch teilquantitativ gemäß der Tabelle 3.2–16.

Für die Bewertung der Möglichkeit der Defizitbeseitigung (s. MB 35) wird im 3. Iterationsschritt die Defizitbewertung F_3 eingeführt. Sie ist ein Maß für den F&E-Aufwand, der nötig wäre, um eine bisher defizitäre (Verbund-)Materialart für das gegebene Bauteil oder Produkt einsetzen zu können. Diese Bewertung wird nach den Vorgaben von Tabelle 3.2–17 durchgeführt (s. MB 20).

Die abschließende Kennzahl für eine (Verbund-)Materialart, auf deren Basis das Ranking gebildet wird (s. MB 125–145), wird aus dem Erfüllungsgrad F_2, der Defizitbewertung F_3 sowie dem Wichtungsfaktor F_1 (s. Tabelle 3.2–1) je Anforderung nach Gl. 3.2–9 errechnet.

$$M^{[3]}_{\text{(Verbund-)Material}} = \frac{\displaystyle\sum_{i=1}^{n} F_{1i} \cdot F_{2i} \cdot F_{3i}}{\displaystyle\sum_{i=1}^{n} F_{1i}} \qquad (3.2\text{–}9)$$

- $M^{[3]}_{\text{(Verbund-)Material}}$: Materialbewertungskennzahl des 3. Iterationsschritts für die Gebrauchseigenschaften der jeweils betrachteten (Verbund-) Materialart;
- 1…n: 3. Iterationsschritt: Anzahl der sehr wichtigen, wichtigen und weniger wichtigen Anforderungen;
- F_1: Wichtungsfaktor; dient zur Wichtung der Anforderungen im Anforderungsprofil.
  - sehr wichtige Anforderungen: $F_1 = 7 - 10$,
  - wichtige Anforderungen: $F_1 = 4 - 10$,
  - weniger wichtige Anforderungen: $F_1 = 1 - 3$;
- F_2: Erfüllungsgrad; gibt an, wie gut die jeweilige Anforderung vom betrachteten (Verbund-)Material erfüllt wird (s. Tabelle 3.2–16);
- F_3: F&E-Aufwand zur Defizitbeseitigung (s. Tabelle 3.2–17).

Materialauswahl (Aufbaubarkeit). Die in Kapitel 3.2.3.3 gemachten Ausführungen behalten auch für den 3. Iterationsschritt ihre Gültigkeit.

Fertigung. Ausgehend von den quantitativen Daten zu den alternativen Verfahren, die in den Prozeßdatenblättern enthalten sind, sind eine quantitative Bewertung und Gegenüberstellung der Verfahren unter technischen Aspekten möglich (s. FC 40). Erforderlich ist hierfür eine Gewichtung der einzelnen technischen Verfahrensmerkmale. Ein entsprechendes Raster ist in Tabelle 3.2–19 dargestellt.

Tabelle 3.2–17. Bewertung der Beseitigungsmöglichkeit von Defiziten (F_3) der Gebrauchseigenschaften

F_3	F&E-Aufwand zur Defizitbeseitigung
0	– Der F&E-Aufwand, der zur Erfüllung der Anforderung erforderlich wäre, wird als unvertretbar hoch eingeschätzt – Die Anforderung ist nach dem Stand der Wissenschaft noch nicht erfüllbar
0,3	Der erforderliche F&E-Aufwand kann nicht genau abgeschätzt werden
0,7	Wahrscheinlich könnte dieses Defizit mit vertretbarem F&E-Aufwand beseitigt werden
1	Der erforderliche F&E-Aufwand wird als gering bzw. lohnenswert eingeschätzt

Beispiel Bodengruppe: Bewertung einer (Verbund-) Materialart (ohne Defizitbewertung F_3)

Als Beispiel ist Polypropylen mit Glasfasern in Tabelle 3.2–18 dargestellt. Die Gesamtbewertung ergibt sich aus Gl. 3.2–10.

Tabelle 3.2–18. Polypropylen mit Glasfasern

Eigenschaft	Wichtungsfaktor F_1	Erfüllungsgrad F_2
Gewicht	10	1
Energieaufnahme bei Stoß	9	0,7
Biegefestigkeit	8	0,7
Biegesteifigkeit	8	0,7
Korrosionsbeständigkeit	7	0,7
Medienbeständigkeit	7	0,7
Wärmebeständigkeit	5	0,7

Gesamtbewertung:

$$M^{[3]}_{Propylen\,^{*}\,E\text{-}Glasfasern} = \frac{\sum\limits_{i=1}^{7} F_{1i} \cdot F_{2i}}{\sum\limits_{i=1}^{7} F_{1i}} = 0,75 \qquad (3.2\text{–}10)$$

Tabelle 3.2–19. Gewichtung der technischen Verfahrensmerkmale

Technisches Verfahrensmerkmal (Bereiche)		Gewichtung
1	Konstruktive Restriktionen	50% (bzw. K.O.-Kriterien)
2	Qualitative Merkmale (Produkt)	25%
3	Sonstige Merkmale (z.B. Werkzeugverschleiß)	25%
		100%

Tabelle 3.2-20. Bewertungsraster für technische Verfahrensmerkmale in der 3. Iterationsstufe

Bewertung	Kriterium
0	Anforderung ist nicht erfüllt
1	Anforderung ist gerade erfüllt
2	Anforderung ist sicher erfüllt
3	Anforderung wird weit übertroffen

Innerhalb der 3 in Tabelle 3.2-19 aufgeführten Bereiche sind die einzelnen Verfahrensmerkmale gleichgewichtet. Sie werden hinsichtlich des Erfüllungsgrads bezogen auf die Anforderungen an das Verfahren bewertet. Hierfür wird das in Tabelle 3.2-20 dargestellte Bewertungsraster herangezogen.

Die konstruktiven Restriktionen beinhalten Verfahrensmerkmale, die mindestens den Anforderungen an die Baustruktur (Geometrie usw.) entsprechen müssen. Ist dies nicht der Fall, wird das entsprechende Verfahrensmerkmal (z.B. Bauteilmaße) mit „0" bewertet, da die gewünschte Form des Bauteils mit diesem Verfahren nicht gefertigt werden kann. Das entsprechende Verfahren ist als „nicht geeignet" einzustufen, falls ein oder mehrere Verfahrensmerkmale aus dem Bereich „konstruktive Restriktionen" mit „0" bewertet werden (K.O.-Kriterien).

> **Beispiel Bodengruppe: Einbringen einer Bohrung in CFK**
>
> Grundsätzlich lassen sich Bohrungen bzw. Durchbrüche in flächige Werkstücke mittels Laserstrahlschneiden einbringen. Aufgrund der hohen Schmelztemperaturunterschiede zwischen Matrix- und Faserwerkstoff bei CFK scheidet in diesem Fall das Laserstrahlschneiden jedoch aus.

Innerhalb jedes Bereichs (1–3) läßt sich somit für jedes der alternativen Verfahren eine Kennzahl V_{tj} ermitteln (Gl. 3.2-11):

$$V_{tj} = \frac{1}{n} \sum_{i=1}^{n} (B_i) \tag{3.2-11}$$

- V_{tj}: Kennzahl des jeweiligen Bereichs technischer Verfahrensmerkmale (mit $j = 1, 2, 3$);
- B_i: Bewertungsfaktor des jeweiligen Verfahrens bezogen auf ein Verfahrensmerkmal (mit $B_i = 0, 1, 2, 3$); s. Tabelle 3.2-20);
- n: Anzahl der Verfahrensmerkmale im jeweiligen Bereich (konstruktive Restriktionen, qualitative Merkmale, sonstige Merkmale).

Basierend auf der vorgenommenen Gewichtung der einzelnen Bereiche (s. Tabelle 3.2-19) kann für jedes Verfahren ein Eignungsfaktor E_V ermittelt werden:

$$E_V = 0{,}5 \cdot V_{t1} + 0{,}25 \cdot V_{t2} + 0{,}25 \cdot V_{t3} \tag{3.2-12}$$

- E_V: Eignungsfaktor des betrachteten Fertigungsverfahrens;
- V_{t1}: Kennzahl des Bereichs „Konstruktive Restriktionen";
- V_{t2}: Kennzahl des Bereichs „Qualitative Merkmale (Produkt)";
- V_{t3}: Kennzahl des Bereichs „Sonstige Merkmale".

Anhand der Eignungsfaktoren, die sich für jedes Verfahren bestimmen lassen, ist schließlich eine quantitative Gegenüberstellung der alternativen Fertigungsverfahren bezogen auf einen Arbeitsvorgang möglich.

Eine Bewertung des gesamten Fertigungswegs ist abschließend durch eine Aufsummierung und anschließende Normierung der Eignungsfaktoren auf die Anzahl der Arbeitsvorgänge eines Fertigungswegs der einzelnen Verfahren möglich. Unter Berücksichtigung eines Unsicherheitsbands von 20 % (quantitative Unterschiede der Kennzahlen für verschiedene Materialien von bis zu 20 % schlagen sich nicht in einer unterschiedlichen ordinalen Bewertung nieder) werden die Kennzahlen für die Fertigungswege für das Ranking, das an das Modul Gesamtbewertung (s. Kapitel 3.6) weitergegeben wird, herangezogen.

Recycling. Die Bewertung des Recyclings erfolgt mit den in Tabelle 3.2–21 dargestellten Einzelfaktoren.

> **Beispiel Bodengruppe:**
> **Abschätzung des Bedarfs für das Recyclingprodukt**
>
> Das werkstoffliche Recycling der Bodengruppe kann zu Sekundärfaserplatten führen, für die ein Bedarf nicht im vollen Umfang der anfallenden Menge existiert. Das Verhältnis Bedarf zu anfallender Menge wird von 0,5–0,9 abgeschätzt (Y-Bewertung).

Die Bewertungen des technischen Aufwands addieren sich zu einer Kennzahl für den technischen Aufwand.

Die Kennzahlbildung in der 3. Iteration erfolgt hauptsächlich durch Abwertungen, die sich aus der Erschwernis des Recyclings durch Anwesenheit der Zusatzstoffe, Additive, Verunreinigungen und Störstoffanteile sowie aufgrund eines Eigenschaftsverlusts ergeben.

Die Gewichtung der Bewertungskriterien mit dem Faktor $r_i^{[3]}$ zur Ermittlung der Recyclingkennzahlen $R^{[3]}$ für jede (Verbund-)Materialart erfolgt analog der im 2. Iterationsschritt. Die Recyclingkennzahl wird analog den vorangegangenen Iterationsschritten für jede (Verbund-)Materialart ermittelt (s. Gl. 3.2–5) und die beste, die je Materialart ausgewiesen wurde, ist an die anderen Module zur weiteren Betrachtung weiterzugeben (s. R 80).

Tabelle 3.2–21. Bewertung des Recyclingverhaltens im 3. Iterationsschritt

Kennzahlen	Bewertung	Kriterien
Technischer Werterhalt $B_W^{[3]}$	0,1	Sonderabfallverbrennung bzw. Sonderabfalldeponierung (Beseitigung nach [KrW-/AbfG 1994])
	0,2	Müllverbrennung bzw. -deponierung (Beseitigung nach [KrW-/AbfG 1994])
	0,3	Energiegewinnung (Verwertung nach [KrW-/AbfG 1994])
	0,4	Rohstoffliche Verwertung
	0,5	Werkstoffliche Weiterverwertung, down-cycling
	0,6	Werkstoffliche Wiederverwertung, up-cycling, Weiterverwertung
	0,7	Weiterverwendung in qualitativ niederwertigen Produkten bzw. Bauteilen
	0,8	Weiterverwendung in qualitativ höherwertigen Produkten bzw. Bauteilen
	0,9	Wiederverwendung von Bauteilen oder Bestandteilen des Produkts
	1,0	Wiederverwendung des gesamten Produkts
Verhältnis von Altstoffausbringen zu Substitutionsfaktor $B_S^{[3]}$	C, Z	Ausbringung >95%, Substitutionsfaktor 0,84–1,0
	C, Y	Ausbringung >95%, Substitutionsfaktor 0,5–0,83
	A, Z	Ausbringung >95%, Substitutionsfaktor <0,5
	C, Y	Ausbringung zwischen 75% und 95%, Substitutionsfaktor 0,84–1,0
	B, Y	Ausbringung zwischen 75% und 95%, Substitutionsfaktor 0,5–0,83
	A, Y	Ausbringung zwischen 75% und 95%, Substitutionsfaktor <0,5
	A, Z	Ausbringung <75%, Substitutionsfaktor 0,84–1,0
	A, Y	Ausbringung <75%, Substitutionsfaktor 0,5–0,83
	A, X	Ausbringung <75%, Substitutionsfaktor <0,5
Bedarf für das Recyclingprodukt (in Bezug auf anfallende Mengen) $B_B^{[3]}$	ABC-Bewertung wie im 1. Iterationsschritt	
	X	Bedarf/anfallende Menge <0,5
	Y	Bedarf/anfallende Menge 0,5–0,9
	Z	Bedarf/anfallende Menge >0,9

Tabelle 3.2–21 (Fortsetzung)

Kennzahlen	Bewertung	Kriterien	
Technischer Aufwand $B_A^{[3]}$	Beurteilung von Zusatzstoffen, Verunreinigungen usw. im zu rezyklierenden (Verbund-)Material		
	Abzug bzw. Addition	Beurteilungskriterien	Zusätzliche Abwertungskriterien
	Abzug von 0,2	Verschmutzung, Zusatzstoffe oder Alterung erschweren Recycling erheblich	Zusatzstoffe, die entfernt werden müssen, führen zur Abwertung
	Abzug von 0,1	Verschmutzung, Zusatzstoffe oder Alterung erschweren Recycling	Spezielle Störstoffe (Halogene und Schwermetalle führen zu Abwertung)
	Kein Abzug	Zusatzstoffe sind vorhanden aber im Bezug auf das Recycling unkritisch	Verschmutzungen führen zu Abwertung
	Addition von 0,1–0,2	Stabilisator oder Verträglichkeitsmacher ermöglicht eine höhere Stufe des Recyclings	Alterung führt zu Abwertung

Berücksichtigung der Anzahl der Verfahrensschritte nach Brid [1980], Vauck [1994]

0,5	1– 7 Verfahrensschritte
0,4	8– 9 Verfahrensschritte
0,3	10–11 Verfahrensschritte
0,2	12–13 Verfahrensschritte
0,1	14–15 Verfahrensschritte
0,0	> 15 Verfahrensschritte

Verfahrensbedingungen

0,2	Verfahren läuft bei Umgebungstemperatur T_0, Umgebungsdruck p_0
0,1	$p \neq p_0$ oder $T \neq T_0$
0,0	$p \neq p_0$ und $T \neq T_0$

Einsatz von Hilfsstoffen

0,3	> 5 % der Masse des Rezyklats
0,2	≤ 5 % der Masse des Rezyklats
0,1	≤ 1 % der Masse des Rezyklats
0,0	Keine

Die Bewertung mit 0,0 darf nicht unterschritten und die mit 1,0 nicht überschritten werden.

3.3
Modul Arbeitsumwelt

Jörg Becker, Jens Dobberkau, Hans-Joachim Haupt

Im folgenden Text werden Verweise auf bestimmte Stellen der im Anhang enthaltenen Ablaufpläne z. B. wie folgt gegeben: (s. A 5).

3.3.1
Grundlagen der Vorgehensweise

Das Modul hat das Ziel, die systematische Auswahl von (Verbund-)Materialien so zu beeinflussen, daß möglichst menschengerechte Arbeitsbedingungen im Lebensweg des Produkts gewährleistet werden können.

Grundlage des Moduls ist eine Methode zur komplexen Bewertung der Arbeitsbedingungen, die im Zusammenhang mit euroMat entwickelt wurde und in Kapitel 3.3.4 ausführlich beschrieben ist. Die Ausgangsbasis für die Entwicklung der Methode waren die TRGS-„Ermittlungspflichten" [TRGS 440 1996] bzw. ein 7stufiges Verfahren zur Bewertung von Arbeitsumweltbelastungen [Hettinger 1985].

Ebenso wie in anderen Modulen wird die Grundmethode in den niedrigen Iterationsschritten vereinfacht angewendet (von grob nach fein). Dabei werden die entscheidenden Faktoren für die Beurteilung eines relativen Risikos

- Art und Schwere des zu befürchtenden Schadens (Wirkung) und
- die Wahrscheinlichkeit, mit der der Schaden eintritt

von Iteration zu Iteration genauer betrachtet.

Es wird eine Beurteilungsgröße in Form einer relativen Belastungskennzahl gebildet, um die relativ „besten" Materialalternativen im Kontext mit den anderen Bewertungsmodulen identifizieren zu können. Sie ist nicht im Sinn einer absoluten Bewertung der Arbeitsbedingungen zu interpretieren.

Als Kriterien für die Auswahl von (Verbund-)Materialien sind aus der Vielzahl von Einflußfaktoren auf die Arbeitsbedingungen nur die Faktoren relevant, die vom (Verbund-)Material beeinflußt werden. Entscheidender Einfluß geht vorrangig von folgenden Arbeitsumweltfaktoren (AUF) aus:

- Gefahrstoffe,
- Lärm,
- physische Belastung (Teil dynamische Muskelarbeit),
- Klima (Teil Hitzearbeit),
- mechanische Schwingungen.

Die relative Vergleichsgröße dient zur Auswahl von (Verbund-)Materialien unter arbeitswissenschaftlichen Gesichtspunkten. Sie soll und kann keine Grundlage für die arbeitswissenschaftliche Beurteilung konkreter Arbeitsplätze oder -prozesse darstellen.

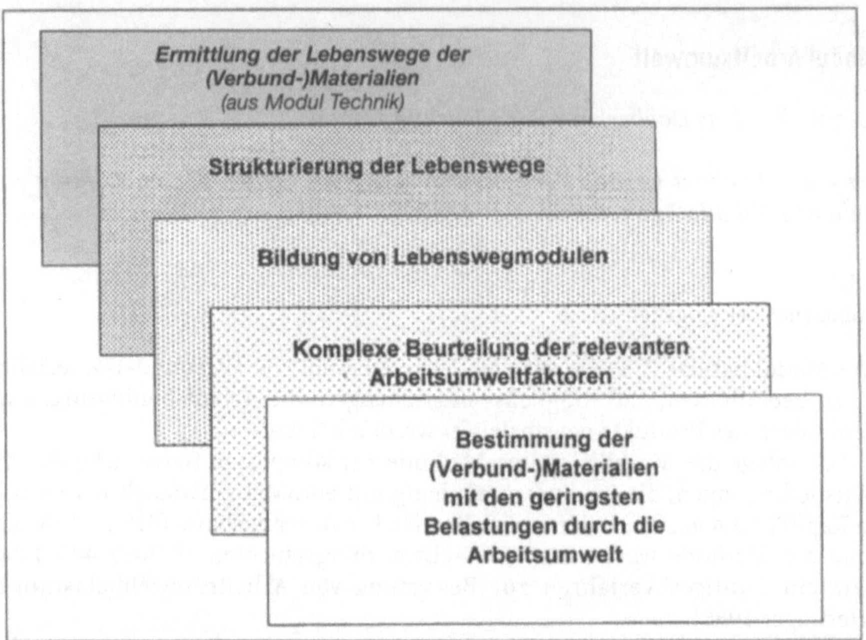

Abb. 3.3–1. Vorgehensweise zur Beurteilung der Arbeitsumwelteigenschaften

Voraussetzung für die Beurteilung der Arbeitsumweltbedingungen sind die Ermittlung der relevanten Lebenswegabschnitte und ihre Strukturierung in Arbeitsbereiche. Weiterhin ist es notwendig, die in den einzelnen Arbeitsbereichen wirkenden AUF zu erfassen und zu beurteilen.

Die strukturierten Lebenswege werden so in Lebenswegmodule gegliedert, daß aus ihnen der Lebensweg des entsprechenden (Verbund-)Materials zusammensetzbar ist und die Module auch für Lebenswege anderer (Verbund-)Materialien verwendbar sind.

Die Vorgehensweise der Beurteilung ist in Abb. 3.3–1 dargestellt.

3.3.2
Qualitative Betrachtung und Bewertung (1. Iterationsschritt)

3.3.2.1
Systemgrenze und Systemumfang

Im 1. Iterationsschritt werden die Verfahrensgruppen des Hauptlebenswegs aller potentiell geeigneten (Verbund-)Materialien qualitativ auf das Arbeitsbelastungspotential hin untersucht (Abb. 3.3–2).

Das System wird aufgebaut, indem für jede betrachtete (Verbund-)Materialgruppe im Modul Technik die Herstellungs-, Fertigungs- und Entsorgungsver-

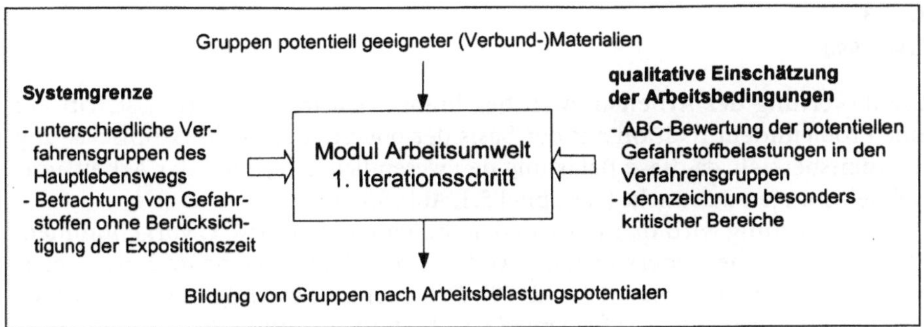

Abb. 3.3–2. Systemgrenzen und Systemumfang des Moduls Arbeitsumwelt im 1. Iterationsschritt

fahrensgruppen identifiziert werden. Die Verfahrensgruppen, die für alle als geeignet identifizierten (Verbund-)Materialgruppen gleich sind, werden nicht betrachtet.

Prinzipiell läßt sich die Beurteilungsmethode auf den gesamten Lebensweg anwenden. Jedoch wird in allen Iterationsschritten die Nutzungsphase aufgrund des meist nur geringen Zusammenhangs zu arbeitswissenschaftlichen Belangen nicht berücksichtigt (s. A 5). Die identifizierten Verfahren werden in Arbeitsbereiche strukturiert und in einer Liste „Arbeitsbereiche" festgehalten (s. AL 55).

> **Beispiel Bodengruppe:**
> **Systemgrenzenbeispiel Transportvorgang**
>
> Qualitativ gibt es bei gleicher Transporttechnik (Beispiel Gabelhubwagen) keinen signifikanten Unterschied beim innerbetrieblichem Transport von Bodengruppen aus unterschiedlichen Materialien, so daß dieses Modul nicht betrachtet wird.

3.3.2.2
Datenbasis und Eigenschaftsermittlung

Im 1. Iterationsschritt werden die Verfahren des Hauptlebenswegs der (Verbund-)Materialgruppen in Arbeitsbereiche (s. AL 25, 50) strukturiert und qualitativ alle relevanten Gefahrstoffe ermittelt (s. AL 25, 45). Werden für die jeweilige (Verbund-)Materialgruppe noch keine Verfahren in der Praxis angewendet, sind die entsprechenden Listen auf der Basis von F&E-Ergebnissen zu erstellen (s. AL 27).

Für die Erstellung der Listen werden Verfahrensbeschreibungen aus der Literatur (s. AL 30) oder F&E-Ergebnisse (s. AL 17) verwendet. Experten- und Industriebefragungen (s. AL 20 bzw. 7) sowie Analogieschlüsse (s. AL 35 bzw. 7) können die Informationen ergänzen.

3.3.2.3
Bewertung

Die Bewertung der Arbeitsumwelt beschränkt sich im 1. Iterationsschritt auf eine Problemidentifikation auf der Basis der potentiellen Gefahrstoffbelastung je Arbeitsbereich, da diese Belastung den wesentlichsten Anteil der Arbeitsumweltbelastungen ausmacht (s. Kapitel 5.1, Abb. 5.1–14).

Die Bewertung wird qualitativ in den Stufen A+, A, B bzw. C vorgenommen. Mit A+ werden besonders kritische Gefahrstoffe (kanzerogene und mutagene) gekennzeichnet (Abb. 3.3–3) (s. AL 70). Die Zuordnung erfolgt auf der Grundlage der Einstufung des Stoffs gemäß Gefahrstoffverordnung (z. B. Gefahrstofflisten [BIA-Report 1996]) (s. AL 80). Nicht eingestufte Stoffe (s. AL 80) sind mittels Sicherheitsdatenblättern, Herstellerinformationen u. ä. (s. AL 53) zu bewerten.

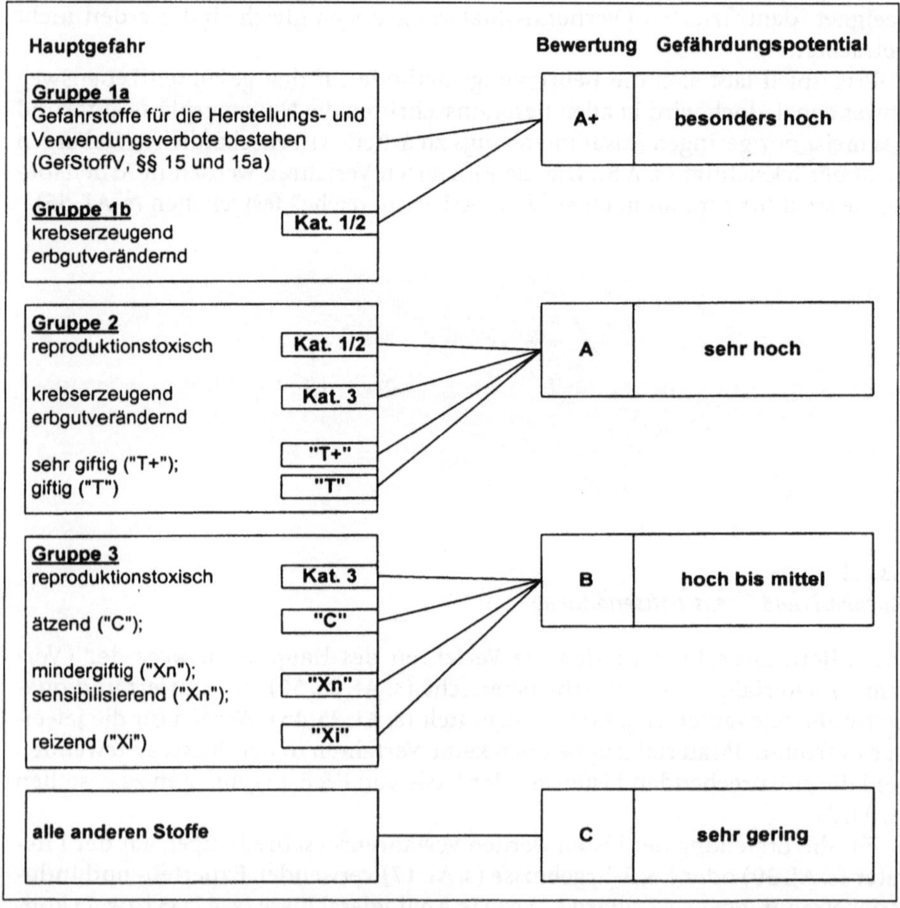

Abb. 3.3–3. ABC-Bewertung der AUF Gefahrstoffe in der 1. und 2. Iteration

Tabelle 3.3–1. Übertragung der ABC-Bewertung in Punkte

Anteil von A-Bewertungen [%]	Anteil von B-Bewertungen [%]	Gesamtbewertung
≥ 40	Nicht bewertungsrelevant	A
$< 40, \geq 20$	Nicht bewertungsrelevant	A – B
< 20	$< 60^{\,a}$	B
< 20	$< 40, \geq 20^{\,a}$	B – C
< 20	$< 20^{\,a}$	C

[a] Der Anteil A wird durch Multiplikation mit dem Faktor 3 in B-Einstufungen überführt.

Bei der Anwesenheit mehrerer Gefahrstoffe im Arbeitsbereich, wird derjenige mit der höchsten Einstufung zur Bewertung herangezogen. Für die gleichzeitige oder nacheinander erfolgende Exposition gegenüber verschiedenen Stoffen kann die gesundheitliche Wirkung erheblich verstärkt, ggf. aber auch vermindert werden. Wissenschaftlich begründete Grenzwerte für derartige Zustände lassen sich derzeit nicht definieren [TRGS 403 1989].

Beispiel Bodengruppe:
Arbeitsbereich Polymerisationskessel (Polybutadienherstellung)

Es treten u.a. die Gefahrstoffe Butadien (A+), Benzoylperoxid (B) und Natriumpyrophosphat (C) auf. Die Einstufung erfolgt nach Butadien.

Für die Aggregation der ABC-Einstufungen der Arbeitsbereiche des Lebenswegs werden zunächst die A+-Bewertungen mit dem Faktor 3 in A-Bewertungen überführt (d.h. $1\,\text{A}+ = 3\,\text{A}$). Anschließend erfolgt die Gesamtbewertung entsprechend Tabelle 3.3–1.

Damit werden insbesondere die kritischen Arbeitsbereiche (A+- und A-Bewertungen) als Grundlage für ein Ranking der untersuchten Materiallösungen berücksichtigt (Hot spots). Technische Schutzmaßnahmen oder Expositionszeiten (s. AL 100–110) werden nicht in die Betrachtung des 1. Iterationsschritts einbezogen.

3.3.3
Halbquantitative Betrachtung und Bewertung (2. Iterationsschritt)

3.3.3.1
Systemgrenze und Systemumfang

Im 2. Iterationsschritt werden die Verfahren des Hauptlebenswegs jedes potentiell geeigneten (Verbund-)Materialclusters halbquantitativ auf besonders auffällige Arbeitsbelastungspotentiale untersucht (Abb. 3.3–4). In Erweiterung zum 1. Iterationsschritt werden alle AUF in die Eigenschaftsermittlung einbezogen. Außerdem wird die Expositionszeit berücksichtigt.

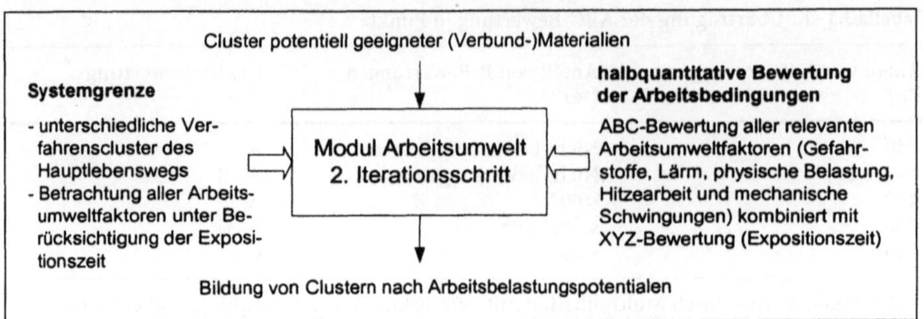

Abb. 3.3–4. Systemgrenzen und Systemumfang des Moduls Arbeitsumwelt im 2. Iterationsschritt

3.3.3.2
Datenbasis und Eigenschaftsermittlung

Das Erstellen der Verfahrensstrukturierung und Gefahrstoffermittlung erfolgt
analog zum 1. Iterationsschritt. Zusätzlich sind Belastungen durch die anderen
AUF (s. AL 135, 127) sowie zur halbquantitativen Bewertung die Expositionszeit
zu erfassen (s. AL 127).

Die Expositionszeit ist in den Kategorien hoch, mittel und gering zu ermitteln (s. AL 147, 150). Als Anhaltswerte werden für hoch ≥ 4, für mittel < 4 bis
$> 0,5$ und für niedrig $\leq 0,5$ h/Schicht vorgegeben.

Als Datenbasis für die Ermittlung der relevanten Arbeitsumweltfaktoren
dienen Arbeitsbereichsanalysen (s. AL 133), Literaturangaben, Industrieangaben, Expertenbefragungen (s. AL 140), Analogie- oder Ähnlichkeitsbetrachtungen zu Arbeitsbelastungen bekannter Verfahren und Abschätzungen auf der
Basis arbeitswissenschaftlicher Erfahrungen (s. AL 117) sowie Abschätzungshilfen (s. AL 113).

3.3.3.3
Bewertung

Die Einstufung der Gefahrstoffe erfolgt analog zur 1. Iteration. Zusätzlich werden die anderen AUF je Arbeitsbereich qualitativ in einer ABC-Bewertung eingestuft (s. AL 135). Dabei bedeuten:

- A: Gesundheitsgefährdung möglich;
- B: relevante Arbeitsplatzbelastung, evtl. kurzzeitige Überbelastung möglich;
- C: keine relevante Arbeitsplatzbelastung.

Die Bewertung der Expositionszeit (s. AL 137) erfolgt entsprechend Kapitel
3.3.3.2.

Für A+-Einstufungen wird die Expositionszeit in der Bewertung nicht berücksichtigt, da eine Gefährdungsfreiheit, wegen der fehlenden Wirkungsschwelle, nur
durch eine vollständige Vermeidung der Stoffe gewährleistet werden kann.

Tabelle 3.3–2. Einbeziehung der Expositionszeit in die Bewertung der AUF

Kombination		Beurteilung
Potentielle Belastung durch AUF (qualitativ)	Expositionszeit (Dauer der Belastung)	
A+	Wird nicht berücksichtigt	A+
A	X	A
	Y	
	Z	B
B	X	
	Y	
	Z	C
C	Wird nicht berücksichtigt	

Die Aggregation der ABC- und XYZ-Bewertungen wird entsprechend Tabelle 3.3–2 vorgenommen.

Beispiel Bodengruppe:
Arbeitsbereich Walzstraße (Steuerleute)

Das Ergebnis der qualitativen Bewertung des Arbeitsbereichs (B-Einstufung) wird in der halbquantitativen Bewertung durch die niedrige Expositionszeit (Z) in eine C-Einstufung überführt.

Das Ergebnis der ABC/XYZ-Bewertung wird entsprechend Tabelle 3.3–3 in Punkte übertragen.

Bei C-Einstufungen werden keine Punkte vergeben. Somit werden für die Bewertung der Arbeitsbereiche nur die relevanten Arbeitsumwelteigenschaften (Einstufungen A und B) herangezogen.

Tabelle 3.3–3. Übertragung der ABC-Bewertung in Punkte

Beurteilung	Punkte	
	Gefahrstoffe	Andere AUF
A+	9	–
A	6	3
B	2	1
C	0	0

Für die Beurteilung von freigesetzten Stoffen, Reaktions- und Zersetzungs-produkten, die in geringen Konzentrationen (Stoffindex $I_n < 0,1$; der Stoffindex ist der Quotient aus Konzentration und Grenzwert) im Fertigungs- und Recyclingbereich auftreten, wird vorgeschlagen, nur einen „Merker" anzubringen, der auf diese Problematik hinweist und für die verbale Argumentation genutzt werden kann.

Die komplexe Beurteilung eines Arbeitsbereichs erfolgt durch Addition der Punkte der einzelnen AUF (s. AL 200).

Zur Bewertung eines (Verbund-)Materials werden die Punktsummen der Arbeitsbereiche über den Lebensweg addiert. Dabei wird in der Gesamtbewertung nur ein bestimmter Anteil der Arbeitsbereiche für die Beurteilung herangezogen (s. AB 10–25), um bei der Auswahl des prioritären (Verbund-)Materials eine Nivellierung kritischer durch unkritische Arbeitsbereiche zu vermeiden.

Die Summen dieser komplexen Arbeitsbereichsbeurteilungen (s. AB 30) ergeben eine Reihenfolge, aus der sich unter Anwendung eines Unschärfebands von ± 10 % ein Ranking (s. AB 55) der aus arbeitswissenschaftlicher Sicht prioritären (Verbund-)Materialien ergibt.

Technische Schutzmaßnahmen (s. AL 100) werden nicht in die Bewertung einbezogen (s. 3. Iterationsschritt).

> **Beispiel Bodengruppe: Ranking Arbeitsumwelt**
>
> Die Reihenfolgebildung der betrachteten Materialcluster weist insgesamt 15 Positionen aus. Im Vergleich zu einem Referenzmaterialcluster und unter Berücksichtigung der Fehlerbereiche (s. AB 40) kann mit 3 Arbeitsumwelt-clustern ein Ranking (s. AB 55) durchgeführt werden:
>
> 1. Arbeitsumwelt besser als Referenz,
> 2. Arbeitsumwelt der Referenz entsprechend,
> 3. Arbeitsumwelt schlechter als Referenz.

3.3.4
Teilquantitative Betrachtung und Bewertung (3. Iterationsschritt)

3.3.4.1
Systemgrenze und Systemumfang

Im 3. Iterationsschritt werden die Verfahren des Hauptlebenswegs der potentiell geeigneten (Verbund-)Materialarten hinsichtlich der relevanten AUF quantitativ untersucht (Abb. 3.3–5).

Die Systemgrenzen entsprechen prinzipiell denen der 2. Iteration. Neben der Darstellung des Belastungspotentials für die Arbeitsumwelt wird dem Anwender von euroMat ein Überblick über die tatsächlichen Belastungen gegeben. Dazu wird zusätzlich die im Gefahrstoffbereich verbleibende Belastung nach Einbeziehung von technischen Schutzmaßnahmen (Stand der Technik) bewertet und dargestellt (s. AL 100).

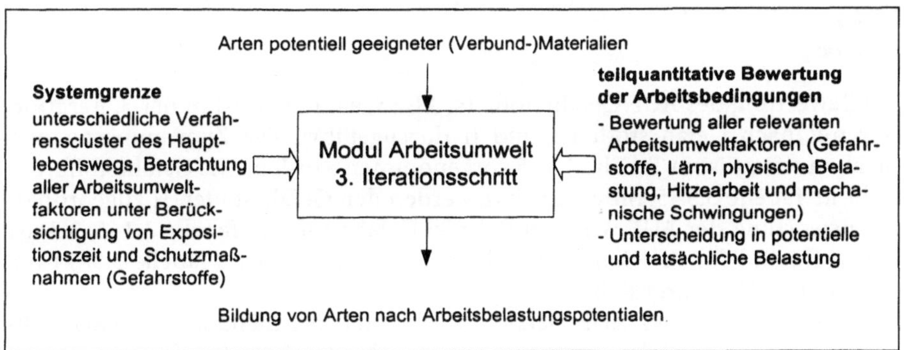

Abb. 3.3–5. Systemgrenzen und Systemumfang des Moduls Arbeitsumwelt im 3. Iterationsschritt

3.3.4.2
Datenbasis und Eigenschaftsermittlung

Die Eigenschaftsermittlung erfolgt ähnlich dem 2. Iterationsschritt. Anstelle der 3stufigen qualitativen Einschätzung wird eine quantitative Bewertung angewendet.

Für den Gefahrstoffbereich sind neben den Stoffen die im Verfahren integrierten technischen Schutzmaßnahmen (Stand der Technik) zu erfassen (s. AL 100).

Die Expositionszeit wird in Anlehnung an Hettinger [1985] in 4 Kategorien ermittelt (Tabelle 3.3–4) (s. AL 105 und 147). Für die AUF Lärm, physische Belastung, Hitzearbeit und mechanische Schwingungen ist bei der Eigenschaftsermittlung anzugeben, ob es sich um schichtbewertete Angaben handelt. In diesem Fall darf die Expositionszeit bei der Bewertung nicht noch einmal berücksichtigt werden.

Als Datenbasis für die Ermittlung der relevanten Arbeitsumweltfaktoren dienen Arbeitsbereichsanalysen (s. AL 133), Literaturangaben, Industrieangaben, Expertenbefragungen (s. AL 140, 117), Analogie- oder Ähnlichkeitsbetrachtungen zu Arbeitsbelastungen bekannter Verfahren und Abschätzungen auf der Basis arbeitswissenschaftlicher Erfahrungen (s. AL 117).

Am Beispiel AUF Lärm ist eine Abschätzungshilfe (s. AL 113) durch Beispielbelastungen in Tabelle 3.3–7, Spalte 4, dargestellt.

Tabelle 3.3–4. Häufigkeit des Auftretens von Belastungen während der Schicht

Kategorie	Häufigkeit	Bei Schichtbewertung	Ohne Schichtbewertung
		ca. % der Schicht	ca. Stunden
1	Selten	≤ 5	0,5
2	Öfter	6–20	$\leq 1,5$
3	Häufig	21–40	≤ 3
4	Sehr oft	41–100	> 3

3.3.4.3
Bewertung

Die Bewertung des AUF Gefahrstoffe (s. AL 85, 90, 115) wird in der 3. Iteration getrennt nach Gefahrstoffen I und II durchgeführt. Die Zuordnung zu den Gefahrstoffen I ist in Tabelle 3.3–5 vorgenommen worden. Alle Gefahrstoffe, die nicht in Tabelle 3.3–5 enthalten sind, werden den Gefahrstoffen II zugeordnet. Die Bewertung der AUF wird am Beispiel Gefahrstoffe I (Tabelle 3.3–5, 3.3–6) stellvertretend für die Gefahrstoffe bzw. am Beispiel Lärm (Tabelle 3.3–7) für die anderen AUF dargestellt.

Die Beurteilung des AUF Gefahrstoffe erfolgt in Anlehnung an TRGS 440 [1996] durch eine Belastungskennzahl, die durch Multiplikation von Wirk- und Freisetzungspotentialen sowie der technischen Schutzmaßnahmen (Tabelle 3.3–5, 3.3–6) entsprechend Gl. 3.3–1 gebildet wird.

$$BKZ_G = (W_{Ges} + W_{cp}) \cdot (F_S + F_V) \cdot S \qquad (3.3-1)$$

- BKZ_G: Belastungskennzahl Gefahrstoffe I bzw. II;
- W_{Ges}: Wirkpotential (Gesundheit);
- W_{cp}: Wirkpotential (chemisch-physikalische Eigenschaften);
- F_S: Freisetzungspotential des Stoffs;
- F_V: Freisetzungspotential des Verfahrens;
- S: technische Schutzmaßnahmen.

> **Beispiel Bodengruppe:**
> **Arbeitsbereich MAG-Schweißen, Gefahrstoffbewertung**
>
> Die potentielle Belastung durch Kohlenmonoxid wird mit 140 Punkten bewertet: $BKZ_G = 7(R_{EI}) \cdot 4\,(\text{gasförmig}) \cdot 5\,(\text{worst case}) = 140$.

Die Bewertung des AUF Lärm entsprechend einer 7stufigen Bewertung [Hettinger 1985] ist in Tabelle 3.3–7 dargestellt.

Für die komplexe Bewertung des Arbeitsbereichs ist die Wichtung der einzelnen AUF erforderlich. Basis für die Wichtung bildet die Wirkung auf die menschliche Gesundheit, die über die Minderung der Erwerbsfähigkeit durch Berufskrankheiten ermittelt wurde [BK-DOK '90 1992].

Entsprechend diesen Wertigkeiten wurden den AUF unterschiedliche Höchstpunktzahlen zugeordnet (Tabelle 3.3–8).

Die komplexe Bewertung eines Arbeitsbereichs erfolgt durch die Addition der Belastungskennzahlen der einzelnen AUF entsprechend Gl. 3.3–2 (s. AL 200):

$$BKZ_{AB} = BKZ_G + \sum_{i=2}^{5} BKZ_{AUF_i} \qquad (3.3-2)$$

- BKZ_{AB}: Belastungskennzahl Arbeitsbereich;
- BKZ_G: Belastungskennzahl AUF Gefahrstoffe;

Tabelle 3.3–5. Beurteilung des AUF Gefahrstoffe I (kanzerogene, mutagene, reproduktionstoxische sowie Stoffe mit Herstellungs- und Verwendungsverboten)

Wirkpotential W Gesundheitsgefahr	W_{Ges}	Freisetzungspotential F des Stoffs		F_S
C1[a], M1 und Stoffe mit Herstellungs- und Verwendungsverboten (§ 15, 15a GefStoffV)	12	Dampfdruck [hPa] bei Arbeitstemperatur		
C2[a], M2, R_E1, R_F1	10	> 250	Sehr hoch (auch Gase)	4
Nicht ausreichend geprüft[b]	10	> 50–250	Hoch	3
R_E2, R_F2	8	> 10–50	Mittel	2
C3[a], M3	5	< 10	Gering (auch Feststoffe)	1
R_E3, R_F3	3			

Chemisch-physikalische Eigenschaften	W_{cp}	Freisetzungspotential des Verfahrens	F_V
		Aerosolbildung bei nicht geschlossenen Verfahren	+3
„E", „O" – R2, R3, R7, R8, R9	+3	Unmittelbarer Hautkontakt mit hautresorptiven oder sensibilisierenden Stoffen[c]	+3
„F+", „F" – R12, R11, R15, R17	+2	Unmittelbarer Hautkontakt	+2
Entzündlich – R10	+1	Staubende Feststoffe[d]	+2
		Großflächige Anwendung	+1

Technische Schutzmaßnahmen	S
Worst case – Bedingungen (z. B. Arbeiten im Behälter)	5
Offen, natürliche oder technische Raumlüftung	4
Halb geschlossen, natürliche Lüftung	4
Halb geschlossen, bestimmungsgemäßes Öffnen und technische Raumlüftung	3
Offen, mit wirksamer Punktabsaugung	2
Halb geschlossen, bestimmungsgemäßes Öffnen und Punktabsaugung	2
Geschlossen, Dichtigkeit nicht ausreichend gewährleistet	1
Geschlossen, Dichtigkeit gewährleistet	0,5

Symbole sind in Tabelle 3.3–6 erklärt.

[a] Sind kanzerogene Stoffe nicht nach § 4a GefStoffV oder TRGS 905 eingestuft, liegt aber eine Einstufung der DFG-Senatskommission [DFG akt. Ausg.] vor, werden die Kategorien IIIA1, IIIA2 bzw. IIIB wie die Kategorien C1, C2 bzw. C3 beurteilt.

[b] Als nicht ausreichend geprüft im Sinn dieses Schemas sind Stoffe anzusehen, für die entweder keine Legaleinstufung (Bekanntmachung nach § 4a GefStoffV [Gefahrstoffverordnung 1993]) oder keine Einstufung der DFG-Senatskommission vorliegt, für deren kanzerogene, mutagene und reproduktionstoxische Wirkung aber wissenschaftliche Erkenntnisse existieren.

[c] Hautresorptive und sensibilisierende Stoffe sind hier Stoffe mit R21, R24, R27, R43 bzw. H.

[d] Staubend sind alle Feststoffe, die nicht in emissionsgeminderter Form (wie Pellets, Pasten, Granulate) vorliegen.

Tabelle 3.3–6. Gefahrstoffkategorien

Symbol	Erläuterung
C	Kanzerogene Stoffe
C1	Stoffe, die beim Menschen bekanntermaßen krebserzeugend wirken
C2	Stoffe, die als krebserzeugend für den Menschen angesehen werden sollten
C3	Stoffe, die wegen möglicher krebserregender Wirkung beim Menschen Anlaß zur Besorgnis geben
M	Mutagene Stoffe
M1	Stoffe, die beim Menschen bekanntermaßen erbgutverändernd wirken
M2	Stoffe, die als erbgutverändernd für den Menschen angesehen werden sollten
M3	Stoffe, die wegen möglicher erbgutverändernder Wirkung auf den Menschen zur Besorgnis Anlaß geben
R_E/R_F	Reproduktionstoxische Stoffe
$R_E 1$	Stoffe, die beim Menschen bekanntermaßen fruchtschädigend (entwicklungsschädigend) wirken
$R_E 2$	Stoffe, die als fruchtschädigend (entwicklungsschädigend) für den Menschen angesehen werden sollten
$R_E 3$	Stoffe, die wegen möglicher fruchtschädigender (entwicklungsschädigender) Wirkungen beim Menschen zur Besorgnis Anlaß geben
$R_F 1$	Stoffe, die beim Menschen die Fortpflanzungsfähigkeit (Fruchtbarkeit) bekanntermaßen beeinträchtigen
$R_F 2$	Stoffe, die als beeinträchtigend für die Fortpflanzungsfähigkeit (Fruchtbarkeit) des Menschen angesehen werden sollten
$R_F 3$	Stoffe, die wegen möglicher Beeinträchtigung der Fortpflanzungsfähigkeit (Fruchtbarkeit) des Menschen zur Besorgnis Anlaß geben
R	Hinweise auf besondere Gefahren (R-Sätze nach Gefahrstoffverordnung)
E	Explosionsgefährlich
O	Brandfördernd
F+	Hochentzündlich
F	Leichtentzündlich

- BKZ_{AUF_i}: Belastungskennzahl AUF_{2-5};
    - AUF_2: Lärm (BKZ_L);
    - AUF_3: physische Belastung (BKZ_P);
    - AUF_4: Hitzearbeit (BKZ_H);
    - AUF_5: mechanische Schwingungen (BKZ_S).

Für die Gefahrstoffe I und II wird eine maximale Punktzahl von 240 bzw. 100 festgelegt, auch wenn sich nach Gl. 3.3–2 höhere Punktzahlen ergeben.

Um auf die potentielle Wirkung der Gefahrstoffe besonders hinzuweisen, wird die Bewertung in 2 Stufen durchgeführt:

1. Potentielle Belastungskennzahl: für diese Bewertung (s. AL 85, 90) wird der geringste technische Schutz (5 Punkte) eingesetzt, und es erfolgt keine Berücksichtigung der Expositionszeit.

Tabelle 3.3–7. Beurteilung des AUF Lärm

Beurteilungs-pegel L_r [dB(A)]	Beurteilungs-stufe	Belastungs-intensität	Abschätzung	Belastungs-kennzahl BKZ_L
$95 < L_r$	VII	Sehr hoch	Extrem laut (Bolzensetz-werkzeug)[a]	60
$90 < L_r \leq 95$	VI	Hoch	Sehr laut (Kreissäge)[a]	50
$85 < L_r \leq 90$	V	Hoch–mittel	Laut (Kantbank)[b]	40
$80 < L_r \leq 85$	IV	Mittel (Grenzbereich)	Störend (Drehmaschine)[c]	30
$75 < L_r \leq 80$	III	Mittel–gering	Lebhaft (Schweißen-Handelektrode)[b]	20
$65 < L_r \leq 75$	II	Gering	Ruhig[c]	10
$L_r \leq 65$	I	Sehr gering	Sehr ruhig (Gespräch)[d]	0

[a] [Sicherheit 1997], [b] [Kraume 1989], [c] [Aser 1994], [d] [Baua 1996].

2. Tatsächliche Belastungskennzahl: Es werden die vorhandenen technischen Schutzmaßnahmen (s. AL 100) (Stand der Technik) und die Expositionszeit (s. AL 110, 137) berücksichtigt. Dazu werden die Belastungskennzahlen mit den in Tabelle 3.3–9 dargestellten Faktoren multipliziert.

Für die Gesamtbeurteilung einer (Verbund-)Materialalternative werden die komplexen Arbeitsbereichsbewertungen addiert (s. AB 30) (Gl. 3.3–3):

$$BKZ_{LC} = \sum_{n=1}^{m} BKZ_{AB_n} \tag{3.3-3}$$

- BKZ_{LC}: Belastungskennzahl des Lebenswegs;
- m: 30 % der Anzahl der Arbeitsbereiche des Lebenswegs mit der geringsten Anzahl von Arbeitsbereichen. Verglichen werden dann die jeweils kritischsten Arbeitsbereiche.

Tabelle 3.3–8. Gewichtung der Arbeitsumweltfaktoren

AUF	Gefahrstoffe I	Gefahrstoffe II	Lärm	Physische Belastung	Hitzearbeit	Mechanische Schwingungen
Höchst-punkte	240	100	60	60	60	60

Tabelle 3.3–9. Unterschiedliche Zeitfaktoren je Belastungsart (erweitert) nach [Hettinger 1985]

Häufigkeit	Physische Belastung	Lärm	Mechanische Schwingungen	Hitzearbeit	Gefahrstoffe II
Selten	0,1	0,1	0,1	0,1	0,1
Öfter	0,5	0,5	0,5	0,5	0,5
Häufig	0,5	1	0,5	0,5	0,5
Sehr oft	1	1	1	1	1

Um bei der Bewertung der Materialalternativen eine Nivellierung kritischer durch unkritische Arbeitsbereiche zu vermeiden, wird nur ein bestimmter Anteil der Arbeitsbereiche des Lebenswegs für die Beurteilung herangezogen. Dazu wird zunächst der Lebensweg des (Verbund-)Materials mit der geringsten Anzahl an Arbeitsbereichen ermittelt (s. AB 15). 30% dieser Anzahl werden dann jeweils für den Vergleich der Werkstoffe zur Gesamtbeurteilung herangezogen (s. AB 20). In Gl. 3.3–3 sind als BKZ_{AB} die Belastungskennzahlen derjenigen Arbeitsbereiche einzusetzen, für die die höchsten Belastungen (d.h. die höchsten BKZ_{AB}) ermittelt wurden (s. AB 25).

Beispiel Bodengruppe: Gesamtbewertung

Der Lebensweg des Materials Polyurethan/Flachsfaser hat mit 17 Arbeitsbereichen die geringste Anzahl an Arbeitsbereichen aller alternativen Materiallösungen. Das heißt, jeweils $17 \cdot 0,3 \cong 5$ Arbeitsbereiche (die kritischsten) werden für den Vergleich herangezogen.

Ein Vergleich der Belastungskennzahlen BKZ_{LC} (s. Gl. 3.3–3) liefert bezüglich der Arbeitsbedingungen die prioritären (Verbund-)Materialien (s. AB 60). Dabei wird ein Unschärfeband von ±10% berücksichtigt (s. AB 40).

3.4
Modul Umwelt

Walter Klöpffer, Wulf-Peter Schmidt, Stephan Volkwein

Im folgenden Text werden Verweise auf bestimmte Stellen der im Anhang enthaltenen Ablaufpläne z.B. wie folgt gegeben: (s. U 70).

3.4.1
Grundlagen der Vorgehensweise

Grundlage dieses Moduls ist die Methode der Ökobilanz [SETAC 1993], [DIN EN ISO 14040 1997], welche die Umweltbelastungspotentiale aufgrund von Stoffen und Energien systematisch erfaßt. Diese treten über den Lebensweg

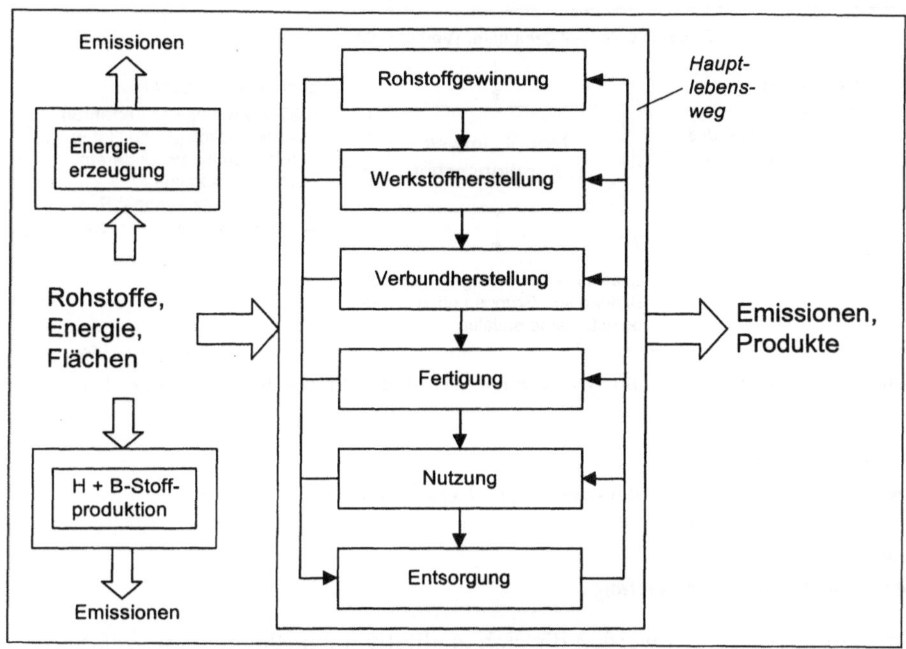

Abb. 3.4–1. Umweltbelastungen über den Lebensweg eines Produkts, *H + B-Stoffe* Hilfs- und Betriebsstoffe, *dünner Pfeil* Transport, *dicker Pfeil* Elementarfluß

eines Produkts von der Rohstoffgewinnung bis zur finalen Beseitigung auf und beschneiden als sog. Elementarflüsse die Möglichkeiten der Generationen im Sinn einer nachhaltigen Entwicklung [WCED 1987], indem sie von der Technosphäre in die Ökosphäre gelangen oder einen Ressourcenverlust bedeuten (Abb. 3.4–1). In euroMat werden vergleichende Aussagen über Produkte getroffen, welche die gleiche Funktion mit unterschiedlichen Materiallösungen erfüllen. Im Vergleich zu einer Materialreferenz können so Entlastungspotentiale für die Umwelt identifiziert werden.

Für den Konstruktions- und Designprozeß ist allerdings die Verwendung vollständiger Ökobilanzen zu zeitintensiv [Keoleian 1994; Schmidt et al. 1995]. Daher ist eine vereinfachte Iterative Screening-Ökobilanz [Fleischer, Schmidt 1997] entwickelt worden, welche die oben genannten Grundlagen aufgreift und bereits auf europäischer Ebene Anerkennung gefunden hat [de Beaufort et al. 1997]. Auch eine vereinfachte Auswertungsmethode wurde für euroMat '98 entwickelt. Für die ökologische Materialempfehlung werden nicht Checklisten (z. B. [Betz, Vogl 1996]) verwendet, da hier durch verallgemeinernde Aussagen nicht zutreffende Empfehlungen für den speziellen Anwendungsfall gemacht werden (vgl. [Fleischer et al. 1997]).

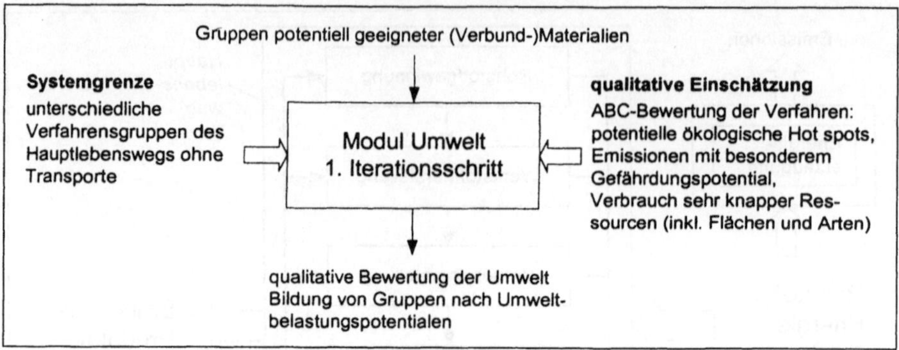

Abb. 3.4–2. Systemgrenzen und Systemumfang des Moduls Umwelt im 1. Iterationsschritt

3.4.2
Qualitative Betrachtung und Bewertung (1. Iterationsschritt)

3.4.2.1
Systemgrenze und Systemumfang

Im 1. Iterationsschritt werden die sich qualitativ unterscheidenden Verfahrensgruppen des Hauptlebenswegs (Abb. 3.4–1) aller potentiell geeigneten (Verbund-)Materialgruppen qualitativ auf Umweltbelastungspotentiale untersucht. Transporte werden in diesem Vergleich als untergeordnet ausgeklammert (Abb. 3.4–2).

Das betrachtete System wird aufgebaut, indem für jede betrachtete (Verbund-)Materialgruppe diejenigen Herstellungs-, Fertigungs-, Entsorgungsverfahrenshauptgruppen (Modul Technik) identifiziert werden, die bei den anderen betrachteten (Verbund-)Materialgruppen nicht vorkommen. Die Nutzungsphase wird ebenfalls nur in das System eingeschlossen, wenn qualitative Unterschiede zwischen den betrachteten Materialalternativen zu erwarten sind (s. UA 40–55). Die identifizierten, zu betrachtenden Verfahrensgruppen werden für jede Materialgruppe in einer Liste „Prozesse der Lebenswege" festgehalten.

Beispiel Bodengruppe: Systemgrenzenbeispiel Demontage

Qualitativ gibt es bei gleicher Verbindungstechnik keinen ökologischen Unterschied bei der Demontage von Bodengruppen aus verschiedenen Materialien, so daß die Demontage im 1. Iterationsschritt nicht betrachtet wird.

3.4.2.2
Datenbasis und Eigenschaftsermittlung

Für die Verfahrensgruppen der Liste „Prozesse der Lebenswege" werden qualitativ alle Elementarflüsse (Kapitel 3.4.1) ermittelt. Diese werden entweder der vorhandenen Ökobilanzdatenbank entnommen oder müssen qualitativ abgeschätzt werden. Es wird für jeden Prozeß nur der ökologisch schlimmste Elementarfluß betrachtet (s. UA 200). So wird vermieden, daß sehr gut hinsichtlich ihrer Stoff- und Energieströme dokumentierte Materialien schlechter gestellt werden als z. B. neue Materialien, zu denen keine Informationen vorliegen (Symmetrie der Daten [Fleischer, Schmidt 1995]).

Beispiel Bodengruppe:
Prozeß Einschmelzen von Aluminiumschrott unter Salz

Beim Einschmelzen von Aluminiumschrott entstehen u. a. halogenierte Dibenzodioxine und -furane [Link 1989], Fluorwasserstoff und Filterstaub [EEA 1996]. Betrachtet werden im 1. Iterationsschritt nur die Dioxinemissionen (Toxizität).

Wenn keine Daten in Datenbanken abgelegt sind und dies durch Expertenbefragungen (z. B. der Anlagenbetreiber) nicht kompensierbar ist, können durch den Benutzer von euroMat '98 folgende Instrumente zur qualitativen Abschätzung von Elementarflüssen (Elementarfluß ist vorhanden ja/nein) eingesetzt werden [BMBF 1995; Bretz, Frankhauser 1996; de Beaufort et al. 1997; S. 21 f.]:

- Grenzwerte (s. UA 145): Je nach geographischer Zuordnung der Prozesse kann vereinfacht ein ggf. vorhandener Grenzwert des betreffenden Staats für den untersuchten Prozeß herangezogen werden, wenn ein inhaltlicher Bezug zu den Prozeßbedingungen möglich ist (Annahme: Emissionen werden nur reguliert, wenn sie auch tatsächlich auftreten. Dies ist im Einzelfall zu prüfen).
- Massen-, Energieerhaltungssätze (s. UA 170): Die an den Reaktionen beteiligten Edukte und Produkte können z. B. aus stöchiometrischen Gleichungen ermittelt werden. Vorsicht ist geboten, da in der Praxis insbesondere umweltrelevante Nebenprodukte sowie Nebenreaktionen auftreten.
- analoge oder ähnliche Prozesse (s. UA 160): Bei der Verwendung von analogen Prozessen anderer Einsatzbereiche mit ähnlichen Prozeßbedingungen kann auf das Vorhandensein von bestimmten Stoffen geschlossen werden (z. B. Dioxinemissionen bei der Chlorbleiche). Bei ähnlichen Prozessen wird über die Beschreibung gleicher Phänomene (z. B. ähnliche Temperaturverläufe bei Verbrennungsprozessen) auf das Vorhandensein bestimmter Stoffe geschlossen.
- richtungsverstärkende Aspekte (s. UA 185): Wenn ein Prozeß ökologisch noch problematischer einzustufen ist als ein bekannter Prozeß, so kann auf die explizite Ausweisung aller Probleme verzichtet werden, wenn diese zusätzlichen Probleme das Gesamtbild nur noch verstärken und die betrachtete Materialalternative ohnehin für diese Anwendung mit den meisten ökologischen Defiziten verbunden ist.

Die Datenqualität ist in 3 Stufen abzuschätzen (A, B, C), wobei im Kontext von euroMat die Datenqualität von Ökobilanzdaten auf der Basis von gemessenen Daten oder Firmenmittelwerten (C–B) über Angaben auf der Basis von Massen- und Energieerhaltungssätzen (B), Angaben auf der Basis von Grenzwerten

(B–A) bis zu Angaben auf der Basis von Ähnlichkeits- oder Analogiebetrachtungen (A) sinkt (s. UA 180). Bestehen Unsicherheiten zum Auftreten der Elementarflüsse (z. B. wenn ggf. Emissionen über entsprechende Reinigungstechnologien oder eine Kreislaufführung nicht in die Ökosphäre gelangen) ist dies durch Spannweiten zu kennzeichnen, wobei die Angabe der Datenqualität gesplittet werden kann [z. B. ja (B), nein (A)].

3.4.2.3
Bewertung im Modul Umwelt

Die ökologische Bewertung beschränkt sich im 1. Iterationsschritt auf eine ökologische Problemidentifikation. Die Bewertung der identifizierten Elementarflüsse erfolgt gemäß Tabelle 3.4–1 (s. UA 175, 180).

Die Bewertung nach dem 3. Kriterium (qualitativ unterscheidbare ökologische Hot spots) erfolgt u. a. mit Hilfe der Wirkungsindikatoren (Kapitel 3.4.4.2). So werden z. B. Prozesse mit Elementarflüssen mit einem Treibhauspotential (GWP) >100 kg CO_2-Äquivalente/kg Substanz (z. B. Lachgas; im Einzelfall muß dieser Wert auf 10 gesenkt werden, wenn z. B. zu vermuten ist, daß Methan eine ergebnisdominierende Rolle spielt) oder Ressourcen mit einer Reichweite < 40 Jahre mit A bewertet. Die ABC-Bewertung lehnt sich im übrigen an den Begriffen der Gefahrstoffverordnung und den Wassergefährdungsklassen an. Die A-Bewertung

Tabelle 3.4–1. Ökologische ABC-Bewertung zur Problemidentifikation in Produktlinien (1. Iterationsschritt) [Fleischer, Schmidt 1997]

Umwelt-relevanz	Kriterium	Beispiel
A (hoch)	Karzinogene, teratogene, mutagene Stoffe (direkt oder indirekt)	Prozesse mit stark radioaktivem Material
	Sehr giftige oder persistente giftige Stoffe[a]	Verbrennungsprozesse mit Kohlenstoff und Halogenen
	Andere qualitativ unterscheidbare ökologische Hot spots[b]	Fluorchlorkohlenwasserstoffschäumung
B (mittel)	Nichtpersistente giftige, mindergiftige, ätzende, allergene Stoffe	Entfettung mit Terpenen
	Stoffe, die nicht unter A und C fallen	Solvay-Prozeß
C (gering, keine)	Keine besondere Umweltrelevanz[c]	Folienextrusion
	Inerte Materialien	Steinbruch

[a] Z.B. Stoffe, die z. B. als Wassergefährdungsklasse (WGK) 2 und 3 oder als Gefahrstoffe der Kategorie 1–3 und T+ (sehr giftig) gelistet sind.

[b] Z.B. ozonabbauende Substanzen, Stoffe mit hohem Treibhauspotential (GWP), Ernte nicht nachhaltig angebauter Naturrohstoffe, sehr seltene Rohstoffe.

[c] Z.B. geringes Treibhauspotential, WGK 0, quasi unerschöpfliche Ressourcen, nicht von der durchschnittlichen Belastung der Umwelt unterscheidbar.

zielt v. a. auf die hohe Relevanz dieser Elementarflüsse auch in der öffentlichen Diskussion ab, die bei der ökologischen Produktentwicklung zu berücksichtigen ist.

Die B-Bewertung von Umweltbelastungspotentialen im Bereich der Eutrophierung, Versauerung, der Versalzung usw. ist dadurch motiviert, daß hier das Gefährdungspotential und/oder die zeitliche und räumliche Ausdehnung der Belastung geringer als bei den A-bewerteten Stoffen sind (vgl. Kapitel 3.4.4.3). Dennoch liegen zu berücksichtigende Umweltprobleme vor. Eine C-Bewertung darf nicht als eine Art Unbedenklichkeitserklärung mißverstanden werden.

Das Ziel ist es, nur die wirklich schon qualitativ erkennbaren Unterschiede zu erfassen. Die Bewertung ermöglicht auch, für den nächsten Iterationsschritt bereits festzustellen, welche wesentlichen, nur abgeschätzten Daten genauer ermittelt werden müssen. Durch die Gegenüberstellung der Prozesse mit einer A- bzw. B-Bewertung wird deutlich, an welchen Stellen Optimierungsbedarf für die weitere Entwicklung der (Verbund-)Materialien besteht.

Die Zahl der Problempunkte (A-Prozesse) kann innerhalb von euroMat '98 als Grundlage für ein Ranking der untersuchten Materiallösungen genutzt werden (s. UA 210). Die Bewertung ermöglicht auch, für den nächsten Iterationsschritt bereits festzustellen, welche wesentlichen, nur abgeschätzten Daten genauer ermittelt werden müssen.

3.4.3
Halbquantitative Betrachtung und Bewertung (2. Iterationsschritt)

3.4.3.1
Systemgrenze und Systemumfang

Im 2. Iterationsschritt werden halbquantitativ die Verfahrenscluster des gesamten Hauptlebenswegs (Abb. 3.4–1) jedes potentiell geeigneten (Verbund-)Materialclusters hinsichtlich des Energiebedarfs sowie jeder elementare Input- und Output-Strom (Luft, Wasser, Boden, Ressourcen) in bezug auf besonders auffällige Umweltbelastungspotentiale hin untersucht (Abb. 3.4–3). Die Vorgehens-

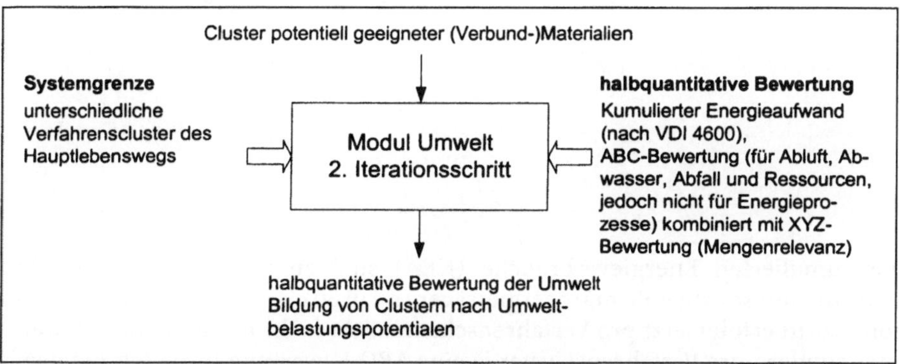

Abb. 3.4–3. Systemgrenzen und Systemumfang des Moduls Umwelt im 2. Iterationsschritt

weise zur Systemgrenzenermittlung ist analog zum 1. Iterationsschritt, aber achtet nicht nur auf qualitative, sondern auch auf halbquantitative Unterschiede (Kapitel 3.4.2.1).

3.4.3.2
Datenbasis und Eigenschaftsermittlung

Für die halbquantitativen Berechnungen muß eine einheitliche Vergleichseinheit oder Bezugsgröße für die verglichenen Materialalternativen gebildet werden. Diese stellt die sog. funktionelle Einheit gemäß DIN EN ISO 14040 [1997] dar, d.h. es wird z.B. der Energiebedarf errechnet, der für die Erzeugung dieser funktionellen Einheit (Bedürfnisbefriedigung) unter Verwendung der zu vergleichenden (Verbund-)Materialcluster nötig ist. Die Berechnung des Energiebedarfs erfolgt gemäß VDI 4600.

> **Beispiel Bodengruppe: funktionelle Einheit (s. UB 10)**
>
> Die funktionelle Einheit ist eine Bodengruppe aus 3 Einzelplatten mit den Abmaßen $1,48 \times 0,8$ m^2, $1,14 \times 0,8$ m^2 und $1,5 \times 0,9$ m^2 (Dicke je nach Material) sowie die 10jährige Nutzung dieser Bodengruppe bei definierter Gesamtfahrtstrecke (Szenarienbetrachtung: 100000–700000 km).

Die Daten (Energienachfrage, Elementarflüsse) werden analog zum 1. Iterationsschritt erhoben (Kapitel 3.4.2.2) und auf Symmetrie sowie Plausibilität geprüft.

> **Beispiel Bodengruppe:**
> **Datenabschätzung mit Ähnlichkeiten, Richtungsverstärkung**
>
> Die Herstellung von geschäumtem Stahl wird aufgrund der höheren Temperaturen beim Schmelzen (bisherige Treibmittel nicht geeignet), der höheren Festigkeiten (bisherige Pressen ungeeignet; evtl. heißes hydrostatisches Pressen) und der Korrosivität von Stahl (Vakuum- oder Inertgastechnik) [Baumeister 1995] eher noch energieintensiver sein als die Herstellung von geschäumtem Aluminium, bei dem wiederum absehbar ist, daß es für diese Anwendung u.a. aufgrund des gegenüber faserverstärkten Polyolefinen höheren Energieverbrauchs nicht zu den ökologisch empfehlenswerten Materialien gehören wird (explizite Berechnung unnötig).

Die kumulierten Energieverbräuche (KEA) sind zu unterteilen in fossile, nukleare und sonstige Primärenergieträger (s. UB 30). Anders als beim 1. Iterationsschritt erfolgt jetzt pro Verfahrenscluster nicht mehr nur eine ABC-Bewertung, sondern pro Verfahrenscluster je eine ABC-Bewertung für jeden Elementarstrom (Ressourcen inklusive Flächen, Abluft, Abwasser, Boden). Neben dem qualitativen Vorhandensein von Elementarflüssen müssen nun auch die Mengen halbquantitativ erhoben werden [große (X), mittlere (Y), niedrige Menge (Z)]. Dies erfolgt zunächst in bezug auf das Prozeßprodukt (pro kg Prozeßprodukt, pro MJ Prozeßprodukt) und wird anschließend auf die funktionelle Einheit bezogen. Die Einteilung in die Mengengruppen erfolgt entweder auf der Grundlage von Experteneinschätzungen (ohne daß die exakten Quantitäten bekannt sind) oder durch Konvertierung der exakten Quantitäten in die 3 Mengengruppen zur Wahrung der Datensymmetrie (Tabelle 3.4–2).

Die Intervallgrenzen sind auf der Basis von statistischen Erhebungen über Emissionen bezogen auf 1 kg Prozeßprodukt entstanden (X-Bewertung entspricht dem oberen, Z-Bewertung dem unteren Quartil). Ideal wären einheitliche XYZ-Grenzen auf der Basis von wirkungsgewichteten Mengen, wie dies bei den Ressourcenverknappungspotentialen (RDP) durchgeführt wird (Z < 0,1 g RDP; $0,1 \le Y \le 50$; X > 50). Derzeit sind aber insbesondere für toxische Elementarflüsse überwiegend keine Wirkungsindikatorbewertungen vorhanden; für den Flächenverbrauch sind noch keine Intervallgrenzen festgelegt. Die Open-loop-Recyclingallokation erfolgt für alle Iterationsstufen nach Fleischer [1994].

Tabelle 3.4–2. XYZ-Intervalle, 2. Iteration (s. UB 55), vorläufiger Vorschlag

ABC-Gruppe [g/kg Output]	XYZ-Kategorie	Luft	Wasser	Abfall/Ressourcen
A1.1-Stoffe: kanzerogen, mutagen, teratogen-inhalativ	Z	< 0,000.01	< 0,000.5	–
	Y	0,000.01–0,5	0,000.5–0,001	–
	X	> 0,5	> 0,001	–
A2.1-Stoffe: ++toxisch, +toxisch und persistent; WGK 2, 3	Z	< 0,000.1	< 0,005	–
	Y	0,000.1–0,05	0,005–10	–
	X	> 0,05	> 10	–
A1.2/A2.2-Stoffe: Sammelstoffe: $C_x H_y$-Aromaten, -chloriert	Z	< 0,01	< 0,001	< 1
	Y	0,01–1	0,001–1	1–10
	X	> 1	> 1	> 10
A3.1/A. 3.2-Stoffe: GWP > 100, ODP	Z	< 0,1	ABC-Gruppe	–
	Y	0,1–0,5	nicht	–
	X	> 0,5	vorhanden	–
B1-Stoffe: Xn, C, allergene Stoffe	Z	< 0,05	–	–
	Y	0,05–1	–	–
	X	> 1	–	–
B2.1.1: AP_i/NP_i B2.1.2: $POCP_i$	Z	< 0,05 < 0,01	< 0,05	–
	Y	0,05–1 0,01–1	0,05–0,5	–
	X	> 1 > 1	> 0,5	–
B2.2-Stoffe, Luft: CO_2; Wasser: CSB/BSB	Z	< 150	< 1	ABC-Gruppe
	Y	150–2000	1–10	nicht
	X	> 2000	> 10	vorhanden
B2.3-Stoffe: Sammelstoffe wie $C_x H_y$, Aliphaten	Z	< 0,05	< 0,05	< 5
	Y	0,05–1	0,05–5	5–100
	X	> 1	> 5	> 100

3.4.3.3
Bewertung im Modul Umwelt

Im 2. Iterationsschritt wird ausgenutzt, daß die relevantesten Umweltbelastungen indirekt aus dem Endenergieverbrauch resultieren (s. Kapitel 5.1, Abb. 5.1–19). So haben der fossile Energieverbrauch über die damit verbundenen Elementarflüsse wie CH_4, CO, CO_2, NO_x und SO_2 einen großen Anteil an globalen und regionalen Umweltbelastungen und der fossile sowie nukleare Energieverbrauch einen großen Anteil am Ressourcenverknappungspotential.

Die Aggregation der ABC/XYZ-Bewertungen erfolgt über deren auf die funktionelle Einheit bezogene Anzahl, wobei die ABC/XYZ-Bewertungen entweder mit den erforderlichen Mengen für die jeweiligen Prozeßprodukte multipliziert werden oder eine halbquantitative Aggregation erfolgt. Dabei wird die XYZ-Kategorisierung je nach notwendiger Menge zur Erfüllung der funktionellen Einheit um eine Kategorie hoch- (x: große Menge) oder heruntergestuft

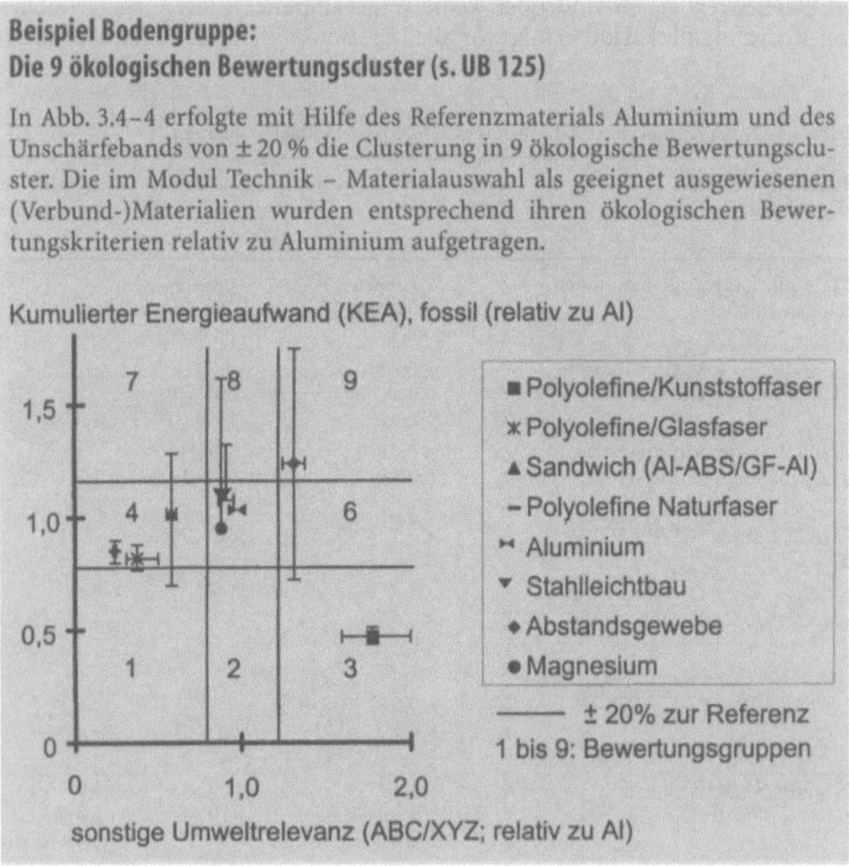

Abb. 3.4–4. Ökologische Bewertungscluster für das Beispiel Bodengruppe (Auszug, 2. Iterationsschritt, Nutzungsintensität: 500 000 km)

Tabelle 3.4–3. Initialbewertung für die ABC/XYZ-Bewertung (s. UB 95)

Bewertung	X_{Luft}	Y_{Luft}	Z_{Luft}	X_{Andere}	Y_{Andere}	Z_{Andere}
A	3	1	1	3	1	1/3
B	1	1/3	0	1/3	0	0
C	0	0	0	0	0	0

(z: geringe Menge) oder bei vernachlässigbaren Mengen um 2 Stufen (z-) gesenkt bzw. ganz vernachlässigt (z--) (s. UB 60). Anschließend erfolgt eine Gewichtung (s. UB 95, 100), die in einer Sensitivitätsanalyse (s. UB 105) in jedem Einzelfall zu prüfen ist. Die ökologische Gesamtbewertung erfolgt nach 9 ökologischen Clustern, die im Vergleich zum Referenzmaterial und einem Unsicherheitsbereich von ± 20 % gebildet werden (Abb. 3.4–4 im Beispielkasten Bodengruppe).

Bei hoher Sensitivität sind ökologische Vor- oder Nachteile in der Gesamtbewertung schwächer zu gewichten. Es wird davon ausgegangen, daß z.B. $1\,AX_{Luft} = 1\,AX_{Luft}$ ist. Für jeden Typ der ABC/XYZ$_i$ werden zunächst die Bewertungsfaktoren $F_{g,h,i}$ vorgegeben ($g \in \{A, B, C\}$, $h \in \{X, Y, Z\}$, $i \in \{Abluft, Abwasser, Abfall, Ressourcen/Flächen\}$ mit $F_{A,h,i} \geq F_{B,h,i} \geq F_{C,h,i}$; $F_{g,X,i} \geq F_{g,Y,i} \geq F_{g,Z,i}$). Luftemissionen werden in der vorgeschlagenen Initialbewertung (Tabelle 3.4–3) stärker gewichtet als andere Emissionen, da diese im Durchschnitt eine größere räumliche Verbreitung haben können. Der Faktor 3 der Initialbewertung entstammt der 3stufigen ABC-Bewertung.

Neben der Bewertung der Materiallösungen und der im Modul Technik ausgewiesenen Verfahren über den Lebensweg erfolgt analog eine vergleichende Bewertung der Recyclingverfahren (s. UB 140). Ökologisch unvorteilhafte Recyclingverfahren werden dabei identifiziert und aus der Liste der Verfahren über den Lebensweg gestrichen (s. UB 150).

3.4.4
Teilquantitative Betrachtung und Bewertung (3. Iterationsschritt)

3.4.4.1
Systemgrenze und Systemumfang

Im 3. Iterationsschritt wird neben den unterschiedlichen Verfahrensarten des Hauptlebenswegs auch die Herstellung wichtiger Hilfs- und Betriebsstoffe berücksichtigt (Abb. 3.4–5).

Die Wichtigkeit wird vom Anwender durch jeweils festzulegende Abschneidekriterien bestimmt (s. UC 5). Ein Abschneidekriterium ist z.B., daß nur die Herstellung von Hilfs- und Betriebsstoffen berücksichtigt wird, die mehr als 5 % des jeweiligen Prozeß-Inputs ausmachen oder deren Herstellung vermutlich eine große Umweltrelevanz hat (ABC-Screening).

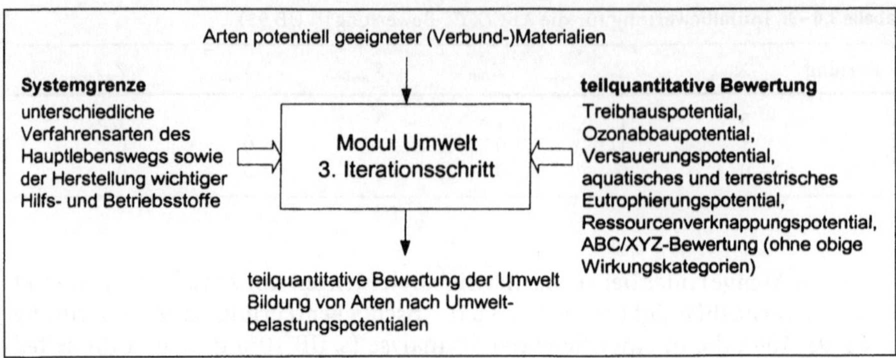

Abb. 3.4–5. Systemgrenzen und Systemumfang des Moduls Umwelt im 3. Iterationsschritt

3.4.4.2
Datenbasis und Eigenschaftsermittlung

Es werden Elementarflüsse quantitativ erhoben, die ein Treibhaus-, Ozonabbau-, Versauerungs-, aquatisches oder terrestrisches Eutrophierungs- oder Ressourcenverknappungspotential haben. Alle anderen Elementarflüsse werden wie im 2. Iterationsschritt halbquantitativ (Tabelle 3.4–2) erhoben. Verwendet werden Daten aus Ökobilanzdatenbanken und nur im Ausnahmefall Abschätzungen analog zu Kapitel 3.4.2.2.

Die halbquantitative Wirkungskategorie Umweltkennzahl (ABC/XYZ-Bewertung), die alle Umweltbelastungen erfaßt, die nicht in den quantitativen Wirkungskategorien beschrieben werden, bezieht sich überwiegend auf Humantoxizität, Ökotoxizität, nichtfossilen Ressourcenverbrauch und Flächeninanspruchnahme, Lärm, Geruchsbelastung, Artenvielfalt usw.

> ## Beispiel Bodengruppe:
> ## ABC/XYZ im 3. Iterationsschritt für Glasfasern
>
> Im 2. Iterationsschritt ist ein Elementarfluß bei der Glasfaserherstellung aufgrund des Ozonabbaupotentials (ODP) mit A bewertet; im 3. Iterationsschritt ist dieser Elementarfluß mit B bewertet, da das ODP bereits quantifiziert ist.

Die quantitativ bearbeiteten Wirkungskategorien fossiler Ressourcenverbrauch, Treibhauseffekt, stratosphärisches Ozonabbaupotential, Versauerungspotential, terrestrisches Eutrophierungspotential und aquatisches Eutrophierungspotential werden nach Standardverfahren [Klöpffer, Renner 1995] bestimmt (s. UC 45). Präzisierungen und Modifikationen wurden in dieser Arbeit für den fossilen Ressourcenverbrauch, die terrestrische und die aquatische Eutrophierung vorgenommen. Beim Ressourcenverbrauch wird mit dem Kehrwert der statischen Reichweite der fossilen Ressourcen gewichtet. Zusätz-

lich wird eine Normierung auf Erdöl vorgenommen, so daß der Normierungsfaktor für Erdöl definitionsgemäß 1 beträgt, unabhängig davon, wie groß die
statische Reichweite von Erdöl ist. Bei der terrestrischen Eutrophierung werden
nur die Luftemissionen und die Bodenemissionen berücksichtigt (Normierung
auf Nitratäquivalente). Bei der aquatischen Eutrophierung werden die Luftemissionen, die Emissionen ins Süßwasser und die Emissionen ins Meerwasser
berücksichtigt (Normierung auf Phosphatäquivalente). Die Luftemissionen
werden bei der terrestrischen und bei der aquatischen Eutrophierung voll
gezählt. Dies ist nicht ungewöhnlich, weil viele Sachbilanzpositionen bei mehreren Wirkungskategorien gezählt werden können (z. B. Stickoxide bei der Versauerung und der Eutrophierung).

Als Datenquellen werden für jede Kategorie die jeweils aktuellsten Tabellenwerke verwendet ([Houghton et al. 1996; Lindfors et al. 1996; Ozone Secretariat
1993; Heijungs et al. 1992]).

3.4.4.3
Bewertung der Umweltbelastungspotentiale

Das Ziel der Auswertung ist die Rangfolgenbildung der Materialien. Eine Rangfolgenfestlegung erfolgt immer nur paarweise (Vergleich von 2 Materialalternativen). Durch die Kombination solcher paarweisen Rangfolgenfestlegungen
ist es dann möglich, in einer Matrix (Tabelle 3.4–4) die Rangfolge jedes Materials mit jedem beliebigen Material der 3. Iteration für das konkrete Bauteil
abzulesen (s. UC 130).

Bei der Rangfolgenfestlegung werden zunächst die Fälle bewertet, bei denen
keine Widersprüche bezüglich der Wirkungskategorien auftreten. Bei Bauteilsystemvergleichen mit gegenläufigen Wirkungskategorien werden z. T. die beiden beteiligten Bauteilsysteme als gleichwertig eingestuft. Bei einigen Konstellationen mit gegenläufigen Wirkungskategorien kann dagegen durch eine
Panelbewertung eine Rangfolge („Materiallösung A schlechter als Materiallösung B") bestimmt werden (s. UC 50).

Für die unnormalisierte Wirkungsabschätzung werden der Fehler für die
jeweilige Wirkungskategorie und der Fehler für das jeweilige Bauteilsystem
bestimmt. Weiterhin wird der Fehler einer theoretisch normalisierten Wirkungsabschätzung ermittelt. Die Wirkungsabschätzung wird mit den jährlichen
weltweiten Wirkungskategorieergebnissen [Houghton 1996; UNEP 1996; AFEAS
1995] normalisiert, wenn dies für die Klärung komplizierter Rangfolgenfälle
notwendig ist, bzw. wenn dies für die jeweilige Wirkungskategorie möglich ist.

Tabelle 3.4–4. Matrix: Rangfolgen für fiktives Beispiel

Rangfolge	PB-Aramid	PE-Flachs	Stahl 3 mm
PB-Aramid	=	1	1
PE-Flachs	–1	=	1
Stahl 3 mm	–1	–1	=

Tabelle 3.4–5. Definition der Aussagesicherheitsstufen von Rangfolgenfestlegungen

Level der Aussage-sicherheit	Definition der Signifikanz der Unterschiede beim paarweisen Werkstoffvergleich für jeweils eine Wirkungskategorie
3	Unterschied > Fehlerbereich der normalisierten Wirkungskategorie
2	Unterschied > Fehlerbereich der unnormalisierten Wirkungskategorie
1	Unterschied ≤ Fehlerbereich der unnormalisierten Wirkungskategorie

Die weltweiten Vergleichswerte sind die Globalwerte der jeweiligen Wirkungskategorie. Die Berechnung der Globalwerte beschränkt sich auf diejenigen Sachbilanzpositionen, die zusammen bei allen Materialalternativen mindestens 99 % des Ergebnisses der jeweiligen Wirkungskategorie ausmachen. In der Regel genügt die Kenntnis des Fehlers der Globalwerte für die Rangfolgenfestlegung (s. UC 45, 60). Eine explizite Normalisierung (s. UC 65) der Wirkungsabschätzung ist nur im Fall einer Panelbewertung und dann auch nur für die betroffenen Wirkungskategorien der betroffenen Materialien notwendig.

Bei der Aussagesicherheit der Rangfolgenfestlegung bezüglich zweier Materialien wird zwischen 3 Stufen (Levels) unterschieden (Tabelle 3.4–5). Rangfolgen, die aufgrund von Level-3-Unterschieden aufgestellt wurden, können durch Rangfolgenfestlegungen niedriger Levels nicht mehr rückgängig gemacht werden. Auch können Rangfolgenfestlegungen aufgrund von Level-2-Unterschieden nicht mehr durch Rangfolgenfestlegungen aufgrund von Level-1-Unterschieden revidiert werden.

Der Ablauf der Rangfolgenfestlegung läuft nach folgender Reihe ab:

1. Vorbereitung der Rangfolgenfestlegungen (Fehler, Globalwerte) (s. UC 45, 65);
2. Rangfolgen aufgrund widerspruchsfreier Level-3-Unterschiede (s. UC 80);
3. Rangfolgen aufgrund gegenläufiger Level-3-Unterschiede (Panelbewertung) (s. UC 50);
4. Ergänzung Rangfolgen aufgrund von Level-2-Unterschieden (s. UC 105);
5. Ergänzung Rangfolgen aufgrund von Level-1-Unterschieden (s. UC 115);
6. Aufstellen einer Rangfolgenmatrix (s. UC 130).

Bei der Vorbereitung werden die Fehlerbereiche (Tabelle 3.4–6) der Ergebnisse der Wirkungsabschätzungen differenziert nach Wirkungskategorien und Materialien ermittelt. Die dominanten Sachbilanzpositionen, die mindestens 99 % einer Wirkungskategorie bei allen Materialien ausmachen, werden bestimmt. Darauf aufbauend werden für jede Wirkungskategorie (für alle Materialien gemeinsam) die Globalwerte und deren Fehler berechnet. So können dann die Fehlerbereiche der unnormalisierten (f_u) und der normalisierten (f_z) Wirkungsabschätzung für jede quantitativ bearbeitete Wirkungskategorie und jeden Werkstoff ermittelt werden (s. Beispiel Tabelle 3.4–7).

Die halbquantitative Umweltkennzahl (ABC/XYZ) wird analog behandelt wie die quantitativen Wirkungskategorien (z.B. Treibhauseffekt). Allerdings

Tabelle 3.4–6. Fehleraspekte für die normalisierte Wirkungsabschätzung

Art des Fehlers	Fehler bei der unnormalisierten Wirkungskategorie	Fehler bei der normalisierten Wirkungskategorie
Teilfehler	Auslegung (Annahmen, Daten)	Auslegung (Annahmen, Daten)
	Annahmen Lebensweg	Annahmen Lebensweg
	Annahmen Prozesse	Annahmen Prozesse
	Basissachbilanzen	Basissachbilanzen
	Wichtung der Sachbilanzpositionen in der Wirkungsabschätzung	Wichtung der Sachbilanzpositionen in der Wirkungsabschätzung
	–	Normalisierung

Tabelle 3.4–7. Fiktive Wirkungsabschätzung

(Verbund-)Material	Treibhauspotential (GWP)	Ressourcen (RDP)	Versauerung (AP)	Aquatische Eutrophierung (NPa)
Stahl 3 mm	929 kg CO_2	1091 kg Öl	8,18 kg SO_2	1,5 kg PO_4^{3-}
PE-Flachs	199 kg CO_2	215 kg Öl	1,78 kg SO_2	0,43 kg PO_4^{3-}
PB-Aramid	102 kg CO_2	73 kg Öl	0,85 kg SO_2	0,11 kg PO_4^{3-}
f_u Stahl 3 mm	1,4	1,6	1,6	1,6
f_z Stahl 3 mm	1,8	3	2	3
f_u PE-Flachs	1,4	1,6	1,6	1,6
f_z PE-Flachs	1,8	3	2	3
f_u PB-Aramid	1,4	1,6	1,6	1,6
f_z PB-Aramid	1,8	3	2	3

kann wegen der nicht möglichen Normalisierung der Fehler der theoretisch normalisierten Umweltkennzahl nur grob geschätzt werden (hier doppelt so hoch wie der Fehler der unnormalisierten Umweltkennzahl).

Die Panelbewertung bei gegenläufigen Level-3-Unterschieden soll in der Regel in einer Gruppe von Bewertern durchgeführt werden. Für die betroffenen Wirkungskategorien der betroffenen (Verbund-)Materiallösungen werden eine qualitative Bewertung nach einem Zeit-, Raum- und Gefährdungskriterium durchgeführt und nach definierten Regeln eine Rangfolge ermittelt [Volkwein, Klöpffer 1996; Volkwein et al. 1996]. Je stärker die Wirkungskategorien hinsichtlich dieser Kriterien zu gewichten sind [Abstufungen von 1 (am unwichtigsten) bis 5 (am wichtigsten)], desto schwerer wiegt diese Wirkungskategorie in der Gesamtbewertung. Mögliche und wahrscheinliche Einstufungen der betrachteten Wirkungskategorien sind in Tabelle 3.4–8 angegeben. Wenn es bei einem Vergleich der Umweltbelastungspotentiale zweier (Verbund-)Materialien zu einem Widerspruch kommt, kann der Vorteil bei einer Wirkungskategorie A den Nachteil bei einer anderen Wirkungskategorie B dann ausgleichen, wenn mindestens 1 der 3 Kriterien von A eine höhere Gewichtung als B

Tabelle 3.4–8. Mögliche und wahrscheinliche Einstufungen der Wirkungskategorien nach den Bewertungskriterien Ort, Zeit und Gefährdung

Wirkungskategorie	Ortskriterium	Zeitkriterium	Gefährdungskriterium
Ressourcen fossil	5	4	3–5
Treibhauseffekt	5	5	5
Ozonabbau Stratosphäre	5	3–5	4–5
Versauerung	3–4	2–5	1–5
Eutrophierung terrestrisch	3–4	3–5	1–5
Eutrophierung aquatisch	3–4	2–5	1–5
ABC/XYZ	1–5	1–5	1–5

hat und keine Gewichtung von A eine niedrigere Gewichtung als B aufweist. Eine Bedingung ist aber, daß die normalisierten Werte von A größer als diejenigen von B sind. Auch ein Plausibilitätscheck mit dem kumulierten Energieaufwand ist eingeschlossen.

Bei Level-2-Unterschieden werden 2 zu vergleichende Materiallösungen M_1 und M_2 als etwa gleichwertig eingestuft ($M_1 + M_2$), wenn gegenläufige Tendenzen vorhanden sind. Eine Panelbewertung ist in diesem Fall nicht sinnvoll, da die Level-2-Unterschiede nach der Normalisierung innerhalb des Fehlerbereichs liegen. Bei gleichläufigen Tendenzen ist die Rangfolgenfestlegung klar (M_1 schlechter als M_2 oder umgekehrt). Auch hier erfolgt parallel ein Plausibilitätscheck mit dem kumulierten Energieaufwand.

Analog wie bei der Rangfolgenfestlegung auf der Basis von Level-2-Unterschieden wird bei der Rangfolgenfestsetzung aufgrund von Level-1-Unterschieden verfahren. Dabei ist zu beachten, daß Level-1-Unterschiede innerhalb der Fehlerbereiche der Wirkungsabschätzung liegen und somit keine Panelbewertung bei gegenläufigen Tendenzen erlauben. Da die Aussagekraft der aufgrund von Level-1-Unterschieden gemachten Rangfolgeangaben sehr gering ist, kann im Einzelfall auf eine Rangfolgenfestlegung nach Level-1-Unterschieden gänzlich verzichtet werden. In diesem Fall werden alle (Verbund-)Materiallösungen untereinander als etwa gleichwertig betrachtet, bis auf die schon aufgrund von Level-2- oder Level-3-Unterschieden erfolgten Rangfolgenfestlegungen.

Im in Tabelle 3.4–7 dargestellten Beispiel wird angenommen, daß nur bei den 4 Wirkungskategorien Treibhauseffekt (GWP), Ressourcenverbrauch (RDP), Versauerung (AP) und aquatische Eutrophierung (NPa) bewertbare Unterschiede vorliegen. Level-3-Unterschiede hat Stahl zu Polybutenaramidfaserverbund (PB-Aramid) in allen 4 genannten Kategorien. Bei Stahl zu flachsfaserverstärktem Polyethylen (PE-Flachs) liegen nur 2 Level-3-Unterschiede vor (GWP, AP). Die Rangfolgenfeststellungen sind einfach, weil gegenläufige Tendenzen fehlen: Stahl > PE-Flachs, PB-Aramid. Es bleibt nur noch die Rangfolge zwischen den beiden Faserverbunden zu klären. Wegen 2 Level-2-Unterschieden (RDP, NPa) gilt zusätzlich PE-Flachs > PB-Aramid. Die Rangfolgenmatrix (Tabelle 3.4–4) ist so sortiert, daß in der durch die Diagonale von links oben nach rechts unten abgegrenzten oberen Matrixhälfte nur Rangfolgeninformationen „schlechter als" oder „etwa gleich" und in der unteren Matrixhälfte nur Rangfolgeninformationen „besser als" oder „etwa gleich" stehen.

Neben der Bewertung der Materiallösungen und der im Modul Technik ausgewiesenen Verfahren über den Lebensweg erfolgt wie bereits im 2. Iterationsschritt eine vergleichende Bewertung der Recyclingverfahren (s. UC 140). Ökologisch unvorteilhafte Recyclingverfahren werden wiederum identifiziert und aus der Liste der Verfahren über den Lebensweg gestrichen (s. UC 150).

3.5
Modul Kosten

Gerald Rebitzer

Im folgenden Text werden Verweise auf bestimmte Stellen der im Anhang enthaltenen Ablaufpläne z. B. wie folgt gegeben: (s. KA 15).

3.5.1
Grundlagen der Vorgehensweise

Basis des Moduls Kosten ist eine an der Lebenswegbetrachtung der Ökobilanzmethodik (s. Kapitel 3.4) orientierte Life cycle costing Methode. Der in der Ökobilanz betrachtete materielle, d.h. durch Stoff- und Energieflüsse charakterisierte Lebensweg (s. Kapitel 3.4, Abb. 3.4–1) wird um die Phase Forschung und Entwicklung (F & E) sowie um die übergeordnete Kategorie Chancen und Risiken erweitert, welche die monetären Flüsse über den Lebensweg beeinflußt bzw. prospektive, v. a. marktorientierte Aussagen über die Kostensituation eines Bauteils oder Produkts erlaubt. Aus dem materiellen Lebensweg ergibt sich durch diese Erweiterung der monetäre Lebensweg.

Bei der in euroMat '98 implementierten Methodik wird ausschließlich der monetäre Lebensweg auf der Basis betriebswirtschaftlicher Methoden untersucht. Eine Monetarisierung und Internalisierung externer Kosten, d.h. von Kosten, die der Gesellschaft entstehen, jedoch nicht im betrieblichen Rechnungswesen bzw. in der Wirtschaftsrechnung der privaten und öffentlichen Haushalte auftreten [Wicke 1991, S. 661], findet nicht statt. Damit wird eine Doppelbewertung von externen Umweltbelastungspotentialen sowie der Belastungen innerhalb der Arbeitsumwelt vermieden.

Ziel des Moduls Kosten ist es, prospektiv die Gesamtkosten und -erlöse (Life cycle costs), die mit dem monetären Lebensweg eines Produkts verbunden sind, zu ermitteln. Mit Hilfe dieser Methodik wird eine vergleichende Kostenermittlung und -bewertung verschiedener Materiallösungen für ein gegebenes Anforderungsprofil (s. Kapitel 3.2.1) im Rahmen des lebenswegorientierten Vergleichs realisiert.

Die Ermittlung der betriebswirtschaftlichen Kosten über den Lebensweg erlaubt es, Produkte mit minimalen Gesamtkosten, d.h. minimaler Summe der Kosten des Herstellers und der des Nutzers, worunter auch Entsorgungskosten fallen, zu entwickeln (Abb. 3.5–1) [Ehrlenspiel 1995, S. 552; Horváth et al. 1996,

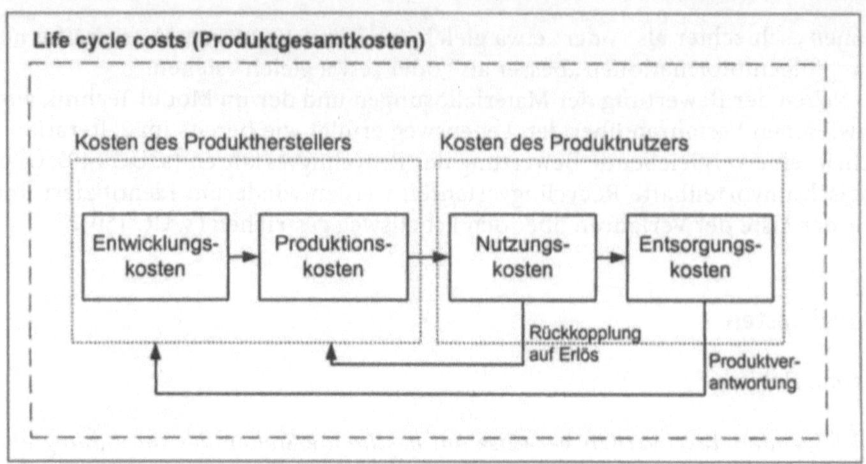

Abb. 3.5–1. Kosteneinflüsse über den Lebensweg eines Bauteils bzw. Produkts

S. 46]. Minimale Kosten für den Kunden bedeuten gleichzeitig bessere Absatz-chancen für das Unternehmen bzw. einen höheren erzielbaren Markterlös und damit eine verbesserte Wettbewerbsfähigkeit [Siegwart 1995, S. XI].

Da die konventionelle Kostenrechnung nicht für die Kostenprognose und Kalkulation der lebenszyklusbezogenen Kosten geeignet ist, insbesondere nicht den Top-down-Ansatz unterstützen kann, wurde das Iterative Screening Life cycle costing (IS-LCC) entwickelt (s. auch [Fleischer et al. 1997]).

3.5.2
Qualitative Betrachtung und Bewertung (1. Iterationsschritt)

3.5.2.1
Systemgrenze und Systemumfang

Im 1. Iterationsschritt des IS-LCC wird der monetäre Hauptlebensweg der (Verbund-)Materialgruppen anhand der Bereiche F&E, Materialherstellung (Materialkosten), Fertigung, Nutzung und Entsorgung sowie der übergeord-neten Kostenkategorie Chancen und Risiken qualitativ bezüglich potentieller Cost-drivers untersucht (Abb. 3.5–2). Zur Definition des Hauptlebensweg siehe Kapitel 3.5.3.1.

Ausgenommen von der Betrachtung innerhalb des Hauptlebenswegs sind inner- und außerbetriebliche Logistikkosten sowie die Kosten für in geringen Mengen eingesetzte Hilfs- und Betriebsstoffe, sofern diese nicht inhärente Be-standteile der Kosten für die Fertigungs- oder Recyclingverfahrensgruppen sind.

Sofern davon ausgegangen werden kann, daß eine Kostenkategorie für alle betrachteten (Verbund-)Materialgruppen qualitativ gleich zu bewerten ist, folg-lich aus betriebswirtschaftlicher Sicht keine Unterschiede zu erwarten sind, wird diese Phase des monetären Lebenswegs bzw. diese übergeordnete Kate-

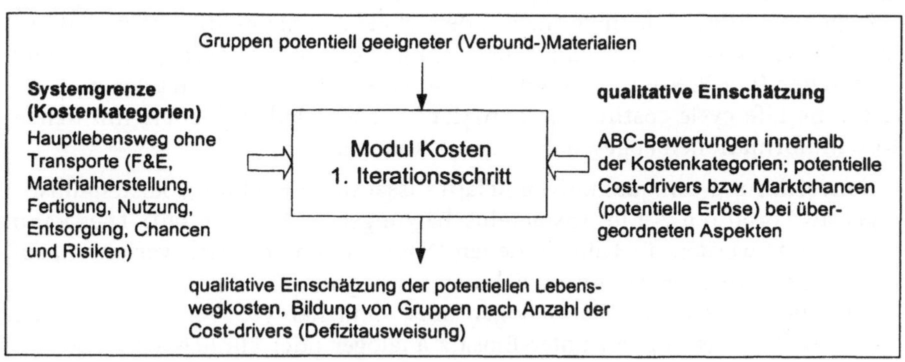

Abb. 3.5–2. Systemgrenzen und Systemumfang des Moduls Kosten im 1. Iterationsschritt

gorie oder ein Teil derselben aus dem im 1. Iterationsschritt untersuchten System ausgeschlossen.

Beispiel Bodengruppe: Ausschluß der Montage und Demontage aus dem System

Bei vorgegebener Verbindungstechnik gibt es keine qualitativen Unterschiede der Montage- und Demontagekosten der Bodengruppe aus verschiedenen Materialien. Folglich müssen diese Prozesse, die Bestandteil der Kategorien Fertigung bzw. Entsorgung sind, in der 1. Iteration nicht näher betrachtet werden.

3.5.2.2
Datenbasis und Eigenschaftsermittlung

Die Datenbasis für das Modul Kosten im 1. Iterationsschritt wird direkt durch das Modul Technik – Materialauswahl, Fertigung und Recycling – gebildet. Das Modul Technik liefert die als potentiell geeignet identifizierten (Verbund-)Materialgruppen (s. KA 5) sowie die jeweiligen geeigneten Fertigungs- und Recyclingwege (s. KA 20, 193), die sich aus den Fertigungshauptgruppen nach DIN 8580 bzw. Recyclingverfahrensgruppen (s. Kapitel 3.2) zusammensetzen. Die Informationen über die Kostenzuordnung für das Durchlaufen einer Verfahrensgruppe mit einer (Verbund-)Materialgruppe werden der Kostendatenbank (s. KA 200, 250, 295) entnommen. Diese enthält auch die Angaben zu Einkaufspreisen für die (Verbund-) Materialien (Materialkosten) (s. KA 135, 175, 185), die u. a. mit Hilfe von [VDI 2225, 2 1996] und anderen Relativkostenkatalogen ermittelt werden.

Die Ermittlung der bauteil-/produktspezifischen Kosteneigenschaften (nicht ausschließlich materialabhängig), die für die Bereiche F&E, Nutzungsphase sowie Chancen und Risiken relevant sind, wird in Interaktion mit dem Anwender durchgeführt (s. KA 35, 70, 100). Dazu werden Fragenkataloge (s. KA 40, 75, 125) zur Verfügung gestellt.

Liegen benötigte Informationen in der Kostendatenbank bzw. beim Anwender nicht vor, können diese durch Befragungen externer Experten und weitere Recherchen (s. z. B. KA 10, 145) ermittelt werden. Außerdem bietet das Iterative Screening Life cycle costing von euroMat '98 einige Hilfsmittel an, mit denen Kosteninformationen abgeschätzt werden können:

- Konvertierung von qualitativen Relativaussagen („Verfahren 1 kostengünstiger als Verfahren 2") in Absoluteinschätzungen (s. KA 155, 240). Dies kann eingesetzt werden für Fälle, in denen Daten zu den Vergleichsverfahren, auf die die Relativaussagen Bezug nehmen, vorliegen;
- Nutzung von Angaben zu analogen oder ähnlichen (Verbund-)Materialien bzw. Verfahrensgruppen unter Einsatz analoger oder ähnlicher (Verbund-) Materialien (s. auch Kapitel 3.4) (s. KA 145, 210);
- Bereitstellung von Abschätzungsformeln, die einen Zusammenhang zwischen Werkstoffparametern und Verfahrenskosten herstellen (z. B. Einfluß der Festigkeit auf die Umformkosten) (s. KA 220);
- Nutzung richtungsverstärkender Aspekte, die über Erkenntnisse von kostenbeeinflussenden Werkstoffparametern zum Tragen kommen (z. B. Zerkleinerung eines Materials, das härter ist als ein Material, zu dessen Zerkleinerung Kostendaten vorhanden sind) (s. KA 160, 225). Hier findet eine Rückkopplung mit analogen Betrachtungen im Modul Umwelt (s. Kapitel 3.4) statt.

Die Qualität der Daten wird in 3 Bereiche eingeteilt (A, B, C) (s. KA 170, 225). Konkrete spezifische Kostendaten, z. B. von verbindlichen Preislisten von Unternehmen, aber auch mündliche Angebotsauskünfte werden mit C eingestuft (in den Kategorien F & E sowie Chancen und Risiken auch das Wissen von „Brancheninsidern" und Ergebnisse von Marketinguntersuchungen). Spannweiten von allgemeinen, nicht firmenspezifischen Preisen und Kosten aus Literaturquellen sowie Auskünfte von Branchenexperten haben eine mittlere Datenqualität (B). Die Datenqualität wird mit A angegeben, wenn es sich um Schätzungen handelt, die wie oben dargestellt durchgeführt worden sind, oder die Fragenkataloge aufgrund von groben Einschätzungen bearbeitet werden.

3.5.2.3
Bewertung im Modul Kosten

Im 1. Iterationsschritt werden qualitativ die potentiellen Cost-drivers identifiziert (s. KA 320). Die Bewertung der ermittelten potentiellen monetären Flüsse bzw. Einflüsse auf die Kosten- und Erlössituation erfolgt gemäß Tabelle 3.5–1.

Dabei werden zum einen qualitativ die Kostenbereiche (ABC) für die ausgewählten (Verbund-)Materialien (Preise) (s. KA 190) sowie für die Arbeitsvorgänge (Fertigung) und Schritte des Recyclingwegs ermittelt (s. KA 300). Zum anderen werden in Form von Fragenkatalogen die Bereiche F & E, Nutzung sowie Chancen und Risiken nach vorgegebenen Kriterien bewertet. Im Bereich Chancen und Risiken sind auch negative Bewertungen möglich, die auf potentielle hohe Erlöse hinweisen sollen (s. Beispiel für (-A)-Bewertung in Tabelle 3.5–1).

Im 1. Iterationsschritt werden alle Kostenkategorien gleichgewichtet aggregiert. Mit dieser Bewertung, die keine Aussage über den Einfluß eines Cost-

Tabelle 3.5–1. ABC-Bewertung zur Identifikation potentieller Cost-drivers (1. Iterationsschritt Modul Kosten), spezifisch nach Kostenkategorien

Kosten-relevanz	Kriterium	Beispiel
A (hoch, Cost-driver)	Es muß mit Kosten gerechnet werden, die innerhalb einer Verfahrens- oder Materialgruppe signifikant über dem Durchschnitt liegen	Manuelles Klauben oder Handlaminierung; Edelmetalle
	Aspekte, die auf eine besonders kostenintensive F&E- oder Nutzungsphase hinweisen	Geringer Entwicklungsstand; regelmäßige Oberflächenbehandlung (z.B. von Holz) notwendig
	Durch den Markt oder gesellschaftlich, rechtlich usw. vorgegebene Rahmenbedingungen, die besondere Risiken erwarten lassen (A) oder durch die sich herausragende Chancen bieten (–A)	CFK in einem konservativen Markt (z.B. Möbel, A) oder in einem innovativen Markt (z.B. Sportartikel, –A)
B (mittel)	Aspekte, die nicht unter A oder C fallen	–
C (gering, keine)	Kosten von Material bzw. Verfahren liegen signifikant unter dem Durchschnitt (vgl. bei A)	Verwendung eines „Massenwerkstoffs" wie PP im Kfz-Bereich; Umformen von Thermoplasten
	Kein zusätzlicher F&E-Aufwand nötig (Stand der Technik) bzw. geringe Kosten während der Nutzung	Kühlschrankisolierung aus cyclopentangeschäumtem PUR (F&E); Nutzung von CFK-Bauteilen im Kfz-Bereich

drivers auf den Gesamtlebensweg macht, sollen Hinweise auf besonders kostenrelevante Bereiche bei einer (Verbund-)Materialgruppe und/oder übergreifend für das Bauteil oder Produkt ermittelt werden (s. KA 50, 85, 120, 195, 305). Durch dieses Vorgehen werden, unter Berücksichtigung der Datenqualität (s. KA 165, 230) (s. Kapitel 3.5.2.2), potentielle, aus Kostensicht relevante Defizite und Möglichkeiten identifiziert (Zahl der A-Bewertungen für eine (Verbund-)Materialgruppe). Dadurch wird ermöglicht, festzustellen, welche Bereiche für die Betrachtung im 2. Iterationsschritt besonders relevant sind. Durch die Erfassung und Berücksichtigung der Datenqualität wird aufgezeigt, welche Daten ggf. zu ergänzen oder durch bessere Daten zu ersetzen sind, um die Datensymmetrie in den folgenden Iterationsschritten sicherzustellen.

Beispiel Bodengruppe:
Potentieller Cost-driver bei der Fertigung von Abstandsgewebe

Neben anderen (Verbund-)Materialien wird im 1. Iterationsschritt ein Abstandsgewebe als technisch geeignet identifiziert. Die Herstellung dieses Materials erfolgt durch Handlaminierung, was einen potentiellen Cost-driver bei der Fertigung darstellt (A-Bewertung).

Sofern nicht alle Elemente einer (Verbund-)Materialgruppe aus dem Modul Technik im Modul Kosten gleich oder annähernd gleich bewertet werden, wird eine neue Gruppierung nach der Anzahl der potentiellen Cost-drivers (Aggregation der A-Bewertungen unter Berücksichtigung des Vorzeichens) durchgeführt (s. KA 315).

3.5.3
Halbquantitative Betrachtung und Bewertung (2. Iterationsschritt)

3.5.3.1
Systemgrenze und Systemumfang

Im 2. Iterationsschritt des Moduls Kosten umfaßt die Systemgrenze den vollständigen monetären Hauptlebensweg der (Verbund-)Materialcluster mit Ausnahme der innerbetrieblichen Logistikkosten (Abb. 3.5–3). Nicht betrachtet werden analog zum 2. Iterationsschritt der Iterativen Screening Ökobilanz die auftretenden Nebenketten, die in dieser Methodik die Kosten für die Beschaffung sowie die Verwaltung der Finanzmittel (Kapital- und Transaktionskosten) umfassen. Kosten für Hilfs- und Betriebsstoffe werden in den jeweiligen Kategorien, z.B. Fertigung, erfaßt. Wie im 1. Iterationsschritt werden bei allen (Verbund-)Materialclustern aus Sicht der Kosten identische oder annähernd identische Lebenswegabschnitte von der Betrachtung ausgeschlossen.

3.5.3.2
Datenbasis und Eigenschaftsermittlung

Quantitativ erfaßt werden die Kosten für das (Verbund-)Material (Materialpreise, s. KB 170), die Fertigungs- (s. KB 265), Nutzungs- (s. KB 90) und Entsorgungskosten (s. KB 350) sowie die außerbetrieblichen Transportkosten (s. KB 380), die zwischen der Herstellung und Fertigung, der Fertigung und Nutzung sowie der Nutzung und Entsorgung auftreten. Für die Herstellung des

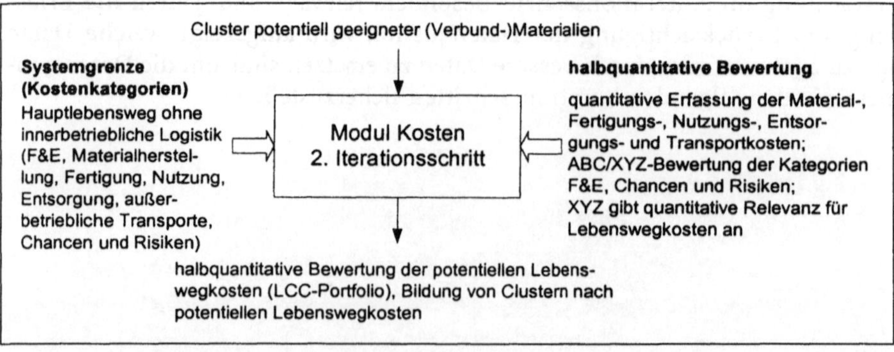

Abb. 3.5–3. Systemgrenzen und Systemumfang des Moduls Kosten im 2. Iterationsschritt

(Verbund-)Materials relevante Kosten für Transporte sind bereits im Materialpreis integriert. Alle quantitativen Daten werden dabei in Spannweiten, die die (Verbund-)Materialcluster, Fertigungscluster usw. widerspiegeln, angegeben.

Halbquantitativ erfaßt werden die anwendungsspezifischen Angaben zu den Kategorien Forschung und Entwicklung (s. KB 405) sowie Chancen und Risiken (s. KB 430). Dabei werden zunächst die im 1. Iterationsschritt zugrunde gelegten qualitativen Daten (s. KB 400, 425) verwendet, sofern durch die Ergebnisse des 1. Iterationsschritts sowie die Rückkopplung mit den Entscheidungsträgern aus F&E (s. Kapitel 3.6) keine neuen Erkenntnisse hinzugewonnen wurden.

Die ökonomische Vergleichbarkeit der Verwendung unterschiedlicher (Verbund-)Materialien für ein Produkt ist nur dann gegeben, wenn die Alternativen den gleichen Nutzen aufweisen. Analog zum Modul Umwelt wird eine funktionelle Einheit definiert (s. KB 20), die in beiden Modulen Anwendung findet.

> **Beispiel Bodengruppe:**
> **Funktionelle Einheit setzt Mindestlebensdauer voraus**
>
> Die Lebensdauer der Bodengruppe des Hybridfahrzeugs muß mindestens der geplanten Nutzungsdauer des Fahrzeugs entsprechen, da ein Austausch der Bodengruppe während der Nutzungszeit nicht tragfähige Kosten durch die Komplettdemontage des Fahrzeugs verursachen würde. Der 2- oder mehrmalige Einsatz eines Materials mit geringerer Lebensdauer kommt daher nicht in Betracht.

Um die Herstellkosten zu ermitteln, werden die Kosten für die (Verbund-)Materialcluster (Beschaffung der Materialien) sowie die der jeweiligen Fertigungscluster (Fertigungsuntergruppen, s. Kapitel 3.2) bestimmt. Liegen zu einzelnen Clustern keine Kosteninformationen vor, werden diese durch Markterhebungen oder Abschätzungsmethoden, Befragungen oder Konvertierungen von Relativaussagen usw. analog zum 1. Iterationsschritt dieses Moduls gewonnen (s. z.B. KB 125, 135, 140, 145). Ebenso werden Kostendaten zu Recyclingverfahren (s. KB 300) ermittelt. Aus vorhandenen sowie den jeweils neu ermittelten Kosteninformationen zu Verfahren und Materialien wird sukzessive eine Kostendatenbank aufgebaut (s. 155, 250, 335), die integraler Bestandteil der euroMat-Weiterentwicklung (euroMat 2000) sein wird.

Wie auch im 1. Iterationsschritt werden alle Daten einem Datenqualitätscheck unterzogen (s. z.B. KB 155), um die Datensymmetrie und damit die Vergleichbarkeit der Resultate zu gewährleisten. Datenqualitätsindikatoren (DQI) werden zusätzlich in der Datenbank abgelegt, um Hinweise zu erhalten, in welchen Bereichen weitere und bessere Daten benötigt werden, und um die DQI bei der Sensitivitätsanalyse (s. KB 565) berücksichtigen zu können.

Sofern sich die Nutzungskosten nicht direkt aus dem Anforderungsprofil ergeben, wird ein Berechnungsmodell generiert (s. KB 45), auf dessen Basis die Kosten ermittelt werden (s. KB 90). Ist die Nutzung mit dem Verbrauch von

Energie verbunden, können diese Informationen vom Modul Umwelt (s. Kapitel 3.4) übernommen werden (s. KB 75). Diese Kosten lassen sich dann durch monetäre Bewertung des Energieaufwands bestimmen.

Nach der Ermittlung der quantitativen Kostenkategorien wird die Bedeutung der Kategorien F&E sowie Chancen und Risiken für den monetären Lebensweg abgeschätzt (s. KB 410, 435). Diesen Kostenkategorien wird jeweils eine große, mittlere oder untergeordnete Bedeutung für den Lebensweg zugeordnet, resultierend in einer X-, Y- bzw. Z-Bewertung.

3.5.3.3
Bewertung im Modul Kosten

Die Bewertung im 2. Iterationsschritt des Iterativen Screening Life cycle costing ist zweidimensional. Die eine Dimension wird durch die quantitativen Lebenszykluskosten (Life cycle costs) gebildet, die durch den Life cycle costs Indikator (LCCI) repräsentiert werden, die andere durch die Bewertungen innerhalb der halbquantitativen Kostenkategorien F&E sowie Chancen und Risiken (s. KB 515). Auch wenn die durch die quantitativen Kostenangaben wiedergegebenen Informationen für die (Verbund-)Materialcluster die größte Relevanz haben, darf die halbquantitative Bewertung nicht vernachlässigt werden, da durch diese insbesondere strategische Hinweise auf den potentiellen Erfolg oder Mißerfolg des Produkts gegeben werden können. Minimale Kosten sind kein hinreichendes Kriterium für den wirtschaftlichen Erfolg eines Produkts, wenn es nur schwer absetzbar ist, eine sehr langwierige Entwicklungszeit zu erwarten ist und damit der Markteinstieg evtl. zu spät erfolgt (time-to-market) oder unüberwindbare technische Probleme bei der Entwicklung gesehen werden. Die Kategorie Chancen und Risiken stellt sicher, daß die Unternehmenssicht nicht nur auf Kostenminimierung fixiert ist, sondern daß auch der Produktabsatz integraler Bestandteil der Materialauswahl ist.

Da für die Ermittlung der durch den Einsatz unterschiedlicher Materialien verursachten Kosten und Erlöse der Zeitpunkt, zu dem die monetären Flüsse auftreten, von Relevanz ist, insbesondere bei langlebigen Gütern, werden die während der Nutzungs- und Nachnutzungsphase (Recycling) auftretenden Kosten und Erlöse abdiskontiert (s. KB 470, 485), um einen gleichen zeitlichen Bezug der Geldflüsse herzustellen.

Für die Berechnung werden Diskontierungsregeln zur Verfügung gestellt (s. KB 475; s. Gl. 3.5–1–3.5–5). Die Zeitpunkte, zu denen die Nutzungskosten und -erlöse auftreten, werden abgeschätzt. Beim Recycling wird von einer Fondsbildung ausgegangen, durch den die benötigten Finanzmittel am Ende der Nutzungsphase zur Verfügung gestellt werden (s. Gl. 3.5–4). Dies entspricht zunehmend der Kalkulation von Produkten, bei der die Entsorgungskosten Bestandteil der Selbstkosten des Herstellers sind [Ehrlenspiel 1995, S. 552; Horváth et al. 1996, S. 44].

Gl. 3.5–1 gibt die Berechnung der abdiskontierten Nutzungskosten wieder. Diese Gleichung wird durch die Ober- (Gl. 3.5–2) und Untersummen (Gl. 3.5–3) angenähert.

$$K_{N,b} = \left(\frac{K_N}{\Delta t}\right)_h \cdot \int_0^n K(t) \cdot \left(\frac{1 + i(t)}{1 + z(t) - i(t)}\right)^t dt \tag{3.5-1}$$

$$K_{N,b,O} = \left(\frac{K_N}{a}\right)_h \cdot \sum_{J=0}^{n-1} \left(\frac{1 + i}{1 + z - i}\right)^J \tag{3.5-2}$$

$$K_{N,b,U} = \left(\frac{K_N}{a}\right)_h \cdot \sum_{J=1}^{n} \left(\frac{1 + i}{1 + z - i}\right)^J \tag{3.5-3}$$

$$K_{E,b} = K_{E,h} \cdot \left(\frac{1 + i}{1 + z}\right)^n \tag{3.5-4}$$

Nebenbedingung für die Gl. 3.5-1 – 3.5-4 sind:

$$(z - i) > i \quad (\text{Vorschlag: } i = 0{,}015 \ ; z = 0{,}05) \tag{3.5-5}$$

mit: a: Jahr, b: berechnet, h: heute, i: Inflationsrate, n: Nutzungsdauer des Produkts in Jahren, t: Zeit, z: Zinssatz, E: Entsorgung, K: Kosten, N: Nutzung, O: Obersumme, U: Untersumme.

Durch die Aufsummierung der quantitativen Kosten wird der Life cycle costs Indikator (LCCI) ermittelt, der die Kosten über den Hauptlebensweg mit Ausnahme der Bereiche F&E sowie der vom Produkt verursachten Gemeinkosten innerhalb des Unternehmens repräsentiert (s. Gl. 3.5-6). Es kann davon ausgegangen werden, daß die auftretenden Gemeinkosten von der Materialauswahl unabhängig sind.

$$LCCI = H + T + K_{N,b} + K_{E,b} \tag{3.5-6}$$

mit: H: Herstellkosten = Materialkosten + Fertigungskosten, T: Transportkosten, $K_{N,b}$: abdiskontierte Nutzungskosten, $K_{E,b}$: abdiskontierte Entsorgungskosten.

Die Gesamtbewertung aus dem LCCI und der ABC/XYZ-Bewertung erfolgt mit Hilfe eines zweidimensionalen Life cycle costs Portfolios (s. KB 550) (s. Abb. 3.5-4). Dabei wird jeweils auf das Referenzmaterial Bezug genommen, wobei ein Unschärfeband von $\pm 20\%$ berücksichtigt wird.

Zur Erstellung des LCC-Portfolios werden zunächst die mit der ABC/XYZ-Bewertung bewerteten Kostenkategorien gleichgewichtet aggregiert und gegen den LCCI aufgetragen. Für die Fälle, in denen die zusammenfassende Kostenbewertung nicht direkt aus dem Portfolio ablesbar ist, wird zur Aufstellung eines Rankings der (Verbund-)Materialcluster eine Kostenkennzahl aus der relativen quantitativen und relativen ABC/XYZ-Bewertung (relativ zur Referenz) gebildet, indem die beiden Bewertungen mit 0,7 bzw. 0,3 gewichtet werden (s. KB 545). Diese Gewichtungsfaktoren werden anschließend einer Sensitivitätsprüfung unterzogen und ggf. geändert, bzw. die Sensitivitäten werden für die Gesamtbewertung ausgewiesen.

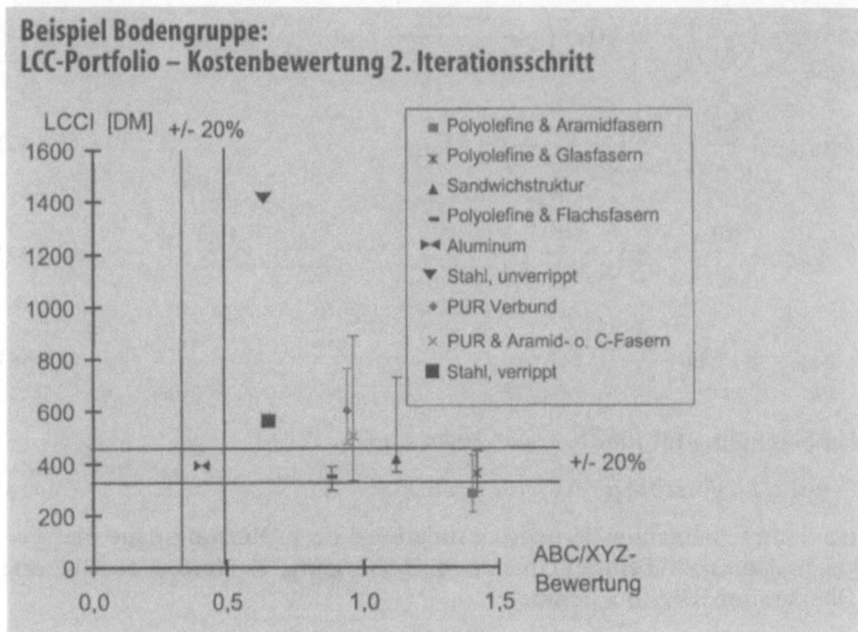

Abb. 3.5–4. Zweidimensionale Kostenbewertung ausgewählter Cluster

3.6
Modul Gesamtbewertung – Integration der Auswahlkriterien und Interaktion

Heiko Kunst

Im folgenden Text werden Verweise auf bestimmte Stellen der im Anhang ent-
haltenen Ablaufpläne z.B. wie folgt gegeben (s. G 45).

3.6.1
Grundlagen der Vorgehensweise

Die Materialauswahl muß so früh wie möglich in einen Entscheidungsprozeß eingebettet werden, der alle von der Materialentscheidung tangierten Ab-
teilungen des Unternehmens sowie die relevanten Interessen außerhalb des
Unternehmens berücksichtigt. Die Interessen ersterer spiegeln sich in den
Auswahlkriterien, d.h. in den Modulen von euroMat '98 wider. Die jeweiligen Bewertungen innerhalb dieser Auswahlkriterien müssen einander gegenübergestellt und im Unternehmen diskutiert werden. Durch Einbeziehung der
relevanten Entscheidungsträger des Unternehmens gemäß Abb. 3.6–1 spä-
testens am Ende jedes Iterationsschritts (s. G 210) erfolgt die Interaktion
mit euroMat '98 im Sinne eines Simultaneous Engineering [Ehrlenspiel 1995;
S. 176 ff].

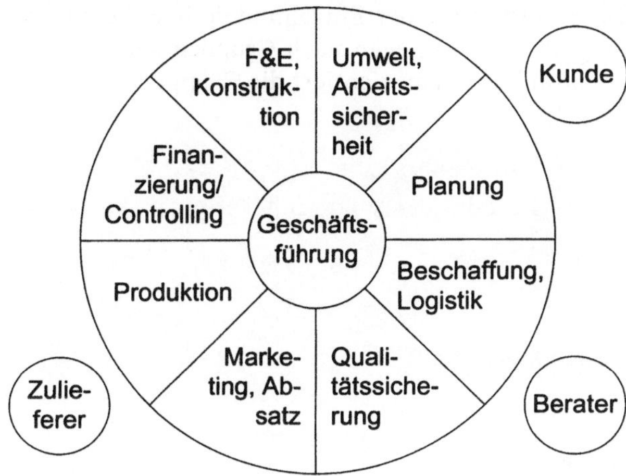

Abb. 3.6–1. Einflußfaktoren auf die Materialauswahl und -entwicklung innerhalb und außerhalb des Unternehmens

3.6.2
Qualitative Betrachtung und Bewertung (1. Iterationsschritt)

3.6.2.1
Systemgrenze und Systemumfang

Das System umfaßt die Bewertung aller Auswahlkriterien hinsichtlich der (Verbund-)Materialgruppen unter Beachtung der Verfahrensgruppen (Abb. 3.6–2).

3.6.2.2
Datenbasis und Eigenschaftsermittlung

Die Datenbasis für die Gesamtbewertung und Integration der Auswahlkriterien wird durch die Aussagen der betrachteten Module gebildet (Kapitel 3.2–3.5).

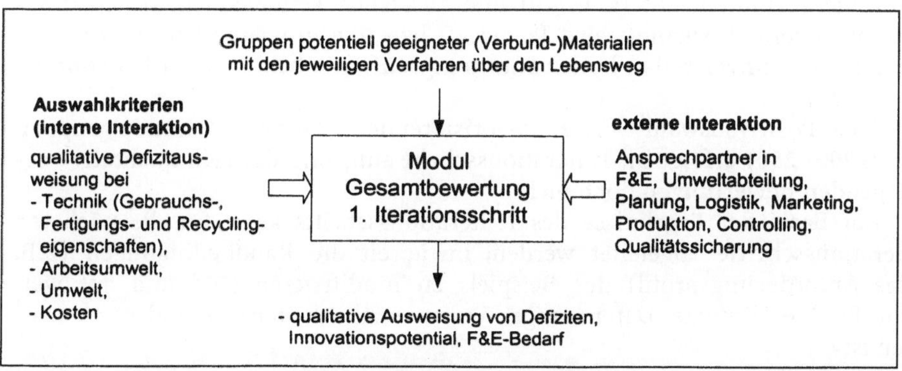

Abb. 3.6–2. Systemgrenzen und Systemumfang des Moduls Gesamtbewertung im 1. Iterationsschritt

Die Bewertungen der Einzelmodule bzw. Teilmodule (Materialauswahl, Fertigung, Recycling) liegen nach Gruppen geordnet vor, wobei jedes Modul oder Teilmodul problemorientiert die Gruppenzugehörigkeit definiert.

> **Beispiel Bodengruppe:**
> **unterschiedliche Gruppenzugehörigkeiten**
>
> Aus Sicht des Recyclings bilden u.a. chlorhaltige Thermoplaste eine eigene Gruppe, da z.B. die rohstoffliche Verwertung dieser Thermoplaste aufgrund des korrosiven Verhaltens aufwendiger wird. Aus Sicht der Gebrauchseigenschaften ist eine Differenzierung der Thermoplaste nicht notwendig.

3.6.2.3
Bewertung der Auswahlkriterien: Defizitausweisung

Das Ziel der 1. Iterationsstufe ist eine qualitative Ausweisung von (Verbund-)-Materialgruppen, die hinsichtlich des Anforderungsprofils geeignet sind. Für diese werden Defizite aus Sicht der Auswahlkriterien aufgezeigt. Mit Abschluß des 1. Iterationsschritts können diese Defizite mit den beteiligten Personen des Unternehmens diskutiert werden, um einerseits entwicklungsbegleitend erste Probleme bewußt zu machen und andererseits in kritischen Bereichen die Erhebung bzw. Generierung entscheidungsrelevanter Daten zu initiieren.

Das Instrument selbst bewertet die verschiedenen Auswahlkriterien nicht gegeneinander, sondern stellt diese als jeweils eigenständig zu betrachtende Kriterien dar, für die jeweils mögliche Defizite ausgewiesen werden.

Innerhalb des 1. Iterationsschritts ist es also nicht vordringliches Ziel, technisch prinzipiell geeignete (Verbund-)Materialgruppen auszuschließen. Ein Ausschluß soll im 1. Iterationsschritt nur in solchen Fällen vorgenommen werden, in denen die (Verbund-)Materialgruppe in keinem der Auswahlkriterien Vorteile vermuten läßt (s. G 110) und zusätzlich kein nennenswertes Innovationspotential erkannt wird (s. G 130) bzw. die gravierenden Defizite nur durch einen unvertretbar hohen Forschungsaufwand behoben werden könnten (s. G 165).

Eine Positivauswahl von zu favorisierenden (Verbund-)Materialgruppen (s. G 200–250) erfolgt im 1. Iterationsschritt aufgrund der rein qualitativ vorliegenden Bewertungen noch nicht.

Auf Basis der Ergebnisse des 1. Iterationsschritts kann für die nächsten Iterationsschritte abgeleitet werden, inwieweit die Randbedingungen (z.B. das Anforderungsprofil) des Beispiels zu modifizieren sind und auf welche Punkte (Defizite, Datenmangel, Verantwortlichkeiten) besonders zu achten ist.

3.6.3
Halb- und teilquantitative Betrachtung und Bewertung
(2. und 3. Iterationsschritt)

3.6.3.1
Systemgrenze und Systemumfang

Das System umfaßt im 2. Iterationsschritt die Bewertung aller Auswahlkriterien für die (Verbund-)Materialcluster (Abb. 3.6–3). Im 3. Iterationsschritt sind die Systemgrenzen innerhalb der einzelnen Auswahlkriterien erweitert (z. B. werden auch weniger wichtige Gebrauchseigenschaften sowie die Produktion wichtiger Hilfs- und Betriebsstoffe beim Modul Umwelt betrachtet).

3.6.3.2
Datenbasis und Eigenschaftsermittlung

Im 2. bzw. 3. Iterationsschritt stellen die halbquantitativen bzw. teilquantitativen Aussagen der betrachteten Module (Kapitel 3.2–3.5) die Datenbasis dar. Die Bewertungen der Einzelmodule liegen nach Clustern oder Arten geordnet vor, wobei jedes Modul problemorientiert die Cluster- bzw. Artenzugehörigkeit definiert (vergleiche Kapitel 3.6.2.2). Die Ergebnisse der einzelnen Module stehen grundsätzlich als ordinale Angaben (Ranking) zur Verfügung. Im Einzelfall kann jedoch auch die Verwendung kardinaler Kennzahlen sinnvoll sein, z. B. bei extrem großen Unterschieden bei den Eigenschaften zwischen benachbart plazierten (Verbund-)Materialclustern bzw. -arten. Einige Angaben liegen auch in Spannweiten oder unter Angabe von Datenqualitäten (Modul Umwelt, Kosten) vor.

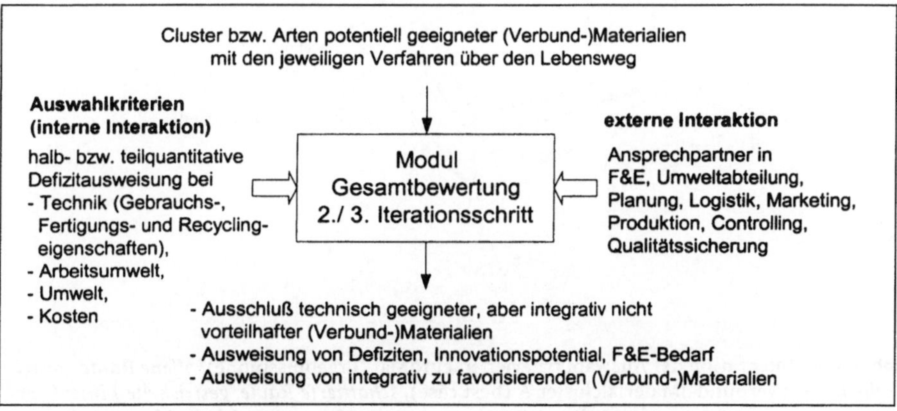

Abb. 3.6–3. Systemgrenzen und Systemumfang des Moduls Gesamtbewertung im 2. bzw. 3. Iterationsschritt

3.6.3.3
Bewertung der Auswahlkriterien

Die verschiedenen Auswahlkriterien von euroMat '98 werden nicht gegeneinander gewichtet. Eine mögliche Darstellungsart ist die sog. Spinnendarstellung
(Abb. 3.6–4), wobei die Spinnenfläche nicht bewertungsrelevant ist (s. G 95,
100). Die Skalierung der Spinne gibt jeweils die Rangfolge wieder, wobei am
äußeren Rand die am besten bewerteten (Verbund-)Materialcluster bzw. -arten
plaziert sind. Die Abstufungen auf der Skala entsprechen den Rangfolgen bzw.
bei kardinalen Angaben (s. Kapitel 3.6.3.2) dem Verhältnis der Kennzahl zur
besten Materialalternative. Je nach Anwendungsfall kann ein Referenzmaterial
(z.B. das bisher verwendete oder favorisierte Material) in der Darstellung
besonders hervorgehoben werden.

Für das betrachtete Bauteil oder Produkt geeignete (Verbund-)Materialcluster
bzw. -arten, die hinsichtlich aller Auswahlkriterien am schlechtesten abschnei-

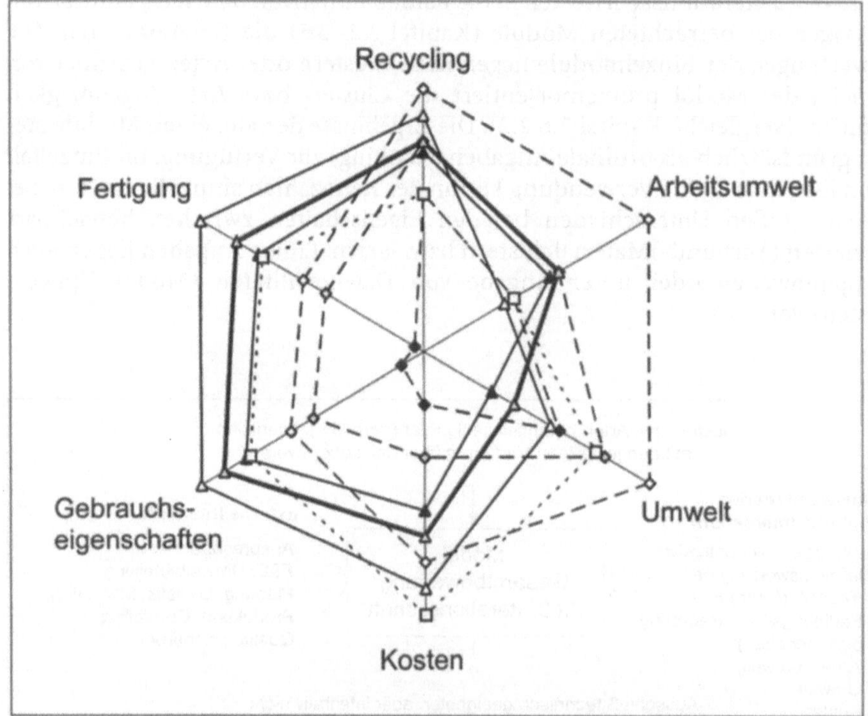

Abb. 3.6–4. Integration der Auswahlkriterien in euroMat (Ergebnisspinne), *offene Raute, gestrichelte Linie:* (Verbund-)Materialcluster A (best case), *schattierte Raute, gestrichelte Linie:* (Ver-
bund-)Materialcluster A (mittlere Bewertung), *geschlossene Raute, gestrichelte Linie:* (Verbund-)
Materialcluster A (worst case), *offenes Dreieck, durchgezogene Linie:* (Verbund-)Materialcluster
B (best case), *schattiertes Dreieck, durchgezogene dicke Linie* Referenz, *geschlossenes Dreieck,
durchgezogene Linie:* (Verbund-)Materialcluster B (worst case), *offenes Quadrat, gepunktete
Linie:* (Verbund-)Materialcluster C

den oder die keinen signifikanten Vorteil gegenüber anderen Materiallösungen bieten, können unter bestimmten Bedingungen (geringes Innovationspotential oder großer erforderlicher F&E-Aufwand zur Defizitbehebung, der von den Entscheidungsträgern als nicht lohnend betrachtet wird) durch die relevanten Entscheidungsträger (vgl. Abb. 3.6–1) von der weiteren Betrachtung ausgeschlossen werden (s. G 135, 170). Dabei sollte berücksichtigt werden, ob für den nächsten Iterationsschritt für bestimmte Materialcluster bzw. -arten eine vorteilhaftere Bewertung absehbar ist oder inwieweit ggf. einzelne (Verbund-)Materiallösungen dieser Materialcluster bzw. -arten bei einer detaillierteren Betrachtung signifikant besser oder schlechter abschneiden könnten (vgl. auch Kapitel 5). Zu beachten ist bei dieser Gesamtbewertung, daß bei großen Spannweiten bei der Bewertung in einem Modul ggf. die jeweiligen Best-case-Bewertungen nicht miteinander kompatibel sind. Die Best-case-Bewertung des (Verbund-)Materialclusters A bezeichnet ggf. eine andere Materiallösung als ökologisch optimal als bei der Best-case-Bewertung des Moduls Kosten des Clusters A zugrundegelegt wurde.

Als weiterer Schritt zur Einengung der betrachteten (Verbund-)Materialcluster bzw. -arten auf die für den jeweiligen Anwendungsfall geeignetsten erfolgt eine Positivauswahl. Hierfür werden die Defizite der (Verbund-)Materialcluster bzw. -arten näher betrachtet. (Verbund-)Materiallösungen ohne relevante Defizite werden direkt in die Liste der zu favorisierenden (Verbund-)Materialcluster bzw. -arten aufgenommen (s. G 230). Sind dagegen Defizite vorhanden, werden die (Verbund-)Materialcluster bzw. -arten mit Hilfe der Kriterien Innovationspotential (s. G 300, 310) und erforderlicher F&E-Aufwand zur Defizitbehebung (s. G 330, 350) bewertet. Neben den Bewertungen der einzelnen Module von euroMat '98 gehen das Anforderungsprofil (s. G 335), die Unternehmensziele (s. G 365) sowie weitere Aspekte wie die Marktsituation oder Entwicklungstrends (s. G 345) in diese auswählende Bewertung ein.

Die Ergebnisse der Gesamtbewertung werden durch Präsentation der zu favorisierenden (Verbund-)Materialcluster bzw. -arten sowie ihrer Defizite und ihres Innovationspotentials zusammengefaßt (s. G 245). Dabei wird auch der identifizierte F&E-Bedarf berücksichtigt.

KAPITEL 4

Anwendung der Methode

Die Erprobung der euroMat-Methode wurde an 11 Beispielen durchgeführt. Die Auswahl der Beispiele erfolgte unter Berücksichtigung folgender Kriterien, um die allgemeine Anwendbarkeit von euroMat testen zu können:

- langlebige/kurzlebige Produkte,
- Massenprodukte/Produkte mit geringer Stückzahl,
- Produkte aus den unterschiedlichsten Branchen mit möglichst verschiedenen Produktanforderungen.

Ausgangspunkt bei der Anwendung von euroMat stellten die von den jeweiligen Unternehmen erarbeiteten Anforderungsprofile dar. Dabei zeigte sich, daß diese Anforderungsprofile häufig ohne eine zusätzliche Aufbereitung für eine innovative Materialauswahl nicht geeignet waren, da sie häufig Kenngrößen enthielten, die von alten vorangegangenen Materiallösungen unverändert übernommen worden waren. In anderen Fällen wurden Anforderungen nur verbal bzw. sehr unkonkret formuliert. Deshalb wurden in Zusammenarbeit mit den Unternehmen die Anforderungsprofile konkretisiert und veraltete Anforderungen aktualisiert.

Ein aussagekräftiges, vollständig auf die zukünftige Anwendung des Produkts abgestimmtes Anforderungsprofil stellt die Grundvoraussetzung für eine innovative Materialauswahl dar.

Aufgrund des zeitlichen Rahmens für die Beispielbearbeitung konnten nicht alle Beispiele mit der gleichen Detailtiefe, d. h. bis zum 3. Iterationsschritt bearbeitet werden. Daher erfolgte eine Auswahl von 6 Beispielen (s. Kapitel 4.1–4.6), für die der 1. bis 3. Iterationsschritt, und von 5 Beispielen (s. Kapitel 4.7–4.11), für die der 1. und 2. Iterationsschritt der euroMat '98 Methode durchlaufen wurde.

Die Kapitel 4.1–4.11 enthalten jeweils eine zusammenfassende Präsentation der relevanten Ergebnisse der euroMat-Methodenanwendung für jedes Beispiel, in denen folgende Sachverhalte wiedergegeben werden:

- Auszug des Anforderungsprofils,
- relevante Ergebnisse der Materialauswahl,
- Defizitausweisung (1. Iterationsschritt) bzw. Ergebnisse der Bewertung der (Verbund-)Materialien (2. und 3. Iterationsschritt) über den Lebensweg der jeweiligen Anwendung.

4.1
Beispiel Bodengruppe von Hybridfahrzeugen

Wulf-Peter Schmidt

4.1.1
Einleitung

Das Beispiel „Bodengruppe von Hybridfahrzeugen" wurde gewählt, weil der PKW-Sektor am Standort Deutschland eine große wirtschaftliche [DIW 1994], aber auch eine große ökologische Bedeutung hat (z.B. Energieverbrauch [DIW 1994, S. 285], besonders überwachungsbedürftige Abfälle wie Shredderabfälle [Thomé 1995, S. 857]). Durch innovative Materiallösungen könnte dieser Widerspruch im Sinn einer nachhaltigen Entwicklung aufgelöst werden.

4.1.2
Qualitative Betrachtung und Bewertung (1. Iterationsschritt)

4.1.2.1
Materialauswahl

Das Anforderungsprofil für den unteren Teil der Karosserie (Bodengruppe) eines Hybridfahrzeugs wurde zusammen mit der Fa. Sachsenring Automobiltechnik AG für eine spezielle Konstruktion erstellt (Tabelle 4.1–1).

Ergebnisse. Für dieses Anforderungsprofil sind bei den *Materialgruppen* besonders Leichtmetalle (z.B. Aluminium, Magnesium), ggf. Stahlleichtbauvarianten und geschäumte Metalle geeignet. Metalle müssen – mit Ausnahme bestimmter Aluminiumlegierungen – oberflächenbehandelt und die offenporigen Metallschäume mit einem Abschlußblech versehen sein. Die Herstellbarkeit geschäumter Metalle ist bisher erst für geschäumtes Aluminium gegeben [Banhart et al. 1995, S. 22].

Bei den *Verbundmaterialgruppen* sind sowohl Faserverbundmaterialien (hohe Formstabilität, Festigkeit, Steifigkeit, geringes Gewicht) als auch Schichtverbundmaterialien (Medienbeständigkeit) geeignet. Für die *Matrix* von Faserverbundmaterialien und dickere Schichten in Schichtverbundmaterialien scheiden schwere Materialien aus. Von den Materialhauptgruppen sind daher die Polymere prädestiniert. Aufgrund von Problemen bei der Beständigkeit werden Naturmaterialien als Matrix ausgeschlossen. Geschäumte Keramiken und Tuffe sind aufgrund ihrer Sprödigkeit ungeeignet. Hinsichtlich der geforderten Schlagzähigkeit sind für Thermo- und Duroplaste Elastomerverstärkungen notwendig. Als *Fasermaterialien* zur Verbesserung der Festigkeit werden Natur- [Schmucker 1993, S. 11], Metall-, Kunststoff- und nichtmetallisch-anorganische Fasern betrachtet [Jeitler, Razenberg 1992, S. 39; Haack, Riecke 1982, S. 1038]. Als äußere *Schichtmaterialien* kommen korrosionsbeständige Metalle in Frage. Alternativ sind Abstandsgewebe [Vorwerk 1993] und Wabenstrukturen (z.B. aus PC) geeignet.

Tabelle 4.1–1. Anforderungsprofil der Bodengruppe für Hybridfahrzeug (Auszug)

Pfad	Pfadname	Blatt-Nr.
19-2-7-1-1-1	Verkehrswesen-Automobilbau-Spezialfahrzeuge-Leichtbaufahrzeuge-Karosserie-Bodengruppe	1

Beschreibung der speziellen Nutzung und der Einsatzbedingungen

Hybridfahrzeug für Stadt- und Überlandverkehr; Druckbelastungen bei Kollisionen, Einsatz bei $-40\,°C$ bis $+100\,°C$, Witterung, Lebensdauer 15 Jahre, Stückzahlen bis 10000/Jahr, Konstruktion aus 3 Platten ($1,48 \times 0,8$ m², $1,14 \times 0,8$ m², $1,50 \times 0,9$ m²); Aufnahme von Sitzen, Sicherheitssystemen, Ladegut

Abgeleitete notwendige Eigenschaften (Anforderungsprofil); F_1: Wichtigkeit

Eigenschaft	Wichtigkeit
Leichtbau	$F_1 = 10$
Energieaufnahme bei Stoß (Schlagzähigkeit >60 kJ/m² nach DIN 53453)	$F_1 = 9$
Biegefestigkeit (>100 N/mm²) nach EN 63	$F_1 = 8$
Biege-E-Modul (>7000 N/mm²) nach EN 63	$F_1 = 8$
Korrosionsbeständigkeit	$F_1 = 7$
Beständigkeit gegen Winterlaugen, Öle, Benzine, Diesel, Bremsflüssigkeiten, Säure	$F_1 = 7$

Zusätzliche Anforderungen

Kreislauffähigkeit gemäß Altauto-VO, Kennzeichnungsfähigkeit für Polymere (VDA-260)

4.1.2.2
Integrative Defizit- bzw. Potentialausweisung – Materialgruppen

Die Defizite für Recyclingfähigkeit, Arbeitsbedingungen, Umweltbelastungen und Lebenswegkosten werden im 1. Schritt herausgearbeitet (Abb. 4.1–1).

4.1.3
Halbquantitative Betrachtung und Bewertung (2. Iterationsschritt)

4.1.3.1
Materialauswahl

Entwicklungsbegleitend wird das Anforderungsprofil modifiziert, indem die noch ungenaue Angabe „Leichtbau" präzisiert wird [Plattengewicht etwa $<18,25$ kg ($F_1 = 10$)]. Versicktes Aluminiumblech mit einer Dicke von 2 mm gilt als Referenz, so daß die geforderte Schlagzähigkeit bei tiefen Temperaturen auf dessen Eigenschaften reduziert wird. Mit Hilfe von Datenbanken (fundus, campus), Abschätzungsformeln zur Festigkeit des Verbunds usw. werden die notwendigen versickten Plattendicken im Vergleich zur Referenz mittels eines idealisierten Lastfalls ohne dynamische Belastungsanteile ermittelt (z.B. notwendig versickte Plattendicken: aramidfaserverstärkte Polyolefine 1,8–2 mm,

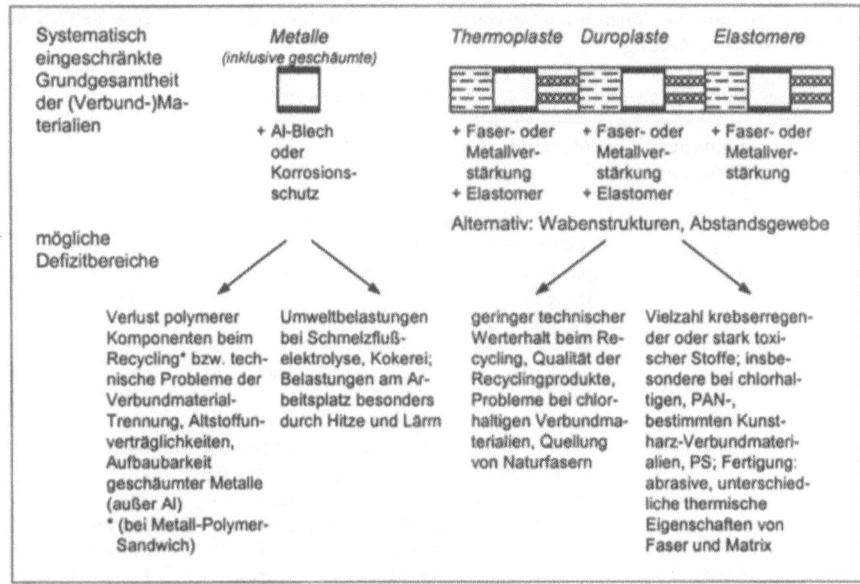

Abb. 4.1–1. Wesentliche Defizite innerhalb bestimmter (Verbund-)Materialgruppen, 1. Iteration für die Bodengruppe (unvollständig, nicht allgemeingültig, vorläufig)

glasfaserverstärkte Polyolefine 2,4–2,6 mm, naturfaserverstärkte Polyolefine 3,7–4,1 mm). Geschäumte oder Strukturmaterialien (Wabenstruktur, Abstandsgewebe) [Lunardon 1996] müssen trittfest verstärkt werden (Deckschichten insgesamt 1 mm Duroplast oder 0,8 mm Al). Metallfasern als Verstärkung scheiden aufgrund der Gewichtsanforderung bei einer typischen Wirksamkeit der Faserfestigkeit für den Verbund aus.

4.1.3.2
Integrative Bewertung: (Verbund-)Materialcluster

Diese weiter eingeschränkte Grundgesamtheit wird hinsichtlich der Auswahlkriterien von euroMat '98 integrativ betrachtet (Tabelle 4.1–2).

Für den 3. Iterationsschritt wird empfohlen, die Materialien Aluminium, Stahl, kunststoffaser-, glasfaserverstärkte Polyolefine, Aluminium-Polyolefin-Faser-Sandwiches sowie optional Strukturmaterialien und naturfaserverstärkte Varianten zu untersuchen.

Tabelle 4.1–2. Integrative (Verbund-)Materialauswahl für das Beispiel Bodengruppe für Hybridfahrzeug, 2. Iteration, Auszug

(Verbund-) Material	Modul Technik		Lebenswegbewertende Module		
	Eignung, Fertigung (T)	Recycling (R)	Arbeitsumwelt	Umwelt	Kosten
Aluminium Magnesium	Sehr gut $T \approx 1$	Leicht geringeres Ausbringen $R = CY$	Referenz (AUF* = 1)	Al = Referenz Mg $\approx$ Al	Al = Referenz Mg: LCCI $\approx$ 0,8 ABC/XYZ $\approx$ 1,2
Stahl	Gewicht	Am besten $R = CZ$	(AUF* = 1,12 CO-Belastung	Stahl $\approx$ Al	LCCI $\approx$ 0,8 ABC/XYZ $\approx$ 1,2
Kunststoff-, C-faserverstärkte Polymere (KFK, CFK)	Duromere: $T \approx 0,8-0,9$, Thermoplaste $T \approx 0,75$ (PE/ PP) bis nahe 1 (ABS, PPE) Werkzeugverschleiß	Wie GFK, aber noch wenig Erfahrungen $R = BX$	CFK sind am schlechtesten geeignet (DMF, ASME, Acrylnitril). KF-PE besser	PP/PE/PB: KEA $\approx$ 0,5 (Gewicht), ABC/ XYZ $\approx$ 0,3 Duromermatrix: KEA $\approx$ 0,8, ABC/ XYZ $\approx$ 1,1	PP/PE/PB: LCCI $\approx$ 0,6; ABC/XYZ $\approx$ 1,2 Duromermatrix: LCCI $\approx$ 1-1,2; ABC/XYZ $\approx$ 1,2
Glasfaserverstärkte Polymere (GFK)	Zwischen KFK/CFK und NFK, Werkzeugverschleiß	Geringes Ausbringen oder geringe Recyclingqualität; viele Verfahren [Woidasky 1995]; $R = BY$	PE/PP am besten geeignet (AUF* = 0,73), Duromermatrix schlechter (UP: (AUF* = 1,22)	PE/PP/PB: KEA $\approx$ 0,8, ABC/XYZ $\approx$ 0,3 Duromermatrix: KEA $\approx$ 1,3, ABC/ XYZ $\approx$ 1,2	PP/PE/PB: LCCI $\approx$ 0,7-1; ABC/XYZ $\approx$ 1,2 Duromermatrix: LCCI $\approx$ 1,4; ABC/XYZ $\approx$ 1,2
Wabenstrukturen, Abstandsgewebe	Gewicht wegen Trittverstärkung $T \approx 0,91$	Metallverstärkung: wie MTM-S. Sonst zwischen Metallen und VWS; $R = BZ$	Ähnlich den entsprechenden faserverstärkten Lösungen	KEA $\approx$ 0,9, ABC/ XYZ $\approx$ 1,3	LCCI $\approx$ 1,3-2; ABC/XYZ $\approx$ 1,3

T Technische Kennzahl relativ zur Maximalerfüllung; *AUF* Arbeitsumweltfaktor; *KEA* Kumulierter Energieaufwand; *LCCI* Life-cycle-costs-Indikator; *ABC/XYZ* halbquantitative Bewertung; jeweils relativ zur Referenz (*Al*).

4.1.4
Teilquantitative Betrachtung und Bewertung (3. Iterationsschritt)

4.1.4.1
Materialauswahl

Es erfolgt keine weitere technische Einengung der Verbundmaterialien. Statt dessen werden 2 konstruktive Varianten (Versickung, Verrippung [Dubbel 1990]) hinsichtlich ihrer Auswirkung auf das erforderliche Bauteilgewicht (Optimierungsgröße) mit Hilfe vereinfachter Berechnungen untersucht. Es werden für die Verbundmaterialien Veränderungen der erforderlichen durchschnittlichen Bauteildicke um –60 bis +20% errechnet. Der Einfluß der Elastomermodifizierung auf die Plattendicke ist <1%.

4.1.4.2
Integrative Bewertung: (Verbund-)Materialarten

Es werden eine Reihe von Szenarien (z.B. verschiedene Recyclingszenarien, Nutzungsvarianten) untersucht. Ein wesentlicher Parameter ist die Fahrstrecke des Hybridfahrzeugs, die bei diesem Beispiel von der Fa. SEG aufgrund des Nutzfahrzeugaspekts mit etwa 500000 km angenommen wird (Abb. 4.1–2).

Integrativ, unter Berücksichtigung aller Module von euroMat '98, sind im 3. Iterationsschritt die aramidverstärkten Polyolefine mit Ausnahme der Recyclingfähigkeit als optimal zu bewerten (Abb. 4.1–3), so daß es zielversprechend

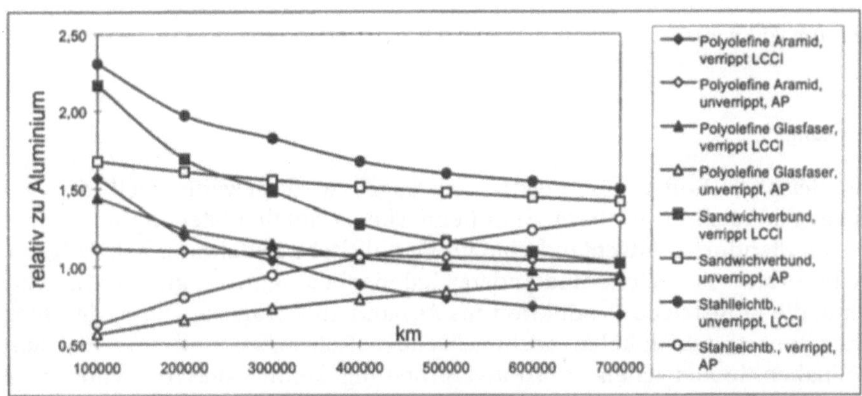

Abb. 4.1–2. Abhängigkeit der Lebenswegkosten (LCCI) und des Versauerungspotentials (AP) von der Nutzungsintensität (Bodengruppe, 3. Iterationsschritt, Auszug), *geschlossene Raute* aramidfaserverstärkte Polyolefine, verrippt LCCI, *offene Raute* aramidfaserverstärkte Polyolefine, unverrippt AP, *geschlossenes Dreieck* glasfaserverstärkte Polyolefine, verrippt LCCI, *offenes Dreieck* glasfaserverstärkte Polyolefine, unverrippt AP, *geschlossenes Quadrat* Sandwichverbund, verrippt LCCI, *offenes Quadrat* Sandwichverbund, unverrippt AP, *geschlossener Kreis* Stahlleichtbau, verrippt LCCI, *offener Kreis* Stahlleichtbau, unverrippt AP

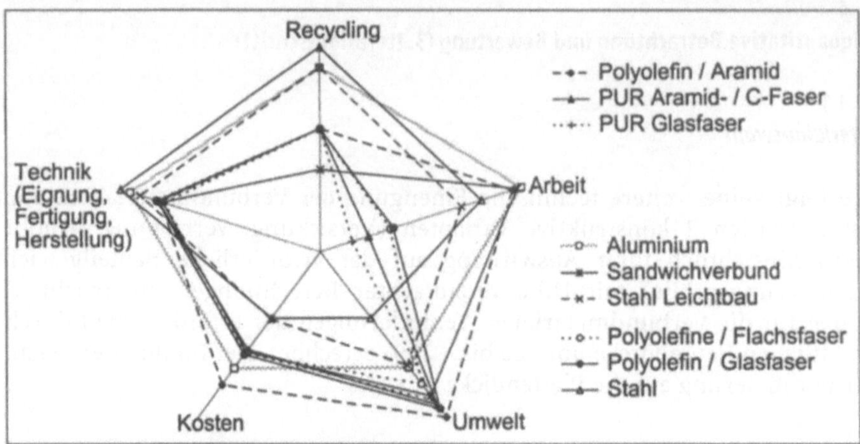

Abb. 4.1–3. Gegenüberstellung der Auswahlkriterien für die unverrippte Bodengruppe eines Hybridfahrzeugs (3. Iterationsschritt; je weiter außen desto besser)

erscheint, die Defizite im technischen Bereich (Faser-Matrix-Haftung, Festigkeit, Fertigung) zu lösen. Bei der verrippten Ausführung erzielt im 3. Iterationsschritt Aluminium die beste Bewertung; nur die Recyclingfähigkeit wird von Stahl leicht übertroffen. Diese Materiallösung wurde in einem Prototyp (als versickte Variante) ausgeführt.

4.2
Beispiel Werkzeugkoffer

Stephan Volkwein

4.2.1
Einleitung

Das Beispiel „Koffer für Elektrowerkzeuge" wird gewählt, weil der Verpackungsbereich im weiteren Sinn beim Thema Abfallentstehung und Recycling am Standort Deutschland eine große politische Bedeutung hat. Aufgrund der Innovationsschwäche und anderer Rahmenbedingungen gibt es z. Z. einen Trend, die industrielle Produktion ins Ausland zu verlagern. Durch den möglichen Einsatz von lokalen nachwachsenden Rohstoffen und einer rohstoffquellnahen industriellen Rohstoffverarbeitung könnte dieser Trend umgekehrt, die heimische Landwirtschaft gestärkt und das Abfallproblem entschärft werden.

4.2.2
Qualitative Betrachtung und Bewertung (1. Iterationsschritt)

4.2.2.1
Materialauswahl

Das Anforderungsprofil für den Werkzeugkoffer wurde zusammen mit der Fa. Black&Decker GmbH für eine spezielle Konstruktion erstellt (Tabelle 4.2–1). Das auszugsweise dargestellte Anforderungsprofil berücksichtigt alle im Verlauf der 3 Iterationen gemachten Modifikationen.

Ergebnisse. Für dieses Anforderungsprofil sind bei den *Materialgruppen* besonders Kunststoffe, Leichtmetalle (z.B. Aluminium, Magnesium) und Holz geeignet. Metalle müssen – mit der Ausnahme von Aluminium – oberflächenbehandelt sein.

Bei den *Verbundmaterialgruppen* sind Faserverbundmaterialien (hohe Formstabilität, Festigkeit, Steifigkeit, geringes Gewicht), Schichtverbundmaterialien (Medienbeständigkeit) und Teilchenverbunde (Energieaufnahme, Wirtschaftlichkeit) geeignet. Für die *Matrix* von Faserverbundmaterialien und dickere Schichten in Schichtverbundmaterialien scheiden schwere Materialien aus. Von den Materialhauptgruppen sind daher die Polymere prädestiniert. Aufgrund von Problemen bei der Beständigkeit werden Naturmaterialien als

Tabelle 4.2–1. Anforderungsprofil Werkzeugkoffer (Auszug)

Pfad	*Pfadname*	*Blatt-Nr.*
21–2–1–14–1–1	Verpackungstechnik-Packmittel-Packmittel allgemeinvolumenstabiles Packmittel	1

Beschreibung der speziellen Nutzung und der Einsatzbedingungen

Koffer für Meißelhammer (Masse 8,3 kg) ohne Zubehör; Transportverpackung, Schutz vor Beschädigung und Schmutz wie Kraftstoffen, Schmierstoffen, Farbe, Beton- und Holzstaub; Temperaturbereich 0–100 °C; Lebensdauer 20 Jahre, Massenproduktion; Stapelfähigkeit auf Paletten

Abgeleitete notwendige Eigenschaften (Anforderungsprofil); F_i: Wichtigkeit

Eigenschaft	Wichtig-keit
Energieaufnahme beim Stoß, Schlagzähigkeit	$F_i = 10$
Mechanische Stabilität, Elastizitätsmodul	$F_i = 8$
Kofferherstellpreis, Maximum 25 DM	$F_i = 7$
Koffermasse, Maximum 5 kg	$F_i = 6$

Zusätzliche Anforderungen

Kreislauffähigkeit

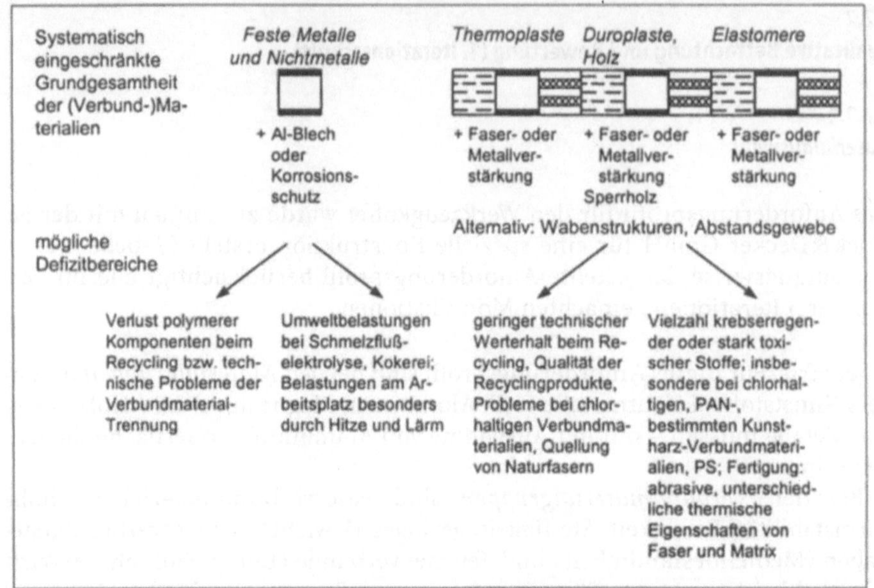

Abb. 4.2–1. Wesentliche Defizite innerhalb bestimmter (Verbund-)Materialgruppen, 1. Iteration für den Werkzeugkoffer (unvollständig, nicht allgemeingültig, vorläufig)

Matrix ausgeschlossen. Geschäumte Keramiken und Tuffe sind aufgrund ihrer Sprödigkeit ungeeignet. Als *Fasermaterialien* zur Verbesserung der Festigkeit werden Natur- [Schmucker 1993, S. 11], Metall-, Kunststoff- und nichtmetallisch-anorganische Fasern betrachtet [Jeitler, Razenberg 1992, S. 39; Haack, Riecke 1982, S. 1038]. Als *Schichtmaterialien* kommen korrosionsbeständige Metalle, Kunststoffe und Holz in Frage. Alternativ sind Abstandsgewebe [Vorwerk 1993] und Wabenstrukturen geeignet.

4.2.2.2
Integrative Defizit- bzw. Potentialausweisung – Materialgruppen

Die Defizite für die Recyclingfähigkeit, Arbeitsplatzbelastungen, Umweltbelastungen und Lebenswegkosten werden im 1. Schritt herausgearbeitet (Abb. 4.2–1).

4.2.3
Halbquantitative Betrachtung und Bewertung (2. Iterationsschritt)

4.2.3.1
Materialauswahl

Mit Hilfe von experimentellen Daten für Verbundmaterialien werden die notwendigen Wandstärken und Koffermassen mittels eines idealisierten statischen

Lastfalls ohne dynamische Belastungsanteile ermittelt (z. B. Magnesium Koffermasse 2,7 kg, Wandstärke 1,7 mm). Metallfasern und Whisker scheiden wegen der Koffermassen- und -preisanforderungen aus.

4.2.3.2
Integrative Bewertung: (Verbund-)Materialcluster

Diese weiter eingeschränkte Grundgesamtheit wird hinsichtlich der Auswahlkriterien von euroMat '98 integrativ betrachtet (Tabelle 4.2–2).

Tabelle 4.2–2. Integrative (Verbund-)Materialauswahl für das Beispiel Werkzeugkoffer, 2. Iteration, Auszug

(Verbund-) Material	Modul Technik		Lebenswegbewertende Module		
	Eignung, Fertigung (T)	Recycling (R)	Arbeits- umwelt	Umwelt	Kosten
Aluminium (Al), Magnesium (Mg)	G > 44 sehr gut: E-Modul, Schlagfestigkeit; F = 3,4 Aufwendig: viele Schritte	Gut: leicht geringeres Ausbringen	AUF = 27 sehr ungünstig: Hitze und Lärm bei Produktion, Fertigung und Recycling	500 MJ < KEA < 800 MJ 4 ≤ U ≤ 8	6 DM < K1 < 18 DM, Al billig −2 < K2 < 7, Mg günstig
Silizium (Si), Titan (Ti)	G > 41; F = 3,4	Gut	AUF = 27	1 GJ < KEA < 1,3 GJ; 3 ≤ U ≤ 11,3	10 DM < K1 < 35 DM, −3 < K2 < 11
Stahl	G = 38,5; F = 2,7	Am besten	AUF = 24	KEA = 255 MJ; U = 4	K1 = 26 DM; K2 = 0,7
Thermoplaste	24 < G < 30; F = 0,9: geringer Aufwand	Gut	12 ≤ AUF ≤ 16	80 MJ < KEA < 320 MJ (PA); 0,3 ≤ U ≤ 7,3, hoch bei PVC	4 DM < K1 < 53 DM, PS billig, 0 ≤ K2 ≤ 4
Faser- und partikelverstärkte Thermoplaste	24 < G < 37; 0,9 ≤ F ≤ 1,2	Mittel bis gut: Mischung mehrerer Komponenten	16 ≤ AUF ≤ 20	90 MJ < KEA < 230 MJ; 1 ≤ U ≤ 7,3	2 DM < K1 < 47 DM; K2 = 11,3
Duromere, Holz, Duromerverbunde	27 ≤ G < 34; 0,3 ≤ F ≤ 1,8 Holz aufwendig	Geringes Ausbringen oder geringe Recyclingqualität	16 ≤ AUF ≤ 24; Gefahrstoffe; Monomere	60 MJ < KEA < 400 MJ, klein bei Holz; 0,3 ≤ U ≤ 3,3	7 DM < K1 < 47 DM; 5 ≤ K2 ≤ 14, Holz günstig

G Gebrauchskennzahl, *F* Fertigungskennzahl, *AUF* Arbeitsumweltkennzahl, *KEA* kumulierter Energieaufwand; *U* Umweltkennzahl; *K1* Kosten für Produktion und Fertigung; *K2* Kostenkennzahl für Recycling, Forschung, Entwicklung, Chancen und Risiken.

Für den 3. Iterationsschritt wird empfohlen, die Materialien Metalle, Thermoplaste, faser- und partikelverstärkte Thermoplaste, Duromere und Holz zu untersuchen.

4.2.4
Teilquantitative Betrachtung und Bewertung (3. Iterationsschritt)

4.2.4.1
Materialauswahl

Faserverbunde werden systematischer untersucht. Kohlefaserverbunde werden aus Kostengründen nicht weiter betrachtet. Von den Thermoplasten werden beispielhaft Polypropylen (PP) und Polyethylenterephthalat (PET) theoretisch als Matrix für Faserverbunde (Glasfaser und Hanffaser) untersucht. Der Fasergehalt wird zwischen 30 und 70 Vol% variiert.

4.2.4.2
Integrative Bewertung: (Verbund-)Materialarten

In Abb. 4.2–2 sind für die Matrix Polypropylen (PP) die untersuchten Hanffaser- und Glasfaserverbunde (GF) mit den Massenanteilen der Fasern angegeben (z.B. PP-Hanf 77). Die Koffermasse (m) ist relativ angegeben. Das Maximum bei

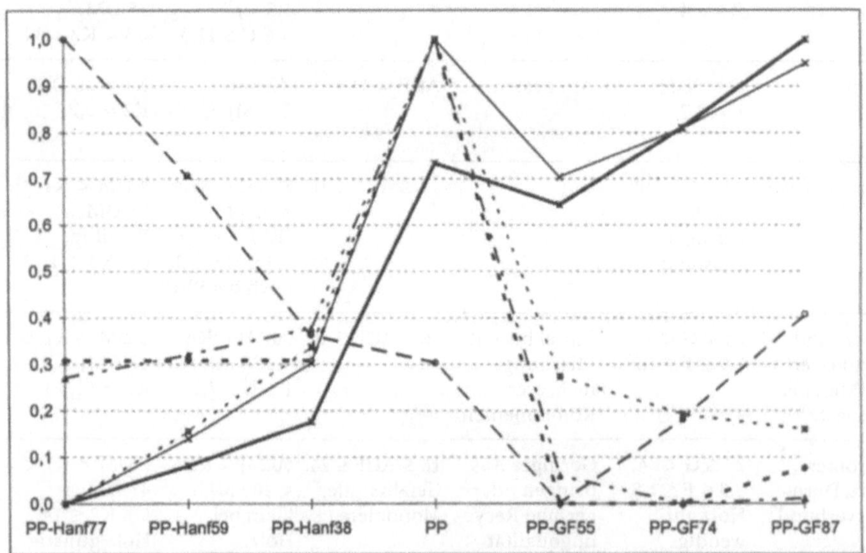

Abb. 4.2–2. Umwelteigenschaften von faserverstärkten Polypropylenwerkzeugkoffern (je weniger, desto besser), *offene Raute, dünn gestrichelte Linie* m (Koffermasse), *geschlossenes Quadrat, dick gestrichelte Linie* RDP, *geschlossenes Dreieck* GWP, *Kreuz, dünne durchgezogene Linie* AP, *Kreuz, dicke durchgezogene Linie* NPT, *offener Kreis* NPA

PP sind 3,8 kg, das Minimum bei PP-GF55 2,5 kg. Der Ressourcenverbrauch RDP liegt zwischen 1,4 und 4,5 kg Erdöläquivalenten, der Treibhauseffekt GWP zwischen 7,1 und 12,4 kg CO_2, das Versauerungspotential AP zwischen 35 und 77 g SO_2, das terrestrische Eutrophierungspotential NPT zwischen 17 und 33 g Nitratäquivalenten und das aquatische Eutrophierungspotential NPA zwischen 2,8 und 4,1 g Phosphatäquivalenten. Je nach Wirkungskategorie können sich die Eigenschaften von Polypropylen bei Faserzusatz verbessern oder verschlechtern. Insgesamt werden nach Anwendung der Auswertungsmethode unter Berücksichtigung noch weiterer nicht dargestellter Wirkungskategorien die Umwelteigenschaften der hanf- und glasfaserverstärkten Polypropylenverbunde besser bewertet als unverstärktes Polypropylen.

Kurzfristig kommt für den Werkzeugkofferhersteller nur eine Substitution des ABS durch einen anderen Thermoplasten in Frage. Dabei ist aber von einem ABS-PVC abzuraten (Abb. 4.2–3). Mittelfristig bis langfristig scheinen Entwicklungsarbeiten (technische Eignung, Fertigung) zu Hanffaserverbunden aus ökonomischer und ökologischer Sicht lohnenswert.

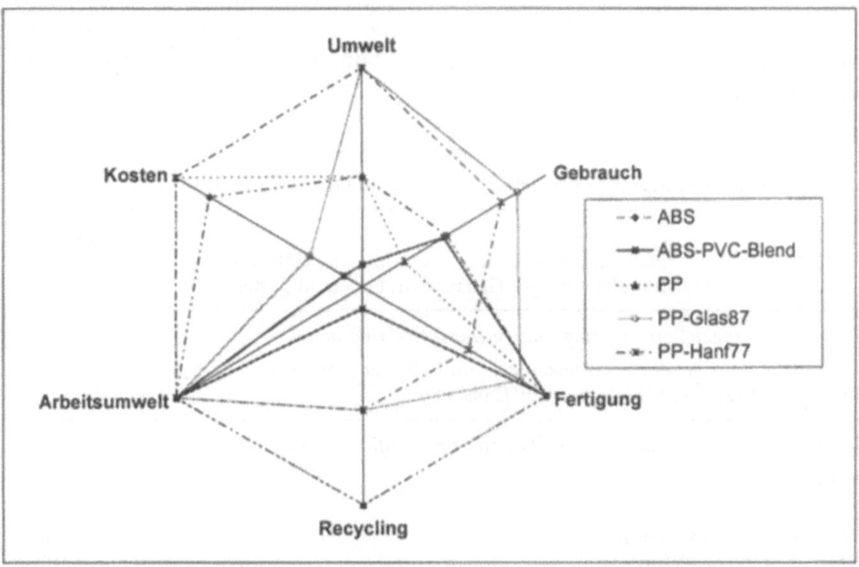

Abb. 4.2–3. Gegenüberstellung der Auswahlkriterien für den Werkzeugkoffer (3. Iterationsschritt; Auszug; je weiter außen, desto besser)

4.3
Beispiel Gehäuse für Schaltschränke

Klaus Langguth

4.3.1
Einleitung

Das Beispiel „Gehäuse für Schaltschränke" wird gewählt, weil es sich hierbei um ein langlebiges Produkt im Außeneinsatz mit einer hohen Stückzahl handelt (in der Bundesrepublik sind etwa 2 Mio. im Einsatz).

4.3.2
Qualitative Betrachtung und Bewertung (1. Iterationsschritt)

4.3.2.1
Materialauswahl

Das Anforderungsprofil für das Beispiel „Gehäuse für Schaltschränke" wurde auf der Basis der Technischen Lieferbedingungen der Deutschen Telekom AG (TL-Nr. 5975–3049/TS 0051/96) sowie entsprechender Technischer Forderungen von deutschen Energieversorgungsunternehmen ausgearbeitet. Es wird in Tabelle 4.3–1 aufgeführt.

Tabelle 4.3–1. Anforderungsprofil für Gehäuse für Schaltschränke (Auszug)

Pfad	*Pfadname*	*Blatt-Nr.*
5-4-8-1-0-1	Elektotechnik-Elektromechanik-Schaltschränke- Kabelverzweiger-Gehäuse-im Freien aufgestellt	1

Beschreibung der speziellen Nutzung und der Einsatzbedingungen

Im Freien installierte Gehäuse insbesondere von Kabelverzweiger- und Energie-verteilerschaltschränken. Einsatz bei –20 °C bis +80 °C

Abgeleitete notwendige Eigenschaften (Anforderungsprofil); F_1: Wichtigkeit

Eigenschaft	Wichtig-keit
Biegefestigkeit: 110–130 N/mm³	$F_1 = 10$
Schlagzähigkeit: 60–80 kJ/m²	$F_1 = 10$
Durchschlagfestigkeit: 20 kV/mm, Kriechstromfestigkeit: KC 600	$F_1 = 10$
Beständigkeit gegen atmosphärische Einwirkungen	$F_1 = 8$
Brandverhalten: Glutbeständig und selbstverlöschend	$F_1 = 8$
Beständigkeit gegen Erdreich	$F_1 = 7$
Verrottungs- und Termitenfestigkeit	$F_1 = 7$

Zusätzliche Anforderungen

Keine Verwendung von Asbest, PVC und anderen halogenhaltigen polymeren Werkstoffen, leicht montierbar, geringer Wartungsaufwand, leicht zerlegbar und recyclierbar

Ergebnisse. Für dieses Anforderungsprofil sind bei den *Materialgruppen* besonders Stahl und Aluminium sowie hochlegierte Stähle geeignet. Die ersten beiden sind aber zusätzlich mit einem wirksamen Korrosionsschutz zu versehen, um eine lange Lebensdauer zu gewährleisten. Für diese Materialien existieren lange Erfahrungen bei der Verarbeitung zu Schaltschränken oder vergleichbaren Konstruktionen. Auch unverstärkte Thermoplaste, die ausreichend alterungsgeschützt sind, erscheinen zunächst einsetzbar, entsprechende Technologien zu ihrer Verarbeitung sind bekannt. Es muß jedoch noch die Frage der Brennbarkeit bzw. des Selbstverlöschens im Brandfall sowie der erforderlichen mechanischen und thermischen Kennwerte geklärt werden.

Bei den *Verbundmaterialgruppen* sind Schicht-, Faser-, Teilchen- und Durchdringungsverbundmaterialien geeignet. Als besonders geeignet erweisen sich SMC (Schichtverbund), BMC (Teilchen- bzw. Durchdringungsverbund), aber auch glasfaserverstärkte Thermoplaste (Faserverbund). Für den Schichtverbund SMC (Glas-Wirrfaser-Laminat) sprechen die ausgezeichneten mechanischen Eigenschaften. Grundsätzlich kommen als Fasermaterialien sowohl Glas- als auch Kohlenstoff- als auch Naturfasern in Betracht. Hier wird sicherlich die Wirtschaftlichkeit (Preis) den Ausschlag für die technische Anwendung geben.

4.3.2.2
Integrative Defizit- bzw. Potentialausweisung – Materialgruppen

Die Defizite für Recyclingfähigkeit, Arbeitsbedingungen und Umweltbelastungen werden im 1. Schritt herausgearbeitet (Abb. 4.3-1).

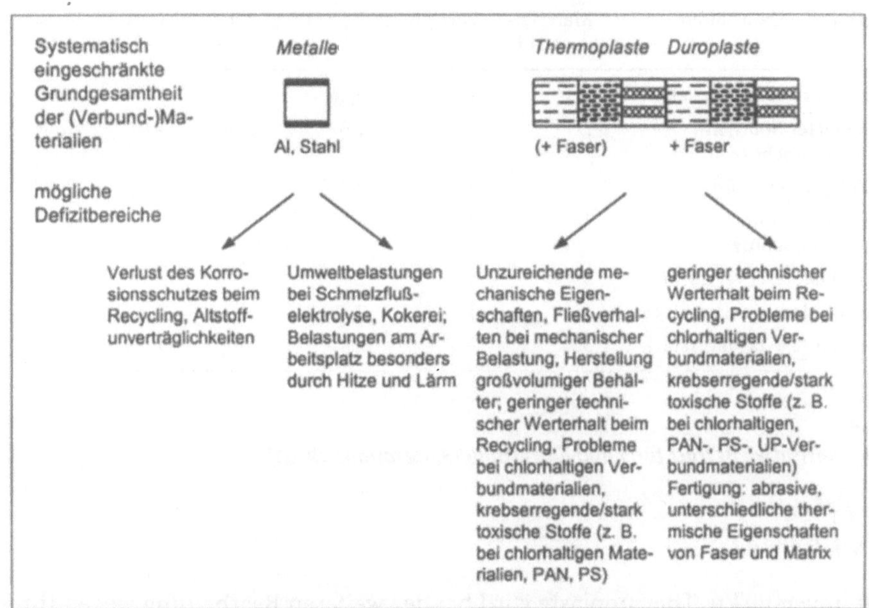

Abb. 4.3–1. Wesentliche Defizite innerhalb bestimmter (Verbund-)Materialgruppen, 1. Iteration für Schaltschränke (unvollständig, nicht allgemeingültig, vorläufig)

4.3.3
Halbquantitative Betrachtung und Bewertung (2. Iterationsschritt)

4.3.3.1
Materialauswahl

Die folgenden Materialien kommen für Schaltschrankgehäuse in Frage: PC-GF
[als Verstärkungssmaterial sind Glasfasern, aber auch andere Fasern (z. B. Koh-
lenstoffasern) einsetzbar] und UP-GF (mit hohem Anteil anorganischer Füllstoffe: SMC). Korrosionsgeschützter Stahl und Aluminium sind ebenso geeignet
wie hoch- bzw. unlegierte Stähle, letztere benötigen keinen zusätzlichen Korrosionsschutz.

4.3.3.2
Integrative Bewertung: (Verbund-)Materialcluster

Im 2. Iterationsschritt erfolgte eine Betrachtung der in Tabelle 4.3–2 aufgeführten Module. Zusammenfassend wird ein Ranking durch Vergabe der Werte
1/3–3 und Mittelung für jedes Eigenschaftsfeld durchgeführt, bei dem mehrere
Faktoren bewertet wurden. Tabelle 4.3–2 zeigt eine Zusammenfassung der Rankingergebnisse des 2. Iterationsschritts.

Tabelle 4.3–2. Zusammenstellung der Rankingergebnisse (je größer, desto besser) der 2. Iterationsstufe

(Verbund-)Materialien	Material-auswahl	Fertigung	Recycling	Arbeits-umwelt	Umwelt	Kosten
Beton, verstärkt (Sockel)	3	1	0,66	1	3	1,8
Unlegierter Stahl, mit Korrosionsschutz	3	2	1,67	0,67	1	1,28
Hochlegierter Stahl	3	3	2,33	1	3	2,47
Aluminium, mit Korrosionsschutz	1	2	1,67	0,67	1	1,2
Duroplast, faserverstärkt	3	3	2	1	1	1,8
Thermoplaste, unverstärkt	1	3	2,33	3	3	2,6
Thermoplast, faserverstärkt	3	3	2	3	1	1,4

4.3.4
Teilquantitative Betrachtung und Bewertung (3. Iterationsschritt)

4.3.4.1
Materialauswahl

Auf unverstärkte Thermoplaste wird bei der weiteren Bearbeitung wegen ihres
ungünstigen Brandverhaltens und ihrer unzureichenden mechanischen Eigenschaften verzichtet.

Für die weiter zu betrachtenden (Verbund-)Materialarten wurden Fließschemen entworfen und als Grundlage für die nähere Untersuchung den Modulen Umwelt und Arbeitsumwelt zur Verfügung gestellt.

4.3.4.2
Integrative Bewertung: (Verbund-)Materialarten

Zur Beurteilung der Arbeitsumwelt der verschiedenen Materialvarianten wurde die Anzahl der kritischen Arbeitsprozesse ermittelt.

Die Rangfolge gemäß Arbeitsumwelt sowohl bei der potentiellen als auch bei der tatsächlichen Belastung stellt sich danach wie folgt dar:

1. Thermoplaste (PC-GF),
2. UP-Harze (UP-GF),
3. Stahl mit Korrosionsschutz,
4. Aluminium mit Korrosionsschutz.

Abb. 4.3–2. Gegenüberstellung der Auswahlkriterien für Gehäuse für Schaltschränke (3. Iterationsschritt; Bewertungsmaßstab: je weiter außen, desto besser), *geschlossener Kreis mit gestrichelter (lang-kurz-lang) Linie* unlegierter Stahl mit Korrosionsschutz, *geschlossenes Quadrat mit kurz gestrichelter Linie* hochlegierter Stahl, *geschlossenes Dreieck mit durchgezogener Linie* Aluminium mit Korrosionsschutz, *offene Raute mit fett gestrichelter (kurz) Linie* UP-GF, *offenes Quadrat mit durchgezogener Linie* PC-GF

Bei einem angenommenen Fehlerbereich von 20% ergibt sich, daß bei der potentiellen Belastung die vorgenannte Rangfolge signifikant ist.

Bei der tatsächlichen Belastung ist zwischen den Materialvarianten Aluminium und Stahl sowie Stahl und ungesättigten Polyestern hinsichtlich der Arbeitsumwelteigenschaften keine signifikant unterschiedliche Bewertung feststellbar.

Im einzelnen ergibt sich für die Umwelteigenschaften die folgende Rangfolge: UP-GFStahl ≤ unlegiert < Aluminium ≤ PC-GF < Cr-Ni-Stahl.

Die zusätzlich durchgeführte ABC-Bewertung ergibt keine signifikanten Unterschiede für die untersuchten Materialien (3,3 für UP-GF und PC-GF; 3,0 für Stahl und Aluminium), so daß sich durch die ABC-Bewertung die oben angegebene Rangfolge nicht ändert.

Für die abschließende Gesamtbeurteilung der 3. Iteration des Beispiels Gehäuse für Schaltschränke wurden die Verbundmaterialien UP-GF, PC-GF, Stahl und Aluminium mit Korrosionsschutz sowie, als Monomaterial, hochlegierter, rostfreier Stahl herangezogen.

Die daraus nach dem 3. Iterationsschritt resultierende Situation bezüglich der Bewertung der einzelnen betrachteten (Verbund-)Materialarten unter Berücksichtigung aller Module von euroMat '98 ist mittels der Entscheidungsspinne dargestellt. Daraus kann abgeleitet werden, daß für eine weitere Einengung der Materialauswahl für das Beispiel Gehäuse für Schaltschränke eine qualitativ höherwertige Betrachtung der Module Technik und Kosten erfolgen müßte (Abb. 4.3–2).

4.4
Beispiel diffusionsarme Rohre für Fußbodenheizungen

Dirk Gutberlet, Jürgen van Marwick, Joachim Wolf

4.4.1
Einleitung

Das Beispiel „diffusionsarme Rohre für Fußbodenheizungen" wird gewählt, weil durch die Verwendung von besseren Isolationsmaterialien in Alt- und Neubauten der Einsatz moderner, energetisch günstigerer Niedertemperaturheizsysteme ermöglicht wird. Dies erfordert allerdings die Bereitstellung einer gegenüber konventionellen Heizsystemen größeren Heizfläche [Wärmeatlas 1984]. Hierfür wird der Fußboden gewählt [DIN 4725, Teil 3].

4.4.2
Qualitative Betrachtung und Bewertung (1. Iterationsschritt)

4.4.2.1
Materialauswahl

Das Anforderungsprofil für diffusionsarme Rohre für Fußbodenheizungen wurde in Zusammenarbeit mit der Fa. Wavin GmbH entwickelt (Tabelle 4.4–1).

Tabelle 4.4–1. Anforderungsprofil „Rohre für Fußbodenheizungen" (Auszug)

Pfad	*Pfadname*	*Blatt-Nr.*
1–4–7–0–0–25	Fußbodenheizung	1

Beschreibung der speziellen Nutzung und der Einsatzbedingungen

Fußbodenheizung für Wohngebäude, Prozeßwassertransport, Betriebstemperaturbereiche 10–60 °C, Niederdrucksystem (3×10^5 Pa, Spitzendruck 6×10^5 Pa), Betriebsdauer ca. 50 Jahre

Abgeleitete notwendige Eigenschaften (Anforderungsprofil); F_i: Wichtigkeit

Eigenschaft	Wichtig-keit
Festigkeit (gegen Innendruck von maximal 6×10^5 Pa)	$F_1 = 10$
[Außendurchmesser D = 16/17/18/20 mm; $s_{min} = (p_{zul}D)/(2\sigma + p_{zul})$ mit $\sigma_{zul} =$ zulässige Spannung des Werkstoffs]	–
Sauerstoffdiffusionsarm $m_{Sauerstoff} < 0,1$ g/(m³ Tag)	$F_1 = 10$
Korrosionsbeständigkeit	$F_1 = 9$
Beständigkeit gegenüber Fließmittel (auf der Basis von ligninsulfosauren Salzen oder Polymeren) des Estrichs	$F_1 = 8$
Niedrige Oberflächenrauhigkeit	$F_1 = 7$

Zusätzliche Anforderungen

Aufgrund des Einsatzes im Wohnbereich sollten keine gesundheitsgefährdenden Stoffe bzw. nur gesundheitsunbedenkliche Stoffe eingesetzt werden

---

Ergebnisse. Für dieses Anforderungsprofil sind bei den *Materialgruppen* besonders Stahl und Kupfer geeignet [Brandt 1990]. Gerade Metalle bieten eine hohe Diffusionsbeständigkeit. Um die geforderte Haltbarkeit von 50 Jahren zu erreichen, müssen sie entsprechend korrosionsgeschützt ausgelegt werden [DIN 55928].

Bei den *Verbundmaterialgruppen* sind vorwiegend Schichtverbundmaterialien geeignet, da sie die wichtigsten Gebrauchseigenschaften für Rohre einer Fußbodenheizung erfüllen. Diese sind: Barriere- und Oberflächeneigenschaften (diffusionsarm, korrosionsbeständig, niedrige Oberflächenrauhigkeit). Die jeweiligen eindeutig zuzuordnenden Eigenschaften der Teilchen- und Faserverbundmaterialien (Festigkeit, Steifigkeit, Energieaufnahme) stellen in diesem Anforderungskatalog keine wichtigen Gebrauchseigenschaften dar.

4.4.2.2
Integrative Defizit- bzw. Potentialausweisung – Materialgruppen

Die Defizite für Recyclingfähigkeit, Arbeitsbedingungen, Umweltbelastungen und Lebenswegkosten werden im 1. Schritt herausgearbeitet (Abb. 4.4–1).

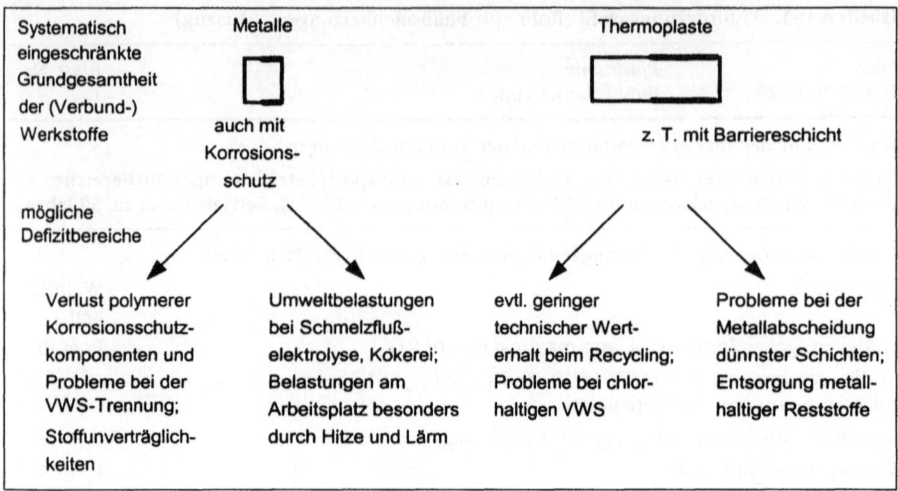

Abb. 4.4–1. Wesentliche Defizite innerhalb bestimmter (Verbund-)Materialgruppen, 1. Iteration für diffusionsarme Rohre für Fußbodenheizungen

4.4.3
Halbquantitative Betrachtung und Bewertung (2. Iterationsschritt)

4.4.3.1
Materialauswahl

Auf der Grundlage der Ergebnisse des 1. Iterationsschritts und nach Rücksprache mit dem Industriepartner ergab sich *nicht* die Notwendigkeit, entwicklungsbegleitend das Anforderungsprofil oder die Gewichtungsfaktoren für die Gebrauchseigenschaften zu modifizieren.

Die Eignung der speziellen Materialien aus den Materialhauptgruppen Metalle und Polymere für die strukturelle Schicht wird in einer Worst-case-Abschätzung mittels der mechanischen Belastung der Fußbodenheizungsrohre aufgrund des Innendrucks überprüft. Metallbauteile werden auf der Basis anderer Vergleichsgrößen dimensioniert als Kunststoffteile. Metalle werden gegen eine zulässige Spannung im höchstbelasteten Querschnitt ausgelegt. Hierzu werden die im Bauteil vorliegenden mehrachsigen Spannungszustände auf eine eindimensionale Vergleichsspannung reduziert [Peeken 1992]. Kunststoffe werden dagegen belastungsabhängig ausgelegt. Bei einer eher statischen Beanspruchung werden sie gegen eine kritische Dehnung ausgelegt. Die Kriechneigung der Thermoplaste und die daraus resultierenden niedrigeren zulässigen Bauteilspannungen werden durch Retardationsversuche und eine Abschätzung der kritischen Dehnung in Abhängigkeit von der Polymerart angenähert [Menges 1990].

4.4.3.2
Integrative Bewertung: (Verbund-)Materialcluster

Diese inzwischen eingeschränkte Grundgesamtheit wird hinsichtlich der Auswahlkriterien von euroMat '98 integrativ betrachtet (Tabelle 4.4–2).

Für den 3. Iterationsschritt wird empfohlen, die Materialien Aluminium, Stahl, Kupfer, Polyamide, Polysulfone und Polyethylene z.T. mit Schutz- bzw. Barriereschichten zu untersuchen.

Tabelle 4.4–2. Integrative (Verbund-)Materialauswahl für diffusionsarme Rohre für Fußbodenheizungen, 2. Iteration, Auszug

| (Verbund-)-Material | Modul Technik | | Lebenswegbewertende Module | | |
	Eignung, Fertigung (T)	Recycling (R)	Arbeits-umwelt	Umwelt	Kosten
Stahl	T = 0,55	Am besten, R = CZ	Hitze und Lärmbelastungen, CO-Belastung	Stahl ähnlich Aluminium	Stahl ähnlich Aluminium
Aluminium	T = 0,59	R = CY	Hitze und Lärmbelastung	Al: Referenz	Al: Referenz
Faserverstärkte Duromere	UP: T = 0,46–0,65, VE: T = 0,66–0,77, EP: T = 0,5–0,68, PF: T = 0,61–0,77	R = AZ (Faserfraktion), R = CY (Füllstofffraktion)	Schlechter als Metalle, CFK am schlechtesten	Schlechter als Al	Schlechter als Al
Faserverstärkte Thermoplaste	PP: T = 0,54–0,73, PEI: T = 0,54–0,73, PSU: T = 0,5–0,69	R = AZ (Faserfraktion), R = CY (Füllstofffraktion)	PP besser als Metalle, CFK schlechter als Metalle	Schlechter als Al, besser als Duromere	Schlechter als Al, besser als Duromere

T Technische Kennzahl relativ zu Maximalerfüllung.

4.4.4
Teilquantitative Betrachtung und Bewertung (3. Iterationsschritt)

4.4.4.1
Materialauswahl

In der 2. Iteration wurden alle Schichtverbunde mit mehr als 2 Schichten als ungeeignet identifiziert. Daher wird das Fußbodenheizungsrohr in dieser Iteration als Schichtverbund mit einer strukturellen und einer oberflächeneigenschaftsbildenden Schicht aufgefaßt.

Nach den Ergebnissen des 2. Iterationsschritts und Rücksprache mit dem Industriepartner ergab sich die Notwendigkeit, entwicklungsbegleitend das Anforderungsprofil für die Gebrauchseigenschaften zu modifizieren. Aufgrund der Einbettung der Fußbodenheizungsrohre in Estrich und den z. T. erheblich differierenden Wärmeausdehnungskoeffizienten werden zusätzlich das unterschiedliche Wärmeausdehnungsverhalten und die hieraus resultierenden Spannungen im Bauteil bzw. der Umgebung in die Untersuchung mit einbezogen.

4.4.4.2
Integrative Bewertung: (Verbund-)Materialarten

Es werden unterschiedliche Szenarien untersucht. Um z. B. den Aufwand für die Materialtrennung festlegen zu können, muß zwischen Gebäudeabriß und -sanierung differenziert werden. Ein wesentlicher Faktor zur Bestimmung der Umwelteigenschaften ist die Nutzungsdauer des Heizungsrohrs. Bei einer angenommenen Nutzungsdauer von 20 Jahren und dem Szenario Gebäudesanierung läßt sich für die Umwelteigenschaften folgendes Ranking für die unterschiedlichen Rohrmaterialien angeben (Abb. 4.4–2): alle Fe- und Al-Rohre > Stahlrohr > alle Cu-, PP-, LDPE-Rohre > alle PA-Rohre.

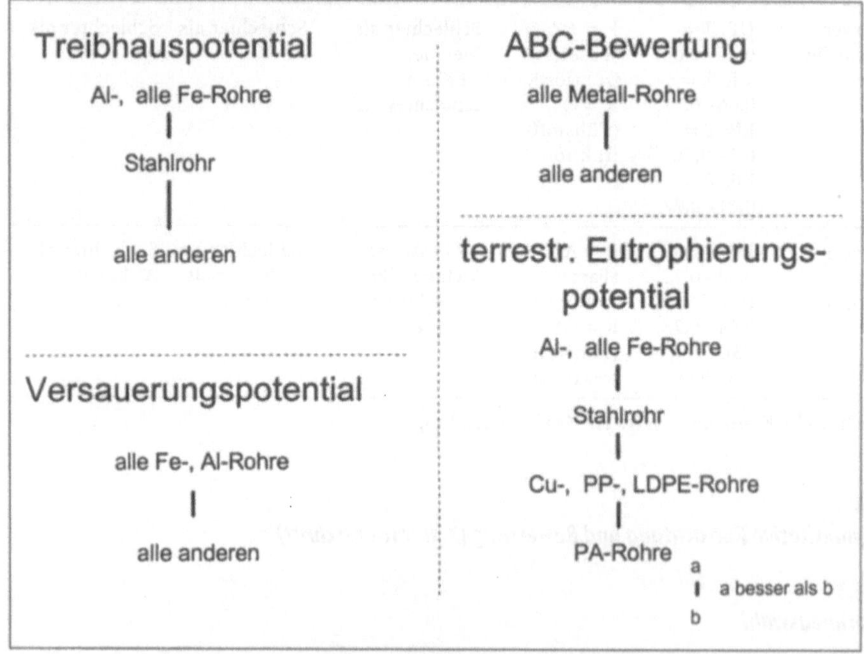

Abb. 4.4–2. Szenario (Ranking der Materiallösungen nach dem Treibhaus-, dem Versauerungs-, dem terrestrischen Eutrophierungspotential und der ABC-Bewertung unter Berücksichtigung aller Fehlerfaktoren und Spannweiten) Gebäudesanierung unter Berücksichtigung der Nutzung (diffusionsarme Rohre für Fußbodenheizungen, 3. Iterationsschritt, Auszug)

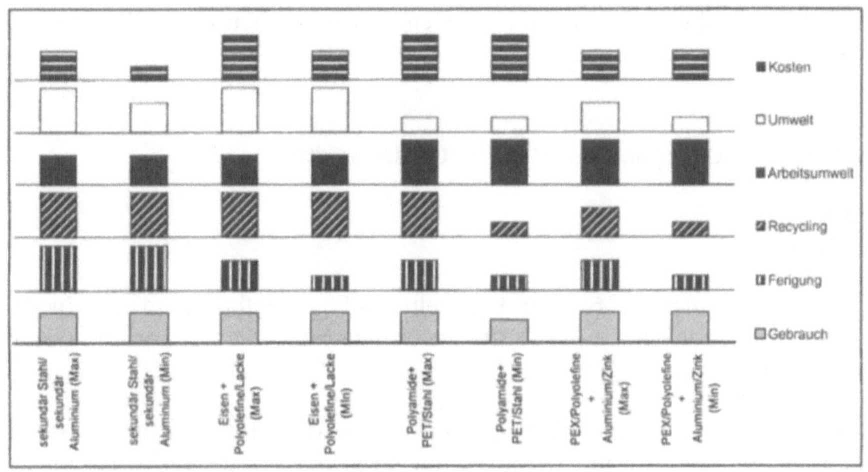

Abb. 4.4–3. Gegenüberstellung der Auswahlkriterien für diffusionsarme Rohre für Fußboden-heizungen, 3. Iterationsschritt; je höher, desto besser

Basierend auf den Ergebnissen zur Beurteilung der einzelnen Auswahlkriterien für Verbundmaterialien aus der Grundgesamtheit aller möglichen Verbundmaterialien ist Abb. 4.4–3 erstellt worden.

Aus Abb. 4.4–3 geht hervor, daß die Fußbodenheizungsrohre auf Polymerbasis im Bereich der Arbeitsumwelt deutlich besser bewertet werden als die Rohre auf Metallbasis. Allerdings können vom Gesichtspunkt der Umwelteigenschaften nur die Rohre aus PE bzw. PEX mit den Metallrohren konkurrieren. Die schlechtere Bewertung der Polymerrohre bei den Fertigungseigenschaften ist darauf zurückzuführen, daß hier immer eine Diffusionssperrschicht aufgebracht werden muß. Speziell die Rohre auf Polyamidbasis werden, bezogen auf die Metallrohre, in fast allen Kriterien deutlich schlechter bewertet. Aufgrund dieses Umstands sollte dieser Materialcluster in einer höheren Iteration nicht mehr berücksichtigt werden.

4.5
Beispiel Gerüstbohlen aus Verbundwerkstoffen

Frank Döpper

4.5.1
Einleitung

Das Beispiel „Gerüstbohlen aus Verbundwerkstoffen" wird gewählt, weil die bisher für Gerüstbohlen eingesetzten homogenen Materialien (Holz, Aluminium, Stahl) den Anforderungen bestimmter Einsatzfälle nur in unzureichendem Maß gerecht werden. Zu nennen sind hier insbesondere Defizite hinsichtlich der Handhabung der Bohlen (Gewicht), ihrer Medienbeständigkeit sowie auch ihres Versagensverhaltens.

4.5.2
Qualitative Betrachtung und Bewertung (1. Iterationsschritt)

4.5.2.1
Materialauswahl

Das Anforderungsprofil für das Beispielbauteil „Gerüstbohle" wurde in Zusammenarbeit mit der Fa. FVT Faserverbundtechnik GmbH, Aachen, erstellt (Tabelle 4.5–1).

Ergebnisse. Für dieses Anforderungsprofil sind bei den *Materialgruppen* besonders Stahl und Aluminium geeignet. Zur Gewährleistung der Korrosionsbeständigkeit ist bei Stahl eine Beschichtung bzw. Oberflächenbehandlung (Verzinken) erforderlich. Die Herstellung von Gerüstbohlen aus diesen Materialien stellt den Stand der Technik dar, ein Recycling der homogenen Metalle wird großtechnisch durchgeführt.

Bei den *Verbundmaterialgruppen* sind gemäß der Zuordnung spezifischer Eigenschaften zu den 4 Verbundmaterialmodellen nach Gräfen [1991] insbe-

Tabelle 4.5–1. Anforderungsprofil „Gerüstbohle" (Auszug)

Pfad	Pfadname	Blatt-Nr.
3-3-0-0-0-1	Bauwesen-Baumaschinen bzw. Baugeräte-Gerüstbau-Gerüstbohlen	1

Beschreibung der speziellen Nutzung und der Einsatzbedingungen

Gerüstbohle (Gerüstbelagteil) für Arbeits- und Schutzgerüste, Einsatz in Bauwirtschaft sowie industriellen Anwendungen (z.B. chemische Industrie), Einsatz im Innen- und Außenbereich, Massenproduktion

Abgeleitete notwendige Eigenschaften (Anforderungsprofil); F_1: *Wichtigkeit*

Eigenschaft	Wichtigkeit
Mechanische Eigenschaften [Tragfähigkeit, Lagesicherheit, Durchbiegung (nach DIN 4420)]	$F_1 = 10$
Gewicht	$F_1 = 9$
Witterungsbeständigkeit (atmosphärische Korrosion, UV-Beständigkeit)	$F_1 = 9$
Medienbeständigkeit (industrielle Anwendungen)	$F_1 = 8$
Lebensdauer	$F_1 = 8$

Zusätzliche Anforderungen

Minimierung der Herstellkosten, kein Einsatz von Schadstoffen, DIN 4420 und folgende, BG-Richtlinie ZH 1/534.1 und folgende, ZH 1/585

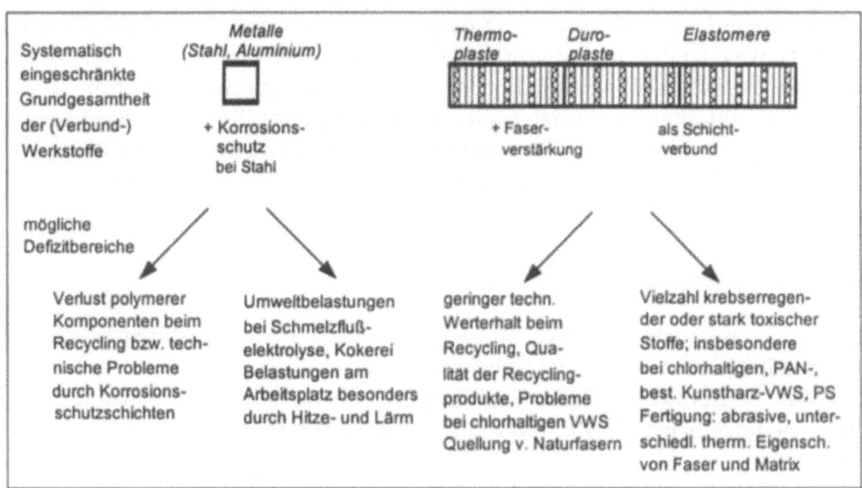

Abb. 4.5–1. Wesentliche Defizite innerhalb bestimmter (Verbund-)Materialgruppen, 1. Iteration für Beispielbauteil „Gerüstbohle"

sondere Faser- sowie Schichtverbundmaterialien geeignet. Unter Berücksichtigung des erarbeiteten Anforderungsprofils sind insbesondere die statischen Eigenschaften, Leichtbaueignung und die Beständigkeit gegen Witterungseinflüsse sowie Medien für die Bauteilauslegung von Bedeutung. Im Hinblick auf ein möglichst geringes Gewicht der Bohlen kommen als *Matrixmaterialien* insbesondere Polymere in Frage. Keramiken sind aufgrund ihrer mechanischen Eigenschaften (Sprödigkeit) ungeeignet. Als *Fasermaterialien* sind grundsätzlich Natur-, Metall-, Kunststoff- und nichtmetallisch-anorganische Fasern geeignet. Bezogen auf *Schichtmaterialien* kommen für die Oberflächen korrosions- bzw. medienbeständige Materialien in Betracht.

4.5.2.2
Integrative Defizit- bzw. Potentialausweisung – Materialgruppen

Die Vor- und Nachteile der als grundsätzlich geeignet identifizierten (Verbund-) Materialgruppen werden im 1. Schritt aufgezeigt (Abb. 4.5–1).

4.5.3
Halbquantitative Betrachtung und Bewertung (2. Iterationsschritt)

4.5.3.1
Materialauswahl

Das Anforderungsprofil der Gerüstbohle wurde im 2. Schritt überarbeitet, grundlegende Veränderungen ergaben sich nicht. Im Hinblick auf die mechanischen Eigenschaften gemäß DIN 4420 sowie der BG-Richtlinien ZH 1/534 und

ZH 1/585 erfolgte eine Eingrenzung derjenigen (Verbund-)Materialcluster, die eine Alternative zu den Referenzmaterialien (Stahl und Aluminium) darstellen. Da die mechanischen Eigenschaften mit Abstand die größte Bedeutung besitzen, werden Schichtverbundmaterialien aus den weiteren Betrachtungen ausgeschlossen. Die verbleibenden Faserverbundmaterialien wurden detailliert hinsichtlich ihrer technischen Eignung untersucht und in Cluster eingeteilt.

4.5.3.2
Integrative Bewertung: (Verbund-)Materialcluster

Die definierten Cluster von (Verbund-)Materialien werden in hinsichtlich der Auswahlkriterien integrativ betrachtet (Tabelle 4.5–2).

Für den 3. Iterationsschritt wird empfohlen, die Materialien Aluminium, Stahl sowie jeweils EP, VE, PP und PEI mit Glasfasern als Verstärkung zu untersuchen.

Tabelle 4.5–2. Integrative (Verbund-)Materialwahl für das Beispielbauteil „Gerüstbohle", 2. Iteration, Auszug

(Verbund-)-Material	Modul Technik		Lebenswegbewertende Module		
	Eignung, Fertigung (T)	Recycling (R)	Arbeits- umwelt	Umwelt	Kosten
Stahl	T = 0,55	Am besten, R = CZ	Hitze und Lärm-belastungen, CO-Belastung	Stahl ähnlich Aluminium	Stahl ähnlich Aluminium
Aluminium	T = 0,59	R = CY	Hitze und Lärm-belastung	Al: Referenz	Al: Referenz
Faserver-stärkte Duro-mere	UP: T = 0,46–0,65, VE: T = 0,66–0,77, EP: T = 0,5–0,68, PF: T = 0,61–0,77	R = AZ (Faser-fraktion), R = CY (Füllstoff-fraktion)	Schlechter als Metalle, CFK am schlechtesten	Schlechter als Al	Schlechter als Al
Faserver-stärkte Ther-moplaste	PP: T = 0,54–0,73, PEI: T = 0,54–0,73, PSU: T = 0,5–0,69	R = AZ (Faser-fraktion), R = CY (Füllstoff-fraktion)	PP besser als Metalle, CFK schlechter als Metalle	Schlechter als Al, besser als Duromere	Schlechter als Al, besser als Duromere

T Technische Kennzahl relativ zu Maximalerfüllung-

4.5.4
Teilquantitative Betrachtung und Bewertung (3. Iterationsschritt)

4.5.4.1
Materialauswahl

Im Rahmen des 3. Iterationsschritts werden die verbleibenden (Verbund-) Materialien den Referenzmaterialien Stahl und Aluminium gegenübergestellt. Als Verstärkungsfaser stellt sich die Glasfaser als am besten geeignet heraus. Aufbauend auf der technischen Eignung werden in diesem Schritt insbesondere die Materialalternativen im Rahmen der bewertenden Module hinsichtlich ihrer Umwelt- bzw. Arbeitsumwelteigenschaften eingehend untersucht.

4.5.4.2
Integrative Bewertung: (Verbund-)Materialarten

Die Betrachtungen ergeben, daß ein wesentliches Potential, welches sich durch den Einsatz von Verbundkunststoffen erschließen läßt, die Reduktion des Bohlengewichts ist. Im Vergleich zu Stahlbohlen (etwa 19 kg), die derzeit am häu-

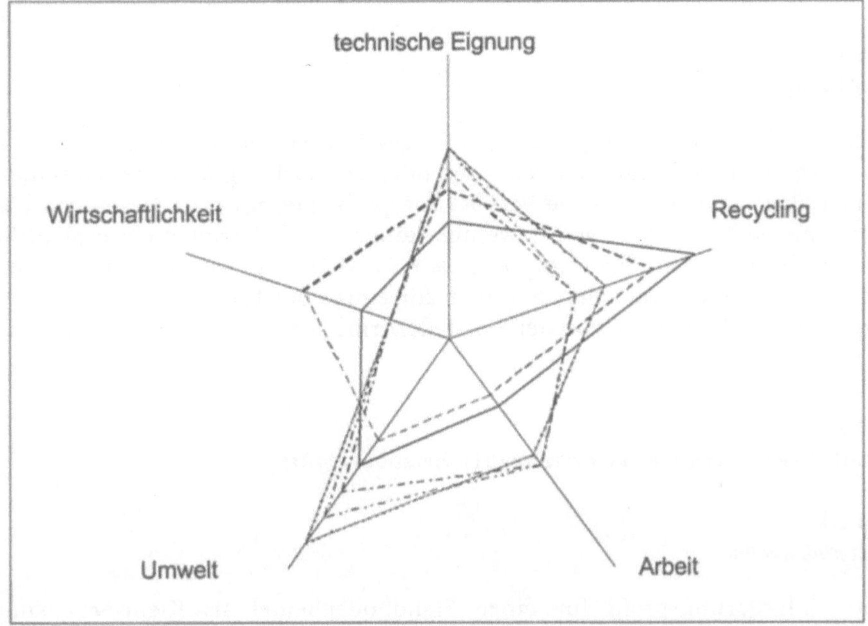

Abb. 4.5–2. Gegenüberstellung der Auswahlkriterien für das Beispiel „Gerüstbohle" (3. Iterationsschritt; je weiter außen, desto besser), *durchgezogene dicke Linie* Stahl, *gestrichelte Linie* Aluminium, *durchgezogene dünne Linie* glasfaserverstärktes UP, – · · – · · – glasfaserverstärktes PP, – · – · · – glasfaserverstärktes PEI

figsten zur Anwendung kommen, kann das Gewicht einer Bohle aus FVK um bis zu 50 % darunter liegen (etwa 9 kg, Idealfall). Im einzelnen ergeben sich hieraus folgende Vorteile:

- angepaßte Dimensionierung des Tragrahmens des Gesamtgerüsts,
- Aufstellung des Gerüsts auch auf wenig belastbaren Flächen möglich,
- einfachere Handhabung der Bohlen, Energieeinsparungen beim Transport.

Bezogen auf die Umwelteigenschaften schneiden die FVKs ebenfalls besser ab als die Referenzmaterialien Stahl und Aluminium.

Ein eindeutiges Votum für oder gegen eine bestimmte Materiallösung ist ausgehend von den Ergebnissen der ersten 3 Iterationsschritte nicht möglich. Sie stellen jedoch eine geeignete Entscheidungshilfe für den Fall dar, daß die Bohle im Hinblick auf einen bestimmten Anwendungsfall hinsichtlich einer der in Abb. 4.5-2 aufgeführten Kategorien optimiert werden soll. Aus der Gruppe der Verbundmaterialien haben sich insgesamt die glasfaserverstärkten Kunststoffe als am besten geeignet erwiesen.

4.6
Beispiel Getränkeverpackung

Walter Klöpffer

4.6.1
Einleitung

Das Beispiel „Getränkeverpackung" wird gewählt, weil Verbundmaterialien v. a. in Form von Verbundfolien ein wesentliches Marktsegment der Verbundmaterialien ausmachen, viele Verpackungsprobleme nur oder besonders elegant mit Verbundfolien gelöst werden können und derzeit noch erhebliche Schwierigkeiten beim Recycling auftreten. Die Getränkeverpackung ist ein gutes Beispiel für die Vorteile, aber auch für einige der für Verbundmaterialien typischen Probleme, die von der Herstellerfirma schrittweise gelöst bzw. minimiert werden.

4.6.2
Qualitative Betrachtung und Bewertung (1. Iterationsschritt)

4.6.2.1
Materialauswahl

Das Anforderungsprofil für einen Standbodenbeutel als Kleinverpackung (200 ml) für Fruchtsäfte wurde gemeinsam mit einem deutschen Unternehmen für eine spezielle Konstruktion erstellt, wobei relativ enge Grenzen in bezug auf die Materialdaten vorgegeben wurden (Tabelle 4.6-1).

Tabelle 4.6–1. Anforderungsprofil Getränkeverpackung (Auszug)

Pfad	*Pfadname*	*Blatt-Nr.*
21–2–2–5–0–0	Verpackungswirtschaft-Packmittel-Packmitteltyp-Beutel	1

Beschreibung der speziellen Nutzung und der Einsatzbedingungen

Kleinverpackung für nicht kohlensäurehaltige Fruchtsäfte, Standbodenbeutel mit speziellen Anforderungen hinsichtlich der Faltbarkeit und des Schutzes der Füllung gegen Sauerstoff und Licht (Barrierefunktion); Temperaturbereich: –20 °C bis +90 °C

Abgeleitete notwendige Eigenschaften (Anforderungsprofil); F_i: Wichtigkeit

Eigenschaft	Wert
Mechanische Dauerbelastbarkeit bei Zimmertemperatur	20 kg, kurzzeitig 60 kg
Physiologische Unbedenklichkeit nach Lebensmittelgesetz	–
Bedruckbarkeit	–
Verschweißbarkeit muß gewährleistet sein	–
Gewährleistung der Barrierefunktion	Mindestens 1 Jahr

Zusätzliche Anforderungen

Bei Vorhandensein einer metallischen Sperrschicht: kein Kontakt der Metallschicht mit dem Füllgut

Ergebnisse. Das spezielle Anforderungsprofil kann von *Monomaterialien* praktisch nicht erfüllt werden.

Bei den *Verbundmaterialgruppen* sind wegen der überragenden Bedeutung der Barrierefunktion nur Schichtverbunde geeignet, die mindestens 3 Funktionen erfüllen müssen:

– mechanische Festigkeit (tragende Folie),
– Barriereschicht und
– kratzfeste (innen bedruckbare) Deckschicht.

Für die tragende Folie und die Deckschicht kommen Polymere in Frage, für die Barriereschicht entweder Polymere, nichtmetallische anorganische Schichten oder Metalle in Form dünner Folien oder extrem dünner Aufdampfschichten.

4.6.2.2
Integrative Defizit- bzw. Potentialausweisung – Materialgruppen

Ausgehend von der Grundgesamtheit aller denkbaren Materialkombinationen wurden die in Abb. 4.6–1 als technisch geeignet erkannten im Hinblick auf mögliche Defizite analysiert.

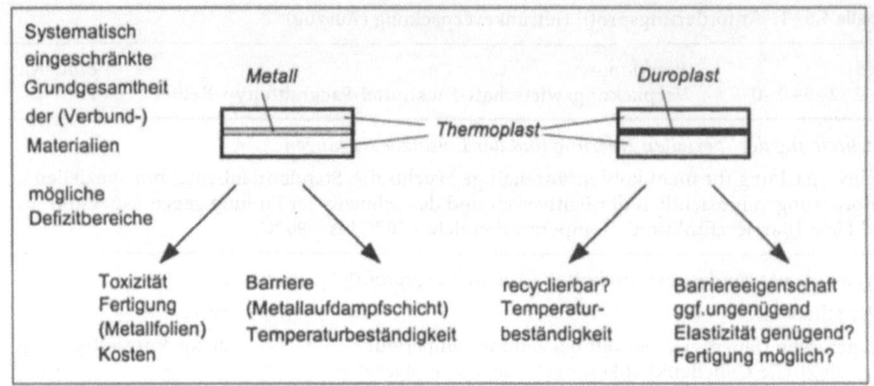

Abb. 4.6–1. Wesentliche Defizite innerhalb bestimmter (Verbund-)Materialgruppen, 1. Iteration für Getränkeverpackung

4.6.3
Halbquantitative Betrachtung und Bewertung (2. Iterationsschritt)

4.6.3.1
Materialauswahl

Das Anforderungsprofil wurde in der 2. Iteration nicht modifiziert.

In der 2. Iteration wurde regenerierte Zellulose (Zellglas) als weitere mögliche Verbundkomponente für die Deckschicht identifiziert. Zur Auswahl der Metalle als mögliche Barriereschichten wurde die Toxizität in wässriger Lösung als Ausschlußkriterium verwendet (mögliche Auflösung der Schicht im sauren Getränk bei Verletzung der Innenschicht). Duroplaste als Barriere wurden wegen des mangelnden Schutzes gegen Licht und vermutlich auch Sauerstoff und der unsicheren Machbarkeit ausgeschlossen. Maßstab bei der Clusterbildung war das Referenzsystem (PE/Al-Folie/PET), dessen Eigenschaften mindestens erreicht werden müssen. Die Verwendung von Metallaufdampfschichten wurde prinzipiell als machbar erkannt.

4.6.3.2
Integrative Bewertung: (Verbund-)Materialcluster

Zusätzlich zu den technischen Aspekten wurden die lebenswegbewertenden Module Arbeitsumwelt, Umwelt und Kosten für die technisch machbaren Materialkombinationen analysiert. Dadurch konnten einige der Kombinationen besonders aufgrund der Metallkomponenten mit unerwünschten Eigenschaften ausgeschlossen werden (Tabelle 4.6–2).

Tabelle 4.6–2. Integrative (Verbund-)Materialwahl für Getränkeverpackung – 2. Iteration, Auszug

(Verbund-)-Material[a]	Modul Technik		Lebenswegbewertende Module		
	Eignung, Fertigung	Recycling	Arbeits-umwelt	Umwelt (KEA)	Kosten[b]
Thermoplast 1, Me-Folie, Thermoplast 2	Optimal für Barriere	Rohstofflich, energetisch	Geringe Unterschiede (Co-negativ)	A: Sn, Co, Ti B: Al, Fe, Mg	A: Co C: Al B: alle übrigen
Thermoplast 1, Me-Aufdamp-fungsschicht, Thermoplast 2	Gut für Barriere, technische Machbarkeit für Al gegeben	Werkstofflich, rohstofflich, energetisch	Geringe Unterschiede (Co-negativ)	Optimal (A)	s. oben
Thermoplast 1, Me-Folie (Al), Zellglas	Optimal für Barriere	Rohstofflich, energetisch	s. oben	B	C

[a] *Thermoplast1* PE; *Thermoplast2* PET; *Me-Folie* Al, Sn, Fe (Stahl), Mg, Ti, Co; *Me-Aufdampfschicht* dieselben Materialien wie bei Metallfolie (s. oben); Zellglas hydrophobiert durch Lackierung.
[b] Vorläufige Einstufung.

4.6.4
Teilquantitative Betrachtung und Bewertung (3. Iterationsschritt)

4.6.4.1
Materialauswahl

In der 3. Iteration wurde in Absprache mit dem Industriepartner das Anforderungsprofil soweit gelockert, daß nunmehr auch solche Verbundfolien zugelassen sein sollen, die eine Modifikation der Abfüllanlage erfordern. Die Barriereeigenschaft wurde mit Meßwerten für die Sauerstoffdiffusion eingeengt. Die Aufdampfprozesse wurden genauer analysiert, und Zellglas wurde für alle Metalle als Deckfolie mitbetrachtet. Nicht betrachtet wurde das Problem, das sich durch den innen liegenden Farbaufdruck auf die Bedampfbarkeit (PVD) der Deckschicht ergibt; dies muß bei der Schlußbewertung nach der 3. Iteration beachtet werden.

4.6.4.2
Integrative Bewertung: (Verbund-)Materialarten

In Tabelle 4.6–3 und im Spinnendiagramm ist die Gesamtbewertung nach der 3. Iteration für die Bereiche Technik, Recycling, Arbeit, Umwelt und Kosten zusammenfassend dargestellt. Die Punkteskala reicht von 1 (schlecht) bis 10.

Tabelle 4.6–3. Gesamtbewertung nach der 3. Iteration

Verbundfolie[a]	Technik	Recycling	Arbeit	Umwelt	Kosten
PE/PU/Al9/PU/PET	10	2,5	2,5	4	8,3
PE/PU/Al0,05/PET	9	7,5	5	10	10
PE/PU/Al9/PU/Zellglas	8	2,5	2,5	1	5,8
PE/PU/Al0,05/Zellglas	8	5	10	7	6,9
PE/PU/Sn0,05/PET	7	7,5	5	10	8,1
PE/PU/Sn0,05/Zellglas	6	5	10	7	6,2
PE/PU/Fe9/PU/PET	7	2,5	2,5	4	2,9
PE/PU/Fe0,05/PET	4	7,5	5	10	8,1
PE/PU/Fe9/PU/Zellglas	7	2,5	2,5	1	1,0
PE/PU/Fe0,05/Zellglas	3	5	10	7	6,2
PE/PU/Mg0,05/PET	9	7,5	5	10	8,1
PE/PU/Mg0,05/Zellglas	8	5	10	7	6,2
PE/PU/Ti0,05/PET	4	7,5	5	10	6,8
PE/PU/Ti0,05/Zellglas	3	5	10	7	5,0

[a] Die Zahl hinter dem Elementsymbol gibt die Schichtdicke des Metalls in μm an.

Als hervorstechendes Resultat der 3. Iteration (Abb. 4.6–2) erscheint eine allgemeine Bevorzugung der leichteren Systeme unter den meisten Gesichtspunkten. Dieses Ergebnis muß insofern relativiert werden, als einige Annahmen dieser Iteration einer genaueren Analyse möglicherweise nicht standhalten werden. Dies betrifft insbesondere die Annahme, daß eine vollständige funktionelle Äquivalenz der Aufdampfsysteme mit 2 Folien (bedampftes und be-

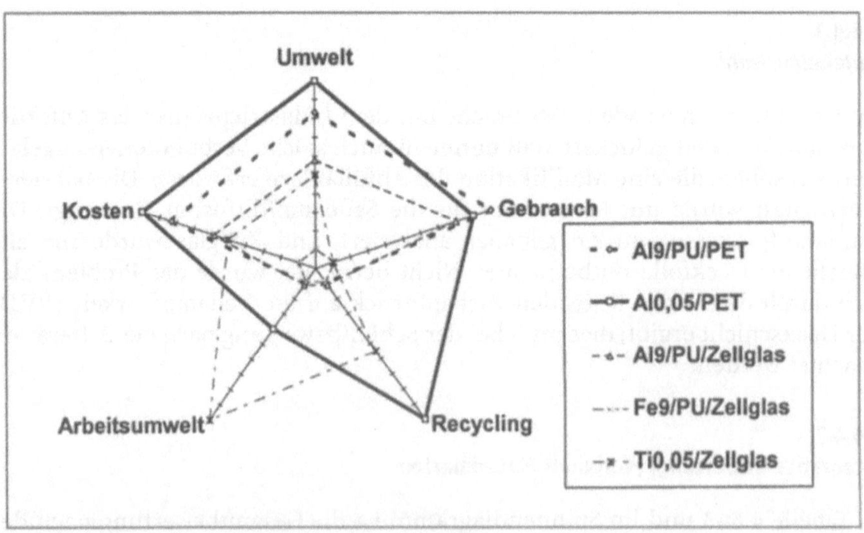

Abb. 4.6–2. Gegenüberstellung der Auswahlkriterien für Getränkeverpackung (3. Iterationsschritt; je weiter außen, desto besser)

drucktes PET + PE) zu erreichen ist, welche zu einer bedeutenden Massenreduktion führt. Auch die Rolle der PVDC-Lackierung der Zellglasfolie wurde nur unzureichend erfaßt. Bei Berücksichtigung dieser Unsicherheiten in der Analyse könnten sich die Ergebnisse der konventionellen und neueren Systeme in höheren Iterationen ggf. nivellieren. Daraus soll aber nicht der Schluß gezogen werden, daß keine Optimierungsmöglichkeiten in Sicht sind, falls sich die angedeutete Nivellierung bestätigt. Es liegen noch beträchtliche Potentiale in der Optimierung des bewährten Systems und in der technischen Entwicklung der innovativen Aufdampfsysteme hin zu einer verbesserten Stabilität gegenüber mechanischer Beanspruchung.

4.7
Beispiel Behälter für Kühlträgerflüssigkeit

Jens Dobberkau

4.7.1
Einleitung

Um die Erprobung an Beispielen aus möglichst verschiedenen Branchen und unterschiedlichen Anforderungen durchführen zu können, wird aus der Branche Behälterbau ein Beispiel mit einer speziellen Anforderung ausgewählt.

4.7.2
Qualitative Betrachtung und Bewertung (1. Iterationsschritt)

4.7.2.1
Materialauswahl

Das Anforderungsprofil für den Behälter für Kühlträgerflüssigkeit wird schwerpunktmäßig durch die Festigkeitsanforderungen bestimmt (Tabelle 4.7–1).

Für dieses Anforderungsprofil sind bei den Materialgruppen besonders Metalle (z.B. Stahl, Aluminium) geeignet, da diese die wichtigen Festigkeitseigenschaften erfüllen. Niedriglegierte Stähle müssen zusätzlich mit Korrosionsschutz versehen werden. Homopolymere erfüllen die hohen Festigkeitsanforderungen nicht.

Ergebnis. Bei den *Verbundmaterialgruppen* sind insbesondere Faserverbundmaterialien (Festigkeitsanforderungen) kombiniert mit Schichtverbunden (Medienbeständigkeit und Dichtigkeit) geeignet.

4.7.2.2
Integrative Defizit- bzw. Potentialausweisung – Materialgruppen

In Abb. 4.7–1 werden die Defizite hinsichtlich Recyclingfähigkeit, Umwelt- und Arbeitsumweltbelastungen zusammengefaßt.

Tabelle 4.7–1. Anforderungsprofil Behälter für Kühlträgerflüssigkeit (Auszug)

Pfad	*Pfadname*	*Blatt-Nr.*
10–1–0–0–0–0	Klima- und Sanitärtechnik, Speicherbehälter für Kühlträgerflüssigkeit	1

Beschreibung der speziellen Nutzung und der Einsatzbedingungen

FLO-ICE-Speicher für gewerbliche Klimaanwendung
15 m³, druckloser Betrieb
Ausführung: stehender, isolierter Behälter mit 4–6 Anschlußeinbauten, ggf. Rührwerk
Inhalt: Talin-Wasser-Gemisch, Betriebstemperatur –6 °C

Abgeleitete notwendige Eigenschaften (Anforderungsprofil); F_1: Wichtigkeit

Eigenschaft	Wichtigkeit
Biegefestigkeit ≥180 Mpa	$F_1 = 10$
Biege-E-Modul >10000 Mpa	$F_1 = 10$
Zugfestigkeit >70 MPa	$F_1 = 10$
Zug-E-Modul >8500 MPa	$F_1 = 10$
Hohe Schlagfestigkeit nach DIN 53453	$F_1 = 8$
Eingegrenztes Diffusionsvermögen und gute Dampfdiffusionssperre	$F_1 = 8$
Geringe Wasseraufnahme	$F_1 = 8$

Zusätzliche Anforderungen

Geringe Kosten, da Produkt am Markt keine hohen Preise erzielt
Bei Herstellung/Verarbeitung geringe Arbeitsumweltbelastungen
Recyclingfähig; langlebig

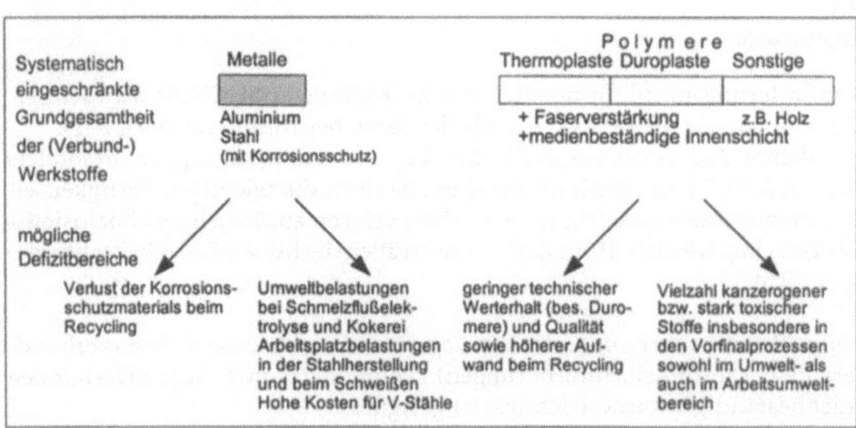

Abb. 4.7–1. Wesentliche Defizite innerhalb bestimmter (Verbund-)Materialgruppen, 1. Iteration für Behälter für Kühlträgerflüssigkeit

4.7.3
Halbquantitative Betrachtung und Bewertung (2. Iterationsschritt)

4.7.3.1
Materialauswahl

Das Anforderungsprofil wird um die spezifische, für den Anwendungsfall wesentliche Nebenforderung der Montagefähigkeit vor Ort ergänzt.

In der 2. Iteration wird die Materialvorauswahl auf die tragenden Schichten und die die Medienbeständigkeit erfüllenden Innenschichten des Verbunds konzentriert. Hinsichtlich der Medienbeständigkeit wird so vorgegangen, daß prinzipiell bei allen bezüglich der Festigkeiten geeigneten Materialien die Probleme bei Medienbeständigkeit, Wasseraufnahme und Diffusionsdichtigkeit durch entsprechende Schutzschichten gelöst werden können. Materialien, die eine hohe Wasseraufnahme bzw. eine geringe Dampfdiffusionsdichtigkeit besitzen (z.B. Polyamid, MF- und UF-Harze, Holz), müssen wegen möglicher Beschädigungen besonders sorgfältig geschützt werden. Aus diesem Grund wird dieses Cluster nicht weiter betrachtet. Untersuchungen zur Herstellbarkeit, Haftung und Sicherheit von Schutzschichten sind ggf. durchzuführen.

Für die Fertigungsgerechtheit wurde die Werkstattfertigung in geringen Stückzahlen berücksichtigt.

4.7.3.2
Integrative Bewertung: (Verbund-)Materialcluster

Aus dem Modul Technik ergeben sich als geeignete (Verbund-)Materialcluster korrosionsgeschützte Stähle, Metalle ohne Korrosionsschutz und faserverstärkte Polymere. Naturfaserverstärkte Materialien werden hinsichtlich des technischen Stands der Fertigungsverfahren sowie der Qualität der Produkte gegenüber Glasverstärkungen eine Stufe schlechter bewertet. Das gleiche gilt auch für das Trennen durch Spanen.

Beim Recycling besitzen die Metalle aufgrund der hohen Ausbringung und des Substitutionsfaktors sowie des geringeren technischen Aufwands Vorteile gegenüber faserverstärkten Thermoplasten. Die faserverstärkten Duromere haben durch die geringere technische Wertschöpfung und ihre geringe Wiederverwendbarkeitsrate die schlechtesten Recyclingeigenschaften.

Bei den Arbeitsumwelteigenschaften sind für Metalle die AUF Lärm und Physische Belastung dominierend, teilweise auch Hitzearbeit. Die Polymere haben hinsichtlich der Physischen Belastung ein niedriges bis mittleres Niveau. Lärmbelastungen sind mittel bis hoch. Hitzearbeit und mechanische Schwingungen haben eine geringe Bedeutung. Von den relevanten Verstärkungsmaterialien ist insbesondere die kanzerogene Wirkung von Aramidfasern zu beachten.

Die Umweltbelastungen werden in der 2. Iteration über die Aggregation der kumulierten Energieverbräuche sowie die relativen Umweltbelastungen bewertet. Der Energieverbrauch für faserverstärkte Kunststoffe wird durch die Matrix

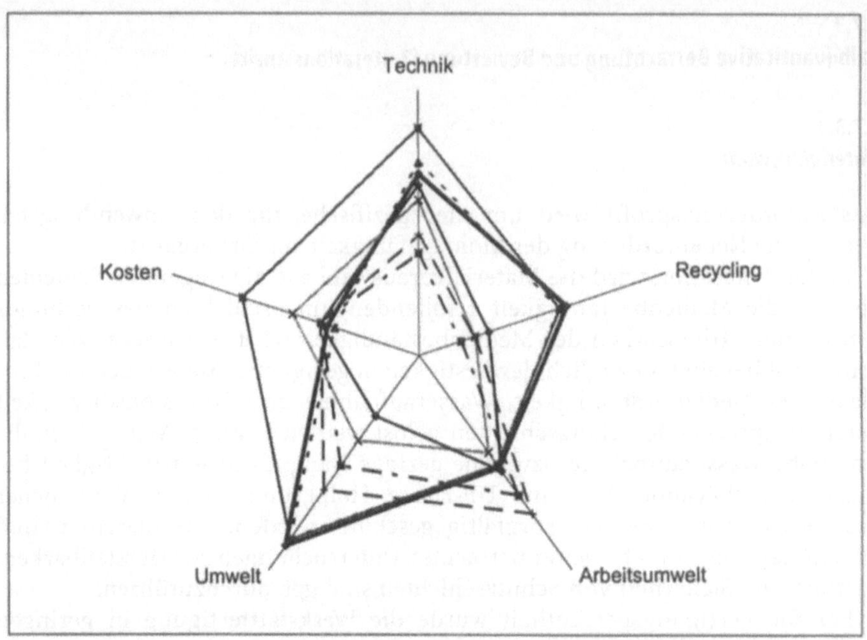

Abb. 4.7–2. Gegenüberstellung der Auswahlkriterien für den Behälter für Kühlträgerflüssigkeit (2. Iterationsschritt), *geschlossene Raute fette Linie* Stahl unlegiert, *geschlossenes Quadrat, durchgezogene Linie* Stahl legiert, *geschlossenes Dreieck, unterbrochene Linie* Aluminium, *Kreuz, graue Linie* glasfaserverstärkte UP-Harze, *geschlossenes Quadrat, unterbrochene Linie* naturfaserverstärkte UP-Harze, *geschlossene Raute, durchgezogene Linie* glasfaserverstärkte Thermoplaste, *geschlossenes Dreieck, Kreuz, gestrichelte Linie* naturfaserverstärkte Thermoplaste

dominiert. Die Umweltrelevanz dieses Materialclusters hängt im wesentlichen von der Faserart ab. Aramidverstärkte Polymere werden mit Abstand am schlechtesten eingestuft. Die aggregierte Bewertung ergibt folgendes Ranking: Metalle > naturfaserverstärkte Thermoplaste > glasfaserverstärkte Thermoplaste/flachsfaserverstärkte UP>Referenz>aramidfaserverstärkte PBT und EP.

Der ökonomische Aufwand für aramidverstärkte Kunststoffe ist durch die teure Faser und die Probleme in der Handhabung am höchsten. Für die Metalle entstehen die geringsten Gesamtkosten.

In Abb. 4.7–2 werden die Bewertungen der Kriterien für die Auswahl von (Verbund-)Materialien zur Fertigung eines Behälters für Kühlträgerflüssigkeit zusammenfassend dargestellt.

Die Auswahl von (Verbund-)Materialclustern wird in der 2. Iteration in der Hauptsache von der Festigkeit als wesentlicher Gebrauchseigenschaft und der Vorgabe der Vorortmontage bestimmt. Prinzipiell sind aus den Materialhauptgruppen Metalle und Polymere umfangreiche Materialcluster geeignet. Auch die Möglichkeiten der Verstärkung der Polymere durch Fasern sind vielfältig. Die sich aus der Anwendung von Naturfasern ergebenden Vorteile werden aufgegriffen und in der weiteren Bearbeitung durch den Behälterhersteller untersucht.

4.8
Beispiel Elastischer Bodenbelag auf Doppelbodenplatten

Ute Schiller

4.8.1
Einleitung

Das Beispiel „elastischer Bodenbelag auf Doppelbodenplatten" wird gewählt, weil Doppelbodenplatten mit elastischen Belägen im Bereich der Raumausstattung (mit grundsätzlich hoher Installationsdichte) einen gewissen Stellenwert einnehmen. Mit wachsendem Einsatz gewinnt auch zeitversetzt mit dem Abfallanfall die Entsorgungsfrage an Bedeutung, die zwar für die gegenwärtig häufig eingesetzten PVC-Bodenbeläge gelöst werden konnte, deren Akzeptanz jedoch aufgrund vergangener Ereignisse bei den potentiellen Kunden zurückgegangen ist. Daher sollen neue geeignete Materialien für diese Anwendung aufgezeigt werden.

Tabelle 4.8–1. Anforderungsprofil Elastische Bodenbeläge auf Doppelbodenplatten im Bürobereich (Auszug)

Pfad	*Pfadname*	*Blatt-Nr.*
3–2–8–4–1–1	Elastische Bodenbeläge für Doppelbodenplatten im Bürobereich (Rastermaß 600 × 600 mm²)	1

Beschreibung der speziellen Nutzung und der Einsatzbedingungen

Der Bodenbelag deckt die Doppelbodenplatten zur begehbaren Seite (Objektbereich) hin ab. Dabei hat er folgende Hauptfunktionen zu erfüllen: Ästhetik und optische Eigenschaften, Begehbarkeit, Schallschutz und elektrostatisches Verhalten [Goldbach 1995b]. Der Belag ist im begehbaren Bereich starkem Verschleiß und Verschmutzungen ausgesetzt und hat somit u.a. eine Schutzfunktion der Doppelbodenplatte zu übernehmen. Er muß beständig gegen Reinigungs- und Pflegemittel sein. Der Einsatz erfolgt in der Regel bei normalen Klimabedingungen: T = 20 ± 5 °C, relative Luftfeuchte: 40–65 % rF

Abgeleitete notwendige Eigenschaften (Anforderungsprofil); F_1: Wichtigkeit

Eigenschaft	Wichtig-keit
Elastisches Verhalten: Flexibilität/Biegsamkeit	$F_1 = 10$
Dimensionsstabilität (Formbeständigkeit, Alterungsverhalten)	$F_1 = 9$
Elektrischer Durchgangswiderstand des Bodenbelags: 10er Potenz unter dem für die Gesamtkonstruktion maßgebenden Ableitwiderstand für die Gesamtkonstruktion	$F_1 = 9$ [RAL-GZ 941]
Brandverhalten: Baustoffklasse B 1	$F_1 = 9$
Klebbarkeit	$F_1 = 9$
Schälwiderstand (Klebbarkeit)	$F_1 = 9$
Verschleißfestigkeit, geringer Abrieb (Abriebwiderstand)	$F_1 = 9$

Zusätzliche Anforderungen

Gute Recyclingfähigkeit, PVC (Stoffverbot), Marktakzeptanz

4.8.2
Qualitative Betrachtung und Bewertung (1. Iterationsschritt)

4.8.2.1
Materialauswahl

Das Anforderungsprofil gilt für das Anwendungsgebiet Büro (Tabelle 4.8–1).

Ergebnisse. Für dieses Anforderungsprofil sind bei den *Materialgruppen* besonders die Elastomere, die Thermoplaste sowie sonstige Polymere geeignet. Aus der Gruppe der sonstigen Polymere ist Linoleum prädestiniert. Duromere sind nur bedingt geeignet.

Bei den *Verbundmaterialgruppen* sind die *Schichtverbundmaterialien, Faserverbundmaterialien* bzw. *(teilchengefüllte) Materialien* mit Faserarmierung als geeignet identifiziert worden. Die nichtmetallisch-anorganischen Materialien eignen sich besonders gut als Verstärkungsmaterial und können in Form von Vliesen, Geweben, Filzen sowie als Füllstoffe in die Matrix eingebracht werden. Die Metalle sind nur bedingt als Verstärkungsmaterialien geeignet.

4.8.2.2
Integrative Defizit- bzw. Potentialausweisung – Materialgruppen

In Abb. 4.8–1 wird ein Überblick über die wesentlichen Defizite der betrachteten (Verbund-)Materialien gegeben.

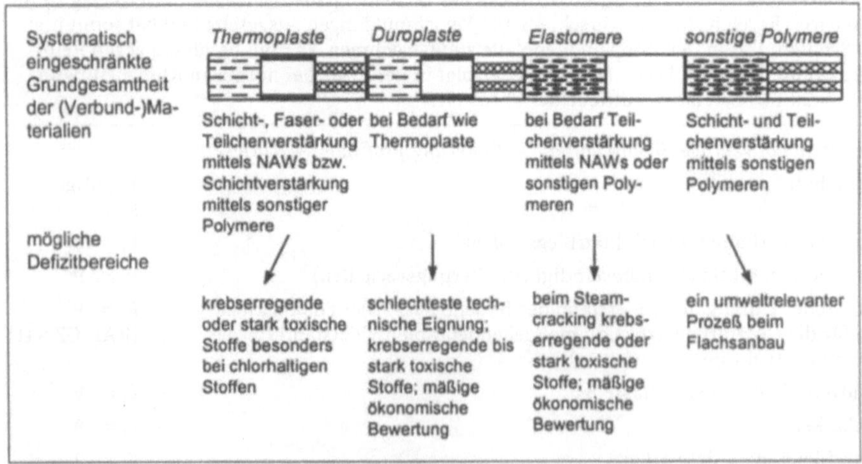

Abb. 4.8–1. Wesentliche Defizite innerhalb bestimmter (Verbund-)Materialgruppen, 1. Iteration für elastischen Bodenbelag auf Doppelbodenplatten

4.8.3
Halbquantitative Betrachtung und Bewertung (2. Iterationsschritt)

4.8.3.1
Materialauswahl

Eine Spezifizierung des Anforderungsprofils (über Firmen, durch Versuche) war über den Bearbeitungszeitraum nicht möglich, wodurch eine konkretisierende Materialauswahl erschwert wurde. Daher wurde für die im 1. Iterationsschritt als geeignet ausgewiesenen Materialgruppen euroMat '98 im 2. Iterationsschritt relativ allgemein durchlaufen. Die in den bewertenden Modulen als geeignet identifizierten Materialcluster können so bei Bedarf und verfeinertem Anforderungsprofil weiter spezifiziert werden.

4.8.3.2
Integrative Bewertung: (Verbund-)Materialcluster

Die integrative Betrachtung der Materialien nach euroMat '98 erfolgt in Abb. 4.8–2.

Bei den Gebrauchseigenschaften treten die Materialcluster fluorhaltige Polymere, ungesättigte Polyesterharze und Epoxidharze gegenüber den Polyvinylen, den linearen und (halb-)aromatischen Polyestern sowie den thermoplastischen Elastomeren in den Vordergrund. Für die erstgenannten ist jedoch bei weiterer

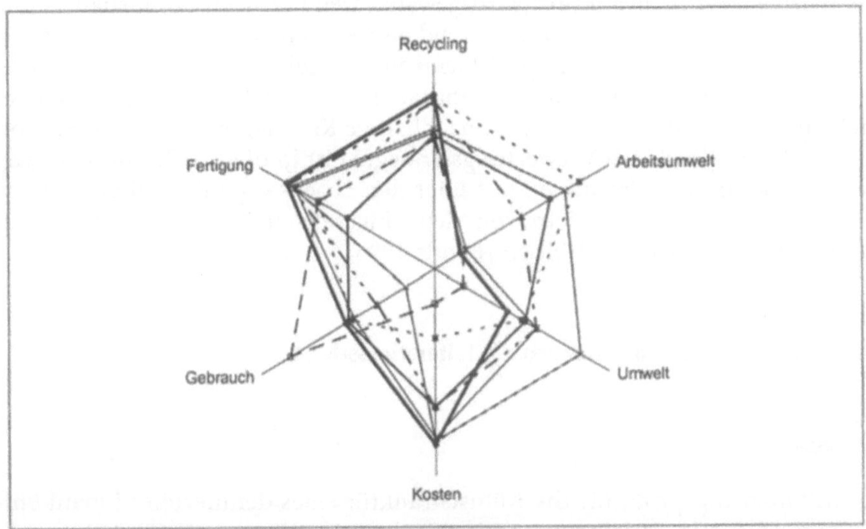

Abb. 4.8–2. Gegenüberstellung der Auswahlkriterien für elastischen Bodenbelag auf Doppelbodenplatten (2. Iterationsschritt; je weiter außen, desto besser), *geschlossene Raute, fette Linie* Referenzmaterial (PVC), *geschlossenes Quadrat, gestrichelte Linie* lineare und (halb)aromatische Polyester, *geschlossenes Dreieck* thermoplastische Zellulosederivate, *Kreuz, graue Linie* Naturkautschuk, *Stern, durchgezogene Linie* synthetische Kautschuke, *geschlossener Kreis* Linoleum, *offenes Quadrat* Epoxidharze

Spezifizierung des Anforderungsprofils in den nächsten Iterationsschritten eine Verschlechterung denkbar. Die Polyvinyle verfügen ebenso wie die meisten Thermoplaste, Kautschuke und Linoleum über gut bis sehr gute Fertigungseigenschaften. Beim Recycling treten die Thermoplaste gegenüber den Elastomeren etwas in den Vordergrund. Für Linoleum und NR-Kautschuk wurden sehr gute Arbeitsumwelteigenschaften identifiziert.

Im *Modul Umwelt* verfügen die Kautschuke und die thermoplastischen Zellulosederivate über gute Eigenschaften. Die Polyvinyle, Polyolefine, POM, fluorhaltige Polymere und die thermoplastischen Elastomere verfügen über gute *ökonomische Eigenschaften*.

Empfehlung. Da die betrachteten Duromere nur im Bereich Gebrauchseigenschaften das Referenzmaterial übertreffen, wird empfohlen, diese aus der weiteren Betrachtung auszuschließen.

4.9
Beispiel Kühlschranktür

Gerald Rebitzer

4.9.1
Einleitung

Das Beispiel „Kühlschranktür" wird gewählt, weil der Sektor Haushaltsgeräte für den Wirtschaftsstandort Deutschland eine erhebliche Rolle spielt [FAZ 289 1996]. Zudem stehen Elektro- und Elektronikprodukte aufgrund der aus diesem Bereich stammenden Abfallquantitäten und -qualitäten seit Jahren im Blickpunkt der Diskussion um eine nachhaltige Kreislaufwirtschaft (z. B. [Köller 1997, S. 273 f]). Neben Verwertungsstrategien ist in diesem Zusammenhang die Entwicklung von Produkten mit über den Lebensweg minimalen Umweltbelastungen, die insbesondere von den eingesetzten Materialien abhängen [Young 1996, S. 1], voranzutreiben [Bendz 1996].

4.9.2
Qualitative Betrachtung und Bewertung (1. Iterationsschritt)

4.9.2.1
Materialauswahl

Das Anforderungsprofil für die Kühlschranktür eines definierten Einbaukühlschranks wurde in Zusammenarbeit mit der AEG Hausgeräte GmbH erstellt (s. Tabelle 4.9–1).

Um der noch geringen Detailtiefe im 1. Iterationsschritt Rechnung zu tragen und für die gesamte Baugruppe Kühlschranktür die Top-down-Materialauswahl durchführen zu können, wird näherungsweise das Modell einer unendlichen Platte zugrundegelegt (eindimensionales Wärmeleitungsproblem).

Tabelle 4.9-1. Anforderungsprofil Kühlschranktür (Auszug)

Pfad	*Pfadname*	*Blatt-Nr.*
12–3–1–2–0–0	Konsumwaren sowie sonstige Ver- und Gebrauchsgüter des privaten Konsums-Haushaltskühlgeräte-Kühlschränke-Türen	1

Beschreibung der speziellen Nutzung und der Einsatzbedingungen

Tür eines Einbaukühlschranks ohne Gefrierfach, Nennnutzgehalt: 170 l, Einsatz bei Umgebungstemperatur von +10 °C bis +43 °C [DIN 8950 E] in Innenräumen, mittlere Innentemperatur des Kühlschranks: +5 °C [DIN 8950 E], Lebensdauer 15 Jahre

Abgeleitete notwendige Eigenschaften (Anforderungsprofil); F_i: Wichtigkeit

Eigenschaft	Wichtigkeit
Hohe Wärmeisolation, Wärmeleitfähigkeit ≤ 50 mW/m + K	$F_i = 10$
Makroskopische Formbeständigkeit	$F_i = 10$
Türdicke 50 mm	$F_i = 9$
Lebensmittelunbedenklichkeit der Innenfläche	$F_i = 9$
Wasserdampfdiffusionsdichtigkeit	$F_i = 8$
mechanische Dauerfestigkeit	$F_i = 8$
Unempfindlichkeit gegen Reinigungsmittel	$F_i = 7$

Zusätzliche Anforderungen

Kreislauffähigkeit gemäß geplanter Elektro-/Elektronikschrott-VO, Stoffverbote: Asbest und Asbestverbindungen, FCKW, firmeninterne Grenzwerte für Schwermetalle

Monomaterialien können die Kombination der in Tabelle 4.9–1 aufgeführten Eigenschaften nicht erfüllen, da die thermischen Eigenschaften von Feststoffen, welche für die mechanischen Anforderungen nötig sind, nicht erbracht werden können. Diese Anforderungen können nur durch den Einsatz von Gasen erfüllt werden. Aufgrund v. a. der Isolations- und Barriereeigenschaften werden Schicht- sowie kombinierte Schicht-Partikel-Materiallösungen identifiziert, wobei die Zwischenschicht entweder rein gasförmig ist oder aus einem Feststoff mit Gaspartikeln besteht. Dabei können organische und Edelgase sowie Luft, auch im Unterdruckbereich (Vakuum), eingesetzt werden. Aufgrund der über die Nutzungsdauer von 15 Jahren geforderten Diffusionsdichtigkeit kommen für die Außenschicht nur Metalle in Frage, innen Metalle oder Kunststoffe. Die Gruppe der keramischen Materialien scheidet für die Schichten aufgrund ihrer Sprödigkeit aus. Als Materialien für die Zwischenschicht kommen sie und Polymere in Kombination mit dem Gas jedoch in Frage. Die Referenzmateriallösung besteht aus cyclopentangeschäumtem Polyurethan in der Zwischenschicht in Kombination mit Stahlblech außen und schlagzäh modifiziertem Polystyrol innen.

4.9.2.2
Integrative Defizit- bzw. /Potentialausweisung – Materialgruppen

In Abb. 4.9–1 sind für die identifizierten (Verbund-)Materialgruppen die potentiellen Defizite in den Modulen Technik, Arbeitsumwelt, Umwelt und Kosten dargestellt.

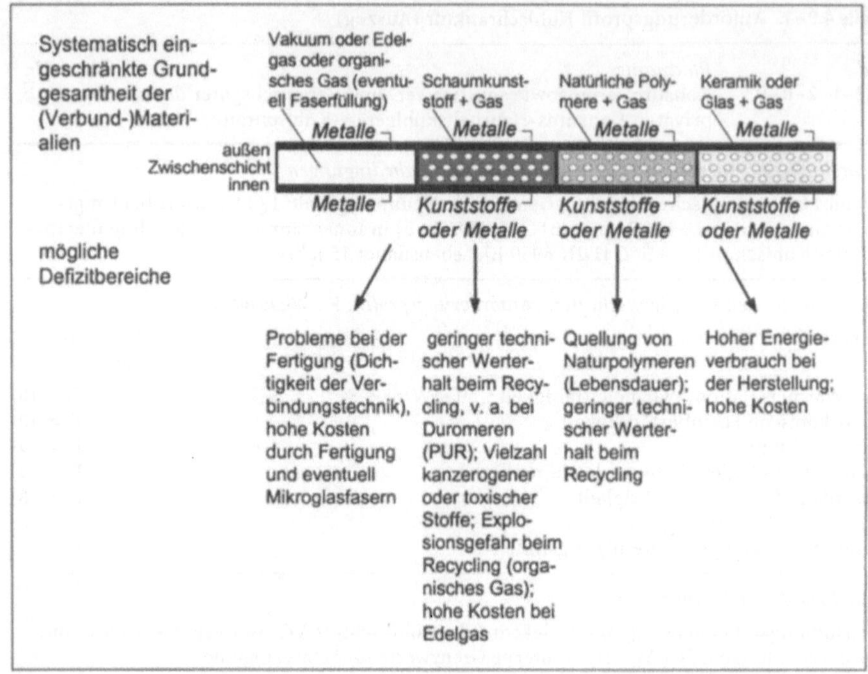

Abb. 4.9–1. Wesentliche Defizite innerhalb bestimmter (Verbund-)Materialgruppen, 1. Iteration Kühlschranktür

4.9.3
Halbquantitative Betrachtung und Bewertung (2. Iterationsschritt)

4.9.3.1
Materialauswahl

Entwicklungsbegleitend wird das Anforderungsprofil modifiziert, indem die Angabe „Hohe Wärmeisolation", die zunächst näherungsweise mit dem Materialkennwert „Maximale Wärmeleitfähigkeit" in Kombination mit der „Maximalen Türdicke" approximiert wurde, durch die produktspezifische Angabe eines maximalen Energieverbrauchs (0,4 kWh/Tag) ersetzt wird. Der Energieverbrauch korreliert direkt mir der Wärmeisolation und darf einen Maximalwert nicht überschreiten, um Richtlinien [EN 153] zu genügen und verkaufsfähig zu sein. Von der unendlichen Platte wird zu einem einfachen Kühlschrankmodell übergegangen. Nicht vorliegende Angaben zu Wärmeleitfähigkeiten werden mit folgender Abschätzungsformel nach Menges [1990] ermittelt.

$$\lambda_{\text{Zwischen}} = \frac{2\lambda_{\text{Matrix}} + \lambda_{\text{Füll}} - 2\varphi_{\text{Füll}} \cdot (\lambda_{\text{Matrix}} - \lambda_{\text{Füll}})}{2\lambda_{\text{Matrix}} + \lambda_{\text{Füll}} + 2\varphi_{\text{Füll}} \cdot (\lambda_{\text{Matrix}} - \lambda_{\text{Füll}})} \cdot \lambda_{\text{Matrix}} \qquad (4.9\text{–}1)$$

λ: Wärmeleitfähigkeit [W/m+K], Matrix: Matrixmaterial, φ: Volumenanteil, Zwischen: Zwischenschicht, Füll: Füllmaterial.

4.9.3.2
Integrative Bewertung: (Verbund-)Materialcluster

Die Referenzmateriallösung (s. Kapitel 4.9.2.1) erhält die beste technische sowie Kostenbewertung. Weniger gut schneidet sie in den Bereichen Recycling, Arbeitsumwelt und Umwelt ab. Langfristig könnte ein großes Entwicklungspotential in der Realisierung von Materiallösungen unter Einsatz von Vakuum und Füllmaterialien wie Mikroglasfasern liegen. Diese lassen deutliche Vorteile bei der Arbeitsumwelt, beim Recycling und der Umwelt erkennen, haben jedoch Defizite im Bereich Technik (Entwicklungsstand, Fertigungsaufwand) und sind gegenwärtig als sehr kostenintensiv einzustufen. Die relative Kostenbewertung könnte sich jedoch langfristig bei steigenden Energiepreisen, die sich v. a. in der Nutzungsphase niederschlagen, erheblich verbessern. Die Verwendung von korrosionsgeschützten Metallblechen auch für die Innenschicht scheint einige Vorteile bei der Kreislauffähigkeit mit sich zu bringen, ohne dies mit Nachteilen erkaufen zu müssen.

Andere Alternativen für die Zwischenschicht scheinen gegenüber der Referenz keine entscheidenden Vorteile zu versprechen. Auch die Verwendung anderer Schichtmaterialien ist wenig vielversprechend. Duroplaste als Innenschicht bringen Verschlechterungen in einigen Bereichen (z.B. im Modul Umwelt), lassen jedoch keine Vorteile in anderen erkennen und sollten deshalb

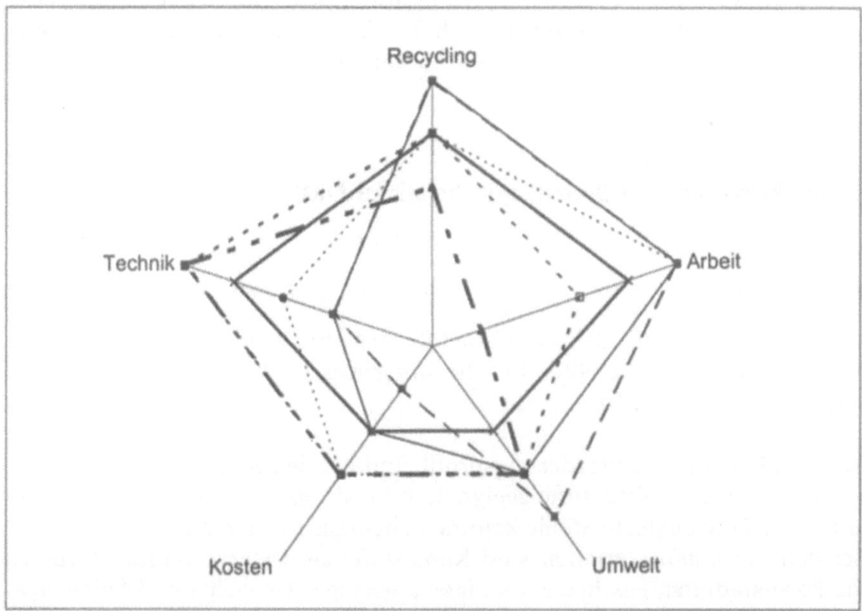

Abb. 4.9–2. Gegenüberstellung der Auswahlkriterien für die Kühlschranktür (2. Iterationsschritt; je weiter außen desto besser; Bewertung des Füllmaterials), *geschlossene Raute* Vakuum, *geschlossenes Quadrat* Vakuum mit Mikrofaser, *geschlossenes Dreieck* Referenz, *Kreuz* Schaumglas, *offenes Quadrat* Thermoplastschäume, *geschlossener Kreis* Naturstoffe

ausgeschlossen werden. Auch die Substitution von Cyclopentan durch Edelgase bringt neben einem hohen technischen und ökonomischen Aufwand keine entscheidenden Vorteile. Abb. 4.9–2 zeigt die integrative Gesamtbewertung einzelner Cluster.

Weitergehende Untersuchungen sollten sich auf den Einsatz von Vakuumkonstruktionen konzentrieren. Wenn Wege gefunden werden, die technischen Defizite, insbesondere bei deren Fertigung, zu beheben, kann auch mit einer Senkung der Herstellkosten und somit mit einem Innovationsschub auf dem Gebiet der Kühlgeräteisolierung gerechnet werden.

4.10
Beispiel Zisterne für Regenwasser

Birgit Keim, Wieland Oberst

4.10.1
Einleitung

Das Beispiel „Zisterne für Regenwasser" wird gewählt, weil durch Regenwasserspeicherung Einsparungen an Trinkwasser ermöglicht werden. Damit wird ein aktiver Beitrag zum Umweltschutz geleistet. Die Verwendung von Regenwasserzisternen ist daher aus ökologischen Gründen sehr sinnvoll. Ein weiterer wichtiger Aspekt sind die zunehmende Verbreitung und ein sich vergrößernder Markt für Zisternen. Interessant ist auch die Verschiedenartigkeit der z. Z. verwendeten Materialien und Bauformen, so daß auf ein noch nicht optimiertes System geschlossen werden konnte.

4.10.2
Qualitative Betrachtung und Bewertung (1. Iterationsschritt)

4.10.2.1
Materialauswahl

Das Anforderungsprofil für das Beispiel Zisterne für Regenwasser berücksichtigt nur vorgefertigte Behälter für die unterirdische Verlegung (s. Anforderungsprofil in Tabelle 4.10–1).

Ergebnisse. Für dieses Anforderungsprofil sind bei den *Materialgruppen* unlegierte Stähle und Al-Werkstoffe geeignet, wenn sie wirkungsvoll korrosionsgeschützt sind. Hochlegierte Stähle kommen ebenfalls in Betracht.

Bei den *Verbundmaterialien* sind Kunststoffe als Faserverbundmaterialien (hohe Formstabilität, Festigkeit, Steifigkeit, geringes Gewicht) und teilchengefüllte Verbunde sowie nichtmetallische anorganische Stoffe in Form von Baustoffen geeignet. Als besonders geeignet erscheinen Faserverbundmaterialien, um den wichtigsten mechanischen Eigenschaften des Anforderungsprofils zu genügen.

Tabelle 4.10–1. Anforderungsprofil für das Beispiel „Zisterne für Regenwasser" (Auszug)

Pfad	Pfadname	Blatt-Nr.
3–6–1–1–1–1	Bauwesen-Gebäudeinstallation-Wasserversorgung-Regenwasser-Speicher-im Erdboden verlegt	1

Beschreibung der speziellen Nutzung und der Einsatzbedingungen

Speichergefäß für das Auffangen und Speichern von Regenwasser, unterirdischer Einbau, Aufbau aus mobilen vorgefertigten Teilen, Frostsicherheit, dunkle Speicherung (Algen, Fäulnis, Keime) und kühle Lagerung (T < 11 °C), Einwirkung von Erdboden und Grundwasser von außen

Abgeleitete notwendige Eigenschaften (Anforderungsprofil); F_i: Wichtigkeit

Eigenschaft	Wichtigkeit
Druckfestigkeit	$F_i = 10$
Grundwasserstabilität	$F_i = 10$
Leitungsmontagemöglichkeit	$F_i = 10$
Korrosionsbeständigkeit	$F_i = 9$
Reinigbarkeit	$F_i = 9$
Lange Lebensdauer, Alterungsbeständigkeit	$F_i = 8$
Wartungsfreiheit (weitgehend)	$F_i = 7$
Entsorgung; Rezyklierbarkeit; Beständigkeit gegen Grundwasser und aus dem Erdreich resultierende Medien und Einwirkungen	–

Zusätzliche Anforderungen

Keine Verwendung von Asbest oder PVC. DIN 1988, Bl 1, Techn Reg TRWI, öffentliche und regulierte Bauvorschriften

4.10.2.2
Integrative Defizit- bzw. Potentialausweisung – Materialgruppen

Die Defizite für Recyclingfähigkeit, Arbeitsbedingungen, Umweltbelastungen, Lebenswegkosten werden im 1. Schritt herausgearbeitet (Abb. 4.10–1).

4.10.3
Halbquantitative Betrachtung und Bewertung (2. Iterationsschritt)

4.10.3.1
Materialauswahl

Wie in der 1. Iterationsstufe erarbeitet, werden aus der Grundgesamtheit der Materialgruppen betrachtet: massive Baustoffe, Beton; Duroplaste, verstärkt; Thermoplaste (diese Materialen müssen evtl. verstärkt werden); korrosionsgeschützter Stahl oder Aluminium.

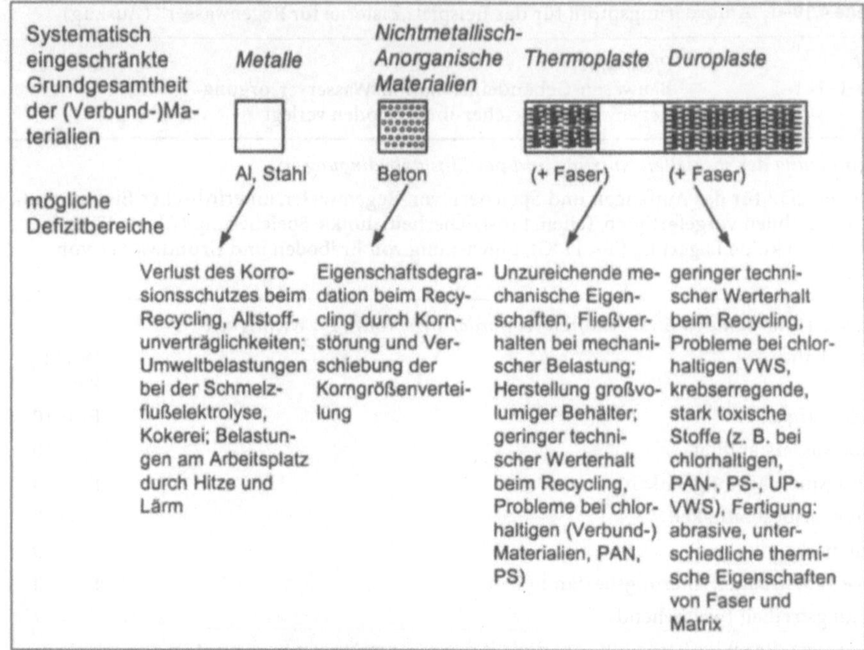

Abb. 4.10–1. Wesentliche Defizite innerhalb bestimmter (Verbund-)Materialgruppen, 1. Iteration für die Zisterne (unvollständig, nicht allgemeingültig, vorläufig)

Unverstärkte Duroplaste werden relativ selten eingesetzt, da die Faserverstärkung im Vergleich zum Nutzen keine großen Nachteile mit sich bringt. Aus der Gruppe der massiven Baustoffe wird im weiteren nur noch Beton betrachtet, da dieser durch sein variables Eigenschaftsprofil und seine leichte Formbarkeit einige Vorteile verspricht.

4.10.3.2
Integrative Bewertung: (Verbund-)Materialcluster

Die eingeschränkte Grundgesamtheit wird hinsichtlich der Auswahlkriterien (Abb. 4.10–2) von euroMat '98 integrativ betrachtet.

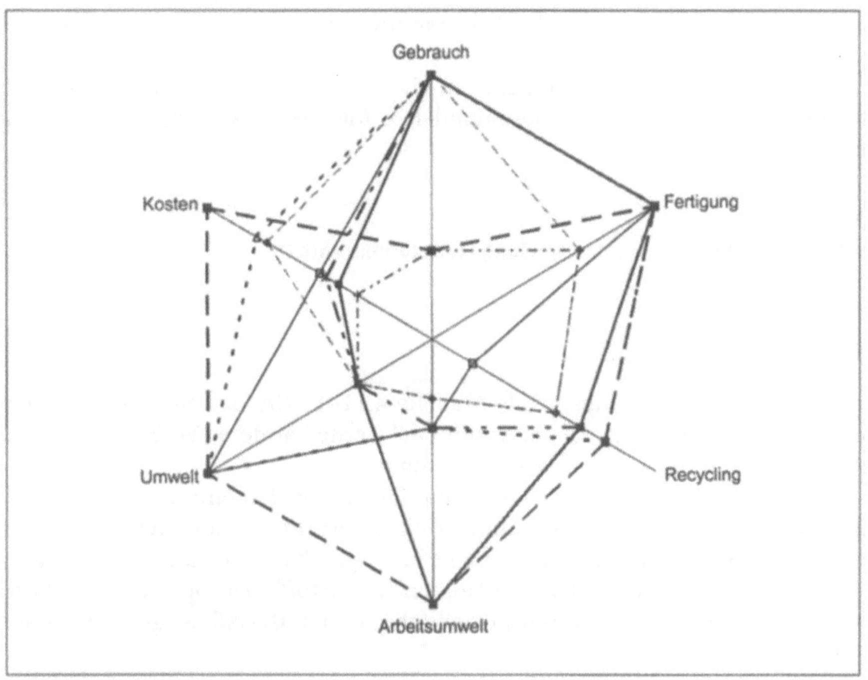

Abb. 4.10–2. Gegenüberstellung der Auswahlkriterien für die Regenwasserzisterne (2. Iterationsschritt, je weiter außen, desto besser), *offenes Quadrat, dünne durchgezogene Linie* verstärkter Beton, *geschlossene Raute, dünne gestrichelte Linie* unlegierter Stahl mit Korrosionsschutz, *offenes Dreieck* hochlegierter Stahl, *Kreuz* Aluminium mit Korrosionsschutz, *Kreuz, dicke –··– Linie* faserverstärkter Duroplast, *geschlossenes Quadrat, lang gestrichelte Linie* unverstärkter Thermoplast, *geschlossenes Quadrat, dicke durchgezogene Linie* faserverstärkter Thermoplast

4.11
Beispiel Tiefziehplatte für mittleres Beanspruchungsniveau

Hans-Joachim Haupt

4.11.1
Einleitung

Das Beispiel „Tiefziehplatte für mittleres Beanspruchungsniveau" wurde von der Fa. Kunststoff- und Umwelttechnik GmbH Forst gestellt. In dem Unternehmen wird das Halbzeug aus einem Rezyklat gefertigt. Für die Herstellung der Tiefziehplatte kommen gebrauchte Kunststoffe, z. B. gebrauchte Verpackungen, Kunststoffe aus der Autoverwertung, als Ausgangsstoffe zur Anwendung. Das bei der Aufarbeitung anfallende Materialgemisch, z. B. Polystyrol-Polypropylen, wird soweit gereinigt und modifiziert, daß die wirtschaftliche Herstellung eines Halbzeugs (Platte) möglich ist, welches zu technischen Tiefziehartikeln mit mittlerem Beanspruchungsniveau und begrenztem optischen Anspruch sowie zu Verpackungsmaterial (außer Lebensmittelverpackung) verarbeitet werden kann.

Da es sich diesem Beispiel nicht um ein Produkt, sondern um ein Halbzeug mit undefinierter Nutzungsphase handelt, erfolgt keine komplette Lebenswegbetrachtung.

4.11.2
Qualitative Betrachtung und Bewertung (1. Iterationsschritt)

4.11.2.1
Materialauswahl

Anhand des Anforderungsprofils (Tabelle 4.11-1) für das Beispiel „Tiefziehplatte für mittleres Beanspruchungsniveau" werden andere (Verbund-)Materialien auf ihre Eignung als Tiefziehplatte untersucht.

Der Gebrauchseigenschaft „Tiefziehfähigkeit" werden eine Vielzahl von Metallen, Kunststoffen und Verbundmaterialien gerecht. Spröde Metalle kommen als Werkstoffe für Tiefziehplatten nicht in Frage. Von den Kunststoffen eignen sich besonders gut die thermoplastischen Kunststoffe. Duroplaste und Elastomere sind dagegen nur bedingt tiefziehfähig (wie z. B. Halbzeuge in nicht aus-

Tabelle 4.11–1. Anforderungsprofil Tiefziehplatte für mittleres Beanspruchungsniveau (Auszug)

Pfad	*Pfadname*	*Blatt-Nr.*
21-1-4-4-0-0	Tiefziehplatte	1

Beschreibung der speziellen Nutzung und der Einsatzbedingungen

Einsatz der Tiefziehplatte in Formgebungsprozessen, aus welchen die Endprodukte hergestellt werden. Daraus resultieren die speziellen Nutzungsmöglichkeiten von Einsatzfällen, wie Unterziehplatten, Fassadenelementen, Gehäuseteilen sowie Verpackungsbehälter. Plattendicke: 2,5–3 mm. Temperaturanwendungsbereich: −15 °C–80 °C. Lebensdauer je nach Anwendung des Formteils 5–10 Jahre. Produktionsmenge: 500–1000 t/Jahr

Abgeleitete notwendige Eigenschaften (Anforderungsprofil); F_i: Wichtigkeit

Eigenschaft	Wichtigkeit
Tiefziehfähigkeit	$F_i = 10$
Beständigkeit gegenüber Umgebungseinwirkungen	$F_i = 10$
Stanzbarkeit	$F_i = 9$
Bruchfestigkeit	$F_i = 9$
Hohes E-Modul	$F_i = 8$
Kerbschlagzähigkeit: ≥ 8 kJ/m^2 (Izod, 23 °C)	$F_i = 8$

Zusätzliche Anforderungen

Einhaltung der Verpackungsverordnung

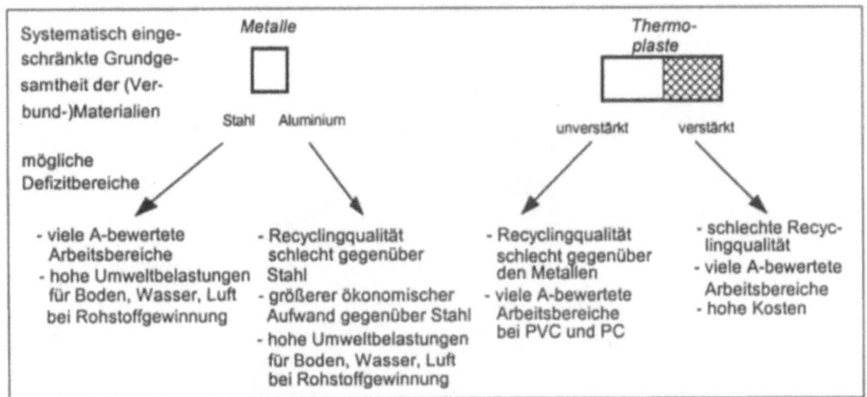

Abb. 4.11–1. Wesentliche Defizite innerhalb bestimmter (Verbund-)Materialgruppen, 1. Iteration für Tiefziehplatte für mittleres Beanspruchungsniveau

gehärtetem Zustand). Keramische Werkstoffe und Glas scheiden aufgrund ihrer Sprödigkeit als Materialien für Tiefziehplatten aus.

Da sehr viele Fertigungsverfahren sowohl bei den Metallen als auch bei den Kunststoffen für die Fertigung von Tiefziehplatten in Frage kommen, sind sie für die Materialauswahl nicht relevant.

4.11.2.2
Integrative Defizit- bzw. Potentialausweisung – Materialgruppen

Die Ergebnisse aus der 1. Iteration weisen sowohl in dem Modul Technik als auch in den lebenswegbegleitenden Modulen Defizite aus (Abb. 4.11–1).

4.11.3
Halbquantitative Betrachtung und Bewertung (2. Iterationsschritt)

4.11.3.1
Materialauswahl

Aus der 1. Iteration wurden als geeignete (Verbund-)Materialien Metalle (Stahl, Aluminium und Kupfer) und Thermoplaste (einschließlich Rezyklat) übernommen. Bezogen auf das mittlere Beanspruchungsniveau werden verstärkte Thermoplaste wegen ihrer hohen Herstellungskosten nicht weiter betrachtet.

4.11.3.2
Integrative Bewertung: (Verbund-)Materialcluster

Die Zusammenfassung der Rankingergebnisse des 2. Iterationsschritts zeigt Abb. 4.11–2. Zur besseren Überschaubarkeit wurden in der Grafik Materialien

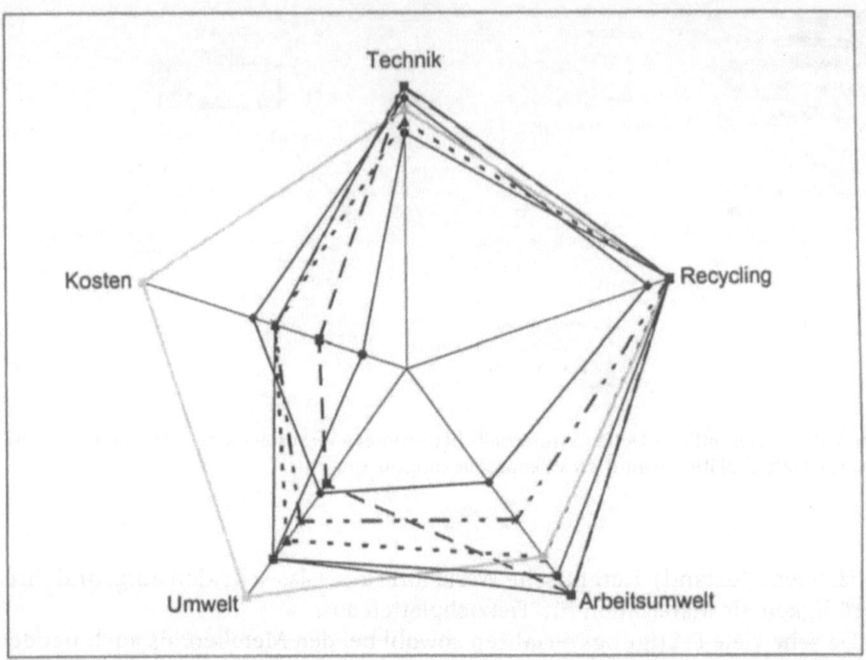

Abb. 4.11-2. Rankingergebnisse des 2. Iterationsschritts für das Beispiel Tiefziehplatte für mittleres Beanspruchungsniveau (je weiter außen, desto besser), *geschlossene Raute* Stahl, Al, Cu, *geschlossenes Quadrat* PC, *geschlossenes Dreieck* PS, PE, PP, ABS, *graues Quadrat* Rezyklat, *Stern* PMMA, CAB, *geschlossener Kreis* POM, PSU, *Kreuz* PVC

mit nahezu gleichen Bewertungen in ihren Eigenschaftsfeldern jeweils zu einem Cluster zusammengefaßt. Eine genaue Beurteilung der einzelnen Materialien in den Modulen ist anhand der in Abb. 4.11–2 dargestellten Ergebnisse wegen der Clusterbildung nicht möglich. Aus den Moduleinzelbewertungen lassen sich folgende Ergebnisse ableiten:

Im Modul Technik sind die Metalle legierter Stahl und Kupfer und bei den Thermoplasten PC, PMMA, PVC und CAB die Materialien mit den besten Eigenschaften. Für die Bereiche Fertigung und Recycling des Moduls Technik entstehen für alle untersuchten Materialien keine Probleme. Hinsichtlich der Arbeitsumwelteigenschaften können folgende Schlußfolgerungen gezogen werden:

- Die metallischen Werkstoffe haben gegenüber den Thermoplasten schlechtere Arbeitsumwelteigenschaften.
- Stahl, Aluminium und Kupfer lassen keine signifikanten Unterschiede erkennen.

Die Werkstoffe Kupfer, Aluminium und Polykarbonat weisen bei den Umwelteigenschaften mit Werten >1000 MJ/Bauteil die größten Gesamtenergieverbräuche auf. Mit Energieäquivalenzwerten im Bereich von 700–760 MJ/Bauteil nehmen die Werkstoffe Stahl, PVC und PS eine Mittelposition ein. Als das Material mit dem niedrigsten Gesamtenergieverbrauch erweist sich das Rezyklat von Thermoplasten vor dem Polypropylen.

Bei den ökonomischen Eigenschaften, bei denen die Kosten für das Halbzeug bewertet werden, ergibt sich vom billigsten zum höchsten Beschaffungspreis für die betrachteten Materialien folgende Reihenfolge: Rezyklat < Stahl < Aluminium < PVC, PS, PE, PP, PMMA, ABS < PC < Kupfer, POM, PSU.

Bei einer Materialauswahl, die alle Module berücksichtigt, bildet die definierte Nutzungsphase den entscheidenden Einflußfaktor, welche der Eigenschaften die höchste Gewichtung erhält. So ist z. B. für ein Massenartikel mit niedrigem Beanspruchungsniveau das Rezyklat als primäres Material einzustufen, trotz eines schlechteren Rankings im Modul Technik. Werden dagegen hohe Ansprüche auf die Erfüllung der technischen Eignung gelegt, sind z. B. Polykarbonat oder Metalle die primären Materialien. Für eine weitere Einengung der Materialien sind dann die lebenswegbegleitenden Module von Bedeutung.

KAPITEL 5

Aussagesicherheit von euroMat '98: Bewertung, Fehlerbetrachtung und Geltungsbereich

Um dem Produktentwickler eine sichere Basis an die Hand zu geben, werden die Aussagesicherheit und der Geltungsbereich von euroMat '98 ermittelt. Dieses Ziel wird erreicht, indem zunächst die einzelnen Module Technik, Arbeitsumwelt, Umwelt und Kosten unabhängig voneinander untersucht werden (Kapitel 5.1, Horizontale Fehlerbetrachtung). Aufbauend auf dieser horizontalen (modulbezogenen) Betrachtungsweise wird das Zusammenwirken der einzelnen Module jeweils für die Iterationsstufen untersucht (vertikale Fehlerbetrachtung, Kapitel 5.2). Dadurch wird es möglich, die Aussagesicherheit und damit den Geltungsbereich des Gesamtinstruments zu ermitteln.

5.1
Horizontale Fehlerbetrachtung

Ulrich Braunmiller, Jens Dobberkau, Dirk Gutberlet, Hans-Joachim Haupt, Heiko Kunst, Gerald Rebitzer, Wulf-Peter Schmidt, Stephan Volkwein, Joachim Wolf

Die horizontale Fehlerbetrachtung wird in einer allgemeinen sowie einer beispielbezogenen Form durchgeführt. Bei der allgemeinen Betrachtung werden mögliche systematische Fehler der Methodik untersucht, die in Abhängigkeit vom Detaillierungsgrad und vom Aufwand, d.h. in Abhängigkeit vom Iterationsschritt, auftreten. Bestimmt werden sollen zum einen die statistische Wahrscheinlichkeit, mit der das Instrument ein valides Ergebnis erzielt, und zum anderen soll aufgezeigt werden, in welchen Fällen [z.B. bei bestimmten (Verbund-)Materialgruppen, Fertigungsverfahren, Recyclingarten] besondere Vorsicht geboten ist. Das prinzipielle methodische Vorgehen bei der horizontalen Fehlerbetrachtung aller Module erfolgt in 4 Schritten:

1. Generierung einer statistischen Bezugsgröße, die das Gesamtsystem repräsentiert,
2. Ermittlung der dominierenden ergebnisrelevanten Systemparameter (Dominanzanalyse) bzw. der Verteilung einzelner Beurteilungsobjekte innerhalb der Bezugsgröße (Verteilungsanalyse),
3. Vergleich des jeweils im Iterationsschritt betrachteten Systems mit der jeweiligen statistischen Bezugsgröße,
4. Ableitung des modulspezifischen Anwendungbereichs von euroMat '98.

Durch die Generierung einer statistischen Bezugsgröße wird es möglich, die Validität eines Moduls in Abhängigkeit vom Iterationsschritt abzuschätzen. Es soll festgestellt werden, wieviel der Gesamtaussage im Durchschnitt (z. B. bezogen auf die Weltemissionen, die Gesamtkosten aller Produktsysteme, die Materialeigenschaften) bei den gewählten Systemgrenzen durch den jeweiligen Iterationsschritt abgedeckt werden kann und inwieweit systematisch bestimmte Problembereiche nicht berücksichtigt werden. Diese Bezugsgröße dient auch dazu, den unterschiedlichen Detaillierungsgrad der Betrachtung (z. B. Materialgruppe, Fertigungshauptgruppe oder Materialspezifikation bzw. konkretes Aggregat) mit Eigenschaftsspannweiten (z. B. Festigkeit von x–y) zu belegen. Darauf aufbauend kann später festgestellt werden, ob und inwieweit bestimmte Einzelobjekte [konkrete (Verbund-)Materialspezifikation, konkretes Aggregat] innerhalb der Gruppe nicht adäquat beurteilt werden können.

Durch eine Dominanzanalyse werden die innerhalb der Gesamtbezugsgröße ergebnisrelevantesten Systemparameter identifiziert. Die dominierenden Systemparameter stellen die Basis für den anschließenden Vergleich von durch die Methodik berücksichtigten Größen mit der Bezugsgröße dar. Ermittelt wird z. B., wieviel der Gesamtkosten durch die Fertigung verursacht werden, um den Einfluß der Systemgrenzenziehung zu beurteilen. Durch die Verteilungsanalyse soll identifiziert werden, wie die Eigenschaften innerhalb der betrachteten Menge [z. B. (Verbund-)Materialcluster] verteilt sind.

Durch den Vergleich des in 1 Iterationsschritt betrachteten Systems mit der für die Materialauswahl relevanten Bezugsgröße wird ermittelt, welche Bereiche des Gesamtsystems von der in der Iterationsstufe angewandten Methode durchschnittlich berücksichtigt werden. Zu ermitteln ist, inwieweit die jeweiligen Systemgrenzen sowie die Bewertungskriterien der Iterationsstufen die statistische Bezugsgröße richtig wiedergeben können.

Die beispielbezogene Vorgehensweise ist analog zur allgemeinen Betrachtungsweise. Allerdings wird nicht eine durchschnittliche statistische Bezugsgröße ermittelt. Statt dessen werden die Ergebnisse des höchsten durchgeführten Iterationsschritts als Bezugsgröße angesehen.

5.1.1
Modul Technik

5.1.1.1
Gebrauchseigenschaften

Allgemeine Betrachtung
Generierung der statistischen Bezugsgröße. Bei der Materialauswahl auf Basis der Gebrauchseigenschaften wird das für jedes Bauteil bzw. Produkt individuelle Anforderungsprofil, das sich aus der speziellen Nutzung und den Einsatzrandbedingungen ergibt, zugrundegelegt. Daher können hierbei im Gegensatz zu anderen Modulen nur wenige allgemeine und systematische Kategorien von Gebrauchseigenschaften bzw. -eigenschaftsgruppen angegeben

werden, die im Rahmen der Materialauswahl in jedem Fall berücksichtigt werden müssen. Zu diesen Kategorien zählen z. B. die mechanischen Materialeigenschaften. Innerhalb dieser Gruppen können nur grobe Unterteilungen getroffen werden, da die Vielfalt der den Gruppen zugeordneten Eigenschaften sehr groß ist und die Auswahl der für den Anwendungsfall charakteristischen Eigenschaftskenngrößen individuell durchgeführt werden muß. Im Fall der mechanischen Eigenschaften können für jedes Bauteil beispielsweise eine minimale Steifigkeit und Festigkeit als notwendig vorausgesetzt werden, wobei die Auswahl der Materialkennwerte z. B. material-, belastungsart- und belastungszeitspezifisch erfolgt [Pahl 1977, Taprogge 1974].

Aus den genannten Gründen existiert z. Z. keine globale eigenschafts- oder materialspezifische Bezugsgröße oder Eigenschaftsverteilung, die als Grundlage für eine quantitative allgemeine statistische Bewertung des Geltungsbereichs für das Modul Gebrauchseigenschaften herangezogen werden kann.

Um dennoch Aussagen über die Güte der Erfassung aller (Verbund-)Materialien einer (Verbund-)Materialgruppe bzw. eines -clusters durch die in der Methode vorgeschlagene Bandbreitenbetrachtung für Gebrauchseigenschaften zu gewinnen, werden beispielhaft für ausgewählte (Verbund-)Materialgruppen und -cluster sowie Eigenschaften das jeweilige Leistungs- bzw. Angebotsspektrum ermittelt. Auf der Basis dieser Leistungsspektren werden Empfehlungen und Tendenzen abgeleitet, die bei der Anwendung des Moduls Gebrauchseigenschaften berücksichtigt werden sollten.

Die ausgewählten (Verbund-)Materialien [aus den (Verbund-)Materialclustern NE-Metalle, Thermoplaste und sonstige Polymere] und Gebrauchseigenschaften (Steifigkeit, Festigkeit, Wärmeausdehnung, thermischer Einsatzbereich sowie Gewicht) sind so gewählt, daß ein weiter Bereich der möglichen Gebrauchseigenschaften abgedeckt und damit ein großer Überblick über die verschiedenen material- und eigenschaftsspezifischen Aspekte ermöglicht wird.

Eine nicht zu vernachlässigende Schwierigkeit bei der Erzeugung und der anschließenden Bewertung der Eigenschaftsprofile liegt darin, daß trivialerweise nur die gefundenen (Verbund-)Materialien bei der Verteilungsanalyse berücksichtigt werden können. Hieraus folgt, daß die erzeugten Leistungsspektren nur ein unvollständiges, möglicherweise punktuelles Bild für die jeweilige Gebrauchseigenschaft geben und daher hieraus nur Tendenzen abgeleitet werden können. Da diese Sachverhalte jedoch auch bei der üblichen Materialauswahl auftreten und große Probleme verursachen, werden die hieraus entstehenden Ungenauigkeiten der Aussagen nicht mehr explizit betrachtet.

Verteilungsanalyse. Zur Analyse der Eigenschaftsspektren werden für alle (Verbund-)Materialgruppen und Gebrauchseigenschaften die Eigenschaftswerte der einzelnen Vertreter in aufsteigender Reihenfolge sortiert. Die Eigenschaftswerte dieser sortierten Listen werden über den (Verbund-)Materialspezifikationen aufgetragen.

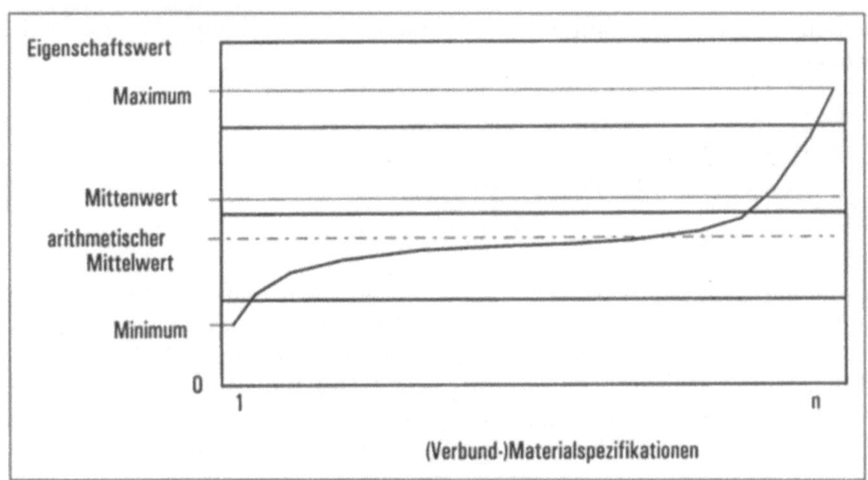

Abb. 5.1–1. Charakteristischer Kurvenverlauf der Eigenschaftsspektren

Alle erstellten Eigenschaftsspektren weisen einen charakteristischen Kurvenverlauf auf. Dieser prinzipielle Verlauf ist in Abb. 5.1–1 dargestellt. Je nach Eigenschaft und (Verbund-)Materialgruppe variiert die Anzahl der gefundenen Spezifikationen mit ähnlichen Eigenschaften, so daß die Äste der Kurve mehr oder weniger stark besetzt und ausgeprägt sein können. Des weiteren verändern sich die Lage der Kurvenäste und die mögliche Spannweite der Eigenschaftswerte.

Durch eine weitere Aufsplittung der (Verbund-)Materialgruppen in höheren Iterationsschritten werden Cluster und Arten von (Verbund-)Materialien gebildet, für die ebenfalls Gebrauchseigenschaftsspektren aufgestellt werden können. Diese stellen Kurvenstücke aus der allgemeinen charakteristischen Kurve dar und können mit den im folgenden dargestellten Methoden charakterisiert und bewertet werden.

Die Gebrauchseigenschaftsbereiche der (Verbund-)Materialgruppen, -cluster oder -arten werden durch die Berücksichtigung der Spannbreite der Gebrauchseigenschaften der einzelnen Mitglieder erfaßt. Hierzu werden aus der Literatur jeweils der größte Eigenschaftswert, der kleinste Eigenschaftswert und die Mitte der beiden gefundenen Extrema (Mittenwert) der (Verbund-)Materialspezifikationen ermittelt. Zur Beurteilung, inwieweit durch dieses Vorgehen das Leistungsspektrum des jeweiligen (Verbund-)Materials korrekt beschrieben wird, werden die Verläufe der aufgenommenen Profile durch Kennzahlen charakterisiert.

Für jedes Eigenschaftsprofil wird als charakteristischer Kennwert K_1 der Abstand zwischen dem arithmetischen Mittelwert aller gefundenen (Verbund-)Materialspezifikationen (E) und der Mitte zwischen dem Minimum und dem Maximum gebildet (Gl. 5.1–1). Zur Gewährleistung der Vergleichbarkeit zwischen verschiedenen (Verbund-)Materialgruppen und Gebrauchseigenschaften wird die Kennzahl K_1 auf die jeweils maximal mögliche Streubreite normiert.

$$K_1 = \frac{\left| \left(\dfrac{\sum\limits_{i=1}^{n} E_i}{n} \right) - (E_{Maximum} - E_{Minimum}) \right|}{(E_{Maximum} - E_{Minimum})} \qquad (5.1\text{-}1)$$

Mit diesem Kennwert wird beschrieben, in welchem Maß das mittlere (Verbund-)Materialverhalten durch die Mitte zwischen den Extremwerten korrekt beschrieben wird. Im 2. Schritt wird die Gleichverteilung des Profils in bezug auf den arithmetischen Mittelwert betrachtet. Durch die Kennzahl K_2 soll die Art der Abweichungen der einzelnen Eigenschaftswerte vom Mittelwert bewertet werden. Zur Hervorhebung von großen Abweichungen vom Mittelwert wird bei der Berechnung der Kennzahl K_2 der quadratische Mittelwert verwendet (Gl. 5.1-2). Durch diese Mittelwertbildung werden häufige kleine oder wenige große Abstände vom Mittelwert stark gewichtet [Dubbel 1987]. Die kombinierte Betrachtung beider Kennwerte erlaubt die Charakterisierung der Eigenschaftsspektren.

$$K_2 = \frac{\sum\limits_{i=1}^{n} \left(E_i - \left(\dfrac{\sum\limits_{j=1}^{n} E_j}{n} \right) \right)^2}{n} \cdot \frac{1}{(E_{Maximum} - E_{Minimum})^2} \qquad (5.1\text{-}2)$$

Vergleich mit den Systemgrenzen und der Methode. Um möglichst allgemeine Empfehlungen oder Aussagen für die Methodik zu gewinnen, werden anhand der ausgewählten (Verbund-)Materialien und Gebrauchseigenschaften sowohl die materialspezifische als auch die eigenschaftspezifische Abhängigkeit der Eigenschaftsprofilverteilung untersucht. Hierzu werden die beiden charakteristischen Kennwerte K_1 und K_2 der Verteilungskurven eigenschafts- und materialabhängig einander gegenübergestellt. Zur Ableitung der Trends und Empfehlungen werden hier beispielhaft 2 materialbezogene Diagramme exemplarisch aufgeführt (Abb. 5.1-2, 5.1-3).

In Abb. 5.1-2 und Abb. 5.1-3 sind die Kennzahlen materialabhängig für den Elastizitätsmodul und die Zugfestigkeit bzw. Streckspannung dargestellt. Es ist auffällig, daß sich kaum Trends oder Regelmäßigkeiten in Abhängigkeit von den (Verbund-)Materialgruppen oder -clustern abzeichnen. Beim *Elastizitätsmodul* liegt der Kennwert K_1 bei den meisten untersuchten Kunststoffen häufig höher als bei den Nicht-Eisenmetallen oder Holz. Damit ist die Güte der Beschreibung des mittleren Materialverhaltens durch die Mitte zwischen den Extremwerten bei Kunststoffen als eher geringer einzustufen. Dennoch weisen einzelne Kunststoffe (ABS, PA) Werte für den Kennwert K_1 wie die Nicht-Eisenmetalle auf. Ebenso ist auffällig, daß das Eigenschaftsprofil von PBT bezogen auf den arithmetischen Mittelwert die gleichmäßigste Verteilung, aber auch den

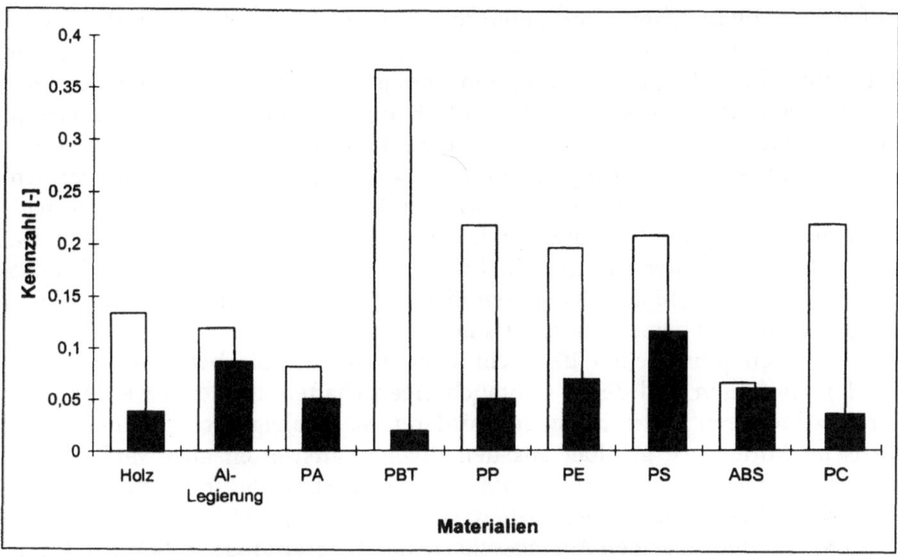

Abb. 5.1–2. Kennzahlen der Eigenschaftsprofile für den Elastizitätsmodul von ausgewählten Materialien, *weiße Balken* Kennzahl K1, *schwarze Balken* Kennzahl K2

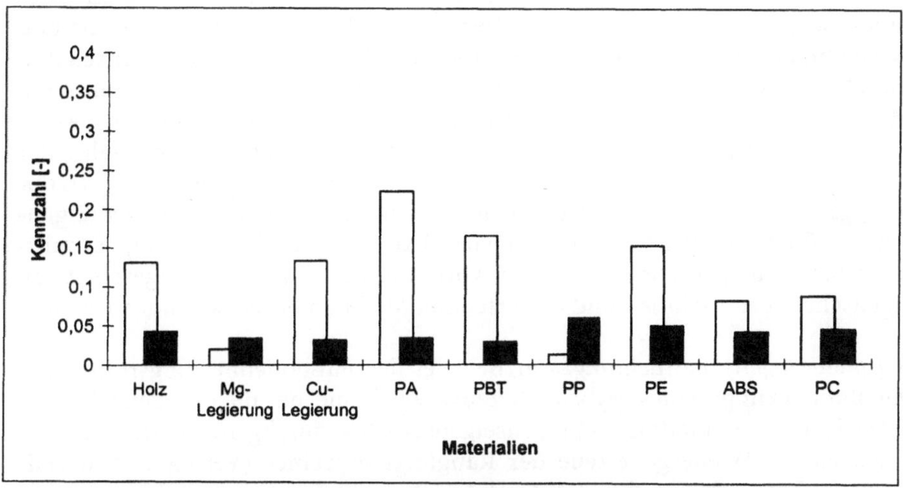

Abb. 5.1–3. Kennzahlen der Eigenschaftsprofile für die Zugefestigkeit bzw. Streckspannung von ausgewählten Materialien, *weiße Balken* Kennzahl K1, *schwarze Balken* Kennzahl K2

höchsten Kennwert K_1 aufweist. In dieser Kombination weisen die Kennwerte auf einige wenige, äußerst stark vom Mittelwert abweichende Punkte im Profil hin.

Bei der Gegenüberstellung der Kennwerte für die *Zugfestigkeit bzw. Streckspannung* ist festzustellen, daß eine Gruppenbildung von ähnlichen Kurvenver-

läufen in Abhängigkeit von unterschiedlichen (Verbund-)Materialgruppen
nicht möglich ist. Die Kennwerte K_1 sind bei den Nicht-Eisenmetallegierungen
untereinander in der gleichen Größenordnung unterschiedlich wie bei den teil-
kristallinen Massenkunststoffen PP und PE untereinander. Des weiteren lassen
sich besonders hohe bzw. niedrige Werte der Kennzahlen nicht einer bestimmten (Verbund-)Materialgruppe zuordnen, da sowohl der Kennwert K_1 bei den
Kupferlegierungen ähnlich hoch ist wie bei ABS oder PC als auch die Kunststoffe den niedrigsten (PP) und den höchsten (PA) Kennwert K_1 aufweisen. Da
die Werte des Kennwerts K_2 grob in derselben Größenordnung liegen, wird das
mittlere (Verbund-)Materialverhalten materialunabhängig durch den arithmetischen Mittelwert besser charakterisiert.

Aus diesen punktuellen Beobachtungen kann für die betrachteten (Ver-
bund-)Materialien und deren Gebrauchseigenschaften abgeleitet werden, daß
zur detaillierteren Bestimmung der mittleren Materialeigenschaften der arithmetische Mittelwert, gebildet aus den Eigenschaftswerten aller verfügbaren
Vertreter der jeweiligen (Verbund-)Materialgruppe bzw. des -clusters, dem Mittenwert der Extremwerte vorzuziehen ist.

Aufgrund der niedrigen Aussageschärfe des 1. Iterationsschritts kann das in
der Methodik vorgeschlagene Vorgehen bei der Gruppenbetrachtung der
Gebrauchseigenschaften sinnvoll angewandt werden. Bei allen weiteren Iterationsstufen muß das mittlere (Verbund-)Materialverhalten wegen des steigenden Detaillierungsgrads genauer abgeschätzt werden. Daher ist es ab dem 2. Iterationsschritt vor dem Hintergrund der (Verbund-)Materialclusterbildung und
der halbquantitativen Bewertung erforderlich, das arithmetische Eigenschafts-
mittel aller Vertreter der jeweiligen Gruppe zur Bestimmung des mittleren
Materialverhaltens zu verwenden. Zur Abschätzung der Potentiale des jeweiligen (Verbund-)Material(clusters) ist, wie in der Methodik dargestellt, der
jeweils höchste bzw. niedrigste Eigenschaftswert bei der Anforderungserfül-
lungsgradbestimmung zu berücksichtigen. Für den Fall, daß statt des Eigen-
schaftsmittelwerts die Mitte zwischen den Extremen zur Bestimmung der mittleren Materialeigenschaft verwendet wird, muß dies in den nachgeschalteten
eigenschaftsermittelnden und bewertenden Modulen berücksichtigt werden.

Beispielbezogene Betrachtung. Am Beispiel der Fußbodenheizungsrohre und
der Bodengruppe eines Hybridfahrzeugs wird eine beispielbezogene Fehlerbetrachtung des Moduls Gebrauchseigenschaften durchgeführt. Hierzu wird
zunächst die Wiedergabetreue der Rangfolge einzelner (Verbund-)Material-
gruppen bzw. -cluster für das Modul Gebrauchseigenschaften in aufeinanderfolgenden Iterationsschritten untersucht. Zusätzlich werden die Auswirkungen des Übergangs von der qualitativen zu einer halbquantitativen Abschätzung des Erfüllungsgrads der einzelnen Eigenschaften sowie der Erweiterung
der quantitativ erfaßten Eigenschaften durch einen exemplarischen Vergleich
zwischen verschiedenen Iterationsstufen aufgezeigt. Abschließend wird der
Einfluß einer möglichen Fehlbewertung des Erfüllungsgrads F_2 in Abhängigkeit
von der Wichtigkeitsklasse einer Eigenschaft auf die Gesamtbewertung untersucht.

Wiedergabetreue der Rangfolge. Die Stabilität der ermittelten Rangfolgen (Wiedergabetreue) der (Verbund-)Materiallösungen für ein Fußbodenheizungsrohr und eine PKW-Bodengruppe, die auf der Grundlage der Gebrauchseigenschaften ermittelt wurden, wird durch eine vergleichende Betrachtung zweier Iterationsschritte bestimmt. Zur Beurteilung der Reihenfolgenänderung wird die Wiedergabetreue als Quotient der relativen Einordnung eines (Verbund-)Materialclusters in 2 aufeinanderfolgenden Iterationsschritten definiert. Die Vergleichbarkeit der verschiedenen Bewertungsmethoden der Iterationsschritte wird dadurch erreicht, daß die relativen Rangfolgen jeder Iterationsstufe in eine einheitliche 3stufige Rangfolge transformiert werden. Hierzu werden eng beieinander liegende Bewertungsstufen zusammengefaßt.

Die Angaben erfolgen jeweils bezogen auf die nächst niedrigere Iteration;

- W < 1: bessere relative Einordnung im Vergleich zur vorangegangenen Iteration;
- W = 1: relative Einordnung beibehalten,
- W > 1: schlechtere relative Rangfolge.

In Abb. 5.1–4 ist der Wiedergabetreuequotient zwischen dem 1. und 2. sowie dem 2. und 3. Iterationsschritt für das Beispiel Fußbodenheizungsrohr aufgetragen. Da sich sowohl die (Verbund-)Materialgruppenbetrachtung der 1. Iteration als auch die detailliertere Bewertung der 3. Iteration durch die (Verbund-)Materialcluster der 2. Iteration abbilden lassen, wurde diese als Grundlage für die Diagrammdarstellung gewählt. Entsprechend der Negativ- und Positivbewertungen der einzelnen (Verbund-)Materialcluster in der 3. Iteration werden jeweils 2 Wiedergabetreuequotienten berechnet.

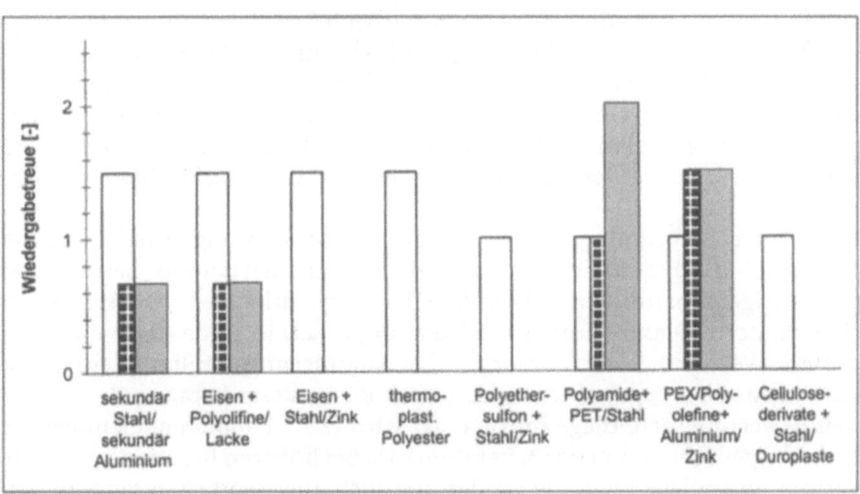

Abb. 5.1–4. Aufstellung der Wiedergabetreue von aufeinanderfolgenden Iterationen für das Beispiel Fußbodenheizungsrohr, *weiße Balken* 2. Iteration, *punktierte Balken* 3. Iteration (maximal), *schraffierte Balken* 3. Iteration (minimal)

In der 2. Iteration für das Beispiel Fußbodenheizungsrohr werden hauptsächlich die mechanische Festigkeit und die resultierende Bauteilwanddicke
quantitativ abgeschätzt. Aufgrund der niedrigen mechanischen Belastungen für
Fußbodenheizungsrohre ergeben sich keine besonderen materialspezifischen
Positiv- bzw. Negativbewertungen. Die Diffusionseigenschaften sowie die Flexibilität der (Verbund-)Materialien gehen nur qualitativ in die Gesamtbewertung
ein. Dies führt zu einer eher positiven Bewertung der polymeren Materialien
bezüglich der Diffusionseigenschaften, obwohl sie im Vergleich zu den Metallen
grundsätzlich schlechtere Diffusionseigenschaften aufweisen. Hieraus ergeben
sich eine höhere aggregierte Gesamtbewertung für die Gebrauchseigenschaften
und somit eine Änderung der relativen Einordnung der Metalle in der 2. Iteration.

Durch die quantitative Abschätzung der Diffusionseigenschaften der (Verbund-)Materialcluster in der 3. Iteration ergeben sich für die Cluster der Metalle wegen der besseren Diffusionseigenschaften höhere Gesamtbewertungen. Die
ungünstigeren und stark materialabhängigen Diffusionseigenschaften der Polymere führen zum einen zu einer großen Spannbreite innerhalb der (Verbund-)
Materialcluster und zum anderen zu einer niedrigeren aggregierten Bewertung.
Dies bedingt die deutlich bessere Einordnung der metallischen Werkstoffe in der
relativen Rangfolge. Das vorliegende breite Diffusionseigenschaftsspektrum
wird durch die teilweise großen Reihenfolgenverschiebungen der Polymere ausgedrückt. An diesem Beispiel sind deutlich der Einfluß der in der jeweiligen Iteration betrachteten Gebrauchseigenschaften und der Anteil der qualitativen
Bewertung an der aggregierten Bewertung in diesem Diagramm abzulesen.

Beim Beispiel der Bodengruppe ergeben sich beim Übergang von der 1. zur
2. Iteration durch die halbquantitative Beurteilung der mechanischen Eigenschaften und der resultierenden Bauteileigenschaften (z. B. Gewicht) verstärkungsfaserabhängig ähnliche Tendenzen wie beim Beispiel Fußbodenheizungsrohr (Abb. 5.1–5), da alle flachsfaserverstärkten Kunststoffe in der 2. Iteration
deutlich schlechter bewertet werden. Demzufolge ergibt sich für diesen (Verbund-)Materialcluster eine niedrigere Einordnung bei der relativen Reihenfolge (W < 1: bessere relative Bewertung im Vergleich zur vorangegangenen Iteration; W = 1: relative Reihenfolge beibehalten, W > 1: schlechtere relative
Bewertung).

Die relative Einordnungen der (Verbund-)Materiallösungen bei niedrigen
Iterationsstufen können sich in Abhängigkeit von den jeweils betrachteten
Gebrauchseigenschaften und dem Anteil der quantitativen Abschätzungen
stark verändern. Dieser Einfluß wird um so größer, je eindeutiger einer bestimmten (Verbund-)Materialgruppe die Anforderungserfüllung einer Gebrauchseigenschaft zugeordnet werden kann, die in dieser Iteration der quantitativen Bewertungsgrundlage hinzugefügt wird (z. B.: Fußbodenheizungsrohr:
Diffusionseigenschaften in der 3. Iteration). Da bei höheren Iterationsstufen die
Bewertungsgrundlage nicht mehr oder nur noch unwesentlich verändert wird
(alle Anforderungen werden quantitativ abgeschätzt), ist zu erwarten, daß keine
starken Schwankungen in der relativen Einordnung der verbliebenen (Verbund-)Materiallösungen mehr erfolgen.

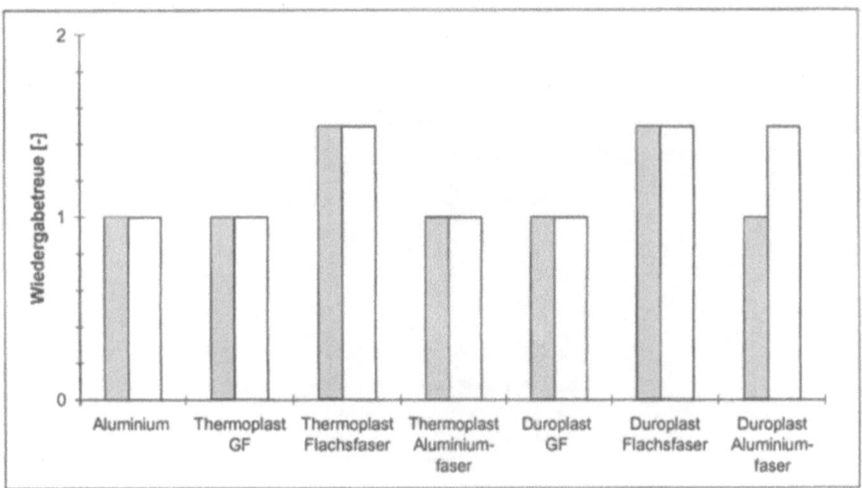

Abb. 5.1–5. Aufstellung der Wiedergabetreue von aufeinanderfolgenden Iterationen für das Beispiel Bodengruppe, *graue Balken* 2. Iteration (maximal), *weiße Balken* 2. Iteration (minimal)

Einfluß der Fehlbewertung von F_2 auf Gesamtbewertung. In allen höheren Iterationsstufen wird die aggregierte Gesamtbewertung G in Abhängigkeit von n betrachteten Gebrauchseigenschaften aus einer gewichteten Addition des jeweiligen Produkts aus dem Wichtungsfaktor F_{1i} und dem Erfüllungsgrad F_{2i} über eine Mittelwertberechnung gebildet (Gl. 5.1–3).

$$G = \frac{\sum\limits_{i=1}^{n} F_{2i} \cdot F_{1i}}{\sum\limits_{i=1}^{n} F_{1i}} \qquad (5.1\text{--}3)$$

Um für jede hohe Iteration den Einfluß einer Fehlbewertung des Erfüllungsgrads F_2 einer Gebrauchseigenschaft in Abhängigkeit von der Wichtigkeitsklasse zu untersuchen, wird zunächst die Gesamtbewertung $G_{\Delta F_2}$ in Abhängigkeit einer Fehlbewertung ΔF_2 bestimmt (Gl. 5.1–4).

$$G_{\Delta F_2} = \frac{\sum\limits_{i=1}^{k-1} F_{2i} \cdot F_{1i} + (F_{2k} + \Delta F_2) \cdot F_{1k} + \sum\limits_{j=k+1}^{n} F_{2j} \cdot F_{1j}}{\sum\limits_{i=1}^{n} F_{1i}} \qquad (5.1\text{--}4)$$

Nach Verallgemeinerung von Gl. 5.1–4 und Subtraktion der fehlerbehafteten Gesamtbewertung $G_{\Delta F_2}$ von der korrekten Gesamtbewertung G kann mit Gl. 5.1–5 allgemein die Abweichung zwischen den beiden Gesamtbewertungen $\Delta G(x_i \ldots x_m)$ als Funktion der Wichtigkeitsfaktoren F_{1i} und der Fehler ΔF_{2xi} ausgedrückt werden. Die Variable x_i beschreibt in diesem Zusam-

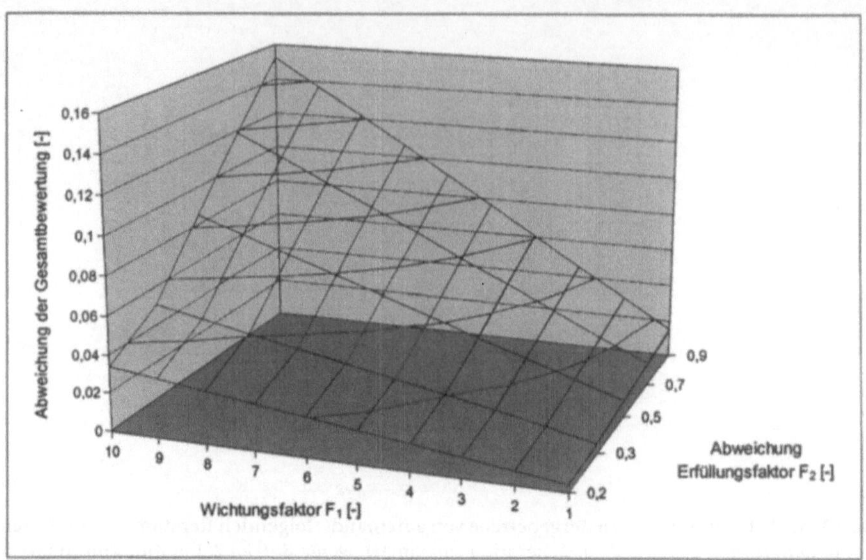

Abb. 5.1–6. Abweichung der Gesamtbewertung als Funktion des Wichtungsfaktors F_1 und der Abweichung vom Erfüllungsfaktor F_2

menhang eine beliebige Menge mit den Elementen $i = [1;\ m]$ mit dem Wertebereich $1-n$.

$$\Delta G(x_1 \ldots x_m) = \frac{\displaystyle\sum_{j=1}^{m} F_{2x_j} \cdot F_{1x_j}}{\displaystyle\sum_{i=1}^{n} F_{1i}} \tag{5.1-5}$$

mit Wert von $x_i \in [1 \ldots n]$

Anhand von Gl. 5.1–5 kann unter Wahl einer Bezugsgröße für die Addition der Wichtungsfaktoren F_{1i} aller Gebrauchseigenschaften der Einfluß unterschiedlicher Fehler ΔF_2 und Wichtungsfaktoren auf die Abweichung der Gesamtbewertung formuliert werden. In Abb. 5.1–6 sind für Fehler ΔF_2 im Bereich von 0,2–0,9 die resultierenden Abweichungen der Gesamtbewertung für die Wichtungsfaktoren F_1 im Bereich von 1–10 aufgetragen. Aus dieser 3D-Oberflächendarstellung kann der resultierende Fehler in Abhängigkeit von den Wichtungsfaktoren und einem Betrag für Fehleinschätzung bestimmt werden. Der Erfüllungsgrad kann nur diskrete Werte (F_2 in [0,3; 0,5; 0,7; 1,0]) annehmen. Daher hat der minimale Fehler ΔF_2 unter der Voraussetzung, daß eine Fehlbewertung um eine Bewertungsklasse vorliegt, den Wert 0,2. Für diesen Fall liegt der maximale Fehler bei 0,3.

Mit diesen Abweichungsberechnungen kann beurteilt werden, ob sich die Bewertungen der (Verbund-)Materialien für das aktuelle Bauteil auch unter der Annahme einer Fehlbewertung bei einer wichtigen bzw. weniger wichtigen Eigen-

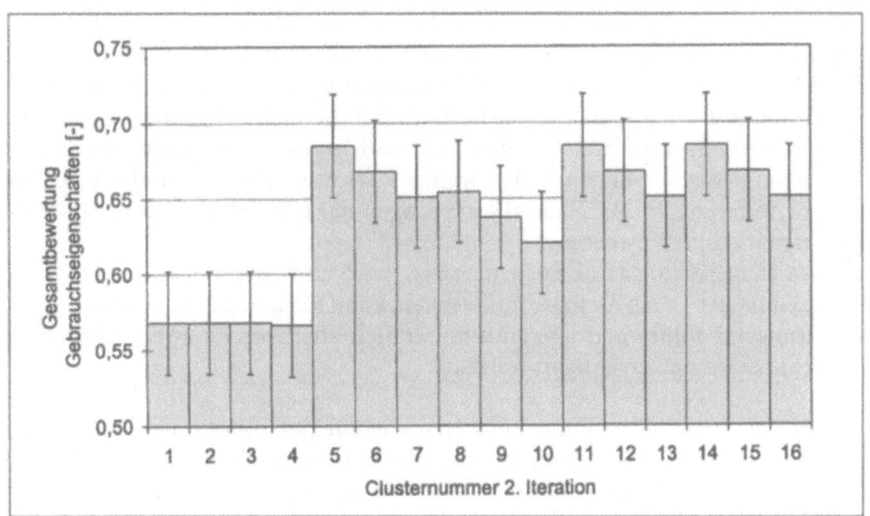

Abb. 5.1–7. Fußbodenheizungsrohr: Gesamtbewertung Gebrauchseigenschaften der 2. Iteration mit Abweichung durch Fehleinschätzung $\Delta F_2 = 0{,}3$ bei einer Eigenschaft (Wichtungsfaktor $F_1 = 10$)

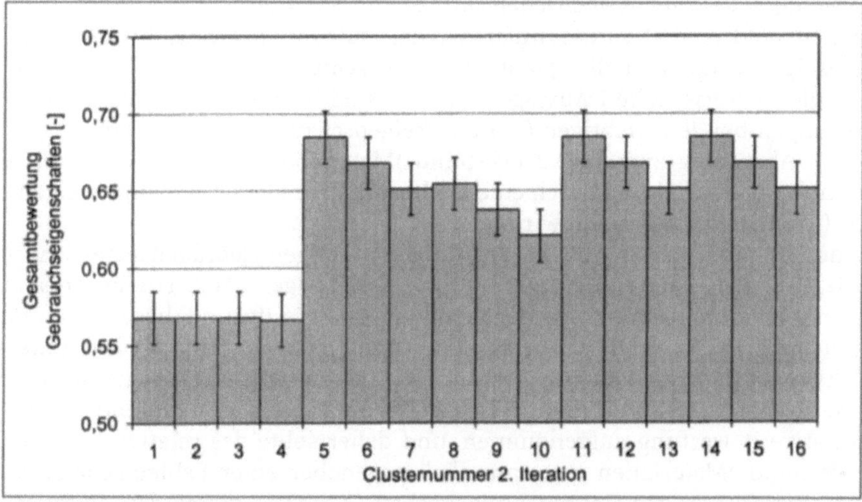

Abb. 5.1–8. Fußbodenheizungsrohr: Gesamtbewertung Gebrauchseigenschaften der 2. Iteration mit Abweichung durch Fehleinschätzung $\Delta F_2 = 0{,}3$ bei einer Eigenschaft (Wichtungsfaktor $F_1 = 5$)

schaft signifikant unterscheiden. Am Beispiel des Fußbodenheizungsrohrs ist in Abb. 5.1–7 und Abb. 5.1–8 für die Gesamtbewertung der Gebrauchseigenschaften in der 2. Iteration dargestellt, wie sich Fehleinschätzungen um eine Bewertungsklasse von wichtigen ($F_1 = 10$) und weniger wichtigen ($F_1 = 5$) Eigenschaften auf das Ergebnis auswirken würden. Um eine sichere Abschätzung durchzuführen, wird hier als Wert für die Fehleinschätzung der maximale Fehler von 0,3 angesetzt.

Aus Abb. 5.1–7 geht hervor, daß die Gesamtbewertungen für die Cluster 1–4 gegenüber den übrigen Clustern signifikant unterschiedlich sind. Selbst bei einer ungünstigen Aufteilung der Fehleinschätzung um 1 Bewertungsklasse für jeweils eine der wichtigen Eigenschaften sind die sich ergebenen Gesamtbewertungen unterschiedlich. Für den Fall, daß jeweils 1 Fehleinschätzung um 1 Bewertungsklasse bei einer der weniger wichtigen Eigenschaften vorliegt ($F_1 = 5$), können auch die Gesamtbewertungen der Cluster 5–16 untereinander signifikant aufgelöst werden.

Davon ausgehend, daß alle Cluster zwischen 5 und 16 in der 2. Iteration als B und die Cluster 1–4 als A eingestuft werden, kann für diesen Fall auch unter der Annahme von Fehlbewertungen mit hoher Sicherheit von einer korrekten relativen Einordnung ausgegangen werden.

Kombinierte Fehlerbetrachtung. Aus der allgemeinen horizontalen Fehlerbetrachtung des Moduls Gebrauchseigenschaften ist abgeleitet worden, daß iterationsunabhängig zum Erhalt von detaillierten Aussagen über das mittlere (Verbund-)Materialverhalten i. allg. der arithmetische Mittelwert, gebildet aus den Eigenschaftswerten aller verfügbaren Vertreter der jeweiligen (Verbund-)Materialgruppe oder des -clusters, dem Mittenwert der Extremwerte vorzuziehen ist. Ab der 2. Iteration kann damit eine sicherere Bewertung des Erfüllungsgrads der jeweiligen Gebrauchseigenschaft durchgeführt werden.

In den niedrigen Iterationsstufen werden sukzessive die wichtigsten Gebrauchseigenschaften in die quantitative Betrachtung einbezogen. Aufgrund der vergleichsweise hohen Aussageunschärfe sind in diesen Iterationen Fehlbewertungen bei den wichtigen Gebrauchseigenschaften möglich. Daher kann nur eine Abstufung zwischen 2 (Verbund-)Materialien erfolgen, wenn keine Reihenfolgenverschiebung durch eine Fehleinschätzung einer wichtigen Eigenschaft ($F_1 = 10$) hervorgerufen wird.

In den höheren Iterationen werden für die wichtigen Gebrauchseigenschaften die (Verbund-)Materialeigenschaften exakter abgeschätzt. Hieraus resultiert eine sicherere Bestimmung des Erfüllungsgrads. Aufgrund dieses höheren Detaillierungsgrads kann von einer korrekten relativen Einordnung unter Berücksichtigung der wichtigen Gebrauchseigenschaften ausgegangen werden. Die weniger wichtigen Gebrauchseigenschaften werden zunehmend in die quantitative Bewertung aufgenommen, und daher sollte das relative Ranking der (Verbund-)Materialien unempfindlich gegenüber einer Fehleinschätzung einer weniger wichtigen Gebrauchseigenschaft ($F_1 = 5$) reagieren. Die Untersuchung des Beispiels Fußbodenheizungsrohre zeigt, daß die relative Reihenfolge stabil gegenüber einer Fehleinschätzung einer weniger wichtigen Gebrauchseigenschaft ist.

Insgesamt kann daher für das betrachtete Beispiel im Modul Gebrauchseigenschaften mit hoher Sicherheit von einer korrekten Rangfolge ausgegangen werden.

5.1.1.2
Recyclingeigenschaften

Allgemeine Betrachtung. Als statistische Bezugsgrößen werden (Verbund-) Materialeigenschaften untersucht, die als Merkmal bei der Zuordnung von Recyclingverfahren zu Materialien dienen (als Anforderungen des Verfahrens an den Input einerseits sowie Eigenschaften des Altstoffs andererseits, Beispiele s. Tabelle 5.1–1). Diese Größen sind daher zweidimensional. Ihre statistische Auswertung, v.a. durch Verteilungsanalysen innerhalb der Gruppen, Cluster bzw. Arten, ermöglicht Aussagen über die Genauigkeit bzw. Unschärfe der Zuordnung in den einzelnen Iterationsschritten.

Exemplarisch wird die rohstoffliche Verwertung von Kunststoffen betrachtet. Der Halogengehalt ist ein wesentliches Kriterium für die Anwendbarkeit von rohstofflichen Verwertungsverfahren, da diese nur eine verfahrensspezifisch bestimmte Menge an Halogenen, insbesondere Chlor und Fluor, u.a. aus Korrosionsschutzgründen tolerieren. Im 1. Iterationsschritt bietet sich daher eine Aufteilung der Kunststoffe in die Gruppen der halogenfreien und -haltigen Polymere an.

Die Gruppe der halogenfreien Polymere kann hinsichtlich des Halogengehalts mit den Verfahren der Gruppe der rohstofflichen Kunststoffverwertung recycelt werden. Bei dieser Zuordnung sind keine Unschärfen zu erwarten (0 % Unschärfe), da der Halogengehalt dieser Materialiengruppe definitionsgemäß das Zuordnungskriterium für sämtliche Verfahren der Gruppe einhält.

Tabelle 5.1–1. Mögliche Zuordnungsgrößen für die Auswahl von Recyclingverfahren

Materialgruppe	Zuordnungsgröße	Beispiel/Erläuterung
Werkstoffliches Recycling		
Metalle	Gehalt an Legierungselementen	z.B. Chrom und Nickel in Stählen
	Gehalt an Störstoffen	z.B. Kupfer oder Zinn in Stählen
Kunststoffe	Molekulargewicht (normiert auf Primärmaterial)	Als Maß für den Qualitätsverlust durch Kettenverkürzung
	Molekulargewichtsverteilung (normiert auf Primärmaterial)	Maß für den Anteil an verkürzten Ketten
	Gehalt an Störstoffen	z.B. andere Kunststoffe
Glas und Keramik	Gehalt an Störstoffen	z.B. Blei, organische Stoffe
Rohstoffliches Recycling		
Kunststoffe	Gehalt an Additiven	Füllstoffe, Chlor, Schwermetalle
	Gehalt an Störstoffen	Verunreinigungen, z.B. PCB
Energetisches Recycling		
Kunststoffe	Heizwert	–
	Gehalt an Zusätzen	Mineralische Füllstoffe, Chlor, Schwermetalle
	Gehalt an Störstoffen	Verunreinigungen, z.B. PCB

Die Verfahren der Gruppe der rohstofflichen Kunststoffverwertungsverfahren eignen sich ebenfalls für die Gruppe der halogenhaltigen Polymere, da bei einigen Kunststoffen der maximal tolerierbare Halogengehalt einzelner Verfahren unterschritten wird. Die Verteilungen der maximal tolerierbaren und der tatsächlich vorhandenen Halogengehalte überschneiden sich jedoch, wie in Abb. 5.1–9 dargestellt. Hierfür sind Angaben zu 16 Verwertungsverfahren zu knapp 30 Kunststoffarten ausgewertet worden [Woidasky 1995; Brandrup 1996; Schwarz 1992; Gächler, Müller 1989].

Etwa 20% der betrachteten Kunststoffe der Gruppe der halogenhaltigen Polymere weisen einen Halogengehalt < 2% auf (halogenhaltige Additive bei halogenfreiem Polymergerüst). Ein 2. Maximum mit gut 20% befindet sich bei etwa 60% (u.a. PVC), während die übrigen Kunststoffe über einen weiten Bereich verstreut liegen.

Die maximal tolerierbaren Halogengehalte der Gruppe der rohstofflichen Kunststoffverwertungsverfahren weisen ein Hauptmaximum in der Klasse < 2% auf (mit über 60% Häufigkeit). Ein Nebenmaximum befindet sich zwischen 4 und 6%, während ein Ausreißer bei etwa 50% liegt. Somit liegen die Halogengehalte der meisten der betrachteten Kunststoffarten über den zulässigen Höchstwerten der Recyclingverfahren, wodurch sich eine verhältnismäßig große Unschärfe von etwa 75% bei der Zuordnung der Verfahrensgruppe zu dieser Materialgruppe ergibt.

Eine analoge Darstellung ist auch für den 2. Iterationsschritt möglich. Die Gruppe der halogenhaltigen Polymere wird dazu in die beiden Cluster der Kunststoffe mit halogenhaltigem Polymergerüst sowie denjenigen mit halogen-

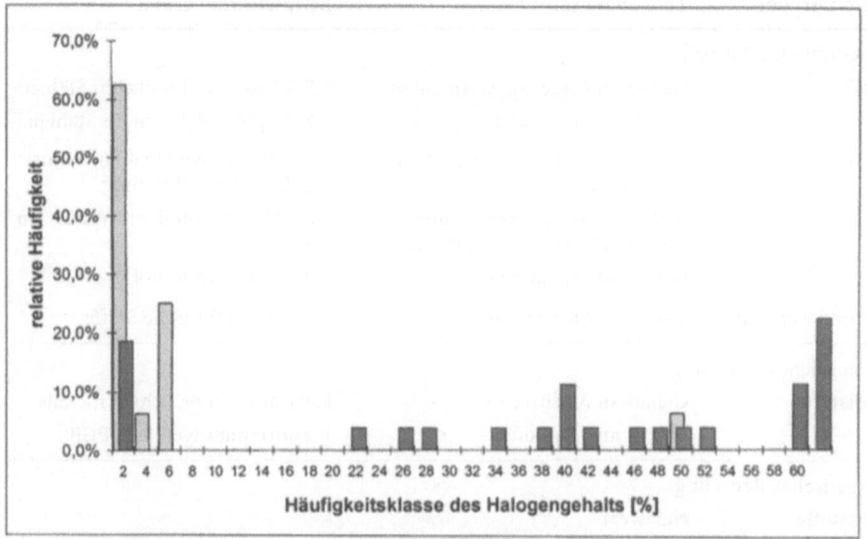

Abb. 5.1–9. Verteilungsanalyse der maximal zulässigen Halogengehalte von Recyclingverfahren für Kunststoffe und der Halogengehalte von Kunststoffen (1. Iterationsschritt), *graue Balken* maximaler Halogengehalt der Recyclingverfahren, *schwarze Balken* Halogengehalt der Polymere

freiem Polymergerüst und halogenhaltigen Additiven differenziert. Bei den Verwertungsverfahren erfolgt ebenfalls eine Unterteilung in Cluster, u. a. in den Cluster der Vergasungsverfahren.

Nun liegen die Halogengehalte der Kunststoffe mit halogenfreiem Polymergerüst alle in der Klasse < 2 % und damit im Bereich der maximal tolerierbaren Halogenwerte der Vergasungsverfahren. Diese sind damit für die Verwertung des Materialclusters der Polymere mit halogenhaltigen Additiven geeignet. Da kaum ungeeignete Kombinationen aus Material und Verfahren möglich sind, ist die Unschärfe dieser Zuordnung zu vernachlässigen. Der 2. Materialcluster, Kunststoffe mit Halogenen im Polymergerüst, erfüllt dagegen das Eignungskriterium Halogengehalt für kein einziges Vergasungsverfahren, so daß dieser Verfahrenscluster als ungeeignet identifiziert wird.

Durch die Differenzierung der Materialgruppe der halogenhaltigen Polymere in 2 Cluster sowie der Gruppe der rohstofflichen Kunststoffverwertungsverfahren in mehrere Cluster konnte die Unschärfe der Aussage gegenüber dem 1. Iterationsschritt deutlich verringert werden.

Als ein 2. Beispiel dient das Eignungskriterium (Mindest-)Heizwert für die energetische Verwertung von Kunststoffen. Für den 1. Iterationsschritt werden die Verteilungen der Heizwerte von Kunststoffarten mit den geforderten Mindestheizwerten von energetischen Verwertungsverfahren verglichen (Abb. 5.1–10). Die Angaben sind wiederum der Literatur entnommen [Woidasky 1995].

Die Heizwerte der betrachteten Polymere liegen tendenziell über den Mindestanforderungen der Verwertungsverfahren, so daß die energetische Verwertung hinsichtlich dieses Kriteriums als eine geeignete Verfahrensgruppe identi-

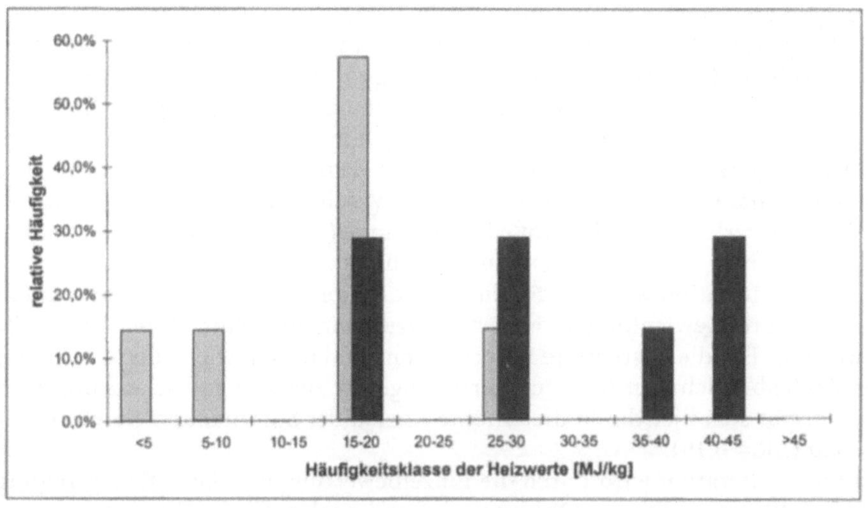

Abb. 5.1–10. Verteilungsanalyse der erforderlichen Heizwerte von energetischen Verwertungsverfahren und der Heizwerte der Gruppe von Kunststoffen (1. Iterationsschritt), *graue Balken* Mindestheizwert für die energetischen Verwertungsverfahren, *schwarze Balken* Heizwert der Polymere

fiziert wird. Jedoch überschneiden sich beide Verteilungen, so daß diese Zuordnung mit einer Unschärfe verbunden ist. Der Anteil der ungeeigneten Verfahrens-Material-Kombinationen beträgt unter der Annahme gleicher Häufigkeit aller möglichen Kombinationen sowie unter Vernachlässigung rundungsbedingter Fehler durch die Klassenbildung jedoch nur rund 4%. Eine weitere Differenzierung in Cluster im Zug des 2. Iterationsschritts kann daher für dieses Beispiel keine nennenswerte Verbesserung der Genauigkeit bringen.

Bei der Bewertung der Recyclingverfahren durch Kennzahlen können durch Zuordnungprobleme und rundungsbedingt Ungenauigkeiten entstehen. Diese sollen im folgenden näher betrachtet werden:

Die aggregierte Recyclingkennzahl R setzt sich additiv aus den Einzelbewertungen B_i multipliziert mit den Gewichtungsfaktoren r_i zusammen:

$$R = \sum_i r_i B_i \qquad (5.1-6)$$

Der Größtfehler nach der Fehlerabschätzung [Kuch 1984] ergibt sich daher zu:

$$\Delta R = \sum_i \frac{dR}{dB_i} \Delta B_i = 0{,}5 \qquad (5.1-7)$$

In der Regel werden nicht alle Fehler gleichzeitig und mit gleichem Vorzeichen auftreten, daher bietet die Fehlerbetrachtung nach Gauß ein realistischeres Ergebnis:

$$\Delta R = \sqrt{\sum_i \left(\frac{dR}{dB_i} \Delta B_i \right)^2} = 0{,}26 \qquad (5.1-8)$$

In der 1. Iteration erfolgt eine ausschließlich qualitative Bewertung der 4 Kriterien technischer Werterhalt, technischer Aufwand, Ausbringung bzw. Substitution und Bedarf für das Recyclingprodukt durch eine Zuordnung zu den Kategorien A, B oder C. Dies ist nicht eindeutig und zweifelsfrei möglich (Beispiel: Ist der technische Aufwand eines Recyclingverfahrens hoch oder nur mittel oder vertretbar?), dadurch entsteht durch die Kennzahlbildung für jedes Kriterium maximal ein Fehler von 0,5 Punkten (zwischen A und B oder zwischen B und C). Die verhältnismäßig große Fehlerspanne ($\Delta R = 0{,}26$) liegt in der groben Rasterung einer ABC-Kategorisierung begründet.

In der 2. Iteration wird der Einfluß eines Fehlers der ABC-Bewertung durch die geringere Gewichtung reduziert. Hinzukommen Fehler durch die XYZ-Bewertung. Für die aggregierte Recyclingkennzahl R steht wie in der 1. Iteration der Zahlenbereich von 0–1 zur Verfügung. Für die Fehlerabschätzung nach Gauß ergibt sich hier durch die erhöhte Anzahl der Summanden ein günstigeres Bild ($\Delta R = 0{,}19$).

In der 3. Iteration wird durch die Einzelbewertung von Altstoffausbringung und Substitutionsfaktor der Fehler nach Gauß noch geringer ($\Delta R = 0{,}17$).

Die möglichen Fehler bei der Bewertung werden durch die Gruppen- und Clusterbildung reduziert, wodurch jedoch die Unschärfe der Aussage insbesondere im 1. Iterationsschritt sehr hoch liegt.

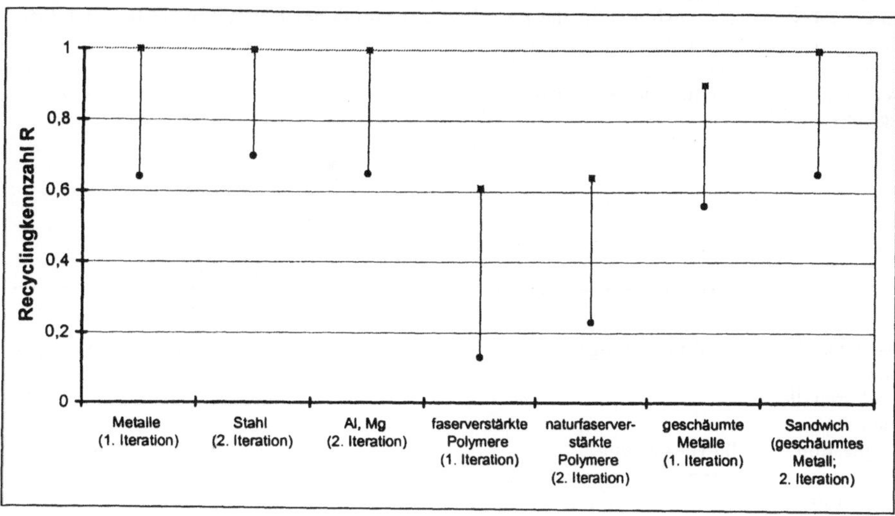

Abb. 5.1–11. Recyclingkennzahlen und Fehlerintervalle im 1. und 2. Iterationsschritt beim Beispiel Bodengruppe

Beispielbezogene Betrachtung. Am Beispiel der Bodengruppe für Hybrid-Kfz werden die Recyclingkennzahlen für einige (Verbund-)Materialgruppen bzw. -cluster im 1. und 2. Iterationsschritt verglichen (Abb. 5.1–11). Hierbei werden die in der allgemeinen Fehlerbetrachtung ermittelten Fehlerspannen einbezogen.

Aufgrund der noch relativ großen Unschärfe überlappen die meisten Fehlerintervalle (Abb. 5.1–11). Es kann nach der 1. Iteration im Modul Technik – Recycling ausgesagt werden, daß die Lösungen mit den Metallen im Hinblick auf das Recycling besser sind als verstärkte Polymere. Geschäumte Metalle liegen mit dem Fehlerintervall ihrer Recyclingkennzahl zwischen den beiden anderen betrachteten (Verbund-)Materialgruppen, jedoch kann aufgrund der Überlappung kein klares Ranking vorgenommen werden.

Im 2. Iterationsschritt werden die Fehlerintervalle enger, so daß nun klare Aussagen möglich sind, da die Metalle Stahl, Aluminium und Magnesium ähnliche Recyclingkennzahlen wie die Sandwiches mit geschäumten Metallen aufweisen und alle genannten Cluster besser als die naturfaserverstärkten Polymere abschneiden.

Die Rangfolge erweist sich demnach als stabil (keine Umkehrungen im Ranking) und wird vom 1. zum 2. Iterationsschritt differenzierter.

Bei der Betrachtung des Recyclings am Beispiel diffusionsarmer Rohre für Fußbodenheizung ergeben sich die Vertrauensintervalle nach Tabelle 5.1–2.

Die beste untere Intervallgrenze haben die Metalle bei der werkstofflichen Verwertung mit einem Wert von 0,64. Die meisten Kombinationen von Verfahren und (Verbund-)Materialien können aufgrund der 1. Iteration hier noch nicht ausgeschlossen werden, da die Intervalle überlappen. Lediglich die in

Tabelle 5.1–2. Vertrauensintervalle der Recyclingkennzahl in der 1. Iteration am Beispiel diffusionsarmer Rohre für Fußbodenheizungen

Recycling-eigenschaften	Technischer Werterhalt	Technischer Aufwand	Ausbringung bzw. Substitution	Bedarf	Recyclingkennzahl	Intervall	
Metalle							
Eisen, Stahl usw.	C (Verwendung)	C	B	A	0,50	0,30	0,73[a]
Leichtmetalle wie z. B. Magnesium	B (Verwertung)	C	C	B	0,90	0,64	1,00
Kunststoffe							
Thermoplaste	C (Verwendung)	B	B	A	0,43	0,23	0,67
	B (werkstoffliche Verwertung)	B	C	C	0,48	0,28	0,69
	B (rohstoffliche Verwertung)	B	C	B	0,65	0,39	0,87
	A (energetische Verwertung)	C	A	C	0,50	0,31	0,68
Chlorhaltige Thermoplaste	C (Verwendung)	B	B	A	0,43	0,23	0,67
	B (werkstoffliche Verwertung)	B	C	A	0,48	0,28	0,69
	B (rohstoffliche Verwertung)	A	C	A	0,40	0,22	0,62[a]
	A (energetische Verwertung)	A	A	B	0,18	0,00	0,44[a]
Duroplaste und Elastomere	C (Verwendung)	B	B	A	0,43	0,23	0,67
	B (werkstoffliche Verwertung)	B	A	B	0,35	0,13	0,61[a]
	B (rohstoffliche Verwertung)	B	C	B	0,65	0,39	0,87
	A (energetische Verwertung)	C	A	B	0,33	0,13	0,58[a]

[a] Kombination Material/Verfahren kann ausgeschlossen werden.

Tabelle 5.1–2 kursiv gedruckten Zeilen (obere Intervallgrenze kleiner 0,64) ergeben eine klare Aussage diesbezüglich. Keine einzige (Verbund-)Materialgruppe kann aufgrund dieser Recyclingbewertung schon im 1. Iterationsschritt ausgeschlossen werden.

Kombinierte Betrachtung. Die Zuordnung von Recyclingverfahren zu (Verbund-)Materiallösungen erfolgt mit einer sehr hohen Aussagesicherheit, die allerdings besonders in den 1. Iterationsschritten mit einer hohen Unschärfe der Aussage verbunden ist. Eine vergleichsweise hohe Aussageunschärfe ergibt sich, wenn Materialeigenschaften oder Anforderungen von Recyclingverfahren an ihren Input über einen weiten Bereich streuen.

Aufgrund der in den 1. Iterationsschritten groben Rasterung bei der Bewertung von Recyclingeigenschaften von (Verbund-)Materialien ergibt sich eine große Fehlerspanne für die jeweiligen Recyclingkennzahlen. Dies führt besonders im 1. Iterationsschritt zu einer hohen Aussageunschärfe, so daß erst in den folgenden Iterationsschritten differenziertere Rankings vorgenommen werden können.

5.1.2
Modul Arbeitsumwelt

5.1.2.1
Allgemeine Fehlerbetrachtung

Die Aussagesicherheit und der Geltungsbereich des Moduls Arbeitsumwelteigenschaften werden auf der Basis von Statistiken über Berufskrankheiten überprüft.

Dies erfolgt zunächst anhand des aktuellen Stands der Berufskrankheitenrenten (neue anerkannte Rentenfälle). Nach HVBG [1997] beläuft sich die Zahl der neuen Berufskrankheitenrenten (BK-Renten), die sowohl nach Wirtschaftszweigen (Abb. 5.1–12) als auch nach Krankheitsgruppen aufgeschlüsselt sind,

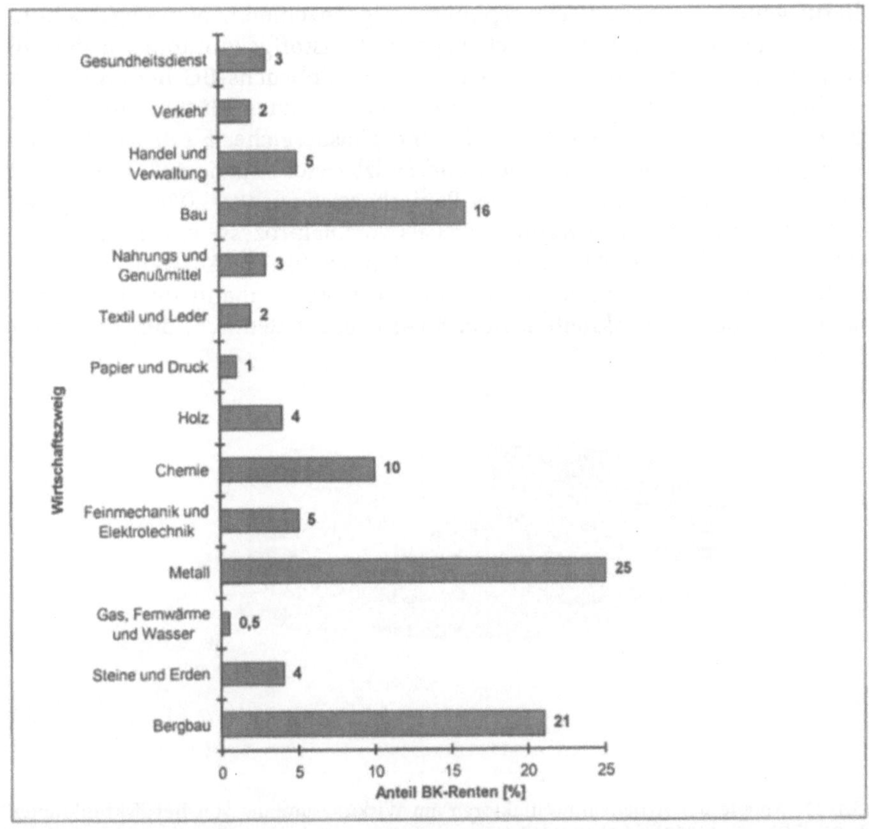

Abb. 5.1–12. Darstellung der Berufskrankheitenrenten nach Wirtschaftszweigen (1996, 7076 BK-Renten)

für das Jahr 1996 auf 7076. Die Betrachtungen sind jedoch nur als grobes Indiz zu sehen, da

- die neuen BK-Renten nur zu einem nicht näher bestimmbaren Teil mit der Verwendung bestimmter (Verbund-)Materialien im ursächlichen Zusammenhang stehen,
- unerwünschte Belastungen, die durch (Verbund-)Materialien verursacht werden, nicht notwendigerweise zu Berufskrankheiten führen.

Die Aufgliederung nach Wirtschaftszweigen zeigt, daß rund $^3/_4$ der Fälle auf 4 Wirtschaftszweige entfallen. Hinter dem hohen Anteil an BK-Renten im Bergbau „verstecken" sich Entschädigungen nach § 551 Abs. 2 RVO und DDR-BKVO. Außerdem sind darin BK-Renten enthalten, die sich aus den Folgen des Uranabbaus (ionisierende Strahlen) durch die SDAG Wismut in Thüringen ergaben. Letztere sind nicht materialauswahlrelevant. Bezüglich der (Verbund-)Materialauswahl werden die relevanten Wirtschaftszweige erfaßt.

Die Verteilung der Arbeitsumweltbelastungen über den Lebensweg wird anhand der Berufskrankheitenstatistik [BK-DOK '90 1992] abgeschätzt, indem die Berufsgenossenschaften schwerpunktmäßig einzelnen Lebenswegabschnitten zugeordnet werden. Für die Lebensphase Rohstoffgewinnung wurden als typische Branchen der Bergbau und 15 % der Steinbruchs-BG herangezogen. Der Lebensphase Vorfinalprozesse wurden die Branchen Hütten- und Walzwerks-BG sowie je 40 % der Keramik- und Glasbereiche, Eisen- und Stahlbereiche, Edel- und Unedelmetallbereiche, Holzbereiche sowie 80 % der BG der chemischen Industrie zugeordnet. Der Papierbereich wird zu 20 % als materialauswahlrelevant, und davon werden 60 % als Vorfinalprozesse eingeschätzt.

Abb. 5.1–13 zeigt eine Übersicht zum Anteil der für die Auswahl von (Verbund-)Materialien relevanten Arbeitsumweltfaktoren anhand des Wirkungsumfangs von Berufskrankheiten. Abb. 5.1–13 macht deutlich, daß durch die

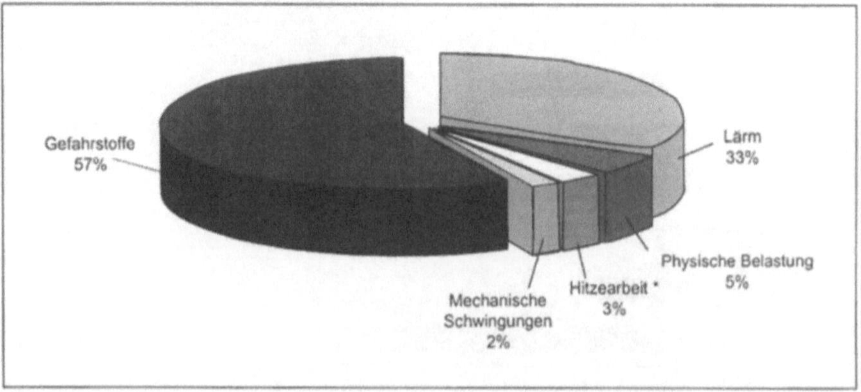

Abb. 5.1–13. Anteile der Arbeitsumweltfaktoren am Wirkungsumfang von Berufskrankheiten (nach BK-DOK '90 [1992]), * dem AUF Hitzearbeit lassen sich keine Berufskrankheiten zuordnen. Es wurde der Mittelwert aus den AUF physikalische Belastung und mechanische Schwingungen eingesetzt

Tabelle 5.1–3. Fehlerbetrachtung zur Bewertung der Arbeitsumwelteigenschaften

Einflußfaktor	Potentiell negativer Einfluß	Fehler		Möglichkeiten der Minimierung
		Eintritts-wahrschein-lichkeit	Einfluß auf das Ergebnis	
Systemgrenze Lebensweg-phasen[a]	Werden Lebenswegabschnitte außerhalb der Systemgrenzen gestellt, wirkt sich das auf die Richtigkeit der Gesamtbewertung aus	Je nach Festlegung	–	Bewertung aller relevanten Lebenswegphasen
Systemgrenze Bewertungs-umfang[b]	Durch Einschränkung auf Bewertungsfaktoren bzw. -elemente sind in den 1. Iterationsschritten nur grobe Abschätzungen möglich (Abb. 5.1-13)	Je nach Festlegung	–	Bewertung aller relevanten Faktoren ab 3. Iteration
Struktur des Lebenswegs[c]	Struktur entspricht möglicherweise nicht dem Stand der Technik	Gering	Mittel-hoch	Orientierung am Stand der Technik
Struktur-feinheit[d]	Zu feine Strukturierung	Mittel[f] Gering[g]	Mittel-hoch	Orientierung an Arbeitsbereichen
Übereinstimmung Strukturelemente: Prozeßschritt bzw. Arbeitsbereich[e]	Geringe Übereinstimmung von Prozeßschritten und Arbeitsbereichen	Mittel-hoch[f] Gering[g]	Mittel-hoch	Orientierung an Arbeitsbereichen

[a] Die Bewertungsmethode für das Modul Arbeitsumwelt ist prinzipiell für alle Lebenswegphasen anwendbar.

[b] Durch die alleinige Bewertung des AUF Gefahrstoffe in der 1. Iteration wird ein Anteil von etwa 40% des Wirkungsumfangs der übrigen relevanten Bewertungskriterien nicht erfaßt.

[c] Für Prozeßstrukturierungen sind folgende Vorgehensweisen möglich: Wenn das zu bewertende (Verbund-)Material existiert, soll die Strukturierung der Prozesse nach dem Stand der Technik erfolgen. Hierbei wird eine wirklichkeitsnahe Abbildung erreicht. Es entsteht ein sehr geringer Fehler. Ist der Stand der Technik nicht genau zu ermitteln, muß nach den zur Verfügung stehenden Informationsquellen strukturiert werden. Es besteht die Möglichkeit einer fehlerhaften Bewertung. Wenn das zu bewertende (Verbund-)Material noch nicht existiert, muß oft die Struktur aus F&E-Ergebnissen und Analogieschlüssen abgeleitet werden. Die Höhe der möglichen Fehleinschätzung kann deutlich von den beiden vorgenannten Fällen abweichen.

[d] Da für die Bewertung der Arbeitsumwelteigenschaften nur die relevanten Arbeitsbereiche herangezogen werden sollen, ist eine zu grobe Strukturierung der Prozesse kaum zu erwarten. Fehlermöglichkeiten können also vornehmlich aus zu detaillierten Strukturierungen entstehen. Man kann dabei 2 Fälle unterscheiden: Handelt es sich bei den Strukturelementen um solche, bei denen die Arbeitsumweltbelastungen vorrangig im kritischen Bereich liegen, wächst der Fehler an, liegen dagegen die Arbeitsumweltbelastungen im unkritischen Bereich, wirkt sich die Strukturfeinheit durch die Anwendung der 30%-Regel nur gering auf das Bewertungsergebnis aus.

[e] Stimmen Prozeßschritte und Arbeitsbereiche nicht überein, können Fehler durch Bewertungsdopplungen und mehrfache Expositionszeitbewertung auftreten. Dabei wirken i. allg. beide Effekte gegeneinander. Bewertungsdopplungen vergrößern den Fehler, geringe Expositionszeiten schwächen ihn ab.

[f] In niedrigeren Iterationen.

[g] In höheren Iterationen.

ausschließliche Betrachtung des AUF „Gefahrstoffe" in der 1. Iteration der überwiegende Teil des Wirkungsumfangs von Berufskrankheiten (etwa 60%) berücksichtigt wird.

Die oben genannten Ausführungen lassen für den Modul Arbeitsumwelteigenschaften folgende Schlußfolgerungen zu:

- Die für die Materialauswahl verwendeten Arbeitsumweltfaktoren dominieren in den relevanten Wirtschaftszweigen.
- Die Beurteilungsmethode berücksichtigt alle materialauswahlrelevanten Arbeitsumweltfaktoren, die zu Berufskrankheiten führen können.
- Aus dem AUF Gefahrstoffe resultiert der überwiegende Anteil der Berufskrankheiten. Deshalb eignet er sich als Screening-Indikator in der 1. Iteration.

Abschließend soll auf den Einfluß der Systemgrenzen des Moduls Arbeitsumwelt und den der Strukturierung der Verfahrensgruppen der jeweiligen Lebenswege hingewiesen werden (Tabelle 5.1–3).

5.1.2.2
Beispielbezogene Fehlerbetrachtung

Wiedergabetreue der Rangfolge. Durch Vergleich des Rankings zwischen dem 2. und 3. Iterationsschritt wird die Stabilität der ausgewiesenen Rangfolgen (Wiedergabetreue) der Arbeitsumwelteigenschaften von (Verbund-)Materiallösungen überprüft. Für die Beispiele Bodengruppe eines Hybridfahrzeugs und diffusionsarme Rohre für Fußbodenheizungen sind die Iterationsergebnisse in Tabelle 5.1–4 und Tabelle 5.1–5 dokumentiert.

Tabelle 5.1–4. Wiedergabetreue des Rankings im 2. und 3. Iterationsschritt – Arbeitsumwelteigenschaften des Beispiels Bodengruppe

(Verbund-)Material	Ranking	
	2. Iteration	3. Iteration
Stahl	3	2
Aluminium	2	2
PB//Kohlenstoff-, Aluminium-, Aramidfaser	3	2
PB//Sisal-, Flachs-/Hanf-, Glasfaser	2	1
PP/PE//Aramidfaser	2	2
PP/PE//Sisal-, Flachs-/Hanf-, Glasfaser	1	1

Tabelle 5.1–5. Wiedergabetreue des Rankings im 2. und 3. Iterationsschritt – Arbeitsumwelteigenschaften des Beispiels diffusionsarmer Rohre für Fußbodenheizungen

(Verbund-)Material	Ranking	
	2. Iteration	3. Iteration
Stahl	1	2
Aluminium	1	2
Thermoplaste	1	1

Für das Beispiel Bodengruppe gibt es je 3 (Verbund-)Materialien mit in beiden Iterationen gleichbleibenden bzw. veränderten Plazierungen.

In der 2. Iteration kann für die diffusionsarmen Rohre kein Ranking durchgeführt werden, da es keine signifikanten Unterschiede in den Belastungskennzahlen gibt. Erst im 3. Iterationsschritt ist ein 2stufiges Ranking möglich (Tabelle 5.1–5).

Anhand der dargestellten Beispiele ist die Wiedergabetreue der Rangfolge über die Iterationsstufen als hoch einzustufen. Beim Übergang vom 2. zum 3. Iterationsschritt kommt es zu keiner Umkehrung der Rangfolge der (Verbund-)Materialien in den betrachteten Beispielen. Gegenüber dem 2. Iterationsschritt ist im 3. Iterationsschritt eine höhere Differenzierung festzustellen. Dadurch erhalten einige (Verbund-)Materialien in der 3. Iteration eine höhere Einstufung als in der 2. Iteration (signifikante Unterschiede zwischen Materialien mit gleichem Ranking in der 2. Iteration). Insofern kann unterstellt werden, daß die im Vergleich zur 3. Iteration gröbere Betrachtungsweise der 2. Iteration zwar weniger differenzierte und mit größerer Unschärfe behaftete, aber in der Tendenz richtige Aussagen liefert.

Einfluß methodischer Annahmen auf das Ranking
Variation der Anzahl der betrachteten Arbeitsbereiche. Welchen Einfluß die Anzahl der betrachteten Arbeitsbereiche auf das Ranking ausübt, veranschaulicht Abb. 5.1–14. Für das Beispiel Schaltschrankgehäuse ist das Ranking in der 3. Iteration mit jeweils 30 % (Variante 1), 50 % (Variante 2) und 100 % (Variante 3) der betrachteten Arbeitsbereiche dargestellt.

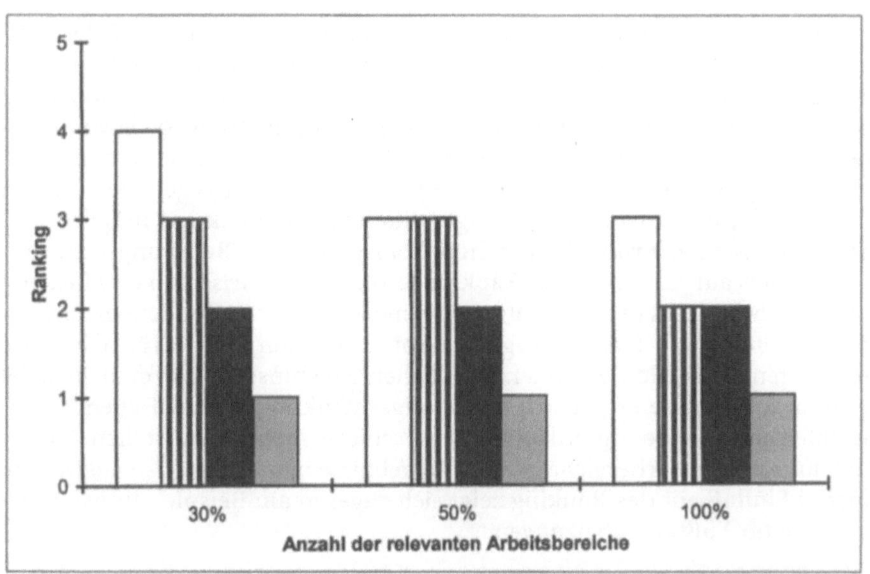

Abb. 5.1–14. Einfluß der Anzahl der betrachteten Arbeitsbereiche auf das Ranking im 3. Iterationsschritt am Beispiel Schaltschrankgehäuse, *weiße Balken* Aluminium, *schraffierte Balken* Stahl, *schwarze Balken* UP-Harze (SMC), *graue Balken* Thermoplaste (PC)

Grundlage für ein Ranking der untersuchten Materialarten aus arbeitswissenschaftlicher Sicht sind ihre Belastungskennzahlen, die durch Summenbildung der relevanten komplexen Arbeitsbereichsbeurteilungen ermittelt werden. Ist jedoch die Differenz der Belastungskennzahlen zweier Materialalternativen $< \pm 10\%$, so wird der Unterschied als nicht signifikant betrachtet.

Die Belastungskennzahlen, berechnet nach Variante 1, liefern für alle untersuchten Materialarten signifikante Unterschiede, so daß als Ergebnis ein 4stufiges Ranking erfolgt. Jeweils ein 3stufiges Ranking ergibt sich bei den Varianten 2 und 3. In beiden Fällen kann zwischen 2 in der Reihenfolge benachbarten Materialalternativen kein signifikanter Unterschied bezüglich ihrer Belastungskennzahlen festgestellt werden. Gegenüber Variante 1 ist bei Variante 2 zwischen den Materialalternativen Aluminium und Stahl kein signifikanter Unterschied vorhanden. Dadurch liegen beide Materialalternativen im Ranking auf Platz 3. Für Variante 3 ergibt sich zwischen den Materialarten Stahl und UP-Harze kein signifikanter Unterschied, so daß beide im Ranking auf Platz 2 gesetzt werden.

Wie Abb. 5.1–14 veranschaulicht, kommt es bei keiner Bewertungsvariante zu einer Umkehrung der Rangfolge der untersuchten Materialarten. Von den unterschiedlichen Bewertungsvarianten empfiehlt sich Variante 1, d.h. die Bildung der Belastungskennzahlen mit der Anzahl 30% der betrachteten Arbeitsbereiche, als Vorzugsvariante. Das Ausklammern von 70% der Arbeitsbereiche mit den geringeren Arbeitsbereichsbelastungen verringert nicht die Aussagekraft der Bewertung, sondern vermeidet, wie beabsichtigt, Nivellierungseffekte durch die Konzentration auf die Schwerpunktbereiche.

Variation der Signifikanzgrenzen. Eine wissenschaftliche Begründung der Festlegung, daß 2 Belastungskennzahlen als signifikant unterschiedlich betrachtet werden, wenn die Differenz mehr als $\pm 10\%$ ihres Werts beträgt, kann nicht gegeben werden, da dieser Wert stark von den Ausgangsdaten sowie von möglichen Kompensationseffekten mehrerer Fehler abhängt. Bei einer Signifikanzgrenze von $\pm 20\%$ besteht einerseits eine höhere Sicherheit gegenüber Fehlern beim Ranking, andererseits sind weniger differenzierte Rankings möglich.

Der Einfluß einer Erhöhung der Signifikanzgrenze der Belastungskennzahlen von $\pm 10\%$ auf $\pm 20\%$ auf das Ranking erfolgt exemplarisch an den Beispielen Schaltschrankgehäuse und diffusionsarme Rohre für Fußbodenheizungen.

Die Erhöhung der Signifikanzgrenze von $\pm 10\%$ auf $\pm 20\%$ führt bei den untersuchten Beispielen zu unterschiedlichen Ergebnissen. Bei dem Beispiel Schaltschrankgehäuse ergibt sich ein 4stufiges Ranking, aber zwischen 2 Rankingstufen sind keine signifikanten Unterschiede mehr festzustellen (Überschneidung der Fehlerbereiche), wie die Ergebnisse in Tabelle 5.1–6 ausweisen. Keinerlei Einfluß auf das Ranking zeigt sich dagegen am Beispiel diffusionsarmer Rohre für Fußbodenheizungen.

Variation der Gewichtung der Arbeitsumweltfaktoren. Am Beispiel Schaltschrankgehäuse wird der Einfluß der AUF-Gewichtung auf das Ranking im 3. Iterationsschritt untersucht. In Tabelle 5.1–7 sind sowohl die in der Methode

Tabelle 5.1–6. Einfluß der Erhöhung der Signifikanzgrenze auf das Ranking im 3. Iterationsschritt am Beispiel Schaltschrankgehäuse

(Verbund-)Material	Ranking	
	Signifikanzgrenze ±10%	Signifikanzgrenze ±20%
Aluminium	4	4
Stahl	3	3
UP-Harze	2	2/3
Thermoplaste (PC)	1	1/2

Tabelle 5.1–7. Unterschiedliche Gewichtungen von Arbeitsumweltfaktoren

Arbeitsumweltfaktor	Gewichtung (Punkteverteilung)	
	Variante 1	Variante 2
Gefahrstoffe I	240	240
Gefahrstoffe II	100	100
Lärm	60	30
Physische Belastung	60	30
Hitzearbeit	60	30
Mechanische Schwingungen	60	30

verwendete (Variante 1) als auch die veränderte Gewichtung (Variante 2) der AUF eingetragen. Gegenüber Variante 1 ist in Variante 2 die Differenz zwischen den AUF „Gefahrstoffe I und II" und den AUF „Lärm, physische Belastung, Hitzearbeit, mechanische Schwingungen" deutlich vergrößert worden.

Die Rankingergebnisse mit den unterschiedlichen AUF-Gewichtungen sind in Tabelle 5.1–8 dargestellt. Gegenüber Variante 1 ist bei Variante 2 zwischen den Materialalternativen Stahl und UP-Harze kein signifikanter Unterschied vorhanden. Dadurch liegen beide Materialalternativen im Ranking auf Platz 2. Eine Umkehrung der Rangfolge der untersuchten (Verbund-)Materialarten erfolgt durch die veränderte Gewichtung nicht.

Variation der Bewertung (Worst-case- bzw. Best-case-Bewertung). Die Untersuchung der Empfindlichkeit der Methode wird anhand der 3. Iteration des Beispiels Schaltschrankgehäuse durchgeführt. Dazu wird die Bewertung um eine

Tabelle 5.1–8. Einfluß der AUF-Gewichtung auf das Ranking im 3. Iterationsschritt, Beispiel Schaltschrankgehäuse

(Verbund-)Material	Ranking	
	Variante 1	Variante 2
Aluminium	4	3
Stahl	3	2
UP-Harze	2	2
Thermoplaste	1	1

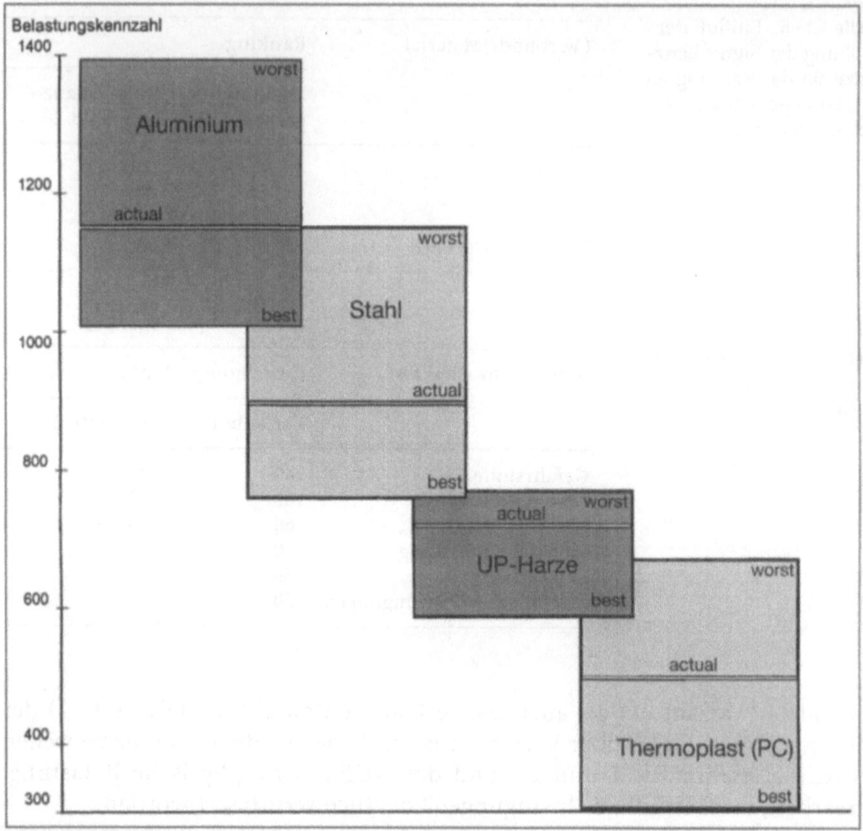

Abb. 5.1–15. Sensitivitätsanalyse anhand einer Worst-case- bzw. Best-case-Untersuchung am Beispiel Schaltschrank

pessimistische bzw. optimistische Bewertungsvariante ergänzt. Die Bewertungen aller AUF wurden jeweils um 1 Stufe nach oben bzw. unten verändert. Die Ergebnisse sind in Abb. 5.1–15 dargestellt. Dabei bilden die grauen Felder die Bereiche der maximalen bzw. minimalen Belastungskennzahlen, die durch eine optimistische bzw. pessimistische Veränderung der Bewertung der jeweiligen (Verbund-)Materialalternative entstehen können. In der Praxis verringern sich diese Bereiche, da eine nur pessimistische bzw. nur optimistische Abweichung von der Wahrheit kaum wahrscheinlich ist.

Es wird deutlich, daß die Reihenfolge der verglichenen (Verbund-)Materialien in allen 3 Fällen gleich ist. Aufgrund der Überschneidung der Fehlerbereiche zweier benachbarter (Verbund-)Materialien ist nur zu entfernteren Materialalternativen ein Ranking möglich.

5.1.2.3
Kombinierte Fehlerbetrachtung

Die Überprüfung der Aussagesicherheit und des Geltungsbereichs der Bewertung des Moduls Arbeitsumwelteigenschaften anhand von Berufskrankheitenstatistiken zeigt, daß die Methode alle wesentlichen Belastungsfaktoren berücksichtigt.

Aus dem Arbeitsumweltfaktor „Gefahrstoffe" resultiert der wesentlichste Anteil (etwa 60%) an Berufskrankheiten. Er eignet sich daher als Screening-Indikator in der 1. Iteration. Ab der 2. Iteration werden methodisch alle relevanten Arbeitsumweltfaktoren berücksichtigt und weitere Einflußgrößen (z. B. die Expositionszeit) erfaßt.

Diese Aussagen werden durch das stabile Ranking bei den untersuchten Beispielen Bodengruppe für Hybridfahrzeug, Fußbodenheizungsrohre und Schaltschrankgehäuse bestätigt. Das verdeutlicht der Vergleich der 2. und 3. Iterationsschritte, der zu keiner Umkehrung der Rangfolge von (Verbund-)Materialien führt.

Auch der Einfluß verschiedener methodischer Annahmen auf das Ranking in der 3. Iteration führt zu keiner Umkehrung der Rangfolge:

- Variation der Anzahl der betrachteten Arbeitsbereiche,
- Änderung der Signifikanzgrenzen,
- Änderung der Gewichtung der Arbeitsumweltfaktoren,
- Worst- bzw. Best-case-Bewertung

Die Untersuchungen zur Aussagesicherheit haben nachgewiesen, daß die Methode, unter Einhaltung eines vertretbaren Aufwands, eine hohe Genauigkeit bzw. Richtigkeit der Bewertung der Arbeitsumwelt ermöglicht. Insbesondere im 1. Iterationsschritt wird die hohe Aussagesicherheit jedoch durch eine vergleichsweise große Unschärfe der Aussage erkauft.

5.1.3
Modul Umwelt

5.1.3.1
Allgemeine Betrachtung

Generierung der statistischen Bezugsgröße. Für die Materialauswahl werden die in der Ökobilanzdiskussion betrachteten Wirkungskategorien als „Gesamtproblem Umwelt" angesehen (vgl. [Klöpffer; Renner 1995]). Anhand von statistischen Bezugsgrößen aus den Wirkungspotentialen Ressourcenverknappungspotential (RDP), Treibhauspotential (GWP), Ozonabbaupotential (ODP), Versauerungspotential (AP) und Eutrophierungspotential (NP) erfolgt eine Überprüfung der von euroMat berücksichtigten Umweltauswirkungen. Die Wirkungspotentiale von Bodenbeanspruchung (Flächennutzung, FN), Photooxidanzien (POCP), Toxizität, Lärm- und Geruchsbelastung wirken überwiegend lokal. Deshalb können für diese Umweltprobleme nicht genügend globale Daten gefunden werden. Aus diesem Grund werden sie hier nicht betrachtet.

Tabelle 5.1–9. Zur Generierung der statistischen Bezugsgröße verwendete Datenquellen

GWP	ODP	RDP	AP	NP
[Houghton et al. 1996], [Enquete 1990; S. 505], [WMO/UNEP – IPCC 1990], [Guinée 1993], [AFEAS 1995],	[Ozone Secretariat 1993], [Guinée 1993], [WMO/UNEP – IPCC 1990], [UNEP 1994], [AFEAS 1995], [OECD 1995] [McCulloch 1992]	[Bundesanstalt für Geowissenschaften u. Rohstoffe, Hannover 1986], [BGR 1996], [WRI 1996], [US-Department of Interior, International Strategic Minerals Inventory, Summary report 1990]	[Böttger et al. 1978] mit Datenvergleich zu [UNEC EMEP/ETC-AE 1996], [UNEP 1994]	[Böttger et al. 1978] mit Datenvergleich zu [UNEC EMEP/ETC-AE 1996], [UNEP 1994]

Die statistische Bezugsgröße muß die globalen Elementarflüsse berücksichtigen, da euroMat '98 auch die Umweltbelastungen von Stoffen und Energien betrachtet, die in den Wirtschaftsstandort Deutschland importiert werden. Es werden nur anthropogen bedingte globale Emissionen berücksichtigt, die mit der Herstellung, Anwendung und Entsorgung von Produkten zusammenhängen, also durch die Produktentwicklung bzw. durch die mit euroMat durchzuführende Materialauswahl beeinflußbar sind. Diese Auswahl ist als Näherung zu verstehen.

Die Bildung von statistischen Bezugsgrößen erfolgt für die Wirkungskategorien RDP, GWP, ODP, AP und NP durch die wirkungsbezogene Summierung der jeweils relevanten und mit Wirkungsfaktoren bewerteten, globalen Emissionen. Für die Generierung der Bezugsgröße werden die in Tabelle 5.1–9 aufgeführten Datenquellen herangezogen.

Für das NP können nur unvollständige Daten zusammen gestellt werden. Der Eintrag über Abwässer ist nicht global dokumentiert, und vorliegende Daten können kaum nach ihrer Herkunft differenziert werden. Es werden für das NP daher nur Luftemissionen berücksichtigt.

Die Angabe der generierten statistischen Bezugsgrößen der Wirkungspotentiale erfolgt in Tabelle 5.1–10 für das GWP als CO_2-Äquivalent, für das ODP als FCKW11-Äquivalent, für das AP als SO_2-Äquivalent, für das NP im aquatischen System als PO_4^{3-}-Äquivalent, bzw. im terrestrischem System als NO_3^--Äquivalent und für die RDP als Äquivalent zur Rohölverknappung.

Tabelle 5.1–10. Jährliche globale statistische Bezugsgrößen der Wirkungspotentiale

Potential	Äquivalent
Treibhauspotential GWP	40 Pg CO_2-Äquivalente
Ozonabbaupotential ODP	1 Tg FCKW11-Äquivalente
Versauerungspotential AP	200 Tg SO_2-Äquivalente
Eutrophierungspotential NP	20 Tg PO_4^3-Äquivalente 200 Tg NO_3-Äquivalente
Ressourcenverknappungspotential RDP	6 Pg Rohöläquivalente

Tabelle 5.1–11. Verteilung der statistischen Bezugsgrößen [%], Quellen s. Tabelle 5.1.9

Potential	Charakterisierung
Treibhauspotential GWP	Rodung, Verbrennung von Biomasse 16,3 % Pflanzenanbau 4,6 % Tierhaltung (inklusive Grasland) 6,3 % Energieumwandlung 18,8 % Verkehr 10,4 % Haushalte (inklusive Haushaltsgeräte) 5,3 % Abfallentsorgung (inklusive Haushalte, soweit nicht differenzierbar) 2,5 % Kohleabbau 2,6 % Gas- und Erdölförderung 3,8 % Andere Industriezweige 21,3 % Sonstige Quellen 8,1 %
Ozonabbaupotential ODP	Industrie 88,9 % Haushalte 7,8 % Sonstige Quellen 3,3 %
Versauerungspotential AP	Viehhaltung 28,7 % Düngung 4,7 % Verkehr 3,2 % Kraftwerke 37,1 % Sonstige Verbrennung 10,2 % Chemische Industrie 3,5 % Sonstige Industrie 4,9 % Kohlebergbau u. Kohleverarbeitung 1,3 % Sonstige Quellen 6,4 %
Eutrophierungspotential NP aquatisch	Viehhaltung 65,4 % Düngung 10,6 % Verkehr 3,4 % Kraftwerke 1,4 % Chemische Industrie 5,3 % Sonstiges 13,9 %
Eutrophierungspotential NP terrestrisch	Viehhaltung 65,4 % Düngung 10,6 % Verkehr 3,4 % Kraftwerke 1,4 % Chemische Industrie 5,3 % Sonstige Quellen 13,9 %
Ressourcenverknappungspotential RDP	Elektrizitäts-, Dampf- und Warmwassererzeugung 36,1 % Kohlebergbau u. Kohleverarbeitung 37,6 % Übriger Bergbau 1,3 % Chemische Erzeugnisse, Spalt- und Brutstoffe 7,7 % Mineralöl- und Kunststofferzeugnisse 1,8 % Eisen und Stahl, NE-Metalle Gießereiprodukte 13,1 % Verkehrs-, Post- und Fernmeldewesen 1,3 % Sonstige Quellen 1,1 %

Verteilungsanalyse. Soweit dies möglich ist, werden die statistischen Bezugsgrößen nach ihrer Herkunft aufgeschlüsselt. Falls die Herkunft nur qualitativ
aus verschiedenen Bereichen bekannt ist, wird die quantitative Verteilung abgeschätzt. Falls keine globale Herkunftsverteilung bekannt ist, wird mit deutschen
Verteilungsdaten des Statistischen Bundesamts oder Verteilungsdaten aus ame-
rikanischen Studien abgeschätzt. Die Verteilung ist in Tabelle 5.1–11 zusammengefaßt.

Vergleich mit den Systemgrenzen und dem Systemumfang in euroMat '98. Die
jeweiligen Verteilungen der globalen Emissionen werden mit der methodischen
Berücksichtigung der Herkunftsbereiche dieser Emissionen in euroMat verglichen. Analog wird mit Ressourcenverbräuchen verfahren. Die Ergebnisse
dieser Betrachtungen sind in Abb. 5.1–16 sowie in Abb. 5.1–17 dargestellt.

Dieser Abgleich führt nicht immer zu eindeutigen Ergebnissen, da einige
Herkunftsbereiche von Emissionen nur teilweise durch euroMat erfaßt werden.
So liefert der Energieverbrauch über die Schwefeldioxidemission aus Kraft-

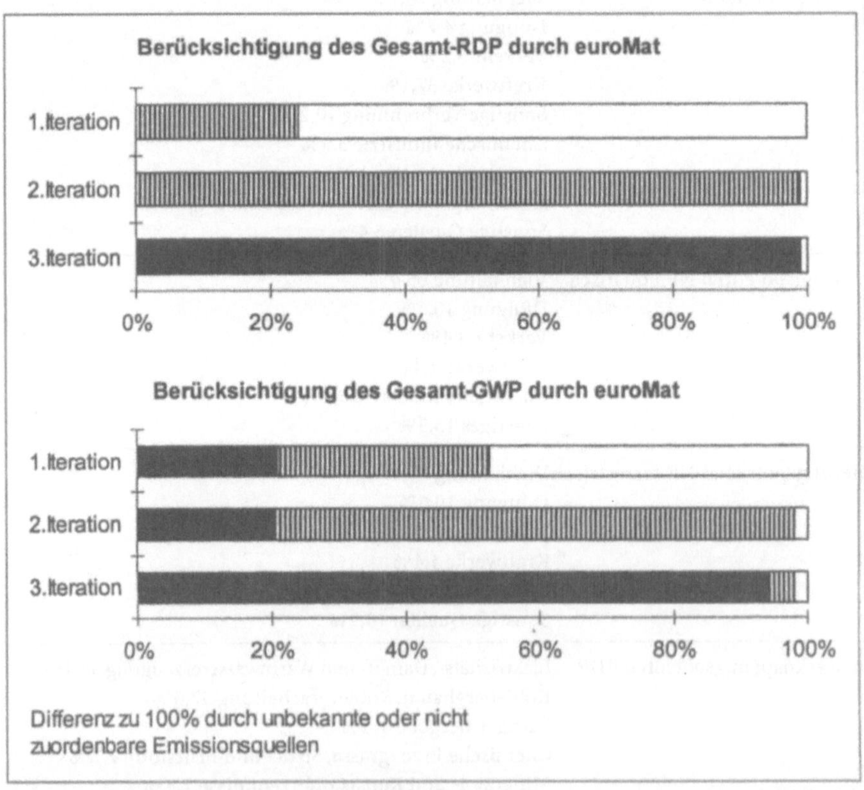

Abb. 5.1–16. Methodische Erfassung des Ressourcenverbrauchs und Treibhauspotentials durch
euroMat '98, *schwarz* ja, *schraffiert* teilweise, *weiß* nein

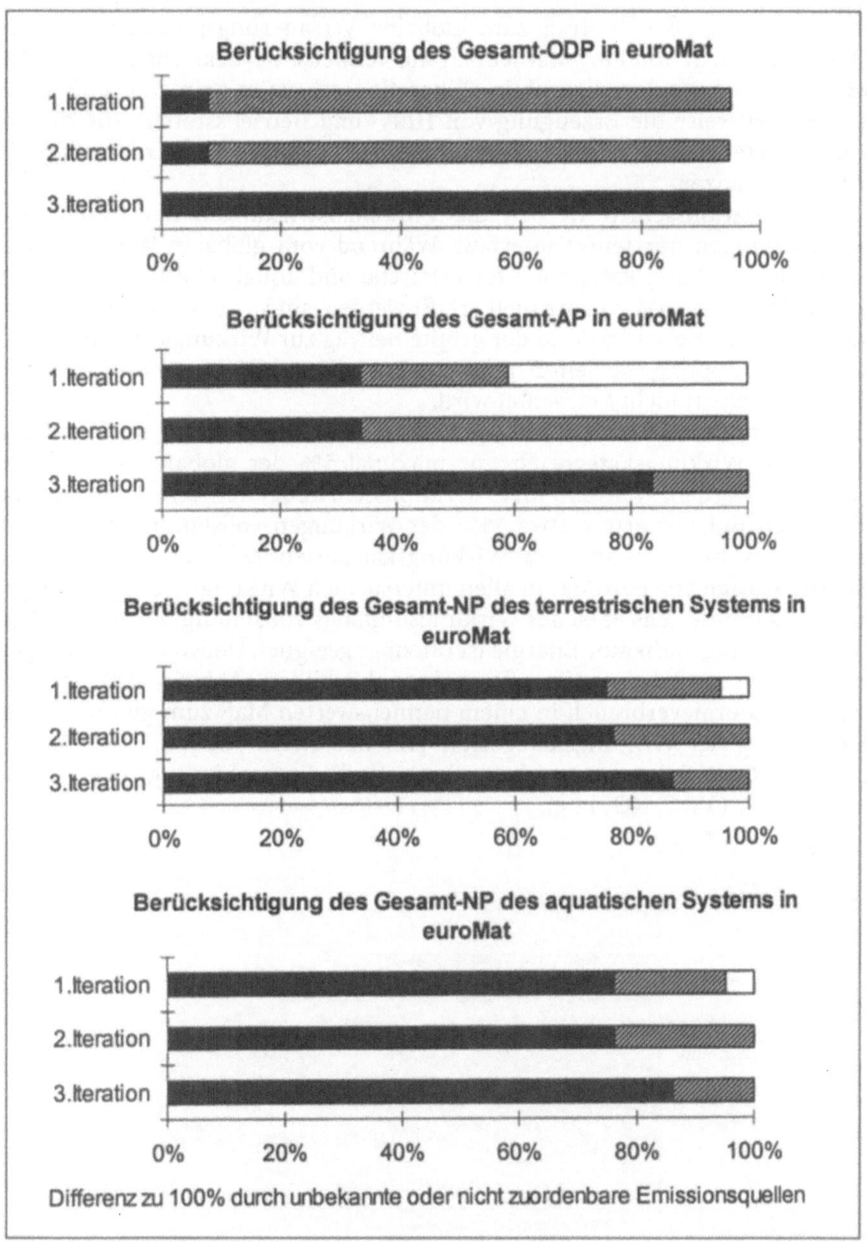

Abb. 5.1–17. Methodische Erfassung von Ozonabbau, Versauerung und Eutrophierung durch euroMat '98, *schwarz* wird erfaßt, *schraffiert* wird teilweise erfaßt, *weiß* wird nicht erfaßt

werken einen großen Beitrag zum globalen Versauerungspotential, was im
2. Iterationsschritt von euroMat jedoch nur teilweise Berücksichtigung findet.
Zwar wird der Energieverbrauch im 2. Iterationsschritt prinzipiell erfaßt, doch
liegt beispielsweise die Erzeugung von Hilfs- und Betriebsstoffen, für die ein
nennenswerter Teil des Gesamtenergieverbrauchs eingesetzt wird, außerhalb
der Systemgrenzen.

Im 1. Iterationsschritt werden die Umweltauswirkungen der (Verbund-)
Materiallösungen nur teilweise erfaßt. Während vom globalen Wirkungsumfang in den Wirkungskategorien terrestrische und aquatische Eutrophierung
bis zu 90 % von euroMat prinzipiell erfaßt werden, sind es bei der Ressourcenverknappung nur etwa 25 %, da der größte Beitrag zur Wirkungskategorie Ressourcenverknappung aus dem Bereich der Energieumwandlung stammt, die im
1. Iterationsschritt nicht betrachtet wird.

Die Systemgrenzen im 2. und 3. Iterationsschritt sind deutlich umfassender,
weil in den Wirkungskategorien nur maximal 5 % der globalen Wirkungen
nicht erfaßt werden. Während im 2. Iterationsschritt bei der terrestrischen und
aquatischen Eutrophierung etwa 75 % der Wirkungen vollständig erfaßt werden, sind es bei den anderen Wirkungskategorien lediglich 10–35 %. Im
3. Schritt werden von euroMat in allen untersuchten Wirkungskategorien dagegen jeweils mindestens 85 % des Wirkungsumfangs vollständig berücksichtigt.

Der Screening-Indikator Energie ist offenbar geeignet, Umweltauswirkungen
von Systemen im Rahmen eines Screenings abzubilden (Abb. 5.1–18). So trägt
der fossile Energieverbrauch in einem nennenswerten Maß zum globalen Wirkungsumfang der Wirkungskategorien Treibhauseffekt (CO_2, z.T. CH_4), Versauerung (SO_2, NO_X), terrestrische und aquatische Eutrophierung (NO_X) sowie
Sommersmog (VOC, NO_X) bei.

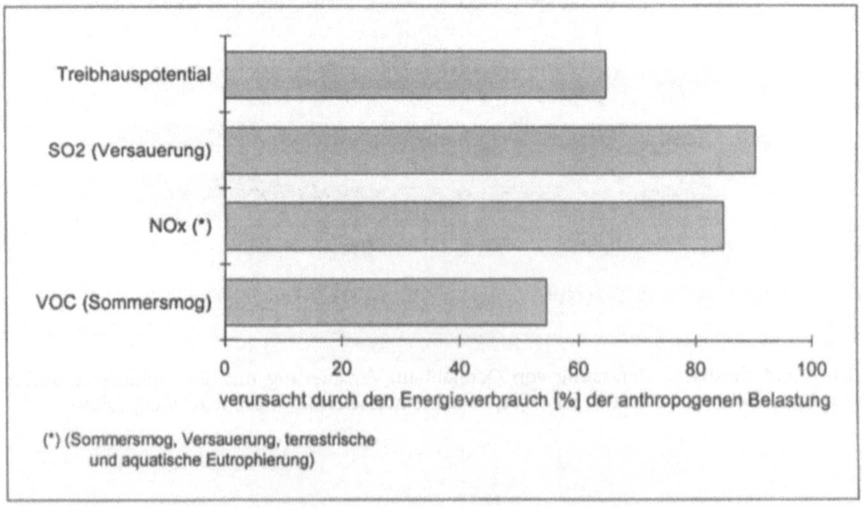

Abb. 5.1–18. Allgemeine Eignung des Screening-Indikators Energie [Fleischer, Schmidt 1997]

Gruppen- und Clusterbildung als potentielle Fehlerquelle. Der Einfluß der Zusammenfassung der einzelnen (Verbund-)Materialien zu Gruppen, Clustern bzw. Arten auf die Bewertung der Umwelteigenschaften wird beispielhaft für die Gruppen Nichteisen(NE)-Metalle und Hölzer untersucht.

Dazu werden die Umweltauswirkungen bis zur Materialherstellung auf dem Niveau des 3. Iterationsschritts bilanziert und statistisch ausgewertet. Die Streuung der Wirkungsabschätzungsergebnisse innerhalb der (Verbund-)Materialgruppen bzw. -cluster wird durch den Variationskoeffizienten beschrieben. Darüber hinaus erfolgt eine Unschärfebetrachtung durch Ermittlung des Anteils der Materialarten, deren Herstellung mit geringeren Umweltbelastungen verbunden ist als dem Mittelwert entspricht. Die Ergebnisse dieser Betrachtungen sind in Abb. 5.1–19 dargestellt.

Der Genauigkeitsgewinn (Änderung der Variationskoeffizienten bzw. der Unschärfen beim Übergang von der Gruppen- auf die Clusterbetrachtung) ist bei den untersuchten Metallen deutlich größer [z.B. hinsichtlich der Unschärfe beim Treibhauspotential (GWP) um den Faktor 1,6 statt 1,25 bzw. bei den Variationskoeffizienten um den Faktor 12,8 statt 0,05].

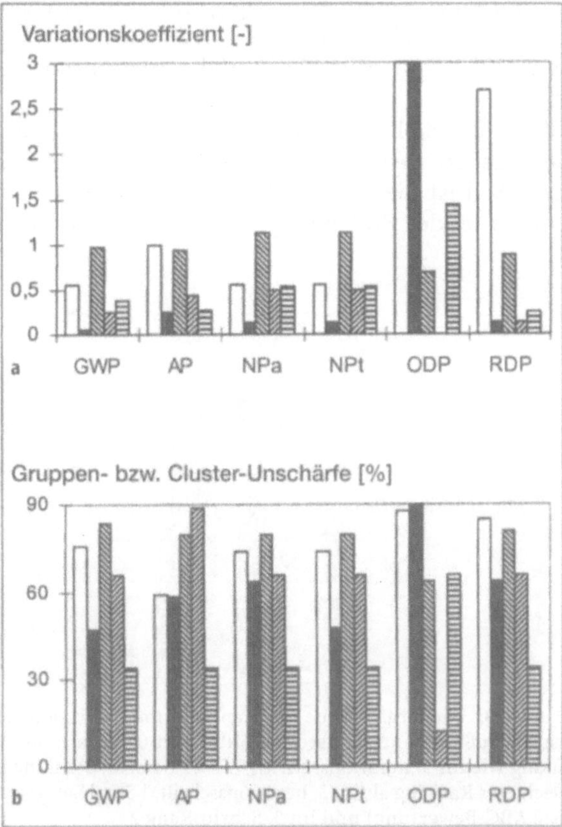

Abb. 5.1–19. Variationskoeffizienten und Unschärfen der Gruppen NE-Metalle und Holz (*n* Anzahl der Materialarten im Cluster bzw. in der Gruppe), *GW* Treibhaus, *N* Eutrophierung, *OD* Ozonabbau, *RD* Ressourcenzahl, *n* Anzahl, *A* Versauerung, *a* aquatisch, *t* terrestrisch, *P* Potentail, *weiße Balken* Gruppe NE-Metalle (*n* = 41), *schwarze Balken* Cluster Aluminium (*n* = 19), *schräg nach rechts schraffierte Balken* Gruppe Holz (*n* = 30), *schräg nach links schraffierte Balken* Cluster europäisches Landholz (*n* = 8), *waagrecht schraffierte Balken* Cluster Polyolefine (*n* = 6, zum Vergleich)

5.1.3.2
Beispielbezogene Betrachtung

Die beispielbezogene Fehlerbetrachtung erfolgt zunächst anhand der ermittelten Rankings. Anschließend werden detailliertere Betrachtungen hinsichtlich der Systemgrenzen, des Screening-Indikators im 2. Iterationsschritt, der Methoden zur Prozeßverknüpfung, der Wirkungsabschätzung sowie der Auswertung vorgenommen.

Wiedergabetreue der Rangfolge. Die Stabilität der ermittelten Rangfolgen (Wiedergabetreue) der Umwelteigenschaften von (Verbund-)Materiallösungen für Fußbodenheizungsrohre wird durch den Vergleich des Rankings zwischen dem 2. und dem 3. Iterationsschritt ermittelt. Zur Beurteilung der Übereinstimmung wird die Wiedergabetreue als Quotient aus dem Ranking des 2. und des 3. Schritts berechnet.

Für das Beispiel Fußbodenheizungsrohre muß dazu vorher die direkte Vergleichbarkeit durch Umrechnung der Plazierungen im 2. Iterationsschritt von einer 5- auf eine 3stufige Rangskala erreicht werden, beispielsweise indem die 3 mittleren Rangstufen zusammengefaßt werden. Andere Umrechnungsmethoden führten zu einer geringfügig schlechteren Wiedergabetreue. Die Werte der einzelnen Materialien für die Wiedergabetreue des Rankings lassen sich mit der Angabe von Mittelwert und Variationskoeffizient statistisch auswerten (Abb. 5.1–20).

Beim Beispiel Fußbodenheizungsrohre liegt der Variationskoeffizient der Wiedergabetreue bei 12% und der Mittelwert der Wiedergabetreue bei 0,97. Für diesen Fall ist die Wiedergabetreue sehr hoch (Abb. 5.1–20). Gleiches gilt für das Beispiel der Bodengruppe mit einem Variationskoeffizienten für die Wie-

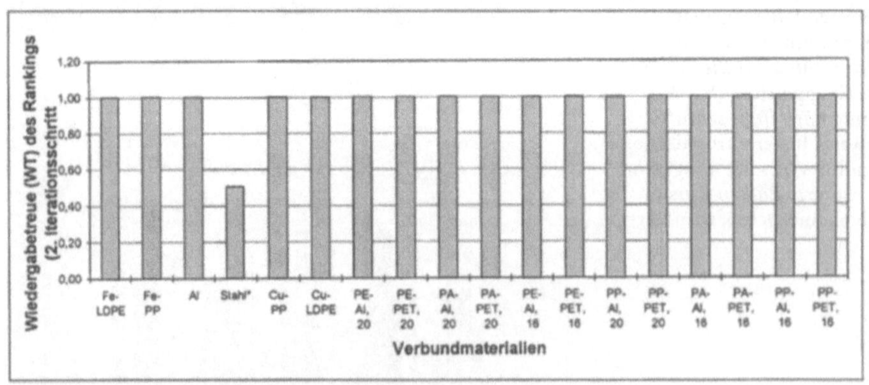

Abb. 5.1–20. Wiedergabetreue des Rankings im 2. Iterationsschritt – Umwelteigenschaften des Beispiels Fußbodenheizungsrohre, Mittelwert 0,97, Variationskoeffizient 12%, *WT=1* gleiches Ranking wie im 3. Iterationsschritt, *WT<1* besseres Ranking als im 3. Iterationsschritt, *WT>1* schlechteres Ranking als im 3. Iterationsschritt, * Stahl belegt im 1. Iterationsschritt knapp Rang 1 (beste ABC-Bewertung) und im 3. Schritt Rang 2

dergabetreue von 15% und einem Mittelwert der Wiedergabetreue der Rankings von 0,97.

Ein möglicher Grund für eine Streuung der Wiedergabetreue sind die unterschiedlichen Bewertungsmethoden der beiden Iterationsschritte. Während im 3. Iterationsschritt die Teilergebnisse aus allen Wirkungskategorien zu einem Gesamt-Ranking aggregiert werden, stehen bei der Bewertung des 2. Iterationsschritts die Ergebnisse des Screening-Indikators Energieverbrauch und der ABC/XYZ-Analyse der übrigen Umweltauswirkungen nebeneinander. Für die Zuordnung zu Platz 1 muß ein Material(cluster) in beiden Bereichen um 20% besser als die Referenz abschneiden, unabhängig davon, um wieviel diese Grenze überschritten wird.

Untersuchung möglicher Einflüsse auf die Screening-, Wirkungsabschätzungs- und Auswertungsergebnisse

Einfluß der Systemgrenzen. Aufgrund der Definition der funktionellen Äquivalenz in den Beispielen Bodengruppe und Fußbodenrohre werden die Umwelteigenschaften der untersuchten (Verbund-)Materialien von der Nutzungsphase dominiert. Dies gilt für die meisten Materialarten, insbesondere die Polymerverbunde, auch für den Fall der Differenzbetrachtung des Energieverbrauchs der Nutzungsphase. Infolge dieser Dominanz wird der Einfluß von Prozessen der Nebenstruktur auf die Umweltrelevanz der Materialvarianten merklich begrenzt. Damit ist auch der Einfluß der zugrundeliegenden Systemgrenzen tendenziell gering und wird deshalb nicht näher betrachtet.

Eine andere Situation ergibt sich beim Beispiel Werkzeugkoffer. Hier wirkt sich die Nutzungsphase entsprechend dem Anforderungsprofil überhaupt nicht auf die Umwelteigenschaften aus. Die Umwelteigenschaften werden dagegen sehr stark von der werkstofflichen Recyclingquote beeinflußt. Im Hauptszenario ist für die Materialien auf Thermoplastbasis eine Recyclingquote von 50% angenommen worden. Bei einer Erhöhung der Recyclingquote auf 90% verringern sich die Umweltbelastungen fast linear, da der Aufwand für das Recycling im Vergleich zur Herstellung des Primärmaterials relativ gering ist. Tabelle 5.1–12 zeigt für mit 77 Massenprozent hanffaserverstärktes Polypropylen (PP-Hanf 77), wie sich mit der Recyclingquote der Energieverbrauch (KEA: Kumulierter Energieaufwand) und die quantitativen Wirkungskategorien verändern.

Bei Stahl wurde im Hauptszenario mit einer Recyclingquote von 90% gerechnet. Bei einer Verringerung der Recyclingquote von Stahl und gleichzeitig konstant bleibender Recyclingquote der Koffer auf Thermoplastmatrix verschlechtert sich Stahl relativ zu den übrigen Materialien.

Eine Veränderung des Entsorgungsszenarios (50% direkte Deponierung als Mischabfall und 50% Verbrennung oder 100% Verbrennung, beides gerechnet nach den Ökoinventaren für Energiesysteme 1996 [ETH 1996]) wirkt sich dagegen nur geringfügig auf den KEA oder die quantitativen Wirkungskategorien aus (Tabelle 5.1–12).

Tabelle 5.1–12. Sensitivitätsanalyse für die Recyclingszenarien (Lebenswege), Beispiel Werkzeugkoffer

2,9 kg PP-Hanf 77	Recyclingquote [%]	KEA [MJ]	RDP [kg Öl]	GWP [kg CO_2]	ODP [kg $FCCl_3$]	AP [kg SO_2]	NPt [kg NO_3]	NPa [kg PO_4]
Hauptszenario: Beseitigung 50% direkte Deponierung 50% Verbrennung	50	130	1,4	8,5	$6,1 \times 10^{-6}$	0,035	0,017	0,0041
Hauptszenario: Beseitigung 100% Verbrennung	50	130	1,4	7,5	$6,1 \times 10^{-6}$	0,035	0,017	0,0041
Nebenszenario: Beseitigung 50% direkte Deponierung, 50% Verbrennung	90	79	0,82	4,5	$2,4 \times 10^{-6}$	0,022	0,01	0,0015
Nebenszenario: Beseitigung 100% Verbrennung	90	79	0,82	4,3	$2,4 \times 10^{-6}$	0,022	0,01	0,0015

Eignung des Screening-Indikators. Die Eignung des Screening-Indikators Energieverbrauch hinsichtlich der quantitativen Beschreibung der wesentlichen Umweltauswirkungen wird anhand der Wiedergabetreue des Screening-Indikators für die einzelnen Wirkungskategorien des 3. Iterationsschritts untersucht. Diese Wiedergabetreue WT ist bezüglich einer Wirkungskategorie w für eine (Verbund-)Materiallösung i definiert als Quotient aus Energieverbrauch und jeweiligem Wirkungsindikator:

$$WT_{Screen, w, i} = \frac{Energieverbrauch}{Wirkungsbilanzergebnis_{w, i}} \qquad (5.1-9)$$

Dabei wird, um eine methodenunabhängige Verminderung der Qualität der Wiedergabetreue zu vermeiden, beim Beispiel Fußbodenrohre im 2. und 3. Iterationsschritt von gleichen Nutzungsenergieverbräuchen ausgegangen. Die Werte der einzelnen Materiallösungen für die Wiedergabetreue des Screening-Indikators werden wiederum statistisch hinsichtlich ihrer Streuung (Variationskoeffizient) ausgewertet (Tabelle 5.1–13). Eine geringe Streuung bedeutet, daß der Screening-Indikator die Wirkungskategorie gut abbildet. Dies ist entweder dann der Fall, wenn ein großer Teil der Wirkung erfaßt wird oder wenn nur ein Teil der Wirkung erfaßt, aber der Fehler bei allen Materiallösungen ähnlich groß ist.

Der Screening-Indikator Energieverbrauch deckt für das Beispiel Rohre für Fußbodenheizungen die 5 Wirkungskategorien sehr gut ab, wie die geringen Variationskoeffizienten von 1–5% zeigen.

Tabelle 5.1–13. Wiedergabetreue des Energieverbrauchs bezogen auf Wirkungspotentiale – Beispiel Fußbodenheizungsrohre

Wirkungskategorie	Variationskoeffizient der Wiedergabetreue des Screening-Indikators	Korrelationskoeffizient (Energieverbrauch – Wirkungspotential)
Treibhauseffekt	2,0 %	> 0,99
Ressourcenverknappung	5,2 %	0,63
Versauerung	2,0 %	> 0,99
Aquatische Eutrophierung	1,8 %	> 0,99
Terrestrische Eutrophierung	5,4 %	0,73
Ozonabbau	1,2 %	> 0,99

Beim Beispiel der Bodengruppe für Hybridfahrzeuge bildet der Screening-Indikator die Wirkungspotentiale nicht so vollständig wie bei den Fußbodenheizungsrohren ab. So betragen die Variationskoeffizienten der Wiedergabetreue für den Treibhauseffekt 17 % und die Ressourcenverknappung 18 %, während für die Wirkungskategorien Versauerung und terrestrische Eutrophierung keine Korrelation mit dem Screening-Indikator festzustellen ist. Dies läßt sich dadurch erklären, daß für diese Parameter die Energieumwandlung im Vergleich zum Herstellungsprozeß in den Hintergrund rückt. So gewinnt beispielsweise die Düngung beim Anbau nachwachsender Rohstoffe an Bedeutung. Es ergeben sich somit starke Unterschiede zwischen den einzelnen alternativen Materiallösungen für ein Bauteil bzw. Produkt.

Einfluß verschiedener Prozeßverknüpfungen im 2. Iterationsschritt. Um die Elementarflußbewertungen der einzelnen Prozesse im 2. Iterationsschritt zu einer Gesamtbewertung für die funktionelle Einheit zusammenzufassen, können verschiedene Methoden angewandt werden. Die verschiedenen Methoden werden zur Abschätzung ihres Einflusses auf die Ergebnisse am Beispiel der Fußbodenheizungsrohre einander gegenübergestellt sowie im Hinblick auf ihre Stabilität gegenüber einer Variation der Wichtungsfaktoren überprüft. Verglichen werden folgende Prozeßverknüpfungen:

- Methode I: Verknüpfung über Mengenmultiplikatoren (quantitativ): Die verwendeten Mengenmultiplikatoren geben die Anteile des Prozeßprodukts von Prozessen an der funktionellen Einheit wieder [Fleischer, Schmidt 1995; S. 593].
- Methode II: Verknüpfung durch Umrechnung der Mengenmultiplikatoren in xyz-Faktoren (quantitativ/qualitativ): Ausgangspunkt sind ebenfalls Mengenmultiplikatoren, die nach Tabelle 5.1–14 in xyz-Faktoren umgeschrieben werden. Die Gewichtung der Mengenbewertungen (XYZ) erfolgt dann mit Hilfe der ebenfalls in Tabelle 5.1–14 dokumentierten Zuordnungsvorschriften.
- Methode III: qualitative Verknüpfung mit einer xyz-Zuordnungsvorschrift: Diese Methode wird angewendet, falls nicht genau bekannt ist, wieviel eines

Tabelle 5.1–14. xyz-Intervalle für die Mengenmultiplikatoren

Mengenmultiplikator		xyz-Faktoren	Zuordnungsvorschrift		
[kg/kg$_{Output}$] [MJ/kg$_{Output}$]	[MJ/MJ$_{Output}$]				
>2	>200	x	X $\rightarrow$ X	Y $\rightarrow$ X	Z $\rightarrow$ Y
]0,5; 2]	]50; 200]	y	X $\rightarrow$ X	Y $\rightarrow$ Y	Z $\rightarrow$ Z
]0,1; 0,5]	]10; 50]	z	X $\rightarrow$ Y	Y $\rightarrow$ Z	Z $\rightarrow$ Z
]0,01; 0,1]	]1; 10]	z–	X $\rightarrow$ Z	Y $\rightarrow$ Z	Z $\rightarrow$ Z
[0,01; –∞[	[1; –∞[	z–	Werden nicht betrachtet		

Prozeß-Outputs tatsächlich in den nächsten Prozeß als Input eingeht. Von Prozeß zu Prozeß werden zunächst gemäß Tabelle 5.1–14 die entsprechenden xyz-Faktoren abgeschätzt. Über den ganzen Lebensweg ergibt sich dann ein Vektor aus xyz-Bewertungen, der aufgrund logischer Betrachtungen zu einem einzigen Faktor verknüpft wird (Beispiel: {x, y, z, z} = z, Erklärung: „einmal hochgestuft, einmal gleiche Bewertung, zweimal runtergestuft" entspricht „Prozeß runterstufen").

Für das Beispiel Fußbodenheizungsrohr wird eine prozeßbezogene ABC-Bewertung vorgenommen. Ausgewählt werden beispielhaft die (Verbund-) Materialien Stahl, PP-PET-Verbund (d = 0,02 m), Kupfer-PUR-Verbund, da sie einerseits verschiedene (Verbund-)Materialgruppen (Metall, Kunststoff, Metall und Kunststoffbeschichtung) und andererseits unterschiedliche Datengrundlagen repräsentieren.

Der Einfluß der Prozeßverknüpfungsmethoden auf das Ranking der Beispielmaterialien ist in Abb. 5.1–21 dargestellt. Beim Übergang vom 2. zum 3. Ite-

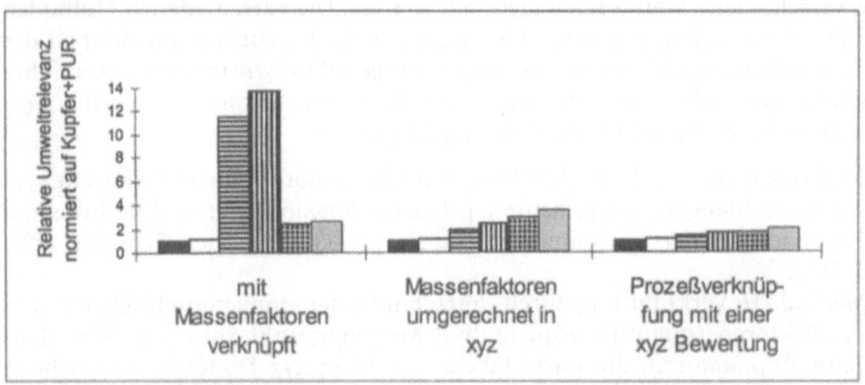

Abb. 5.1–21. Rangfolge der Umweltrelevanz (normiert auf Kupfer und PUR) von (Verbund-) Materialien für unterschiedliche Verknüpfungsmethoden am Beispiel Fußbodenheizungsrohre, *schwarze Balken* Kupfer und PUR 3. Iteration, *weiße Balken* Kupfer und PUR 2. Iteration, *waagrecht schraffierte Balken* PP-PET 3. Iteration, *senkrecht schraffierte Balken* PP-PET 2. Iteration, *waagrecht und senkrecht schraffierte Balken* Stahl 3. Iteration, *graue Balken* Stahl 2. Iteration

rationsschritt bleibt die Reihenfolge der Materiallösungen bei den Methoden mit xyz-Kategorisierung erhalten. Jedoch weicht das unter Verwendung von Massenfaktoren ermittelte Ranking beim Verbund PP-PET ab.

Initialbewertung zur Aggregation der ABC/XYZ-Bewertungen. Als ein weiterer möglicher Einflußfaktor wird die Initialbewertung (s. Kapitel 3.4.3.3) zur Aggregation der ABC/XYZ-Bewertungen in einer Sensitivitätsanalyse untersucht. Die betrachteten Szenarien der Wichtungsfaktoren sind in Tabelle 5.1–15 dargestellt.

Bei der Verwendung von Multiplikatoren bleibt die Reihenfolge der Materialien für das Beispiel Fußbodenheizungsrohre unabhängig von den Wichtungsfaktoren erhalten, obwohl die Werte für das Material PP-PET stark schwanken (Abb. 5.1–22). Die Schwankungen ergeben sich v.a. durch eine stärkere Gewichtung der unteren Bereiche (Y-Z-Bewertung). Würden weitere (Verbund-)Materialien (im Größenbereich PP-PET) betrachtet werden, könnte es möglicherweise zu Schwierigkeiten bei der Differenzierung kommen.

Bei der Umrechnung in xyz-Faktoren (Methode II) rücken die Ergebnisse für die unterschiedlichen (Verbund-)Materialien trotz gleicher Modulation der

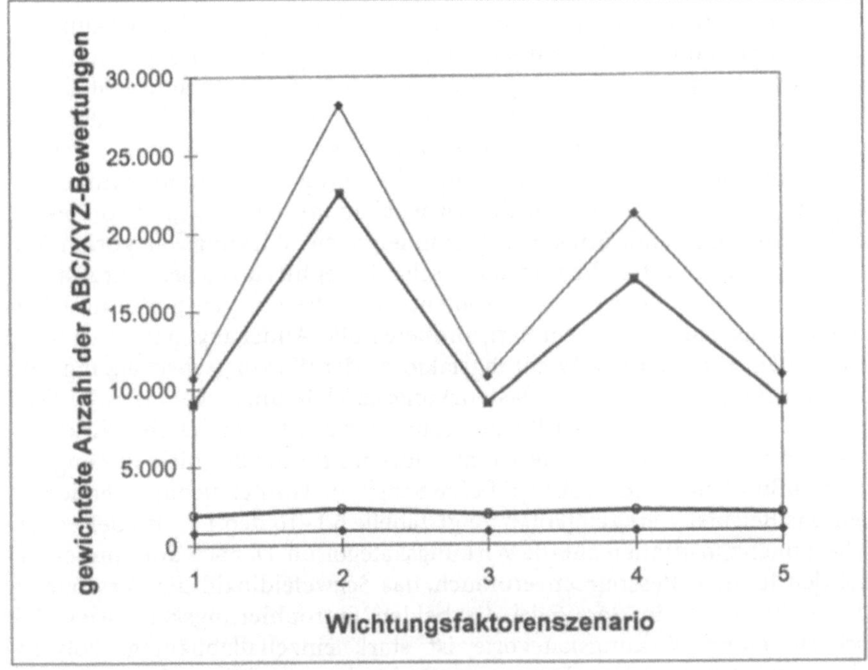

Abb. 5.1–22. Einfluß der Wichtungsfaktoren der Initialbewertung (s. Tabelle 5.1–15) auf die Rangfolge der Umweltrelevanz bei Verknüpfung über Multiplikatoren am Beispiel Fußbodenheizungsrohre, *geschlossene Raute* Kupfer und PU 3. Iteration, *geschlossenes Quadrat* PP-PET 3. Iteration, *geschlossener Kreis* PP-PET 2. Iteration, *offener Kreis* Stahl 3. Iteration

Tabelle 5.1–15. Variation der Wichtungsfaktoren der Initialbewertung

Szenario			1	2	3	4	5
Luft, Wasser, Boden,	A	X	3	3	3	3	3
Ressourcen		Y	1	2	1	1,5	1
		Z	1 (Luft)	1	0,3	0,8	0,3
			1/3 (Andere)				
	B	X	1 (Luft)	0,3	1	0,4	1
			1/3 (Andere)				
		Y	1/3 (Luft)	0,2	0	0,2	0,3
			0 (Andere)				
		Z	0	0,1	0	0,1	0

Wichtungsfaktoren stärker zusammen. Für den 3. Iterationsschritt ergeben sich dabei Überschneidungen. Die Ergebnisse für eine Verknüpfung über die xyz-Zuordnungsvorschrift (Methode III) sehen analog aus. In 3 Fällen (Methode II und III: insgesamt 8 Variationen) tauscht Kupfer seine Stellung mit PP-PET, so daß sich die Reihenfolge Stahl, Kupfer, PP-PET ergibt.

Wirkungsabschätzung (3. Iterationsschritt). Für das Ergebnis der Wirkungsabschätzung und damit auch für die Fehlerbetrachtung von Sachbilanz und Wirkungsabschätzung sind nur einige wenige Substanzen relevant, weil die im 3. Iterationsschritt betrachteten Wirkungskategorien beim Beispiel der Fußbodenheizungsrohre von einer geringen Anzahl an Stoffen dominiert werden. So sind Kohlendioxid für den Treibhauseffekt, Erdgas für die Ressourcenverknappung und Halon H 1301 für den Ozonabbau mit einem Anteil von jeweils über 80 % bestimmend. Stickoxide dominieren die Wirkungskategorien Versauerung sowie terrestrische und aquatische Eutrophierung sogar mit Anteilen > 95 % an den jeweiligen Wirkungspotentialen. Alle übrigen Stoffe und Ressourcen spielen lediglich eine untergeordnete Rolle. Änderungen in ihren Sachbilanzergebnissen oder den Wichtungsfaktoren der Wirkungsabschätzung würden sich nicht nennenswert auf das Wirkungsabschätzungsergebnis auswirken. Da die Äquivalenzfaktoren der Wirkungsabschätzung für zahlreiche Wirkungskategorien bereits allgemein anerkannt sind, wird für die Beispiele Bodengruppe und Fußbodenheizungsrohre auf eine Sensitivitätsuntersuchung verzichtet.

Für das Beispiel Werkzeugkoffer zeigt Tabelle 5.1–16 den Einfluß der einzelnen Sachbilanzpositionen auf die Wirkungskategorien. Danach dominieren das Erdöl den fossilen Ressourcenverbrauch, das Schwefeldioxid die Versauerung und die Stickoxide in der Regel die beiden Eutrophierungskategorien. Die Unschärfe einer Wirkungskategorie ist stark einzelfallabhängig. Polyoxymethylen wird aus Erdgas hergestellt. Dadurch ist Erdöl in dieser Lebenswegumweltbilanz zweitrangig. Auch beim Ozonabbau sind für die Materialien ABS-PVC-Blend (Tetrachlormethan) und Polyethylenterephthalat PET (Bromtrifluormethan) ganz verschiedene Sachbilanzpositionen dominant. Die

Tabelle 5.1–16. Dominante Sachbilanzpositionen im Hauptszenario für das Beispiel Werkzeugkoffer im 3. Iterationsschritt

Wirkungskategorie	Sachbilanzposition	Anteil am Gesamtergebnis der Kategorie [%]
Ressourcen fossil	Erdöl	21 (POM-GF30) – 83 (PET)
	Erdgas	5 (PET) – 69 (POM-GF30)
	Steinkohle	4 (PA6-GF30) – 22 (Fe)
	Eisen	0,1 (ABS) – 11 (Fe)
Treibhauseffekt	Kohlendioxid CO_2	76 (PP-Hanf 77) – 99 (PA6-GF30)
	Methan CH_4	1 (PA6-GF30) – 21 (PP-Hanf 77)
Versauerung	Schwefeldioxid SO_2	58 (PA6-GF30) – 78 (Fe)
	Stickoxide als NO_2	17 (POM-GF30) – 34 (PA6-GF30)
	Ammoniak NH_3 in Luft	$<0,1$ (PP) – 9 (PET-GF82)
Eutrophierung terrestrisch	Stickoxide als NO_2	72 (POM-GF30) – 100 (PP)
	Ammoniak NH_3 in Luft	0,1 (PP) – 28 (POM-GF30)
Eutrophierung aquatisch	Stickoxide als NO_2	42 (PET-Hanf 69) – 96 (SAN)
	Ammoniak NH_3 in Luft	0,1 (PP) – 38 (PET-GF82)
	Phosphat PO_4^{3-} in Wasser	0,8 (PP) – 11 (PET-Hanf 69)
	Nitrat NO_3^- in Wasser	$<0,1$ (ABS) – 40 (PET-Hanf 69)
Ozonabbau in der Stratosphäre	Bromtrifluormethan $BrCF_3$	3 (ABS-PVC) – 96 (PET)
	Tetrachlormethan CCl_4	2 (PET) – 97 (ABS-PVC)
	Dichlortetrafluorethan $C_2Cl_2F_4$	0,3 (ABS-PVC) – 20 (ABS)

Genauigkeit der Normierungsfaktoren für die Wirkungskategorie könnte prinzipiell das Ergebnis beeinflussen.

Auswertung. Innerhalb der verwendeten Methode der Auswertung sind 2 Einflußgrößen, die Bewertung und Priorisierung der Wirkungskategorien, sowie die Fehlerfaktoren zur Bestimmung von Ranking-relevanten Differenzen von Wirkungsabschätzungsresultaten erkennbar, die möglicherweise das Ranking der Materiallösungen beeinflussen können.

Der Einfluß der Bewertung der Wirkungskategorien mit den Kriterien Ort, Zeit und Gefährdung auf das Ranking der Materiallösungen beim Beispiel Fußbodenheizungsrohr wird in einer Sensitivitätsanalyse überprüft. Dazu werden die Bewertungen innerhalb eines als realistisch eingeschätzten Bereichs variiert. Dies ist jedoch nur für diejenigen Wirkungskategorien interessant, in denen für die Szenarien Gebäudesanierung und -abriß jeweils unter Berücksichtigung der Nutzungsphase zwischen den Materiallösungen bewertungsrelevante Unterschiede auftreten (Treibhauseffekt, Versauerung, terrestrische Eutrophierung sowie ABC-Bewertung).

Die Priorisierung der Wirkungskategorien ist Veränderungen unterworfen, wenn die Bewertungen der Wirkungskategorien nach den Kriterien Ort, Zeit und Gefährdung (s. Kapitel 3.4, Tabelle 3.4–6) variiert werden. Diesen geänderten Priorisierungen ist jedoch gemeinsam, daß sie zu keinen anderen Ergebnissen im Ranking der Materiallösungen beim Beispiel Fußbodenheizungsrohre

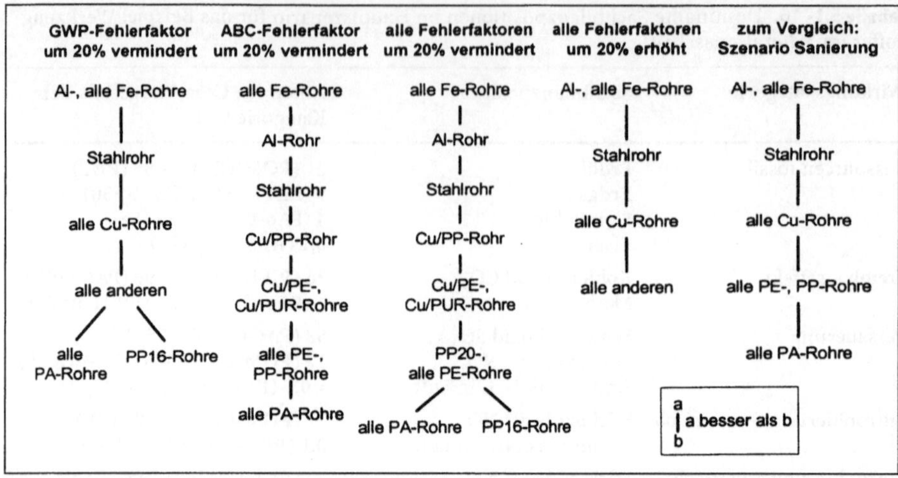

Abb. 5.1–23. Einfluß variierter Fehlerfaktoren auf das Ranking der Auswertung der Umwelteigenschaften im 3. Iterationsschritt – Beispiel Fußbodenheizungsrohre

führen, d.h. die Rangfolgenbildung ist stabil und somit unabhängig von der
konkreten Bewertung der Wirkungskategorien.

Der Einfluß der Fehlerfaktoren der normalisierten Wirkungsabschätzungsresultate auf das Ranking der Materiallösungen wird ebenfalls mittels einer
Sensitivitätsanalyse untersucht. Dazu werden die Fehlerfaktoren am Beispiel
des Szenarios Gebäudesanierung unter Berücksichtigung der Nutzungsphase
um jeweils 20% vermindert und erhöht. Die Auswirkungen auf das Gesamt-
Ranking sind in Abb. 5.1–23 dargestellt.

Bei einer Reduktion der Fehlerfaktoren für die Wirkungskategorien Treibhauseffekt und/oder ABC-Bewertung ergibt sich ein differenzierteres Gesamt-
Ranking im Bereich der mittleren und schlechten Plazierungen für die Kunst-
stoff- bzw. Kupferrohre. Eine Umkehrung des Rankings für 2 Materiallösungen
ergibt sich jedoch nicht. Dagegen führt die Erhöhung von Fehlerfaktoren
erwartungsgemäß zu einer verminderten Differenzierung im Gesamt-Ranking,
wobei sich nur bei der Wirkungskategorie terrestrische Eutrophierung Änderungen ergeben.

5.1.3.3
Kombinierte Fehlerbetrachtung

Im 1. Iterationsschritt werden die Umweltauswirkungen der (Verbund-)Mate-
riallösungen nur teilweise erfaßt. Von den Umweltauswirkungen in den im
3. Iterationsschritt betrachteten Wirkungskategorien werden lediglich etwa
10–35%, bei der Eutrophierung bis zu 75% erfaßt. Eine hohe Aussagesicherheit
ist jedoch dennoch sichergestellt, da zum einen (Verbund-)Materialspezifika-
tionen zu Gruppen zusammengefaßt werden und zum anderen nur eine grobe

Kategorisierung vorgenommen wird, so daß nur sehr große Differenzen hinsichtlich der Umwelteigenschaften erkennbar und somit Fehleinschätzungen vermieden werden.

Die Systemgrenzen im 2. und 3. Iterationsschritt sind deutlich umfassender, weil in den Wirkungskategorien etwa 20–95 % (2. Schritt) bzw. 80–95 % (3. Schritt) der Wirkungen erfaßt werden. Daraus ergeben sich stabile Ergebnisse in diesen Iterationsschritten. Dies wird durch die Resultate der beispielbezogenen Fehlerbetrachtung für die Beispiele Fußbodenheizungsrohre und Bodengruppe für Hybridfahrzeuge bestätigt, bei denen eine hohe Stabilität für die Ergebnisse des 2. und 3. Iterationsschritts zu verzeichnen ist (hohe Güte der Wiedergabetreue des Rankings).

Der Screening-Indikator Energie sorgt bereits im 2. Iterationsschritt für eine Aussagesicherheit, die zusammen mit der ergänzenden ABC/XYZ-Bewertung sehr nahe an die der folgenden Iterationsstufen reicht. Einerseits kann eine hohe allgemeine Wiedergabetreue bezüglich der Wirkungskategorien des 3. Iterationsschritts nachgewiesen werden. Andererseits gibt der Screening-Indikator bei allen Beispielen die meisten der betrachteten Wirkungskategorien, insbesondere den Treibhauseffekt und den Ressourcenverbrauch, sehr gut wieder (hoher Korrelationskoeffizient). Jedoch ist die Wiedergabetreue bei einem hohen Anteil an Naturwerkstoffen in Verbundmaterialien schlechter (wie beim Beispiel Bodengruppe), so daß solche (Verbund-)Materiallösungen im 2. Iterationsschritt ggf. hinsichtlich ihrer Umwelteigenschaften zu günstig bewertet werden. Diese Materialgruppe erweist sich zudem hinsichtlich ihrer Umweltbewertung z. T. weit inhomogener als beispielsweise die Gruppe der NE-Metalle.

Die beiden Methoden zur Prozeßverknüpfung, die Umrechnung der Massenfaktoren in xyz-Faktoren (Methode II) und die Anwendung der xyz-Zuordnungsvorschrift (Methode III), unterscheiden sich hinsichtlich ihrer Ergebnisse und auch hinsichtlich ihrer Vor- und Nachteile nur wenig. Deutliche Unterschiede ergeben sich jedoch aus dem Vergleich der xyz-Verknüpfung (Methoden II und III) und der Verknüpfung mit Hilfe von quantitativen Massenfaktoren (Methode I). Vor- und Nachteile beider Verknüpfungsarten verhalten sich komplementär. Zu den Vorteilen der xyz-Bewertung gehört die Stabilität der Ergebnisse hinsichtlich Schwankungen der Input- und Output-Menge. Nachteilig ist dagegen die Anfälligkeit für unterschiedliche Gewichtungen der einzelnen Bewertungen. Hier ist F & E-Bedarf erkennbar.

Die Bewertungsmethode weist einen lediglich geringen Einfluß auf das Ergebnis auf. Nur der Detaillierungsgrad des Rankings wird von den verwendeten Fehlerfaktoren für die normalisierten Wirkungsabschätzungsresultate beeinflußt.

Insgesamt ergibt sich eine hohe Aussagesicherheit bezüglich der Umwelteigenschaften der (Verbund-)Materiallösungen, die jedoch insbesondere im 1. Iterationsschritt durch eine große Unschärfe erkauft wird.

5.1.4
Modul Kosten

5.1.4.1
Allgemeine Betrachtung

Generierung einer statistischen Bezugsgröße. Für die Betrachtung der Aussagesicherheit des Moduls Kosten werden die monetären Flüsse zwischen den einzelnen Wirtschaftsbereichen, die direkt oder indirekt mit der Fragestellung der Materialauswahl zusammenhängen, als statistische Bezugsgröße angesehen. Diese Größe wird ermittelt, indem die für die Materialauswahl, d.h. die für Entwicklung, Herstellung, Vertrieb, Nutzung und Entsorgung von Produkten relevanten Bereiche aus der durchschnittlichen Verteilung der Kosten im gesamtgesellschaftlichen Rahmen identifiziert bzw. die nicht relevanten Bereiche ausgeschlossen werden. Vorausgesetzt wird, daß die Herstellung der Produkte am Wirtschaftsstandort Deutschland erfolgt und Rohstoffe sowie teilweise auch Vorprodukte importiert werden.

Die durchschnittliche allgemeine Verteilung der Kosten wird durch Input-Output-Tabellen wiedergegeben, wie sie u.a. vom Statistischen Bundesamt in regelmäßigen Zeiträumen veröffentlicht werden [StatBundesamt 18/2 1994]. In den genannten Tabellen ist dargestellt, in welchem finanziellen Volumen ein Produktionsbereich Vorleistungen aus anderen Produktionsbereichen bezieht. Die Input-Output-Tabellen des Statistischen Bundesamts untergliedern die Volkswirtschaft in insgesamt 58 Produktionsbereiche. Diese beinhalten Bereiche des produzierenden und verarbeitenden Gewerbes, der Land- und Forstwirtschaft, der Energieversorgung und des Dienstleistungssektors.

Vorgehen bei der Generierung der statistischen Bezugsgröße. Um eine statistische Bezugsgröße zu generieren, werden die Informationen der Input-Output-Tabelle in 3 Schritten eingeengt:

1. *Auswahl der Produktionsbereiche, für die die Auswahl von Materialien relevant ist:* Hierbei werden aus den Input-Output-Tabellen 30 der 58 Produktionsbereiche identifiziert. Diese gehören zum Bereich des produzierenden und verarbeitenden Gewerbes, in denen Materialauswahlverfahren sinnvoll eingesetzt werden können. Ausgeschlossen werden dagegen die Produktionsbereiche Dienstleistung, Rohstoffgewinnung und Energieerzeugung. Hier kommen Materialauswahlverfahren in der Regel nicht zur Anwendung. Nicht ausgeschlossen werden allerdings die Güter aus diesen Bereichen, die als Vorleistungen relevant sind (s. Punkt 2).
2. *Ermittlung der durchschnittlichen Zusammensetzung der Vorleistungen und anderer Produktionskosten:* Die bezogenen Vorleistungen sowie Abschreibungen, Steuern und Löhne abzüglich Subventionen der 30 ausgewählten Produktionsbereiche werden addiert.
3. *Die Vorleistungen werden einem Verwendungszweck zugeordnet und addiert:* Die Produkte der Gütergruppen Chemische Erzeugnisse, Spalt- und Brutma-

Tabelle 5.1–17. Aufteilung der Güterklassen der Chemischen Industrie nach Werkstoffen und Hilfs- und Betriebsstoffen, nach StatBundesamt 4/3/1 [1991]

Güterklasse	Produktionswert [Mrd. DM]	Anteil [%]
Werkstoffe (Materialien)	–	26,6
Kunststoffe und synthetischer Kautschuk	27,5	–
Chemiefasern	5,31	–
Hilfs- und Betriebsstoffe	–	73,4
Anorganische Grundstoffe und Chemikalien	10,76	–
Organische Grundstoffe und Chemikalien	25,18	–
Farbstoffe, Farben, Lacke und ähnliche Erzeugnisse	16,79	–
Sonstige chemische Erzeugnisse	37,69	–

terial werden in Werkstoffe (Materialien, 26,6 % der relevanten Produktionswerte) und Hilfs- und Betriebsstoffe (73,4 %) aufgeteilt (s. Tabelle 5.1–17).

Die Gütergruppen Dienstleistungen des Großhandels, Rückgewinnung sowie Dienstleistungen der Gebietskörperschaften werden ebenfalls 2 Verwendungszwecken zugeordnet: Dienstleistungen im Bereich Abfallentsorgung, Verwertung und Abwasserreinigung werden dem Verwendungszweck Entsorgung zugerechnet, alle anderen den Dienstleistungen und sonstigen Vorleistungen.

Bezugsgröße. Die statistische Bezugsgröße ergibt sich aus den in den als relevant ermittelten 30 Produktionsbereichen erbrachten bzw. eingeflossenen Vorleistungen, Löhnen, Steuern und Abschreibungen zu einer *Gesamtsumme von 1.756.917 Mrd. DM.*

Verteilungsanalyse. Das Resultat der Analyse der Verteilung der statistischen Bezugsgröße ist in Tabelle 5.1–18 wiedergegeben.

Die größten finanziellen Aufwendungen betreffen die Lohnkosten (30,8 %). Hierbei ist jedoch zu beachten, daß nur etwa 30 % der Lohnkosten direkt bestimmten Fertigungsverfahren zuzuordnen sind (Fertigungseinzelkosten)

Tabelle 5.1–18. Statistische Bezugsgröße des Moduls Kosten, errechnet nach StatBundesamt 18/2 [1994]

Verwendungszweck	Anteil [%]
Produktion des Materials	24,2
Betriebsmittel	13,3
Hilfs- und Betriebsstoffe	5,9
Transporte und Kommunikation	2,4
Dienstleistungen und sonstige Vorleistungen	16,4
Lohnkosten (aus unselbständiger Arbeit)	30,8
Kapitalkosten, Steuern, Abschreibungen	4,7
Energieerzeugung, Produktion von Energieträgern	2,2
Rückgewinnung von Altmaterialien und Reststoffen	0,1

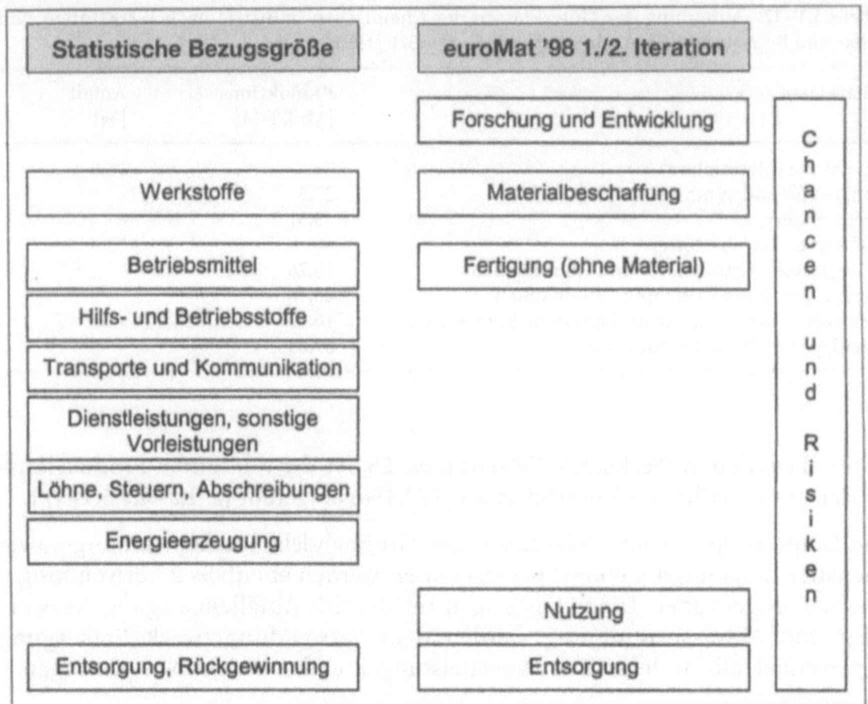

Abb. 5.1–24. Vergleich der Bereiche von statistischer Bezugsgröße mit denen der 1. und 2. Iterationsstufe (ohne außerbetriebliche Transporte, Hilfs- und Betriebsstoffe in 2. Iteration)

und etwa 70 % für Gemeinkosten aufgebracht werden (errechnet nach Ehrlenspiel [1995], S. 553). An 2. Stelle steht die Produktion des Materials mit 24,2 %, danach folgen Dienstleistungen und Sonstige Vorleistungen (16,4 %) und Betriebsmittel (13,3 %) (Tabelle 5.1–18).

Vergleich mit den Systemgrenzen und dem Systemumfang in euroMat '98. Wird das prinzipielle Vorgehen in den ersten 2 Iterationsstufen der statistischen Bezugsgröße gegenübergestellt, wird sichtbar, daß die abgedeckten bzw. statistisch relevanten Bereiche nicht vollständig deckungsgleich sind (Abb. 5.1–24). Daneben werden Kosten für Forschung und Entwicklung und für die Nutzungsphase sowie Chancen und Risiken in den Iterationsstufen explizit betrachtet und bewertet, die in der statistischen Bezugsgröße enthalten sind, jedoch nicht gesondert ausgewiesen werden können. Die Kostenkategorie Fertigung aus den Iterationsstufen ist ebenfalls nicht in der statistischen Bezugsgröße enthalten, läßt sich aber durch Bereiche wie Betriebsmittel, Hilfs- und Betriebsstoffe usw. untersetzen.

1. Iteration. Im 1. Iterationsschritt erfolgt eine ausschließlich qualitative Bewertung der möglichen potentiellen Kostenschwerpunkte (Cost-drivers). Die fol-

genden 6 Bereiche werden hinsichtlich ihrer ökonomischen Auffälligkeit bzw.
Unauffälligkeit bzw. auf ihren Einfluß auf den Produkterfolg untersucht.

- Forschung und Entwicklung,
- Materialkosten (Beschaffung),
- Fertigung,
- Nutzung,
- Entsorgung,
- Chancen und Risiken.

Beim Vergleich des Vorgehens im 1. Iterationsschritt mit der statistischen
Bezugsgröße ergeben sich die folgenden Ergebnisse:

- Die Position Fertigung ist in der statistischen Bezugsgröße vielfältig unter-
  setzt. Als Fertigungskosten gehen die Positionen Betriebsmittel und Lohnkosten des Hauptlebenswegs aus der Bezugsgröße ein. Nicht berücksichtigt
  werden geringe Mengen an Hilfs- und Betriebsstoffen, die nicht inhärent mit
  den Fertigungsverfahren zusammenhängen. Um eine konservative Abschätzung der Ungenauigkeiten durchführen zu können, wird der gesamte Bereich
  der Hilfs- und Betriebsstoffe als im 1. Iterationsschritt nicht berücksichtigt
  angesehen. Vernachlässigt werden im 1. Iterationsschritt der finanzielle Aufwand für Steuern und Abschreibungen, für Transporte und Kommunikation,
  für die Energieerzeugung, für Dienstleistungen und sonstige Vorleistungen,
  insbesondere Kapitalkosten, sofern sie nicht in den Kosten für die Materialherstellung oder für die Bauteil- bzw. Produktfertigung enthalten sind.
  Damit bleiben etwa 32% der Gesamtkosten (statistische Bezugsgröße)
  unberücksichtigt.
- Die Gewichtung der Kosten bei der Anwendung der Methode entspricht
  nicht der tatsächlichen Verteilung der Kosten. Im 1. Iterationsschritt werden
  die 6 Komponenten gleich stark bewertet bzw. wird nicht berücksichtigt, wie-
  viele qualitative Bewertungen aus jedem Bereich resultieren. Die statistische
  Bezugsgröße belegt, daß nur 0,1% der Kosten für die Entsorgung aufgebracht werden. Die Kosten für die Entsorgung werden daher beim 1. Iterationsschritt deutlich überbewertet. Laut Bezugsgröße entfallen etwa 24% auf
  die Materialbeschaffung und 76% auf Fertigung, F&E und Nutzung. Es kann
  davon ausgegangen werden, daß die Aufwendungen für F&E wesentlich
  geringer sind als für Fertigung und Nutzung. So machen die Kosten von Forschung und Entwicklung etwa 6–13% der Selbstkosten eines Produkts aus
  [Ehrlenspiel 1995, S. 249]. Fertigung, Materialbeschaffung und möglicherweise Nutzung werden im 1. Iterationsschritt unterbewertet, F&E sowie Entsorgungskosten überbewertet. Da jedoch die in der Phase F&E festgelegten
  Rahmenbedingungen den überwiegenden Teil der Lebenszykluskosten de-
  terminieren, ist dieser Phase bei der Kostenbetrachtung besondere Auf-
  merksamkeit zu schenken.
- Chancen und Risiken der Produktion sind in der Vergleichsstatistik nicht
  erfaßt. Diese eher hypothetischen Faktoren sind auch durch Ergänzungen
  der statistischen Bezugsgröße nicht sinnvoll einzubinden. Diese Kategorie

stellt jedoch sicher, daß wichtige, nicht direkt monetär formulierbare kostenrelevante Aspekte nicht vernachlässigt werden. Dazu zählen insbesondere
Aussagen zum späteren Markterfolg des Produkts.

Insgesamt kann festgestellt werden, daß im 1. Iterationsschritt aufgrund der
Wahl der Systemgrenze durchschnittlich etwa 32 % der potentiellen Kosten
nicht betrachtet werden und daß eine unzureichende Gewichtung der erfaßten
68 % vorgesehen ist. Dies ist jedoch zulässig und zielführend, da es Sinn des
1. Iterationsschritts ist, potentielle Cost-drivers qualitativ auszuweisen und auf
mögliche kostenrelevante Defizite hinzuweisen, die in den folgenden Iterationsschritten weiter untersucht werden sollten.

2. Iteration. Der 2. Iterationsschritt differenziert die Materialien in Form von
(Verbund-)Materialclustern stärker. Es werden die Kostenkategorien F&E
sowie Chancen und Risiken halbquantitativ dargestellt, während die Kostenkategorien Material-, Fertigungs- (inklusive Hilfs- und Betriebsstoffen), Nut-
zungs- und Entsorgungskosten sowie Transportkosten quantitativ bewertet
werden.
Der Vergleich der Ergebnisse des 2. Iterationsschritts mit der Bezugsgröße
erlaubt folgende Aussagen:

- Zusätzlich zum Umfang im 1. Iterationsschritt werden die außerbetrieblichen Logistikkosten (in der Mehrzahl Transportkosten) sowie Hilfs- und
  Betriebsstoffe betrachtet. Somit bleiben nur noch 23,9 % der potentiellen
  Lebenswegkosten unberücksichtigt.
- Die quantitative Bewertung ermöglicht eine Modellierung, die die realen
  Verhältnisse besser widerspiegelt als die rein qualitative Bewertung des
  1. Iterationsschritts. Kosten für Fertigung und Nutzung haben gemäß der statistischen Bezugsgröße den größten Anteil an den Gesamtkosten. Beide sind
  quantitativ erfaßt. Die Entsorgungskosten hingegen werden nicht weiter
  überbewertet.
- Die vorgeschlagene Gewichtung der Kostenkategorien untereinander (s. Kapitel 3.5.3.3) sowie die Zusammenführung der quantitativen Kosten mit der
  ABC/XYZ-Bewertung zu einer halbquantitativen Gesamtbewertung sind
  durch die statistische Bezugsgröße weder zu bestätigen noch zu widerlegen.
  Außer der Kategorie Fertigung ist keine weitere explizit durch die Vergleichsstatistik ausgedrückt. Die Gewichtung bedarf im Einzelfall einer
  Überprüfung.

Insgesamt kann festgestellt werden, daß im 2. Iterationsschritt lediglich 23,9 %
der potentiellen Kosten nicht erfaßt werden und eine deutlich bessere Gewichtung der betrachteten Kosten als im 1. Iterationsschritt stattfindet. Durch die
überwiegende Verwendung quantitativer Daten weist das Ranking unterschiedlicher Materiallösungen eine hohe Genauigkeit auf.

Gruppen- und Clusterbildung als potentielle Fehlerquelle. Zur handhabbaren
Bewertung großer Teile der Grundgesamtheit der Materialien in den verschie-

denen Modulen und Iterationen werden (Verbund-)Materialien zu Gruppen bzw. Clustern zusammengefaßt. Parameter zur Charakterisierung der Gruppe bzw. des Clusters können nicht mehr mit einem diskreten Wert angegeben werden, sondern mit einer Wertspanne sowie einem durchschnittlichen Wert (Mittelwert) für die Gruppe bzw. den Cluster.

Als Maß für die Güte der Repräsentanz des Mittelwerts für die Gruppe bzw. den Cluster wird der Begriff der Unschärfe U eingeführt. Die Unschärfe wird definiert als prozentuale Abweichung des Maximalpreises einer Gruppe vom zugehörigen Mittelwert (Gl. 5.1–10)

$$U = (\text{Preis}_{max} - \text{Preis}_{Mittelwert})/\text{Preis}_{Mittelwert} + 100\,\% \tag{5.1–10}$$

Die Betrachtungen beschränken sich beispielhaft auf Materialpreise, anhand derer für einzelne (Verbund-)Materialbeispiele mögliche Fehlerquellen und Probleme aufgezeigt werden sollen.

Abb. 5.1–25 zeigt die Preisspannen für 31 Holzsorten und das arithmetische Mittel der Minimal- und Maximalpreise. Der Mittelwert der Preise beträgt 3,90 DM/kg, die Spanne zwischen dem niedrigsten (0,49 DM/kg) und dem höchsten Preis (44,64 DM/kg) beträgt 44,15 DM.

Die Unschärfe U_{Holz} beträgt 1046 %. Somit repräsentiert der Mittelwert von 3,90 DM/kg die Materialgruppe Holz nur sehr unzureichend. Die große Preisspanne von 0,49–44,64 DM/kg läßt eine gezielte ökonomische Bewertung dieser Gruppe nicht zu.

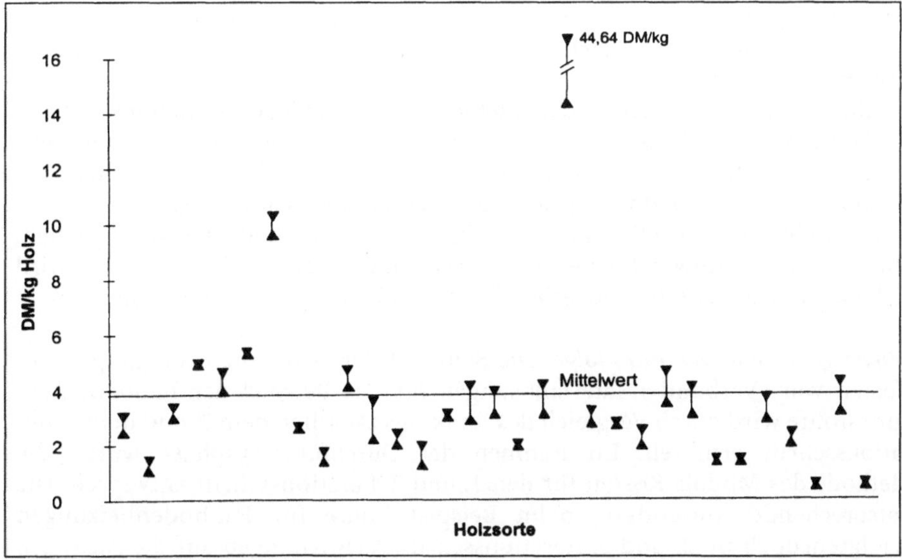

Abb. 5.1–25. Preisspannen für 31 unterschiedliche Holzsorten [IDEMAT 1996], Umrechnung mit 1 DM = 1,12 Dfl.; Mittelwert entspricht dem arithmetischen Mittel der Minimal- und Maximalpreise

Werden preislich extreme Materialien aus der Gruppe herausgenommen, kann eine Materialgruppe geschaffen werden, die eine anwendbare Preisspanne besitzt und durch einen repräsentativen Mittelwert charakterisierbar ist. Im vorliegenden Fall sollten Teakholz (9,51–10,27 DM/kg) und Balsaholz (14,29–44,64 DM/kg) aussortiert werden. Der neue Mittelwert wäre dann 2,81 DM/kg, und die Unschärfe U_{Holz} der aus Sicht des Moduls Kosten neu gebildeten Gruppe reduziert sich auf 88 %.

Bei Beispiel Stahl betragen die Unschärfen der Materialarten unlegierter Stahl 16 %, niedriglegierter Stahl 27 % sowie hochlegierter Stahl 44 %, sind also wesentlich niedriger als bei Holz. Würden die 3 Arten dagegen zu einem Cluster Stahl zusammengefaßt, läge der Mittelwert der Preise bei 6,24 DM/kg, der Minimalpreis bei 1,63 DM/kg (Stahlart St 13) und der Maximalpreis bei 12,50 DM/kg [Stahlart X90CrMoV18 (mart.) (440B)]. Es ergibt sich eine Unschärfe von $U_{Stahl} = 124\,\%$. Dieser Vergleich zeigt, daß die Unschärfe von Iterationsschritt zu Iterationsschritt signifikant abnimmt. Es wird auch deutlich, daß die Unschärfe in den nach Materialfamilien gebildeten Gruppen, Clustern usw. von der Materialfamilie abhängt. Zudem ist das vorgesehene Vorgehen zielführend, bei großen Unschärfen neue Mengen in Abhängigkeit vom Modul Kosten zu bilden (beispielsweise durch das Herausnehmen der „Sonderhölzer" Balsa- und Teakholz aus der Gruppe Holz und die Bildung zweier neuer Gruppen).

5.1.4.2
Beispielbezogene Betrachtung

Die beispielbezogene Fehlerbetrachtung erfolgt zunächst anhand der ermittelten Rankings (Wiedergabetreue der Rangfolge). Anschließend werden detailliertere Betrachtungen hinsichtlich einzelner potentieller Fehlerquellen auf die Ergebnisse vorgenommen.

Abweichungen zwischen der Methode des euroMat '98-Moduls Kosten (s. Kapitel 3.5) und der angewandten und betrachteten Methode in diesem Kapitel ergeben sich aus der Weiterentwicklung der Methode innerhalb der Forschungsarbeiten. Deshalb entspricht die in der Beispielbearbeitung durchgeführte Methodik nicht in allen Punkten exakt der im Methodenteil dargestellten. Durch die Weiterentwicklung werden die Systemgrenzen erweitert. Dadurch wird sich die Aussagesicherheit ausgehend von der hier ermittelten weiter steigern.

Wiedergabetreue der Rangfolge. Die Stabilität der ermittelten Rangfolgen der Kosten von (Verbund-)Materiallösungen für das Beispiel der Fußbodenheizungsrohre wird durch Vergleich des Rankings zwischen dem 2. und dem 3. Iterationsschritt ermittelt. Im Rahmen der Durchführungsphase wurde die Methode des Moduls Kosten für den 1. und 2. Iterationsschritt entwickelt. Die entsprechende Anwendung beim Beispiel Rohre für Fußbodenheizungen erfolgte jedoch im 2. und 3. Iterationsschritt. Auswirkungen auf die Aussagen zur Aussagesicherheit der Methodik treten dadurch nicht auf.

Zur Beurteilung der Übereinstimmung wird die Wiedergabetreue als Quotient aus dem Ranking des 2. und des 3. Schritts berechnet. Dazu ist für das Bei-

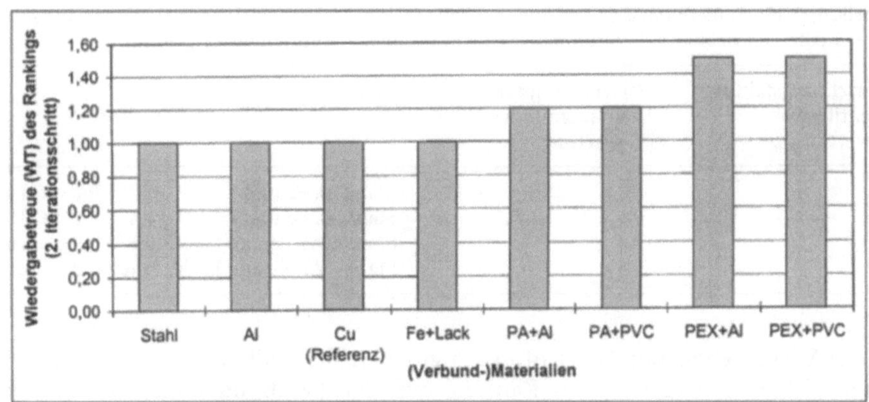

Abb. 5.1–26. Wiedergabetreue des Rankings im 2. Iterationsschritt – Kosten des Beispiels Fußbodenheizungsrohre, Mittelwert 1,18, Variationskoeffizient 18%, $WT=1$ gleiches Ranking wie im 3. Iterationsschritt, $WT<1$ besseres Ranking als im 3. Iterationsschritt, $WT>1$ schlechteres Ranking als im 3. Iterationsschritt

spiel Fußbodenheizungsrohre vorher die Herstellung der direkten Vergleichbarkeit durch Umrechnung der Plazierungen im 3. Iterationsschritt von einer von 1–4 auf eine von 1–2 reichende Rangskala durch Bildung der Zwischenstufen 1,33 und 1,67 für den 3. Iterationsschritt erforderlich. Die Werte der einzelnen Materialien für die Wiedergabetreue des Rankings lassen sich statistisch auswerten, mit der Angabe von Mittelwert sowie Variationskoeffizient als Streuungsmaß (Abb. 5.1–26).

Der Variationskoeffizient der Wiedergabetreue der Kosten der einzelnen Materialien liegt für das Beispiel Fußbodenheizungsrohre mit 18% in der gleichen Größenordnung wie bei den Umwelteigenschaften (Abb. 5.1–20). Es besteht somit ein klarer Zusammenhang zwischen den Ergebnissen beider Iterationsschritte. Jedoch kommt es für die Rohre auf Polymerbasis zu Abweichungen zwischen den Rankings der Iterationsschritte, da im 2. Iterationsschritt noch kein differenziertes Ranking wie im 3. Schritt vorliegt, bei dem quantitative Kostenaspekte bewertet werden.

Auch für das Beispiel der Bodengruppe für Hybrid-Kfz ergibt sich eine mittlere Güte der Wiedergabetreue des Rankings der (Verbund-)Materiallösungen hinsichtlich ihrer Kostenbewertung zwischen dem 2. und 3. Iterationsschritt. Der Variationskoeffizient der Wiedergabetreue beträgt hier 20%.

Untersuchung potentieller Einflüsse auf die Ergebnisse. Bei der Aggregation der quantitativen sowie der halbquantitativen Kostenbewertungen zu einem Kosten-Gesamt-Ranking werden Wichtungsfaktoren verwendet. Ihre Wahl ist nicht lückenlos wissenschaftlich begründbar und wird daher einer Sensitivitätsanalyse am Beispiel der Fußbodenheizungsrohre unterzogen. In Tabelle 5.1–19 sind die Ergebnisse dieser Untersuchung im Hinblick auf das ermittelte Ranking der (Verbund-)Materiallösungen dargestellt.

Tabelle 5.1–19. Sensitivität des Rankings gegenüber den Wichtungsfaktoren bei der Ermittlung einer Kostenkennzahl im 3. Iterationsschritt am Beispiel Fußbodenheizungsrohre

Gewichtungsfaktor quantitative Bewertung	Gewichtungsfaktor halbquantitative Bewertung	Ranking
0,7	0,3	Stahl, Al, Fe und Lack < PEX < PA < Cu
0,8	0,2	Stahl, Al, Fe und Lack < PEX < PA < Cu
0,6	0,4	Stahl < Al, Fe und Lack < PEX < PA < Cu
0,5	0,5	Stahl < Al, Fe und Lack < PEX < PA < Cu

Bei Verschieben der Gewichtung zugunsten der halbquantitativen Bewertung tritt eine Änderung im Ranking auf. Die (Verbund-)Materiallösungen Aluminium und Eisen und Lack schneiden einen Platz schlechter als Stahl ab. Die übrige Rangfolge bleibt jedoch bestehen. Ein Gewichtungsanteil der halbquantitativen Bewertung $\geq 40\,\%$ erscheint allerdings nicht sinnvoll, da die quantifizierten Kosten das höherwertige Kriterium darstellen.

Auch innerhalb der halbquantitativen Bewertung des 3. Iterationsschritts findet eine Gewichtung zwischen den Kriterien Forschung & Entwicklung sowie Chancen und Risiken statt. Ihre Variation hat beim Beispiel Fußbodenheizungsrohre jedoch nur für eine Kombination von Gewichtungsfaktoren eine Änderung des Rankings zur Folge, bei der wiederum Aluminium und Eisen einen Platz verlieren.

Eine analoge Sensitivitätsanalyse ebenfalls am Beispiel der Fußbodenheizungsrohre für die Umwandlung der AX-, AY- bis CZ-Bewertungen in Initialbewertungen zwischen 0 und 1 bestätigt die stabilen Ergebnisse bei der Variation der Gewichtungsfaktoren.

Der Einfluß von Zinssatz und Inflationsrate auf die diskontierten Kosten wird am Beispiel der Bodengruppe für Hybrid-Kfz untersucht, da es sich hierbei um ein langlebiges Bauteil handelt, bei dem die Diskontierung einen höheren Einfluß auf die Kostenbewertung ausübt als dies bei kurzlebigen Gütern der Fall wäre. Die Änderung der relativen Kostenbewertung bei Variation des Zinssatzes innerhalb einer als realistisch erscheinenden Spanne zwischen 3 und $10\,\%$ ist in Abb. 5.1–27 dargestellt.

Die relative Kostenbewertung, an denen die relativen, quantitativ ermittelten Kosten einen Anteil von $70\,\%$ ausmachen, ändert sich für alle untersuchten (Verbund-)Materiallösungen um maximal $5\,\%$ gegenüber dem Referenzzinssatz von $5\,\%$ (Abb. 5.1–27). Die absoluten Kosten ändern sich zwar in einem weitaus stärkeren Maß, diese Änderungen treten jedoch bei allen (Verbund-)Materiallösungen in der gleichen Größenordnung auf.

Die Variation der Inflationsrate ausgehend von den zur Bewertung verwendeten $1,5\,\%$ ergibt ebenfalls keine nennenswerten Änderungen der relativen Kostenbewertungen beim Beispiel der Bodengruppe für Hybrid-Kfz, so daß auf eine graphische Darstellung verzichtet werden kann.

Im 2. Iterationsschritt werden die Bewertungen A, B und C in die Initialbewertungen 3, 1 bzw. $^1/_3$ umgewandelt. Beim Beispiel der Fußbodenheizungs-

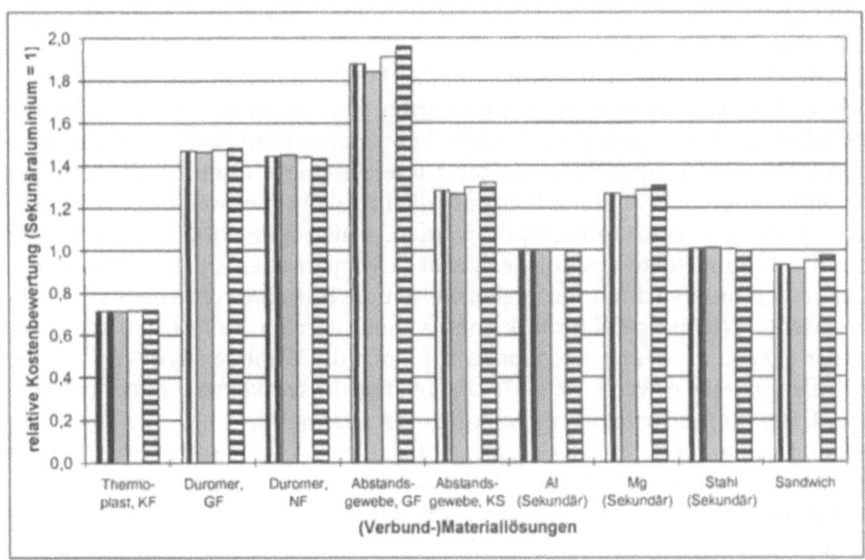

Abb. 5.1–27. Einfluß des Zinssatzes auf die relative Kostenbewertung verschiedener (Verbund-) Materiallösungen am Beispiel der Bodengruppe im 3. Iterationsschritt (nach der Methode des 2. Iterationsschritts, s. Kapitel 3.5), *senkrecht schraffierte Balken* Zinssatz 5%, Inflationsrate 1,5%, *schwarze Balken* Zinssatz 3%, Inflationsrate 1,5%, *weiße Balken* Zinssatz 7%, Inflationsrate 1,5%, *waagrecht schraffierte Balken* Zinssatz 10%, Inflationsrate 1,5%

rohre führt die Wahl des Faktors zwischen den Bewertungsstufen erst dann zu einer leicht geänderten Rangfolge, wenn dieser Faktor zwischen den Bewertungsstufen statt 3 mindestens 5 oder mehr beträgt.

5.1.4.3
Kombinierte Fehlerbetrachtung

Im 1. Iterationsschritt werden aufgrund der Wahl der Systemgrenze durchschnittlich etwa 32% der potentiellen Kosten nicht betrachtet. Eine weitere potentielle Fehlerquelle ist die nicht differenzierende Gewichtung (Gleichgewichtung) der erfaßten 68% der Gesamtkosten. Im Modul Kosten ergibt sich eine mittlere bis hohe, jedoch im Vergleich zum Modul Umwelt geringere Güte der Wiedergabetreue des Rankings für die Beispiele Fußbodenheizungsrohre und Bodengruppe für Hybridfahrzeuge.

Im 2. Iterationsschritt reduziert sich der Anteil der systemimmanenten, nicht erfaßten potentiellen Kosten auf rund 24%. Zudem findet eine deutlich bessere Gewichtung der betrachteten Kosten statt. Zur höheren Belastbarkeit der Ergebnisse gegenüber dem 1. Iterationsschritt trägt zudem die überwiegende Verwendung quantitativer Daten für die relevantesten Kostenbereiche bei. Dadurch werden in den Ergebnissen zum einen auch geringere Kostendifferenzen erfaßt als bei der rein qualitativen Betrachtung, zum anderen werden sie unabhängiger von den verwendeten Gewichtungsfaktoren, Initialbewertungen und Bewertungskategorien.

Die durch die Zusammenfassung von (Verbund-)Materiallösungen zu Gruppen bzw. Clustern entstehenden Unschärfen sind abhängig vom (Verbund-) Material (hohe Unschärfe insbesondere bei Naturstoffen) sowie von der konkreten Wahl der Gruppen bzw. Cluster. Diese Unschärfe nimmt jedoch zu den höheren Iterationsschritten hin kontinuierlich ab, da immer weniger (Verbund-) Materiallösungen zusammengefaßt werden. Außerdem wird die Unschärfe durch die Bildung kostenmodulspezifischer Gruppen oder Cluster reduziert.

Bei beiden untersuchten Beispielen weisen die Initialbewertungen sowie die verwendeten Wichtungsfaktoren keinen nennenswerten Einfluß auf das Ranking der (Verbund-)Materiallösungen auf. Auch die Wahl der Größen Zinssatz und Inflationsrate erweist sich für die relative Kostenkennzahl des (methodisch) 2. Iterationsschritts als nicht ergebnisbestimmend.

Analog zu den anderen Modulen ergibt sich auch bei den Kosten eine hohe Aussagesicherheit der Methode, die jedoch im 1. Iterationsschritt von einer relativ großen Unschärfe der Aussage begleitet wird.

5.2
Vertikale Fehlerbetrachtung

Heiko Kunst, Gerald Rebitzer, Wulf-Peter Schmidt

Im Rahmen der vertikalen Fehlerbetrachtung wird das Zusammenwirken der einzelnen Module untersucht, um die Aussagesicherheit des Gesamtinstruments zu ermitteln. Insbesondere ist zu prüfen, ob sich die Grenzen der Aussagesicherheit einzelner Module über das Gesamtinstrument durch Rückkopplungen eher verstärken oder abschwächen. Neben einer allgemeinen erfolgt eine beispielbezogene Betrachtung an konkreten Fallbeispielen.

Die Wichtung der Ergebnisse der einzelnen Module untereinander zur Bestimmung eines Gesamt-Rankings der (Verbund-)Materiallösungen hängt vorwiegend von den Präferenzen ab, die individuell vom Anwender des Instruments gesetzt werden (s. Kapitel 3.6). Sie sind infolgedessen nicht fester Bestandteil der Methode und werden daher an dieser Stelle nicht betrachtet.

5.2.1
Allgemeine Betrachtung

Die vertikale allgemeine Fehlerbetrachtung erfolgt durch Beurteilung der internen Schnittstellen von euroMat '98 hinsichtlich der Möglichkeit der Weitergabe von möglichen Fehlern an andere Module.

Die Wechselwirkungen der Module und Modulteile untereinander sind in Abb. 5.2–1 vereinfacht dargestellt.

Die Bestandteile des Moduls Technik (Materialauswahl, Fertigung und Recycling) bilden untereinander ein Geflecht aus zahlreichen Wechselwirkun-

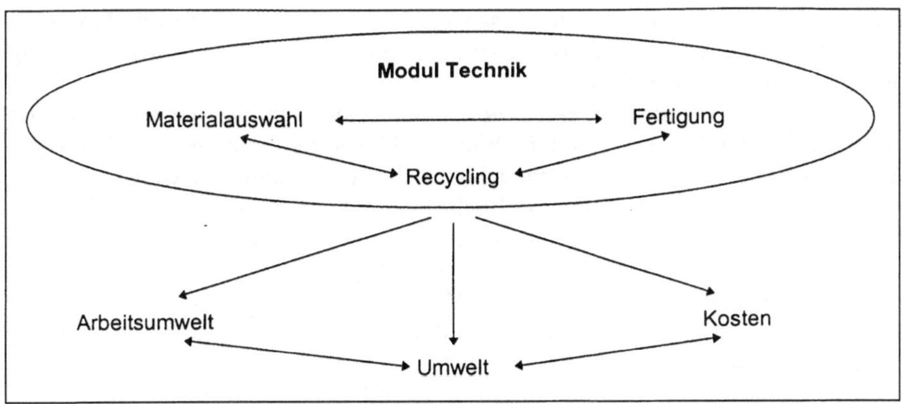

Abb. 5.2–1. Wechselwirkung hinsichtlich der Aussagesicherheit zwischen den Modulen und Modulteilen von euroMat '98

gen. Insbesondere Fehler bei der Materialauswahl können sich u. a. über die Bauteil- bzw. Produktgeometrie auf die Auswahl von Fertigungs- und Recyclingverfahren negativ auswirken, indem eigentlich geeignete Verfahren fälschlicherweise nicht als solche erkannt werden. Letzteres kann auftreten, wenn beispielsweise Anforderungen im Anforderungsprofil enthalten sind, die für das Bauteil nicht erforderlich wären. Zudem können beim Abgleich der Materialeigenschaften mit einem überwiegend qualitativen Anforderungsprofil Fehleinstufungen vorkommen. Für den Fall, daß diese nicht als geeignet identifizierten Verfahren eine sehr günstige oder sehr ungünstige Bewertung hinsichtlich der Fertigungs- oder Recyclingeigenschaften erhalten würden, könnte die jeweilige Bewertung der Materiallösung fehlerhaft verändert werden.

Da in den frühen Iterationsschritten jedoch nicht einzelne Verfahren, sondern Gruppen bzw. Cluster von Verfahren zur Bewertung herangezogen werden, ist der dargestellte Fall der ergebnisrelevanten unterbliebenen Identifikation der Eignung eines (Fertigungs- oder Recycling-)Verfahrens unwahrscheinlich. Durch die Gruppen- bzw. Clusterbildung kann demnach das Risiko von Fehlbewertungen, die aus Ungenauigkeiten bei der Materialauswahl resultieren, minimiert werden. Erkauft wird diese Vermeidung von fehlerbehafteten Aussagen durch die mit der Gruppen- bzw. Clusterbildung verbundenen Unschärfe der Aussagen. Bei höheren Iterationsschritten besteht eine geringere Gefahr von Fehlern bei der Materialauswahl, da das Anforderungsprofil von Iterationsschritt zu Iterationsschritt überarbeitet und damit auch optimiert wird.

Aussageunsicherheiten können auch von den Modulteilen Fertigung und Recycling an den Modulteil Materialauswahl zurückgegeben werden (vergleiche Tabelle 3.1–2, gilt auch für die Wechselwirkung zwischen Fertigung und Recycling), indem beispielsweise die Eigenschaftsveränderungen von Fertigungsverfahren ungenau eingeschätzt werden, so daß eigentlich gut geeignete (Verbund-)Materiallösungen fälschlicherweise als weniger geeignet bewertet werden. Bezüglich der Auswirkung eines solchen Fehlers gelten jedoch die o. g.

Überlegungen, daß durch die Zusammenfassung von (Verbund-)Materiallösungen in den ersten drei Iterationsschritten prinzipiell eine Minimierung der Aussageunsicherheit erfolgt.

Das Modul Technik gibt einseitig mögliche Aussageunsicherheiten an die bewertenden Module weiter (siehe Bild 5.2–1). Die Bewertungen der Umwelt-, Arbeitsumwelt- und ökonomischen Eigenschaften können insoweit fehlerhaft verändert werden, als daß die fälschlicherweise als nicht geeignet identifizierten Verfahren bewertungsrelevant sind, z.B. durch ihre möglicherweise besonders guten oder schlechten Umwelteigenschaften.

Eine Fehlerquelle sind die aus dem Modul Technik abgeleiteten funktionellen Einheiten für die halbquantitative und quantitative Bewertung von Umwelteigenschaften und Kosten (z.B. Veränderung der Bauteilmasse). Für das Modul Arbeitsumwelt ergeben sich daraus jedoch nur dann Veränderungen, wenn eine Änderung bei den verwendeten Materialien im Verbundmaterial erfolgt.

Die bewertenden Module beeinflussen sich untereinander kaum, lediglich Hinweise auf lokale Defizite (Hot-spots) und bezüglich der funktionellen Einheit werden zwischen Umwelt und Arbeitsumwelt bzw. Umwelt und Kosten ausgetauscht, so daß hierbei auch fehlerhafte Daten weitergegeben werden könnten.

Eine Rückkopplung der bewertenden Module Umwelt, Arbeitsumwelt und Kosten mit dem eigenschaftsermittelnden Modul Technik besteht im gleichen Iterationsschritt nicht, jedoch werden über die Gesamtbewertungen mögliche Aussageunsicherheiten an den ggf. folgenden Iterationsschritt weitergegeben. Fehler bei der Materialauswahl können dadurch minimiert werden, daß für den Ausschluß von (Verbund-)Materialgruppen und -clustern aus der weiteren Betrachtung von den Entscheidungsträgern strenge Kriterien definiert werden.

5.2.2
Beispielbezogene Betrachtung

5.2.2.1
Vergleich des Gesamt-Rankings über die Iterationsschritte

Am Beispiel der Bodengruppe für Hybrid-Kfz werden die Gesamt-Rankings des 2. und 3. Iterationsschritts miteinander verglichen.

Für den 2. Iterationsschritt wird am Ende kein klares Ranking, sondern eine verbale Einschätzung vorgenommen, für welche (Verbund-)Materialcluster weitere F&E-Anstrengungen sinnvoll erscheinen. Es werden die Cluster kunststoffaser- und glasfaserverstärkte Polyolefine, Aluminium-Polyolefin-Faser-Sandwichverbunde, Stahlleichtbau und Aluminium gegenüber den anderen (Verbund-)Materialclustern favorisiert.

Der 3. Iterationsschritt bestätigt das gute Abschneiden dieser (Verbund-)Materiallösungen, wenn zum Vergleich die dem 2. Iterationsschritt ähnliche unverrippte Ausführung der Bodengruppe herangezogen wird. Darüber hinaus erfolgt eine weitere Differenzierung, so daß aramidfaserverstärkte Polyolefine gefolgt von Aluminium für die Weiterentwicklung vorgeschlagen werden.

Damit ist die Wiedergabetreue des Gesamt-Rankings für den 2. Iterationsschritt sehr hoch. Im 3. Iterationsschritt kann das Ergebnis des 2. Schritts aufgrund der vorwiegend quantitativen Eigenschaftsermittlung und -bewertung
weiter differenziert werden.

5.2.2.2
Untersuchung einzelner Wechselwirkungen

Der Einfluß eines Moduls auf andere hinsichtlich der Auswirkungen von Aussageunsicherheiten wird an Beispielen untersucht.

Beispiel Bodengruppe. Beim Beispiel der Bodengruppe für Hybridfahrzeuge
wird untersucht, welchen Einfluß konstruktive Vorgaben im Anforderungsprofil auf die Module Umwelt, Kosten und Arbeitsumwelt ausüben können.
Dazu werden jeweils für den 3. Iterationsschritt die konstruktiven Varianten der
verrippten und unverrippten Bodengruppe einander gegenübergestellt.

Für die Umwelteigenschaften ergeben sich die in Abb. 5.2–2 dargestellten
Unterschiede in der Bewertung. Der Korrelationskoeffizient zwischen den Plazierungen der (Verbund-)Materialarten beider Konstruktionsvarianten beträgt
lediglich 55 %, da die meisten Materialien bei beiden Varianten unterschiedlich
abschneiden. Jedoch weist nur Aluminium eine Differenz von mehr als 1 Rang
auf. Dies zeigt, daß die Vorgaben des Anforderungsprofils einen deutlichen Einfluß auf die Umwelteigenschaften ausüben können, wobei sich allerdings das

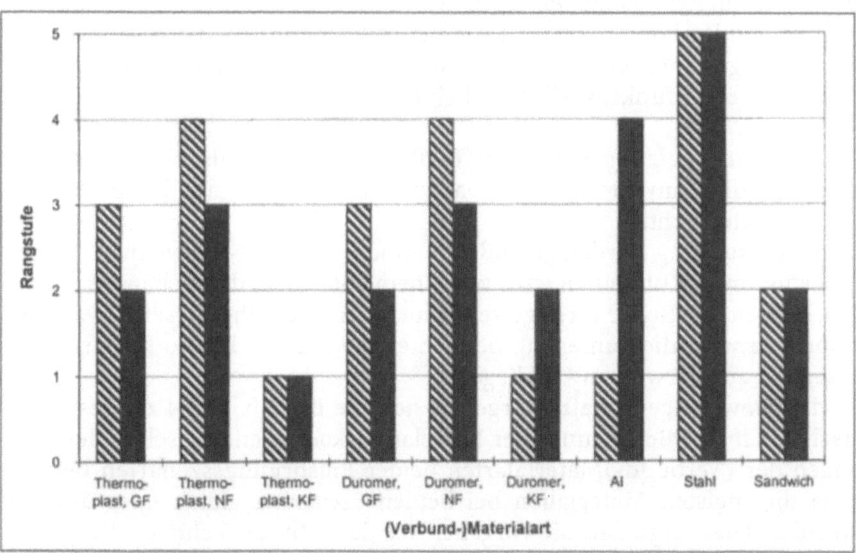

Abb. 5.2–2. Gegenüberstellung des Rankings der Umwelteigenschaften zweier Konstruktionsvarianten des Beispiels Bodengruppe im 3. Iterationsschritt, *schraffierte Balken* verrippte
Bodengruppe, *schwarze Balken* unverrippte Bodengruppe

Abb. 5.2–3. Vergleich des
Abschneidens der untersuchten (Verbund-)Materiallösun-
gen hinsichtlich der Kosten
für die verrippte und unverrippte Konstruktionsvariante
des Beispiels Bodengruppe
im 3. Iterationsschritt

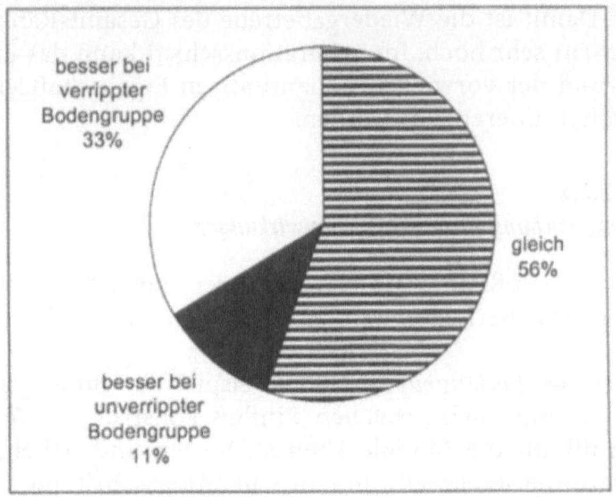

Ergebnis im Grundsatz nicht ändert. Auf die Erstellung des Anforderungsprofils muß demnach bei der Anwendung von euroMat '98 ein Hauptaugenmerk
gerichtet sein.

Auch beim Modul Kosten ergeben sich unterschiedliche Bewertungen der
(Verbund-)Materiallösungen für die beiden untersuchten konstruktiven Varianten (Abb. 5.2–3). Nur gut die Hälfte der (Verbund-)Materiallösungen schneidet gleich ab. Aber auch hier unterscheiden sich die jeweiligen Rankings nur um
maximal 1 Rang.

Für das Modul Arbeitsumwelt ergeben sich keine Unterschiede in der Bewertung für die beiden konstruktiven Varianten, da sich die arbeitsumweltrelevan-
ten Herstellungs- und Fertigungswege nicht grundsätzlich unterscheiden und
kein Bezug zu einer funktionellen Einheit hergestellt wird.

Beispiel Fußbodenheizungsrohre. Der Einfluß des Modulteils Recyclingeigenschaften auf die Umwelteigenschaften wird am Beispiel der Fußbodenheizungsrohre untersucht.

Für die Entsorgung werden gemäß dem Modul Technik – Recycling 2 Szenarien angenommen. Zum einen wird von einem Totalabriß des Gebäudes ausgegangen, bei dem die Rohre nicht getrennt vorliegen und daher beseitigt werden.
Zum anderen wird die Sanierung betrachtet, bei der die Fußbodenheizungsrohre separat zur Verwertung vorliegen.

Für die Umwelteigenschaften ergeben sich die in Abb. 5.2–4 dargestellten
Unterschiede in der Bewertung. Der Korrelationskoeffizient zwischen den Plazierungen der (Verbund-)Materialarten beider Entsorgungsszenarien beträgt
90%, da die meisten Materialien bei beiden Szenarien gleich oder ähnlich
abschneiden. Dies zeigt, daß die Vorgaben aus dem Modul Technik – Recycling
keinen entscheidenden Einfluß auf die Umwelteigenschaften ausüben, weil die
Entsorgung lediglich einen Teil des Produkt- bzw. Bauteillebenswegs darstellt
und somit auch nur einen Teil der Umweltbelastungen verursacht. Beim Bei-

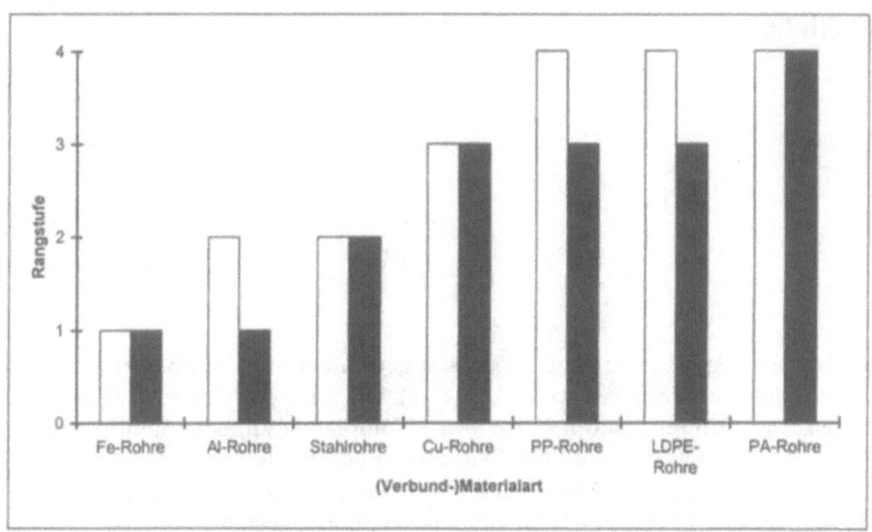

Abb. 5.2–4. Gegenüberstellung des Rankings der Umwelteigenschaften zweier Entsorgungsszenarien des Beispiels Fußbodenheizungsrohre im 3. Iterationsschritt, *weiße Balken* Beseitigung, *schwarze Balken* Recycling

spiel der Fußbodenheizungsrohre ist jedoch zu beachten, daß dieses langlebige Produkt in seinen Umwelteigenschaften von der Nutzungsphase dominiert wird.

5.2.3
Kombinierte Betrachtung

Die einzelnen Module des Instruments euroMat '98 unterliegen vielfältigen Wechselwirkungen und Rückkopplungen. Dadurch können Aussageunsicherheiten aus einem Modul an andere Module weitergegeben werden. Aus der beispielbezogenen Betrachtung kann abgeleitet werden, daß insbesondere der Modulteil Materialauswahl bzw. Gebrauchseigenschaften fehlerrelevant ist, da er grundlegende Informationen an alle anderen Module weitergibt. Insbesondere die Formulierung des Anforderungsprofils erscheint vor diesem Hintergrund als ein besonders sensibler Arbeitsschritt.

Eine Verstärkung von Aussageunsicherheiten durch positive Rückkopplungen ist nicht zu erwarten, da einerseits keine Rückkopplungen über mehrere Stufen stattfinden und andererseits mögliche Aussageunsicherheiten durch die Gruppen- und Clusterbildung minimiert werden.

Die hohe Aussagesicherheit auch in den ersten beiden Iterationsschritten wird jedoch durch eine nennenswerte Unschärfe der Ergebnisse erkauft.

KAPITEL 6

Ausblick

euroMat '98 liegt in einer in der Praxis angewandten und validierten Form vor (s. die beiden unteren Stufen in Abb. 6–1). Die dem Instrument zugrundeliegenden Algorithmen sind in Form von Ablaufplänen allgemeingültig strukturiert (s. Anhang). Damit sind die Grundlagen gelegt, die Umweltverträglichkeit und Wettbewerbsfähigkeit von Produkten, Baugruppen oder Bauteilen zu verbessern, indem ein Instrumentarium zur Verfügung gestellt wird, das

- durch Betrachtung der Grundgesamtheit aller (Verbund-)Materialien,
- mittels iterativer Screening-Methodik,
- eingebettet in den interaktiven und entwicklungsbegleitenden Ansatz,
- unter integrativer Berücksichtigung wichtiger zukunftsgerichteter Kriterien

die schnelle und sichere Identifikation und Entwicklung innovativer Materiallösungen ermöglicht.

Charakteristisch für euroMat ist neben dem t3i-Ansatz (top-down, iterativ, interaktiv, integrativ; vgl. Kapitel 3.1) der Lebenswegansatz. Dieser stellt durch die Betrachtung des gesamten Lebenswegs eines Produkts sicher, daß keine Probleme von einer Lebenswegphase zur anderen verlagert werden, sondern das Gesamtoptimum erreicht wird. Dabei beginnt der Lebensweg je nach Modul mit der F&E-Phase, der Rohstoffgewinnung oder der Produktion und führt über die Nutzung bis zur finalen Entsorgung.

Die euroMat-Methodik sieht neben der bereits mit relativ geringem Aufwand in den ersten 3 Iterationsstufen (euroMat '98) erzielten hohen Aussagesicherheit auch eine Minimierung der Ergebnisunschärfe für die integrierte Materialauswahl vor. Dazu ist es erforderlich, die Methodik um den 4. und 5. Iterationsschritt sowie um weitere Aspekte zu komplettieren und in *euroMat 2000* zu überführen. Dabei stehen im Vordergrund:

- die Bereitstellung einer allgemeingültigen Datenstruktur,
- die Erweiterung der Module um die Aspekte Risiko und Entwicklungszeit,
- die Durchführung höherer Iterationsschritte,
- die Anwendung weiterer Beispiele.

Die Handhabbarkeit der Datenvielfalt und -menge, die sich aus der Gesamtheit der zu betrachtenden (Verbund-)Materialien, ihren Eigenschaften, ihrer Eigenschaftsbeeinflussung, der Herstellungs-, Fertigungs- und Recyclingverfahren, der Arbeitsumwelt und der Umwelt sowie der Kosteninformation ergibt, ist sehr aufwendig und zeitintensiv. Um euroMat mit der Grundidee des Top-down-Ansatzes Unternehmen und Institutionen für die Materialauswahl unter ökologischen und den weiteren lebenszyklusbezogenen Gesichtspunkten zugänglich und mit relativ geringem Arbeits- und Zeitaufwand nutzbar zu machen, ist jedoch eine *handhabbare Softwarelösung* (s. Stufe 3 und 4 in Abb. 6-1) unabdingbar. Damit können die Verkürzung der Entwicklungsdauer sowie daraus resultierende sinkende Entwicklungskosten gewährleistet werden.

Im Rahmen der *Softwarelösung* müssen die relativ statischen Daten in geeigneten Datenmodellen abgebildet und in umfangreichere Datenbanken überführt werden. Um z. B. Know-how-Abfluß oder einseitige Datenverwertung zu vermeiden, werden die Datenbanken in firmenspezifische, vertrauliche sowie allgemein verfügbare, anonymisierte Datenbanken geteilt. Durch die systematische und nachvollziehbare Auswertung der Daten durch euroMat wird dem Datenmißbrauch entgegengewirkt. Die Zusammenführung und Strukturierung der Daten in eine einheitliche Datenbasis (z.B. Bezugsgröße für ökologische Daten: Deutschland) ist daher für das Gesamtziel von großer Wichtigkeit. Die Daten sollen möglichst Spannweiten oder Mittelwerte verschiedener Materialanbieter bzw. Zulieferer, Fertigungsbetriebe, Verwerter usw. umfassen, um im Bedarfsfall die Anonymisierung der Daten zu gewährleisten. Zusätzlich werden *Schnittstellen zu bereits vorhandenen, bewährten Datenbanken* vorgesehen.

Das Instrumentarium euroMat greift nicht nur auf die erforderlichen Daten, sondern auch auf das nötige Expertenwissen zurück. Diese Kompetenz sollte in der Form eines wissensbasierten Systems abgebildet werden. Als Kommunika-

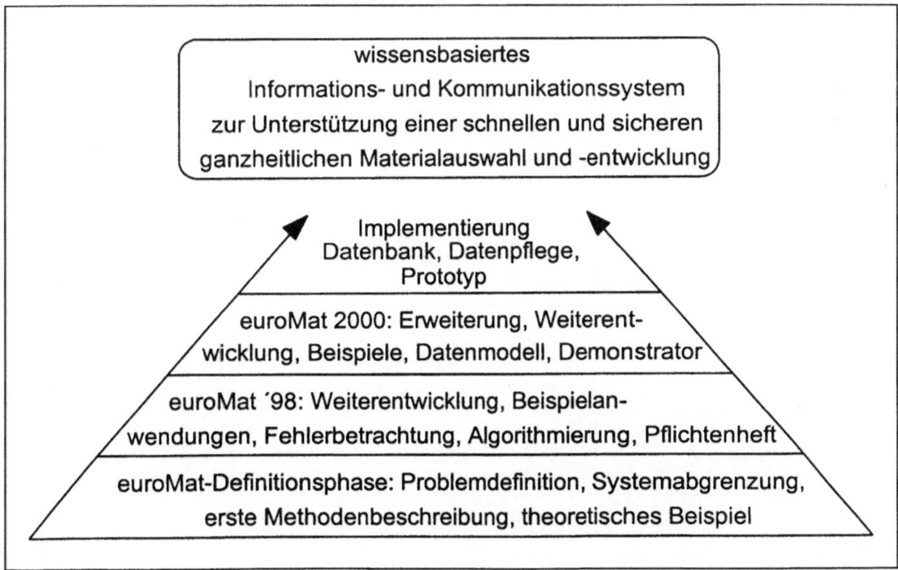

Abb. 6-1. Bausteine auf dem Weg zu einem wissensbasierten Informations- und Kommunikationssystem zur Unterstützung einer schnellen und sicheren ganzheitlichen Materialauswahl und -entwicklung

tionssystem erweitert, können so das kreative Element der (Verbund-)Materialentwicklung sowie die Komplexität ökologischer Fragestellungen adäquat zur Erreichung des Gesamtziels in euroMat integriert werden.

Bereits *euroMat '98* verkörpert ein aussagesicheres Instrument, mit dessen Hilfe für ein zukünftiges bzw. bereits existierendes Produkt nicht nur ganz neue Materiallösungen, sondern aus der Vielzahl der bereits existierenden Materialien die optimale Materiallösung identifiziert werden können. Gleichzeitig kann die Einhaltung aller modernen Anforderungen an diese Materialien für eine nachhaltige Entwicklung überprüft werden. Die langfristige Wettbewerbsfähigkeit von Produkten ist maßgeblich von einer vorausschauenden strategischen Materialauswahl abhängig, die auch Auswahlkriterien wie Umwelt, Arbeitsplatz, Recycling und Kosten über den gesamten Lebensweg berücksichtigt. Zusätzlich dazu wird *euroMat 2000* um die Aspekte Risiken und Machbarkeit, die Methodik des 4. und 5. Iterationsschritts sowie um eine erste Softwarelösung erweitert.

KAPITEL 7

Anhang

7.1
A.1: Erklärung der Elemente eines Ablaufplans (ALP)

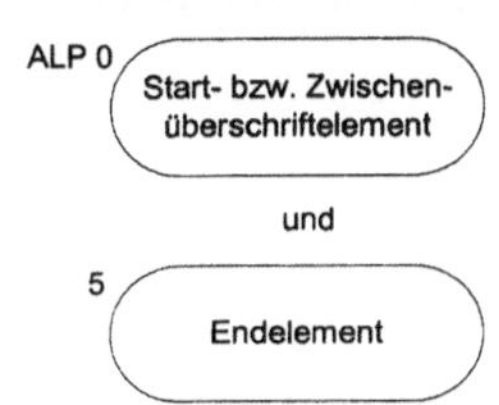

Startelement: Es dient als Startelement für das Haupt- oder Unterprogramm (→ Glossar) in jedem ALP bzw. für Zwischenüberschriften, um wichtige Bereiche des Moduls bzw. ALPs hervorzuheben.
Endelement: Es bezeichnet das Ende eines Haupt- (mit „Ende") bzw. Unterprogramms (mit „Rückkehr").

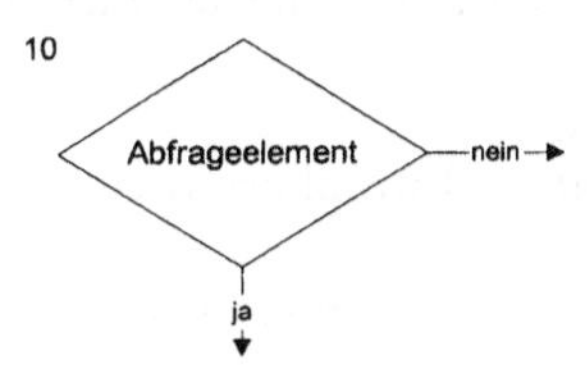

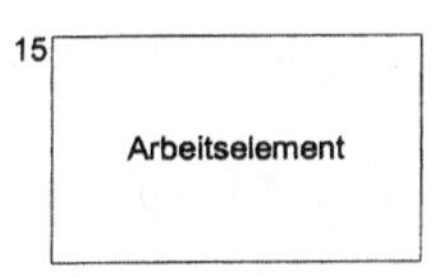

Abfrageelement: Es enthält Fragen, die eindeutig mit ja oder nein beantwortet werden können.

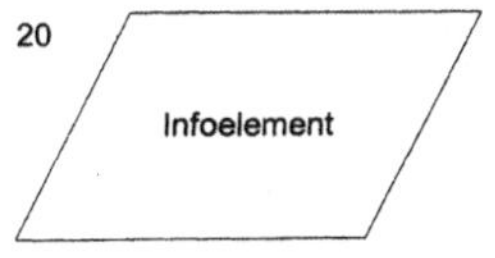

Das **Arbeitselement** gibt Handlungsanweisungen für durchzuführende Tätigkeiten (z. B. Eintrag in die Liste ..., Auswahl von ...).

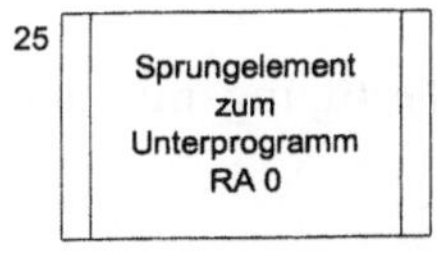

Infoelement: Dieses Element enthält Informationen z. B. darüber, auf welche Informationsquellen zurückgegriffen werden muß, um bestimmte Handlungen bzw. Entscheidungen zu realisieren. Außerdem kann es Auskunft darüber geben, in welche Listen bestimmte Informationen und Ergebnisse einzutragen sind.

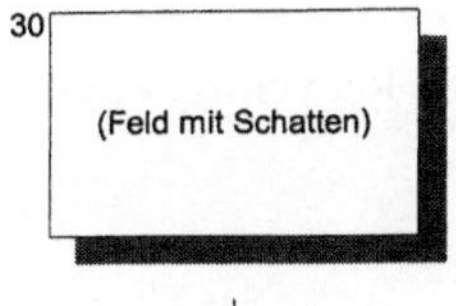

Sprungelement zu einem Unterprogramm: Es benennt das an dieser Stelle abzuarbeitende Unterprogramm (siehe auch Glossar) und die Sprungadresse (z. B. RA 0). Ein Unterprogramm wird für Abläufe erstellt, die (an unterschiedlichen Stellen des ALPs) abzuarbeiten sind. Nach der Abarbeitung des Unterprogramms wird die Abarbeitung des Hauptprogramms mit dem Element fortgesetzt, welches dem Sprungelement folgt.

Feld mit Schatten: Die Bearbeitung des Feldinhaltes ist über Software realisierbar bzw. bestimmte Inhalte sind in Datenbanken abgelegt oder ablegbar.

Verknüpfungsfeld: Hier werden Bereiche innerhalb des aktuellen Haupt- oder Unterprogramms, die nicht direkt über Pfeile verbunden werden können, verknüpft.

Jedes Hauptprogramm ist mit einem Buchstaben bzw. einer Buchstabenkombination gekennzeichnet:

eM *euroMat*-Gesamtablaufplan,
M   Modul Technik – *Materialauswahl*,
F   Modul Technik – *Fertigung*,
R   Modul Technik – *Recycling*,
U   Modul *Umwelt*,
A   Modul *Arbeitsumwelt*,
K   Modul *Kosten*,
G   *Gesamtbewertung euroMat.*

Die Unterprogramme werden mit Buchstabenkombinationen bezeichnet, deren
erster Buchstabe dem des thematisch übergeordneten Hauptprogramms entspricht:

Modul Technik – Materialauswahl:
  MA   Erstellung des *Anforderungsprofils*,
  MM   *Materialauswahl*,
  MH   Auswahl *homogener* Materialien,
  MS   Auswahl geeigneter *Stoffzusätze*,
  MV   Auswahl geeigneter *Verbundmaterialmodelle* und Materialkompo-
         nenten,
  MAB   Aufbau*barkeit* eines dauerhaften Verbunds,
  MABA   Aufbaubarkeit eines dauerhaften Verbunds – Intraphasenwechsel-
         wirkungen,
  MABB   Aufbaubarkeit eines dauerhaften Verbunds – Interphasenwechsel-
         wirkungen,
  MABC   Aufbaubarkeit eines dauerhaften Verbunds – Herstellung des Ver-
         bunds (Interphase),
  MABD   Aufbaubarkeit eines dauerhaften Verbunds – räumliche Interphasen-
         anordnung,
  MABE   Aufbaubarkeit eines dauerhaften Verbunds – Zeitstandsverhalten,
  MB   *Bewertung* der Eignung der ausgewählten (V)WS;
Modul Technik – Fertigung:
  FA   Fertigung 1. Iterationsschritt,
  FB   Fertigung 2. Iterationsschritt,
  FC   Fertigung 3. Iterationsschritt,
  FH   Ermittlung geeigneter *Hilfsmittel*,
  FX   Abgleich der Eigenschaftsveränderung durch die Fertigung mit dem
       Anforderungsprofil;
Modul Technik – Recycling:
  RI   *Identifikation* von Verunreinigungen,
  RV   Weiter- und Wieder*verwendung*,
  RW   Recycling*: werkstoffliches Recycling, rohstoffliches Recycling, energe-
       tische Verwertung;
  RB   *Beseitigung*,
  RT   Auflösen des Verbunds;

Modul Umwelt:

   UA Umwelt 1. Iterationsschritt,
   UB Umwelt 2. Iterationsschritt,
   UC Umwelt 3. Iterationsschritt;

Modul Arbeitsumwelt:

   AL Betrachtung der Arbeitsumwelt über den *Lebensweg*,
   AB Gesamt*bewertung* Arbeitsumwelt;

Modul Kosten:

   KA Modul Kosten 1. Iterationsschritt,
   KB Modul Kosten 2. Iterationsschritt.

Sollte ein Haupt- oder Unterprogramm über mehrere Seiten gehen, so wird das jeweils 1. Element ebenfalls mit der für das Programm vorgegebenen Buchstabenkombination bzw. dem Buchstaben gekennzeichnet, um die Arbeit mit diesen Ablaufplänen zu erleichtern.

Jedes Element des Ablaufplans erhält eine Nummer, gemeinsam mit dem Buchstaben bzw. der -kombination ist jedem Element eine eindeutige Adresse zugeordnet, die es ermöglicht, in den Verknüpfungsfeldern, Sprungelementen zum Unterprogramm, sowie in der Methodenbeschreibung des Kapitels 3 klare Angaben zu machen bzw. eindeutige Sprungadressen anzugeben.

Mit der Numerierung wird in der Regel links oben begonnen und nach rechts unten weiter geführt. Sie beginnt am Startelement eines Haupt- bzw. Unterprogramms jeweils mit Null und endet (in der Regel in Fünferschritten, um spätere Erweiterungen problemlos zu ermöglichen) am Endelement des entsprechenden Programms.

7.2
A.2: Erklärung der in den Ablaufplänen verwendeten Abkürzungen

AB   Arbeitsbereich(e);
ALP Ablaufplan;
AP   Anforderungsprofil;
AUF Arbeitsumweltfaktoren;
BKZ Belastungskennzahl(en);
FG   Fertigungsgruppe;
FHG Fertigungshauptgruppe;
FUG Fertigungsuntergruppe;
f.u.   (engl.: functional unit) funktionelle Einheit;
Liste der potentiell geeigneten (V)WS/Stoffzusätze beinhaltet:

  – Die betrachteten und nach gleichen/ähnlichen Defiziten in Abhängigkeit vom Iterationsschritt zusammengefaßten (Verbund-) Materialgruppen/ Gruppen von Stoffzusätzen (1. Iterationsschritt),
    – (Verbund-)Materialcluster/Cluster von Stoffzusätzen (2. Iterationsschritt),
    – (Verbund-)Materialarten/Arten von Stoffzusätzen (3. Iterationsschritt);

Liste zur Auswahl der geeigneten (V)WS beinhaltet:

  – Liste der sicher ungeeigneten (V)WS,

- Liste der evtl. geeigneten (V)WS (innovative Materialien?),
- Liste der sicher geeigneten (V)WS;

Liste der Verfahren über den Lebensweg* enthält:

- für alle potentiell geeigneten (V)WS alle im Modul Technik über den Lebensweg als geeignet ausgewiesenen Verfahren* sowie deren Bewertungen;

*Recycling** das so gekennzeichnete Unterprogramm ist anzuwenden für die Recyclingarten:

- werkstoffliches Recycling,
- rohstoffliches Recycling,
- energetische Verwertung;

*Recyclingprodukt** je nach Recyclingart steht dieser Begriff für die jeweils typischen Produkte:

- Recyclingprodukt (werkstoffliches Recycling),
- Sekundärrohstoff (rohstoffliches Recycling),
- Sekundärenergie (energetische Verwertung);

UP Unterprogramm;

*Verfahren** je nach Iterationsschritt

- Verfahrens(haupt)gruppe (1. Iterationsschritt),
- Verfahrenscluster (2. Iterationsschritt),
- Verfahrensart (3. Iterationsschritt);

VM-A (Verbund-)Materialart (3. Iterationsschritt);

VM-C (Verbund-)Materialcluster (2. Iterationsschritt);

VM-G (Verbund-)Materialgruppe (1. Iterationsschritt);

VMM Verbundmaterialmodelle (z. B: Schichtverbund-, Faserverbundmodell);

*VWS** Es handelt sich ausschließlich um Verbundwerkstoffe bzw. Verbundmaterialien;

VWS je nach Iterationsschritt:

- Verbundmaterialgruppen (1. Iterationsschritt),
- Verbundmaterialcluster (2. Iterationsschritt),
- Verbundmaterialarten (3. Iterationsschritt);

*(V)WS** (Verbund-)Materialien: Oberbegriff für alle betrachteten Werkstoffe bzw. Materialien *sowie* Verbundwerkstoffe bzw. Verbundmaterialien, daher die Darstellung mit Klammer: (V)WS;

(V)WS je nach Iterationsschritt:

- (Verbund-)Materialgruppen (1. Iterationsschritt),
- (Verbund-)Materialcluster (2. Iterationsschritt),
- (Verbund-)Materialarten (3. Iterationsschritt).

Der Gesamtablaufplan für euroMat '98 ist Abschnitt 3.1.5 zu entnehmen.

7.3
A.3: Vorgehensweise bei der Materialauswahl nach euroMat

Ute Schiller

7.3.1

A.3.1: Überblick M 0 – 90

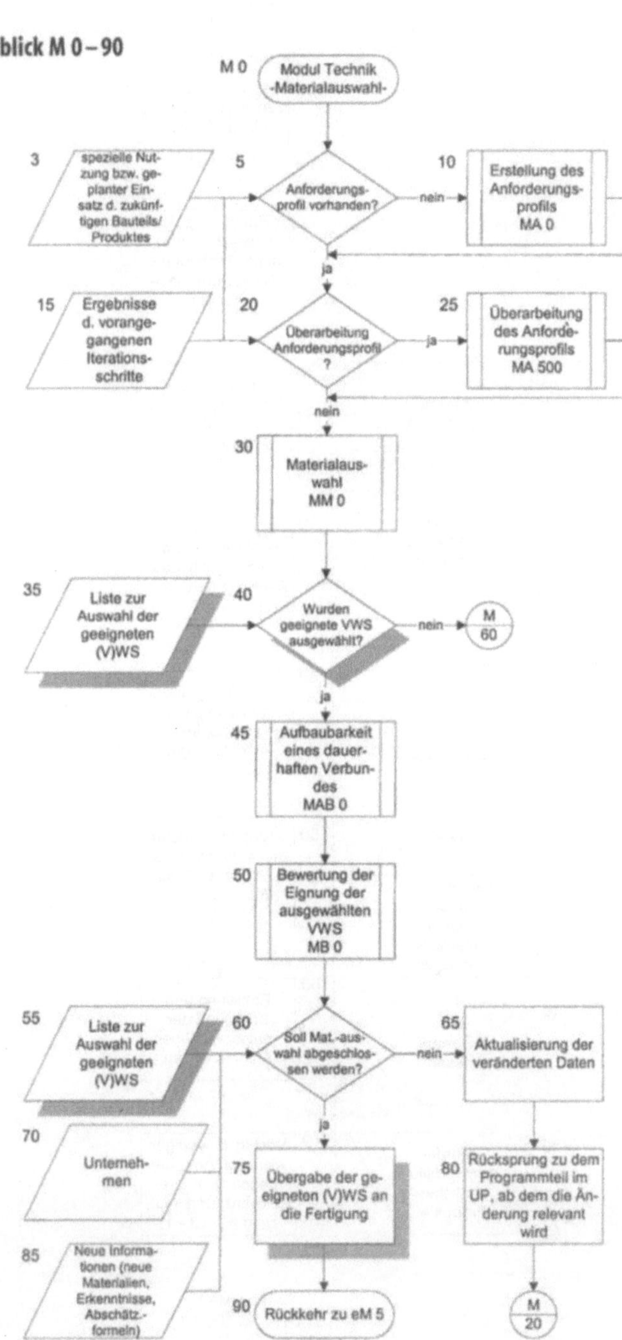

7.3.2
A.3.2: Erstellung des Anforderungsprofils MA 0 – 320

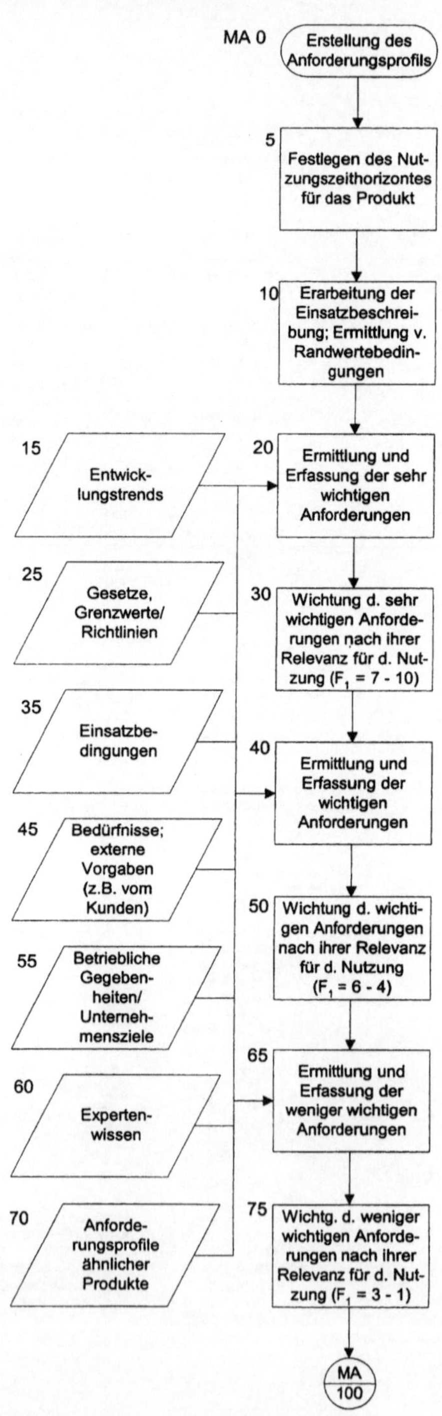

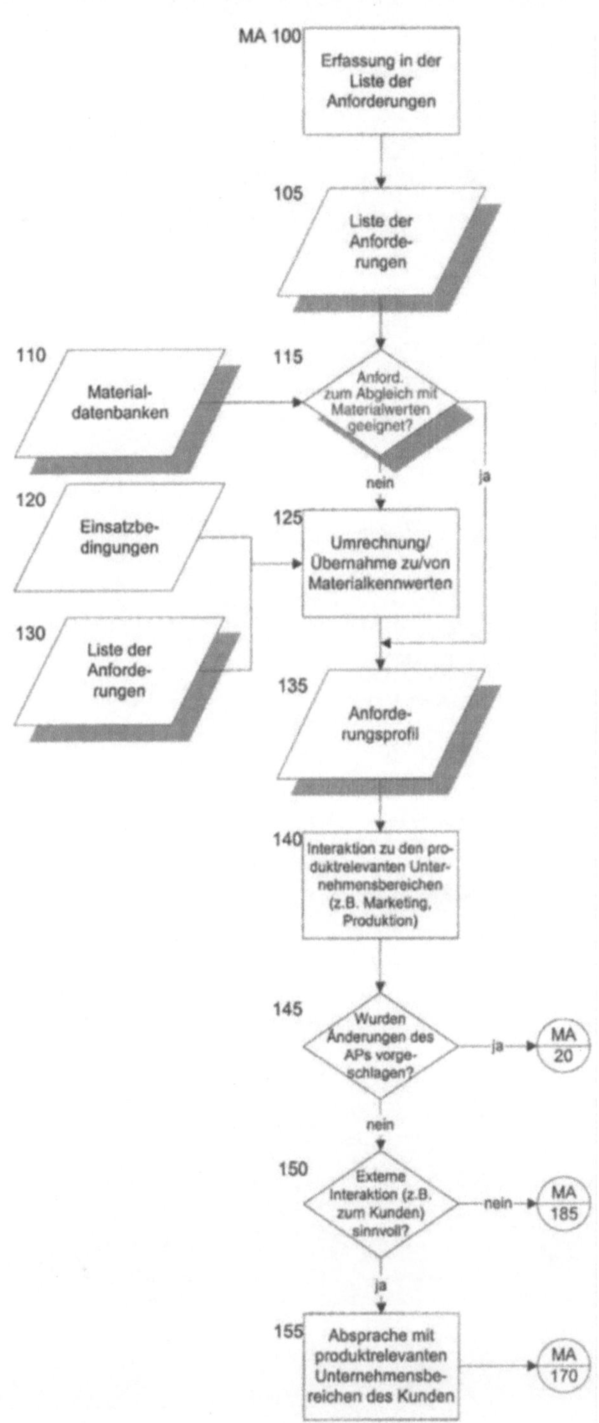

MA 100
Erfassung in der Liste der Anforderungen
105
Liste der Anforderungen
110
Material-datenbanken
115
Anford. zum Abgleich mit Materialwerten geeignet?
nein
ja
120
Einsatzbedingungen
125
Umrechnung/ Übernahme zu/von Materialkennwerten
130
Liste der Anforderungen
135
Anforderungsprofil
140
Interaktion zu den produktrelevanten Unternehmensbereichen (z.B. Marketing, Produktion)
145
Wurden Änderungen des APs vorgeschlagen?
ja
MA 20
nein
150
Externe Interaktion (z.B. zum Kunden) sinnvoll?
nein
MA 185
ja
155
Absprache mit produktrelevanten Unternehmensbereichen des Kunden
MA 170

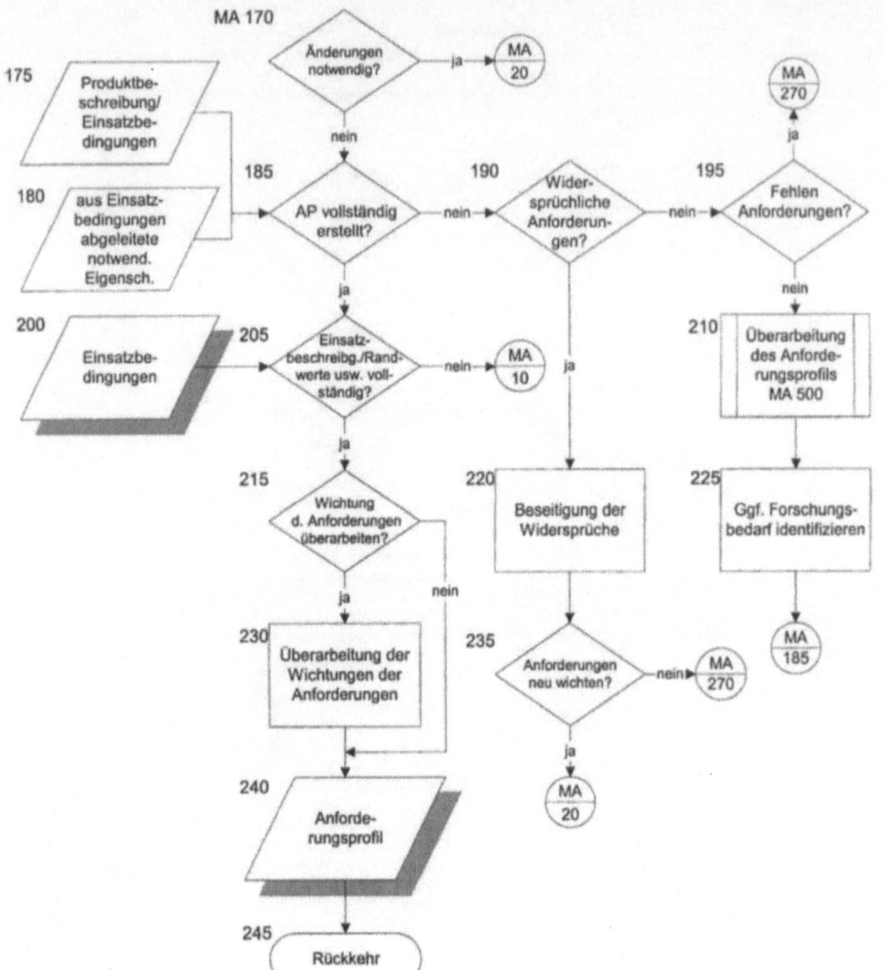
MA 170
175
Produktbe-
schreibung/
Einsatzbe-
dingungen
180
aus Einsatz-
bedingungen
abgeleitete
notwend.
Eigensch.
Änderungen
notwendig?
ja
MA
20
MA
270
ja
185
AP vollständig
erstellt?
nein
190
Wider-
sprüchliche
Anforderun-
gen?
nein
195
Fehlen
Anforderungen?
nein
nein
ja
200
Einsatzbe-
dingungen
205
Einsatz-
beschreibg./Rand-
werte usw. voll-
ständig?
nein
MA
10
210
Überarbeitung
des Anforde-
rungsprofils
MA 500
ja
ja
215
Wichtung
d. Anforderungen
überarbeiten?
ja
nein
220
Beseitigung der
Widersprüche
225
Ggf. Forschungs-
bedarf identifizieren
230
Überarbeitung der
Wichtungen der
Anforderungen
235
Anforderungen
neu wichten?
nein
MA
270
MA
185
240
Anforde-
rungsprofil
ja
MA
20
245
Rückkehr

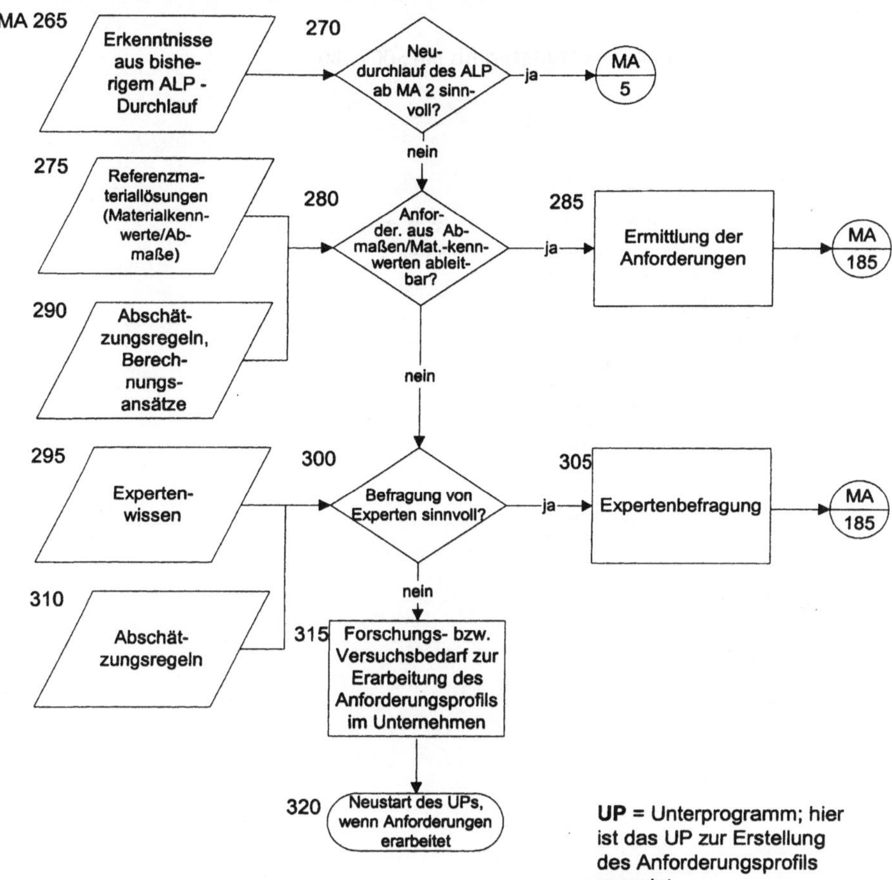
MA 265
Erkenntnisse aus bisherigem ALP - Durchlauf
270
Neudurchlauf des ALP ab MA 2 sinnvoll?
ja
MA 5
nein
275
Referenzmateriallösungen (Materialkennwerte/Abmaße)
280
Anfor-der. aus Abmaßen/Mat.-kennwerten ableitbar?
ja
285
Ermittlung der Anforderungen
MA 185
290
Abschätzungsregeln, Berechnungsansätze
nein
295
Expertenwissen
300
Befragung von Experten sinnvoll?
ja
305
Expertenbefragung
MA 185
310
Abschätzungsregeln
nein
315
Forschungs- bzw. Versuchsbedarf zur Erarbeitung des Anforderungsprofils im Unternehmen
320
Neustart des UPs, wenn Anforderungen erarbeitet
UP = Unterprogramm; hier ist das UP zur Erstellung des Anforderungsprofils gemeint

7.3.3
A.3.3: Überarbeitung des Anforderungsprofils MA 500 – 580

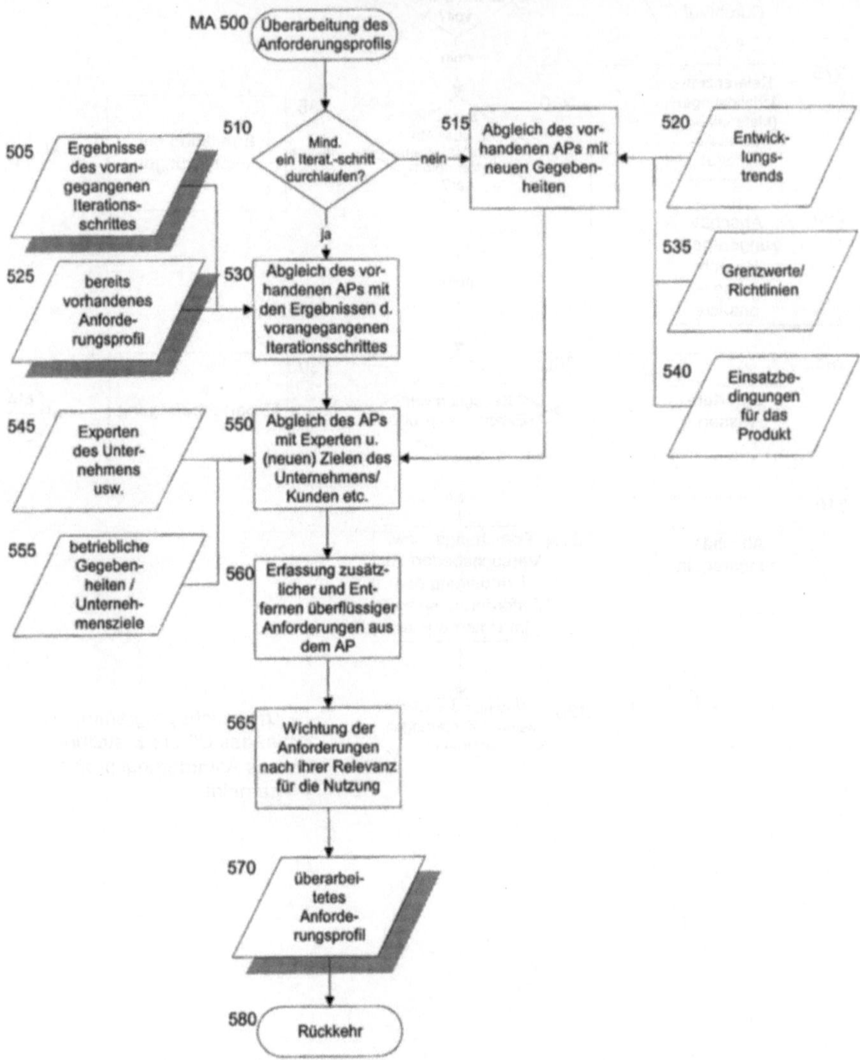

7.3.4
A.3.4: Materialauswahl MM 0 – 160

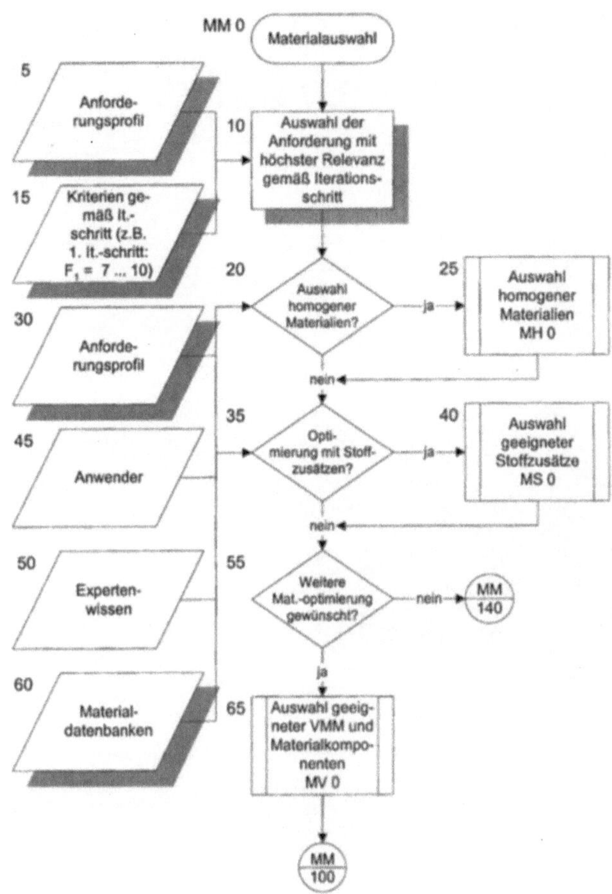

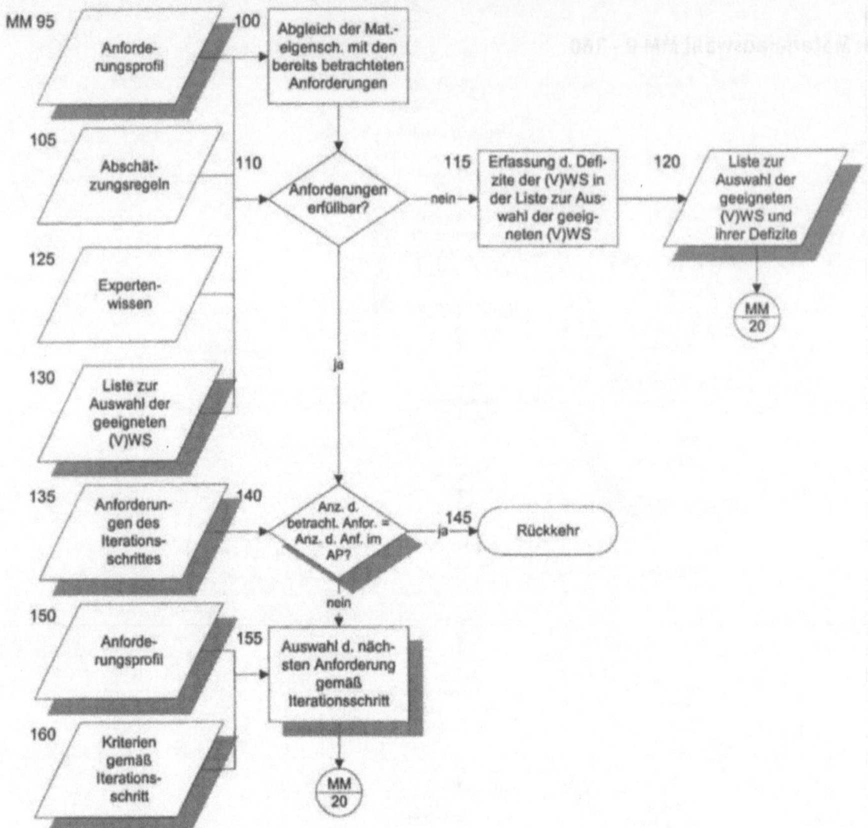

MM 95
Anforderungsprofil
100
Abgleich der Mat.-eigensch. mit den bereits betrachteten Anforderungen
105
Abschätzungsregeln
110
Anforderungen erfüllbar?
115
Erfassung d. Defizite der (V)WS in der Liste zur Auswahl der geeigneten (V)WS
120
Liste zur Auswahl der geeigneten (V)WS und ihrer Defizite
nein
ja
MM 20
125
Expertenwissen
130
Liste zur Auswahl der geeigneten (V)WS
135
Anforderungen des Iterationsschrittes
140
Anz. d. betracht. Anfor. = Anz. d. Anf. im AP?
145
ja
Rückkehr
nein
150
Anforderungsprofil
155
Auswahl d. nächsten Anforderung gemäß Iterationsschritt
160
Kriterien gemäß Iterationsschritt
MM 20

7.3.4.1
A.3.4.1: Auswahl homogener Materialien MH 0 – 100

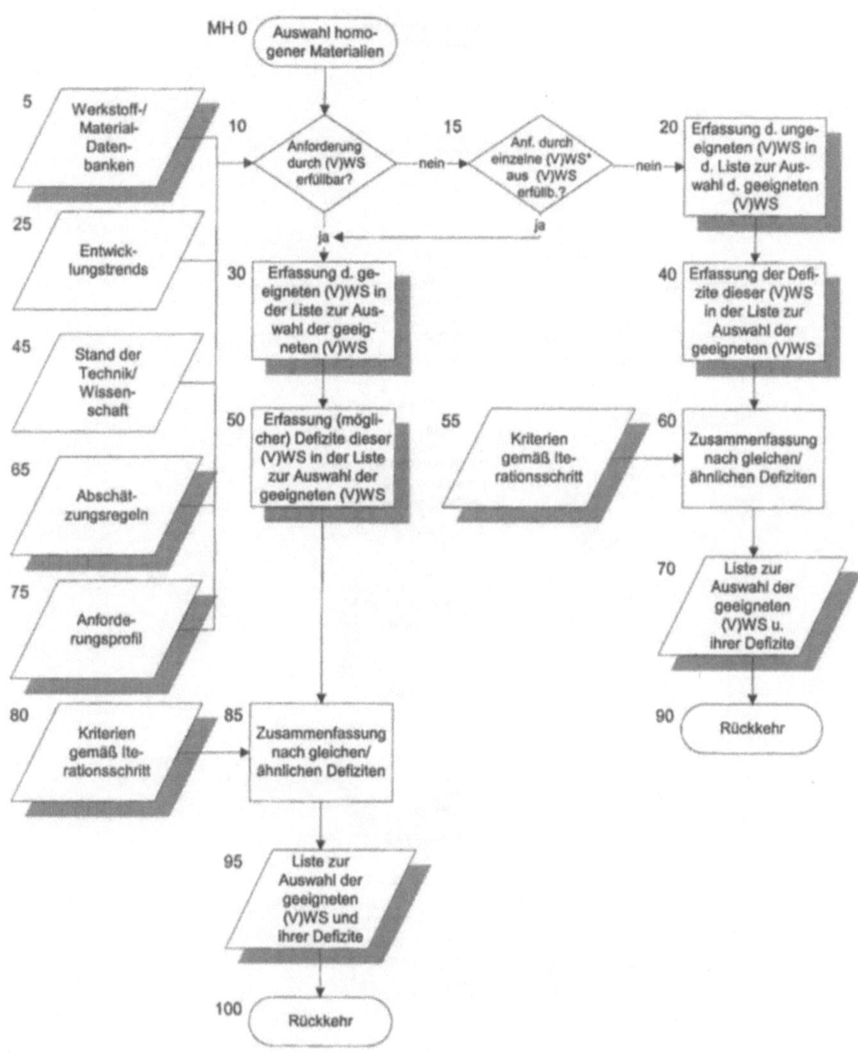

7.3.4.2
A.3.4.2: Auswahl geeigneter Stoffzusätze MS 0 – 290

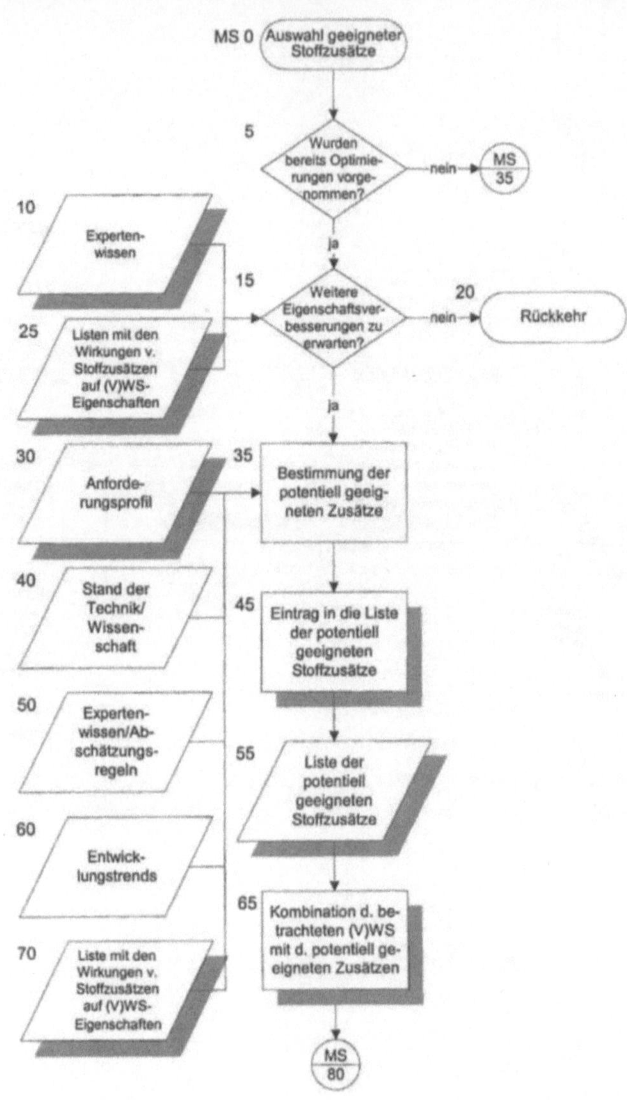

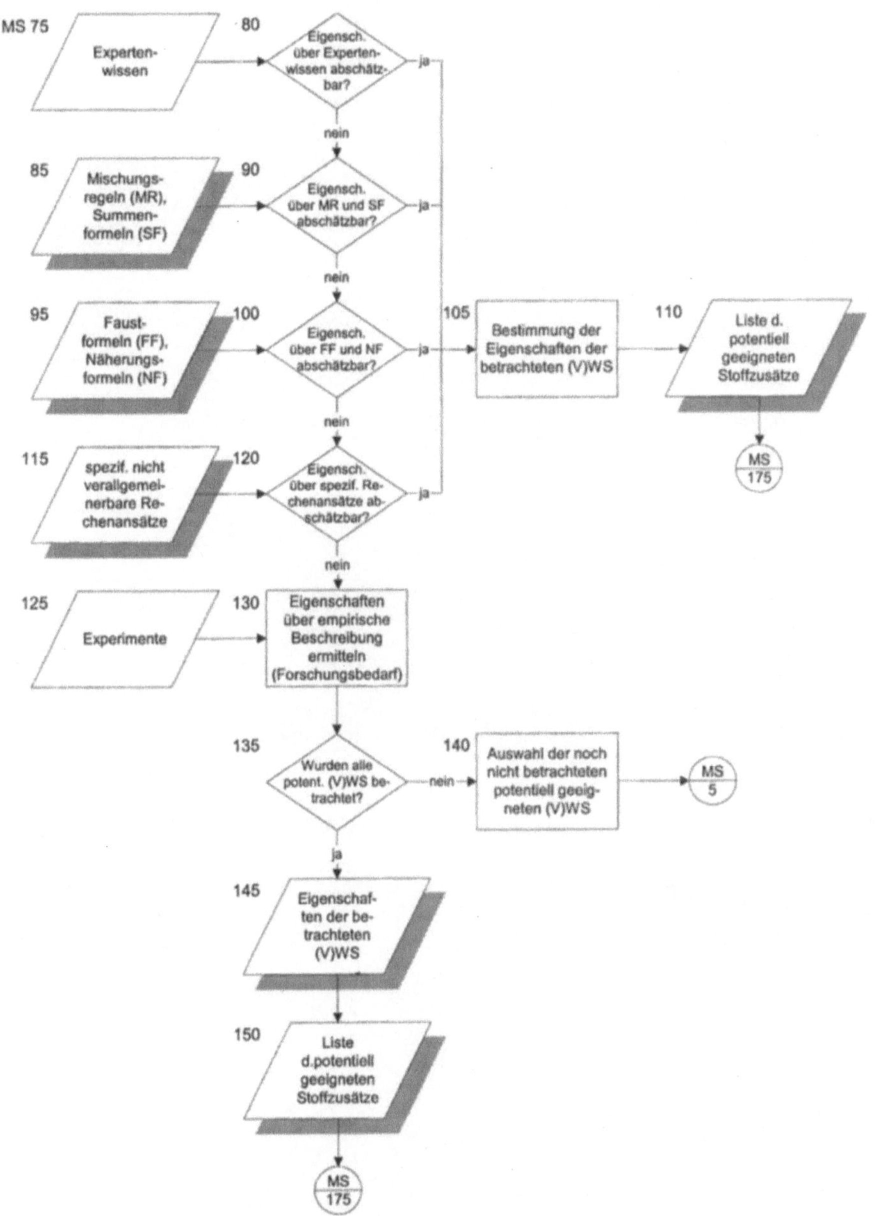

MS 75
Experten-wissen
80
Eigensch. über Experten-wissen abschätz-bar?
ja
nein
85
Mischungs-regeln (MR), Summen-formeln (SF)
90
Eigensch. über MR und SF abschätzbar?
ja
nein
95
Faust-formeln (FF), Näherungs-formeln (NF)
100
Eigensch. über FF und NF abschätzbar?
ja
105
Bestimmung der Eigenschaften der betrachteten (V)WS
110
Liste d. potentiell geeigneten Stoffzusätze
MS 175
nein
115
spezif. nicht verallgemei-nerbare Re-chenansätze
120
Eigensch. über spezif. Re-chenansätze ab-schätzbar?
ja
nein
125
Experimente
130
Eigenschaften über empirische Beschreibung ermitteln (Forschungsbedarf)
135
Wurden alle potent. (V)WS be-trachtet?
140
Auswahl der noch nicht betrachteten potentiell geeig-neten (V)WS
nein
MS 5
ja
145
Eigenschaf-ten der be-trachteten (V)WS
150
Liste d.potentiell geeigneten Stoffzusätze
MS 175

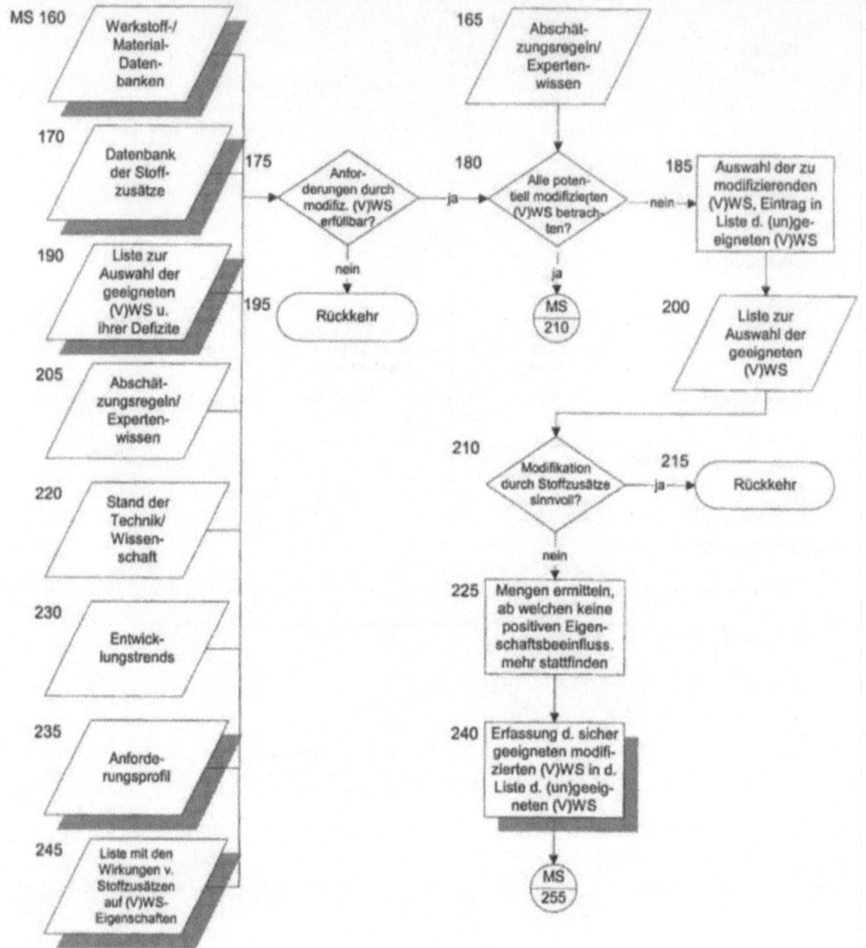

MS 160
Werkstoff-/ Material- Daten- banken
170
Datenbank der Stoff- zusätze
190
Liste zur Auswahl der geeigneten (V)WS u. ihrer Defizite
205
Abschät- zungsregeln/ Experten- wissen
220
Stand der Technik/ Wissen- schaft
230
Entwick- lungstrends
235
Anforde- rungsprofil
245
Liste mit den Wirkungen v. Stoffzusätzen auf (V)WS- Eigenschaften
165
Abschät- zungsregeln/ Experten- wissen
175
Anfor- derungen durch modifiz. (V)WS erfüllbar?
ja
nein
Rückkehr
180
Alle poten- tiell modifizierten (V)WS betrach- ten?
ja
MS 210
185
Auswahl der zu modifizierenden (V)WS, Eintrag in Liste d. (un)ge- eigneten (V)WS
nein
200
Liste zur Auswahl der geeigneten (V)WS
210
Modifikation durch Stoffzusätze sinnvoll?
215
ja
Rückkehr
nein
225
Mengen ermitteln, ab welchen keine positiven Eigen- schaftsbeeinfluss. mehr stattfinden
240
Erfassung d. sicher geeigneten modifi- zierten (V)WS in d. Liste d. (un)geeig- neten (V)WS
MS 255

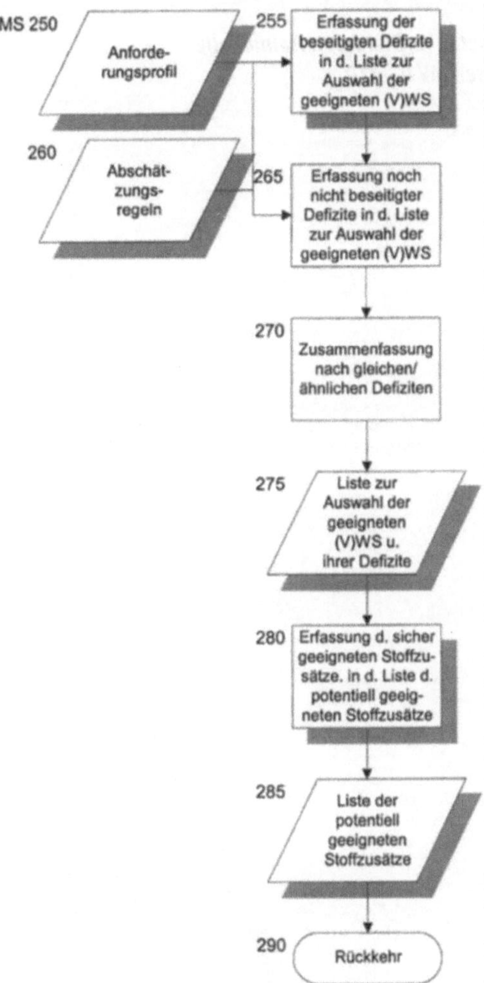

MS 250
Anforde-
rungsprofil
255
Erfassung der
beseitigten Defizite
in d. Liste zur
Auswahl der
geeigneten (V)WS
260
Abschät-
zungs-
regeln
265
Erfassung noch
nicht beseitigter
Defizite in d. Liste
zur Auswahl der
geeigneten (V)WS
270
Zusammenfassung
nach gleichen/
ähnlichen Defiziten
275
Liste zur
Auswahl der
geeigneten
(V)WS u.
ihrer Defizite
280
Erfassung d. sicher
geeigneten Stoffzu-
sätze. in d. Liste d.
potentiell geeig-
neten Stoffzusätze
285
Liste der
potentiell
geeigneten
Stoffzusätze
290
Rückkehr

7.3.4.3
A.3.4.3: Auswahl geeigneter Verbundmaterialmodelle und Materialkomponenten MV 0 – 410

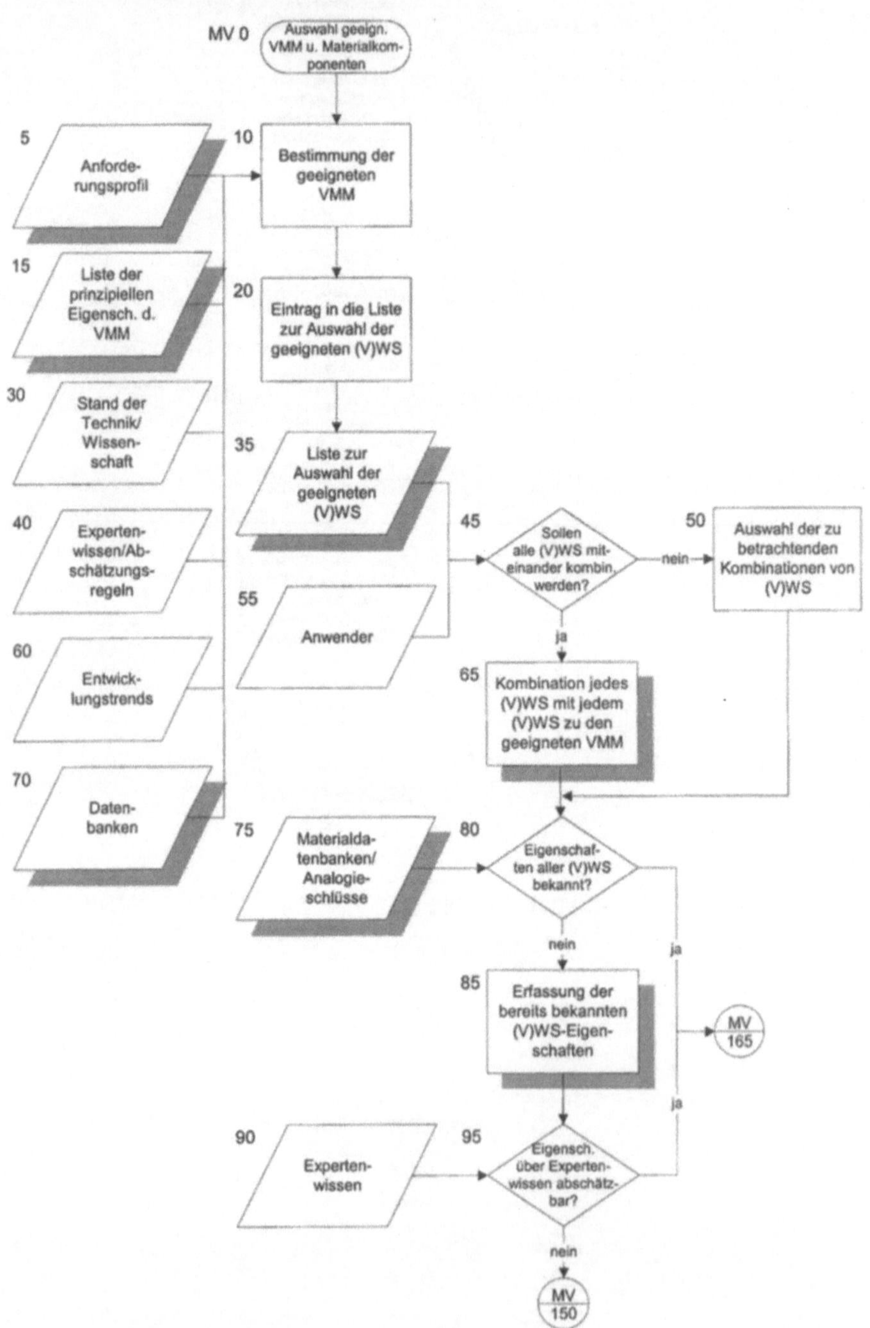

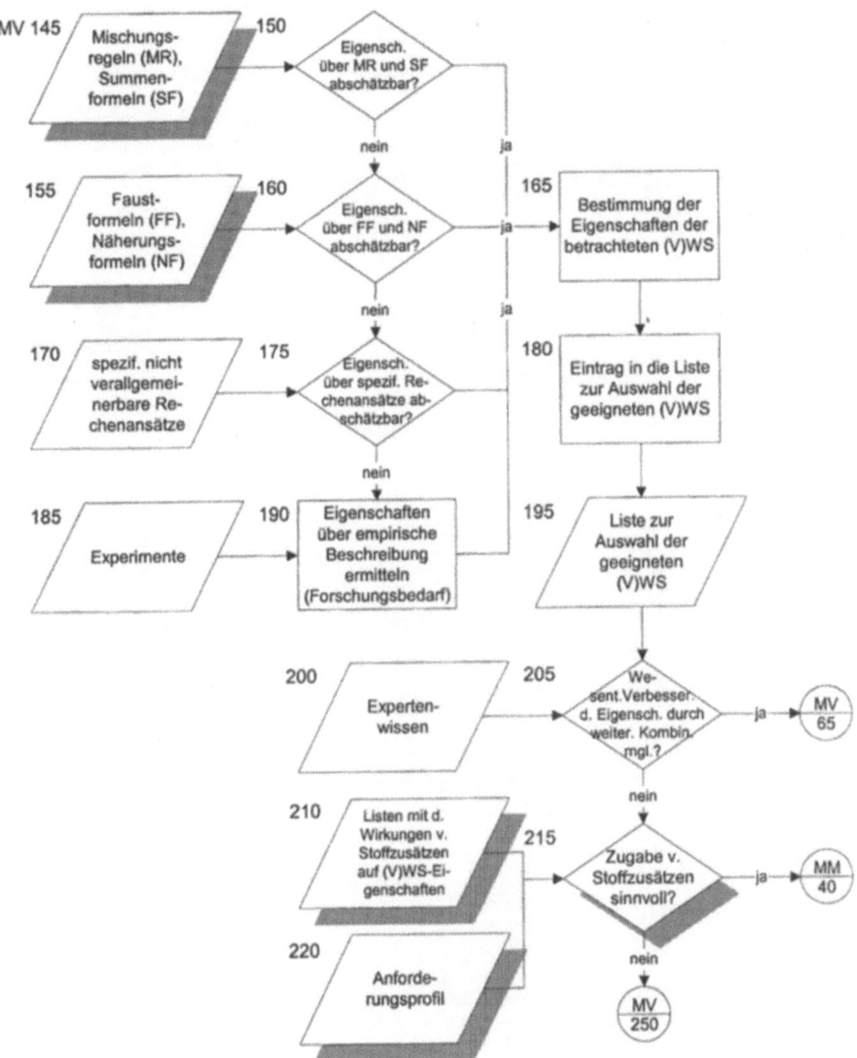
MV 145
Mischungs-
regeln (MR),
Summen-
formeln (SF)
150
Eigensch.
über MR und SF
abschätzbar?
nein
ja
155
Faust-
formeln (FF),
Näherungs-
formeln (NF)
160
Eigensch.
über FF und NF
abschätzbar?
ja
165
Bestimmung der
Eigenschaften der
betrachteten (V)WS
nein
ja
170
spezif. nicht
verallgemei-
nerbare Re-
chenansätze
175
Eigensch.
über spezif. Re-
chenansätze ab-
schätzbar?
180
Eintrag in die Liste
zur Auswahl der
geeigneten (V)WS
nein
185
Experimente
190
Eigenschaften
über empirische
Beschreibung
ermitteln
(Forschungsbedarf)
195
Liste zur
Auswahl der
geeigneten
(V)WS
200
Experten-
wissen
205
We-
sent.Verbesser.
d. Eigensch. durch
weiter. Kombin.
mgl.?
ja
MV
65
nein
210
Listen mit d.
Wirkungen v.
Stoffzusätzen
auf (V)WS-Ei-
genschaften
215
Zugabe v.
Stoffzusätzen
sinnvoll?
ja
MM
40
220
Anforde-
rungsprofil
nein
MV
250

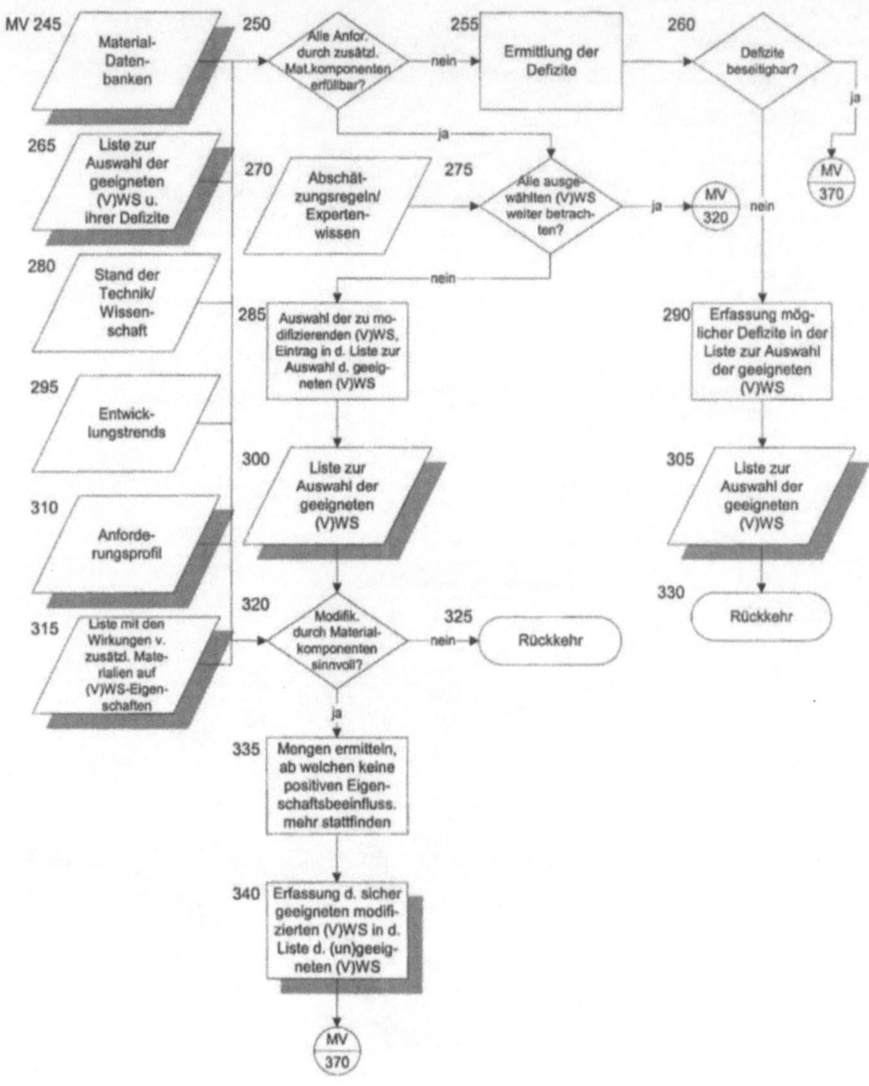

MV 245
Material-Datenbanken
250
Alle Anfor. durch zusätzl. Mat.komponenten erfüllbar?
nein
255
Ermittlung der Defizite
260
Defizite beseitighar?
ja
ja
265
Liste zur Auswahl der geeigneten (V)WS u. ihrer Defizite
270
Abschätzungsregeln/ Expertenwissen
275
Alle ausgewählten (V)WS weiter betrachten?
ja
MV 320
nein
MV 370
280
Stand der Technik/ Wissenschaft
nein
285
Auswahl der zu modifizierenden (V)WS, Eintrag in d. Liste zur Auswahl d. geeigneten (V)WS
290
Erfassung möglicher Defizite in der Liste zur Auswahl der geeigneten (V)WS
295
Entwicklungstrends
310
Anforderungsprofil
300
Liste zur Auswahl der geeigneten (V)WS
305
Liste zur Auswahl der geeigneten (V)WS
315
Liste mit den Wirkungen v. zusätzl. Materialien auf (V)WS-Eigenschaften
320
Modifik. durch Materialkomponenten sinnvoll?
nein
325
Rückkehr
330
Rückkehr
ja
335
Mengen ermitteln, ab welchen keine positiven Eigenschaftsbeeinfluss. mehr stattfinden
340
Erfassung d. sicher geeigneten modifizierten (V)WS in d. Liste d. (un)geeigneten (V)WS
MV 370

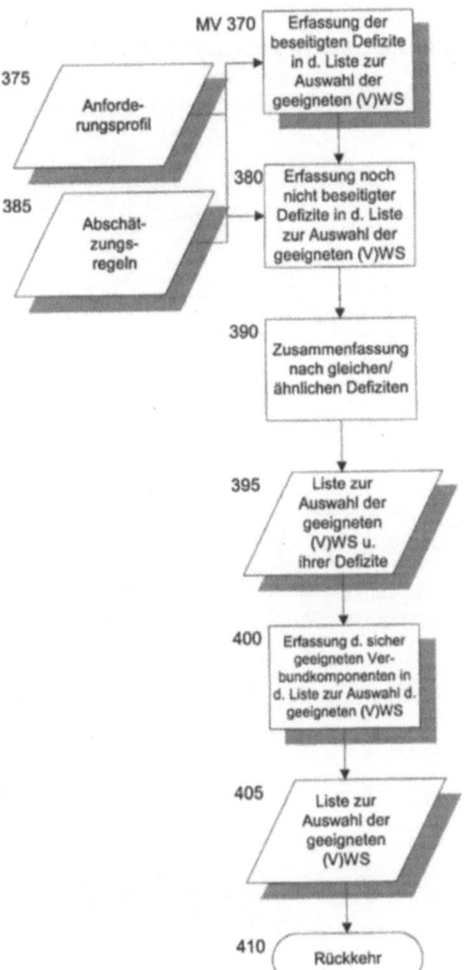
MV 370
375
Anforde-
rungsprofil
385
Abschät-
zungs-
regeln
Erfassung der
beseitigten Defizite
in d. Liste zur
Auswahl der
geeigneten (V)WS
380
Erfassung noch
nicht beseitigter
Defizite in d. Liste
zur Auswahl der
geeigneten (V)WS
390
Zusammenfassung
nach gleichen/
ähnlichen Defiziten
395
Liste zur
Auswahl der
geeigneten
(V)WS u.
ihrer Defizite
400
Erfassung d. sicher
geeigneten Ver-
bundkomponenten in
d. Liste zur Auswahl d.
geeigneten (V)WS
405
Liste zur
Auswahl der
geeigneten
(V)WS
410
Rückkehr

7.3.4.4
A.3.4.4: Aufbaubarkeit eines dauerhaften Verbundes MAB 0 – 170

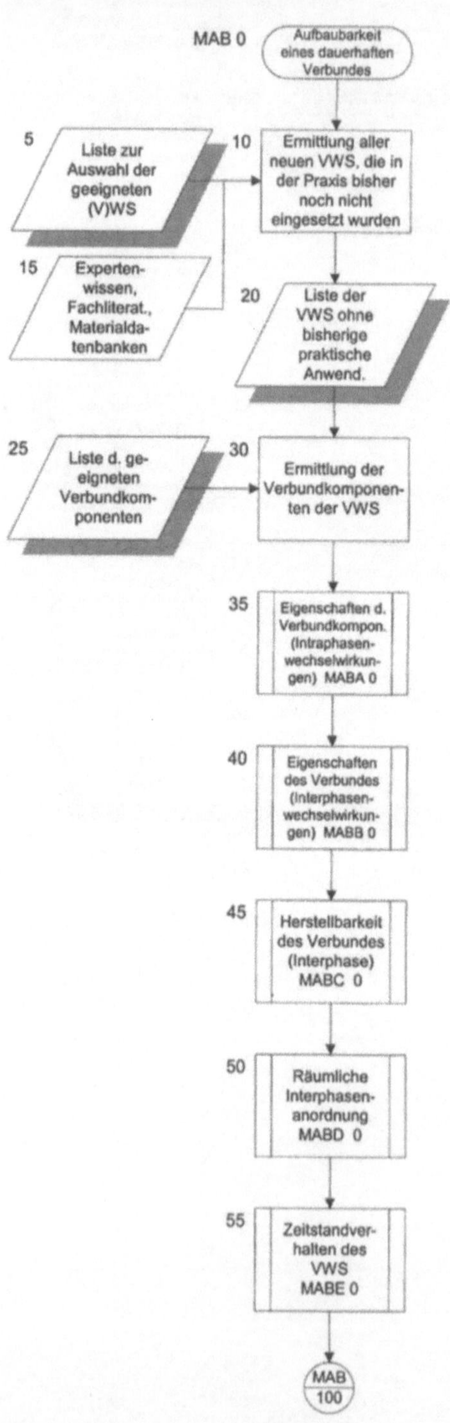

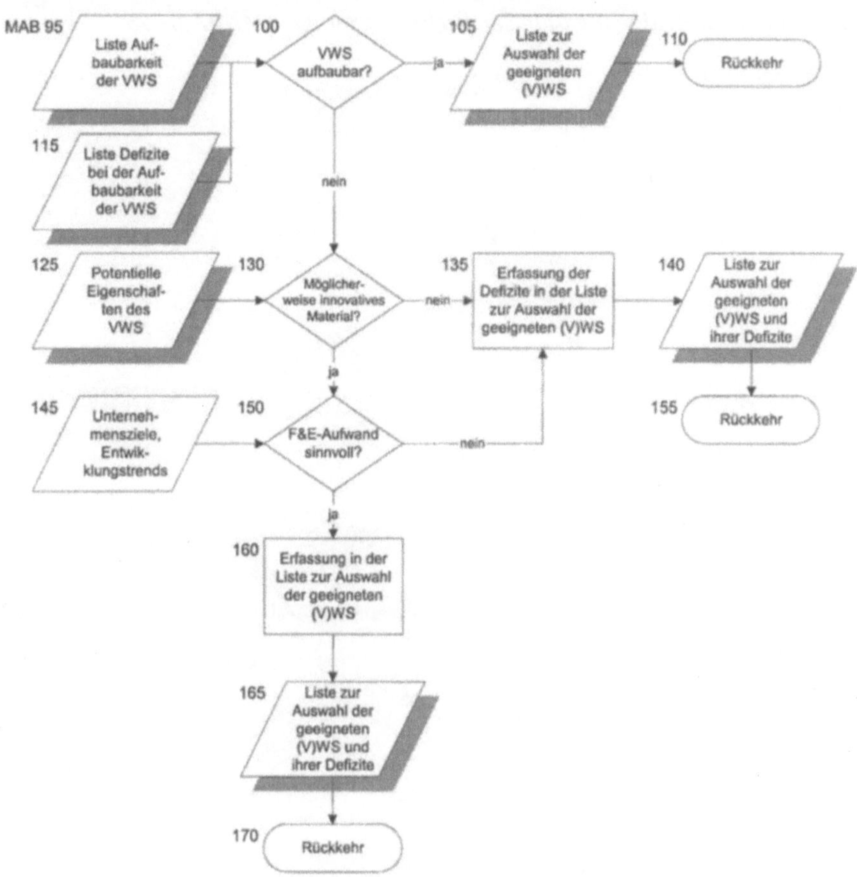
MAB 95
Liste Auf-
baubarkeit
der VWS
100
VWS
aufbaubar?
105
Liste zur
Auswahl der
geeigneten
(V)WS
110
Rückkehr
ja
nein
115
Liste Defizite
bei der Auf-
baubarkeit
der VWS
125
Potentielle
Eigenschaf-
ten des
VWS
130
Möglicher-
weise innovatives
Material?
135
Erfassung der
Defizite in der Liste
zur Auswahl der
geeigneten (V)WS
140
Liste zur
Auswahl der
geeigneten
(V)WS und
ihrer Defizite
nein
155
Rückkehr
ja
145
Unterneh-
mensziele,
Entwik-
klungstrends
150
F&E-Aufwand
sinnvoll?
nein
ja
160
Erfassung in der
Liste zur Auswahl
der geeigneten
(V)WS
165
Liste zur
Auswahl der
geeigneten
(V)WS und
ihrer Defizite
170
Rückkehr

A.3.4.4.1: Ermittlung der Intraphasenwechselwirkungen MABA 0–25

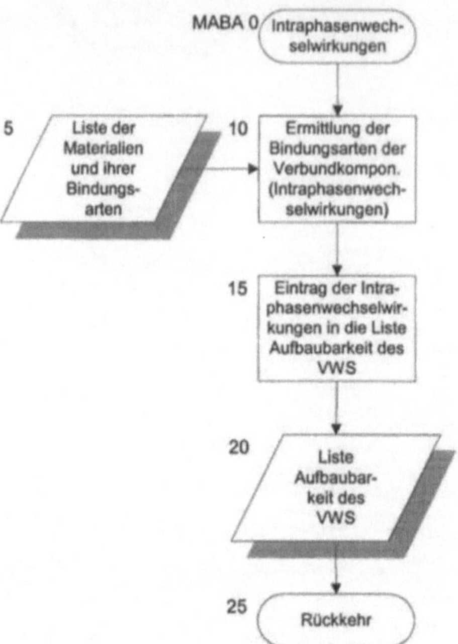

A.3.4.4.2: *Ermittlung der Interphasenwechselwirkungen MABB 0 – 100*

A.3.4.4.3: Überprüfung auf Herstellbarkeit des Verbunds MABC 0–650

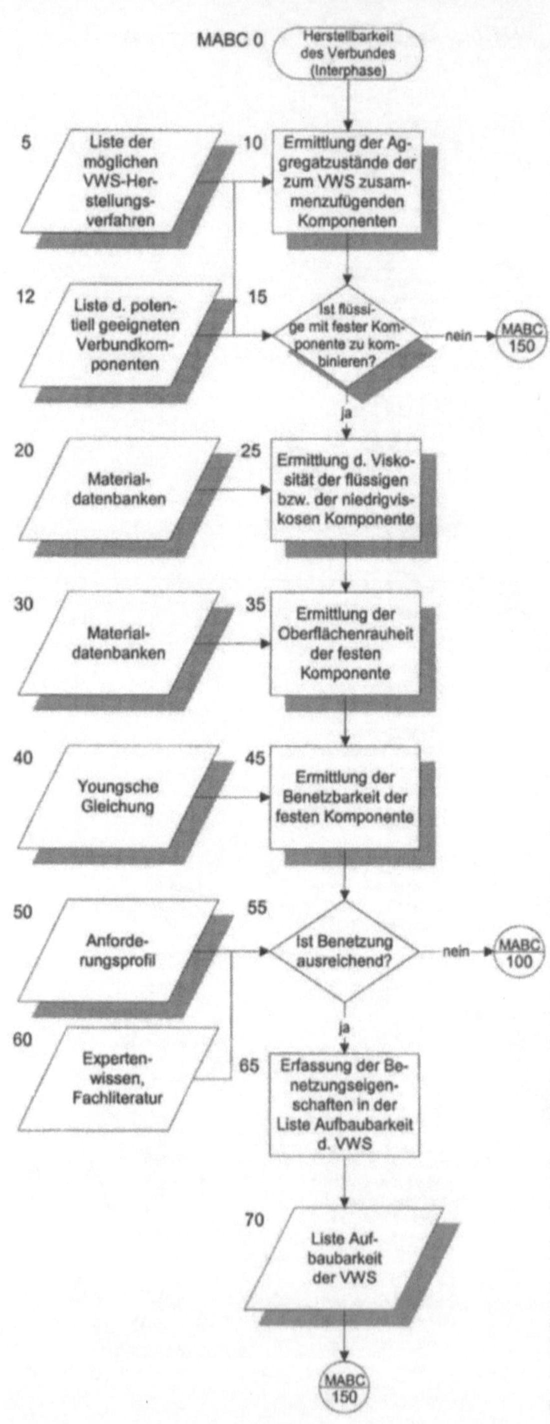

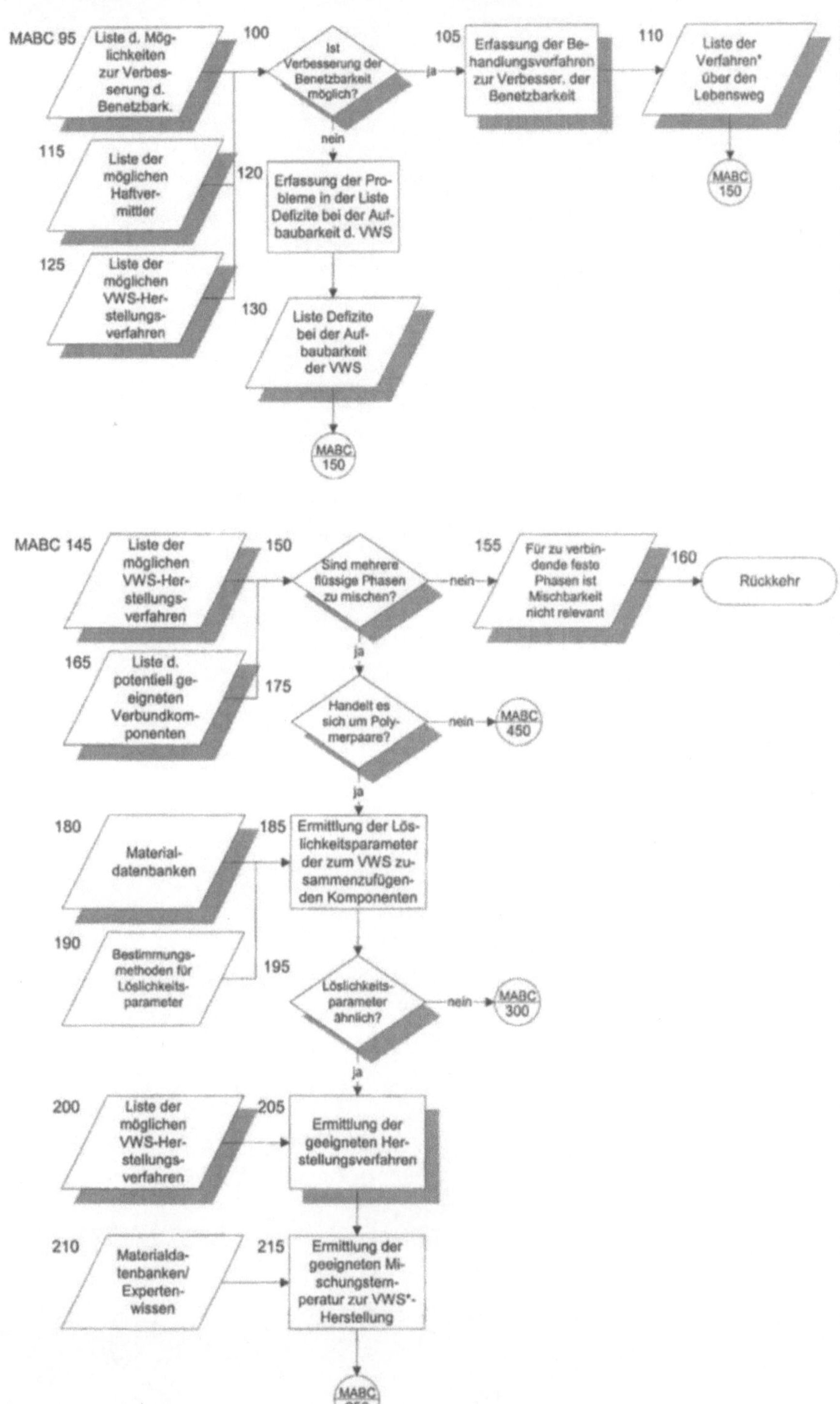
MABC 95
Liste d. Möglichkeiten zur Verbesserung d. Benetzbark.
100
Ist Verbesserung der Benetzbarkeit möglich?
ja
105
Erfassung der Behandlungsverfahren zur Verbesser. der Benetzbarkeit
110
Liste der Verfahren* über den Lebensweg
MABC 150
nein
115
Liste der möglichen Haftvermittler
120
Erfassung der Probleme in der Liste Defizite bei der Aufbaubarkeit d. VWS
125
Liste der möglichen VWS-Herstellungsverfahren
130
Liste Defizite bei der Aufbaubarkeit der VWS
MABC 150
MABC 145
Liste der möglichen VWS-Herstellungsverfahren
150
Sind mehrere flüssige Phasen zu mischen?
nein
155
Für zu verbindende feste Phasen ist Mischbarkeit nicht relevant
160
Rückkehr
ja
165
Liste d. potentiell geeigneten Verbundkomponenten
175
Handelt es sich um Polymerpaare?
nein
MABC 450
ja
180
Materialdatenbanken
185
Ermittlung der Löslichkeitsparameter der zum VWS zusammenzufügenden Komponenten
190
Bestimmungsmethoden für Löslichkeitsparameter
195
Löslichkeitsparameter ähnlich?
nein
MABC 300
ja
200
Liste der möglichen VWS-Herstellungsverfahren
205
Ermittlung der geeigneten Herstellungsverfahren
210
Materialdatenbanken/ Expertenwissen
215
Ermittlung der geeigneten Mischungstemperatur zur VWS*-Herstellung
MABC 250

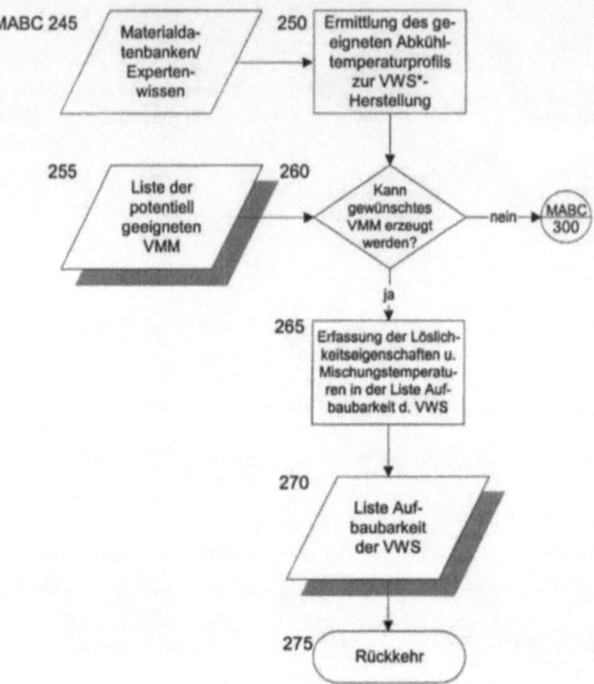

MABC 245
Materialda-tenbanken/ Experten-wissen
250 Ermittlung des geeigneten Abkühl-temperaturprofils zur VWS*-Herstellung
255 Liste der potentiell geeigneten VMM
260 Kann gewünschtes VMM erzeugt werden?
nein
MABC 300
ja
265 Erfassung der Löslich-keitseigenschaften u. Mischungstemperatu-ren in der Liste Auf-baubarkeit d. VWS
270 Liste Auf-baubarkeit der VWS
275 Rückkehr

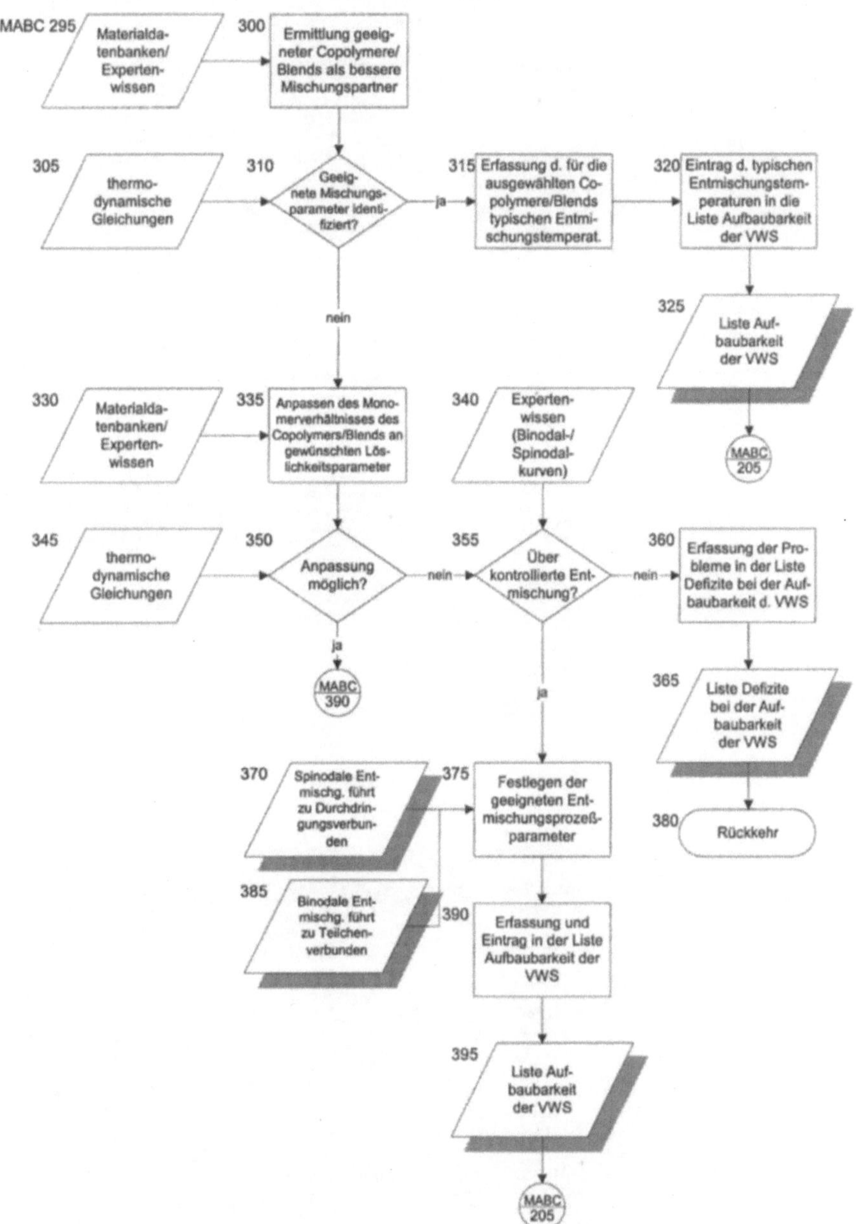
MABC 295
Materialdatenbanken/ Expertenwissen
300
Ermittlung geeigneter Copolymere/ Blends als bessere Mischungspartner
305
thermodynamische Gleichungen
310
Geeignete Mischungsparameter identifiziert?
315
Erfassung d. für die ausgewählten Copolymere/Blends typischen Entmischungstemperat.
320
Eintrag d. typischen Entmischungstemperaturen in die Liste Aufbaubarkeit der VWS
325
Liste Aufbaubarkeit der VWS
MABC 205
ja
nein
330
Materialdatenbanken/ Expertenwissen
335
Anpassen des Monomerverhältnisses des Copolymers/Blends an gewünschten Löslichkeitsparameter
340
Expertenwissen (Binodal-/ Spinodalkurven)
345
thermodynamische Gleichungen
350
Anpassung möglich?
355
Über kontrollierte Entmischung?
360
Erfassung der Probleme in der Liste Defizite bei der Aufbaubarkeit d. VWS
365
Liste Defizite bei der Aufbaubarkeit der VWS
nein
nein
ja
ja
MABC 390
370
Spinodale Entmischg. führt zu Durchdringungsverbunden
375
Festlegen der geeigneten Entmischungsprozeßparameter
380
Rückkehr
385
Binodale Entmischg. führt zu Teilchenverbunden
390
Erfassung und Eintrag in der Liste Aufbaubarkeit der VWS
395
Liste Aufbaubarkeit der VWS
MABC 205

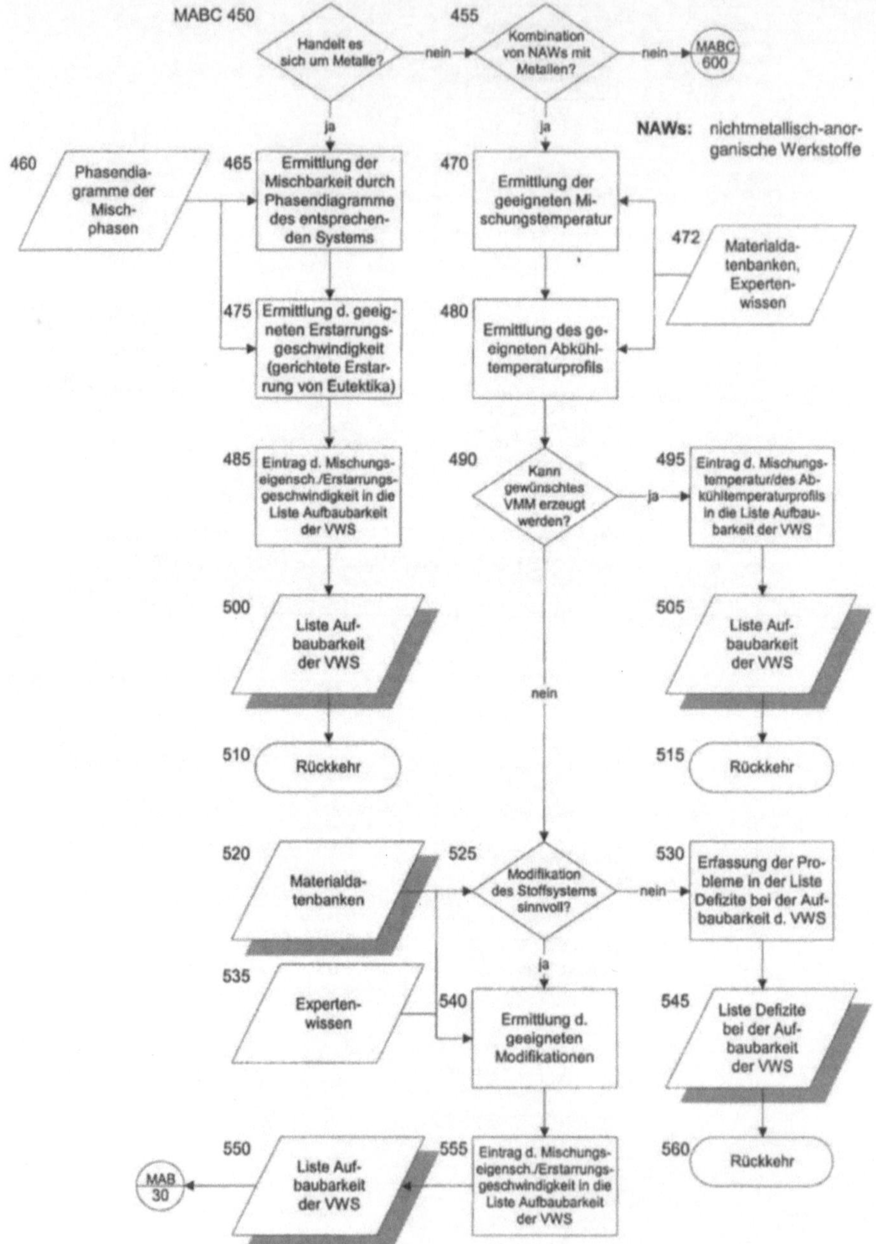
MABC 450
Handelt es sich um Metalle?
455
Kombination von NAWs mit Metallen?
nein
nein
MABC 600
ja
ja
NAWs: nichtmetallisch-anorganische Werkstoffe
460
Phasendiagramme der Mischphasen
465
Ermittlung der Mischbarkeit durch Phasendiagramme des entsprechenden Systems
470
Ermittlung der geeigneten Mischungstemperatur
472
Materialdatenbanken, Expertenwissen
475
Ermittlung d. geeigneten Erstarrungsgeschwindigkeit (gerichtete Erstarrung von Eutektika)
480
Ermittlung des geeigneten Abkühltemperaturprofils
485
Eintrag d. Mischungseigensch./Erstarrungsgeschwindigkeit in die Liste Aufbaubarkeit der VWS
490
Kann gewünschtes VMM erzeugt werden?
495
Eintrag d. Mischungstemperatur/des Abkühltemperaturprofils in die Liste Aufbaubarkeit der VWS
ja
500
Liste Aufbaubarkeit der VWS
505
Liste Aufbaubarkeit der VWS
510
Rückkehr
515
Rückkehr
nein
520
Materialdatenbanken
525
Modifikation des Stoffsystems sinnvoll?
nein
530
Erfassung der Probleme in der Liste Defizite bei der Aufbaubarkeit d. VWS
535
Expertenwissen
540
Ermittlung d. geeigneten Modifikationen
ja
545
Liste Defizite bei der Aufbaubarkeit der VWS
550
Liste Aufbaubarkeit der VWS
555
Eintrag d. Mischungseigensch./Erstarrungsgeschwindigkeit in die Liste Aufbaubarkeit der VWS
560
Rückkehr
MAB 30

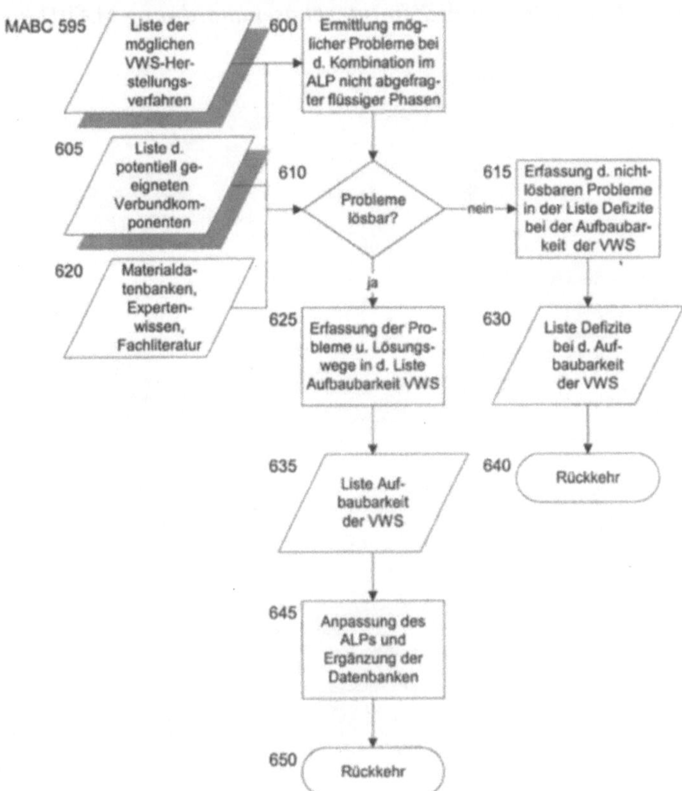

MABC 595
Liste der möglichen VWS-Herstellungsverfahren
600
Ermittlung möglicher Probleme bei d. Kombination im ALP nicht abgefragter flüssiger Phasen
605
Liste d. potentiell geeigneten Verbundkomponenten
610
Probleme lösbar?
615
Erfassung d. nicht-lösbaren Probleme in der Liste Defizite bei der Aufbaubar-keit der VWS
nein
620
Materialda-tenbanken, Experten-wissen, Fachliteratur
625
Erfassung der Pro-bleme u. Lösungs-wege in d. Liste Aufbaubarkeit VWS
ja
630
Liste Defizite bei d. Auf-baubarkeit der VWS
635
Liste Auf-baubarkeit der VWS
640
Rückkehr
645
Anpassung des ALPs und Ergänzung der Datenbanken
650
Rückkehr

A.3.4.4.4: Ermittlung der räumlichen Interphasenanordnung MABD 0–60

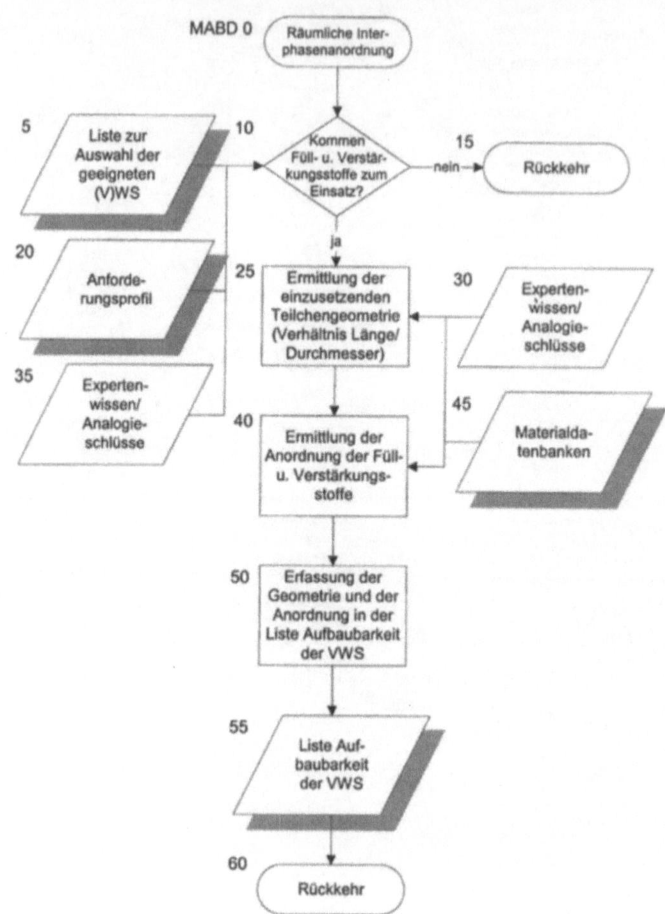

A.3.4.4.5: *Ermittlung des Zeitstandsverhaltens MABE 0–670*

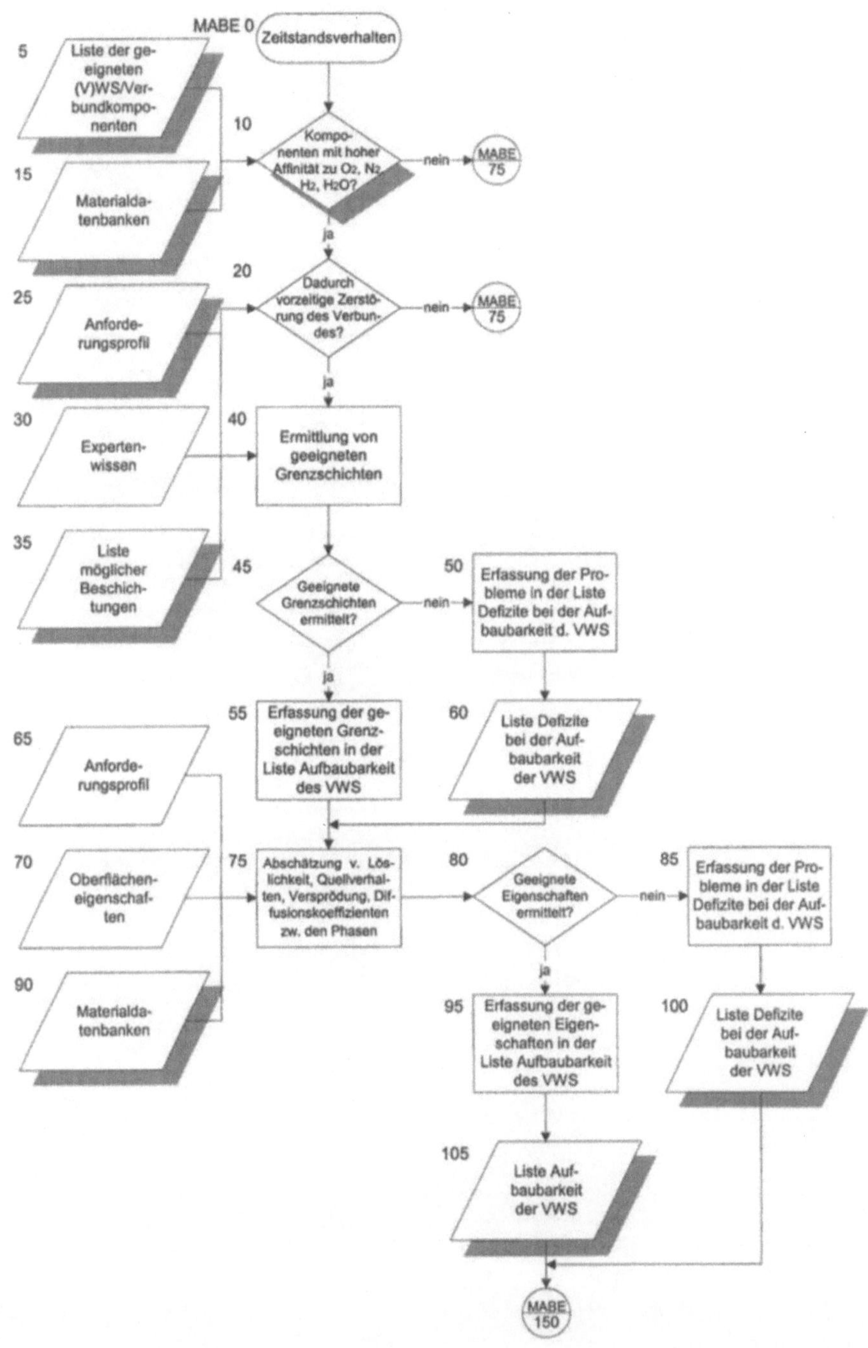

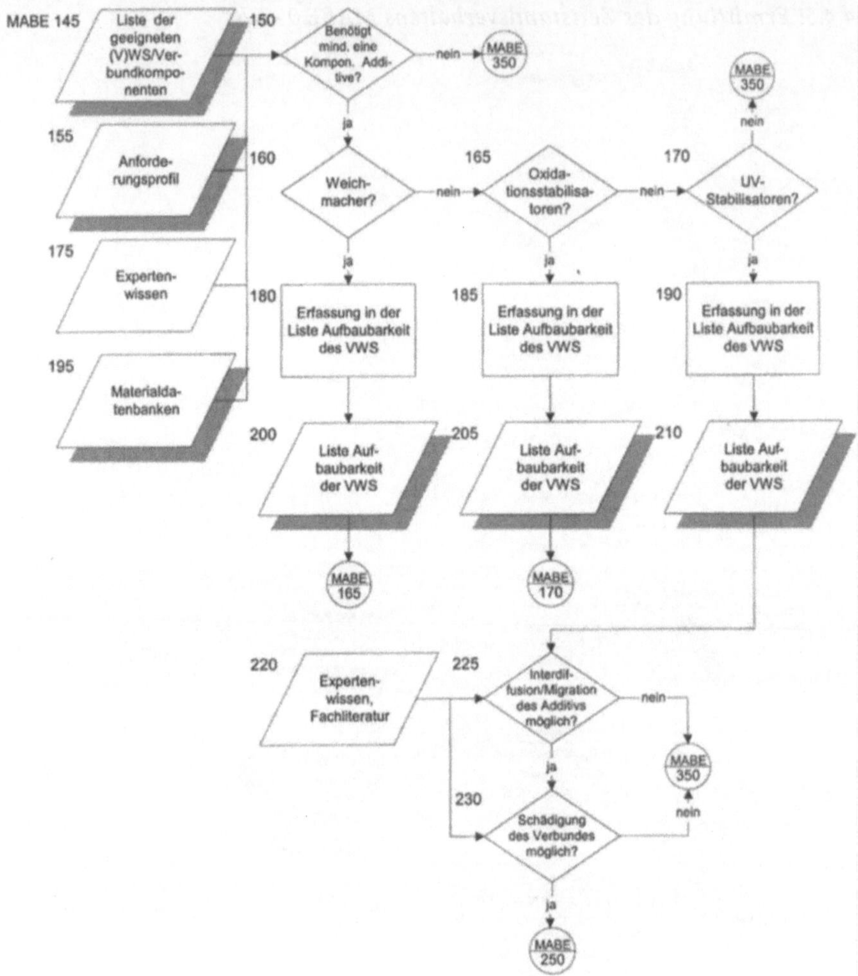

MABE 145
150
Liste der geeigneten (V)WS/Verbundkomponenten
Benötigt mind. eine Kompon. Additive?
nein
MABE 350
MABE 350
nein
155
Anforderungsprofil
160
165
Oxidationsstabilisatoren?
170
UV-Stabilisatoren?
Weichmacher?
nein
nein
175
Expertenwissen
180
ja
ja
ja
195
Materialdatenbanken
Erfassung in der Liste Aufbaubarkeit des VWS
185
Erfassung in der Liste Aufbaubarkeit des VWS
190
Erfassung in der Liste Aufbaubarkeit des VWS
200
Liste Aufbaubarkeit der VWS
205
Liste Aufbaubarkeit der VWS
210
Liste Aufbaubarkeit der VWS
MABE 165
MABE 170
220
Expertenwissen, Fachliteratur
225
Interdiffusion/Migration des Additivs möglich?
nein
MABE 350
ja
230
nein
Schädigung des Verbundes möglich?
ja
MABE 250

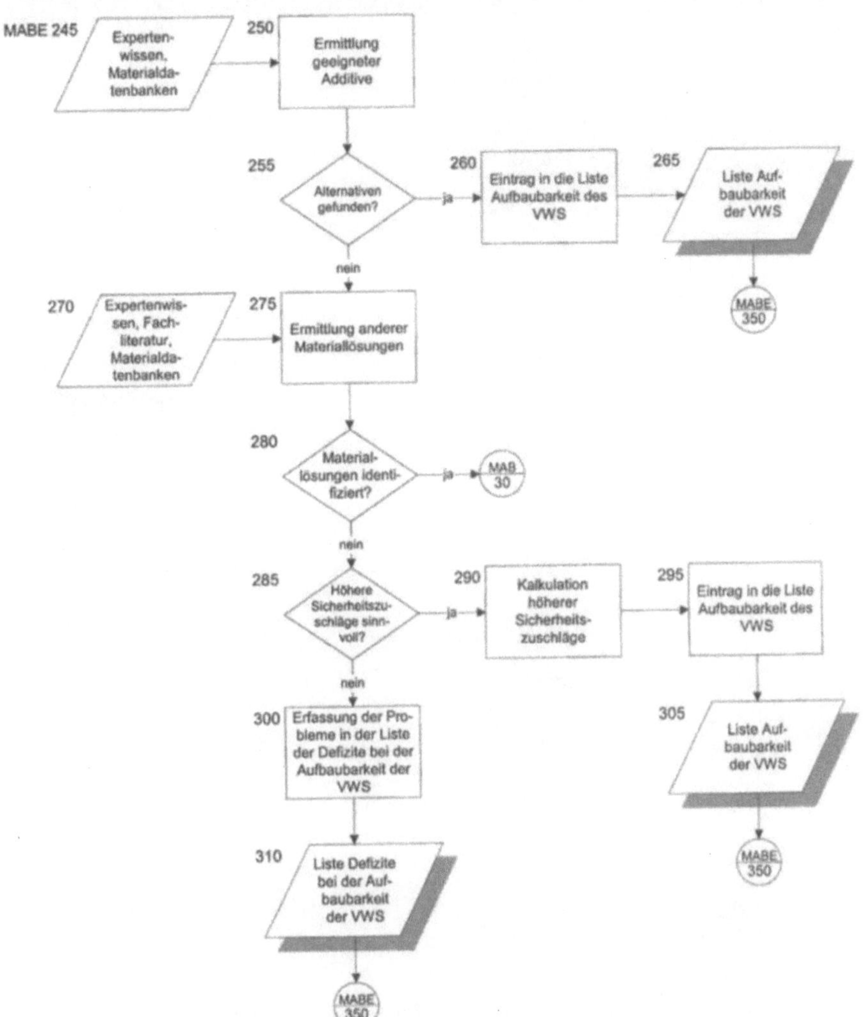

MABE 245
Experten-wissen, Materialda-tenbanken
250
Ermittlung geeigneter Additive
255
Alternativen gefunden?
ja
nein
260
Eintrag in die Liste Aufbaubarkeit des VWS
265
Liste Auf-baubarkeit der VWS
MABE 350
270
Expertenwis-sen, Fach-literatur, Materialda-tenbanken
275
Ermittlung anderer Materiallösungen
280
Material-lösungen identi-fiziert?
ja
MAB 30
nein
285
Höhere Sicherheitszu-schläge sinn-voll?
ja
nein
290
Kalkulation höherer Sicherheits-zuschläge
295
Eintrag in die Liste Aufbaubarkeit des VWS
300
Erfassung der Pro-bleme in der Liste der Defizite bei der Aufbaubarkeit der VWS
305
Liste Auf-baubarkeit der VWS
310
Liste Defizite bei der Auf-baubarkeit der VWS
MABE 350
MABE 350

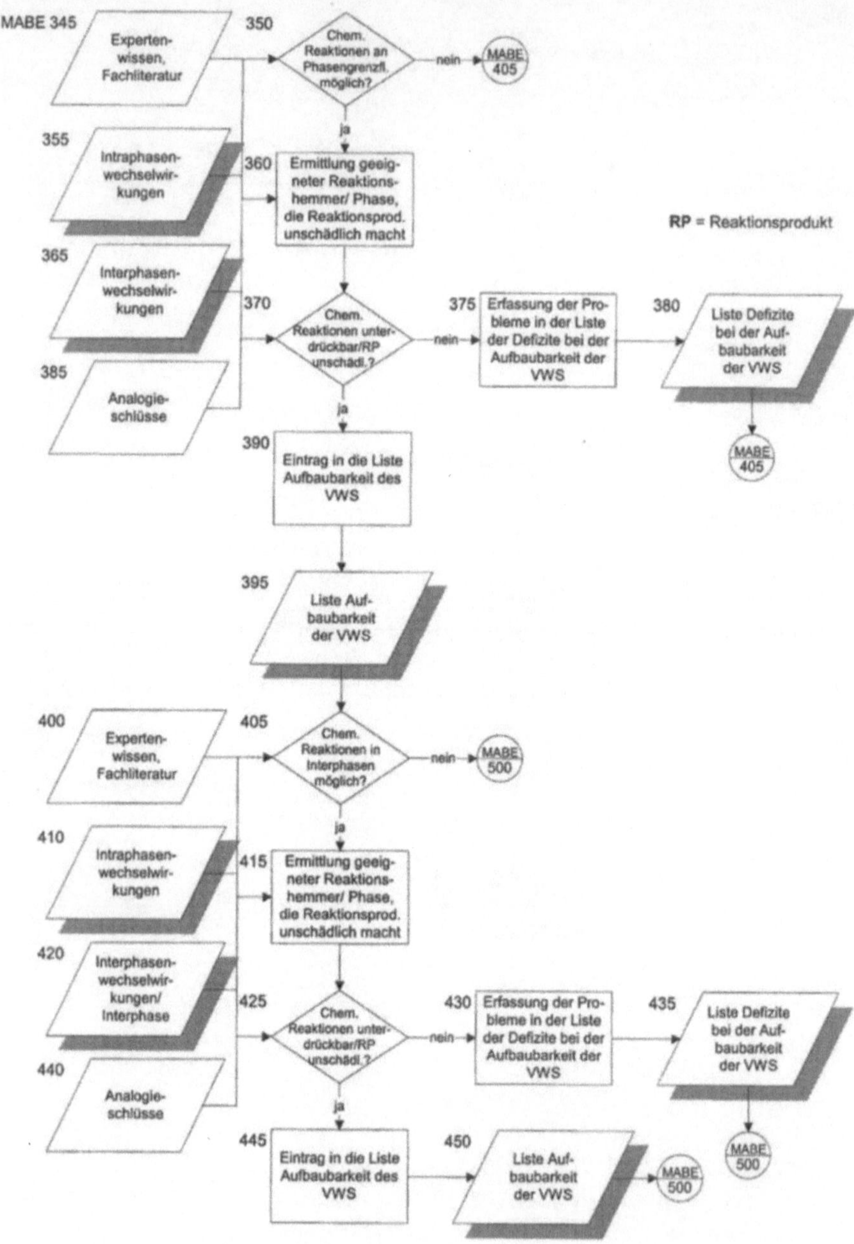

MABE 345
Experten-wissen, Fachliteratur
350
Chem. Reaktionen an Phasengrenzfl. möglich?
nein
MABE 405
ja
355
Intraphasen-wechselwir-kungen
360
Ermittlung geeig-neter Reaktions-hemmer/ Phase, die Reaktionsprod. unschädlich macht
RP = Reaktionsprodukt
365
Interphasen-wechselwir-kungen
370
Chem. Reaktionen unter-drückbar/RP unschädl.?
nein
375
Erfassung der Pro-bleme in der Liste der Defizite bei der Aufbaubarkeit der VWS
380
Liste Defizite bei der Auf-baubarkeit der VWS
385
Analogie-schlüsse
ja
MABE 405
390
Eintrag in die Liste Aufbaubarkeit des VWS
395
Liste Auf-baubarkeit der VWS
400
Experten-wissen, Fachliteratur
405
Chem. Reaktionen in Interphasen möglich?
nein
MABE 500
ja
410
Intraphasen-wechselwir-kungen
415
Ermittlung geeig-neter Reaktions-hemmer/ Phase, die Reaktionsprod. unschädlich macht
420
Interphasen-wechselwir-kungen/ Interphase
425
Chem. Reaktionen unter-drückbar/RP unschädl.?
nein
430
Erfassung der Pro-bleme in der Liste der Defizite bei der Aufbaubarkeit der VWS
435
Liste Defizite bei der Auf-baubarkeit der VWS
440
Analogie-schlüsse
ja
445
Eintrag in die Liste Aufbaubarkeit des VWS
450
Liste Auf-baubarkeit der VWS
MABE 500
MABE 500

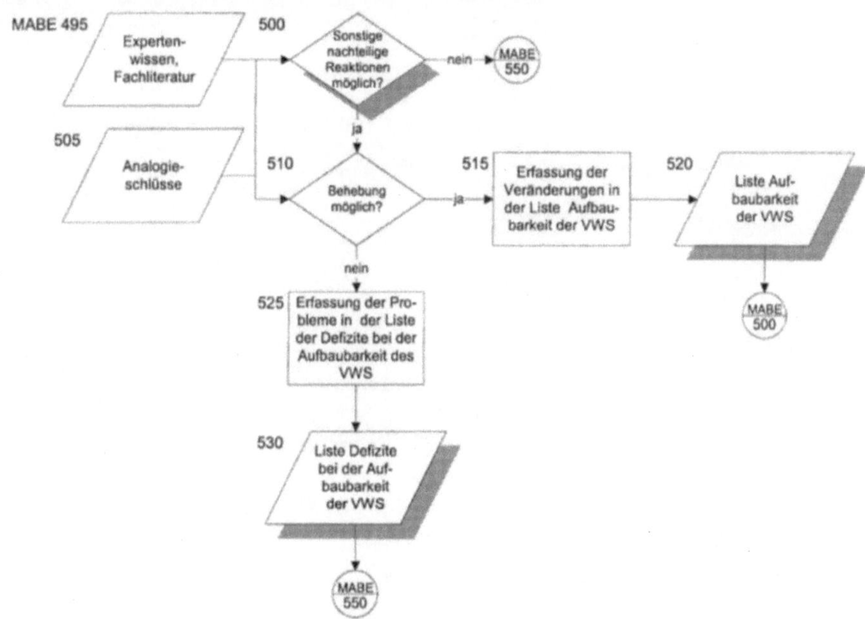
MABE 495
Experten-
wissen,
Fachliteratur
500
Sonstige
nachteilige
Reaktionen
möglich?
nein
MABE
550
ja
505
Analogie-
schlüsse
510
Behebung
möglich?
ja
515
Erfassung der
Veränderungen in
der Liste Aufbau-
barkeit der VWS
520
Liste Auf-
baubarkeit
der VWS
MABE
500
nein
525
Erfassung der Pro-
bleme in der Liste
der Defizite bei der
Aufbaubarkeit des
VWS
530
Liste Defizite
bei der Auf-
baubarkeit
der VWS
MABE
550

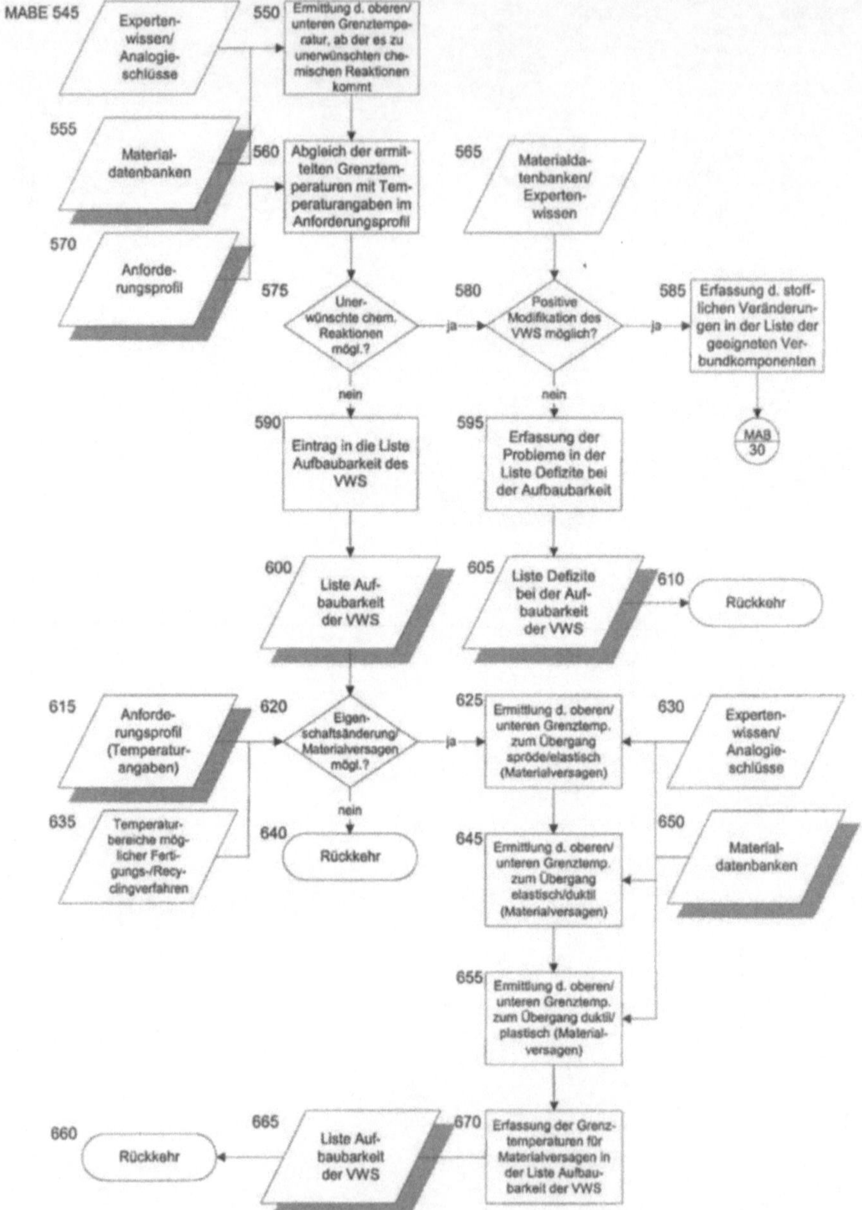
MABE 545
Experten-wissen/ Analogie-schlüsse
550 Ermittlung d. oberen/ unteren Grenztempe-ratur, ab der es zu unerwünschten che-mischen Reaktionen kommt
555 Material-datenbanken
560 Abgleich der ermit-telten Grenztem-peraturen mit Tem-peraturangaben im Anforderungsprofil
565 Materialda-tenbanken/ Experten-wissen
570 Anforde-rungsprofil
575 Uner-wünschte chem. Reaktionen mögl.?
ja
580 Positive Modifikation des VWS möglich?
ja
585 Erfassung d. stoff-lichen Veränderun-gen in der Liste der geeigneten Ver-bundkomponenten
nein
nein
MAB 30
590 Eintrag in die Liste Aufbaubarkeit des VWS
595 Erfassung der Probleme in der Liste Defizite bei der Aufbaubarkeit
600 Liste Auf-baubarkeit der VWS
605 Liste Defizite bei der Auf-baubarkeit der VWS
610 Rückkehr
615 Anforde-rungsprofil (Temperatur-angaben)
620 Eigen-schaftsänderung/ Materialversagen mögl.?
ja
625 Ermittlung d. oberen/ unteren Grenztemp. zum Übergang spröde/elastisch (Materialversagen)
630 Experten-wissen/ Analogie-schlüsse
nein
635 Temperatur-bereiche mög-licher Ferti-gungs-/Recy-clingverfahren
640 Rückkehr
645 Ermittlung d. oberen/ unteren Grenztemp. zum Übergang elastisch/duktil (Materialversagen)
650 Material-datenbanken
655 Ermittlung d. oberen/ unteren Grenztemp. zum Übergang duktil/ plastisch (Material-versagen)
660 Rückkehr
665 Liste Auf-baubarkeit der VWS
670 Erfassung der Grenz-temperaturen für Materialversagen in der Liste Aufbau-barkeit der VWS

7.3.5
A.3.5: Bewertung der Eignung der ausgewählten (Verbund-)Materialien MB 0 – 155

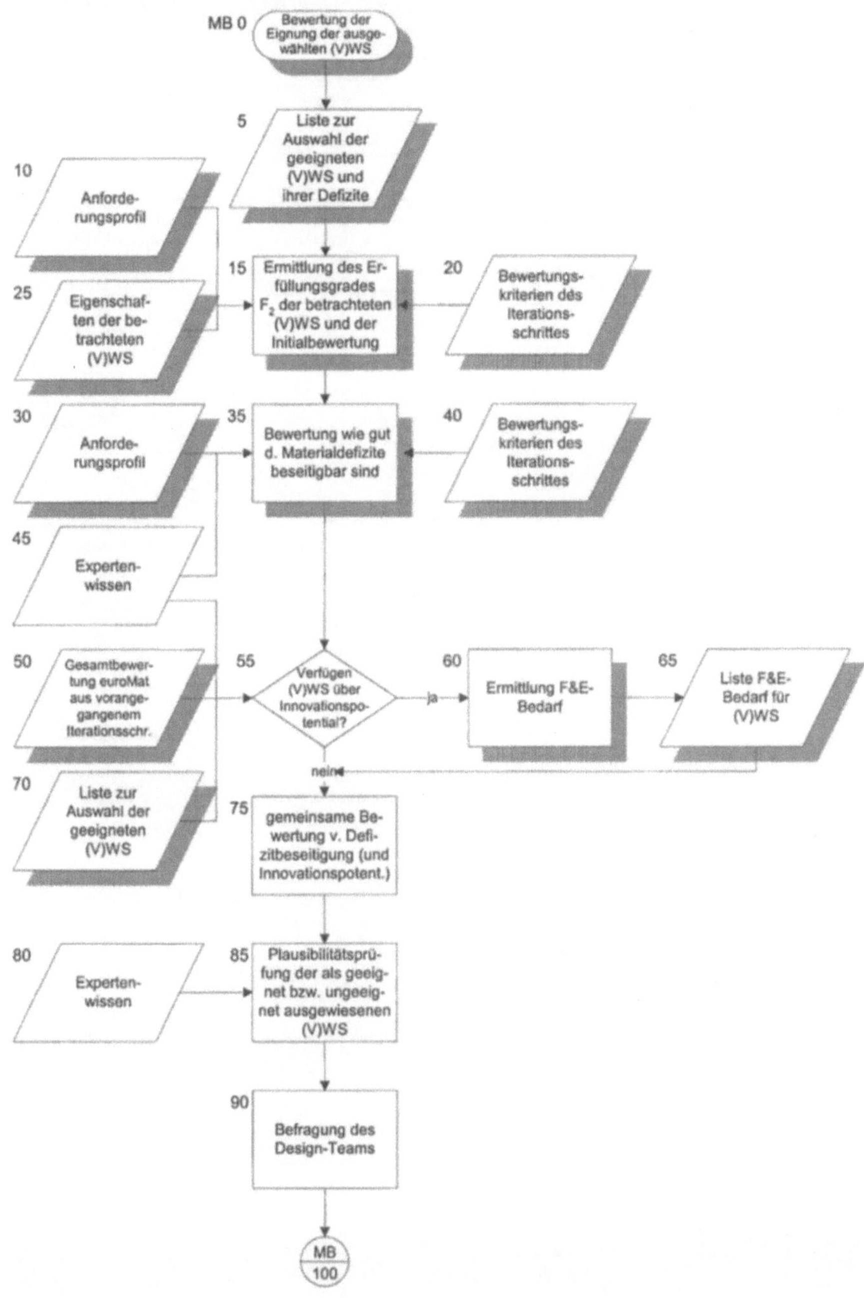

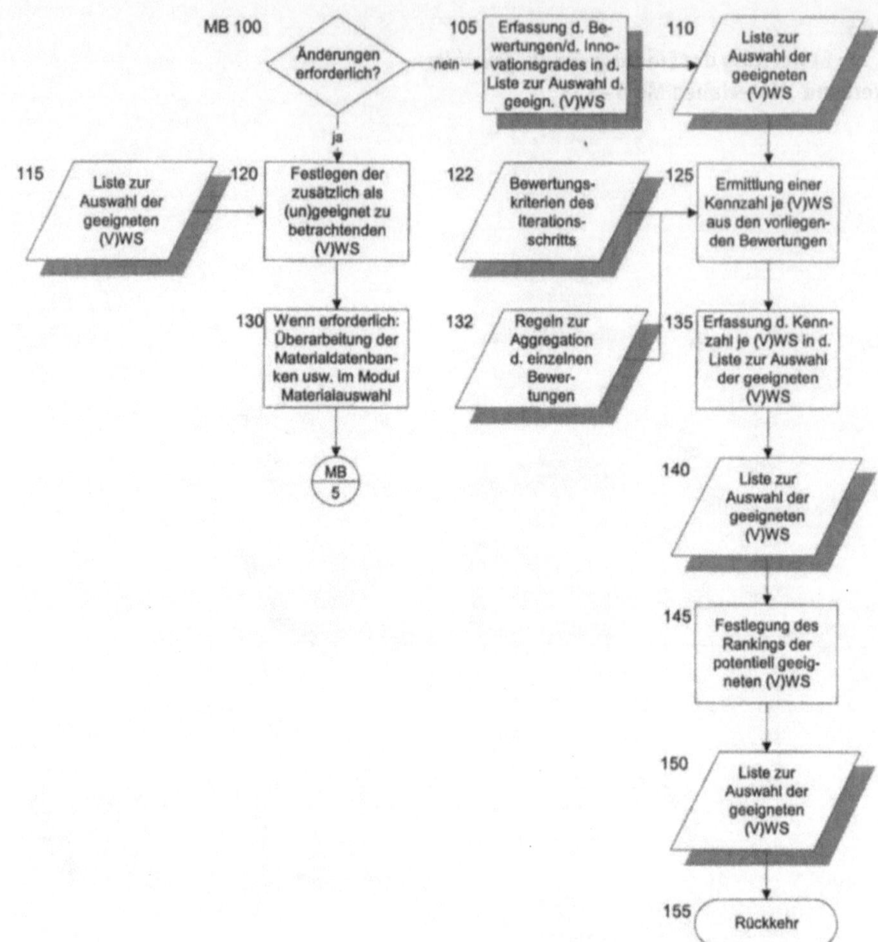
MB 100
Änderungen erforderlich?
nein
ja
105 Erfassung d. Bewertungen/d. Innovationsgrades in d. Liste zur Auswahl d. geeign. (V)WS
110 Liste zur Auswahl der geeigneten (V)WS
115 Liste zur Auswahl der geeigneten (V)WS
120 Festlegen der zusätzlich als (un)geeignet zu betrachtenden (V)WS
122 Bewertungskriterien des Iterationsschritts
125 Ermittlung einer Kennzahl je (V)WS aus den vorliegenden Bewertungen
130 Wenn erforderlich: Überarbeitung der Materialdatenbanken usw. im Modul Materialauswahl
132 Regeln zur Aggregation d. einzelnen Bewertungen
135 Erfassung d. Kennzahl je (V)WS in d. Liste zur Auswahl der geeigneten (V)WS
MB 5
140 Liste zur Auswahl der geeigneten (V)WS
145 Festlegung des Rankings der potentiell geeigneten (V)WS
150 Liste zur Auswahl der geeigneten (V)WS
155 Rückkehr

7.4
A.4: Vorgehensweise bei der Ermittlung und Bewertung der Fertungseigenschaften nach euroMat

Gerald Rebitzer

7.4.1
A.4.1: Überblick F 0 – 40

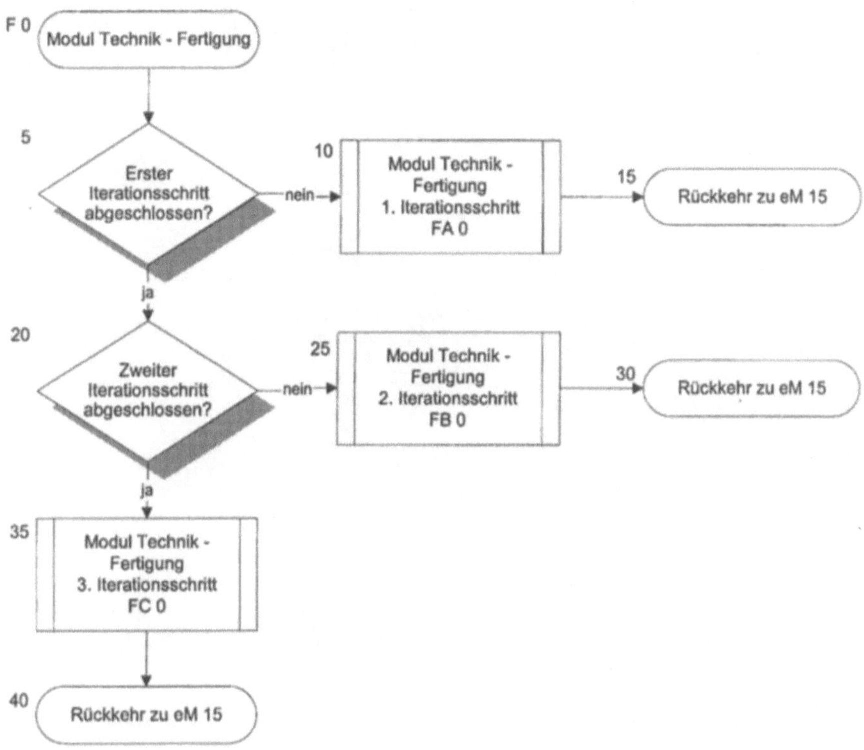

7.4.2
A.4.2: Qualitative Betrachtung und Bewertung (1. Iterationsschritt) FA 0 – 215

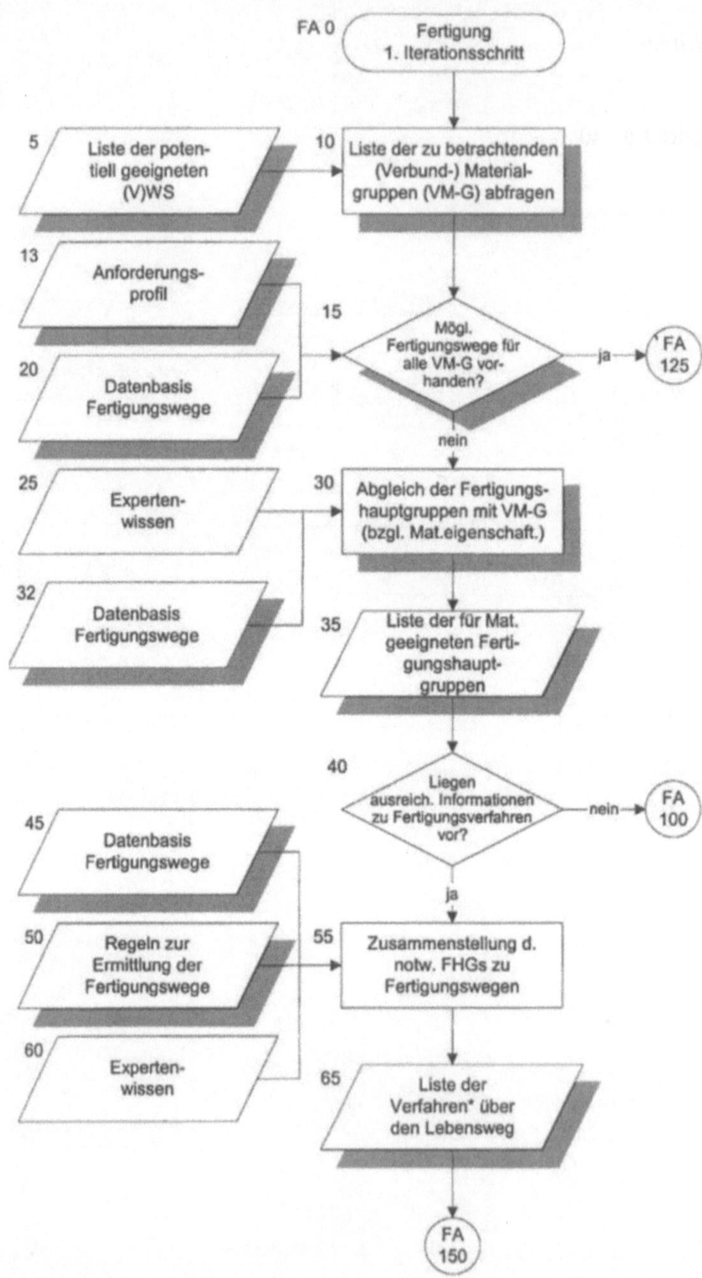

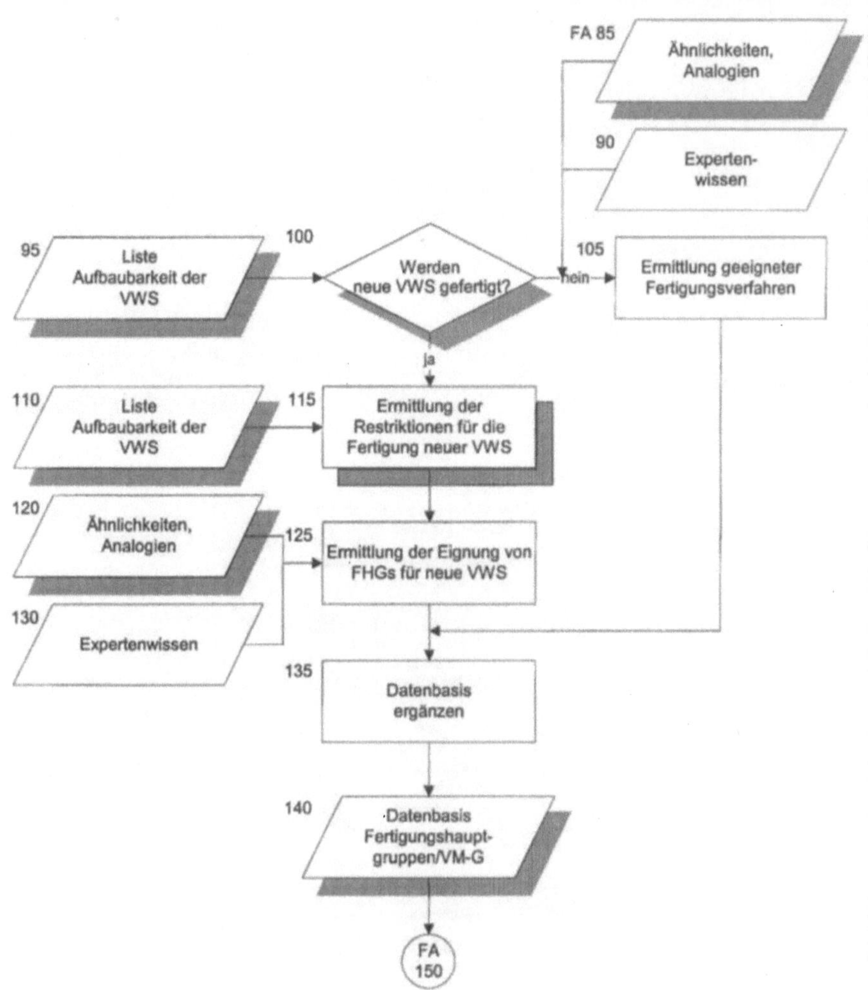

FA 85
Ähnlichkeiten, Analogien
90
Experten- wissen
95
Liste Aufbaubarkeit der VWS
100
Werden neue VWS gefertigt?
105
Ermittlung geeigneter Fertigungsverfahren
nein
ja
110
Liste Aufbaubarkeit der VWS
115
Ermittlung der Restriktionen für die Fertigung neuer VWS
120
Ähnlichkeiten, Analogien
125
Ermittlung der Eignung von FHGs für neue VWS
130
Expertenwissen
135
Datenbasis ergänzen
140
Datenbasis Fertigungshaupt- gruppen/VM-G
FA 150

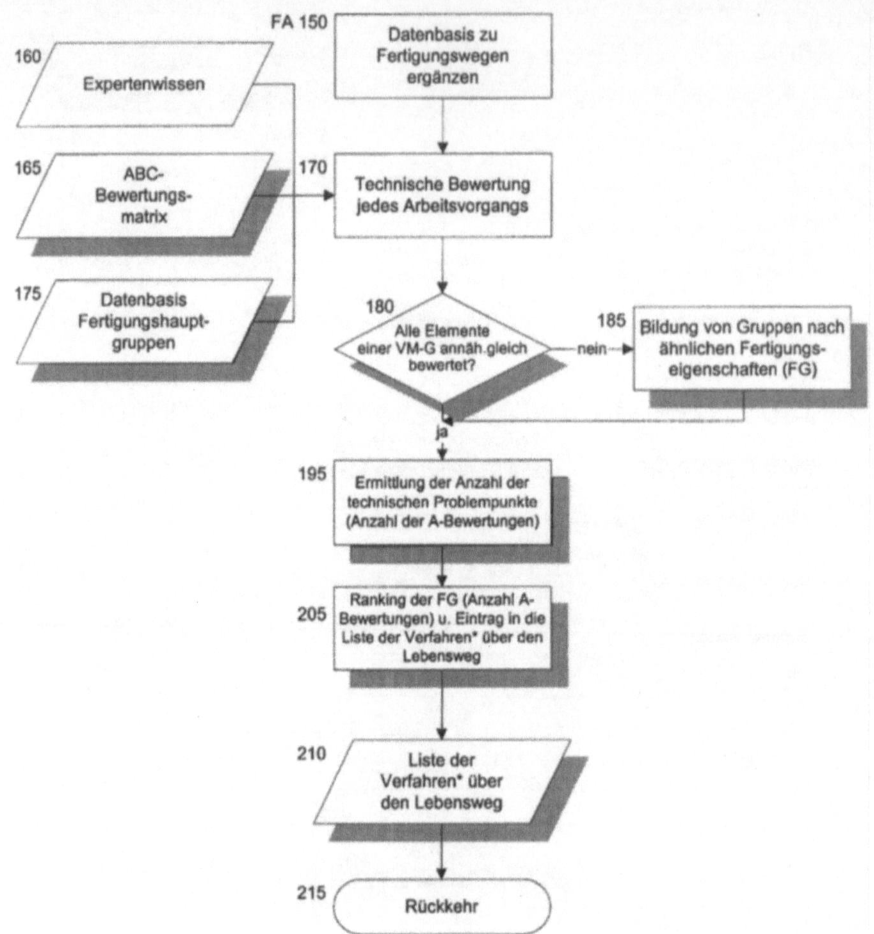
160
Expertenwissen
165
ABC-
Bewertungs-
matrix
175
Datenbasis
Fertigungshaupt-
gruppen
FA 150
Datenbasis zu
Fertigungswegen
ergänzen
170
Technische Bewertung
jedes Arbeitsvorgangs
180
Alle Elemente
einer VM-G annäh.gleich
bewertet?
nein
185
Bildung von Gruppen nach
ähnlichen Fertigungs-
eigenschaften (FG)
ja
195
Ermittlung der Anzahl der
technischen Problempunkte
(Anzahl der A-Bewertungen)
205
Ranking der FG (Anzahl A-
Bewertungen) u. Eintrag in die
Liste der Verfahren* über den
Lebensweg
210
Liste der
Verfahren* über
den Lebensweg
215
Rückkehr

7.4.3
A.4.3: Halbquantitative Betrachtung und Bewertung
(2. Iterationsschritt) FB 0 – 215

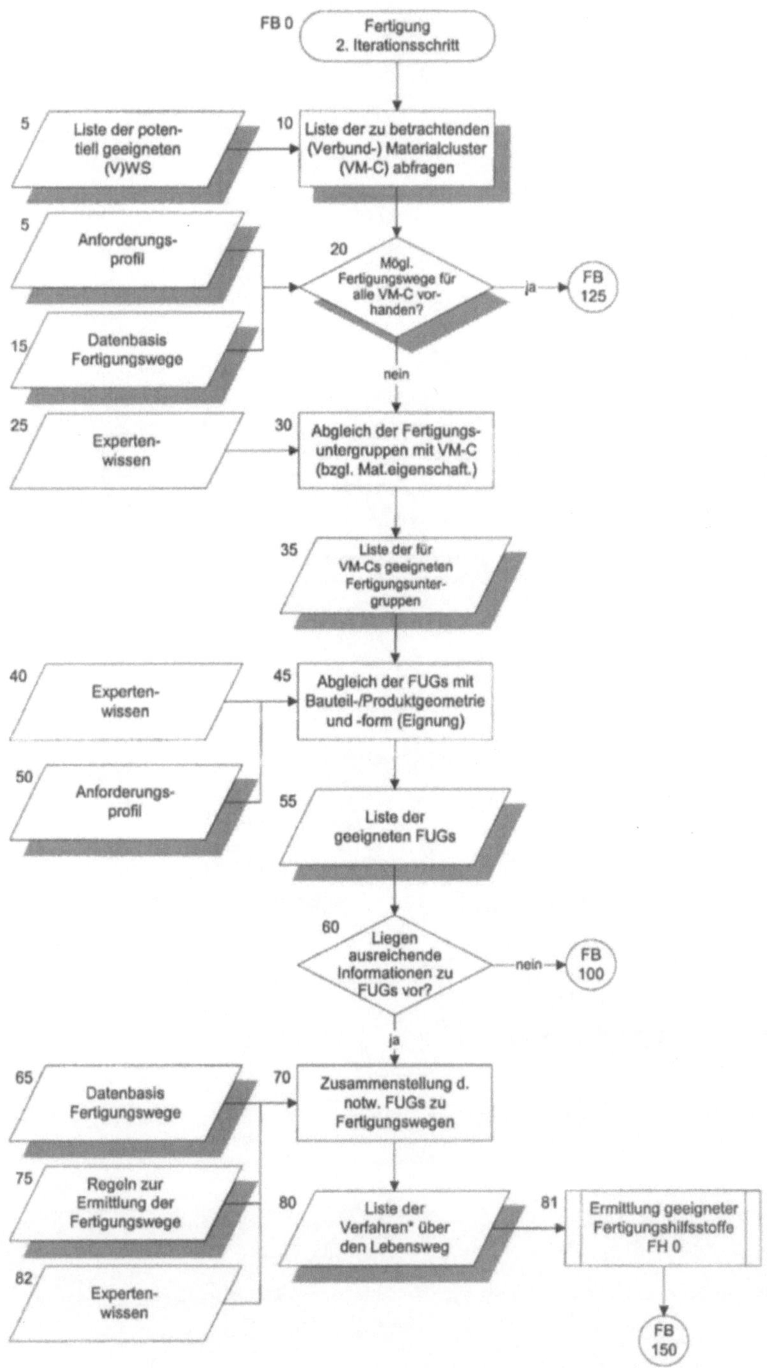

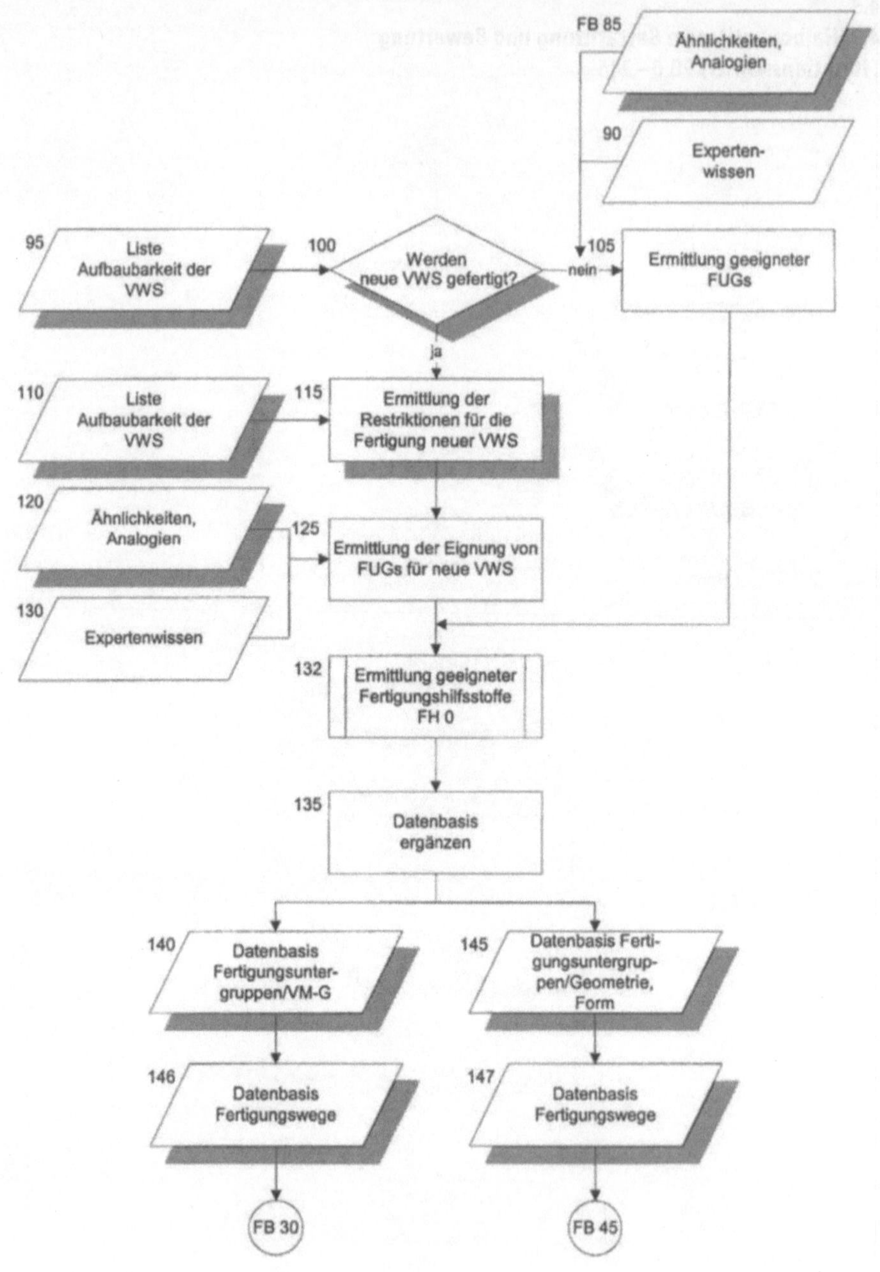
FB 85
Ähnlichkeiten, Analogien
90
Experten-wissen
95
Liste Aufbaubarkeit der VWS
100
Werden neue VWS gefertigt?
nein
ja
105
Ermittlung geeigneter FUGs
110
Liste Aufbaubarkeit der VWS
115
Ermittlung der Restriktionen für die Fertigung neuer VWS
120
Ähnlichkeiten, Analogien
125
Ermittlung der Eignung von FUGS für neue VWS
130
Expertenwissen
132
Ermittlung geeigneter Fertigungshilfsstoffe FH 0
135
Datenbasis ergänzen
140
Datenbasis Fertigungsunter-gruppen/VM-G
145
Datenbasis Ferti-gungsuntergrup-pen/Geometrie, Form
146
Datenbasis Fertigungswege
147
Datenbasis Fertigungswege
FB 30
FB 45

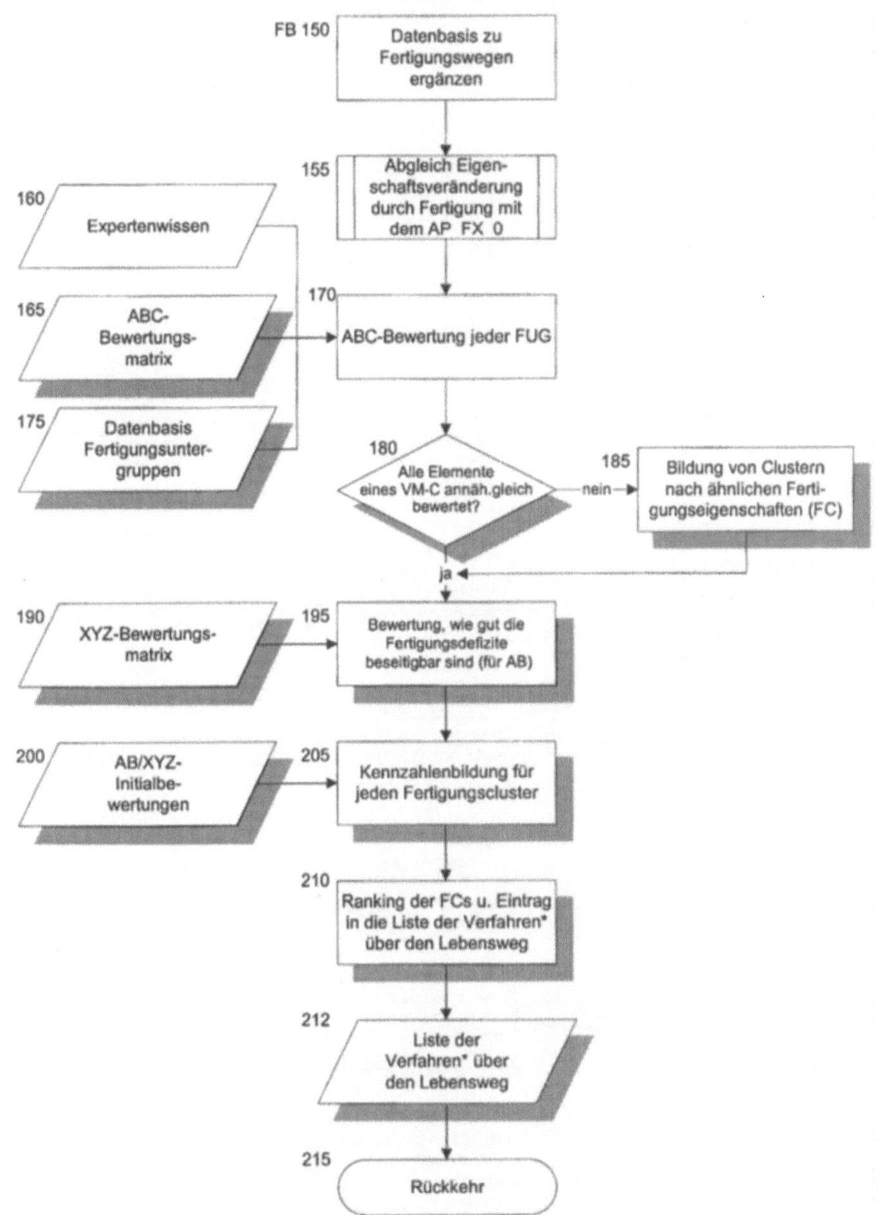
FB 150
Datenbasis zu Fertigungswegen ergänzen
155
Abgleich Eigenschaftsveränderung durch Fertigung mit dem AP FX 0
160
Expertenwissen
165
ABC-Bewertungsmatrix
170
ABC-Bewertung jeder FUG
175
Datenbasis Fertigungsuntergruppen
180
Alle Elemente eines VM-C annäh.gleich bewertet?
185
Bildung von Clustern nach ähnlichen Fertigungseigenschaften (FC)
nein
ja
190
XYZ-Bewertungsmatrix
195
Bewertung, wie gut die Fertigungsdefizite beseitigbar sind (für AB)
200
AB/XYZ-Initialbewertungen
205
Kennzahlenbildung für jeden Fertigungscluster
210
Ranking der FCs u. Eintrag in die Liste der Verfahren* über den Lebensweg
212
Liste der Verfahren* über den Lebensweg
215
Rückkehr

7.4.4

A.4.4: Teilquantitative Betrachtung und Bewertung
(3. Iterationsschritt) FC 0 – 75

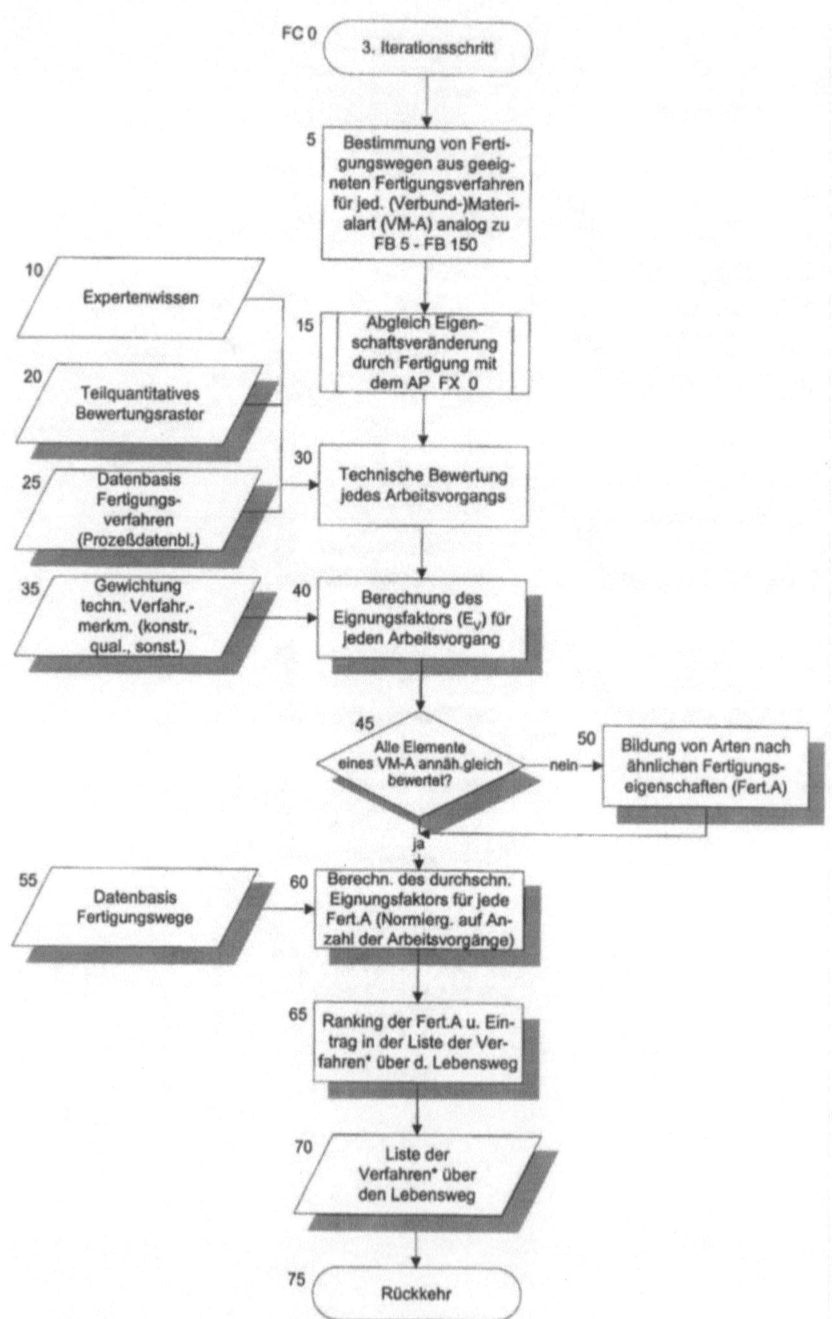

7.4.5
A.4.5: Ermittlung geeigneter Fertigungshilfsstoffe
(ab 2. Iterationsschritt) FH 0 – 150

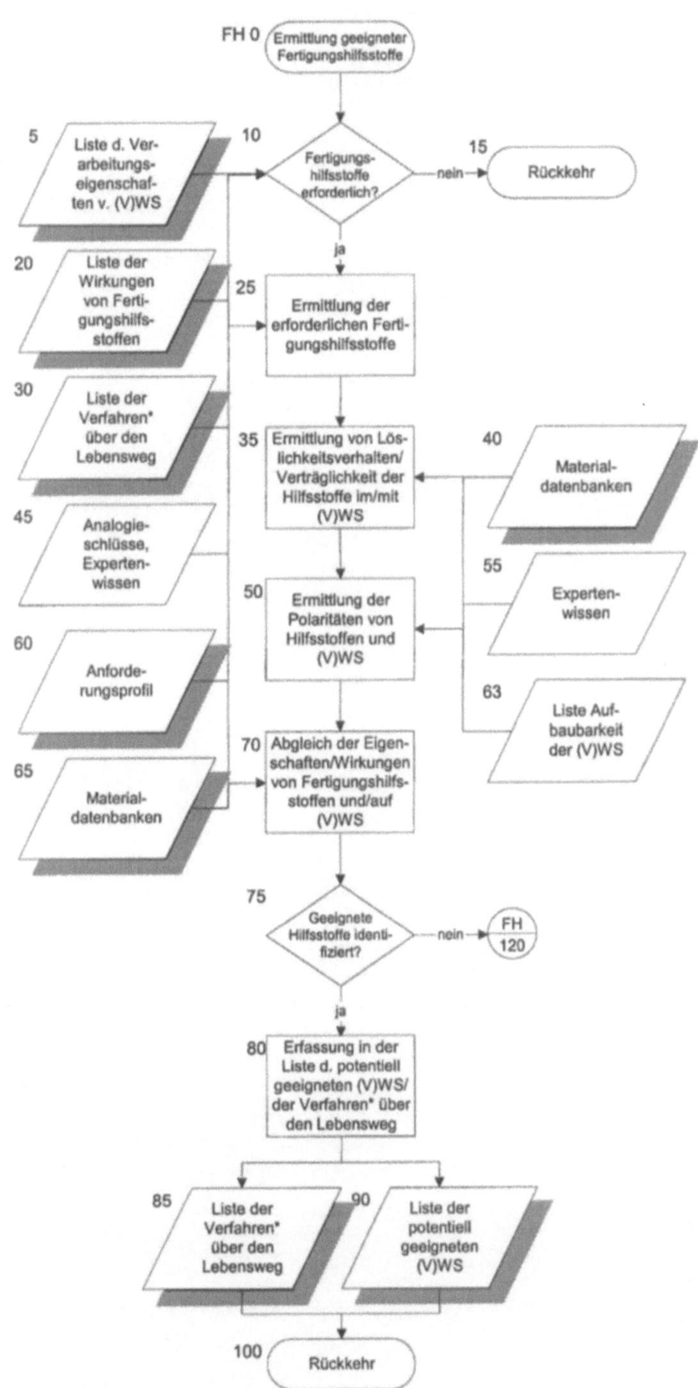

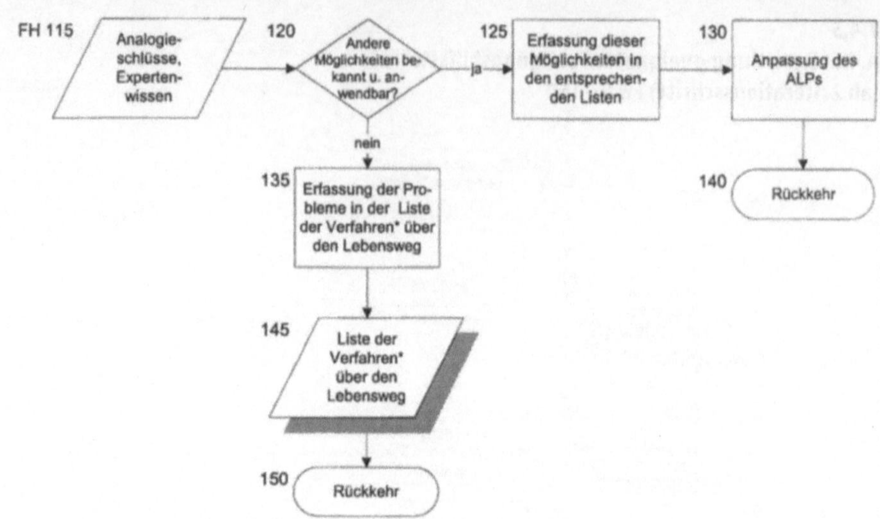
FH 115
Analogie-
schlüsse,
Experten-
wissen
120
Andere
Möglichkeiten be-
kannt u. an-
wendbar?
ja
nein
125
Erfassung dieser
Möglichkeiten in
den entsprechen-
den Listen
130
Anpassung des
ALPs
135
Erfassung der Pro-
bleme in der Liste
der Verfahren* über
den Lebensweg
140
Rückkehr
145
Liste der
Verfahren*
über den
Lebensweg
150
Rückkehr

7.4.6
A.4.6: Abgleich der Eigenschaftsveränderungen
der (Verbund-)Materialien durch die Fertigung mit dem Anforderungsprofil
(ab 3. Iterationsschritt) FX 0 – 160

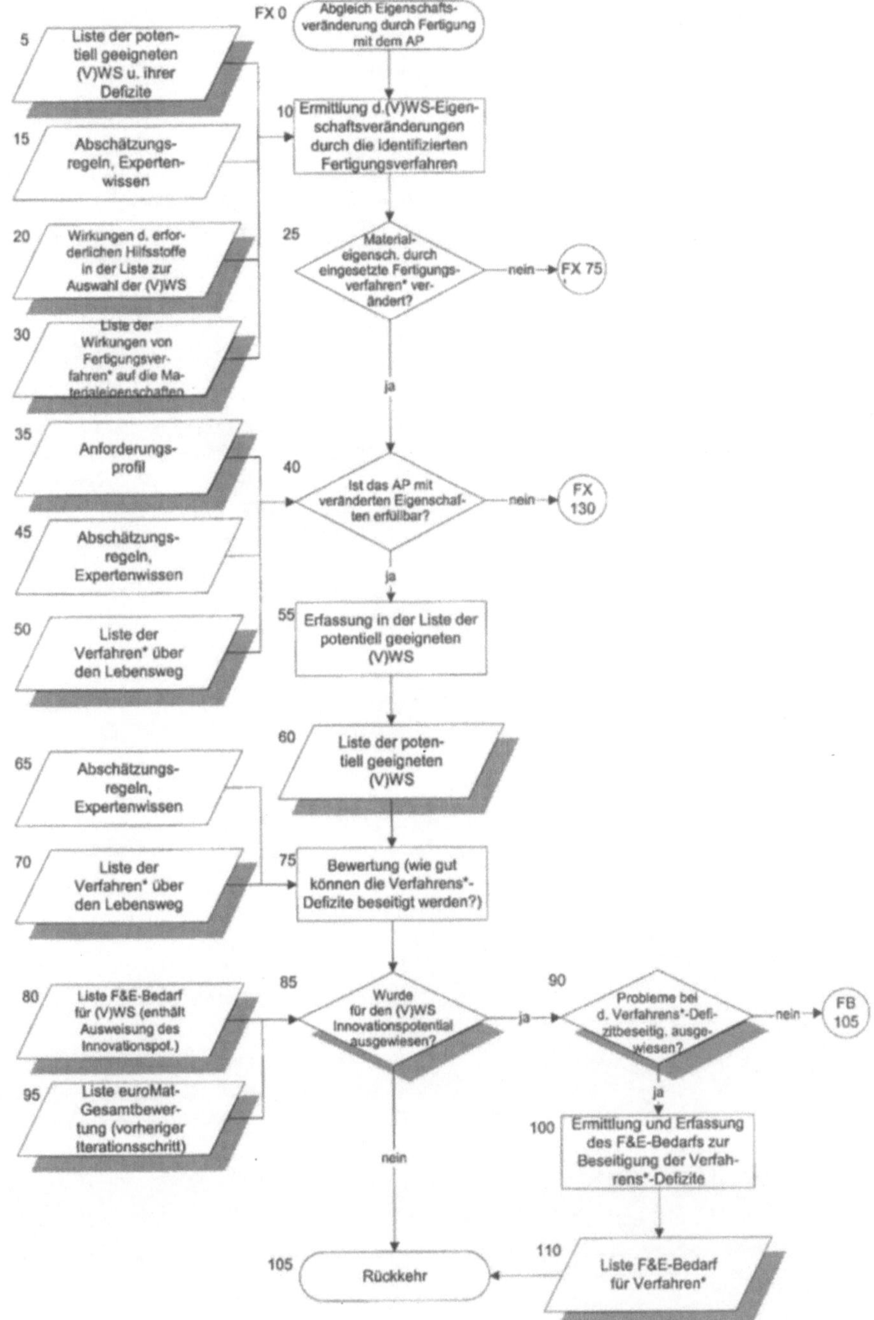

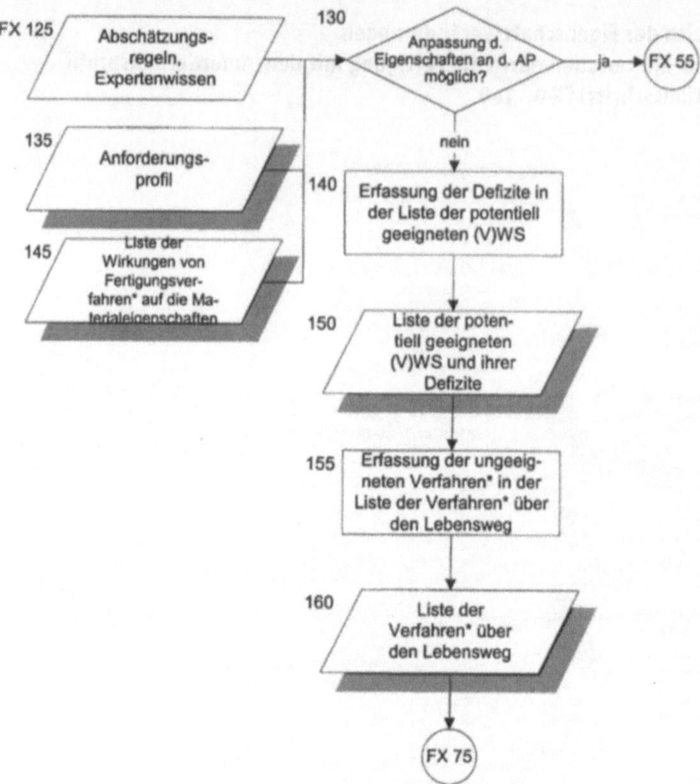
FX 125
Abschätzungs-
regeln,
Expertenwissen
135
Anforderungs-
profil
145
Liste der
Wirkungen von
Fertigungsver-
fahren* auf die Ma-
terialeigenschaften
130
Anpassung d.
Eigenschaften an d. AP
möglich?
ja
FX 55
nein
140
Erfassung der Defizite in
der Liste der potentiell
geeigneten (V)WS
150
Liste der poten-
tiell geeigneten
(V)WS und ihrer
Defizite
155
Erfassung der ungeeig-
neten Verfahren* in der
Liste der Verfahren* über
den Lebensweg
160
Liste der
Verfahren* über
den Lebensweg
FX 75

7.5
A.5: Vorgehensweise bei der Ermittlung und Bewertung der Recyclingeigenschaften nach euroMat

Ute Schiller

7.5.1
A.5.1: Überblick R 0–90

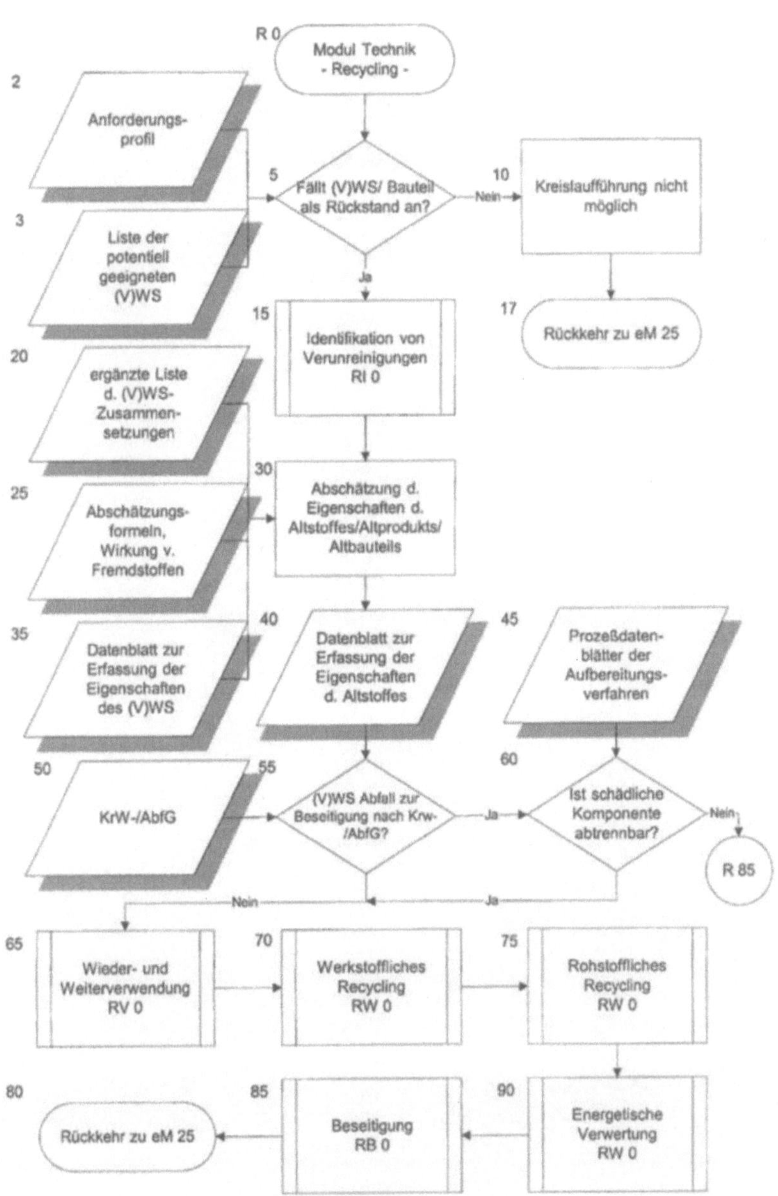

7.5.2
A.5.2: Identifikation von Verunreinigungen im Altprodukt
bzw. Altstoff RI 0 – 50

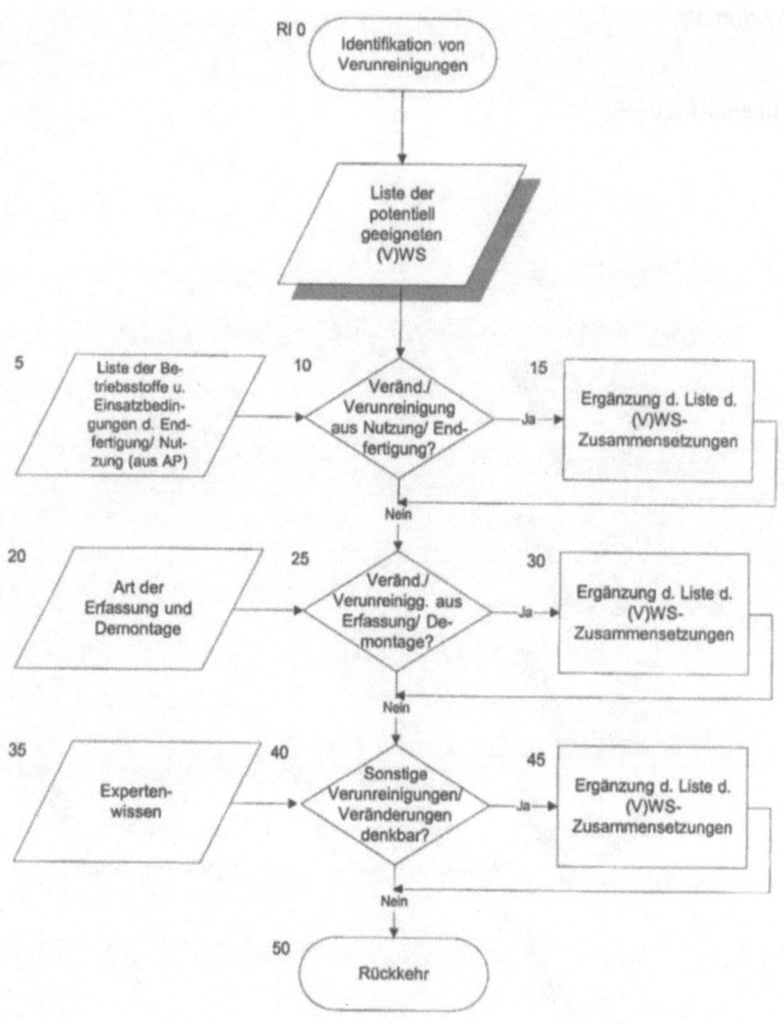

7.5.3
A.5.3: Weiter- und Wiederverwendung RV 0 – 365

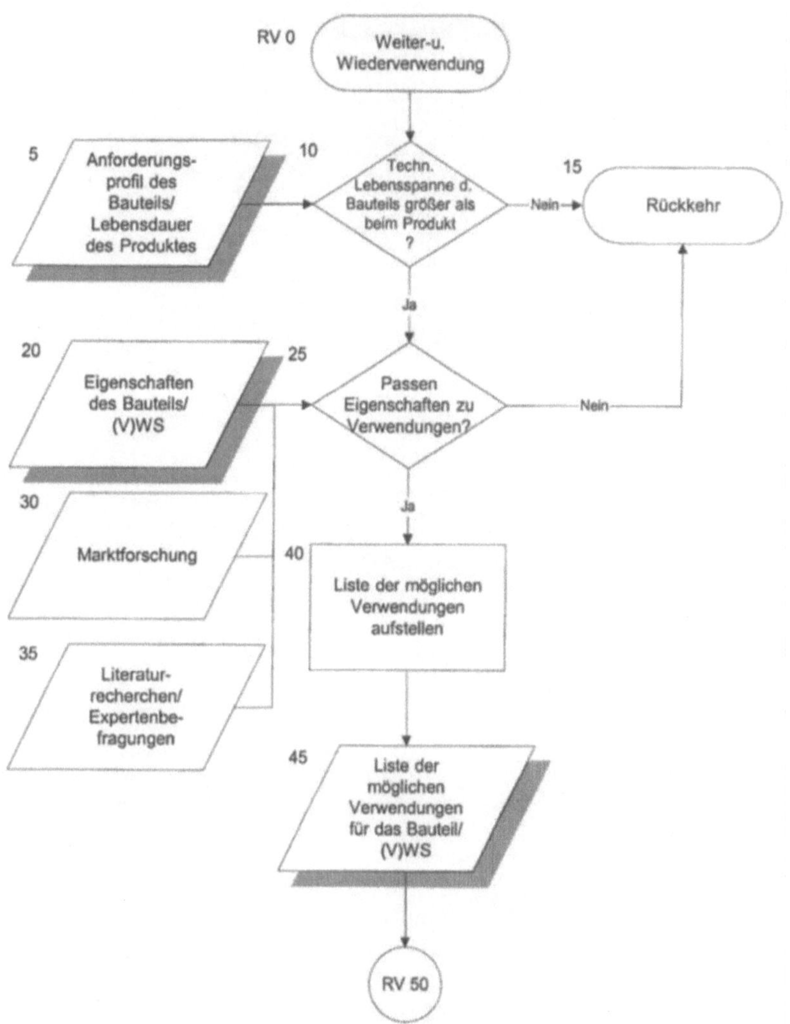

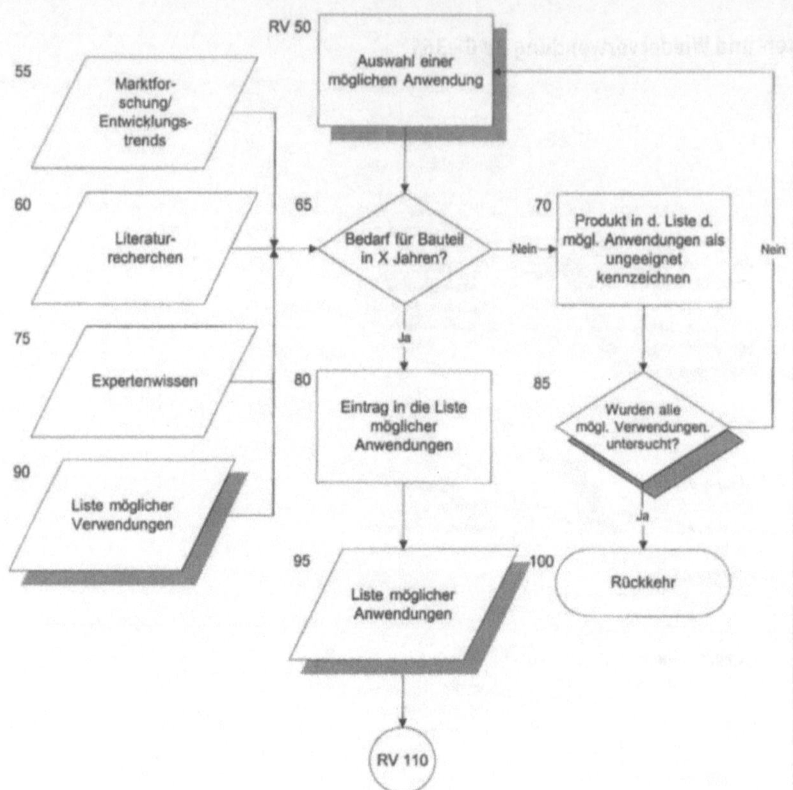
RV 50
Auswahl einer möglichen Anwendung
55
Marktfor-schung/ Entwicklungs-trends
60
Literatur-recherchen
65
Bedarf für Bauteil in X Jahren?
70
Produkt in d. Liste d. mögl. Anwendungen als ungeeignet kennzeichnen
Nein
Nein
75
Expertenwissen
80
Eintrag in die Liste möglicher Anwendungen
Ja
85
Wurden alle mögl. Verwendungen. untersucht?
90
Liste möglicher Verwendungen
95
Liste möglicher Anwendungen
Ja
100
Rückkehr
RV 110

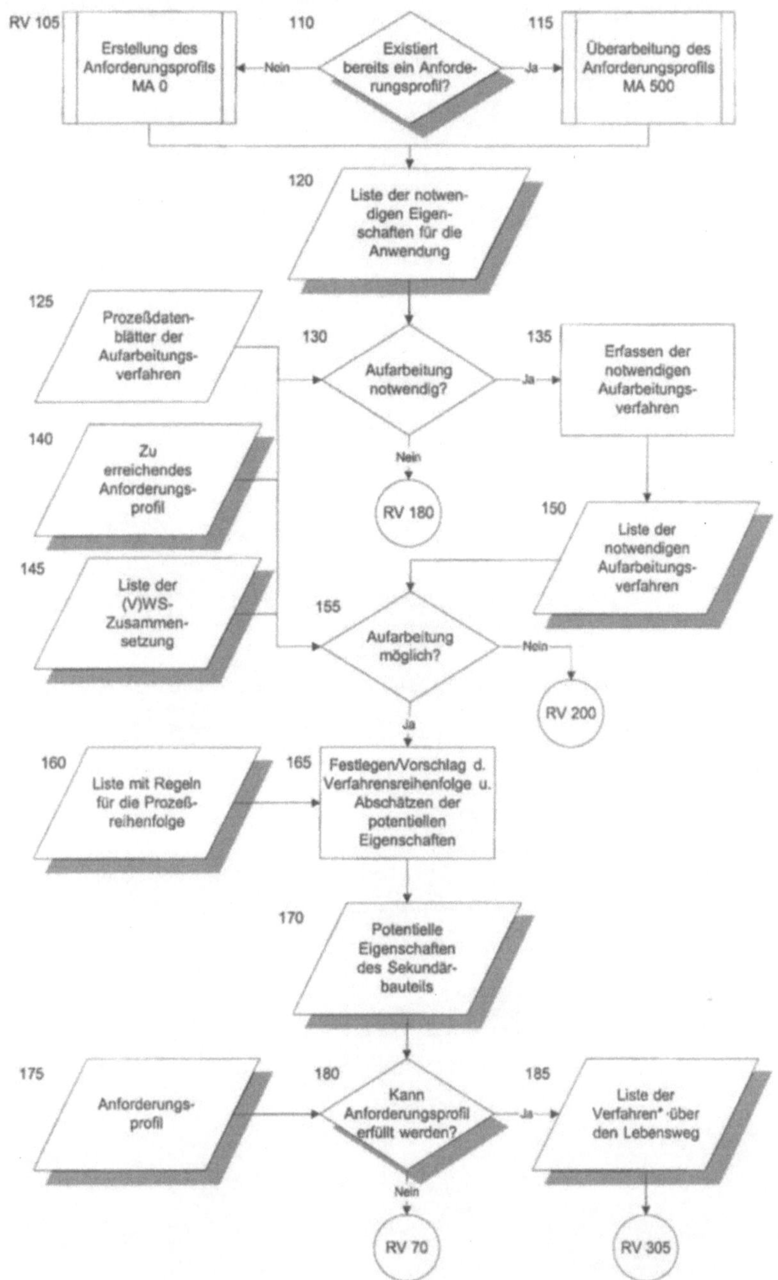

RV 105
Erstellung des Anforderungsprofils MA 0
110
Existiert bereits ein Anforderungsprofil?
Nein
115
Überarbeitung des Anforderungsprofils MA 500
Ja
120
Liste der notwendigen Eigenschaften für die Anwendung
125
Prozeßdatenblätter der Aufarbeitungsverfahren
130
Aufarbeitung notwendig?
135
Erfassen der notwendigen Aufarbeitungsverfahren
Ja
Nein
RV 180
140
Zu erreichendes Anforderungsprofil
150
Liste der notwendigen Aufarbeitungsverfahren
145
Liste der (V)WS-Zusammensetzung
155
Aufarbeitung möglich?
Nein
RV 200
Ja
160
Liste mit Regeln für die Prozeßreihenfolge
165
Festlegen/Vorschlag d. Verfahrensreihenfolge u. Abschätzen der potentiellen Eigenschaften
170
Potentielle Eigenschaften des Sekundärbauteils
175
Anforderungsprofil
180
Kann Anforderungsprofil erfüllt werden?
185
Liste der Verfahren* über den Lebensweg
Ja
Nein
RV 70
RV 305

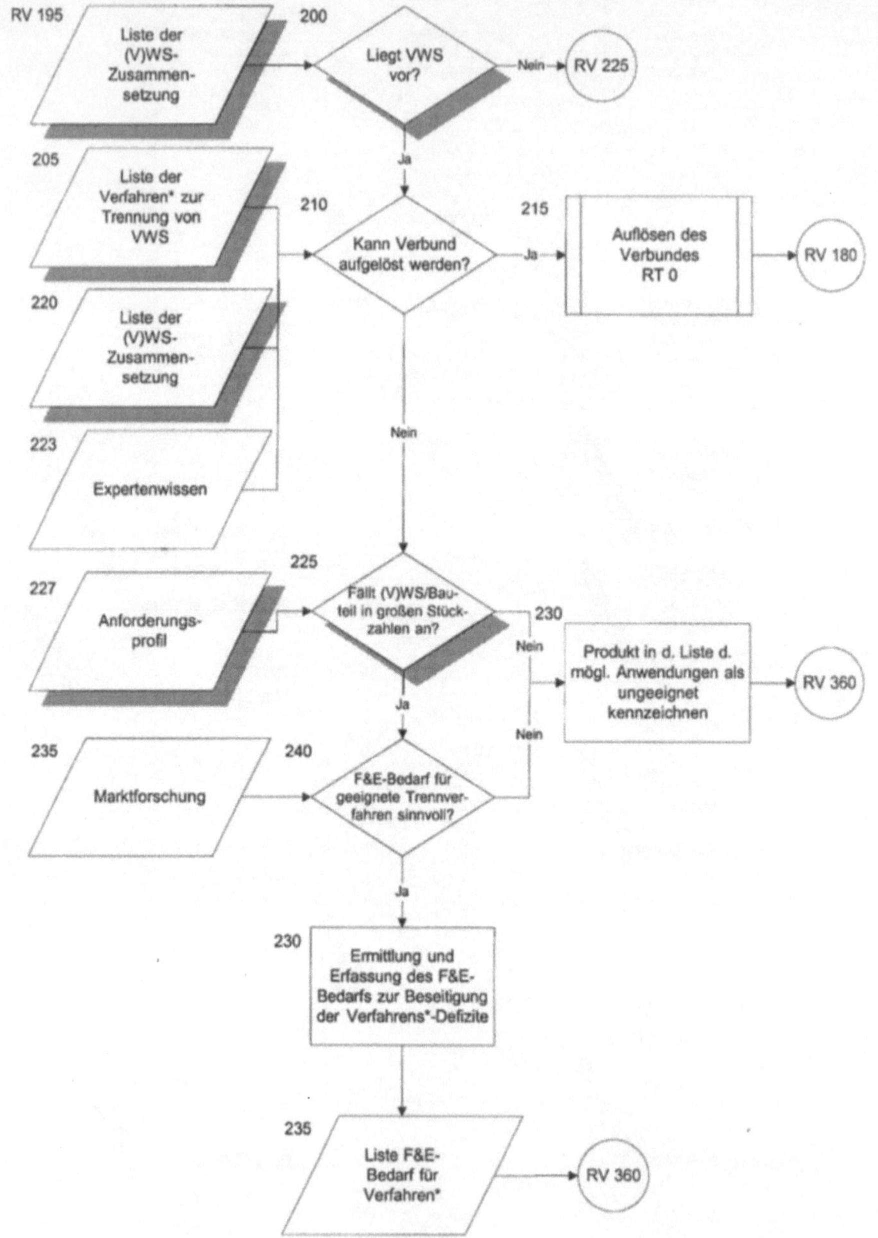

RV 195
Liste der (V)WS-Zusammensetzung
200
Liegt VWS vor?
Nein
RV 225
Ja
205
Liste der Verfahren* zur Trennung von VWS
210
Kann Verbund aufgelöst werden?
Ja
215
Auflösen des Verbundes RT 0
RV 180
220
Liste der (V)WS-Zusammensetzung
223
Expertenwissen
Nein
225
Fällt (V)WS/Bauteil in großen Stückzahlen an?
227
Anforderungsprofil
Ja
230
Nein
Produkt in d. Liste d. mögl. Anwendungen als ungeeignet kennzeichnen
RV 360
235
Marktforschung
240
F&E-Bedarf für geeignete Trennverfahren sinnvoll?
Nein
Ja
230
Ermittlung und Erfassung des F&E-Bedarfs zur Beseitigung der Verfahrens*-Defizite
235
Liste F&E-Bedarf für Verfahren*
RV 360

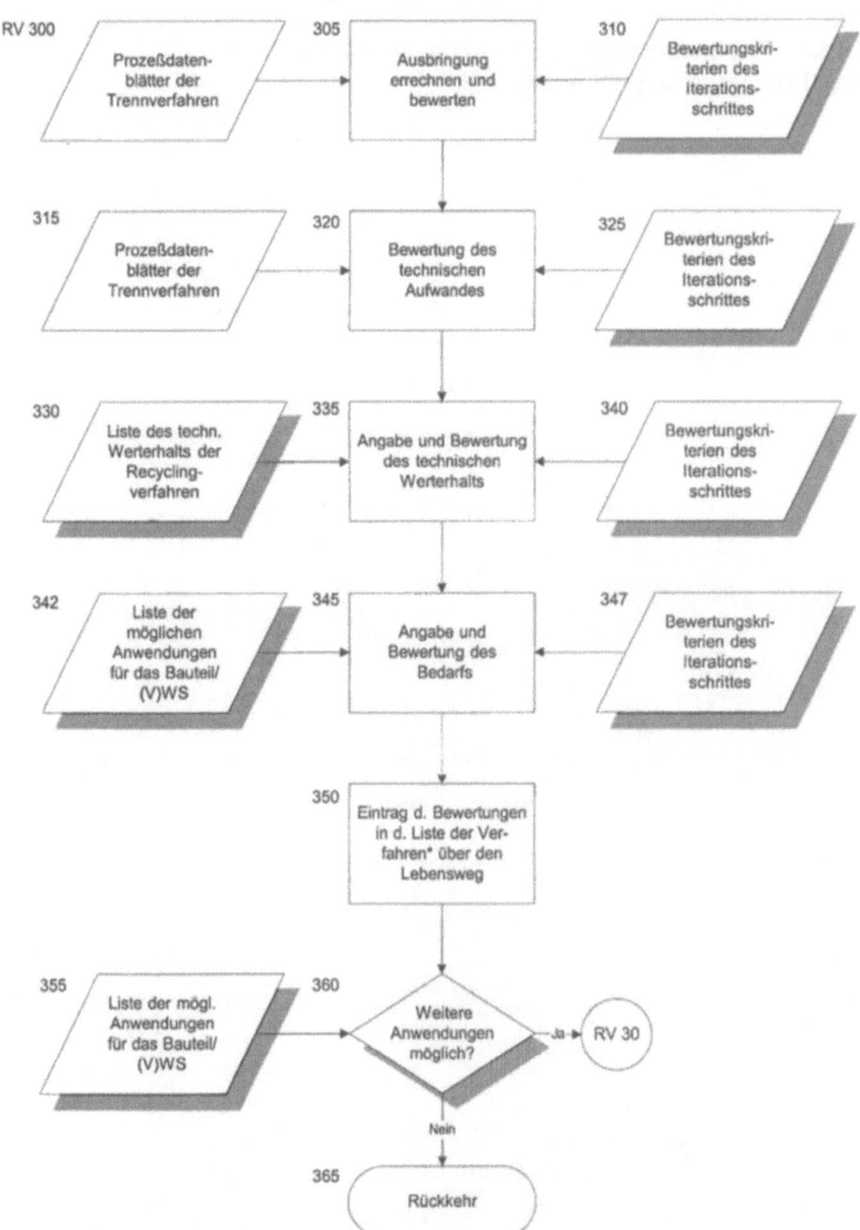
RV 300
Prozeßdaten-
blätter der
Trennverfahren
305
Ausbringung
errechnen und
bewerten
310
Bewertungskri-
terien des
Iterations-
schrittes
315
Prozeßdaten-
blätter der
Trennverfahren
320
Bewertung des
technischen
Aufwandes
325
Bewertungskri-
terien des
Iterations-
schrittes
330
Liste des techn.
Werterhalts der
Recycling-
verfahren
335
Angabe und Bewertung
des technischen
Werterhalts
340
Bewertungskri-
terien des
Iterations-
schrittes
342
Liste der
möglichen
Anwendungen
für das Bauteil/
(V)WS
345
Angabe und
Bewertung des
Bedarfs
347
Bewertungskri-
terien des
Iterations-
schrittes
350
Eintrag d. Bewertungen
in d. Liste der Ver-
fahren* über den
Lebensweg
355
Liste der mögl.
Anwendungen
für das Bauteil/
(V)WS
360
Weitere
Anwendungen
möglich?
Ja
RV 30
Nein
365
Rückkehr

7.5.4
A.5.4: Recycling (werkstoffliches und rohstoffliches Recycling, energetische Verwertung) RW 0 – 385

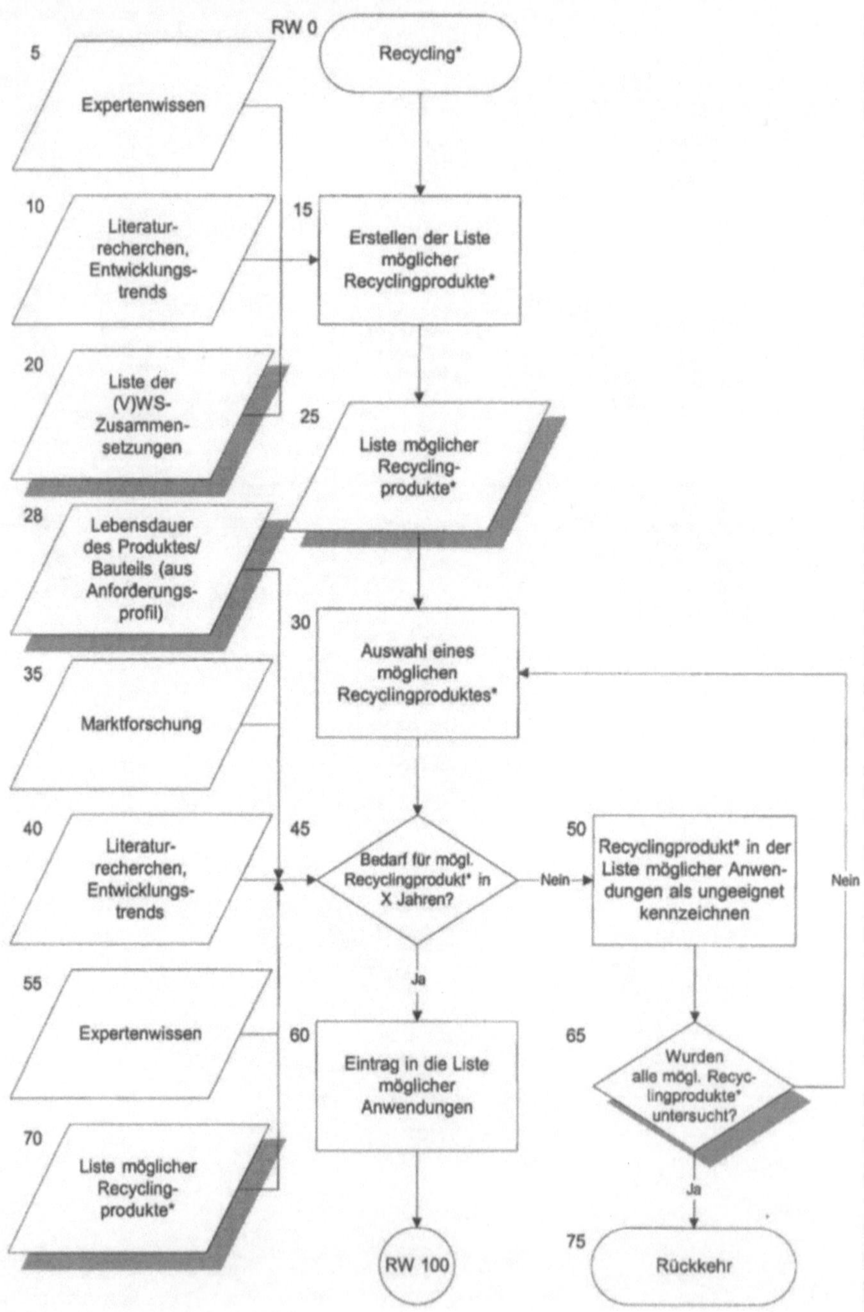

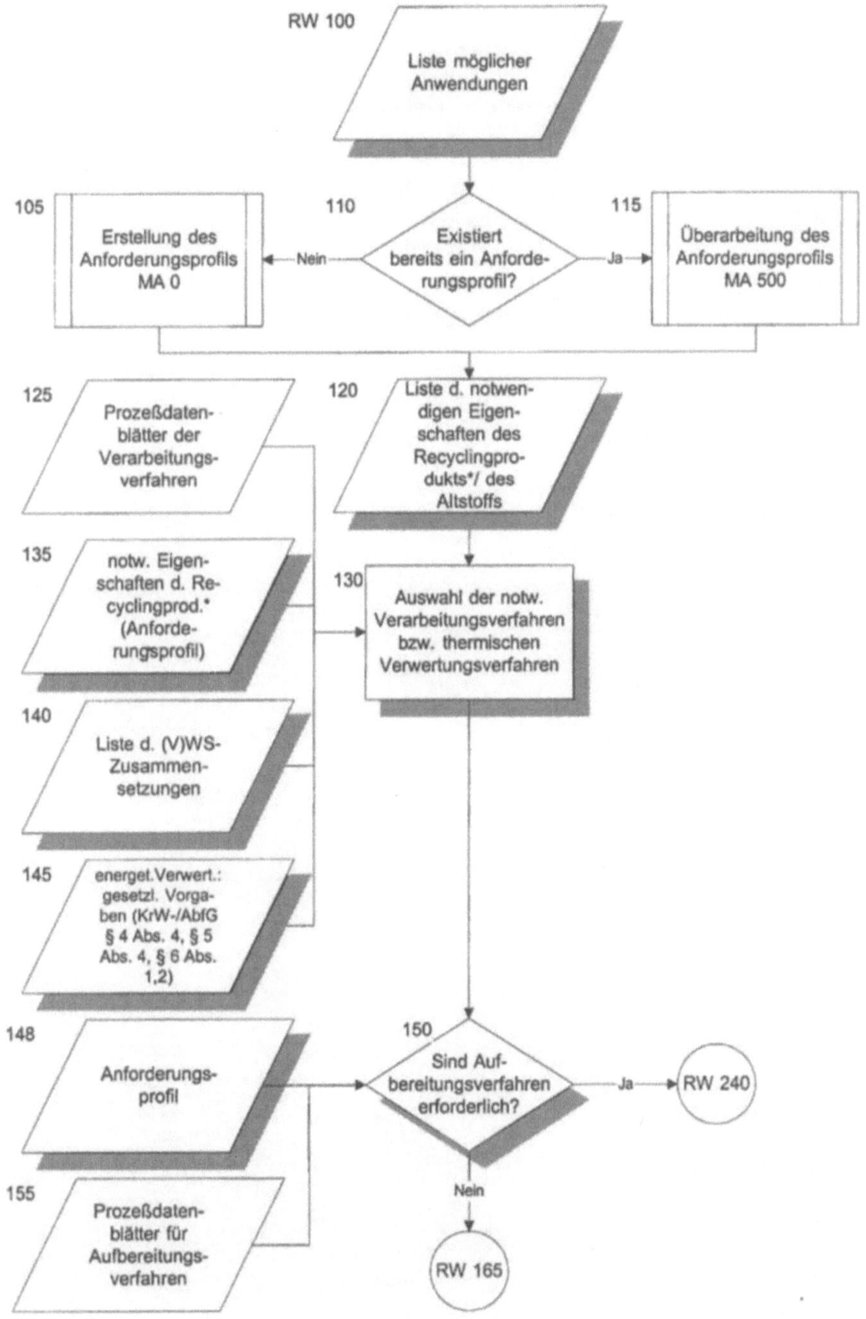
RW 100
Liste möglicher Anwendungen
105
Erstellung des Anforderungsprofils MA 0
110
Existiert bereits ein Anforderungsprofil?
Nein
Ja
115
Überarbeitung des Anforderungsprofils MA 500
125
Prozeßdatenblätter der Verarbeitungsverfahren
120
Liste d. notwendigen Eigenschaften des Recyclingprodukts*/ des Altstoffs
135
notw. Eigenschaften d. Recyclingprod.* (Anforderungsprofil)
130
Auswahl der notw. Verarbeitungsverfahren bzw. thermischen Verwertungsverfahren
140
Liste d. (V)WS-Zusammensetzungen
145
energet.Verwert.: gesetzl. Vorgaben (KrW-/AbfG § 4 Abs. 4, § 5 Abs. 4, § 6 Abs. 1,2)
148
Anforderungsprofil
150
Sind Aufbereitungsverfahren erforderlich?
Ja
RW 240
Nein
155
Prozeßdatenblätter für Aufbereitungsverfahren
RW 165

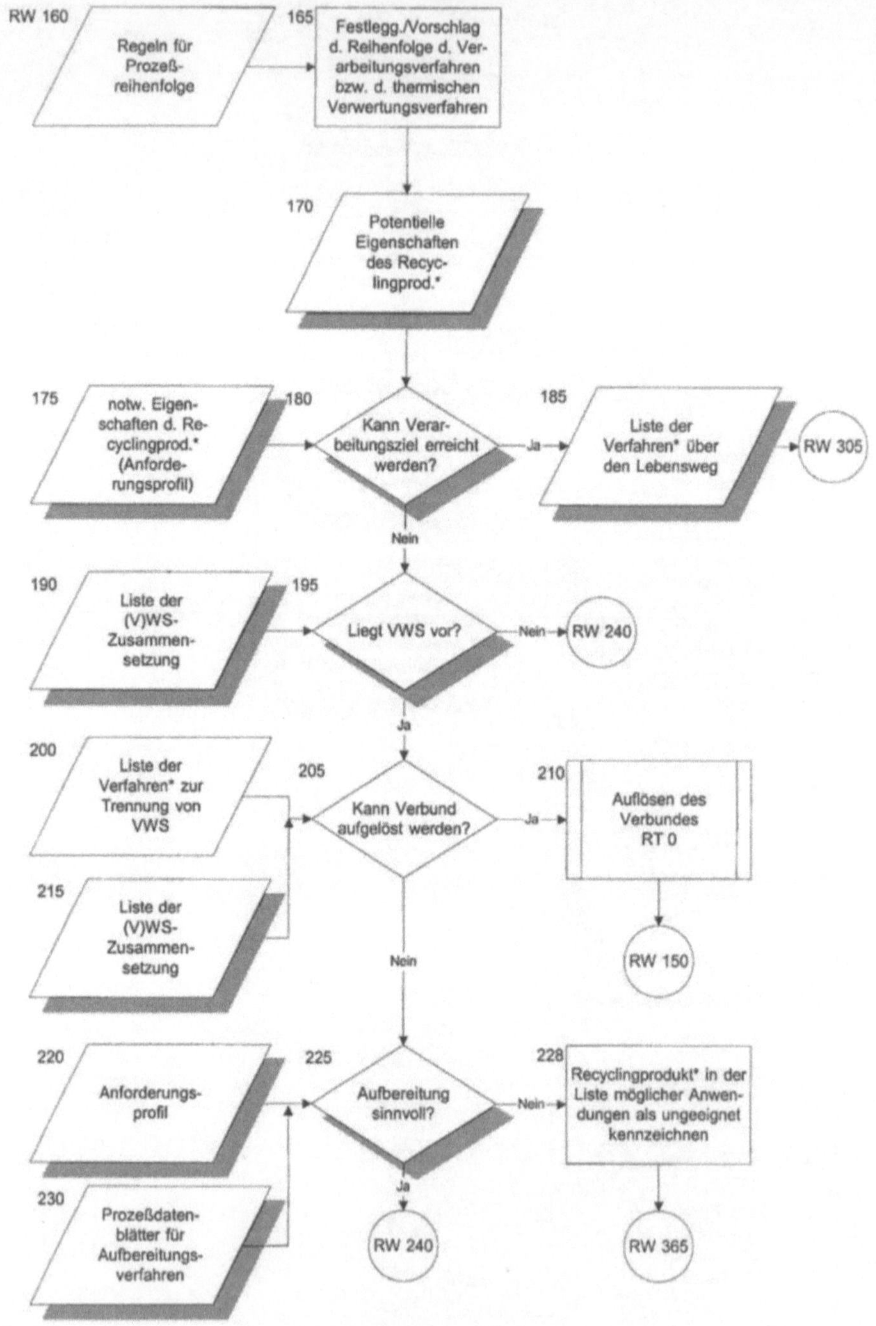

RW 160
Regeln für Prozeß-reihenfolge
165
Festlegg./Vorschlag d. Reihenfolge d. Ver-arbeitungsverfahren bzw. d. thermischen Verwertungsverfahren
170
Potentielle Eigenschaften des Recyc-lingprod.*
175
notw. Eigen-schaften d. Re-cyclingprod.* (Anforde-rungsprofil)
180
Kann Verar-beitungsziel erreicht werden?
185
Liste der Verfahren* über den Lebensweg
Ja
RW 305
Nein
190
Liste der (V)WS-Zusammen-setzung
195
Liegt VWS vor?
Nein
RW 240
Ja
200
Liste der Verfahren* zur Trennung von VWS
205
Kann Verbund aufgelöst werden?
210
Auflösen des Verbundes RT 0
Ja
215
Liste der (V)WS-Zusammen-setzung
RW 150
Nein
220
Anforderungs-profil
225
Aufbereitung sinnvoll?
228
Recyclingprodukt* in der Liste möglicher Anwen-dungen als ungeeignet kennzeichnen
Nein
230
Prozeßdaten-blätter für Aufbereitungs-verfahren
Ja
RW 240
RW 365

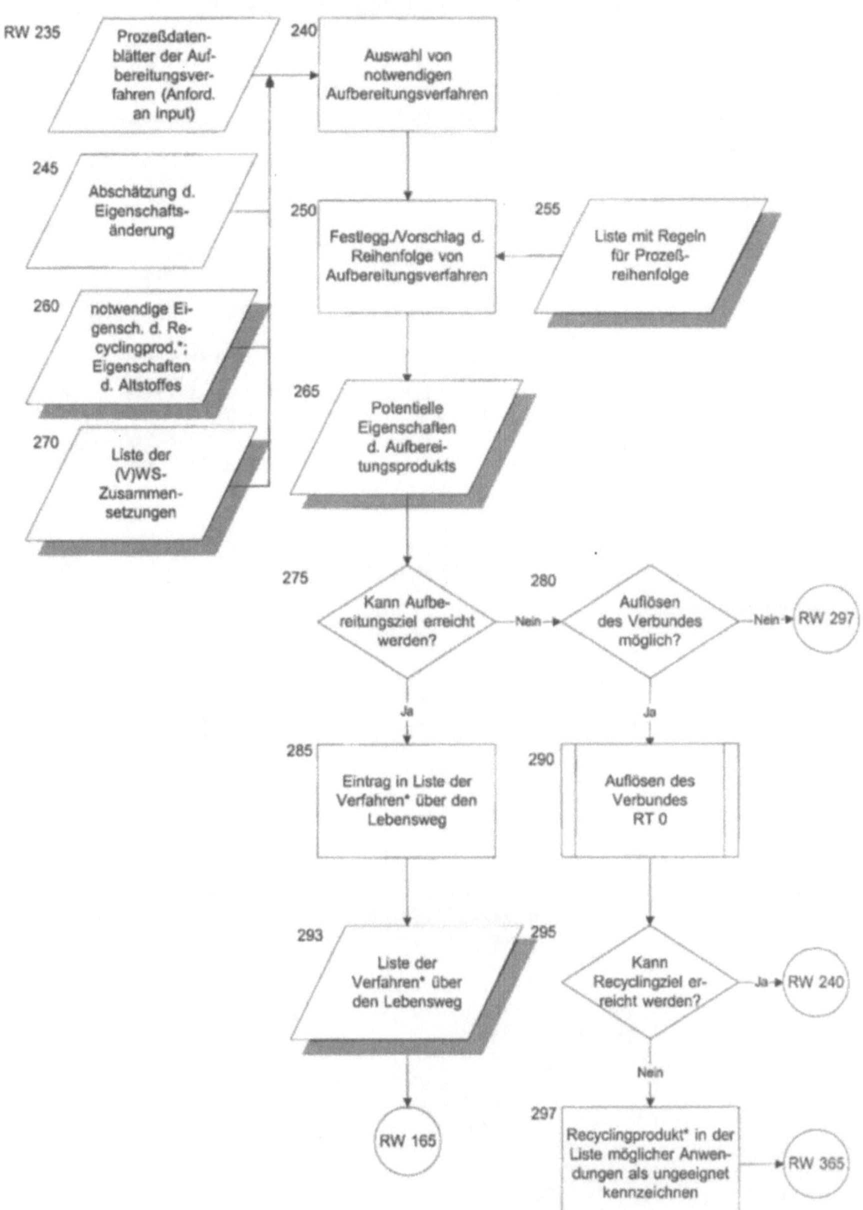

RW 235
Prozeßdatenblätter der Aufbereitungsverfahren (Anford. an Input)
240
Auswahl von notwendigen Aufbereitungsverfahren
245
Abschätzung d. Eigenschaftsänderung
250
Festlegg./Vorschlag d. Reihenfolge von Aufbereitungsverfahren
255
Liste mit Regeln für Prozeßreihenfolge
260
notwendige Eigensch. d. Recyclingprod.*; Eigenschaften d. Altstoffes
270
Liste der (V)WS-Zusammensetzungen
265
Potentielle Eigenschaften d. Aufbereitungsprodukts
275
Kann Aufbereitungsziel erreicht werden?
280
Auflösen des Verbundes möglich?
Nein
Nein
RW 297
Ja
Ja
285
Eintrag in Liste der Verfahren* über den Lebensweg
290
Auflösen des Verbundes RT 0
293
Liste der Verfahren* über den Lebensweg
295
Kann Recyclingziel erreicht werden?
Ja
RW 240
Nein
RW 165
297
Recyclingprodukt* in der Liste möglicher Anwendungen als ungeeignet kennzeichnen
RW 365

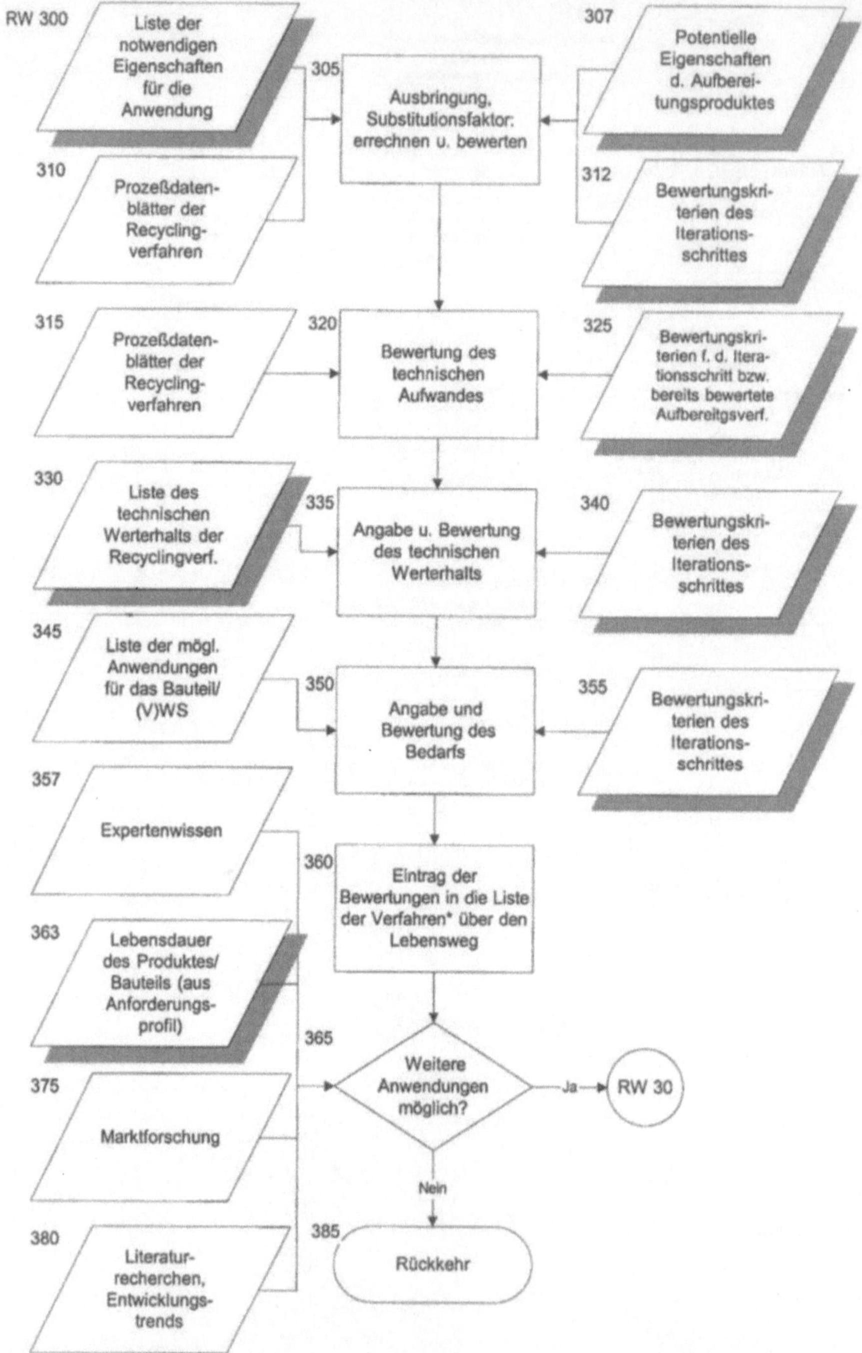

RW 300
Liste der notwendigen Eigenschaften für die Anwendung
310
Prozeßdatenblätter der Recyclingverfahren
315
Prozeßdatenblätter der Recyclingverfahren
330
Liste des technischen Werterhalts der Recyclingverf.
345
Liste der mögl. Anwendungen für das Bauteil/ (V)WS
357
Expertenwissen
363
Lebensdauer des Produktes/ Bauteils (aus Anforderungsprofil)
375
Marktforschung
380
Literaturrecherchen, Entwicklungstrends
305
Ausbringung, Substitutionsfaktor: errechnen u. bewerten
307
Potentielle Eigenschaften d. Aufbereitungsproduktes
312
Bewertungskriterien des Iterationsschrittes
320
Bewertung des technischen Aufwandes
325
Bewertungskriterien f. d. Iterationsschritt bzw. bereits bewertete Aufbereitgsverf.
335
Angabe u. Bewertung des technischen Werterhalts
340
Bewertungskriterien des Iterationsschrittes
350
Angabe und Bewertung des Bedarfs
355
Bewertungskriterien des Iterationsschrittes
360
Eintrag der Bewertungen in die Liste der Verfahren* über den Lebensweg
365
Weitere Anwendungen möglich?
Ja
RW 30
Nein
385
Rückkehr

7.5.5
A.5.5: Beseitigung RB 0 – 140

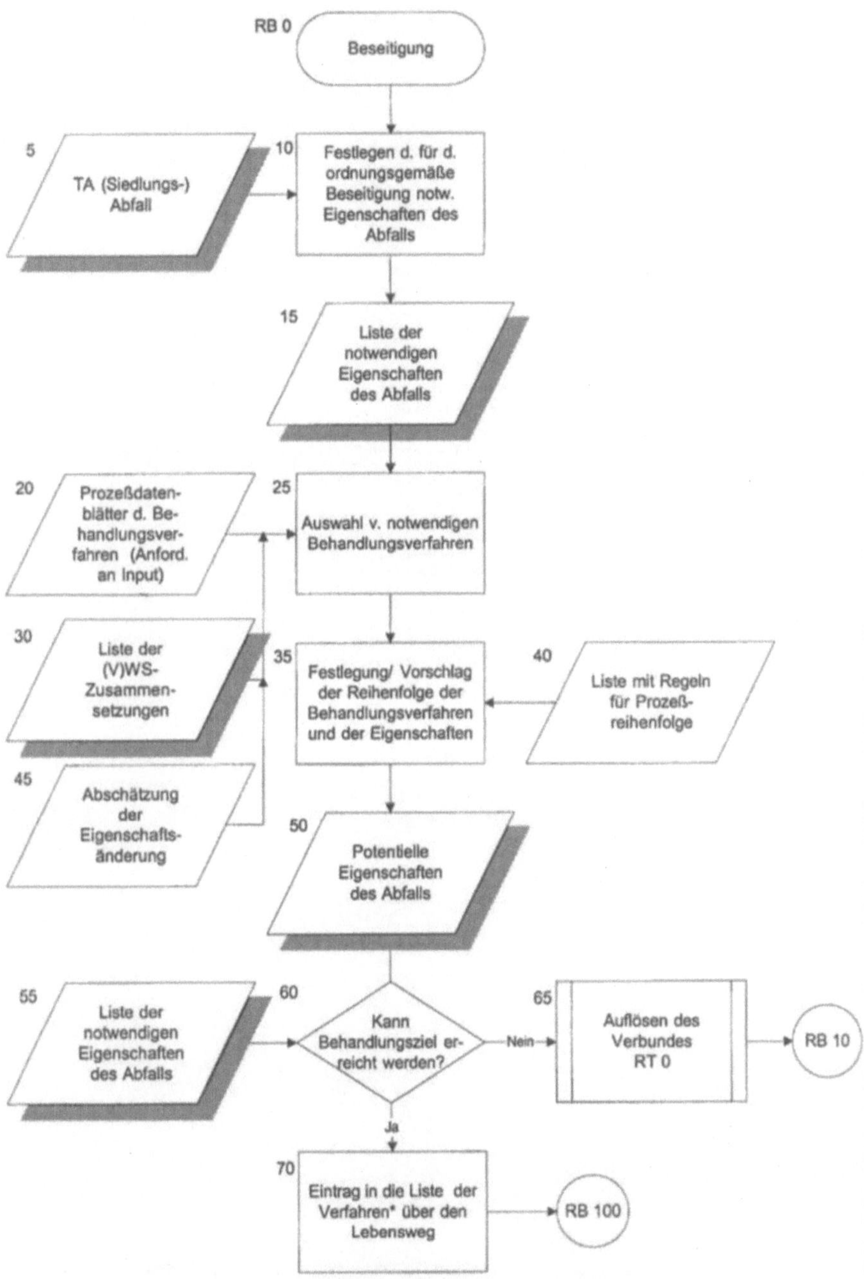

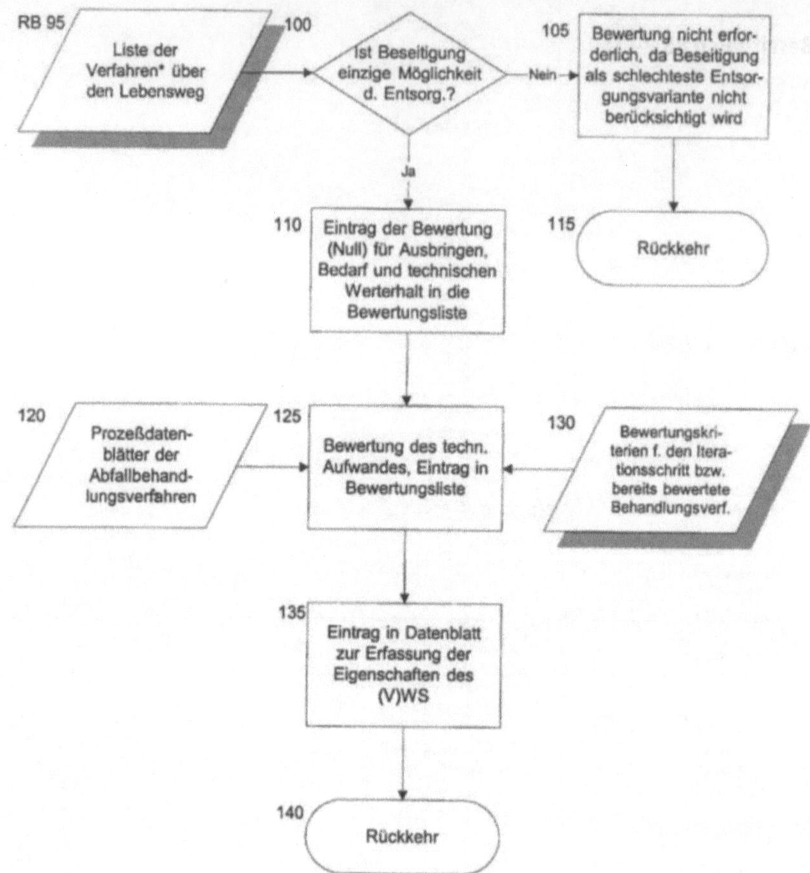

RB 95
Liste der Verfahren* über den Lebensweg
100
Ist Beseitigung einzige Möglichkeit d. Entsorg.?
Nein
105
Bewertung nicht erforderlich, da Beseitigung als schlechteste Entsorgungsvariante nicht berücksichtigt wird
Ja
115
Rückkehr
110
Eintrag der Bewertung (Null) für Ausbringen, Bedarf und technischen Werterhalt in die Bewertungsliste
120
Prozeßdatenblätter der Abfallbehandlungsverfahren
125
Bewertung des techn. Aufwandes, Eintrag in Bewertungsliste
130
Bewertungskriterien f. den Iterationsschritt bzw. bereits bewertete Behandlungsverf.
135
Eintrag in Datenblatt zur Erfassung der Eigenschaften des (V)WS
140
Rückkehr

7.5.6
A.5.6: Auflösen des Verbundes RT 0 – 40

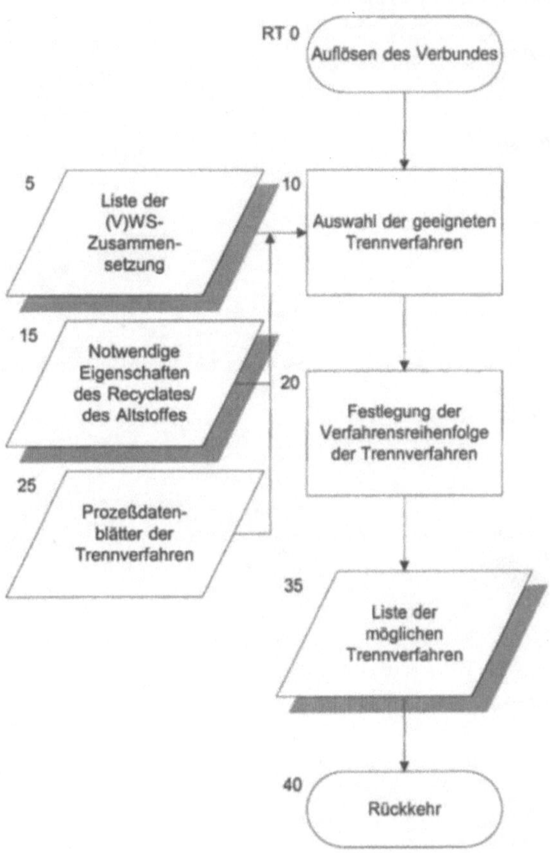

7.6

A.6: Vorgehensweise bei der Bewertung der ökologischen Eigenschaften über den Lebensweg nach euroMat

Wulf-Peter Schmidt

7.6.1

A.6.1: Überblick U 0 – 40

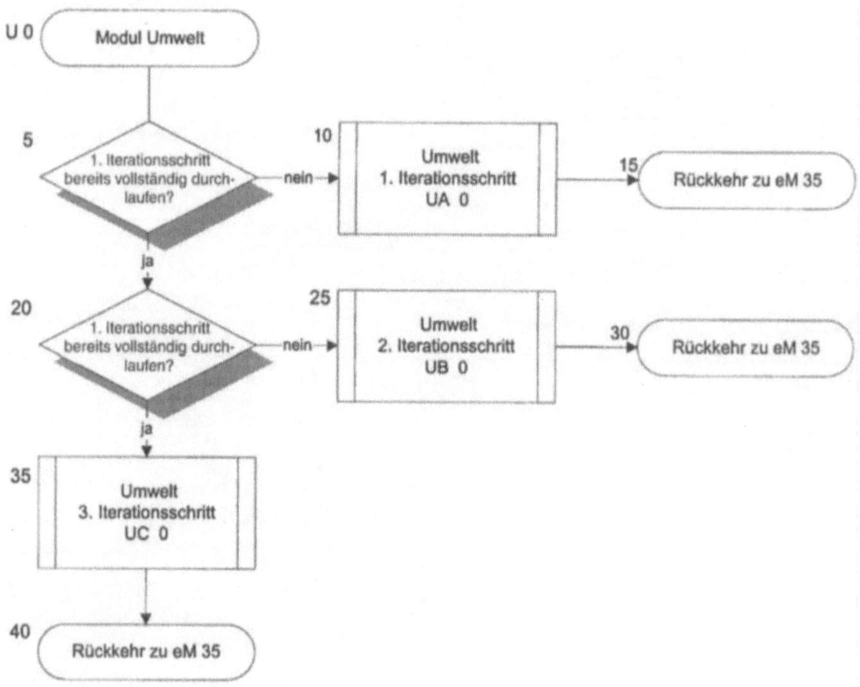

7.6.2
A.6.2: Qualitative Bewertung (1. Iterationsschritt) UA 0 – 235

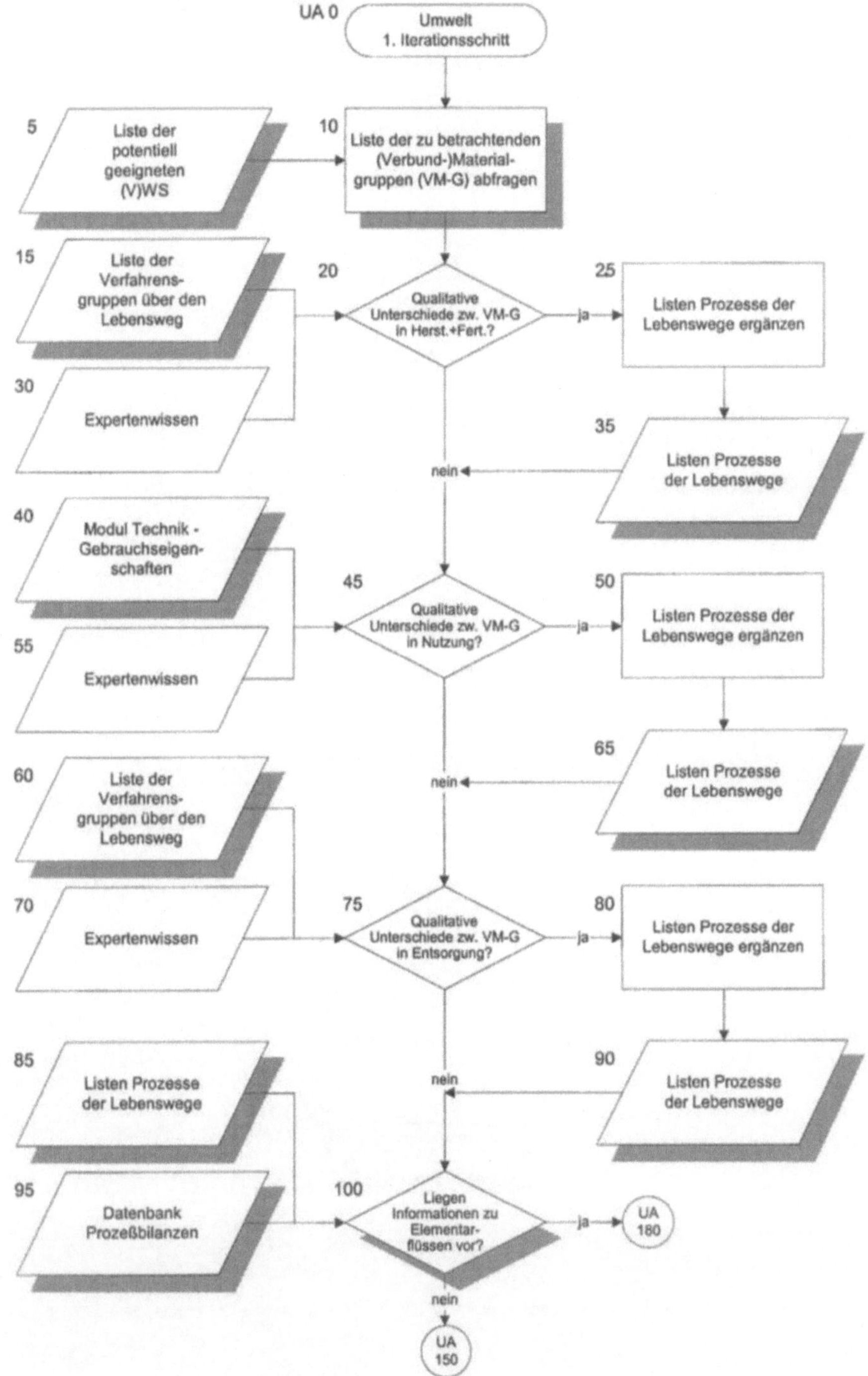

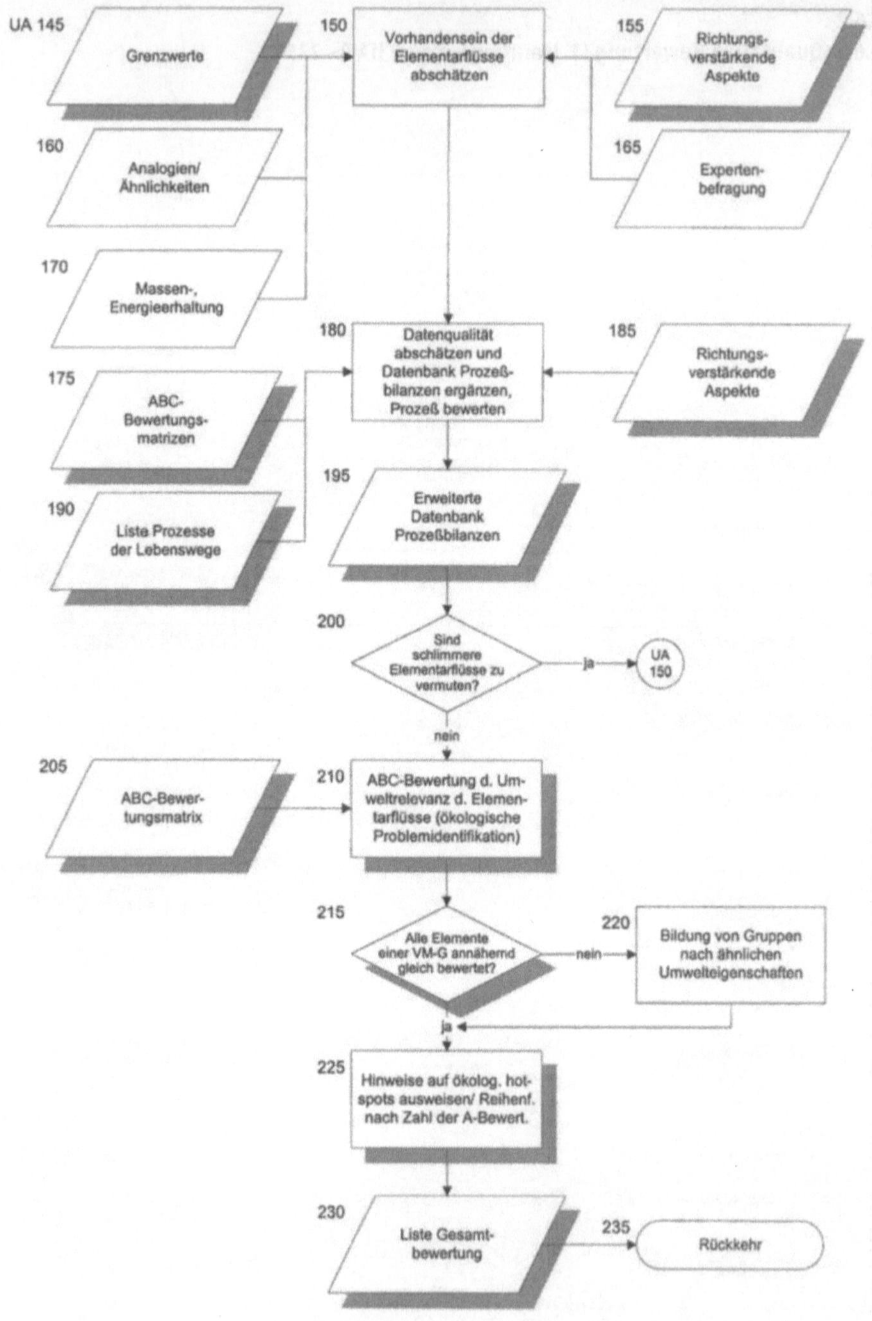
UA 145
Grenzwerte

150
Vorhandensein der Elementarflüsse abschätzen

155
Richtungs-verstärkende Aspekte

160
Analogien/ Ähnlichkeiten

165
Experten-befragung

170
Massen-, Energieerhaltung

180
Datenqualität abschätzen und Datenbank Prozeß-bilanzen ergänzen, Prozeß bewerten

185
Richtungs-verstärkende Aspekte

175
ABC-Bewertungs-matrizen

195
Erweiterte Datenbank Prozeßbilanzen

190
Liste Prozesse der Lebenswege

200
Sind schlimmere Elementarflüsse zu vermuten?

ja

UA 150

nein

205
ABC-Bewer-tungsmatrix

210
ABC-Bewertung d. Um-weltrelevanz d. Elemen-tarflüsse (ökologische Problemidentifikation)

215
Alle Elemente einer VM-G annähernd gleich bewertet?

nein

220
Bildung von Gruppen nach ähnlichen Umwelteigenschaften

ja

225
Hinweise auf ökolog. hot-spots ausweisen/ Reihenf. nach Zahl der A-Bewert.

230
Liste Gesamt-bewertung

235
Rückkehr

7.6.3
A.6.3: Halbquantitative Bewertung (2. Iterationsschritt) UB 0 – 165

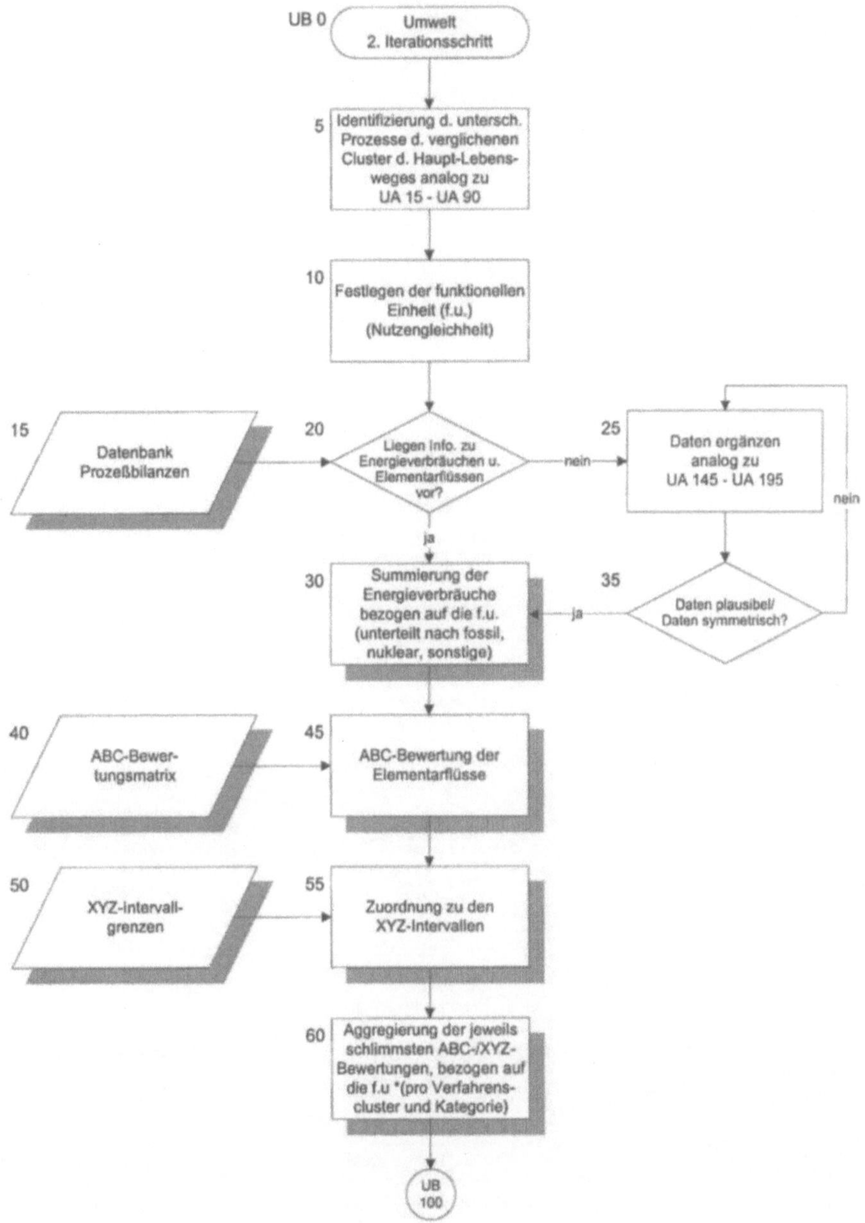

---

* Pro Verfahrenscluster und Kategorie (Abwasser, Abluft, Abfall, Ressource/Fläche) jeweils eine ABC/XYZ-Bewertung.

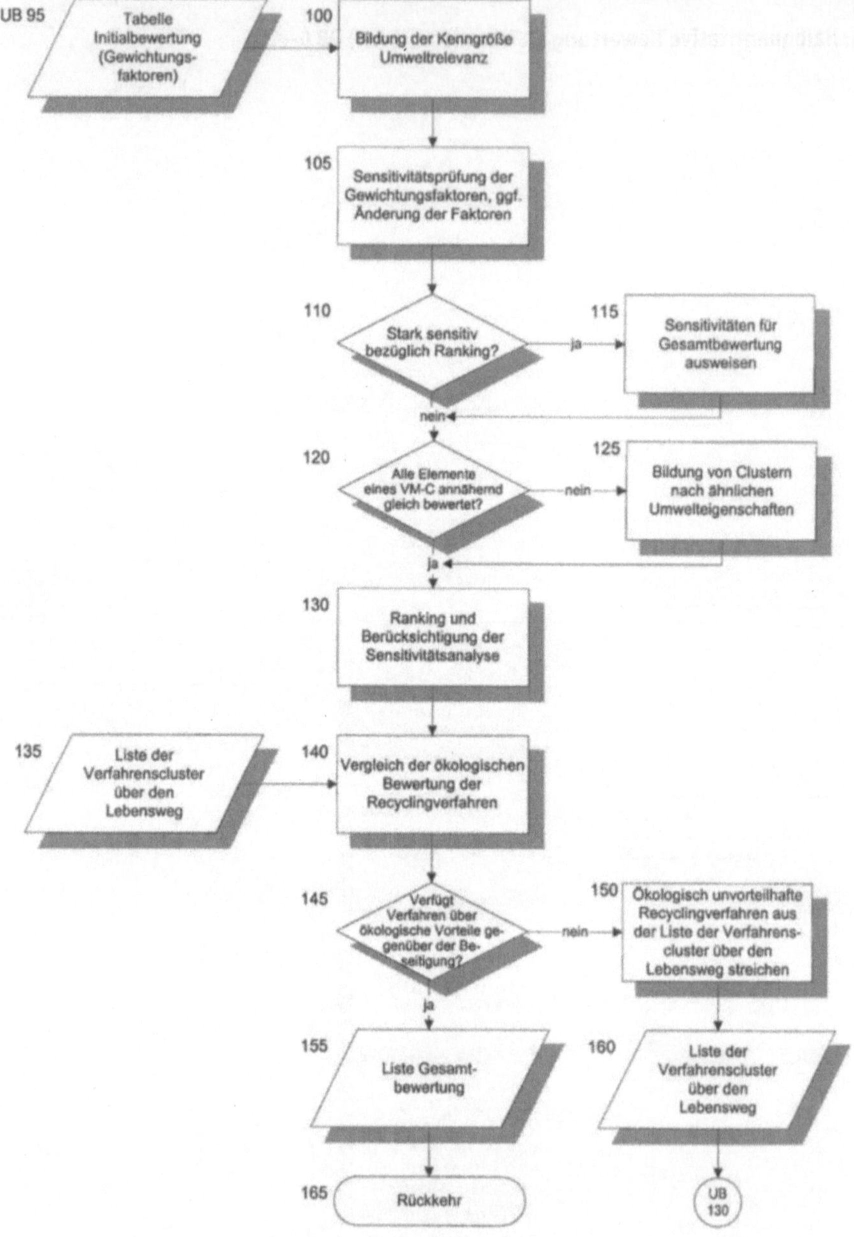
UB 95
Tabelle Initialbewertung (Gewichtungsfaktoren)
100
Bildung der Kenngröße Umweltrelevanz
105
Sensitivitätsprüfung der Gewichtungsfaktoren, ggf. Änderung der Faktoren
110
Stark sensitiv bezüglich Ranking?
115
Sensitivitäten für Gesamtbewertung ausweisen
ja
nein
120
Alle Elemente eines VM-C annähernd gleich bewertet?
125
Bildung von Clustern nach ähnlichen Umwelteigenschaften
nein
ja
130
Ranking und Berücksichtigung der Sensitivitätsanalyse
135
Liste der Verfahrenscluster über den Lebensweg
140
Vergleich der ökologischen Bewertung der Recyclingverfahren
145
Verfügt Verfahren über ökologische Vorteile gegenüber der Beseitigung?
150
Ökologisch unvorteilhafte Recyclingverfahren aus der Liste der Verfahrenscluster über den Lebensweg streichen
nein
ja
155
Liste Gesamtbewertung
160
Liste der Verfahrenscluster über den Lebensweg
165
Rückkehr
UB 130

7.6.4

A.6.4: Teilquantitative Bewertung (3. Iterationsschritt) UC 0–165

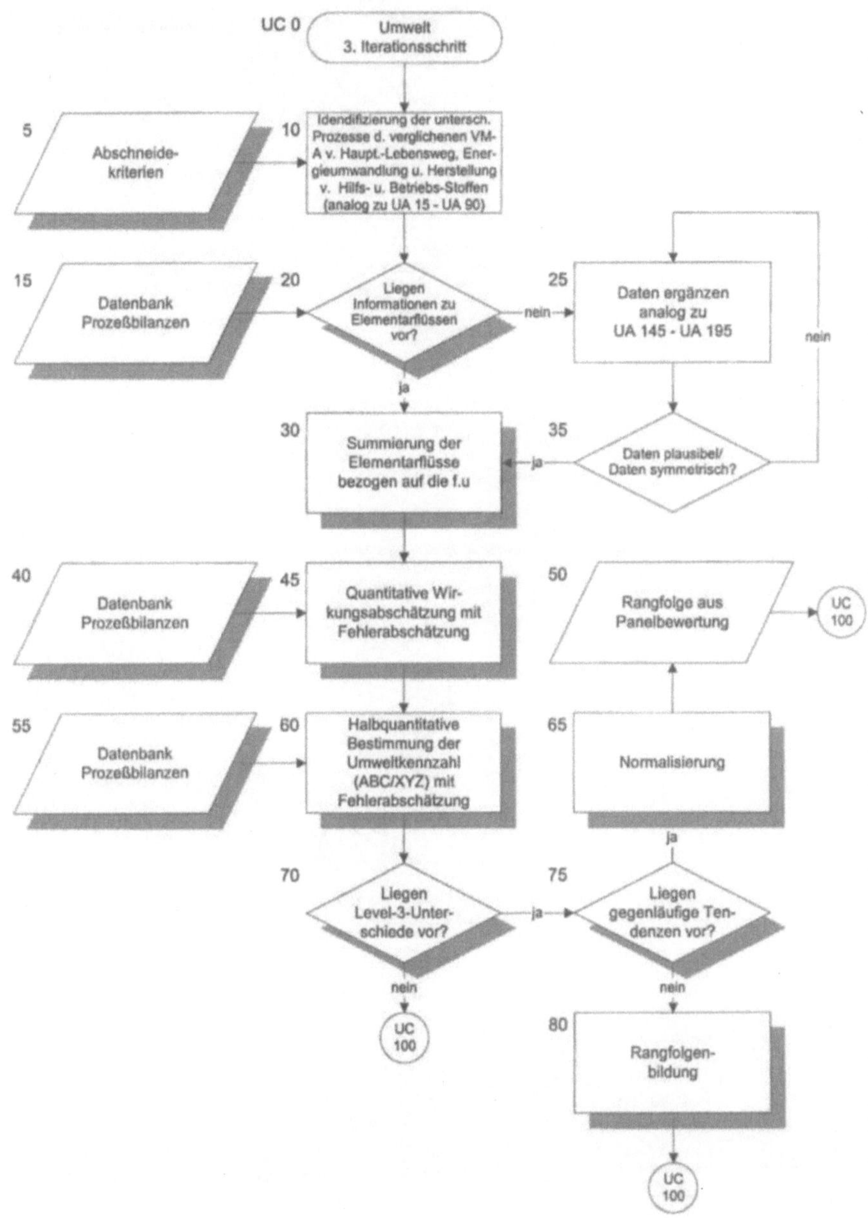

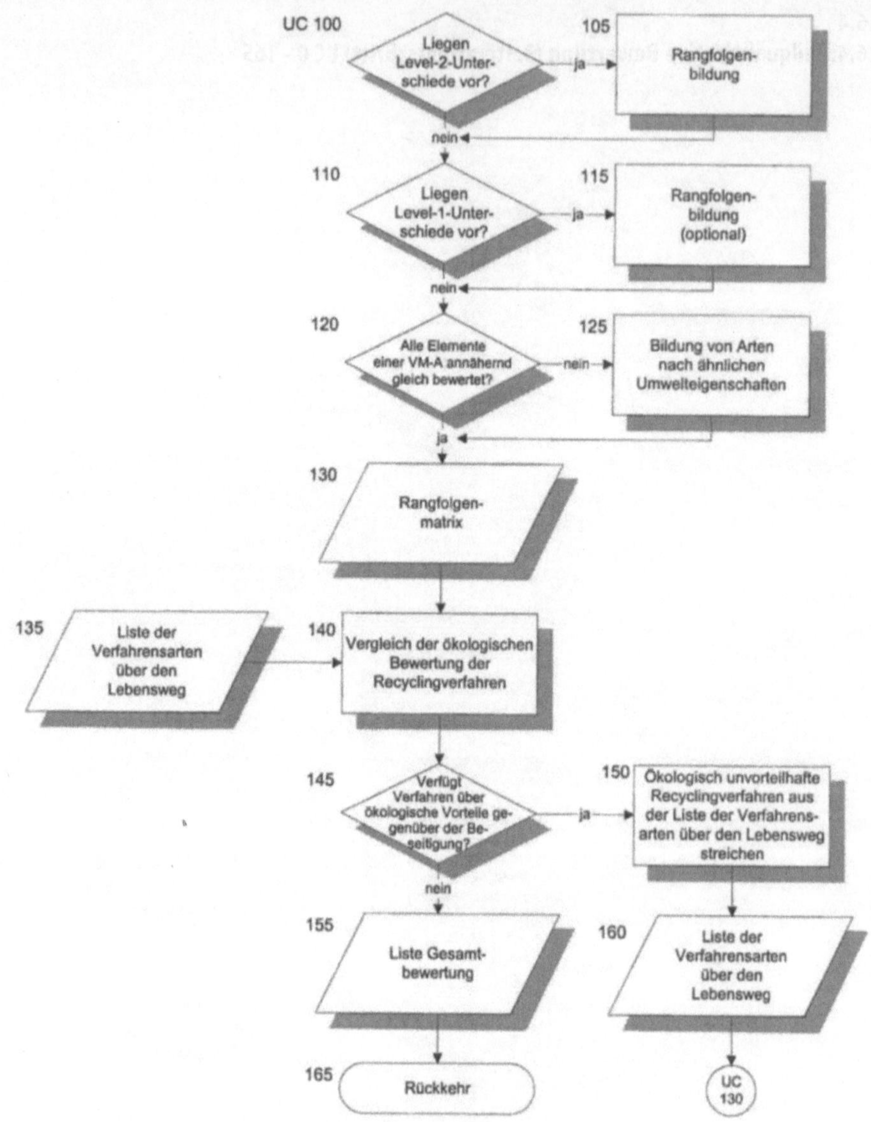

UC 100
Liegen Level-2-Unterschiede vor?
ja
105
Rangfolgenbildung
nein
110
Liegen Level-1-Unterschiede vor?
ja
115
Rangfolgenbildung (optional)
nein
120
Alle Elemente einer VM-A annähernd gleich bewertet?
nein
125
Bildung von Arten nach ähnlichen Umwelteigenschaften
ja
130
Rangfolgenmatrix
135
Liste der Verfahrensarten über den Lebensweg
140
Vergleich der ökologischen Bewertung der Recyclingverfahren
145
Verfügt Verfahren über ökologische Vorteile gegenüber der Beseitigung?
ja
150
Ökologisch unvorteilhafte Recyclingverfahren aus der Liste der Verfahrensarten über den Lebensweg streichen
nein
155
Liste Gesamtbewertung
160
Liste der Verfahrensarten über den Lebensweg
165
Rückkehr
UC 130

7.7
A.7: Vorgehensweise bei der Bewertung der Arbeitsumwelteigenschaften über den Lebensweg nach euroMat

Jens Dobberkau, Hans-Joachim Haupt

7.7.1
A.7.1: Überblick A 0 – 50

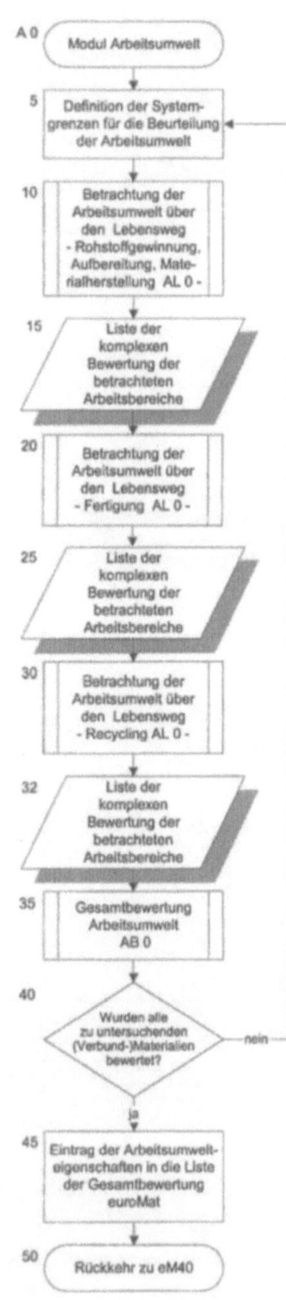

7.7.2
A.7.2: Betrachtung der Arbeitsumwelt über den Lebensweg AL 0 – 215

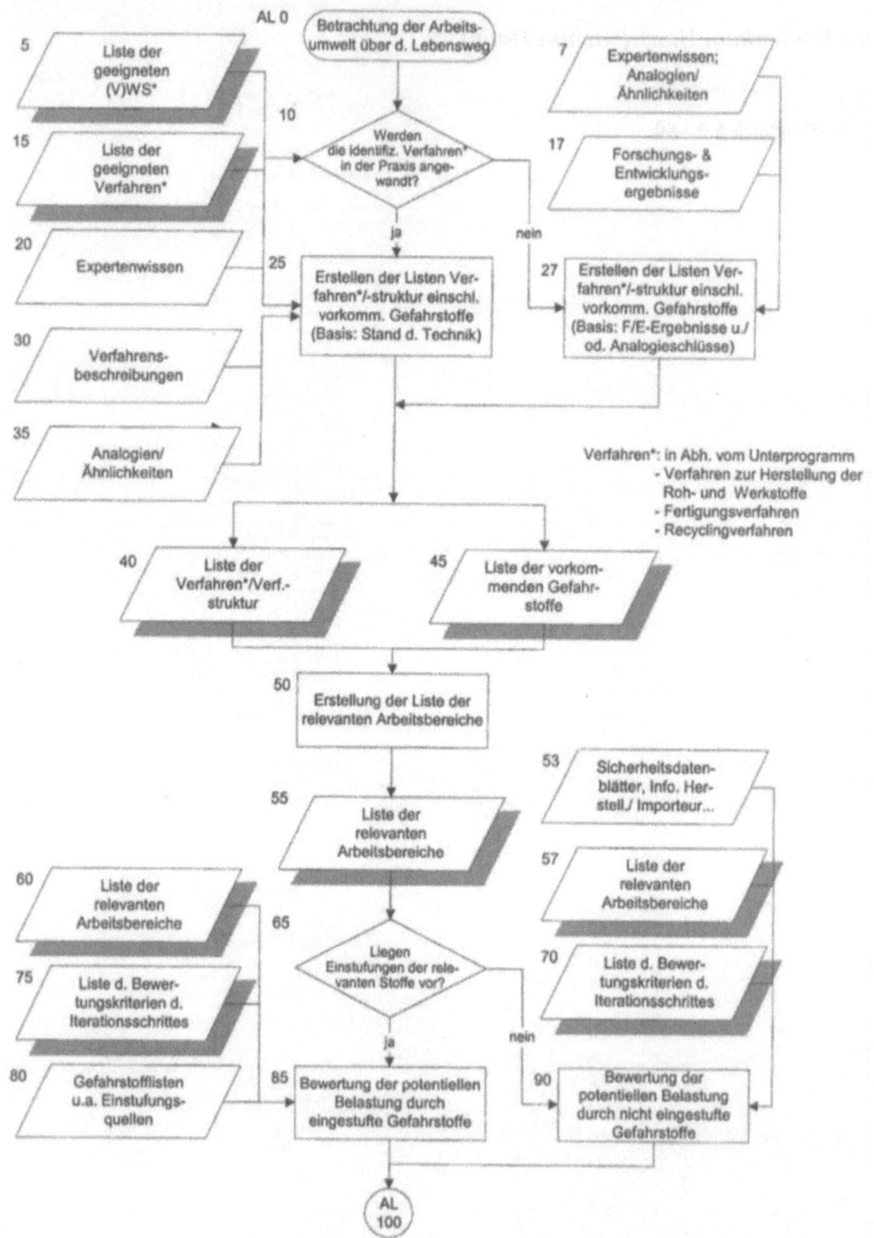

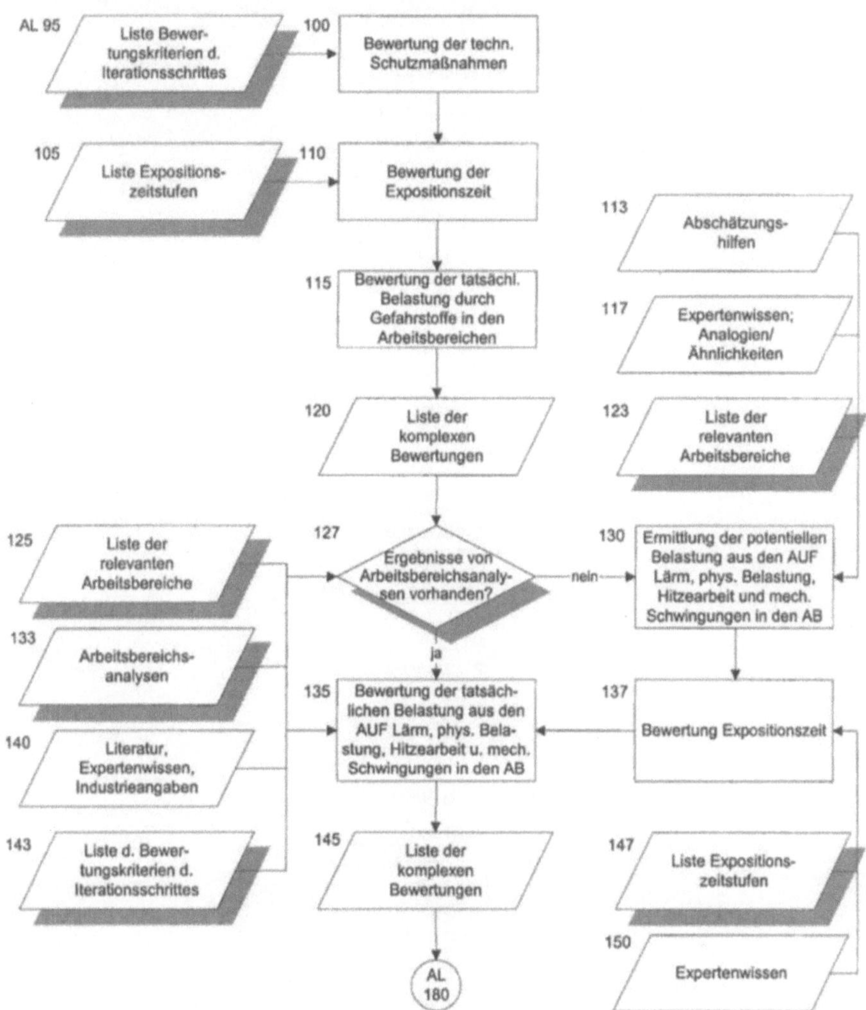

AL 95
Liste Bewertungskriterien d. Iterationsschrittes
100
Bewertung der techn. Schutzmaßnahmen
105
Liste Expositionszeitstufen
110
Bewertung der Expositionszeit
113
Abschätzungshilfen
115
Bewertung der tatsächl. Belastung durch Gefahrstoffe in den Arbeitsbereichen
117
Expertenwissen; Analogien/ Ähnlichkeiten
120
Liste der komplexen Bewertungen
123
Liste der relevanten Arbeitsbereiche
125
Liste der relevanten Arbeitsbereiche
127
Ergebnisse von Arbeitsbereichsanalysen vorhanden?
nein
130
Ermittlung der potentiellen Belastung aus den AUF Lärm, phys. Belastung, Hitzearbeit und mech. Schwingungen in den AB
133
Arbeitsbereichsanalysen
ja
135
Bewertung der tatsächlichen Belastung aus den AUF Lärm, phys. Belastung, Hitzearbeit u. mech. Schwingungen in den AB
137
Bewertung Expositionszeit
140
Literatur, Expertenwissen, Industrieangaben
143
Liste d. Bewertungskriterien d. Iterationsschrittes
145
Liste der komplexen Bewertungen
147
Liste Expositionszeitstufen
AL 180
150
Expertenwissen

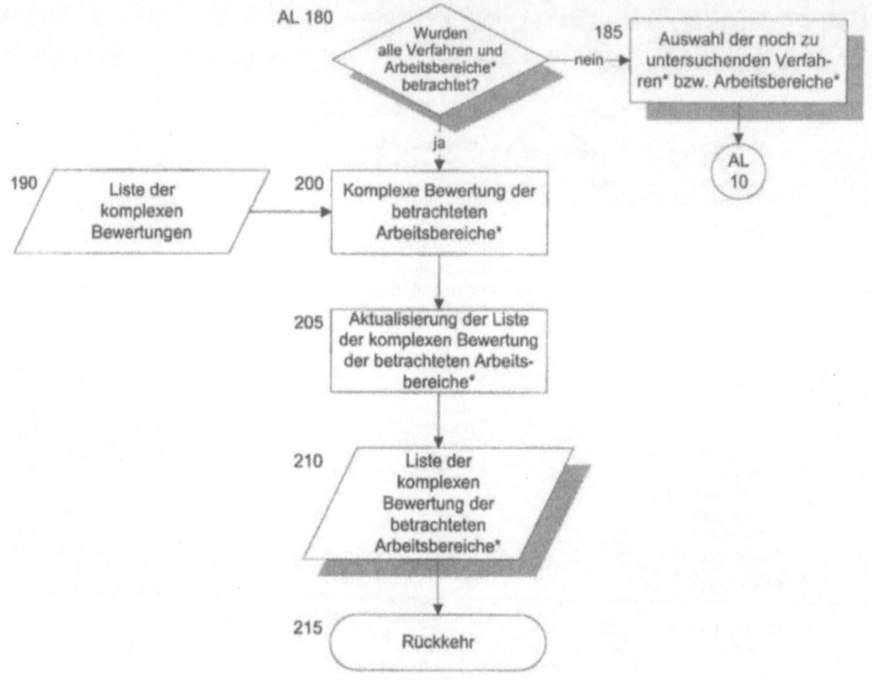

Arbeitsbereich*: in Abhängigkeit vom Unterprogramm
- Rohstoffgewinnung, -aufbereitung, Werkstoffherstellung
- Fertigung
- Recycling

7.7.3
A.7.3: Gesamtbewertung Arbeitsumwelt AB 0 – 70

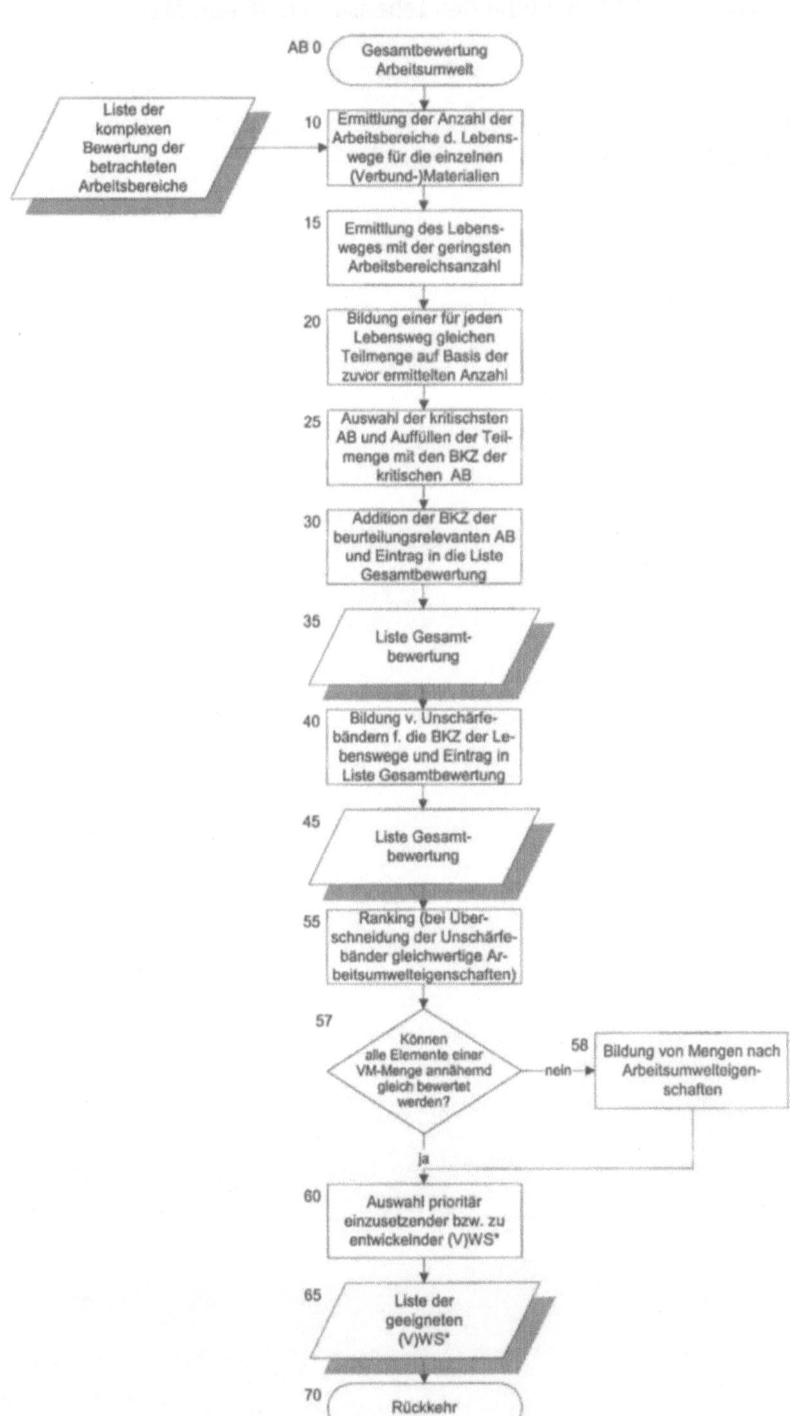

7.8
A.8: Vorgehensweise bei der Bewertung der Kosteneigenschaften über den Lebensweg nach euroMat

Gerald Rebitzer

7.8.1
A.8.1: Überblick K 0 – 35

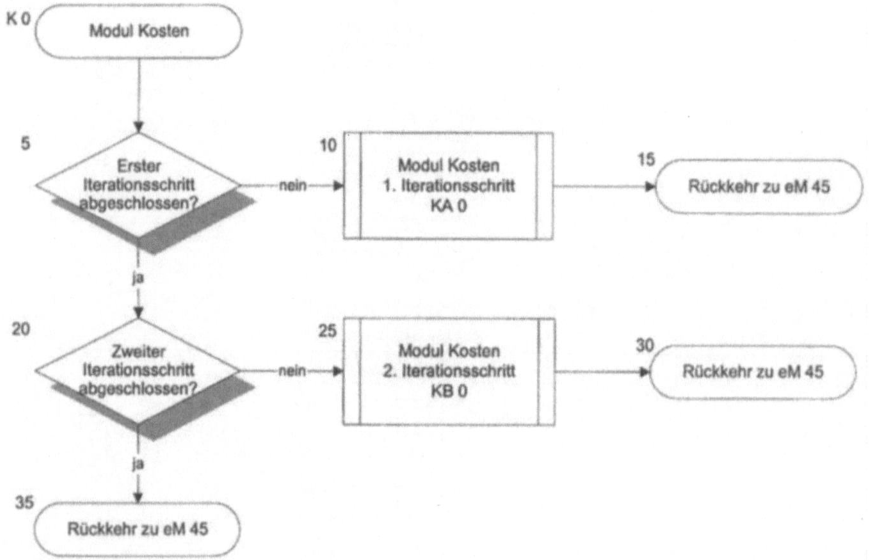

7.8.2
A.8.2: Qualitative Bewertung (1. Iterationsschritt) KA 0 – 330

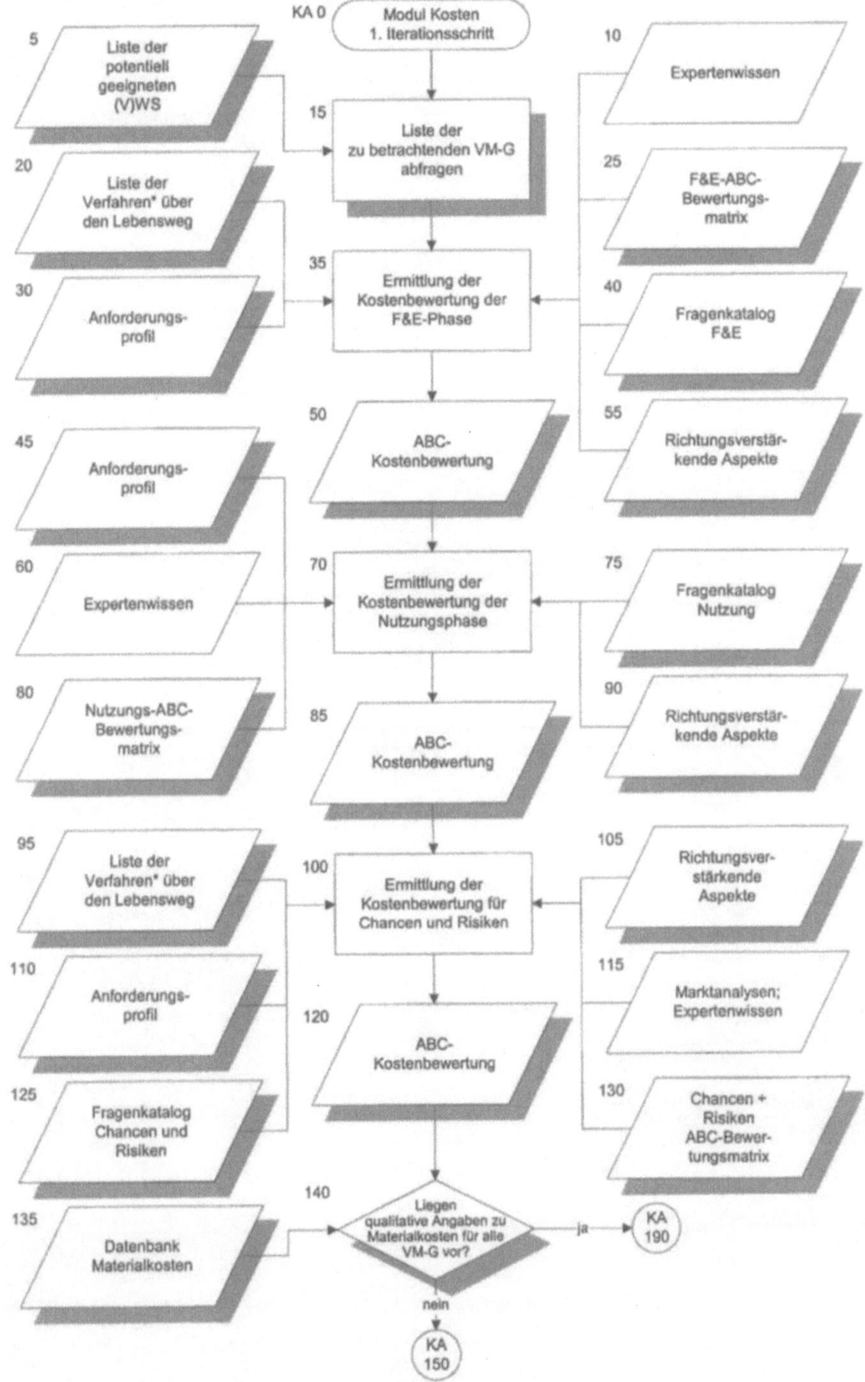

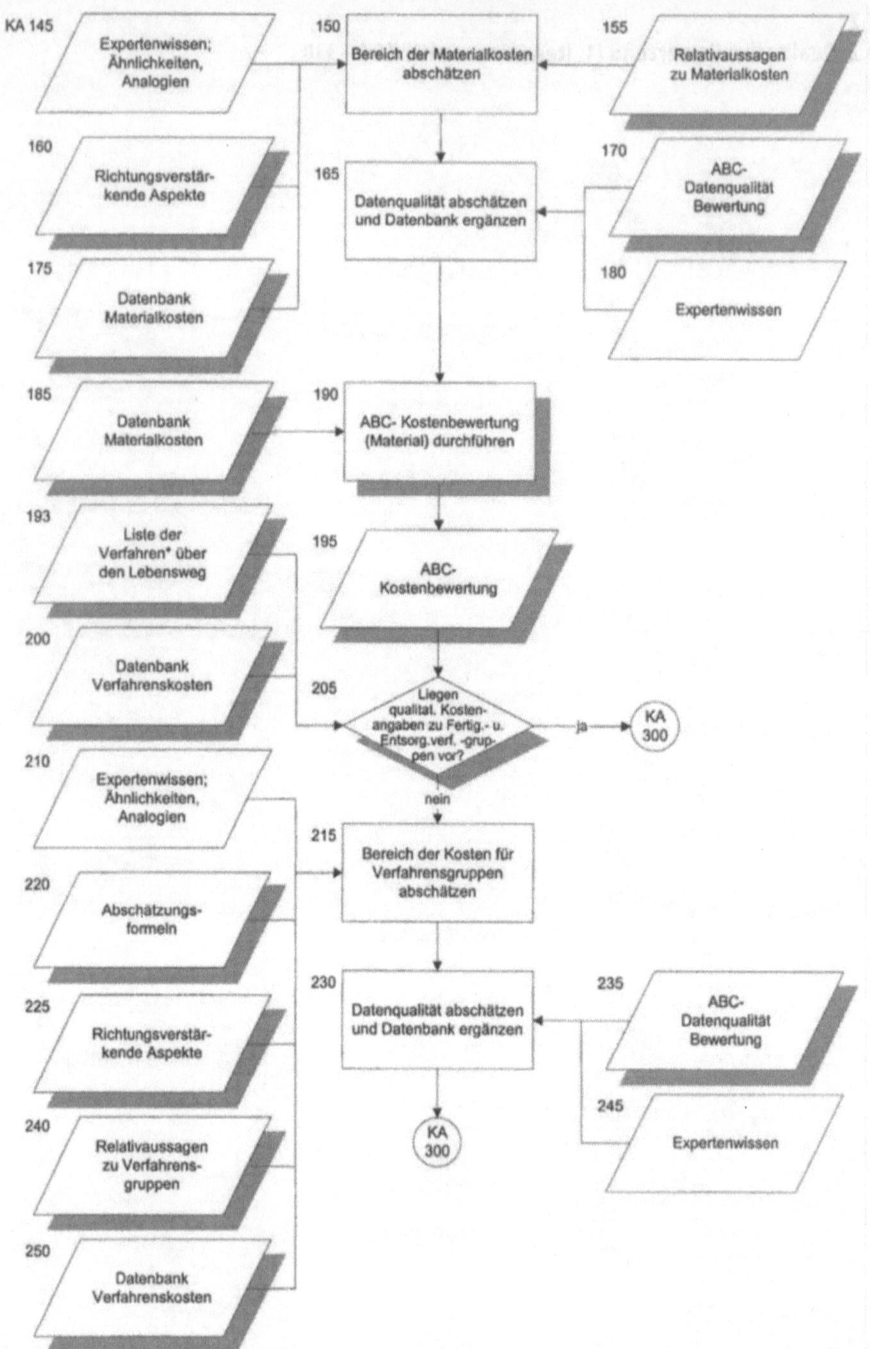

KA 145
Expertenwissen; Ähnlichkeiten, Analogien
150
Bereich der Materialkosten abschätzen
155
Relativaussagen zu Materialkosten
160
Richtungsverstärkende Aspekte
165
Datenqualität abschätzen und Datenbank ergänzen
170
ABC- Datenqualität Bewertung
175
Datenbank Materialkosten
180
Expertenwissen
185
Datenbank Materialkosten
190
ABC- Kostenbewertung (Material) durchführen
193
Liste der Verfahren* über den Lebensweg
195
ABC- Kostenbewertung
200
Datenbank Verfahrenskosten
205
Liegen qualitat. Kostenangaben zu Fertig.- u. Entsorg.verf. -gruppen vor?
ja
KA 300
nein
210
Expertenwissen; Ähnlichkeiten, Analogien
215
Bereich der Kosten für Verfahrensgruppen abschätzen
220
Abschätzungsformeln
230
Datenqualität abschätzen und Datenbank ergänzen
235
ABC- Datenqualität Bewertung
225
Richtungsverstärkende Aspekte
240
Relativaussagen zu Verfahrensgruppen
245
Expertenwissen
250
Datenbank Verfahrenskosten
KA 300

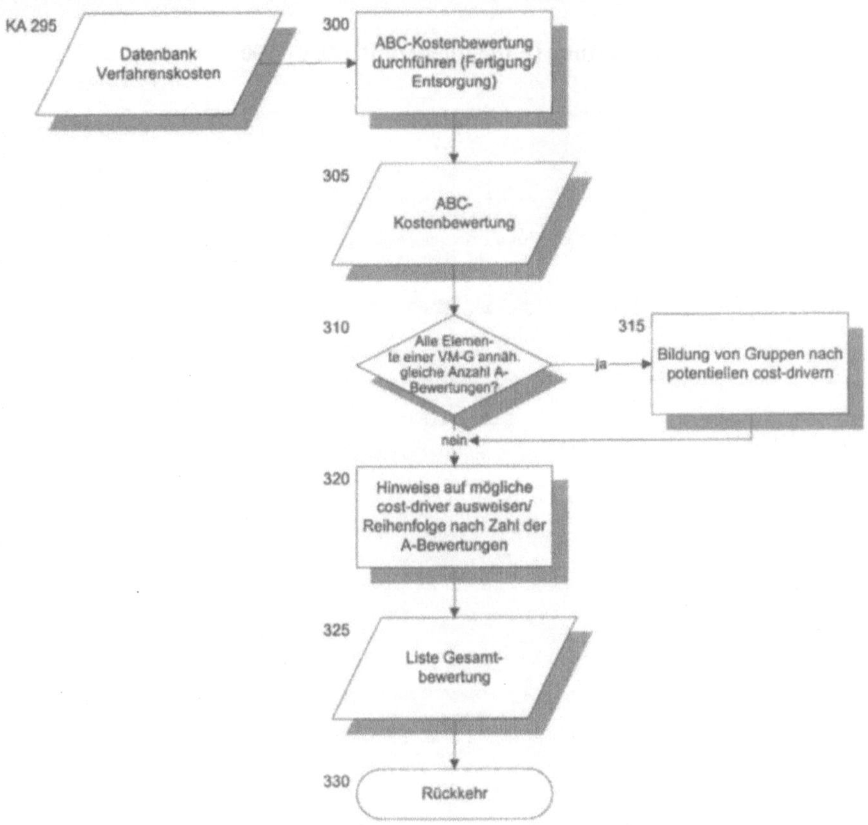

KA 295
Datenbank Verfahrenskosten
300
ABC-Kostenbewertung durchführen (Fertigung/ Entsorgung)
305
ABC- Kostenbewertung
310
Alle Elemen- te einer VM-G annäh. gleiche Anzahl A- Bewertungen?
315
Bildung von Gruppen nach potentiellen cost-drivern
ja
nein
320
Hinweise auf mögliche cost-driver ausweisen/ Reihenfolge nach Zahl der A-Bewertungen
325
Liste Gesamt- bewertung
330
Rückkehr

7.8.3
A.8.3: Halbquantitative Bewertung (2. Iterationsschritt) KB 0 – 590

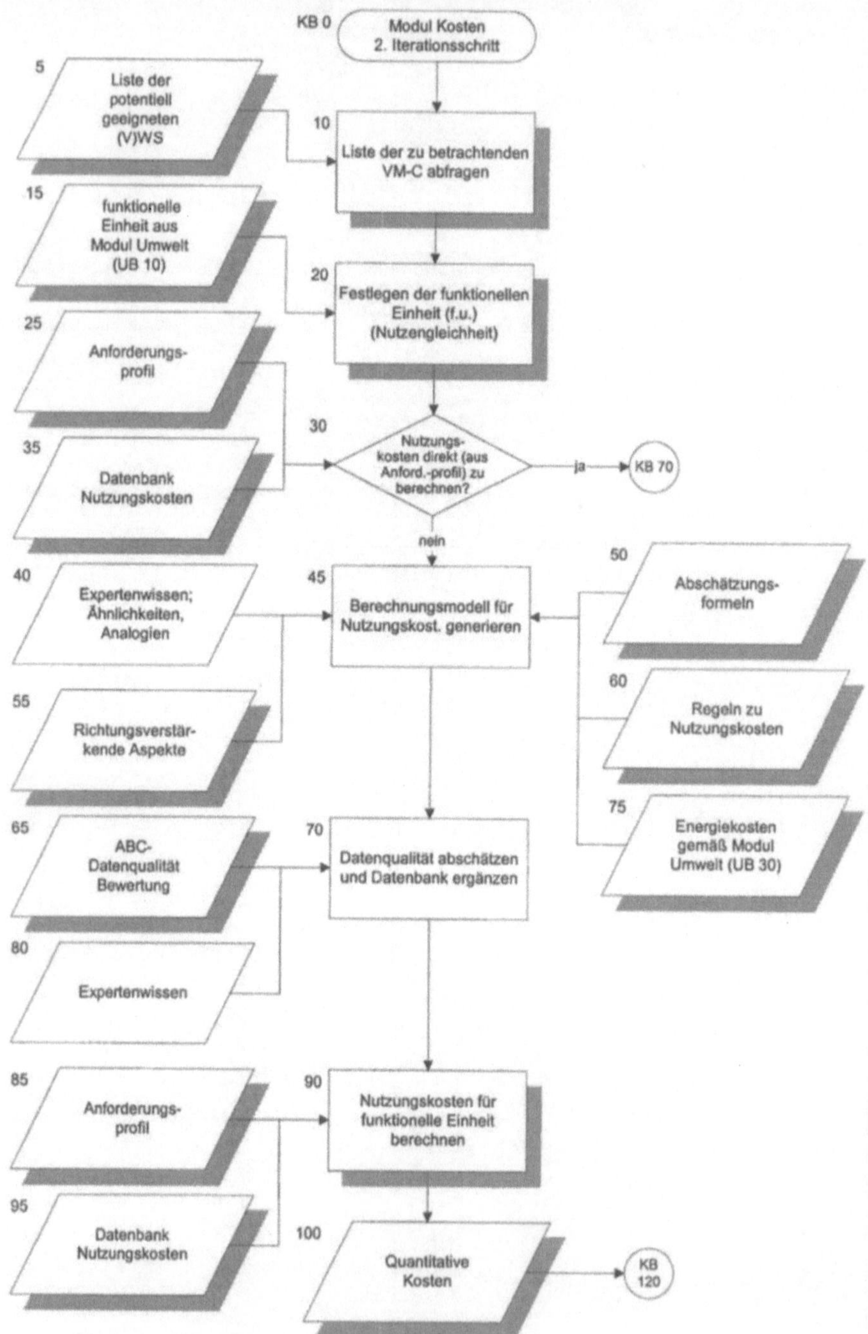

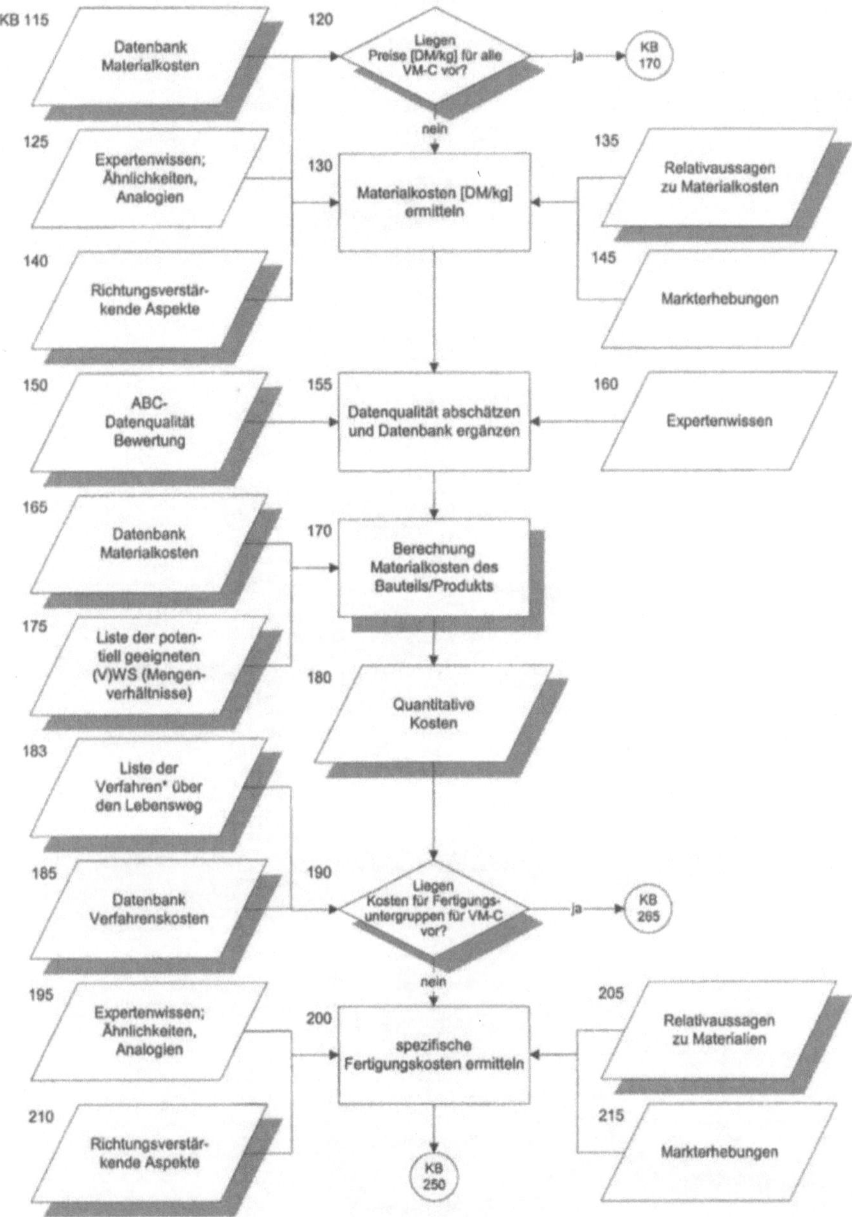
KB 115
Datenbank Materialkosten
120
Liegen Preise [DM/kg] für alle VM-C vor?
ja
KB 170
nein
125
Expertenwissen; Ähnlichkeiten, Analogien
130
Materialkosten [DM/kg] ermitteln
135
Relativaussagen zu Materialkosten
140
Richtungsverstärkende Aspekte
145
Markterhebungen
150
ABC-Datenqualität Bewertung
155
Datenqualität abschätzen und Datenbank ergänzen
160
Expertenwissen
165
Datenbank Materialkosten
170
Berechnung Materialkosten des Bauteils/Produkts
175
Liste der potentiell geeigneten (V)WS (Mengenverhältnisse)
180
Quantitative Kosten
183
Liste der Verfahren* über den Lebensweg
185
Datenbank Verfahrenskosten
190
Liegen Kosten für Fertigungsuntergruppen für VM-C vor?
ja
KB 265
nein
195
Expertenwissen; Ähnlichkeiten, Analogien
200
spezifische Fertigungskosten ermitteln
205
Relativaussagen zu Materialien
210
Richtungsverstärkende Aspekte
215
Markterhebungen
KB 250

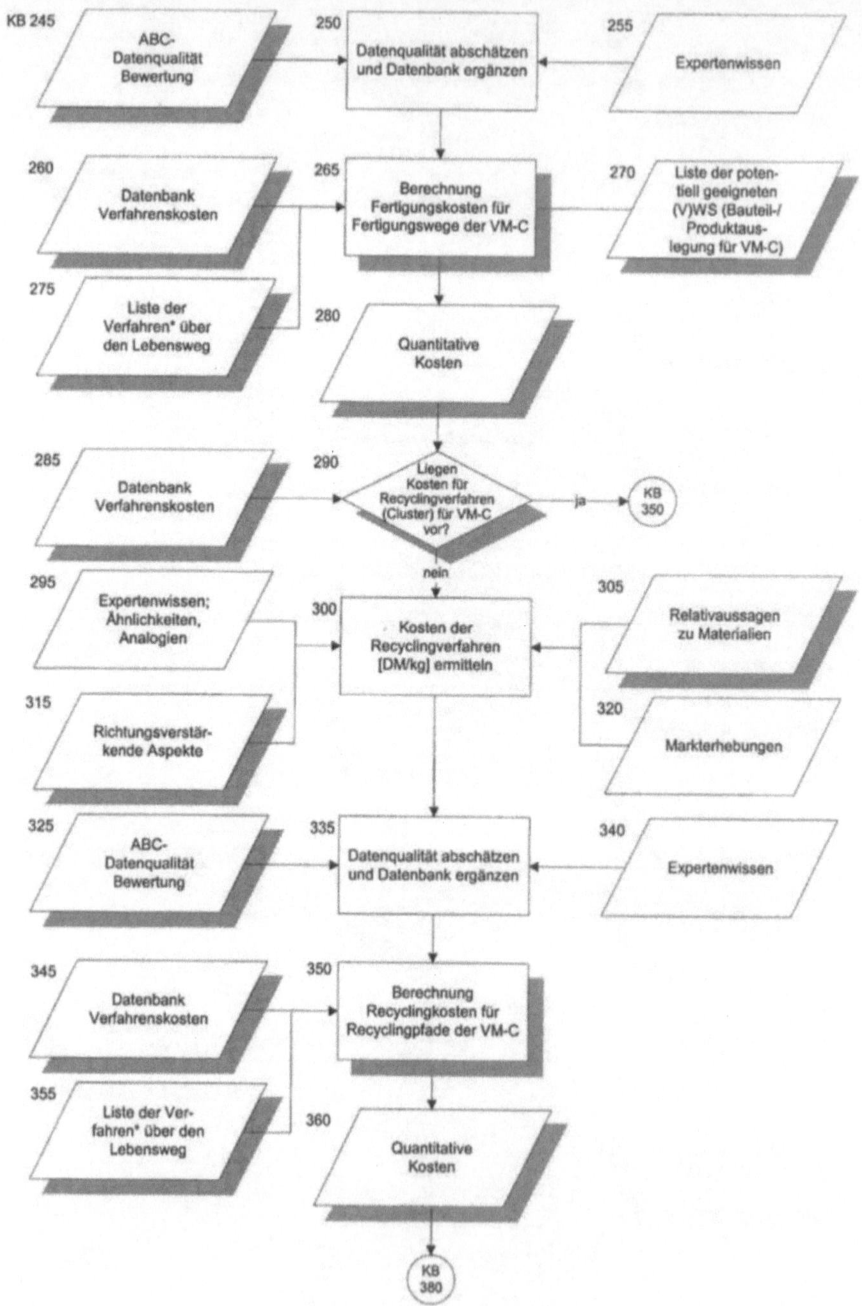

KB 245
ABC-Datenqualität Bewertung
250
Datenqualität abschätzen und Datenbank ergänzen
255
Expertenwissen
260
Datenbank Verfahrenskosten
265
Berechnung Fertigungskosten für Fertigungswege der VM-C
270
Liste der potentiell geeigneten (V)WS (Bauteil-/Produktauslegung für VM-C)
275
Liste der Verfahren* über den Lebensweg
280
Quantitative Kosten
285
Datenbank Verfahrenskosten
290
Liegen Kosten für Recyclingverfahren (Cluster) für VM-C vor?
ja
KB 350
nein
295
Expertenwissen; Ähnlichkeiten, Analogien
300
Kosten der Recyclingverfahren [DM/kg] ermitteln
305
Relativaussagen zu Materialien
315
Richtungsverstärkende Aspekte
320
Markterhebungen
325
ABC-Datenqualität Bewertung
335
Datenqualität abschätzen und Datenbank ergänzen
340
Expertenwissen
345
Datenbank Verfahrenskosten
350
Berechnung Recyclingkosten für Recyclingpfade der VM-C
355
Liste der Verfahren* über den Lebensweg
360
Quantitative Kosten
KB 380

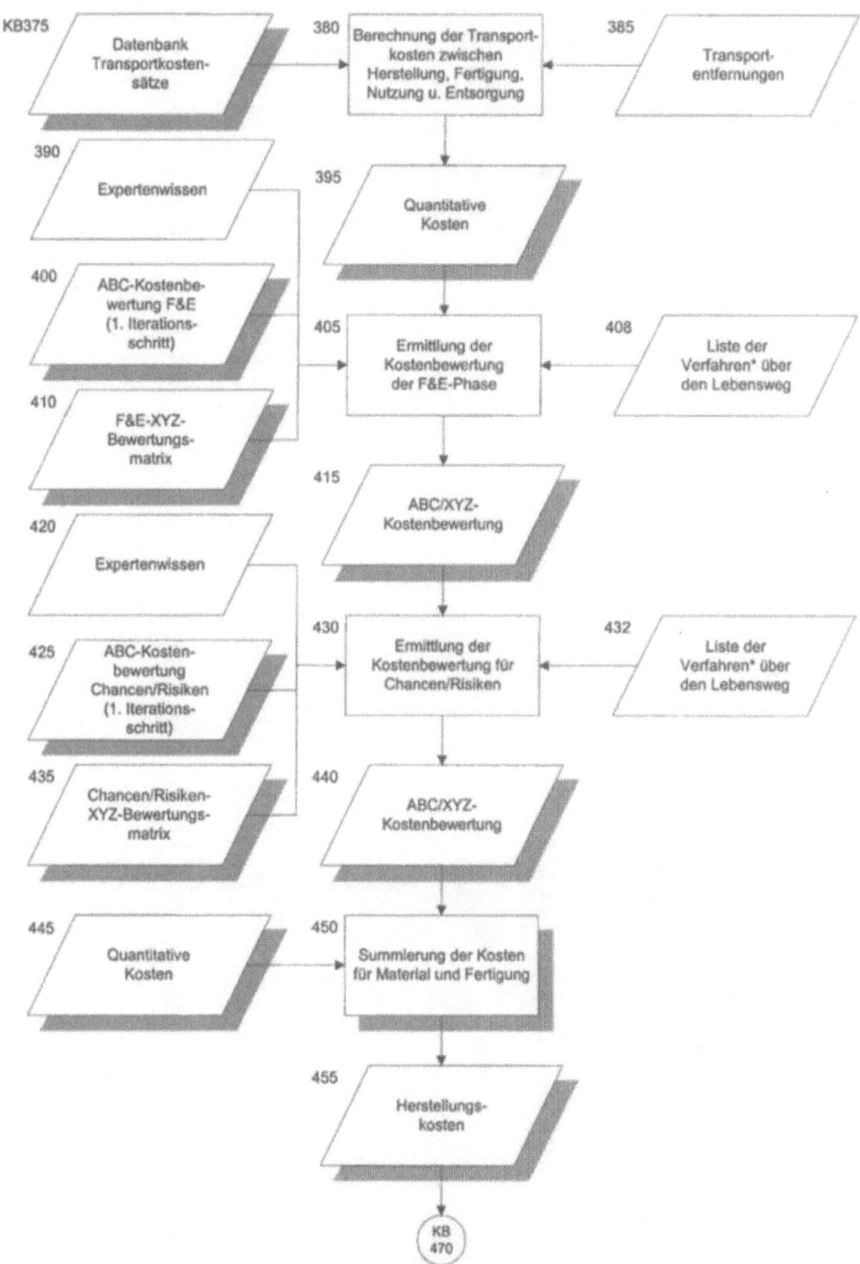
KB375
Datenbank
Transportkosten-
sätze

380
Berechnung der Transport-
kosten zwischen
Herstellung, Fertigung,
Nutzung u. Entsorgung

385
Transport-
entfernungen

390
Expertenwissen

395
Quantitative
Kosten

400
ABC-Kostenbe-
wertung F&E
(1. Iterations-
schritt)

405
Ermittlung der
Kostenbewertung
der F&E-Phase

408
Liste der
Verfahren* über
den Lebensweg

410
F&E-XYZ-
Bewertungs-
matrix

415
ABC/XYZ-
Kostenbewertung

420
Expertenwissen

425
ABC-Kosten-
bewertung
Chancen/Risiken
(1. Iterations-
schritt)

430
Ermittlung der
Kostenbewertung für
Chancen/Risiken

432
Liste der
Verfahren* über
den Lebensweg

435
Chancen/Risiken-
XYZ-Bewertungs-
matrix

440
ABC/XYZ-
Kostenbewertung

445
Quantitative
Kosten

450
Summierung der Kosten
für Material und Fertigung

455
Herstellungs-
kosten

KB
470

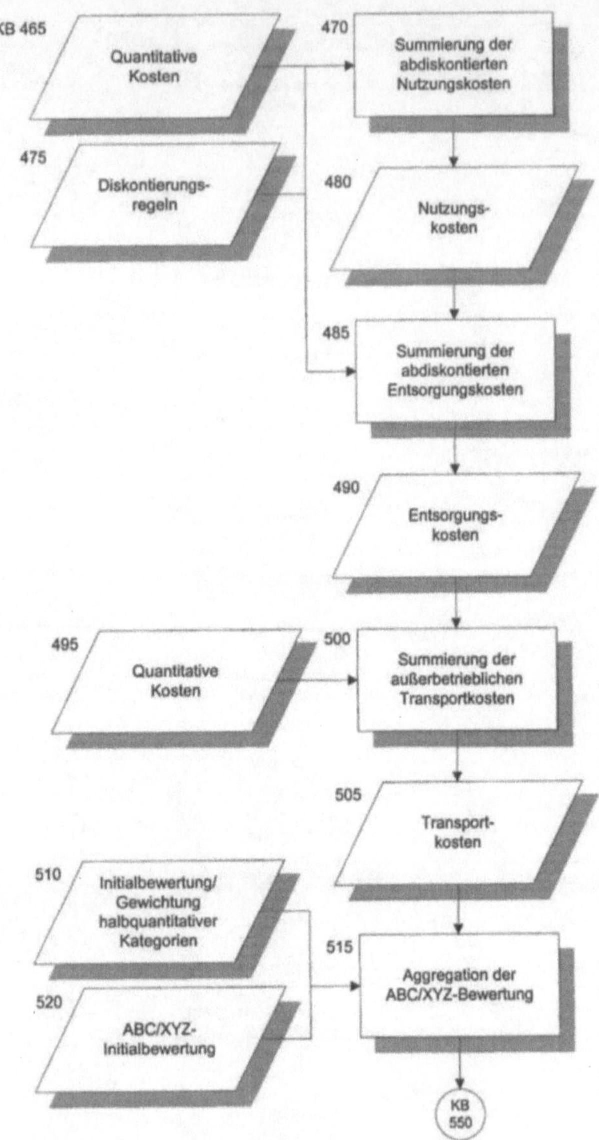

KB 465
Quantitative Kosten
470
Summierung der abdiskontierten Nutzungskosten
475
Diskontierungs-regeln
480
Nutzungs-kosten
485
Summierung der abdiskontierten Entsorgungskosten
490
Entsorgungs-kosten
495
Quantitative Kosten
500
Summierung der außerbetrieblichen Transportkosten
505
Transport-kosten
510
Initialbewertung/ Gewichtung halbquantitativer Kategorien
515
Aggregation der ABC/XYZ-Bewertung
520
ABC/XYZ-Initialbewertung
KB 550

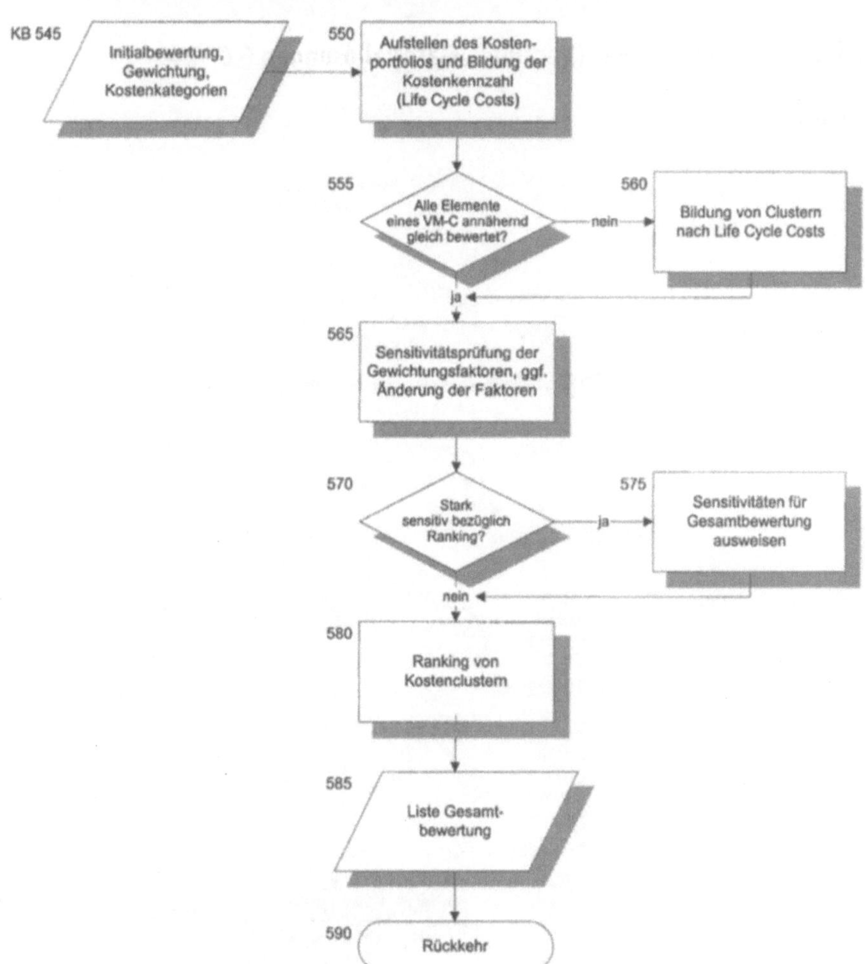
KB 545
Initialbewertung, Gewichtung, Kostenkategorien
550
Aufstellen des Kostenportfolios und Bildung der Kostenkennzahl (Life Cycle Costs)
555
Alle Elemente eines VM-C annähernd gleich bewertet?
560
Bildung von Clustern nach Life Cycle Costs
nein
ja
565
Sensitivitätsprüfung der Gewichtungsfaktoren, ggf. Änderung der Faktoren
570
Stark sensitiv bezüglich Ranking?
575
Sensitivitäten für Gesamtbewertung ausweisen
ja
nein
580
Ranking von Kostenclustern
585
Liste Gesamtbewertung
590
Rückkehr

7.9
A.9: Gesamtbewertung der (Verbund-)Materiallösungen G 0 – 240

Heiko Kunst

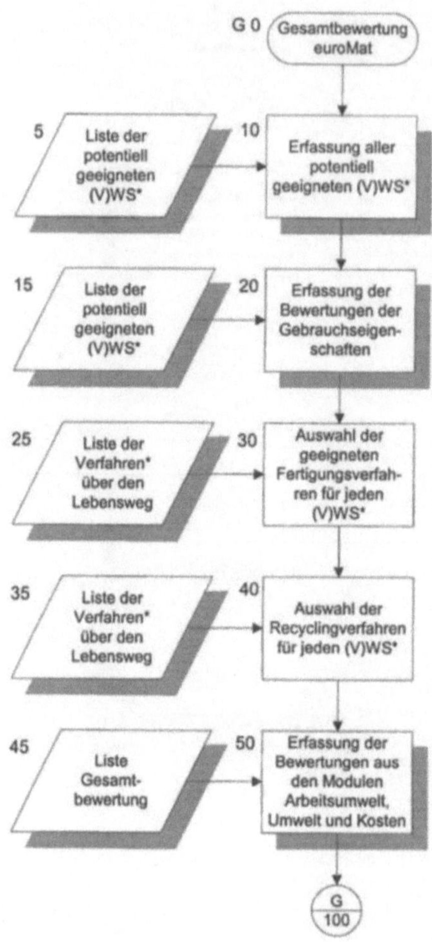

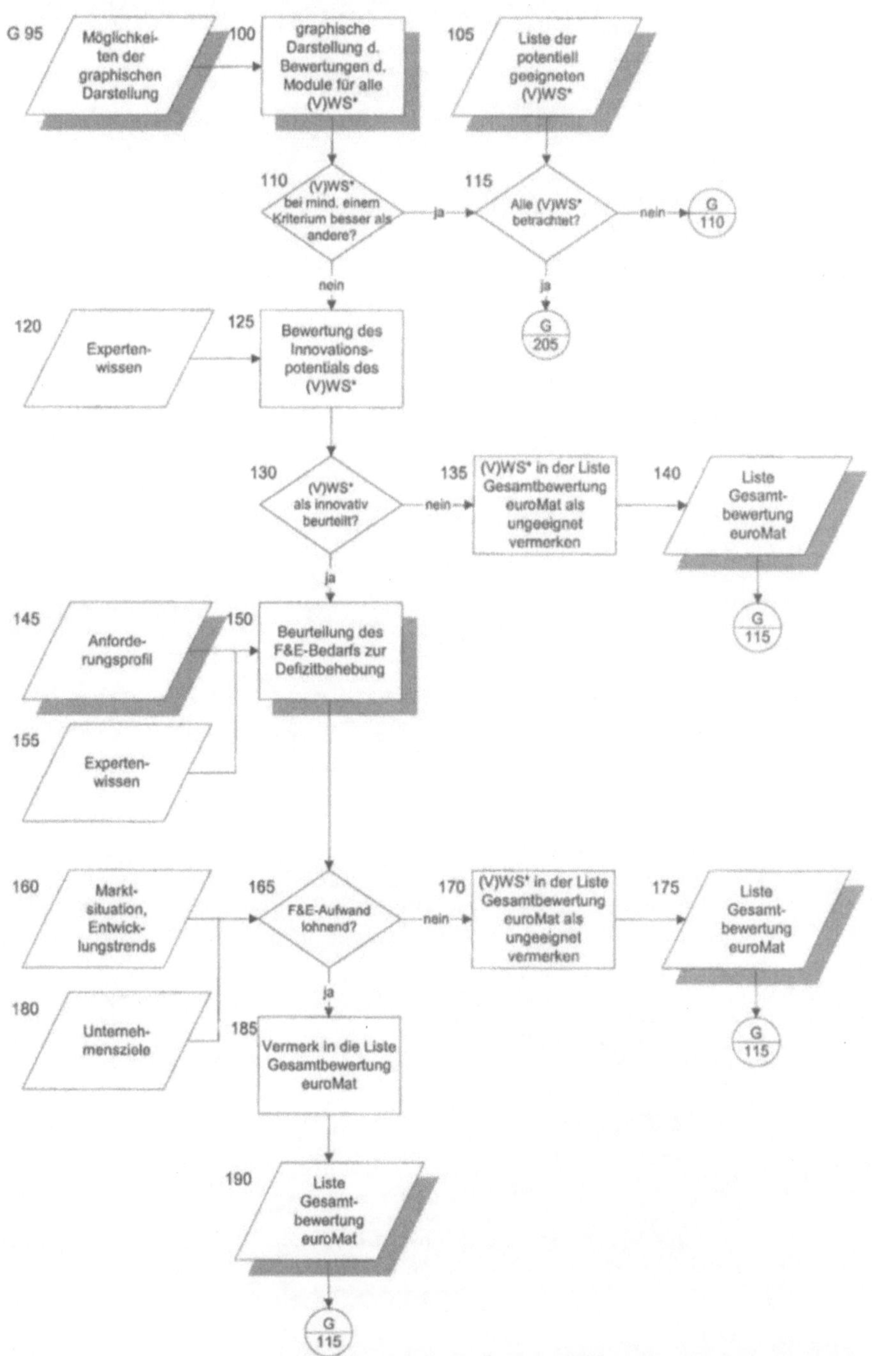

G 95
Möglichkeiten der graphischen Darstellung
100
graphische Darstellung d. Bewertungen d. Module für alle (V)WS*
105
Liste der potentiell geeigneten (V)WS*
110
(V)WS* bei mind. einem Kriterium besser als andere?
ja
nein
115
Alle (V)WS* betrachtet?
nein
G 110
ja
G 205
120
Experten-wissen
125
Bewertung des Innovations-potentials des (V)WS*
130
(V)WS* als innovativ beurteilt?
nein
ja
135
(V)WS* in der Liste Gesamtbewertung euroMat als ungeeignet vermerken
140
Liste Gesamt-bewertung euroMat
G 115
145
Anforde-rungsprofil
150
Beurteilung des F&E-Bedarfs zur Defizitbehebung
155
Experten-wissen
160
Markt-situation, Entwick-lungstrends
165
F&E-Aufwand lohnend?
nein
ja
170
(V)WS* in der Liste Gesamtbewertung euroMat als ungeeignet vermerken
175
Liste Gesamt-bewertung euroMat
G 115
180
Unterneh-mensziele
185
Vermerk in die Liste Gesamtbewertung euroMat
190
Liste Gesamt-bewertung euroMat
G 115

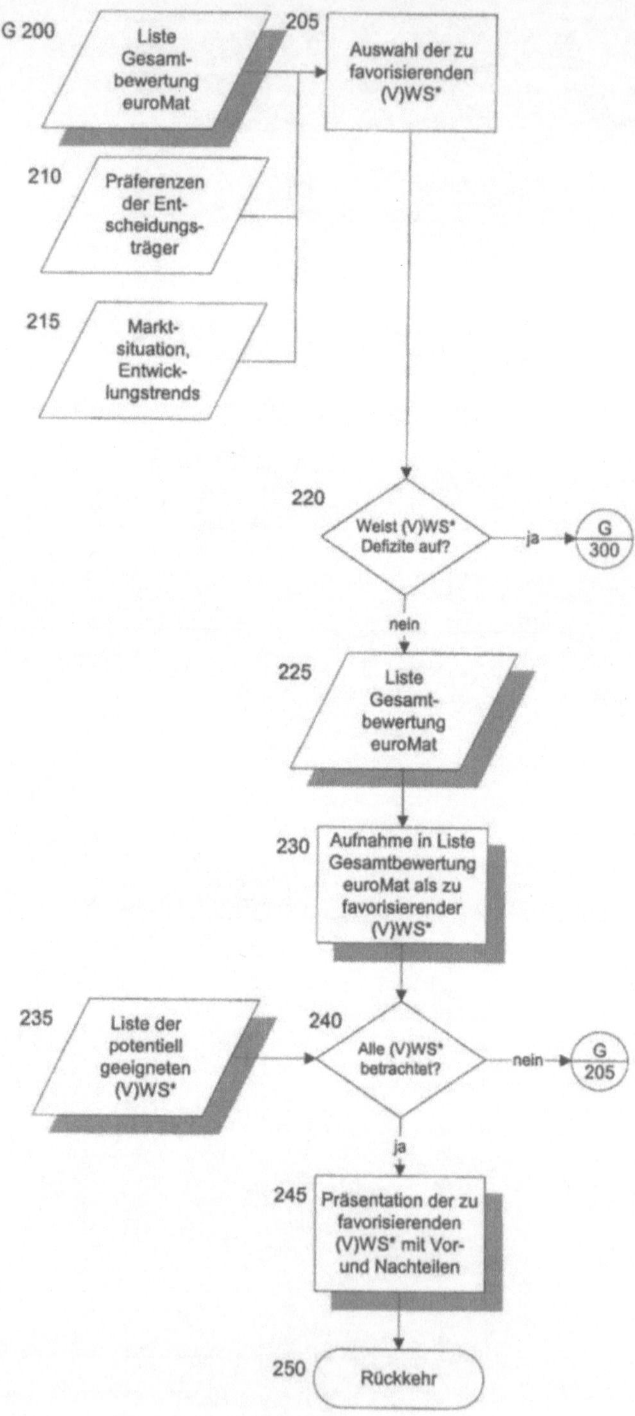

G 200
205
Liste Gesamt- bewertung euroMat
Auswahl der zu favorisierenden (V)WS*
210
Präferenzen der Ent- scheidungs- träger
215
Markt- situation, Entwick- lungstrends
220
Weist (V)WS* Defizite auf?
ja
G 300
nein
225
Liste Gesamt- bewertung euroMat
230
Aufnahme in Liste Gesamtbewertung euroMat als zu favorisierender (V)WS*
235
Liste der potentiell geeigneten (V)WS*
240
Alle (V)WS* betrachtet?
nein
G 205
ja
245
Präsentation der zu favorisierenden (V)WS* mit Vor- und Nachteilen
250
Rückkehr

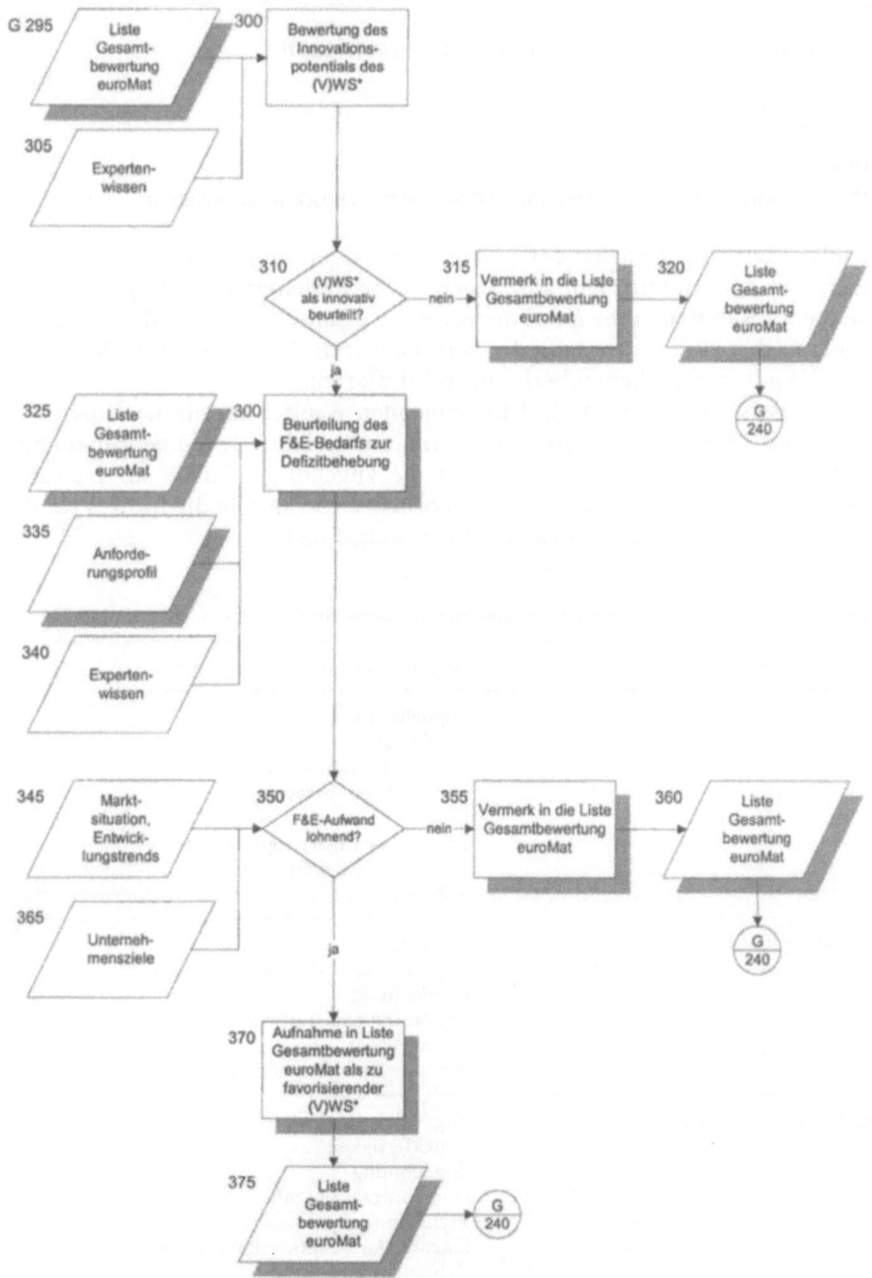
G 295
Liste Gesamtbewertung euroMat
300
Bewertung des Innovationspotentials des (V)WS*
305
Expertenwissen
310
(V)WS* als innovativ beurteilt?
nein
315
Vermerk in die Liste Gesamtbewertung euroMat
320
Liste Gesamtbewertung euroMat
G 240
ja
325
Liste Gesamtbewertung euroMat
300
Beurteilung des F&E-Bedarfs zur Defizitbehebung
335
Anforderungsprofil
340
Expertenwissen
345
Marktsituation, Entwicklungstrends
350
F&E-Aufwand lohnend?
nein
355
Vermerk in die Liste Gesamtbewertung euroMat
360
Liste Gesamtbewertung euroMat
G 240
365
Unternehmensziele
ja
370
Aufnahme in Liste Gesamtbewertung euroMat als zu favorisierender (V)WS*
375
Liste Gesamtbewertung euroMat
G 240

7.10
A.10: Eigenschaftsermittlung für Verbundmaterialien

Dirk Gutberlet

7.10.1
A.10.1: Berechenbarkeit von Materialkennwerten bzw. Abschätzungsregeln

Im folgenden sollen vorhandene Näherungs- oder Faustformeln, Mischungsregeln und Summenformeln sowie spezifische Rechenansätze vorgestellt werden, die im Rahmen einer Literaturrecherche ermittelt wurden. Tabelle A.10–1 zeigt zunächst eine Aufstellung der berechenbaren Verbundwerkstoffkennwerte für die unterschiedlichen Verbundwerkstoffarten.

Die Abschätzungsregeln sind im folgenden Kapitel jeweils nach den Verbundwerkstoffkenngrößen und den Verbundmaterialmodellen geordnet angegeben. Für jede Abschätzungsregel ist die zugehörige Quelle im Literaturverzeichnis benannt. Die verwendeten Formelzeichen sowie die Indizes werden im Abschnitt „Verwendete Formelzeichen" aufgeführt.

Tabelle A.10–1. Darstellung der berechenbaren Kennwerte für die Verbundmaterialmodelle

Verbundmaterialmodelle	Berechenbare Werkstoffkennwerte
Faserverbundwerkstoff (Endlosfasern)	Zugdehnung Zugfestigkeit Zug-Elastizitäts-Modul Gebrauchstemperatur Brennbarkeit Formbeständigkeitstemperatur Wärmeleitfähigkeit Rohdichte
Faserverstärkter Kunststoff	Zugfestigkeit Zug-Elastizitäts-Modul Zugdehnung Gebrauchstemperaturbereich Brennbarkeit Formbeständigkeitstemperatur
Schichtverbundwerkstoff	Zugfestigkeit Druckfestigkeit Zugdehnung Querkontraktionszahl Verlustmodul Linearer Ausdehnungskoeffizient Gebrauchstemperatur Wärmeleitfähigkeit Brennbarkeit Formbeständigkeitstemperatur Wasseraufnahme (23 °C) Feuchteaufnahme (RT, 50 %)

Tabelle A.10–1 (Fortsetzung)

Verbundmaterialmodelle	Berechenbare Werkstoffkennwerte
Plattierte Schichtverbunde	Zugdehnung Härte Gebrauchstemperaturbereich Brennbarkeit Formbeständigkeitstemperatur
Teilchenverbundwerkstoff	Zugdehnung Spezifische Wärmekapazität Wärmeleitfähigkeit Gebrauchstemperatur Brennbarkeit Formbeständigkeitstemperatur Rohdichte
Durchdringungsverbundwerkstoff	Zugdehnung Gebrauchstemperatur Brennbarkeit Formbeständigkeitstemperatur Rohdichte
Metall-Keramik-Verbund	Zug-Elastizitäts-Modul Zugdehnung Härte Bruchzähigkeit Gebrauchstemperatur Brennbarkeit Formbeständigkeitstemperatur Rohdichte Elektrische Leitfähigkeit
Keramischer Verbundwerkstoff	Bruchzähigkeit Gebrauchstemperatur Brennbarkeit Formbeständigkeitstemperatur
Kurzfaserverbundwerkstoff	Mittlere Längenausdehnung Zugdehnung Querkontraktionszahl Linearer Ausdehnungskoeffizient Gebrauchstemperatur Brennbarkeit Formbeständigkeitstemperatur
3D-Textil-verstärkter Faserverbund	Zugfestigkeit Druckfestigkeit Zug-Elastizitäts-Modul Biegefestigkeit Gebrauchstemperatur Brennbarkeit Formbeständigkeitstemperatur

7.10.2
A.10.2: Mischungsregeln

Die Mischungsregeln beschreiben allgemein die Verknüpfung der Eigenschaften einzelner Komponenten, Phasen oder Werkstoffe zur Gesamteigenschaft eines Verbundwerkstoffs. Der Gewichtungsfaktor für die jeweilige Einzeleigenschaft ist in erster Linie der Anteil der Einzelkomponenten in dem Verbundwerkstoff. Hierbei kommen sowohl der Volumen- als auch Gewichtsanteil zum Einsatz. Die einfachste Form der Mischungsregel stellt die Linearkombination der Einzeleigenschaften zur Verbundeigenschaft dar. Eine weitere Möglichkeit zur Darstellung dieses Zusammenhangs ist die inverse Mischungsregel [Haag 1981]. Unter idealen Bedingungen lassen sich mit den aufgeführten allgemeinen Mischungsregeln die Eigenschaften eines zwei- oder mehrphasigen Verbundwerkstoffs berechnen. Im Realfall hängen die Eigenschaften der Verbundwerkstoffe zusätzlich von der Grenzflächenhaftung und in komplexer Weise vom Gefügeaufbau, d. h. von der Dichte, der Form, der Größe, der Orientierung und der Verteilung der Phasenanteile ab [Menges 1990].

$$E_{\text{Verbund}} = \sum_i E_{\text{Komponente, i}} \cdot \varphi_{\text{Komponente, i}} \qquad\qquad (A.10-1)$$

$$\frac{1}{E_{\text{Verbund}}} = \sum_i \varphi_{\text{Komponente, i}} \cdot \frac{1}{E_{\text{Komponente, i}}} \qquad\qquad (A.10-2)$$

Die lineare Mischungsregel (Gl. A.10-1) kann in Anlehnung an die Elektrotechnik als eine Reihenschaltung, die inverse Mischungsregel (Gl. A.10-2) als eine Parallelschaltung der Einzeleigenschaften aufgefaßt werden. Daher ist auch eine beliebige Kombination aus diesen beiden Grundformen der Mischungsregeln zur Beschreibung des resultierenden Materialverhaltens des Verbundsystems möglich.

Der überwiegende Teil der Verbundwerkstoffe besteht in der Regel aus einer Vielzahl verschiedener Komponenten, von welchen die Mehrzahl nur einen geringen prozentualen Gewichtsanteil im Verbund einnimmt, deren Einfluß auf die Verbundeigenschaften aber nicht unterschätzt werden darf. Dazu zählen z. B. bei Faserverbundwerkstoffen auf der Basis eines Polymers Füllstoffe, Haftvermittler u. ä.

Trotz ihres z. T. nicht unerheblichen Einflusses auf die Verbundeigenschaften werden diese Komponenten bei vielen der folgenden Werkstoffmodelle weitestgehend vernachlässigt. Es wird meist die Beschreibung eines 2-Komponenten-Verbundwerkstoffs angestrebt. Falls eine solche Vernachlässigung den Verbund nur noch unzureichend charakterisiert, muß die Nennung aller wichtigen Verbundkomponenten erfolgen [Menges 1990; Oidtmann 1995].

7.10.3
A.10.3: Zusammenstellung von Abschätzungsregeln

7.10.3.1
Zugfestigkeit

Die Zugfestigkeit von *glasfaserverstärktem Kunststoff* [Menges 1990], *Faserverbundwerkstoff* [Michaeli 1990]; senkrecht und parallel zur Faserausrichtung, läßt sich folgendermaßen beschreiben:

$$\sigma_{V\perp} = \sigma_M = \sigma_F \tag{A.10-3}$$

$$\sigma_{V\parallel} = \sigma_F \varphi_F + \sigma_M (1 - \varphi_F) \tag{A.10-4}$$

mit φ [Ma %].

Bei *wirrfasermattenverstärktem Kunststoff* [Schmitz 1994] ist die Zugfestigkeit wegen der statistischen Verteilung der Wirrfasermatten für alle Belastungsrichtungen gleich:

$$\sigma_V = R \cdot K \cdot \varphi_F \cdot \sigma_F + (1 - \varphi_F - \varphi_L) \cdot \sigma_M \tag{A.10-5}$$

Bei *Schichtverbundwerkstoff* [Oidtmann 1995] läßt sich die mechanische Belastung senkrecht zu den Schichtebenen mit Gl. A.10-6 beschrieben; die Gesamtdruckfestigkeit des Verbundwerkstoffs entspricht der niedrigsten Druckfestigkeit der Einzelkomponenten:

$$\sigma_{V\perp} \sim \sigma_{i,\,min} \tag{A.10-6}$$

Die mechanische Belastung parallel zur Schichtebene unter der Annahme, daß hierbei keine Vorzugsrichtung durch den Aufbau der einzelnen Schichten auftritt, läßt sich mit Gl. A. 10-7 beschreiben:

$$\sigma_{V\parallel} \sim \sigma_{i,\,max} \tag{A.10-7}$$

7.10.3.2
Druckfestigkeit

Beim *Schichtverbundwerkstoff* [Oidtmann 1995] läßt sich die mechanische Belastung senkrecht zu den Schichtebenen nach Gl. A.10-8 beschreiben. Die Gesamtdruckfestigkeit des Verbundwerkstoffs entspricht der niedrigsten Druckfestigkeit der Einzelkomponenten:

$$R_{V\perp} = R_{i,\,min} \tag{A.10-8}$$

Die Druckbelastung parallel zur Schichtebene unter der Annahme, daß hierbei keine Vorzugsrichtung durch den Aufbau der einzelnen Schichten auftritt, läßt sich nach Gl. A.10-9 berechnen:

$$R_{V\parallel} \sim R_{i,\,max} \tag{A.10-9}$$

7.10.3.3
Zugdehnung

Beim *Schichtverbundwerkstoff* läßt sich die Belastungsrichtung senkrecht zu den Schichtebenen nach Gl. A.10–10 berechnen; die Gesamtzugdehnung des Verbundwerkstoffs entspricht in 1. Näherung der Summe aus den Zugdehnungen der Einzelkomponenten:

$$\varepsilon_{V\perp} = \sum \varepsilon_i \tag{A.10–10}$$

Die Belastungsrichtung parallel zur Schichtebene unter der Annahme, daß hierbei keine Vorzugsrichtung durch den Aufbau der einzelnen Schichten auftritt, wird durch Gl. A.10–11 beschrieben:

$$\varepsilon_{V\parallel} \sim \varepsilon_{i,min} \tag{A.10–11}$$

7.10.3.4
Härte

Bei *plattierten Schichtverbunden* kann die resultierende Härte eines Schichtverbundwerkstoffs durch die Härte der äußeren Schichten abgeschätzt werden; da die Härte eine Oberflächeneigenschaft darstellt (Gl. A.10–12).

$$H = H_{Oberfläche} \tag{A.10–12}$$

7.10.3.5
Zug-Elastizitäts-Modul

Das Zug-Elastizitäts-Modul bei *glasfaserverstärktem Kunststoff* [Menges 1990] und *Faserverbundwerkstoff* [Michaeli 1990] wird durch Gl. A.10–13, A.10–14 beschrieben:

$$E_{V\parallel} = \varphi_F E_F + (1 - \varphi_F) E_M \tag{A.10–13}$$

$$E_{V\perp} = \frac{E_M}{(1 - \varphi_F) + \varphi_F \dfrac{E_M}{E_F}} \tag{A.10–14}$$

Bei *wirrfasermattenverstärktem Kunststoff* gelten Gl. A.10–15, A.10–16 [Schmitz 1994]:

$$E_{V\perp} = \frac{E_M}{(1 - \varphi_F) + \varphi_F \dfrac{E_M}{E_F}} \tag{A.10–15}$$

$$E_{V\parallel} = R \cdot K \cdot \varphi_F \cdot E_F + (1 - \varphi_F - \varphi_L) E_M \tag{A.10–16}$$

Die Verbundsteifigkeit eines *faservliesverstärkten Bauteils* läßt sich durch Gl. A.10–17 beschreiben:

$$E_C = E_\perp + E_\parallel \qquad\qquad (A.10-17)$$

Das Reihen- (Gl. A.10–18) und das Parallelschaltungsmodell (Gl. A.10–19) für den *Metall-Keramik-Verbund* sind durch Gl. A.10–18, A.10–19 beschreibbar [Bai 1992]:

$$E_{V\perp} = \frac{E_M}{(1 - \varphi_F) + \varphi_F \dfrac{E_M}{E_F}} \qquad\qquad (A.10-18)$$

$$E_{V\parallel} = \varphi_F E_F + (1 - \varphi_F) E_M \qquad\qquad (A.10-19)$$

Beim Verbundwerkstoffsystem mit komplexer Verteilung der Spannung und der Phasen ist eine Kombination von Parallel- und Reihenschaltungen erforderlich:

Der Zusammenhang des Elastizitätsmoduls des Verbundwerkstoffs kann mit der Gl. A.10–20 beschrieben werden. Der Parameter x beschreibt hierbei die Anteile des Werkstoffverhaltens des Verbundwerkstoffs, das durch eine Parallel- bzw. Reihenschaltung des Materialverhaltens der Einzelkomponenten zu beschreiben ist. Dieser Parameter muß für jedes Verbundwerkstoffsystem anhand von Experimenten ermittelt werden [Hirsch 1962].

$$E_V = x(\varphi_F E_F + \varphi_M E_M) + (1 - x) \left(\frac{E_F E_M}{E_F \varphi_M + E_M \varphi_F} \right) \qquad\qquad (A.10-20)$$

Die 2 Parameter α und β, die bei der Formulierung des Elastizitätsmoduls nach Takayanagi verwendet werden, können ebenfalls aus dem experimentellen Elastizitätsmodul des Verbundwerkstoffs ermittelt werden [Takayanagi 1963]:

$$E_V = \left(\frac{\alpha}{(1 - \beta) E_F + \beta E_M} + \frac{(1 - \alpha)}{E_M} \right)^{-1} \qquad\qquad (A.10-21)$$

Für Teilchenverbundwerkstoffe mit einer Matrix und einer weiteren Phase, die aus kugelförmigen Teilchen besteht, können die Parameter α und β mit Gl. A.10–22 bestimmt werden [Takayanagi 1963]:

$$\alpha = \frac{5 \cdot V_M}{2 + 3 \cdot V_M} \qquad \beta = \frac{2 + 3 \cdot V_M}{5} \qquad\qquad (A.10-22)$$

Für ein *zweiphasiges Verbundwerkstoffsystem* mit perfekter Haftung zwischen den Einlagerungspartikeln und der Matrix ergibt sich nach Counto [Bai 1992]:

$$E_V = E_F \frac{(1 - \sqrt{\varphi_M}) E_F + \sqrt{\varphi_M} E_M}{(1 - \sqrt{\varphi_M})^2 E_F + (1 - \varphi_M) \sqrt{\varphi_M} E_M + \sqrt{\varphi_M} E_F} \qquad\qquad (A.10-23)$$

Für ein *Verbundwerkstoffsystem* mit makroskopisch homogener Spannung und vollkommener Haftung zwischen den kubischen Einschlüssen und einer kubischen Matrix kann E_V mit der folgenden Näherungsformel (Gl. A.10–24) nach Paul [Bai 1992] bestimmt werden:

$$E_V = E_F \, \frac{E_F + (E_M - E_F) \, \varphi_M^{\frac{2}{3}}}{E_F + (E_M - E_F) \, \varphi_M^{\frac{2}{3}} \, (1 - \varphi_M^{\frac{1}{3}})} \qquad\qquad (A.10-24)$$

7.10.3.6
Querkontraktionszahl

Im Fall eines *Schichtverbundwerkstoffs* kann die Querkontraktionszahl des Verbunds unter der Voraussetzung eines transversalisotropen Matrixwerkstoffs mit Gl. A.10–25 ermittelt werden [Reimerdes 1990].

$$\nu_{\parallel\perp} = \nu_{F\parallel\perp}\varphi_F + \nu_M(1 - \varphi_F) \qquad\qquad (A.10-25)$$

7.10.3.7
Bruchzähigkeit

Für *keramische Verbundwerkstoffe* kann der Bruchzähigkeitskennwert K_{IC} mit folgender Abschätzungsformel ausgedrückt werden [Petzow 1990]:

$$K_{IC} = 111 \cdot F \cdot b^{-\frac{2}{3}} \qquad\qquad (A.10-26)$$

7.10.3.8
Linearer Ausdehnungskoeffizient

Für *Schichtverbundwerkstoffe* kann unter der Voraussetzung einer homogenen Temperaturverteilung in allen Schichten der lineare Ausdehnungskoeffizent des Verbundwerkstoffs senkrecht zu den Schichtebenen nach Gl. A.10–27 beschrieben werden [N. N. 1992; Renz 1993]:

$$\alpha_{V\perp} = \sum \alpha_i \qquad\qquad (A.10-27)$$

7.10.3.9
Verlustmodul

Für *Schichtverbundwerkstoffe* gilt:

$$E_{V,\,ges} \sim E_{i,\,max} \qquad\qquad (A.10-28)$$

7.10.3.10
Spezifische Wärmekapazität

Die temperaturabhängige Wärmekapazität von *Teilchenverbundwerkstoffen* kann über den Gewichtsanteil und die spezifische Wärmekapazität der einzelnen Komponenten ausgedrückt werden [Menges 1990]:

$$c_p(T) = (1 - \psi_F)\, c_{pM}(T) + \psi_F c_{pF}(T) \tag{A.10-29}$$

7.10.3.11
Gebrauchstemperatur

Für alle *Verbundwerkstoffe* gilt in 1. Näherung, daß der Gebrauchstemperaturbereich des Verbundwerkstoffs durch den Gebrauchstemperaturbereich des temperaturempfindlichsten Einzelwerkstoffs festgelegt ist.

$$T_V = T_{i,\,min} \tag{A.10-30}$$

7.10.3.12
Wärmeleitfähigkeit

Die Wärmeleitfähigkeit von *gewebeverstärkten Thermoplasten* hängt in hohem Maß von dem Verstärkungsverhältnis des Gewebes ab. In Abhängigkeit der Wärmeleitfähigkeit normal zur Gewebeebene kann jeweils die Wärmeleitfähigkeit unter Beachtung des Verstärkungsverhältnis angegeben werden [Biswas 1995].

$$\lambda_n = \sqrt{\frac{\varphi_F}{\pi}} \cdot \left[\left(\frac{\sqrt{\varphi_F \cdot \pi}}{2\lambda_F} + \left(1 - \frac{\sqrt{\varphi_F \cdot \pi}}{2}\right) \cdot \frac{1}{\lambda_M} \right)^{-1} \right. \tag{A.10-31}$$

$$\left. + \frac{\pi}{4} \cdot \left(\sqrt{\frac{\varphi_F}{\pi}} \cdot \frac{2}{\lambda_F} + \left(1 - 2 \cdot \frac{\varphi_F}{\pi}\right) \cdot \frac{1}{\lambda_M} \right)^{-1} + \left(\sqrt{\frac{\varphi_F}{\pi}} - \frac{\pi}{4} - 1 \right) \cdot \lambda_M \right]$$

$$\xi_K = \frac{N_K \cdot T_K}{N_K \cdot T_K + N_S \cdot T_S} \tag{A.10-32}$$

$$\xi_S = \frac{N_S \cdot T_S}{N_K \cdot T_K + N_S \cdot T_S} \tag{A.10-33}$$

$$\lambda_K = \xi_K \cdot [\lambda_M \cdot (1 - \varphi_F) + \lambda_F \cdot \varphi_F] + \xi_S \cdot \lambda_n \tag{A.10-34}$$

$$\lambda_S = \xi_S \cdot [\lambda_M \cdot (1 - \varphi_F) + \lambda_F \cdot \varphi_F] + \xi_K \cdot \lambda_n \tag{A.10-35}$$

Für *Teilchenverbundwerkstoff* gilt [Menges 1990]:

$$\lambda_V = \frac{2\lambda_M + \lambda_F - 2\varphi_F(\lambda_M - \lambda_F)}{2\lambda_M + \lambda_F + 2\varphi_F(\lambda_M - \lambda_F)} \lambda_M \tag{A.10-36}$$

Für *Schichtverbundwerkstoff* gilt:

$$\lambda_{V\perp} \approx \lambda_{i,min} \tag{A.10-37}$$

7.10.3.13
Brennbarkeit

Alle Verbundwerkstoffe lassen sich mit Gl. A.10-38 beschreiben:

$$HB_V = HB_{i,krit} \tag{A.10-38}$$

7.10.3.14
Formbeständigkeit

Für alle Verbundwerkstoffe gilt:

$$T_V = T_{i,min} \tag{A.10-39}$$

7.10.3.15
Rohdichte

Die Rohdichte läßt sich für die einzelnen *Verbundmaterialarten* wie folgt berechnen:

- *Faserverbundwerkstoff* [Menges 1990]:

$$\rho_V = \varphi_F \rho_F + (1 - \varphi_F) \rho_M \tag{A.10-40}$$

- *Teilchenverbundwerkstoff* [Menges 1990]:

$$\rho_V(T) = \left[\varphi_F + \frac{\rho_M(T)}{\rho_F(T)} (1 - \varphi_F) \right] \rho_F(T) \tag{A.10-41}$$

- *Durchdringungsverbundwerkstoff:*

$$\rho_V = \varphi_F \rho_F + (1 - \varphi_F) \rho_M \tag{A.10-42}$$

7.10.3.16
Wasseraufnahme (23 °C)

Für die Wasseraufnahme bei 23 °C von Schichtverbundwerkstoffen gilt:

$$K_V \sim \sum K_i \tag{A.10-43}$$

7.10.3.17
Feuchteaufnahme (RT, 50 %)

Bei *Schichtverbundwerkstoffen* läßt sich die Feuchteaufnahme bei RT und 50 % Luftfeuchtigkeit durch Gl. A.10-44 beschreiben [Oidtmann 1995]:

$$K_V \sim \sum K_i \tag{A.10-44}$$

7.10.4
Verwendete Formelzeichen

E	Elastizitätsmodul
F	Prüflast
H	Härte
HB	Brennbarkeitskennzahl
K_{IC}	Bruchzähigkeitskennwert
K	Kopplungsfakor der für verschiedene Haftvermittler zu ermitteln ist; Feuchteaufnahme bei Raumtemperatur und 50 % relativer Luftfeuchte; Wasseraufnahme bei Raumtemperatur
N	Fadendichte
R	Druckfestigkeit; Zufallsverteilung der Fasern eines Vlieses (wird durch mikroskopische Untersuchungen ermittelt)
T	Gebrauchstemperatur, Formbeständigkeitstemperatur; absolute Temperatur in Kelvin; Texzahl
X	Eigenschaft z. B. Dichte, mechanische Eigenschaften
$b^{-2/3}$	Rißlänge
c_P	spezifische Wärmekapazität
j_i	Volumengehalt der Komponente i
x	Anteile des Werkstoffverhaltens des Verbundwerkstoffs das mit einer Parallel- bzw. Reihenschaltung der Einzeleigenschaften beschrieben wird
y_i	Gewichtsanteil der Komponente i
α	linearer Wärmeausdehnungskoeffizient; Konstante ermittelt aus praktischen Versuchen
β	Konstante ermittelt aus praktischen Versuchen
ε	Dehnung
λ	Wärmeleitfähigkeit
σ	Spannung, Zugfestigkeit
ρ	Dichte
φ	Anteil der betrachteten Komponente im Verbundmaterial in [Vol%, Gew%]; Gewichtsanteil in [Gew%] in Gl. A.10–31
ψ	Anteil der betrachteten Komponente im Verbundmaterial [Gew%]
ξ	Verstärkungsverhältnis

7.10.5
Indizes

$\perp$	Belastung senkrecht zur Schichtebene bzw. Faserausrichtung
$\parallel$	Belastung parallel zur Schichtebene bzw. Faserausrichtung
V	Verbundwerkstoff
ges	Gesamt- bzw. Verbundwerkstoff
F	Faser bzw. Füllstoff
M	Matrix

L   Luft
n   normal zur Verbundwerkstoffoberfläche
K   Kettrichtung
S   Schußrichtung
i   Nummer der einzelnen Komponente

Glossar und Abkürzungsverzeichnis

ABC-Bewertung	Die qualitative Bewertung innerhalb der Module wird als ABC-Bewertung bezeichnet
ABC/XYZ-Bewertung	Die Bewertung innerhalb der → halbquantitativen Bewertung durch Vergabe von qualitativ orientierten ABC- und quantitativ orientierten XYZ-Bewertungen, z. B. von → Emissionen (Modul Umwelt) oder Kosten (Modul Kosten), wird als ABC/XYZ-Bewertung bezeichnet
Abfall [KrW-/AbfG 1994]	Abfälle sind alle beweglichen Sachen, die unter die im Anhang I des KrW-/AbfG 1994 genannten Gruppen fallen und deren sich ihr Besitzer entledigt, entledigen will oder entledigen muß. Abfälle zur Verwertung sind Abfälle, die verwertet werden; Abfälle, die nicht verwertet werden, sind Abfälle zur Beseitigung
Abschätzungsregel	Oberbegriff für Regeln und Formeln zur Ermittlung der Materialeigenschaften von Verbundmaterialien
AFK	Verbundwerkstoff aus Aramidfasern und einer polymeren Matrix (aramidfaserverstärkter Kunststoff)
Allokation	Zuordnung des Energiebedarfs und der im System anfallenden Emissionen auf die Kuppelprodukte. Dazu gehören im weiteren Sinn auch die Produkte, die durch „Open-loop-Recycling" gewonnen werden
AP	→ Versauerung
Apparate	Apparate sind technische Gebilde, in denen Stoffe umgewandelt, behandelt, transportiert oder gelagert werden. Im Innern des Apparats werden die für einen dieser Prozesse erforderlichen Betriebsbedingungen geschaffen
Aquatische Eutrophierung, NPa	Wirkungskategorie, in die Luft- und Wasseremissionen → aufgenommen werden, die eutrophierendes, d. h. durch übermäßige Nährstoffzufuhr sauerstoffzehrendes, Potential in Gewässern haben. Der NPa-Wert eines Stoffs ist ein Maß für die eutrophierende Wirkung eines Stoffs in Gewässern relativ zu der Wirkung derselben Menge von Phosphat. Das heißt, Phosphat dient als Referenzsubstanz, und es werden Phosphatäquivalenzfaktoren berechnet.

Arbeitsbereich	Teil des Lebenswegs eines Bauteils bzw. Produkts, der aus, nach Arbeitsumweltgesichtspunkten zusammengefaßten, Herstellungs-, Fertigungs- und Recyclingverfahren besteht
Arbeitsumwelt-faktor	(AUF) Einflußfaktor auf die Arbeitsbedingungen. In euro-Mat werden die wichtigsten Arbeitseinflußfaktoren Gefahrstoffe, Lärm, physische Belastung (Teil dynamische Muskelarbeit), Klima (Teil Hitzearbeit) sowie mechanische Schwingungen betrachtet
Arbeitsvorgang	Bei der schrittweisen Überführung eines Stoffs oder eines Körpers vom Rohzustand in den Fertigzustand ($\rightarrow$ Fertigung) wird der einzelne Schritt als Arbeitsvorgang bezeichnet [DIN 8580]. Innerhalb von euroMat wird ein Arbeitsvorgang im 1. Iterationsschritt durch eine Fertigungshauptgruppe, im 2. durch eine Fertigungsuntergruppe nach DIN 8580 gebildet. Im 3. Iterationsschritt ist ein Arbeitsvorgang mit einem Fertigungsprozeß gleichzusetzen
Arten von (Verbund-)Materialien	Die Zusammenfassung von (Verbund-)Materialien mit ähnlichen Eigenschaften bezogen auf die Gebrauchs-, Fertigungs-, Recycling-, Arbeitsumwelt-, Umwelt- oder Kosten-eigenschaften oder die Defizite in den Modulen zu einer Menge ($\rightarrow$ Mengenbetrachtung) mit hohem Detaillierungsgrad wird als (Verbund-)Materialart bezeichnet. Im 3. Iterationsschritt von euroMat werden (Verbund-)Materialarten betrachtet
AUF	$\rightarrow$ Arbeitsumweltfaktor
Auswertung	Bewertung der Ergebnisse der Wirkungsabschätzung
Bauteil	Ein Bauteil ist ein vorgefertigtes Teilstück und Bestandteil eines Produkts.
Belastung (Modul Arbeitsumwelt)	Charakterisiert die äußeren Merkmale der Arbeitssituation (z.B. Arbeitsaufgabe, physikalische, chemische und thermische Umgebungsbedingungen)
Betriebsmittel	Betriebsmittel sind neben Arbeitskraft und Werkstoff der 3. betriebswirtschaftliche Produktionsfaktor, der zur Leistungserstellung notwendig ist. Betriebsmittel sind Maschinen, Gebäude, Werkzeuge und sonstige technische Anlagen
Betriebsstoffe	Stoffe, die nicht in das Produkt eingehen, aber zur Herstellung desselben notwendig sind. Beispiel: Schmierstoffe, Lösemittel, Gießereisand usw.
Betriebswirtschaftliche Kosten	$\rightarrow$ Kosten, betriebswirtschaftliche

Bilanz	Vergleichende Gegenüberstellung der in einen Bilanzraum eingehenden und ihn verlassenden bilanzierbaren Mengen. Bilanzierbar sind physikalische Größen wie die Masse und die Energie (Massenbilanz, Energiebilanz)
BMC	bulk moulding compound; teigige Halbzeugmassen aus Duromer oder Thermoplast als Matrixwerkstoff und Verstärkungsfasern (überwiegend Glasfasern bzw. Aramid-, C-Fasern)
Cd	Kadmium; Nichteisenmetall
CFK	Verbundwerkstoff aus Kohlenstoffasern mit einer polymeren Matrix [(C-)kohlenstoffaserverstärkter Kunststoff]
Cluster [von (Verbund-)Materialien]	Die Zusammenfassung von (Verbund-)Materialien mit ähnlichen Eigenschaften bezogen auf die Gebrauchs-, Fertigungs-, Recycling-, Arbeitsumwelt-, Umwelt- oder Kosteneigenschaften oder die Defizite in den Modulen zu einer Menge (→ Mengenbetrachtung) mit mittlerem Detaillierungsgrad, wird als (Verbund-)Materialcluster bezeichnet. Im 2. Iterationsschritt von euroMat werden (Verbund-)Materialcluster betrachtet
CVD	Abkürzung für chemical vapor deposition; Verfahren zur Herstellung von Überzügen aus Metallen, Oxiden oder Salzen auf Metallen oder Polymeren
Datensymmetrie	→ Symmetrie der Datensätze
Definitionsphase	Die 1. Phase des Forschungsprojekts „Systematische Auswahlkriterien für die Entwicklung von Verbundwerkstoffen unter Beachtung ökologischer Erfordernisse", in der die Basis für die Entwicklung des Instruments euroMat gelegt wurde, wird als Definitionsphase bezeichnet
Design-Team	Team von Fachleuten, die für die Produktentwicklung im Unternehmen zuständig sind (dazu zählen z.B. Konstrukteure und Marketingexperten)
Durchführungsphase	Die 2. Phase des Forschungsprojekts „Systematische Auswahlkriterien für die Entwicklung von Verbundwerkstoffen unter Beachtung ökologischer Erfordernisse", in der das Instrument euroMat entwickelt und validiert wurde, wird als Durchführungsphase bezeichnet
Elementarfluß [DIN EN ISO 14040 1997, S. 4]	„1. Stoff oder Energie, der bzw. die dem untersuchten System zugeführt wird und der Umwelt ohne vorherige Behandlung durch den Menschen entnommen wurde. 2. Stoff oder Energie, der bzw. die das zu untersuchende System verläßt und ohne anschließende Behandlung durch den Menschen an die Umwelt abgegeben wird."

Emission	„Aussendungen", d.h. die vom Prozeß ausgehenden Stoffströme, die nicht Produkt oder Reststoff sind (insbesondere flüssige und gasförmige Stoffe). Abfall, die feste „Aussendung", ist im abfallwirtschaftlichen Sinn eigenständig und wird begrifflich nicht zu den Emissionen gerechnet
Energetische Verwertung	→ Verwertung, energetische
Entsorgung	Die Entsorgung umfaßt die Erfassung, das Recycling, die Abfallbehandlung und Ablagerung von Abfällen
EP	Epoxidharz (Duromer)
Externe Kosten [Wicke 1991, S. 661]	„Kosten, die der Gesellschaft entstehen, ohne daß sie im betrieblichen Rechnungswesen bzw. in der Wirtschaftsrechnung der privaten und öffentlichen Haushalte als Kosten auftauchen (z.B. nicht abgegoltene Umweltverschmutzung)". Diese sind von den → betriebswirtschaftlichen Kosten zu unterscheiden
Faustformel (FF)	Bezeichnung für vereinfachte Formel zur Beschreibung einer Materialeigenschaft eines Verbundmaterials mit einer beschränkten Zahl an Einflußgrößen. Faustformeln gelten zunächst nur für ein bestimmtes Verbundmaterial, lassen sich jedoch nach Einzelfallprüfung auf andere Anwendungsfälle übertragen
FCKW	Abkürzung für die unsystematische Bezeichnung Fluorchlorkohlenwasserstoffe; FCKWs wirken ozonabbauend
Fertigung	Unter dem Begriff Fertigung wird der Lebenswegabschnitt verstanden, der mit der Bereitstellung des → (Verbund-)Materials beginnt und mit dem einsatzfähigen („fertigen") Produkt abschließt. Gehen (Verbund-)Materialherstellung und Fertigung durch einen Prozeß ineinander über (z.B. bei der Fertigung von CFK-Wickelteilen), wird dieser Übergangsprozeß zur Fertigung gezählt. Das euroMat-Modul, das sich mit der Auswahl und technischen Bewertung von Fertigungsverfahren in Abhängigkeit von der Geometrie des untersuchten Bauteils bzw. Produkts sowie dem vorgesehenen → (Verbund-)Material auseinandersetzt, wird Fertigung genannt
Fertigungsweg	Die Zusammenstellung von → Arbeitsvorgängen, die insgesamt zu einem fertigen Bauteil führt, wird Fertigungsweg genannt. Teilweise wird synonym der Begriff Arbeitsvorgangsfolgeermittlung gebraucht [Betriebshütte 1996, S. 11–13]. Je nach Iterationsschritt besteht bei euroMat ein Fertigungsweg aus Fertigungshauptgruppen, Fertigungsuntergruppen oder Fertigungsverfahren [DIN 8580]

F&E	Forschung und Entwicklung
Funktionelle Äquivalenz	→ Funktionelle Einheit
Funktionelle Einheit [EN ISO 14040; S. 4]	Quantifizierter Nutzen eines Produktsystems für die Verwendung als Vergleichseinheit in einer Ökobilanzstudie
Gesamtkosten	→ Produktgesamtkosten
GFK	Verbundwerkstoff aus Glasfasern und einer polymeren Matrix (glasfaserverstärkter Kunststoff)
Gruppen von (Verbund-)Materialien	Die Zusammenfassung von (Verbund-)Materialien mit ähnlichen Eigenschaften bezogen auf die Gebrauchs-, Fertigungs-, Recycling-, Arbeitsumwelt-, Umwelt- oder Kosteneigenschaften oder die Defizite in den Modulen zu einer Menge (→ Mengenbetrachtung) mit niedrigem Detaillierungsgrad wird als (Verbund-) Materialgruppe bezeichnet. Im 1. Iterationsschritt von euroMat werden (Verbund-)Materialgruppen betrachtet
GWP	→ Treibhauseffekt
Halbquantitative Bewertung	Die im 2. Iterationsschritt von euroMat implementierte Bewertungsmethodik, die mit einem quantitativen → Screening-Indikator (z.B. Gesamtenergieverbrauch oder Materialpreis bei den Modulen Umwelt bzw. Kosten) sowie der → ABC/XYZ-Bewertung arbeitet, wird insgesamt als halbquantitative Bewertung bezeichnet
Handelsprodukte von (Verbund-) Materialien, (potentielle)	Konkrete (Verbund-)Materialien, für die entweder die vollständigen Rezepturen bereits existieren, da sie in dieser Form bereits am Markt angeboten werden [Handelsprodukte von (Verbund-)Materialien] oder für die sehr ausführliche Rezepturen im Rahmen von euroMat ausgewiesen werden und zukünftig z.B. für die betrachtete Anwendung produziert werden könnten [potentielle Handelsprodukte von (Verbund-)Materialien]. (Potentielle) Handelsprodukte von (Verbund-)Materialien werden im 5. Iterationsschritt für das spezielle Anforderungsprofil als potentiell geeignete (Verbund-)Materialien ausgewiesen
Hauptlebensweg, monetärer	Der monetäre Hauptlebensweg, der Grundlage für die Betrachtung innerhalb des Moduls Kosten im 1. und 2. Iterationsschritt ist, umfaßt die Kostenkategorien Forschung und Entwicklung, Materialkosten, Fertigungskosten, Nutzungs- und Entsorgungskosten sowie die zwischen den Phasen auftretenden Transporte

Hauptprogramm	Die oberste Hierarchieebene der Elemente und ihrer Verknüpfungen eines Ablaufplans (ALP) wird als Hauptprogramm bezeichnet
Herstellkosten [Ehrlenspiel 1995, S. 6]	Die Herstellkosten eines Produkts setzen sich zusammen aus den Materialkosten und den Fertigungskosten (z. B. Lohn- und Fertigungsgemeinkosten) eines Produkts. Nicht enthalten sind Kosten für Verwaltung, Vertrieb, Entwicklung usw. (s. auch → Produktgesamtkosten, → Selbstkosten)
Hilfsstoffe	Stoffe, die wie die Rohstoffe (betriebswirtschaftlich) in das Produkt eingehen, aber im Gegensatz zu diesen nur Nebenbestandteile sind. Beispiel: Lack, Leim, Nägel usw.
Horizontale Fehlerbetrachtung	Fehlerbetrachtung für die einzelnen Module Technik, Arbeitsumwelt, Umwelt und Kosten unabhängig voneinander
Hydrolyse	Abbau der Polymerketten zu Monomeren. Umkehrung der Polykondensation mit Hilfe von Reaktionsmitteln (Wasser, Alkohole, Säuren oder Amine)
Initialbewertung	Als Initialbewertung wird die Konvertierung von → ABC oder → ABC/XYZ-Bewertungen in Hilfszahlen zur Operationalisierung der Rangfolgebildung (Ranking) von → (Verbund-)Materialien bezeichnet. Eine quantitative Bewertung ist damit nicht verbunden
Iteration	Schrittweises Verfahren bzw. entwicklungsbegleitende Vorgehensweise zur Annäherung an die exakte Lösung
KEA [VDI 4600, S. 4]	Der kumulierte Energieaufwand KEA gibt die Gesamtheit des primärenergetisch bewerteten Aufwands an, der im Zusammenhang mit der Herstellung, Nutzung und Beseitigung eines ökonomischen Guts (Produkt oder Dienstleistung) entsteht bzw. diesem ursächlich zugewiesen werden kann
Konsumtion	Prozeß des Gebrauchs oder Verbrauchs von Fertigprodukten durch den Konsumenten
Kosten, betriebswirtschaftliche	Kosten im betriebswirtschaftlichem Sinn ergeben sich aus dem Produkt der Menge der eingesetzten Produktionsfaktoren und der Preise (Marktpreise) für diese Produktionsfaktoren [Wöhe 1993, S. 96]. Bei dieser Kostendefinition ist es unerheblich, ob Produktionsfaktoren in der Produktion oder in der Konsumtion eingesetzt werden
Kostenkategorien	Als Kostenkategorien werden alle nicht quantitativ erfaßten und bewerteten Kategorien von kostenrelevanten Faktoren bezeichnet, die jeweils spezifisch im Modul

Kosten untersucht und qualitativ (→ ABC-Bewertung)
oder mittels der → ABC/XYZ-Bewertung beurteilt werden. Die Kategorien können Lebenswegphasen (1. Iterationsschritt, F&E auch 2. Iterationsschritt) oder übergeordnete Aspekte (Chancen und Risiken) repräsentieren

Lebensweg, mate-
rieller [DIN EN ISO
14040 1997, S. 5]
Der materielle Lebensweg wird gebildet durch aufeinan-
derfolgende und miteinander verbundene Stufen eines
Produktsystems von der Rohstoffgewinnung oder Gewin-
nung natürlicher Ressourcen bis zur endgültigen Beseitigung

Lebensweg,
monetärer
Der monetäre Lebensweg stellt alle monetären Flüsse dar,
die im Zusammenhang mit einem Produktsystem auftreten. Dies schließt z.B. monetäre Aufwendungen für die
Forschung und Entwicklung eines Produkts oder auch die
Schulungskosten für die Anwendung eines Produkts sowie Kapitalkosten ein

Lebenszyklus/
Lebensweg
Komplexe Verknüpfung des Stofflusses über die einzelnen
Stufen der Bearbeitung bzw. Beeinflussung (Prozesse),
von der Rohstoffgewinnung über das Produkt bis zur
Wiedereingliederung der Stoffe in die Umwelt (Produkt-
linie)

Life cycle costs
[VDI 2235, S. 7]
Der Begriff Life cycle costs ist mit → Produktgesamt-
kosten gleichzusetzen

Liste der potentiell
geeigneten (V)WS/
Stoffzusätze
Diese Liste beinhaltet die betrachteten und nach gleichen
oder ähnlichen Defiziten in Abhängigkeit vom Iterationsschritt zusammengefaßten (Verbund-)Materialgruppen
bzw. Gruppen von Stoffzusätzen (1. Iterationsschritt),
(Verbund-)Materialcluster bzw. Cluster von Stoffzusätzen
(2. Iterationsschritt) sowie (Verbund-)Materialarten bzw.
Arten von Stoffzusätzen (3. Iterationsschritt). Sie resultiert aus der → Liste zur Auswahl der geeigneten (V)WS

Liste der Verfahren*
über den Lebensweg
Diese Liste enthält für alle potentiell geeigneten (V)WS
alle im Modul Technik über den Lebensweg als geeignet
ausgewiesenen Verfahrens(haupt)gruppen (1. Iterationsschritt), Verfahrenscluster (2. Iterationsschritt) bzw. Verfahrensarten (3. Iterationsschritt) sowie deren Bewertungen

Liste zur Auswahl
der geeigneten
(V)WS
In dieser Liste ist die Gesamtheit der Materialien enthalten, die auf ihre potentielle Eignung im bezug auf das definierte Anforderungsprofil hin überprüft werden soll. Im
Modul Technik – Materialauswahl werden nach dem Abgleich der Materialeigenschaften mit dem Anforderungsprofil diese Materialien bzw. die aus ihnen hervorgegan-

	genen Materialkombinationen ($\rightarrow$ Verbundmaterialien) als sicher ungeeignete, als evtl. geeignete [innovative $\rightarrow$ (Verbund-)Materialien?] bzw. als sicher geeignete $\rightarrow$ (Verbund-)Materialien gekennzeichnet
Material	Der Begriff Material umfaßt metallische, nichtmetallisch-anorganische und polymere Werkstoffe als auch Gase, Flüssigkeiten und andere Stoffe, die für die Konstruktion eines $\rightarrow$ Bauteils/Produkts eingesetzt werden können
Materiallösung	Die für ein Anforderungsprofil als geeignet identifizierten $\rightarrow$ Materialien oder Materialkombinationen jeglicher Art werden als Materiallösung bezeichnet
Mengenbetrachtung (in euroMat)	Zur Operationalisierung des Top-down-Ansatzes erfolgt in euroMat für den Aufbau bzw. die Erweiterung von Datenbanken u. a. eine Zusammenfassung von Materialien zu Mengen, deren Umfänge sich in Abhängigkeit vom Iterationsschritt unterscheiden. Dabei wird von konkreten anbieterspezifischen Materialien [$\rightarrow$ Handelsprodukten von (Verbund-)Materialien, (potentielle), 5. Iterationsschritt] ausgegangen. Diese werden für den 4. Iterationsschritt zu $\rightarrow$ Spezifikationen von (Verbund-)Materialien zusammengefaßt. Diese wiederum sind die Bestandteile der $\rightarrow$ Arten von (Verbund-)Materialien im 3. Iterationsschritt, die für den 2. Iterationsschritt zu $\rightarrow$ Clustern von (Verbund-)Materialien und weiter im 1. Iterationsschritt zu $\rightarrow$ Gruppen von (Verbund-)Materialien zusammengefaßt werden. Beispielsweise enthält der (Verbund-)Materialcluster „glasfaserverstärkte Polyamide", der wiederum Bestandteil der $\rightarrow$ (Verbund-) Materialgruppe „verstärkte Thermoplasten" ist, die (Verbund-)Materialart Polyamid 6, 35 % GF. Sind jedoch innerhalb der Iterationsschritte die als potentiell geeignet ausgewiesenen (Verbund-)Materialien in geeigneter Form zu $\rightarrow$ Gruppen, $\rightarrow$ Clustern, $\rightarrow$ Arten, $\rightarrow$ Spezifikationen oder $\rightarrow$ (potentiellen) Handelsprodukten zusammenzufassen, so erfolgt die Betrachtung auf der Basis modulspezifischer Kriterien (bezogen z. B. auf ähnliche Gebrauchs-, Fertigungs-, Recyclingeigenschaften oder Defizite im Modul Umwelt). Eine analoge Betrachtung erfolgt für Herstellungs-, Fertigungs- und Recyclingverfahren
Mischungsregel (MR)	Bezeichnung für die Regel zur Beschreibung einer Materialeigenschaft eines Verbundmaterials als Verknüpfung von Eigenschaften seiner Komponenten und deren (Gewichts- oder Volumen-)Anteile am Verbundmaterial.

	Mischungsregeln weisen innerhalb eines → Verbundmaterialmodells einen uneingeschränkten Gültigkeitsbereich auf
Modul Arbeits-umwelt	Ausschließlich bewertendes euroMat-Modul, zur Bewertung der Arbeitsumwelteigenschaften über die im Modul Technik als geeignet ausgewiesenen (Verbund-)Materiallösungen und die entsprechenden Lebenswegvarianten. Dabei werden die wesentlichen Arbeitsumweltfaktoren [AUF; Gefahrstoffe, Lärm, mechanische Schwingungen, physische Faktoren (Arbeitsschwere), Klima (Hitzearbeitsplätze) und Strahlung] ebenso wie die Zeiträume, in denen die Beschäftigten während einer Schicht den Belastungen ausgesetzt sind, festgestellt und zur Bewertung herangezogen
Modul Kosten	Ausschließlich bewertendes euroMat-Modul, zur ökonomischen Bewertung über die im Modul Technik als geeignet ausgewiesenen (Verbund-)Materiallösungen und die entsprechenden Lebenswegvarianten. Die ökonomische Bewertung dieser Materialien erfolgt u. a. auf der Basis der Stoff- und Energieströme, die im Modul Umwelteigenschaften ermittelt worden sind. Die Life-cycle-cost (LCC)-Methode ermöglicht es, die produktspezifischen Kosten entlang des gesamten Produktlebenszyklus, von der Phase der Forschung und Entwicklung über die Produktion und Nutzung bis hin zur Entsorgung, in Abhängigkeit von den eingesetzten Materialien zu bestimmen. Mit dieser prozeßbezogenen Kostenbetrachtung ist es möglich, die wirtschaftlich günstigsten Materialien zu identifizieren und im weiteren für diese zusätzlich Kostensenkungspotentiale aufzuzeigen
Modul Technik	Bezeichnung für das eigenschaftsermittelnde und -bewertende euroMat-Modul, das sich aus den Teilen Erstellung des Anforderungsprofils, Materialauswahl bzw. Ermittlung der Gebrauchseigenschaften, Aufbaubarkeit bzw. Herstellbarkeit, Ermittlung der Lebenswegvarianten bis zur → (Verbund-)Materialherstellung, Fertigung und Recycling zusammensetzt
Modul Umwelt	Ausschließlich bewertendes euroMat-Modul, zur ökologischen Bewertung über die im Modul Technik als geeignet ausgewiesenen (Verbund-)Materiallösungen und die entsprechenden Lebenswegvarianten. Die ökologische Problemidentifikation der betrachteten Materialien erfolgt über alle Bereiche des Produktlebenswegs gemäß dem Life-cycle-thinking-Ansatz ([ISO 14040 ff] von der Rohstoffentnahme bis zur Entsorgung) nach der Methode der

„Iterative Screening life cycle assessment". Dabei werden verschiedene Screening-Indikatoren bzw. Simplifying-Konzepte angewendet, die im Rahmen des Forschungsprojekts auch auf europäischer Ebene eingebracht wurden. Dazu gehören Indikatoren wie z.B. Ökotoxizität (qualitativ als ABC-Bewertung, quantitativ als Wirkungskategorien), fossiler Energiebedarf bzw. schrittweise erweiterte Systemgrenzen usw. Die Bewertung dieser Indikatoren erfolgt zunächst mittels eines einfachen Cluster-Rankings, das bei Bedarf für höhere Iterationsschritte unter Berücksichtigung von Nachhaltigkeitskriterien verfeinert werden kann. Datenqualität, Datenumfang und -art sowie auch der Bilanzierungsaufwand und die Aussagesicherheit steigen mit den Iterationsstufen [Schmidt 1996]

Näherungsformel (NF)	Bezeichnung für die Formel zur Beschreibung einer Materialeigenschaft eines Verbundmaterials als Verknüpfung von Eigenschaften seiner Komponenten. Näherungsformeln gelten zunächst nur für ein bestimmtes Verbundmaterial, lassen sich jedoch nach Einzelfallprüfung auf andere Anwendungsfälle übertragen
NAW	Nichtmetallisch-anorganische Werkstoffe
NE-Metall	Nichteisenmetall
NPa	→ Aquatische Eutrophierung
NPt	→ Terrestrische Eutrophierung
Nutzen	Nutzen ist „die auf der subjektiven Werteinschätzung beruhende Eigenschaft eines Gutes zur Bedürfnisbefriedigung" [Brockhaus 1991, S. 51–52]
ODP	→ Ozonabbau
Open-loop-Recycling	Die erneute Verwendung oder Verwertung von Altprodukten, von Altstoffen und von Produktionsreststoffen zur Herstellung eines anderen, als des in der Ökobilanz untersuchten Produkts (außerhalb des untersuchten Produktsystems)
Ozonabbau, ODP	→ Wirkungskategorie, in die Stoffe aufgenommen werden, die ozonabbauendes Potential haben (z.B. verschiedene FCKW). Der ODP-Wert eines Stoffs ist ein Maß für die ozonabbauende Wirkung eines Stoffs relativ zu der Wirkung derselben Menge von Trichlorfluormethan (FCKW 11). Das heißt, FCKW 11 dient als Referenzsubstanz, und es werden FCKW 11-Äquivalenzfaktoren berechnet.

PB	Polybuten [Poly(1-Buten)]; Bezeichnung für Polyolefine, die durch stereospezifische Polymerisation von 1-Buten mit Ziegler-Natta-Katalysatoren hergestellt werden (Thermoplast)
PCB	Polychlorierte Biphenyle; Bezeichnung für umweltrelevante Stoffe, die durch Chlorierung von Biphenyl mit elementarem Chlor entstehen. Die Herstellung, das Inverkehrbringen sowie die Verwendung von PCBs ist durch die Verordnung der Bundesregierung vom 18.7.89 verboten
PE	Polyethylen (Thermoplast)
PEI	Polyetherimid (Thermoplast)
PET	Polyethylentherephthalat (Thermoplast)
POCP	→ Sommersmog
Polymer	Langes Kettenmolekül mit Monomeren als wiederkehrende Einheit. Ein Polymer kann ein Kunststoff, aber auch ein Naturstoff sein
Produkt	Ein Produkt im Sinn von euroMat setzt sich aus einem oder mehreren → Bauteilen zusammen
Produkt- bzw. Bauteilrecycling	Das Recycling während des Produktgebrauchs hat zum Ziel, ein genutztes Produkt über eine Aufarbeitung einer erneuten Verwendung zuzuführen. Die Aufarbeitung setzt sich in der Regel aus den 5 Fertigungsschritten: 1. Demontage, 2. Reinigung, 3. Prüfen und Sortieren, 4. Bauteilaufarbeitung bzw. Ersatz durch Neuteile (teilweise auch Modernisierung), 5. Montage zusammen [VDI 2243]
Produktgesamtkosten [VDI 2235, S. 7–8]	Die Produktgesamtkosten setzen sich zusammen aus den Kosten des Produktherstellers (→ Selbstkosten) und den Kosten des Produktnutzers. Die Kosten des Produktnutzers setzen sich zusammen aus den Einstandskosten (Einkaufspreis), einmaligen Kosten für Transport, Aufstellung, Anlernen, Umweltschutz usw., Betriebskosten, Instandhaltungskosten sowie den Entsorgungskosten
Produktsystem [DIN EN ISO 14040 1997, S. 5]	Zusammenfassung der durch Material- und Energieflüsse verbundenen Prozesse, die eine oder mehrere festgelegte Funktionen erfüllen
PU	→ PUR
PUR	Polyurethan (Duromer)
PVC	Polyvinylchlorid (Thermoplast)
PVDC	Polyvinylidenchlorid (Thermoplast)

RDP	→ Ressourcenverknappung
Rechenansätze, spezifische	Bezeichnung für Formeln zur Beschreibung einer Materialeigenschaft eines bestimmten Verbundmaterials als Verknüpfung von Eigenschaften seiner Komponenten. Spezifische Rechenansätze sind nicht auf andere Verbundmaterialien übertragbar
Recycling	Die erneute Verwendung oder Verwertung von Altprodukten oder Teilen von Altprodukten, von Altstoffen und von Produktionsreststoffen in Form von Kreisläufen
Recyclingproduktarten	Die möglichen Erzeugnisse, die aus dem Recycling einer → (Verbund-)Materialart resultieren, werden als Recyclingproduktarten bezeichnet. Im 3. Iterationsschritt werden Recyclingproduktarten betrachtet
Recyclingproduktcluster	Die möglichen Erzeugnisse, die aus dem Recycling eines → (Verbund-)Materialclusters resultieren, werden als Recyclingproduktcluster bezeichnet. Im 2. Iterationsschritt werden Recyclingproduktcluster betrachtet
Recyclingproduktgruppen	Die möglichen Erzeugnisse, die aus dem Recycling einer → (Verbund-)Materialgruppe resultieren, werden als Recyclingproduktgruppe bezeichnet. Im 1. Iterationsschritt werden Recyclingproduktgruppen betrachtet
Ressourcenverknappung, RDP	→ Wirkungskategorie, in der Rohstoffverbräuche erfaßt werden. Der RDP-Wert eines Stoffs (z. B. Braunkohle, Steinkohle, Rohgas) ist ein Maß für die Knappheit eines Stoffs relativ zu Rohöl. Das heißt, Rohöl dient als Referenzsubstanz, und es werden Rohöläquivalenzfaktoren berechnet. Der RDP-Wert hängt von der Menge der Ressourcen in der Erdkruste und der Entnahmerate aus der Erdkruste ab
RIM	reaction injection moulding; integriertes Misch- und Spritzverfahren für hochreaktive Mehrkomponentenkunststoffe
RTM	resin transfer moulding; Injektionsverfahren
Screening-Indikator	Eine mit geringem Aufwand zu ermittelnde Kennzahl, die repräsentativ für die relevantesten Ausprägungen eines Moduls ist, wird als Screening-Indikator (screening: Durchleuchtung) bezeichnet
Sekundärrohstoff	Reststoffe, die direkt oder nach Durchlaufen von Entsorgungsprozessen Rohstoffe oder Vorprodukte ersetzen
Selbstkosten [VDI 2235, S. 7–8]	Die Selbstkosten eines Produkts sind die Kosten des Produktherstellers. Sie setzen sich zusammen aus Material und Fertigungskosten, die zusammen als → Herstellko-

	sten bezeichnet werden, sowie Kosten für Verwaltung, Vertrieb, Entwicklung usw.
Semiquantitative Bewertung	→ Halbquantitative Bewertung
SMC	sheet-molding-compound; duromerer faserverstärkter Verbundwerkstoff, flächige „Prepeg"-Formmassen (verstärkte Reaktionsharzformmassen)
Sommersmog, POCP	Bildung von Photooxidanzien, → Wirkungskategorie, in die Stoffe aufgenommen werden, die oxidantienbildendes Potential haben (z.B. Methan, Ethan, Propan). Der POCP-Wert eines Stoffs ist ein Maß für die oxidantienbildende Wirkung eines Stoffs relativ zu der Wirkung derselben Menge von Ethylen. Das heißt, Ethylen dient als Referenzsubstanz, und es werden Ethylenäquivalenzfaktoren berechnet
Spezifikationen [von (Verbund-) Materialien]	Die Zusammenfassung von (Verbund-)Materialien mit ähnlichen Eigenschaften bezogen auf die Gebrauchs-, Fertigungs-, Recycling-, Arbeitsumwelt-, Umwelt- oder Kosteneigenschaften oder die Defizite in den Modulen zu einer Menge (→ Mengenbetrachtung) mit sehr hohem Detaillierungsgrad wird als (Verbund-)Materialspezifikation bezeichnet. Im 4. Iterationsschritt von euroMat werden (Verbund-)Materialspezifikationen betrachtet
Statistische Bezugs-größe	Größe, die das Gesamtsystem für ein Modul abbildet und die im Rahmen der → horizontalen Fehlerbetrachtung als Vergleichsbasis für den → Systemumfang und die → Systemgrenze dient (Beispiel: globale Emissionen an Treibhausgasen für die Wirkungskategorie Treibhauseffekt im Modul Umwelt)
Stoffliche Verwertung	Verwertung, stoffliche
Summenformel (SF)	Bezeichnung für die Formel zur Beschreibung einer Materialeigenschaft eines Verbundmaterials als Summe der Eigenschaften seiner Komponenten. Summenformeln weisen innerhalb eines → Verbundmaterialmodells einen uneingeschränkten Gültigkeitsbereich auf
Symmetrie der Datensätze	gleiche Detailtiefe der Datensätze von Prozessen, insbesondere hinsichtlich der jeweils relevanten Emissionen
Systemgrenze	Bei der Betrachtung der Umwelteigenschaften ist die Systemgrenze die „Schnittstelle zwischen einem Produktsystem und seiner Umwelt oder anderen Produktsystemen" [DIN EN ISO 14040 1997]. Allgemein bezeichnet die Systemgrenze, was betrachtet wird, z.B. welche Phasen des monetären Lebenswegs in die Betrachtung einbezogen oder welche Materialkennwerte bei der

	Bestimmung der Gebrauchseigenschaften berücksichtigt werden
Systemumfang	Der Systemumfang gibt an, wie detailliert bestimmte Parameter oder Aspekte innerhalb der → Systemgrenzen betrachtet werden. Beispielsweise ist der Systemumfang unterschiedlich, wenn Spannweiten oder spezifische Einzelwerte in der Untersuchung betrachtet werden
Terrestrische Eutrophierung, NPt	→ Wirkungskategorie, in die Luft- und Bodenemissionen aufgenommen werden, die eutrophierendes Potential in Böden haben (Überdüngung). Der NPt-Wert eines Stoffs ist ein Maß für die eutrophierende Wirkung eines Stoffs in Böden relativ zu der Wirkung derselben Menge von beispielsweise Nitrat (z. T. auch Stickstoff). Das heißt, Nitrat dient als Referenzsubstanz, und es werden Nitratäquivalenzfaktoren berechnet
Treibhauseffekt, GWP	→ Wirkungskategorie, in die Stoffe aufgenommen werden, die klimawirksames Potential haben (z. B. Kohlendioxid, Methan). Der GWP-Wert eines Stoffs ist ein Maß für die klimarelevante Wirkung eines Stoffs relativ zu der Wirkung derselben Menge von Kohlendioxid. Das heißt, Kohlendioxid dient als Referenzsubstanz, und es werden Kohlendioxidäquivalenzfaktoren berechnet. Der GWP-Wert hängt zum einen von der Verweilzeit des Gases in der Atmosphäre und zum anderen vom Strahlungsantrieb des betreffenden Gases ab
Umweltbelastung	Charakterisierung der allgemeinen Situation der Umwelt infolge eines Stoffstroms aus der Produktion in Richtung Umwelt
Unterprogramm	Ein Programm, das in einen Ablaufplan eingebettet ist und eine eigenständige Einheit bildet, wird als Unterprogramm bezeichnet. Es wird im Ablaufplan (ALP) durch ein sog. Sprungelement, welches den Namen und die Sprungadresse des Unterprogramms enthält, gestartet. Nach der Abarbeitung des Unterprogramms, dessen Ende durch ein Endelement mit dem Inhalt „Rückkehr" gekennzeichnet ist, wird an die Stelle im → Hauptprogramm zurückgekehrt, von der aus das Unterprogramm aufgerufen wurde. Die Abarbeitung des Hauptprogramms wird mit dem Element fortgesetzt, welches in der Bearbeitungsreihenfolge nach dem Sprungelement zum Unterprogramm steht
UP-Harz	(Ungesättigte) Polyesterharze (Duromere); lösliche und schmelzbare Polyester, die mindestens eine ungesättigte Komponente aufweisen

VE	Vinylesterharze, Phenacrylatharze
Verbundmaterial	Die Kombination zweier oder mehrerer → Materialien analog der Kombination von Werkstoffen zu Verbundwerkstoffen wird als Verbundmaterial bezeichnet
(Verbund-)Material	Oberbegriff für Mono- und → Verbundmaterialien
Verbundmaterial-modell, VMM	Die Struktur der Kombination von → Materialien zu einem → Verbundmaterial wird analog der Zuordnung von Verbundwerkstoffen zu Verbundwerkstoffmodellen [BMBF 1995, S. 159] als Verbundmaterialmodell bezeichnet. Die in euroMat betrachteten Verbundmaterialmodelle sind die für Durchdringungs-, Faser-, Schicht- und Teilchenverbunde
Verfahren	Ein Verfahren ist die Gesamtheit der Prozeßeinheiten zur Stoffvorbereitung und -nachbereitung sowie Stoffwandlung, einschließlich Energieversorgung, in einer Anlage
Verfahrensarten	Die Zusammenfassung von Herstellungs-, Fertigungs- oder Recyclingverfahren mit ähnlichen Eigenschaften bezogen auf die (Verbund-)Materialien zu einer Menge (→ Mengenbetrachtung) mit hohem Detaillierungsgrad wird als Herstellungs-, Fertigungs- oder Recyclingverfahrensart bezeichnet. Im 3. Iterationsschritt von euroMat werden Verfahrensarten betrachtet
Verfahrenscluster	Die Zusammenfassung von Herstellungs-, Fertigungs- oder Recyclingverfahren mit ähnlichen Eigenschaften bezogen auf die (Verbund-)Materialien zu einer Menge (→ Mengenbetrachtung) mit mittlerem Detaillierungsgrad wird als Herstellungs-, Fertigungs- oder Recyclingverfahrenscluster bezeichnet. Im 2. Iterationsschritt von euroMat werden Verfahrenscluster betrachtet
Verfahrensgruppen	Die Zusammenfassung von Herstellungs-, Fertigungs- oder Recyclingverfahren mit ähnlichen Eigenschaften bezogen auf die (Verbund-)Materialien zu einer Menge (→ Mengenbetrachtung) mit niedrigem Detaillierungsgrad wird als Herstellungs-, Fertigungs- oder Recyclingverfahrensgruppe bezeichnet. Im 1. Iterationsschritt von euroMat werden Verfahrensgruppen betrachtet
Verfahrensspezifikationen	Die Zusammenfassung von Herstellungs-, Fertigungs- oder Recyclingverfahren mit ähnlichen Eigenschaften bezogen auf die (Verbund-)Materialien zu einer Menge (→ Mengenbetrachtung) mit sehr hohem Detaillierungsgrad wird als Herstellungs-, Fertigungs- oder Recyclingverfahrensspezifikation bezeichnet. Im 4. Iterationsschritt von euroMat werden Verfahrensspezifikationen betrachtet

Versauerung, AP	→ Wirkungskategorie, in die Stoffe aufgenommen werden, die versauerndes Potential haben (z. B. Schwefeldioxid, Stickstoffoxide). Der AP-Wert eines Stoffs ist ein Maß für die versauernde Wirkung eines Stoffs relativ zu der Wirkung derselben Menge von Schwefeldioxid. Das heißt, Schwefeldioxid dient als Referenzsubstanz. Die relative Fähigkeit zur Bildung von Wasserstoffionen, also die versauernde Wirkung im Vergleich zu Schwefeldioxid, wird durch den Schwefeldioxidäquivalenzfaktor ausgedrückt
Vertikale Fehlerbetrachtung	Fehlerbetrachtung zur Aussagesicherheit des Gesamtinstruments durch Untersuchung des Zusammenwirkens der einzelnen Module jeweils für die Iterationsstufen
Verwertung, energetische	Beinhaltet den Einsatz von Abfällen als Ersatzbrennstoff. Voraussetzung der energetischen Verwertung ist ein Heizwert > 11 000 kJ/kg (Ausnahme: nachwachsende Rohstoffe), Feuerungswirkungsgrad 75 % und die Nutzung der entstehenden Wärme. Die dabei anfallenden Abfälle müssen möglichst ohne weitere Behandlung abgelagert werden können. Der Hauptzweck der Maßnahme darf nicht der Behandlung von Abfällen dienen (thermische Abfallbehandlung). [KrW/AbfG 1994, § 4 Abs. 4, § 6 Abs. 2]
Verwertung, stoffliche	beinhaltet die Substitution von Rohstoffen durch das Gewinnen von Stoffen aus Abfällen oder die Nutzung der stofflichen Eigenschaften der Abfälle für den ursprünglichen Zweck (Wiederverwertung) oder für andere Zwecke (Weiterverwertung) mit Ausnahme der unmittelbaren Energierückgewinnung nach Maßgabe des KrW/AbfG
VM	→ Verbundmaterial
VMM	→ Verbundmaterialmodell
Weiterverwendung	Weiterverwendung ist die erneute Benutzung eines gebrauchten Produkts (Altteils) für einen anderen Verwendungszweck, für den es ursprünglich nicht hergestellt wurde. Sie kann unter Nutzung der Gestalt ohne bzw. mit beschränkter Veränderung des Produkts erfolgen. Dabei kann die erneute Benutzung für einen anderen (bestimmten) Verwendungszweck bereits bei der Herstellung des Produkts berücksichtigt worden sein [VDI 2243]
Weiterverwertung	Weiterverwertung ist der Einsatz von Altstoffen und Produktionsabfällen bzw. Hilfs- und Betriebsstoffen in einem von diesen noch nicht durchlaufenen Produktionsprozeß. Durch Weiterverwertung entstehen Materialien oder Produkte mit anderen Eigenschaften (Sekundärmaterialien) und/oder anderer Gestalt. Hierzu gehört auch das chemische Recycling von Kunststoffen [VDI 2243]

Wiederverwendung	Wiederverwendung ist die erneute Benutzung eines gebrauchten Produkts (Altteils) für den gleichen Verwendungszweck wie zuvor unter Nutzung seiner Gestalt ohne bzw. mit beschränkter Veränderung einiger Teile [VDI 2243]
Wiederverwertung	Wiederverwertung ist der wiederholte Einsatz von Altstoffen bzw. Produktionsabfällen bzw. Hilfs- und Betriebsstoffen in einem gleichartigen wie dem bereits durchlaufenen Produktionsprozeß. Hierzu kann auch das chemische Recycling von Kunststoffen zur Gewinnung der Materialausgangsstoffe gezählt werden. Durch Wiederverwertung entstehen aus den Ausgangsstoffen weitgehend gleichwertige Materialien [VDI 2243]
WIG-Schweißen	Wolframinertgasschweißen; dabei wird mit „nichtabschmelzender" Wolframelektrode gearbeitet; das WIG-Schweißen ist ein Schweißverfahren des elektrischen Schutzgasschweißens
Wirkungskategorie	Die umweltbeeinflussenden Größen (z.B. Kohlendioxid, Methan) werden je nach potentiellen Umweltwirkungen einer Wirkungskategorie (z.B. → Treibhauseffekt, → Sommersmog, → Ozonabbau) zugeordnet. Das Wirkungspotential dieser Wirkungskategorien wird, ausgedrückt als Äquivalenzfaktor, auf eine Referenzsubstanz bezogen (z.B. ist Kohlendioxid Referenzsubstanz beim → Treibhauseffekt, somit wird auch das Wirkungspotential von Methanemissionen als Kohlendioxidäquivalente angegeben, so daß eine Aggregation über alle treibhausrelevanten Stoffe zum GWP erfolgen kann)

Literatur

[AFEAS 1995] AFEAS: Production, Sales and Atmospheric Release of Fluorocarbons Through 1994. Alternative Fluorocarbons Environmental Acceptability Study Washington D.C., USA: AFEAS Administrative Organization, Science & Policy Services, 1995

[Agenda 21 1993] Bundesminister für Umwelt, Naturschutz und Reaktorsicherheit (Hrsg.): Umweltpolitik. Konferenz der Vereinten Nationen für Umwelt und Entwicklung im Juni 1992 in Rio de Janeiro. Dokumente. Agenda 21, Bonn: 1993

[Ahlborn 1996] Ahlborn, K.: Werkstoffe für europäische Energieverteilungssysteme. Vortrag zur 27. AVK-Tagung, Baden-Baden: 1996

[Ahlborn, Schaefer 1995] Ahlborn, K., Schaefer, P.: Recycling von Kunststoffen: SMC hat die Nase vorn. Kunststoffe+Kautschuk Produkte (1995), S. 223 ff

[ASER 1994] Institut für Arbeitsmedizin, Sicherheitstechnik und Ergonomie der Bergischen Universität (Hrsg.): Analyse und Bewertung der Gesundheitsgefährdung durch arbeitsbedingte Belastungen. Wuppertal: 1994

[Bai 1992] Bai, D.: Metall-Keramik-Verbundwerkstoffe. Aachen, RWTH, Diss., 1992, S. 18–33

[Banhart et al. 1995] Banhart, J.; Baumeister, J.; Weber, M.: Metallschaum – ein Werkstoff mit Potential. In: Werkstoffe 4/94, S. 22–24

[BAUA 1996] Bundesanstalt für Arbeitsschutz und Arbeitsmedizin (Hrsg.): Gesundheitsschutz, 4. Lärmwirkung, Gehörschutz. Dortmund: 1996

[Baumeister 1995] Baumeister, J.: Persönliche Mitteilung. Fraunhofer Institut Angewandte Materialforschung, November 1995

[Begemann, Sperl 1996] Begemann, M.; Sperl, M.: SCM-Compounds für den europäischen Markt Kabelverteilerschränke – Spezifische internationale Anforderungen und Lösungen in Recyclat. 27. AVK-Tagung, Baden-Baden: 1996

[Bendz 1996] Bendz, D.: Towards the Year 2000: About the Environmental Issues of Electronic Products. In: Snowdon, K. G.; Wienke, D.: Eco-Efficient Concepts for the Electronics Industry Towards Sustainability. Frankfurt: Technology Publising Limited, 1996, S. 15–19

[Betriebshütte 1996] Eversheim, W.; Schuh, G.: Betriebshütte – Produktion und Management. 7. Aufl., Berlin: Springer, 1996

[Betz, Vogl 1996] Betz, G.; Vogl, H. (1996) Das umweltgerechte Produkt – Praktischer Leitfaden für das umweltbewußte Entwickeln, Gestalten und Fertigen. Neuwied, Kriftel, Berlin: Luchterhand, 1996

[BGR 1995] Bundesanstalt für Geowissenschaften und Rohstoffe (Hrsg.): Reserven, Ressourcen und Verfügbarkeit von Energierohstoffen. Hannover: 1995

[BGR 1996] Bundesanstalt für Geowissenschaften und Rohstoffe: Persönliche Mitteilung. Hannover: 1996

[BIA-Report 1996] HVBG (Hrsg.): BIA-Report 1/96: Gefahrstoffliste 1996. St. Augustin: 1996

[Biswas 1995] Biswas, A.: Durchgängige Rechnerunterstützung für die Produktentwicklung umgeformter gewebeverstärkter Thermoplastbauteile. Aachen, RWTH, Diss., 1995

[BK-DOK '90 1992] HVBG (Hrsg.): Dokumentation des Berufskrankheiten-Geschehens in der Bundesrepublik Deutschland. St. Augustin: 1992

[BMBF 1995] TU Berlin (ITU, FG Abfallvermeidung und Sekundärrohstoffwirtschaft), C. A.U. GmbH Dreieich, ICT Pfinztal, RWTH Aachen, IKV Aachen, IPT Aachen, TU Cottbus: Systematische Auswahlkriterien für die Entwicklung von Verbundwerkstoffen unter Beachtung ökologischer Erfordernisse. Berlin: 1995. – Forschungsbericht. BMBF-Förderprogramm Sicherung des Industriestandortes Deutschland, Projektträger DLR, Förderkennzeichen 01 ZV 9415.

[Boothroyd et al. 1994] Boothroyd, G. et al.: Product Design for Manufacture and Assembly. 1. Aufl., Bd. 1, New York: Marcel Dekker, 1994

[Böttger et al. 1978] Böttger: Atmosphärische Kreisläufe von Stickoxiden und Ammoniak. Berichte der Kernforschungsanlage Jülich Nr. 158, Jülich: 1978

[Boutellier, Völker 1997] Boutellier, R.; Völker, R.: Erfolg durch innovative Produkte – Bausteine des Innovationsmanagements. 1. Aufl., München, Wien: Carl Hanser, 1997

[Brandrup et al. 1995] Brandrup, J.; Bittner, M.; Michaeli, W.; Menges, G.: Die Wiederverwertung von Kunststoffen. München, Wien: Carl Hanser, 1995, S. 395

[Brandt 1990] Brandt: Festkörperreiche Beschichtungsstoffe. In: Korrosionsschutz durch Beschichtungen und Überzüge auf Metallen – Neue und bewährte Verfahren für Konstruktion und Fertigung. Kissing: WEKA Fachverlage GmbH, 1990

[Bretz, Frankhauser 1996] Bretz, R.; Frankhauser, P.: Screening LCA for large numbers of products: Estimation tool to fill data gaps. In: International Journal of LCA 1 (1996), no 3, S. 139–146

[Brid 1980] Bridgewater, A.V.; Mumford, C. J.: Technical Economics for Waste Treatment and Recycling Processes. In: Waste Recycling and Pollution Control Handbook, Chapter 20, Van Nostrand Reinhold USA, 1980

[Brockhaus 1991] Brockhaus Enzyklopädie in 24 Bänden, Bd. 16, Mannheim: Brockhaus GmbH, 1991, S. 51–52

[Buchner 1996] Buchner, N.: Kunststoffverwertung: ein Appell an die Vernunft. In Müll & Abfall 7, S. 449, 1996

[CAMPUS] M-Base (Hrsg.): CAMPUS – Werkstoffdatenbank, überarb. Version 1997

[Carlowitz 1992] Carlowitz, B. (Hrsg.): Thermoplast-Schaumgießen (TSG). In: Die Kunststoffe: Chemie, Physik, Technologie. Kunststoff-Handbuch, Bd. 1, München, Wien: Carl Hanser, 1992, S. 348

[Caspers-Merk 96] Caspers-Merk, M.: Politische Rahmenbedingungen – das Kreislaufwirtschaftsgesetz und die Folgen für Ökonomie und Ökologie. In: Fraunhofer Institut Chemische Technologie (Hrsg.): Neue Technologien für die Kreislaufwirtschaft. Symposium Karlsruhe/Kongreßzentrum 21. /22. Mai 1996. Karlsruhe: DWS Werbeagentur und Verlag GmbH, 1996

[Czichos/BAM 1987] Czichos, H.: Materialforschung und Materialprüfung – Bedeutung, Tendenzen, Aufgaben. In: BAM (Hrsg.): BAM-Ausstellungskatalog Materialforschung und Materialprüfung. Berlin: 1987

[de Beaufort et al. 1997] de Beaufort-Langeveld, A.; van den Berg, N.; Christiansen (Ed.), K.; Haydock, R.; ten Houten, M.; Kotaji, S; Oerlemans, E.; Schmidt, W.-P.; Stranddorf, H.-K.; Weidenhaupt, A.; White, P. R.: Simplifying LCA: Just a Cut? In: Final report of SETAC EUROPE (Hrsg.), LCA Screening and Streamlining Working Group. Amsterdam: April 1997

[DFG akt. Ausg.] Mitteilungen der DFG-Senatskommission zur Prüfung gesundheitsschädlicher Arbeitsstoffe der DFG, MAK- und BAT-Werteliste. Weinheim: VCH (aktuelle Ausgabe)

[DIW 1994] Deutsches Institut für Wirtschaftsforschung, Bundesminister für Verkehr (Hrsg.): Verkehr in Zahlen 1994. Berlin: 1994

[Dolezel 1978] Dolezel, B.: Die Beständigkeit von Kunststoffen und Gummi. Hanser, 1978

[Dominighaus 1992] Dominighaus, H.: Die Kunststoffe und ihre Eigenschaften. 4. überarb. Aufl., Düsseldorf: VDI-Verlag, 1992

[Dubbel 1987] Dubbel – Taschenbuch für den Maschinenbau. 16. Aufl., Berlin: Springer, 1987

[Dubbel 1990] Beitz, W.; Küttner, K.-H. (Hrsg.): Dubbel – Taschenbuch für den Maschinenbau. 17. Aufl., Berlin: Springer, 1990

[EAA 1996] European Aluminium Association: Ecological Profile Report for the European Aluminium Industry. Brüssel: 1996

[Ehnert, Harms 1988] Ehnert, G. P., Harms W.: Duroplaste. In: Woebcken, W. (Hrsg.): Kunststoff Handbuch. Bd. 10, München: Carl Hanser, 1988

[Ehrlenspiel 1985] Ehrlenspiel, K.: Kostengünstig Konstruieren – Kostenwissen, Kosteneinflüsse, Kostensenkung. Berlin: Springer, 1985

[Ehrlenspiel 1995] Ehrlenspiel, K.: Integrierte Produktentwicklung – Methoden für Prozeßorganisation, Produkterstellung und Konstruktion. München: Hanser, 1995

[Enquete 1990] Deutscher Bundestag (Hrsg.): Schutz der Erdatmosphäre: Eine Bestandsaufnahme mit Vorschlägen zu einer neuen Energiepolitik. 3. Bericht der Enquetekommission des 11. Deutschen Bundestages „Schutz der Erdatmosphäre", Bd. 1, Bonn: 1990

[Erdmann 1997] Erdmann, L.: Die Aussagesicherheit quantitativer Ergebnisse im Rahmen einer Iterativen Screening-Ökobilanz für Stromerzeugungssysteme. Berlin, TU, Institut für Technischen Umweltschutz, Lehrgebiet Abfallvermeidung und Sekundärrohstoffwirtschaft, Diplomarbeit, 1997

[ETH 1995] Frischknecht, R; Bollens, U. et al.: Ökoinventare für Energiesysteme. 3. Aufl., Bern: Bundesamt für Energiewirtschaft, 1995

[FAZ 1996] Frankfurter Allgemeine Zeitung: Die Produktion der Hausgeräteindustrie schrumpft weiter. Frankfurter Allgemeine Zeitung, Nr. 289, 11. Dezember 1996, S. 16

[Fein 1992] Kunz, J.; Land, W.; Wierer, J.: Neue Konstruktionsmöglichkeiten mit Kunststoffen durch schnelle und sichere Werkstoffauswahl. Kissingen: WEKA Fachverlage, 1992

[Fitzer 1988] Fitzer, E. et al.: Fibers, Synthetic Inorganic to Formaldehyd. In: Gerharts, W. (Hrsg.): Ullmann's Encyclopedia of Industrial Chemistry. 5. Ed., Vol. A11. Weinheim: VHC Verlagsgesellschaft, 1988; S. 1–66

[Fleischer 1994] Fleischer, G.: The allocation of Open-Loop-Recycling in LCA. In: Proceedings of the European Workshop on Allocation in LCA, Centre of Environmental Science of Leiden University (Veranst.), Leiden 24. und 25. Februar 1994

[Fleischer 1995] Fleischer, G.: Methode der Nutzengleichheit für den ökologischen Vergleich der Entsorgungswege für DSD-Altkunststoffe. In: Thomé-Kozmiensky, K. J. (Hrsg.): Management der Kreislaufwirtschaft. Berlin: EF-Verlag, 1995, S. 360–365

[Fleischer 1996] Fleischer, G.: Kreislaufwirtschaft. In: Deutsches Institut für Normung (Hrsg.): Entwicklungsbegleitende Normung für die Produktion im 21. Jahrhundert – Handlungsbedarf und Strategien im Rahmenkonzept „Produktion 2000". Berlin: Beuth, 1996

[Fleischer et al. 1997] Fleischer, G.; Rebitzer, G.; Schiller, U.; Schmidt, W.-P.: euroMat '97 – Tool for Environmental Life Cycle Design and Life Cycle Costing. In: Seliger, G.; Krause, F.-L. (Hrsg.): CIRP Life Cycle Networks. London: Chapman & Hall, 1997

[Fleischer, Schmidt 1995] Fleischer, G.; Schmidt, W.-P.: Life cycle assessment. In: Gerharts, W. (Hrsg.): Ullmann's Encyclopedia of Industrial Chemistry, 5. Ed., Vol. 8, Weinheim: VCH Verlagsgesellschaft, 1995; S. 585–600

[Fleischer, Schmidt 1997] Fleischer, G.; Schmidt, W.-P.: Iterative Screening LCA in an Eco-design tool. In: The International Journal of Life Cycle Assessment 2 (1997), no. 1, S. 20–24

[Fleissner et al. 1993] Fleissner, P.; Böhme, W.; Brautzsch, H.-U.; Höhne, J.; Siassi, J.; Stark, K.: Input-Output-Analyse. Eine Einführung in Theorie und Anwendung. Berlin: Springer, 1993

[Fussler 1996] Fussler, C.: Driving eco Innovation. A breakout discipline for innovation and sustainability. Guildford: Biddles Ltd., 1996

[Gebauer 1995] Gebauer, M.: Rohstoffliches Recycling von Altkunststoffen. In: Kunststoffe 85, 1995, S. 214

[Goldbach 1995] Goldbach Raumsysteme GmbH: Richtlinie für die Nutzung von Doppelbodenanlagen. Interne Ausgabe. Golbach: 1995 – Firmenschrift

[Gräfen 1993] Gräfen, H. (Hrsg.): Lexikon der Werkstofftechnik. Düsseldorf: VDI-Verlag, 1993

[Grigo, Kirchner 1994] Grigo, U., Kirchner, K., Polycarbonate. In: Bottenbruch, L. (Hrsg.): Kunststoff-Handbuch 3/1, München: Carl Hanser, 1994, S. 117ff.

[Guinée 1993] Guinée, J.: Data for the Normalization Step within Life Cycle Assessment of Products. CML-Paper No 14, Leiden: 1993

[Haack, Riecke 1982] Haack, U., Riecke, J.: Verstärktes und gefülltes Polypropylen – Eigenschaften, Anforderungen und Problemlösungen in der Elektrogeräteindustrie. In: PLASTverarbeiter 33 (1982), Nr. 9 bis 12, S. 1038–1042, S. 1252–1256, S. 1371–1376, S. 1473–1476

[Haag 1981] Haag, J.: Prinzipielle Grenzen der Mischungsregel für die Beschreibung der mechanischen Eigenschaften von Verbunden. In: DGM (Hrsg.): Verbundwerkstoffe – Bericht einer Vortrags- und Diskussionstagung der deutschen Gesellschaft für Metallkunde e. V. in Konstanz. Oberursel: DGM, 1981

[Härdtle 1991] Härdtle, G.: Recycling von Kunststoffabfällen. Berlin: E. Schmidt, 1991

[Heijungs et al. 1992] Heijungs, R.; Huppes, G.; Lankreijer, R. M.; Udo de Haes, H. A.; Wegener Sleeswijk, A.; Ansems, A.M.; Eggels, M.; van Duin, R.; Goede, H. P.: Environmental Life Cycle Assessment of Products. Leiden: Centrum voor Milieukunde, 1992

[Hettinger 1985] Hettinger, T., Müller, B. H. et al.: Hitzearbeit – Belastung und Beanspruchung in der deutschen Eisen- und Stahlindustrie. In: BMFT (Hrsg.): Schriftenreihe „Humanisierung des Arbeitslebens", Bd. 67, Düsseldorf: VDI, 1985

[Hirsch 1962] Hirsch, T. G.: In: J. Amer. Conc. Inst., 59 (1962), 427

[Höffken 1992] Höffken, E.; Ullrich, W.; Schicks, H.: Werkstoff Stahl: Unentbehrlich für eine Industriegesellschaft. In: Fleischer, G. (Hrsg.): Vermeidung und Verwertung von Abfällen 3, Berlin: EF-Verlag GmbH, 1992

[Hohlberg 1996] Hohlberg, I.: Umweltverträglichkeit zementgebundener Baustoffe. In: Beton 3, 1996

[Hornbogen 1986] Hornbogen, E.: Die Werkstoffe und die Zukunft der Technik. In: Gewerkschaftliche Monatshefte 9 (1986), S. 541–550

[Horváth et al. 1996] Horváth, P. et al.: Produktcontrolling. In: Eversheim, W.; Schuh, G. (Hrsg.): Betriebshütte – Produktions und Management. 7. Aufl., Bd. 1. Berlin: Springer, 1996

[Houghton et al. 1996] Houghton, J. T.; Meira Filho, L. G.; Callander, B. A.; Harris, N.; Kattenberg, A.; Maskell, K.: Climate Change 95. The Science of climate Change. Contribution of Working Group I to the Second Assessment Report of the Intergovernmental Panel on Climate Change. Cambridge: University Press, 1996, S. 1–572

[Hütte 1955] Akademischer Verein Hütte e.V. (Hrsg.): Hütte – Des Ingenieurs Taschenbuch – Theoretische Grundlagen. 28. Aufl., Berlin: Verlag von Wilhelm Ernst+Sohn, 1955; S. 946–949

[Hütte 1996] Akademischer Verein Hütte e.V. (Hrsg.): Hütte – Die Grundlagen der Ingenieurswissenschaften. 30. Aufl., Berlin: Springer, 1996

[HVBG 1997] HVBG (Hrsg.): Geschäfts- und Rechnungsergebnisse der gewerblichen Berufsgenossenschaften. Sankt Augustin: 1997

[IDEMAT 1996] TU Delft: Idemat 96, Materials Selection Software. Delft: TU Delft, 1996

[Jakob 1997] Jakob, G.: Entsorgung von Bauabfällen. In: Entsorgungs-Praxis, Heft 4, 1997

[Jeitler, Razenberg 1992] Jeitler, E.; Razenberg, J.: Schlagzähmodifizierung von und mit Elastomeren. In: Plastverarbeiter 43 (1992), Nr. 4, S. 39–43

[Käufer, Brandrup 1981] Käufer, H., Brandrup, J.: Das Arbeiten mit Kunststoffen. 2. Aufl., Bd. 2, Berlin: Springer, 1981

[Keoleian 1994] Keoleian, G. A.: The Application of Life Cycle Assessment to Design. In: Journal of Cleaner Produktion 1 (3–4), 1994, S. 143–149

[KI S6/97] Hertsch, H. (Hrsg.): Kunststoff Information (KI) – Der wöchentliche Branchendienst. Sonderausgabe Juni 1997, Bad Homburg 1997

[Kircher, Piontek 1988] Kircher, K.; Piontek, J.: Polycarbonat-Formschaum – ein Werkstoff mit Zukunft. Kunststoffe Nr. 78, 1988 Heft 12, S. 1181ff.

[Kirk 1995] Wilson, C. B.; Claus, K. G.; Earlam, M. R.; Hillis, J. E.: Magnesium and Magnesium Alloys. In: Kroschwitz, J. I.; Howe-Grant, M. (Hrsg.): Kirk-Othmer Encyclopedia of Chemical Technology. Vol. 15, 4. Aufl., New-York: John Wiley & Sons, 1995, S. 622–674

[Klocke, Würtz 1995] Klocke, F., Würtz, C.: Fertigungstechnische Potentiale bei der Bearbeitung von Verbundwerkstoffen und Werkstoffverbunden. In: DGM Informationsgesellschaft mbH (Hrsg.): Vortragstexte der Tagung Verbundwerkstoffe und Werkstoffverbunde. Oberursel: 1995

[Klöpffer, Renner 1995] Klöpffer, W.; Renner, I.: Methodik der Wirkungsbilanz im Rahmen von Produkt-Ökobilanzen unter Berücksichtigung nicht oder nur schwer quantifizierbarer Umwelt-Kategorien. In: Umweltbundesamt (Hrsg.): Methodik der produktbezogenen Ökobilanzen. Texte 23/95, Berlin: 1995

[Koller 1985] Koller, R.: Konstruktionslehre für den Maschinenbau: Grundlagen des methodischen Konstruieren. 2. Aufl., Berlin: Springer, 1985

[Köller 1997] von Köller, H.: Leitfaden Abfallrecht. 5. Aufl., Berlin: Erich Schmidt, 1997

[König 1996] König, W.: Regenwassernutzung von A-Z. WOGE Druck, 1996

[Krass 1994] Krass, K.: Bautechnische und ökologische Aspekte des Beton-Recyclings. In: Betonwerk- und Fertigteiltechnik 1, 1994, S. 103

[Kraume, Zober 1989] Kraume, G.; Zober, A.: Arbeitssicherheit und Gesundheitsschutz in der Schweißtechnik. Fachbuchreihe Schweißtechnik 105, Düsseldorf: Deutscher Verband für Schweißtechnik, 1989

[Kuchling 1984] Kuchling, H.: Taschenbuch der Physik. Tthun, Frankfurt/Main: Harri Deutsch, 1984

[Kunz 1992] Kunz, J.; Land, W.; Wierer, J.: Neue Konstruktionsmöglichkeiten mit Kunststoffen durch schnelle und sichere Werkstoffauswahl. Bd. 2, Kissingen: WEKA Fachverlage, 1992 – Loseblattsammlung

[Lewinski 1992] von Lewinski, A., Sudhölter, R.: Das Recycling von Aluminium-Verpackungen. In: Fleischer, G. (Hrsg.): Vermeidung und Verwertung von Abfällen 3, Berlin: EF-Verlag GmbH, 1992

[Lindfors et al. 1996] Lindfors, L.-G.; Christiansen, K.; Hoffman, L.; Virtanen, Y.; Juntilla, V.; Hanssen, O.-J.; Rönning, A.; Ekvall, T.; Finnveden, G.: Nordic Guidelines on Life-Cycle Assessment. Nord 1995: 20, Copenhagen: Nordic Council of Ministers, 1996

[Link 1989] Link, B.: Quellen und Wege der Belastung des Menschen mit halogenierten Dibenzodioxinen und Dibenzofuranen. In: Zeitschrift für angewandte Umweltforschung 2, Nr. 3, 1989, S. 229–244

[Lunardon 1996] Lunardon, G. F.: Complete Car Floor Pans made with PU based structural RIM Composites. Paper 14. In: Book of Papers of the International Polyurethane Industry Conference UTECH 96, 26–28 März, Den Haag, Niederlande: 1996

[Menges 1990] Menges, G.: Werkstoffkunde Kunststoffe. 3. Aufl., München: Carl Hanser, 1990

[Michaeli 1992] Michaeli, W.: Einführung in die Kunststoffverarbeitung. München: Carl Hanser, 1992

[Michaeli 1994] Michaeli, W.: Kunststoffverarbeitung III. Aachen, RWTH, Institut für Kunststoffverarbeitung, Vorlesungsumdruck, 1994

[N. N. 1992] N. N.: Einfluß der Faserlänge und Orientierung auf die Elastizität und die Wärmeausdehnung von Kurzfaserverbundwerkstoffen. In: Fortschrittsberichte VDI Nr. 326. Düsseldorf: VDI-Verlag, 1992

[N. N. 1993] N. N.: Leitungssysteme für die Regenwassernutzung, In: SBZ 48, Nr. 7, S. 22, 1993

[Neuber 1969] Neuber, H.: Technische Mechanik. Teil II, Berlin: Springer, 1969

[Nicolai, M. 1994]: Konfiguration wirtschaftliche Bauschuttaufbereitungen in Müll und Abfall 12 (1994) (auch als Dissertation)

[Niebel 1970] Niebel, B. W.: Process Engineering. In: Maynard, H. B.: Handbook of Modern Manufacturing Management. New York: McGraw-Hill, 1970

[OECD 1995] OECD (Hrsg.): OECD Environmental Data Compendium 1995. Paris: 1995

[Oidtmann 1995] Oidtmann, H.-G.: Entwicklung einer Methodik zur Auswahl von geeigneten Verbundkunststoffen bzw. zur Identifizierung von Forschungsfeldern für Verbundkunststoffe. Unveröffentlichte Studienarbeit am IKV, RWTH-Aachen 1995

[Ozone Secretariat 1993] Ozone Secretariat (Hrsg.): Handbook for the Montreal Protocol on substances that deplete the ozone layer. 3. Aufl., Nairobi, Kenya: United Nations Environment Programme (UNEP), 1993, S. 1–170

[Pahl, Beitz 1977] Pahl, G.; Beitz, W.: Konstruktionslehre. Berlin: Springer, 1977

[Peeken 1992] Peeken, H.: Maschinenelemente. Aachen, RWTH, Institut für Maschinenelemente, Vorlesungsumdruck, 1992

[Petzow 1990] Petzow: Rißlängenauswertung an keramischen Verbundwerkstoffen. In: Metallographie – Stähle, Verbundwerkstoffe, Schadensfälle. Stuttgart: Riederer, 1990

[Reimerdes 1990] Reimerdes: Dimensionieren II. Aachen, RWTH, Institut für Leichtbau, Vorlesungsumdruck Faserverbundwerkstoffe, 1990

[Renz 1993] Renz, U.: Grundlagen der Wärmeübertragung. Aachen, RWTH, Lehrstuhl für Wärmeübertragung und Klimatechnik, 1993

[Rußwurm 1994] Rußwurm, D.: Ist Betonstahl umweltfreundlich? In: Beton- und Fertigteiltechnik 9, 1994

[Saechtling 1995] Saechtling (Hrsg.): Kunststoff-Taschenbuch 1995, Bd 1., Aufl. 26, München: Carl Hanser, 1995

[Schiebisch 1996] Schiebisch, J.: Recycling von naßgepresstem UP-GF und Glasmattenabfällen. In: Tagungsband der 27. AVK Tagung, 1996

[Schmidt 1996] Schmidt, W.-P.: Top-Down Eco-Design With Interactive Screening LCA. In: LCA-News/SETAC EUROPE, Vol. 6, issue 5, S. 2

[Schmidt et al. 1995] Schmidt, W.-P.; Ackermann, R., Fleischer, G.: Screening LCA for escorting the development of products. In: Proceedings of the European Workshop on LCA. Taragona (Spain), 12.-13. September 1995

[Schmitz 1994] Schmitz, S.: Herstellung und Verarbeitung eines Naturfaser-Polypropylen-Verbundwerkstoffes. Aachen, RWTH, IKV, unveröff. Diplomarbeit, 1994

[Schmucker 1993] WAT Schmucker: Naturfasern als Basis für Verbundwerkstoffe. In: Verbundwerk News – Messe-Ausgabe 13.–15. Oktober 1993

[Schoenen 1983] Schoenen, D.: Trinkwasser und Werkstoffe. Fischer, 1983

[Selden 1967] Selden, H. P.: Glasfaserverstärkte Kunststoffe. Berlin: Springer, 1967, S. 730

[SETAC 1993] Society of Environmental Toxicology and Chemistry (SETAC): Guidelines for Life-Cycle Assessment: A „Code of practice" Edition 1, from the SETAC Workshop held at Sesimbra, Portugal 31 March – 3 April 1993, Brussels, Belgium, and Pensacola, Florida, USA, August 1993

[Sicherheit 1997] Sicherheitsreport der Verwaltungs-Berufsgenossenschaft. Heft 1/1997

[Siegwart, Senti 1995] Siegwart, H.; Senti, R.: Product Life Cycle Management – Die Gestaltung eines integrierten Produktlebenszyklus. Stuttgart: Schäffer-Poeschel, 1995

[Spiegler 1990] Spiegler, R.: Teilchenverbundwerkstoffe. Aachen, RWTH, Diss., 1990

[Spur 1996] Spur, G.: Produktionstechnologie – Einführung. In: Eversheim, W.; Schuh, G. (Hrsg.): Betriebshütte – Produktion und Management. Teil 2, 7. Aufl. Berlin: Springer, 1996

[StatBundesamt 14/3/3 1992] Statistisches Bundesamt: Rechnungsergebnisse der kommunalen Haushalte 1990. Fachserie 14: Finanzen und Steuern, Reihe 3.3; Wiesbaden, 1992

[StatBundesamt 18/2 1994] Statistisches Bundesamt: Input-Output-Tabellen 1986, 1988; 1990; Fachserie 18: Volkswirtschaftliche Gesamtrechnung, Reihe 2, Wiesbaden, 1994

[StatBundesamt 4/3/1 1991] Statistisches Bundesamt: Produktion im Produzierenden Gewerbe des In- und Auslands 1990; Fachserie 4: Produzierendes Gewerbe, Reihe 3.1; Wiesbaden, 1991

[StatBundesamt 6/1/2 1992] Statistisches Bundesamt: Beschäftigung, Umsatz, Wareneingang, Lagerbestand und Investitionen im Großhandel 1990; Fachserie 6: Handel, Gastgewerbe, Reiseverkehr, Reihe 1.2; Wiesbaden, 1992

[Szabo 1975] Szabo, I.: Einführung in die Technische Mechanik. 8. Aufl., Berlin: Springer, 1975

[TAB 1995] Socher, M; Rieken, Th.; Baumer, D.: Neue Werkstoffe. TAB-Arbeitsbericht Nr. 32, Bonn: Büro für Technikfolgen-Abschätzung beim deutschen Bundestag 1995. – Endbericht TA-Projekt

[Takayanagi et al. 1963] Takayanagi, M., Nemura, S., Minami, S.: Application of Equivalent Model Method to Dynamic Rheo-Optical Properties of Crystalline Polymer. J. Polym. Sci.: Part C, 5 (1963), S. 113–122

[Taprogge 1974] Taprogge, R.: Konstruieren mit Kunststoffen – Werkstoffeigenschaften, Gestaltung, Festigkeitsrechnung. Düsseldorf: VDI Verlag, 1974

[Thomé 1995] Thomé-Kozmiensky, K.-J. (Hrsg.): Verfahren und Stoffe in der Kreislaufwirtschaft. Berlin: EF-Verlag GmbH, 1995

[Tiltmann 1996] Tiltmann, K. (Hrsg.): Recyclingpraxis Kunststoffe. Verlag TÜV Rheinland, Loseblattsammlg., Stand April 1996

[Ullmann 1984] Bartholome, E. et al. (Hrsg.): Ullmanns Encyclopädie der technischen Chemie, 4. Aufl., Weinheim: Verlag Chemie, 1972–84

[UNEP 1994] International Energy Agency, IEA/OECD Scoping Study: Energy and Environmental Technologies to respond to global climat change concerns. Paris: OECD, 1994

[UNEP 1996] United Nations Environment Programme: Report of the secretariat on information provided by the parties in accordance with articles 7 and 9 of the Montreal protocol. Eight Meeting of the parties to the Montreal protocol on substances that deplete the ozone layer. San José, 25.–27. November 1996. Item 4 of the provisional agenda. UNEP/OzL. Pro. 8/3. 12.9.1996

[US-Department 1990] US-Department of Interior, International Strategic Minerals Inventory: Summary report of metals. 1990

[Vauck, Müller 1994] Vauck, W. R. A.; Müller, H. A.: Grundoperationen chemischer Verfahrenstechik. Leipzig: Deutscher Verlag für Grundstoffindustrie, 1994

[Volkwein et al. 1996] Volkwein, S.; Gihr, R.; Klöpffer, W.: The valuation step within LCA. Part II: A formalized method of prioritization by expert panels. Int. J. LCA 1996, 1, S. 182–192

[Volkwein, Klöpffer 1996] Volkwein, S.; Klöpffer, W.: The valuation step within LCA. Part I: General Principles. Int. J. LCA 1996, 1, 36–39

[Vorwerk 1993] Vorwerk: TechnoTex. Produktbeschreibung der Vorwerk&Co Kulmbach, 1993 – Firmenschrift

[Wärmeatlas 1984] VDI (Hrsg.): VDI-Wärmeatlas. Düsseldorf: VDI, 1984

[WCED 1987] World Commission on Environment and Development: Our Common Future. Oxford: University Press, 1987

[Weber 1989] Weber, A.: Neue Werkstoffe. Düsseldorf: VDI, 1989

[Wicke 1991] Wicke, L.: Umweltökonomie. 3. Aufl., München: Vahlen, 1991

[Wissenschaftsrat 1993] Wissenschaftsrat (Hrsg.): Empfehlungen zur Förderung materialwissenschaftlicher Forschung und Lehre an den Universitäten. Wiesbaden: 1993

[Wittich 1990] Wittich, H.: Faserverstärkte thermoplastische Verbundwerkstoffe. Aachen, RWTH, Diss., 1990

[Wöhe 1993] Wöhe, G.: Einführung in die allgemeine Betriebswirtschaftslehre. 18. Aufl., München: Vahlen, 1993

[Woidasky 1995] Woidasky, J. M.: Kreislaufführung von Verbundwerkstoffen aus dem Automobilbau am Beispiel von Stoßfängern und Karosseriebauteilen. Berlin, TU, Fachgebiet Abfallvermeidung, Diplomarbeit, 1995

[WRI 1996] WRI World Resources Institut: Welt-Ressourcen: Fakten, Daten, Trend, ökologisch-ökonomische Zusammenhänge. 5. Ergänzungslieferung 3/96, Washington: 1996

[Young 1996] Young, S.: Materials in LCA. In: Curran, M. A.: Environmental Life-Cycle Assessment. 1. Aufl., New York: McGraw-Hill, 1996

[ZH 1/534.1] ZH 1/534.1, Sicherheitsregeln für Arbeits- und Schutzgerüste – Systemgerüste. Köln: Carl Heymanns, 1993

[ZH 1/585] ZH 1/585, Grundsätze für die Prüfung von Belagteilen in Fang- und Dachfanggerüsten sowie von Schutzwänden in Dachfanggerüsten, Köln: Carl Heymanns, 1996

[ZVSHK 1993] ZV Sanitär Heizung Klima (ZVSHK) (Hrsg.): Merkblatt Regenwassernutzungsanlagen. 1993

Zitierte Normen und Richtlinien

[DIN 1705] Deutsches Institut für Normung: DIN 1705: Kupfer-Zinn- und Kupfer-Zinn-Zink-Gußlegierungen – Guß-Zinnbronze und Rotguß) Gußstücke. Beiblatt 1, Berlin: Beuth, 1981

[DIN 1709] Deutsches Institut für Normung: DIN 1709: Kupfer-Zink-Gußlegierungen – (Guß-Messing und Guß-Sondermessing) Gußstücke. Beiblatt 1, Berlin: Beuth, 1981

[DIN 1725] Deutsches Institut für Normung: DIN 1725: Aluminiumlegierungen Gußlegierungen. Beiblatt 1 zu Teil 2, Berlin: Beuth, 1986

[DIN 4420] Deutsches Institut für Normung: DIN 4420, Arbeits- und Schutzgerüste. Berlin: Beuth, 1990

[DIN 4725, Teil 3] Deutsches Institut für Normung: DIN 4725, Teil 3: Warmwasser-Fußbodenheizung, hier: Heizleistung und Auslegung. Berlin: Beuth, 1983

[DIN 8580] Deutsches Institut für Normung: DIN 8580: Fertigungsverfahren; Begriffe; Einteilung. Berlin: Beuth, 1985

[DIN 8950 E] Deutsches Institut für Normung: DIN 8950, Entwurf: Haushaltskühlgeräte, Eigenschaften und Prüfverfahren. Vorschlag für eine europäische Norm, Berlin: Beuth, 1991

[DIN 17671] Deutsches Institut für Normung: DIN 17671: Rohre aus Kupfer und Kupfer-Knetlegierungen – Eigenschaften. Teil 1, Berlin: Beuth, 1983

[DIN 43629, Teil 1] Deutsches Institut für Normung: DIN 43629, Teil 1: Kabelverteilerschrank, Gehäuse, Anbaumaße. Berlin: Beuth, 1978

[DIN 55928, Teil 4] Deutsches Institut für Normung: DIN 55928, Teil 4: Korrosionsschutz von Stahlbauten durch Beschichtungen und Überzüge, hier: Vorbereitung und Prüfung der Oberflächen, Berlin: Beuth, 1991

[DIN EN ISO 14040 1997] Deutsches Institut für Normung: DIN EN ISO 14040: Produkt-Ökobilanz. Berlin: Beuth, 1997

[EN 153 1994] Deutsches Institut für Normung: EN 153, Ausgabe Mai 1990, Kühlgeräte-Richtlinie 94/2/EG, Berlin: Beuth, 1994

[EN ISO 14040] EN ISO 14040: Environmental management – Life cycle assessment – principles and framework; Berlin: Beuth, 1996

[Gefahrstoffverordnung 1993] Verordnung zum Schutz vor gefährlichen Stoffen (Gefahrstoffverordnung – GefStoffV) vom 26.03.1993; Bundesgesetzblatt I S. 1783, Bonn 1993

[KrW-/AbfG 1994] Gesetz zur Förderung der Kreislaufwirtschaft und Sicherung der umweltverträglichen Beseitigung von Abfällen (Kreislaufwirtschafts- und Abfallgesetz – KrW-/AbfG) Bundesgesetzblatt Teil 1, Z 5702 A, Bonn, 1994

[RAL-GZ 941] Deutsches Institut für Gütesicherung und Kennzeichnung: Doppelboden Gütesicherung RAL-GZ 941. Bonn: 1989

[TL 1996] Außengehäuse für Freiluftklima, Gehäuse für Fernmeldeeinrichtungen und Kabel-Fernsehen, Technische Lieferbedingungen der Deutsche Telekom AG, TL-Nr. 5975–3049, TS 0051/96

[TRGS 403 1989] Technische Regeln für Gefahrstoffe. Bewertung von Stoffgemischen in der Luft am Arbeitsplatz. Ausgabe Oktober 1989

[TRGS 440 1996] Technische Regeln für Gefahrstoffe. Ermitteln und Beurteilen der Gefährdung durch Gefahrstoffe am Arbeitsplatz: Vorgehensweise (Ermittlungspflichten). Ausgabe Oktober 1996

[TSKVS 1996] Technische Spezifikation für Kabelverteilerschränke, Energieversorgung Schwaben AG, Stuttgart, 1996

[VDI 2225, 2] Verein Deutscher Ingenieure: VDI 2225, Blatt 2, Entwurf, VDI-Richtlinien, Konstruktionsmethodik Technisch-wirtschaftliches Konstruieren, Tabellenwerk. Düsseldorf: VDI-Verlag, 1996

[VDI 2235] Verein Deutscher Ingenieure: VDI 2235: Wirtschaftliche Entscheidungen beim Konstruieren – Methoden und Hilfen. Düsseldorf: VDI-Verlag, 1987

[VDI 2243] Verein Deutscher Ingenieure: VDI 2243: Konstruieren recyclinggerechter technischer Produkte. Entwurf. Berlin: Beuth, 1991

[VDI 4600 Entwurf] Verein Deutscher Ingenieure: VDI 4600 (Entwurf): Kumulierter Energieaufwand – Begriffe, Definitionen, Berechnungsmethoden. VDI Handbuch Energietechnik. Berlin: Beuth 1995

euroMat-Publikationen

Fleischer, G.; Klöpffer, W.; Braunmiller, U.; Klocke, F.; Michaeli, W.; Becker, J.: Die Auswahl aus allem. In: Plastverarbeiter 47 (1996), no. 10, p. 132–134

Fleischer, G.; Rebitzer, G.; Schiller, U.; Schmidt, W.-P.: – euroMat '97 – Tool for Environmental Life Cycle Design and Life Cycle Costing. S. 57–67. In: 4th International Seminar on Life Cycle Engineering. 26–27 June 1997, PTZ Berlin, Preprints

Fleischer, G.; Rebitzer, G.; Schiller, U.; Schmidt, W.-P.: Criteria for the Development of Environmental Conscious and Recyclable Materials. In: R'97 Congress Proceedings, 4.–7. February 1997 in Geneva

Fleischer, G.; Rebitzer, G.; Schiller, U.; Schmidt, W.-P.: Materials Selection Tool for Innovative Eco-Products. pp. 271–275, in: Eco-Efficient Concepts for the Electronics Industry Towards Sustainability, Proceedings of the Care Innovation '96, Frankfurt a. M. 18.–20.11.96. London: Technology Publishing Limited 1997

Fleischer, G.; Rebitzer, G.; Schiller, U.; Schmidt, W.-P.: Zukunftsweisende Werkstoffauswahl mit euroMat. Korrespondenz Abwasser, Jahrg. 44, Nr. 6, 1997, S. 1082–1087

Fleischer, G.; Schmidt, W.-P.: Environmentally Conscious (Composite) Materials – Eco-Design Workshop at the Technical University Berlin, Berlin May 15, 1996. In: The International Journal of Life Cycle Assessment 1 (1996), no. 3, p. 180

Fleischer, G.; Schmidt, W.-P.: Iterative Screening LCA in an Eco-design tool. In: The International Journal of Life Cycle Assessment 2 (1997), no. 1, p. 20–24

Klöpffer, W.; Volkwein, S.: Bilanzbewertung im Rahmen der Ökobilanz. In: Thomé-Kozmiensky (Hrsg.): Management der Kreislaufwirtschaft, S. 336–340

Schmidt, W.-P.: Eco-Design Method using an Iterative Top-Down Approach: Iterative Screening LCA. In: LCAnews 6 (1996), no 5 1996

VDI-Nachrichten (eigener Korrespondent: Jürgen Heinrich): Rasterfahndung für den Wettbewerb von morgen – Forscher wollen die Verbundwerkstoff-Entwicklung optimieren. In: VDI Nachrichten, Nr. 36, 6. September 1996

Volkwein, S., Klöpffer, W.: The valuation step within LCA. Part I: General Principles. Int. J. LCA 1996, 1

Volkwein, S., Gihr, R., Klöpffer, W.: The valuation step within LCA. Part II: A formalized method of priorization by expert panels. Int. J. LCA 1996, 1, 182–192

Sachwortverzeichnis

3 D-Textil-verstärkter Faserverbund   325

ABC/XYZ-Bewertung   96–98, 111, 334
ABC-Bewertung   40–42, 55, 57, 67, 92, 94, 334
ABC-Einstufung   53
Abfall   334
Ablaufplan, Elemente eines   231
Abschätzungsregeln   324, 327, 334
Allokation   334
Altstoffausbringen   42, 44, 45, 58, 67
Altstoffausbringung für Stahl   42
Anforderungsprofil   15, 22, 23, 28, 29, 32, 33, 35, 39, 46, 53, 59, 118, 236
– Anforderungen   29, 32, 33, 35, 39, 46, 53, 59, 118
– – sehr wichtige   29, 32, 33, 35, 39, 46, 53
– – weniger wichtige   32, 39, 59
– – wichtige   32, 39, 46, 53
– Erstellung des   32, 235
– erweitertes   23, 28
– Überarbeitung   49, 53, 240
AP   334
Apparate   334
Arbeitsbereich   77, 334
Arbeitssicherheit   18
Arbeitsumwelt   306
Arbeitsumwelt; Modul   4, 5, 8, 9, 16–22, 75–88
– Arbeitsbereiche   76, 77, 82, 87, 88, 308
– Aussagesicherheit   9
– Belastungskennzahlen   84, 87, 88
– – potentielle   87
– – tatsächliche   87
– Bewertung   78–82, 84–88
– – ABC-   78–81
– – ABC/XYZ-   81
– – Arbeitsumweltfaktoren (AUF)
– Bewertungskriterien   9
– Expositionszeit   79, 80, 83, 87
– Datenart   9
– Datenbasis   77, 80, 83, 84
– Datenherkunft   9

– Eigenschaftsermittlung   77, 80, 83, 84
– Expositionszeit   79, 80, 83, 87
– Freisetzungspotential   85
– Gefahrstoffkategorien   86
– Iterationsschritte   8, 9
– Schutzmaßnahmen, technische   82–84, 87
– Stoffindex   82
– Systemgrenze, -umfang   9, 76, 77, 79, 80, 82, 83
– Untersuchungsgegenstand   8
– Vorgehensweise   75, 76
– Wirkpotential   85
– Zeitfaktoren je Belastungsart   88
Arbeitsumwelteigenschaften   305
Arbeitsumweltfaktoren (AUF)   75, 78–80, 83, 84, 86, 87, 335
– Belastung, physische   75, 83, 87, 335
– Gewichtung   87
– Gefahrstoffe   75, 78–80, 84, 87
– Hitzearbeit   75, 83, 87
– Lärm   75, 83, 84, 86, 87
– Schwingungen, mechanische   75, 83, 87
Arbeitsvorgänge   26, 41, 56, 61, 74, 335
Arten von (Verbund-)Materialien   335
AUF   335
Aufbaubarkeit   6, 47, 60
– Aussagesicherheit   6
– Bewertungskriterien   6
– Bewertung, Art der   6
– Datenart   6
– Datenherkunft   6
– Iterationsschritte   6
– Systemgrenze, -umfang   6
– Vorgehen   6
– Untersuchungsgegenstand   6
– Untersuchungsergebnis   6
– Verbund, dauerhafter   252
Ausdehnungskoeffizient, linearer   330
Aussagesicherheit   6, 8–10, 12, 14, 168, 186, 187, 195, 210–212, 218, 222, 223, 227
– der Iterationsschritte   211, 222, 227
– der Module   223
– Wechselwirkung   223

Aussageunschärfe 180, 186
Auswertung 335

Bauteil 335
Bauteil- bzw. Produktgeometrie 52
Bauteilgewicht 28, 49
Bauteilmaße 28
Bauteilrecycling 31
Bedarf 21, 43–45, 58, 67, 74
- für Bauteil/Produkt 21
- für Recyclingprodukt 43–45, 58, 67, 74
Behälter für Kühlträgerflüssigkeit 149–152
- Anforderungsprofil 149–151
- Arbeitsumwelteigenschaften 151
- Aufwand, ökonomischer 152
- Ausbringung 151
- Behälterbau 149
- Bewertung 152
- - Arbeitsumwelt 152
- - Kosten 152
- - Recycling 152
- - Technik 152
- - Umwelt 152
- Defizite 149, 150
- Faserart 152
- Faserverbundmaterialien 149
- Herstellbarkeit 151
- Materialauswahl 151
- Materialgruppen 149
- Metalle 149, 151, 152
- Naturfaserverstärkung 151, 152
- Polymere 152
- Ranking 152
- Recyclingeigenschaften 151
- Schichtverbundmaterialien 149
- Schutzschichten 151
- Umweltbelastungen 151
- Umweltrelevanz 152
- Verbundmaterialgruppen 149
Beispiele 118
Beispielkasten Bodengruppe 28, 31, 33,
  35, 36, 39, 42, 43, 49, 50, 54, 57, 61, 64, 67,
  72–74, 77, 79, 81, 82, 86, 88, 90, 91, 94, 96,
  98, 105, 107, 109, 112, 114
Belastungen 28, 75, 83, 87
- mechanische 28
- physische 75, 83, 87
Belastungskennzahlen 84, 87, 88
- potentielle 87
- tatsächliche 87
Berater 20
Beschaffung 18
Beseitigung 31, 67, 295, 296
Betrachtungsumfang, schrittweise
  Erweiterung des 14
Betriebsmittel 335
Betriebsstoffe 335

Bewertung 23, 38, 42, 52, 54–58, 67, 68, 70,
  71, 74, 269
- halbquantitative 338
Bewertungskriterien 6–10, 12
Bezugsgröße, statistische 346
Bilanz 335
BMC 335
Bodenbelag, elastischer auf Doppelboden-
  platten 153–156
- Anforderungsprofil 153–156
- Arbeitsumwelteigenschaften 156
- Bewertung 155
- - Arbeitsumwelt 155
- - Eignung, Fertigung 155
- - Gebrauch 155
- - Kosten 155
- - Recycling 155
- - Umwelt 155
- Defizite 154
- Elastomere 154
- Faserverbundmaterialien 154
- Gebrauchseigenschaften 155
- Kautschuk 156
- Linoleum 156
- Materialauswahl 154, 155
- Materialgruppen 154
- Matrix 154
- PVC-Bodenbeläge 153
- Schichtverbundmaterialien 154
- Thermoplaste 154
Bodengruppe von Hybridfahrzeugen
  119–124
- Abstandsgewebe 119, 121, 122
- Anforderungsprofil 32, 119, 120
- Beispielkasten 28, 31, 33, 35, 36, 39, 42, 43,
  49, 50, 53, 54, 57, 61, 64, 67, 73, 74, 77, 79, 81,
  82, 86, 88, 90, 91, 94, 96, 98, 105, 107, 109,
  112, 114
- Bewertung 122, 124
- - Arbeitsumwelt 122, 124
- - Eignung, Fertigung 122, 124
- - Kosten 122, 124
- - Recycling 122, 124
- - Umwelt 122, 124
- Defizite 120, 121, 124
- Fa. Sachsenring Automobiltechnik AG
  119
- Faserverbundmaterialien 119
- Gewichtsanforderungen 121
- Leichtmetalle 119
- Materialauswahl 119, 120, 123
- Metalle, geschäumte 119
- Naturmaterialien 119
- Polymere 119
- Prototyp 124
- Schichtverbunde 119
- Stahlleichtbauvarianten 119

- Szenarien 123
- Verrippung 123
- Versickung 123
- Wabenstrukturen 119, 121, 122
Brennbarkeit 332
Bruchzähigkeit 330

CFK 73
Cluster [von (Verbund-)Materialien] 336
Controlling 19
Cost-drivers 106, 107
CVD 336

Datenbanken 229
- anonymisierte 229
- firmenspezifische 229
- vertrauliche 229
Datenbasis 32, 49
- einheitliche 229
Datengenauigkeit, iterative Steigerung der 14
Datenqualität 14, 91, 92, 106
- iterative Steigerung der 14
Datenrichtigkeit, iterative Steigerung der 14
Datensymmetrie 107, 336
Defizitbewertung 71, 72
Design-Team 336
Detailtiefe 15, 36
Dimensionierung von Bauteilen 51
Diskontierungsregeln 110
Down-cycling 57, 67
Druckfestigkeit 327
Durchdringungsverbundwerkstoff 24, 34,
  325

Eigenschaften 29, 298
- mechanische 29
- ökologische 298
Einkaufspreise 105
Elastizitätsmodul 329
- des Verbundwerkstoffs 329
Elementarflüsse 89-93, 96, 98, 336
Emission 336
Energieaufwand, kumulierter (KEA) 96
Entscheidungshilfen 33
Entscheidungsprozeß 112
Entscheidungsträger 21, 112, 117
Entsorgung 337
Entsorgungskosten 110, 111
- abdiskontierte 111
Entwicklungszeit 14, 228
Erfüllungsgrad 36, 40, 41, 53, 70-72
euroMat '98 2
euroMat 2000 109
Eutrophierung 99, 101, 102
- aquatische 334
- terrestrische 346
Eutrophierungspotential 98

F & E-Abteilung 18
F & E-Aufwand 54, 56, 57, 70, 71, 117
- zur Defizitbehebung 117
Faser-Matrix-Haftung 50
Faserorientierung 50
Faserverbundwerkstoff 24, 34, 35, 50, 324
Faserverteilung 50
Faustformeln 49, 63, 324, 337
FCKW 337
Fehlerbetrachtung, horizontale 168, 339
- Anwendungsbereiche 168
- Betrachtung, allgemeine 168, 181, 185,
  195, 212, 222
- Betrachtung, beispielbezogene 174, 185,
  202
- - Bodengruppe 174-176, 185, 186,
  190-192, 195, 202, 203, 205, 208,
  211, 219-221
- - Fußbodenheizung(srohre) 174-176,
  179, 180, 185, 186, 190, 192, 195,
  202-211, 218-221
- - Schaltschrankgehäuse 191-193, 195
- - Werkzeugkoffer 203, 204, 208, 209
- Detaillierungsgrad 168, 169, 174, 180, 211
- Dominanzanalyse 168, 169
- Eigenschaftsspannweiten 169
- Geltungsbereich 168, 187, 195
- Genauigkeit 184, 195, 201, 209, 216
- Modul Arbeitsumwelt 187, 188-195
- - allgemeine Fehlerbetrachtung
  187-190
- - Arbeitsbereiche 191, 192, 195
- - Arbeitsumwelteigenschaften 187, 189,
  190
- - beispielbezogene Fehlerbetrachtung
  190-194
- - Belastungskennzahlen 191, 192, 194
- - Berufskrankheiten 187, 188, 190, 195
- - Gefahrstoffe 189, 190, 193, 195
- - kombinierte Fehlerbetrachtung 195
- - Signifikanzgrenzen 192, 193, 195
- Modul Kosten 212-222
- - allgemeine Betrachtung 212-218
- - beispielbezogene Betrachtung
  218-221
- - Cost-drivers 214, 216
- - Lebenszykluskosten 215
- - Gewichtung 215, 216, 221, 222
- - Initialbewertung 222
- - kombinierte Betrachtung 221, 222
Fehlerbetrachtung, horizontale
- - Preisspanne 217, 218
- - Produktionsbereiche 212, 213
- - Sensitivitätsanalyse 219, 220
- - Wichtungsfaktoren 219, 220, 222
- Modul Technik - Gebrauchseigenschaften
  169-172, 174-180

Fehlerbetrachtung
- - Aussageschärfe 174
- - Aussageunschärfe 180
- - Eigenschaftsspektren 170–172
- - Elastizitätsmodul 172, 173
- - Erfüllungsfaktor 178
- - Gesamtbewertung 177–180
- - Streckspannung 172, 173
- - Wichtungsfaktoren 177, 178, 179
- - Zugfestigkeit 172, 173
- Modul Technik – Recyclingeigenschaften 181, 184–186
- - Aussageunschärfe 186
- - Recyclingkennzahl 184–186
- - rohstoffliche Verwertung 181–183
- - Verwertung, energetische 183
- Modul Umwelt 195–211
- - allgemeine Betrachtung 195–201
- - Auswertung 209
- - beispielbezogene Betrachtung 202–210
- - Initialbewertung 207, 208
- - kombinierte Fehlerbetrachtung 210, 211
- - Prozeßverknüpfungen 205, 206, 211
- - Screening-Indikator 200, 202–205, 211
- - Sensitivitätsanalyse 204, 207, 209, 210
- - Wirkungsabschätzung 208, 210, 211
- - Wirkungskategorie 195, 196, 200, 203–205, 208–211
- Systemgrenzen 169, 172, 190, 198, 200, 202, 203, 211, 214, 216, 218, 221
- Ungenauigkeit 184
- Unschärfe 184–186, 191, 195, 201, 208, 211, 217, 218, 222, 223, 227
- Verteilungsanalyse 168–170, 181–183, 198, 213
- Wiedergabetreue 175, 177, 190, 202, 203, 211, 219, 221
- - der Rangfolge 174, 175, 190, 191, 202, 218
Fehlerbetrachtung, vertikale 222, 348
- allgemeine Betrachtung 222–224
- beispielbezogene Betrachtung 224–227
- - Bodengruppe 224–226
- - Fußbodenheizungsrohre 226, 227
- Gesamt-Ranking 224, 225
- kombinierte Betrachtung 227
- Recycling 223, 226
- Wechselwirkungen 222, 223, 225, 227
- - Anforderungsprofil 225–227
- - Arbeitsumwelt 224–226
- - Fertigung 223
- - Kosten 224–226
- - Materialauswahl 223, 227
- - Recycling 223, 226
- - Umwelt 224–226
- Wiedergabetreue 225

Fertigung 337
Fertigung, Modul 4, 7, 16, 18, 20, 22, 25, 26, 30, 36, 41, 47, 48, 52, 55, 56, 60, 61, 66, 72, 74
- Bewertung 41, 42, 55, 56, 57, 72–74
- - ABC- 41, 42, 55–57
- - F&E-Aufwand 56, 57
- - technischen Eignung 41, 42, 55–57, 72–74
- - XYZ- 55–57
- Arbeitsvorgang 26, 41, 56, 61, 74, 335
- Bewertungskriterien 7
- Bewertungsraster 72, 73
- Datenart 7
- Datenbasis 36–38, 52, 66, 69
- Datenherkunft 7
- Eigenschaftsermittlung 36–38, 52, 66, 69
- Eigenschaftsveränderung 281
- Eignungsfaktor 73, 74
- Erfüllungsgrad 72
- Geometrie, Erzeugnis- 38, 52, 73
- Gewichtung 72
- Initialbewertung 56
- Iterationsschritte 7
- Kennzahl, Fertigungs- 56, 73
- Nachbearbeitung 30
- Near-net-shape-Konzepte 30
- Prozeßdatenblätter 66, 69, 72
- Ranking 42, 74
- Systemgrenze, -umfang 7, 29, 30, 31, 47, 48, 60, 61
- Umsetzung, fertigungstechnische 26
- Untersuchungsgegenstand 7
- Untersuchungsergebnis 7
- Verfahrensmerkmale 69, 72, 73
- Vorgehensweise 7, 25, 26
Fertigungseigenschaften 26, 29, 42, 271
- Bewertung 42
Fertigungshilfsstoffe 52, 279
Fertigungsprozeß 26
Fertigungsverfahren 30, 36, 37
- Beschichten 37
- Fügen 37
- Strahlspanen 57
- Trennen 37, 57
- Urformen 37
- Umformen 37, 38
- Stoffeigenschaft ändern 37
Fertigungsweg 26, 30, 36, 38, 42, 52, 55, 61, 66, 74, 337
Feuchteaufnahme (RT, 50%) 332
Formbeständigkeit 332
Forschung 20
Funktionelle Äquivalenz 337
Funktionelle Einheit 94–96, 109, 337

Gebrauchseigenschaften 22, 35, 46, 70
Gebrauchstemperatur 331

Gehäuse für Schaltschränke 130–134
- Anforderungsprofil 130
- Arbeitsprozesse 133
- Bewertung, Rankingergebnisse 132–134
- - ABC- 134
- - Arbeitsumwelt 132, 133
- - Eignung, Fertigung 132, 133
- - Gebrauch 133
- - Kosten 132, 133
- - Materialauswahl 132
- - Recycling 132, 133
- - Umwelt 132, 133
- Defizite 131, 133
- Deutsche Telekom AG 130
- Fasermaterialien 131
- Fasern 132
- Gesamtbeurteilung 134
- Materialauswahl 131
- Materialgruppen 131
- Rangfolge 134
- Verbundmaterialgruppen 131
Gerüstbohlen aus Verbundwerkstoffen
   139–144
- Anforderungsprofil 140, 141
- Bewertung 142, 143
- - Arbeitsumwelt 142, 143
- - Eignung, Fertigung 142, 143
- - Kosten 142, 143
- - Recycling 142, 143
- - Umwelt 142, 143
- Defizite 139, 141
- Eignung 142
- Fa. FVT Faserverbundtechnik GmbH 140
- Fasermaterialien 141
- Keramiken 141
- Materialauswahl 140, 141, 143
- Materialien, homogene 139
- Matrixmaterialien 141
- Polymere 141
- Referenzmaterialien 143, 144
- Schichtmaterialien 141
- Umwelteigenschaften 144
- Verbundmaterialgruppen 140
- Verstärkungsfaser 143
Gesamtablaufplan 15, 21, 232, 234
Gesamtbewertung 16–22, 112–117, 309, 320
- Angaben (Ranking) 115
- - kardinal 115
- - ordinal 115
- Auswahlkriterien, Integration der 113
- Bewertung 112, 114–117
- - Auswahlkriterien 112, 114, 116, 117
- - Einzelmodule 115
- Daten, entscheidungsrelevante 114
- Datenbasis 113–115
- Defizitausweisung 114
- Eigenschaftsermittlung 113–115
- Spinnendarstellung 116
- Systemgrenze, -umfang 113, 115
- Vorgehensweise 112, 113
Gesamtkosten 103, 337
Geschäftsführung 19
Getränkeverpackung 144–148
- Anforderungsprofil 144, 145, 147
- Aufdampfschichten 145
- Barriereeigenschaft 147
- Barriereschichten 146
- Bewertung 147, 148
- - Arbeitsumwelt 147, 148
- - Fertigung 147
- - Kosten 147, 148
- - Recycling 147, 148
- - Technik 148
- - Umwelt 147, 148
- Defizite 145
- Eignung 147
- Folien 145
- Fruchtsäfte 144
- Kleinverpackung 144
- Materialauswahl 144, 147
- Metallaufdampfschichten 146
- Metalle 145, 147
- Monomaterialien 145
- nichtmetallische anorganische Schichten
   145
- Polymere 145
- Referenzsystem 146
- Standbodenbeutel 144
- Verbundfolien 144, 147
- Verbundkomponente 146
- Verbundmaterialgruppen 145
Grenzschichten 25
Gruppen von (Verbund-)Materialien 338
GWP 338

Handelsprodukte 338
Handhabbarkeit 228
Härte 328
Hauptlebensweg 77, 79, 82, 90, 93, 97, 108,
   338
- monetärer 108, 338
Hauptprogramm 338
Herstellbarkeit des Verbunds 35, 256–261
Herstellkosten 109, 111, 338
Herstellung 4, 7, 22
- Bewertungskriterien 7
- Datenart 7
Herstellung
- Datenherkunft 7
- Iterationsschritte 7
- Systemgrenze, -umfang 7
- Vorgehen 7
- Untersuchungsgegenstand 7
- Untersuchungsergebnis 7

Hilfsstoffe   68, 338
Hydrolyse   339

Informationsfluß   16, 18, 20
Initialbewertung   40, 41, 45, 55, 56, 59, 97,
   339
Innovationspotential   53, 54, 114
Interaktion   15
Interphasenanordnung, räumliche   35, 262
Interphasenwechselwirkungen   35, 64, 254,
   255
Iteration   339
Iterationsschritt   6–13, 15, 21, 26
iterative Screening-Methodik   228

Kapitalkosten   108
KEA   94, 339
Konstruktion   12, 23
– werkstoffgerechte   23
Konsumtion   339
Kosten   103, 337, 339
– betriebswirtschaftliche   103, 339
– externe   337
Kosten, Modul   4, 5, 11, 12, 16–20, 22,
   103–112
– Abschätzungsformeln   106
– Aggregation   108
– Aussagesicherheit   12
– Bewertung   106–108, 110–112
– – ABC-   107, 108
– – ABC/XYZ-   111, 112
– Bewertungskriterien   12
– Datenart   11
– Datenbasis   105, 106, 108–110
– Datenherkunft   11
– Datenqualität   106, 107
– Datenqualitätsindikatoren (DQI)   109
– Datensymmetrie   107, 336
– Diskontierungsregeln   110
– Eigenschaftsermittlung   105, 106, 108–110
– Entwicklungskosten   104
– Entsorgungskosten   104, 110, 111
– – abdiskontierte   111
– Fragenkataloge   105
– funktionelle Einheit   109
– Gewichtungsfaktoren   111
– Herstellkosten   109, 111, 338
– Hilfs- und Betriebsstoffe   108
– Internalisierung externer Kosten   103
– Iterationsschritte   11, 12
– Lebensweg   103
– – monetärer   103
– Lebenswegbetrachtung   103
– Nebenketten   108
– Nutzungskosten   104, 109–111
– – abdiskontierte   110, 111
– Produktionskosten   104

– Relativkostenkataloge   105
– Systemgrenze, -umfang   11, 104, 105, 108
– Vorgehensweise   12, 103, 104
– Untersuchungsgegenstand   11
Kostendatenbank   105, 109
Kosteneigenschaften   310
Kostenkategorien   104, 109, 110, 339
– Chancen und Risiken   104
– Forschung und Entwicklung   109
– halbquantitative   110
Kreislauffähigkeit   2
Kreislaufwirtschaft   27
Kreislaufwirtschaftsgesetz   27
Kühlschranktür   156–160
– Anforderungsprofil   156–158
– Abschätzungsformel, Wärmeleitfähigkeit
   158
– AEG Hausgeräte GmbH   156
– Bewertung   159
– – Arbeitsumwelt   159
– – Kosten   159
– – Recycling   159
– – Umwelt   159
– – Technik   159
– Cyclopentan   160
– Defizite   157, 158, 160
– Duroplaste   159
– Edelgase   157, 160
– Eigenschaften, thermische   157
– Energieverbrauch   158
– Füllmaterial   159
– Gase   157
– Haushaltsgeräte   156
– Kunststoffe   157
– Luft   157
– Materialauswahl   156, 158
– Materialien, keramische   157
– Metalle   157
– Referenzmateriallösung   157, 159
– Schichtmaterialien   159
– Schicht-Materiallösungen   157
– Schicht-Partikel-Materiallösungen   157
Kunde   20
Kunststoff, faserverstärkter   50, 324
Kurzfaserverbundwerkstoff   325

LCCI   111
Lebensdauer   29
Lebensweg   4, 22, 88, 90, 97, 103, 228, 230,
   339
– materieller   339
– monetärer   103, 339
Lebenswegansatz   228
Lebenszyklus/Lebensweg   340
Leichtbau   49
Leichtmetallfasern   54
Life cycle costing   103

Life cycle costs 103, 340
Life cycle costs Indikator 111
Liste zur Auswahl der geeigneten (V)WS
  340
Liste der potentiell geeigneten (V)WS/Stoff-
  zusätze 340
Liste der Verfahren* über den Lebensweg
  234, 340
Löslichkeitsparameter 65

Marketing 19
Material 340
Materialauswahl 1, 5, 6, 13, 15, 16, 18, 20, 22,
  23, 25, 32, 33, 35, 39–41, 46, 47, 49, 51, 53,
  55, 59, 60, 62, 64, 70, 72, 113, 118, 235, 241
– Anforderungsprofil 23, 32, 39, 46, 49, 53,
  59, 62, 70
– Aufbaubarkeit 25, 35, 41, 47, 51, 55, 60, 64,
  72
– Bewertung 41
– Einflußfaktoren 113
– entwicklungsbegleitende 1, 5
– Gebrauchseigenschaften 23, 33, 40, 46, 53,
  59, 62, 70
– innovative 118
– integrative 4
– interaktive 15
– iterative 5 ,13
– Vorgehensweise 235
Materialauswahl – Anforderungsprofil
– Anforderungen 29, 32, 39, 46, 53, 59
– – sehr wichtige (wichtigste) 29, 32, 39,
    46, 53
– – weniger wichtige 32, 39, 59
– – wichtige 32, 39, 46, 53
– Anforderungsprofil 15, 22, 23, 28, 29, 32,
  39, 46, 53–59, 118
– – Datenblatt 32, 33, 39
– – Erstellung 32, 236
– – erweitertes 23, 28
– – überarbeiten, spezifizieren 49, 53, 240
– Bauteilgewicht 28, 49
– Bauteilmaße 28
– Belastungen, mechanische 28
– Betriebsbedingungen 28
– Bewertungen 39, 53, 70
– Datenbasis 32, 49, 62
– Eigenschaftsermittlung 32, 49, 62
– Einsatzbedingungen 28, 29
– Entwicklungstrends, allgemeine 28
– Konstruktion, werkstoffgerechte 23
– Leichtbau 49
– Materialanforderungen 28
– Materialeigenschaften 32, 33
– Materialkennwerte 23, 32
– Nutzung, spezielle 28, 29
– Nutzungszeithorizont 28

– Produktionsmenge, geplante 29
– Stoffempfehlungen 28
– Stoffgrenzwerte 28
– Stoffverbote 28
– Systemgrenze, -umfang 28, 46, 59
– Umgebungsbedingungen 28
– Vorgehensweise 23
– Wichtigkeit 33
– Wichtungsfaktor 23, 39, 53
Materialauswahl – Aufbaubarkeit 4
– Bewertung 41, 55, 72
– – technische Eignung 41, 55, 72
– Datenbasis 35, 36, 51, 52, 64–66
– Eigenschaftsermittlung 35, 36, 51, 52,
  64–66
– Haftung 25, 51
– Herstellbarkeit des Verbunds 35, 256–261
– Interdiffusion 51
– Interphasenanordnung 35, 262
– Interphasenwechselwirkung 35, 64, 255
– Intraphasenwechselwirkung 35, 64, 254
– Löslichkeitsparameter 65
– Mischbarkeit 51, 65
– Phasengrenzfläche 51
– Systemgrenze, -umfang 29, 30, 47, 60
– thermisches Verhalten 51
– Verbund, dauerhafter 25, 64, 252
– Verbundkomponenten 25, 35
– Verbundmaterialien 25
– – Alterungsverhalten 66
– Vorgehensweise 25
– Werkstoffeigenschaften 25
– – makroskopische 25
– – mikroskopische 25
– Youngsche Gleichung 65
– Zeitstandsverhalten 35, 66, 263
Materialauswahl – Gebrauchseigenschaften
– Abschätzungsregeln, -formeln 33, 49, 50,
  55, 62, 63, 324, 327–332
– Belastungsarten 51
– Bewertung
– – ABC- 40, 53–55
– – Defizit- 53, 54, 71, 72
– – F&E Aufwand 54, 70, 71
– – technische Eignung 40, 41, 53–55,
    70–72, 269, 270
– – XYZ- 54, 55
– Datenbasis 33–35, 49–51, 62–64
– Defizite 33, 35, 53, 54
– Eigenschaften, mechanische 29
– Eigenschaftsberechnung 63
Materialauswahl – Gebrauchseigenschaften
– Eigenschaftsermittlung 33–35, 49–51,
  62–64, 324
– Eigenschaftsprofile 29, 62
– Eigenschaftsverbesserung 33
– Eigenschaftsverschlechterung 33

Materialauswahl – Gebrauchseigenschaften
– Erfüllungsgrad, Anforderungs- 36, 40, 41,
  53, 70–72
– Faust-, Näherungsformel 49, 63, 324,
  327–332
– Festigkeit 50
– F&E-Aufwand 54, 70, 71
– Gruppeneigenschaften 33
– Initialbewertung 40, 41, 55
– Kennzahl, Materialbewertungs- 41, 55,
  71
– Lebensdauer 29
– Materialgruppen 24, 29, 33, 35
– Materialkennwerte 32, 324
– Mischungsregel 49, 63, 324, 326
– – inverse 63, 326
– – lineare 63, 326
– Modifikation 33
– Ranking 41, 55, 71
– Referenzmaterial 40
– Spannweiten 51, 63
– Stabilisatoren 33
– Stoffzusätze 35, 59, 63
– Summenformel 49, 63, 324, 326
– Systemgrenze, -umfang 29, 46, 47, 59, 60
– Vorgehensweise 23–25, 235
– Wichtungsfaktoren 29, 41, 71, 72
– Zusatzstoffe 33, 50
Materialauswahl, Modul 6, 22–25, 28, 29,
  32–36, 38–41, 46, 47, 49–52, 53–55, 59, 60,
  62–66, 70–72
– Aussagesicherheit 6
– Bewertungskriterien 6, 38–41, 52–55,
  70–72
– Bewertung, Art der 6
– Datenart 6
– Datenbasis 32–36, 49–52, 62–66
– Datenherkunft 6
– Eigenschaftsermittlung 32–36, 49–52,
  62–66
– Iterationsschritte 6
– Systemgrenze, -umfang 6, 28, 29, 46, 47,
  59, 60
– Vorgehen 6, 22–25
– Untersuchungsgegenstand 6
– Untersuchungsergebnis 6
Materialbewertungskennzahl 41, 55, 71
Materialeigenschaften 32, 33
Materialgesamtheit 24
– Materialgruppen 24, 29, 33, 35
– Hauptgruppen 24
– – metallische Werkstoffe 24
– – nichtmetallisch-anorganische
  Werkstoffe 24
– – polymere Werkstoffe 24
– – sonstige Materialien 24
Materialien, homogene 243

Materialkennwerte 324
Materialkomponenten 248
Materiallösung 340
Mengenbetrachtung 340
Metall-Keramik-Verbund 325
Mischungspartner 41
Mischungsregeln 49, 63, 324, 326, 341
– inverse 63, 326
– lineare 63, 326
Modul
– Arbeitsumwelt 4, 5, 8, 16–22, 75–88, 233,
  341
– bewertendes 4
– eigenschaftsermittelndes 4
– Kosten 4, 5, 11, 16–22, 103–112, 233, 341
– Technik 4, 6, 7, 16–74, 232, 342
– – Fertigung 4, 7, 16–22, 25, 30, 36, 41, 47,
    48, 52, 55, 60, 61, 66, 72, 232
– – Gebrauchseigenschaften 22, 23
– – Herstellung 4, 21, 25
– – Materialauswahl/Aufbaubarkeit 4, 6,
    16–21, 25, 232
– – Recycling 4, 16–21, 27, 232
– Umwelt 4, 5, 16–20, 88–103, 233, 342

Näherungsformeln 49, 63, 324, 342
Near-net-shape-Konzepte 30
NPa 343
NPt 343
Nutzen 343
Nutzungskosten 109–111
– abdiskontierte 110, 111
Nutzungszeithorizont 28

ODP 343
Ökobilanz 88
Ökolabeling-Initiativen 27
Open-loop-Recycling 343
Ozonabbau 343
Ozonabbaupotential 98

PCB 343
Phasengrenzflächen 51
Planungsabteilung 18
POCP 343
Polymer 343
Produkt 31, 343
Produkt- bzw. Bauteilrecycling 31, 44, 58,
  67, 285–289, 344
Produktabsatz 110
Produktgesamtkosten 344
Produktion 19
Produktionsmengen, geplante 29
Produktlebensweg 27
Produktsystem 344
Produktverantwortung 27
Prozeßdatenblätter 66, 69, 72

Qualitätssicherung   19
Querkontraktionszahl   330

Rangfolgenfestlegung   99, 100, 102
RDP   344
Rechenansätze, spezifische   344
Recycling   31, 290, 344
– rohstoffliches   31, 290
– werkstoffliches   31, 290
Recycling*   234
Recycling, Modul   4, 7, 8, 16, 20, 22, 27, 31,
    38, 42, 48, 52, 57, 61, 62, 66, 74
– Additive   61, 68, 74, 284
– Alterung   61, 68
– Aussagesicherheit   8
– Beseitigung   31, 67, 295, 296
– Bewertung   42–45, 57–59, 67, 68, 74
– – ABC-   44, 45, 57, 58, 67
– – Altstoffausbringen   42, 44, 45, 58, 67
– – Aufwand, technischer   43–45, 58, 68,
    74
– – Bedarf Recyclingprodukt   43–45, 67,
    74
– – Gewichtung   45, 58, 72, 74
– – Substitutionsfaktor   43–45, 58, 67
– – technische Eignung   42–45, 57–59, 67,
    68, 74
– – Werterhalt, technischer   43–45, 57, 67
– – XYZ-   57, 58, 67
– Bewertungskriterien   8
– Datenart   8
– Datenbasis   38, 52, 66, 67
– Datenherkunft   8
– Down-cycling   57, 67
– Eigenschaftsermittlung   38, 52, 66, 67
– Initialbewertung   45, 59
– Iterationsschritte   7, 8
– Hilfsstoffe   67
– Kreislaufwirtschaft   27
– Mischbarkeit   61
– Ökolabeling-Initiativen   27
– Produktlebensweg   27
– Produktverantwortung   27
– Ranking   59
– Recyclingeigenschaften   38, 283
– Recyclingkennzahl   43, 45, 57, 59, 74
– Recyclingverhalten   27, 44, 57
– Referenzverfahren   58
– Reinigungsaufwand   61
– Stabilisatoren   62
– Störstoffanteil   42, 61, 74
– Systemgrenze, -umfang   8, 31, 48, 61, 62
– Untersuchungsergebnis   7
– Untersuchungsgegenstand   7
– Up-cycling   57, 67
– Verbund, Auflösen des   297
– Verfahrensschritte, Anzahl der   68

– Verträglichkeitsmacher   62, 68
– Verunreinigungen   42, 61, 68, 74, 284
– Verwendung   31, 285–289
– – Produkt-/Bauteilrecycling   31, 44, 58,
    67, 285–289, 344
– Verwertung   31, 67, 290–294
– – energetische   31, 44, 57, 67, 290–294,
    336, 348
– – rohstoffliche   31, 44, 57, 67, 290–294,
    348
– – werkstoffliche   31, 44, 57, 67, 348
– Vorgehensweise   8, 27, 28
– Weiterverwendung   27, 57, 67, 285,
    286–289, 349
– Weiterverwertung   27, 67, 349
– Wiederverwendung   27, 57, 67, 285–289,
    349
– Wiederverwertung   27, 57, 67, 349
– Zusatzstoffe   61, 68, 74
Recyclingeigenschaften   38, 151, 181, 186,
    283
Recyclingkennzahl   43, 45, 57, 59, 74
Recyclingkriterien   42–45, 57, 58, 67, 68
Recyclingprodukt   31, 38, 43, 45, 74
– Bedarf   43–45, 67, 74
Recyclingprodukt*   234
Recyclingproduktarten   344
Recyclingproduktcluster   344
Recyclingproduktgruppen   344
Recyclingverfahren   38, 67
Recyclingverhalten   27, 44, 57
Recyclingwege   59
Relativkostenkataloge   105
Ressourcen   101
Ressourcenverbrauch   98, 102
Ressourcenverknappung   345
Ressourcenverknappungspotential   95, 96,
    98
RIM   345
Rippen   64
Risiko   12, 228
Rohdichte   332
Rohre, diffusionsarme für Fußboden-
    heizungen   134–139
– Anforderungsprofil   135, 136
– Bewertung   137, 139
– – Arbeitsumwelt   137, 139
– – Eignung, Fertigung   137, 139
– – Gebrauch   139
– – Kosten   137, 139
– – Recycling   137, 139
– – Umwelt   137, 139
– Defizite   135, 136
– Eignung   137
– Faserverbundmaterialien   135
– Fa. Wavin GmbH   134
– Fertigungseigenschaften   139

Rohre
- Heizsysteme 134
- Isolationsmaterialien 134
- Materialauswahl 134, 136, 137
- Materialgruppen 135
- Metalle 135, 136
Rohre, diffusionsarme für Fußboden-
  heizungen
- Nutzungsdauer 138
- Polymere 136
- Ranking 138
- Schichtverbunde 137
- Schichtverbundmaterialien 135
- Szenarien 138
- Teilchenverbundmaterialien 135
- Thermoplaste 136
- Umwelteigenschaften 138
- Verbundmaterialgruppen 135
RTM 345

Schichtverbunde, plattierte 325
Schichtverbundwerkstoff 24, 34, 35, 324
Schlagzähmodifikatoren 33
Schnittstellen 15-20, 229
- interne 15-17
- - Informationsfluß 16, 17
- externe 15, 18-20
- - Informationsfluß 18-20
Screening Live cycle costing, Iteratives
  104
Screening-Indikator 345
Screening-Ökobilanz, Iterative 89
Screening-Vorgehensweise, iterative 14
Sekundärrohstoff 345
Selbstkosten 345
SMC 345
Softwarelösung 229
Sommersmog 345
Spannweiten 229
Spezifikationen 345
Spinnendarstellung 116
statistische Bezugsgröße 168, 169, 181,
  195-198, 212-215
Stoffverbote 28
Stoffzusätze 35, 41, 59, 63, 244
Substitution 58
Substitutionsfaktor 43-45, 58, 67
Summenformeln 49, 63, 324, 346
sustainable development 2
Symmetrie der Datensätze 346
Fehler, systematische 168
Systemgrenze 346
Systemgrenze, -umfang 6-11, 28, 30, 31,
  46-48, 60-62

t3i-Ansatz 228
t3i-Methode 1, 3, 5, 13, 15

- integrativ 1, 3
- interaktiv 1, 3, 15
- iterativ 1, 3, 5, 13
- top-down 1, 3
t3i-Vorgehen 3
Teilchenverbundwerkstoff 24, 34, 325
Tiefziehplatte 163-167
- Anforderungsprofil 164
- Arbeitsumwelteigenschaften 166
- Bewertung 166
- - Arbeitsumwelt 166
- - Gebrauch
- - Kosten 166
- - Recycling 166
- - Umwelt 166
- - Technik 166
- Defizite 165
- Duroplaste 164
- Elastomere 164
- Fa. Kunststoff- und Umwelttechnik 163
- Halbzeug 163, 164
- Kunststoffe, thermoplastische 164
- Materialauswahl 164, 165
- Metalle 164-166
- Nutzungsphase, undefinierte 164
- Ranking 167
- Rezyklat 163, 167
- Thermoplaste 166
- Umwelteigenschaften 166
- Verbundmaterialien 164
- Verpackungsmaterial 164
- Werkstoffe, keramische 165
time-to-market 12, 110
Top-down-Ansatz 1, 3, 4
Transaktionskosten 108
Treibhauseffekt 102, 346
Treibhauspotential 92, 98, 101

Umwelt, Modul 4, 5, 9, 10 16-20, 22, 88-103
- Abschneidekriterium 97
- Aussagesicherheit 10, 100
- Bewertung 92, 93, 96, 97, 99-103
- - ABC- 92-94
- - ABC/XYZ- 96-98, 100
- - Umweltbelastungspotentiale 99
- - Umweltrelevanz 92
- - XYZ- 95
- Bewertungskriterien 10, 102
- Datenart 10
- Datenbasis 90-92, 94, 95, 98, 99
- Datenherkunft 10
- Datenqualität 91, 92
- Eigenschaftsermittlung 90-92, 94, 95, 98,
  99
- Elementarflüsse 89-91, 93, 96, 98
- Elementarflüsse, Instrumente
  zur qualitativen Abschätzung von 91

– – Aspekte, richtungsverstärkende 91
– – Energieerhaltungssatz 91
– – Grenzwerte 91
– – Massenerhaltungssatz 91
– – Prozesse, analoge oder ähnliche 91
– Emissionen 89
– Energieaufwand, kumulierter (KEA) 96,
   339
– funktionelle Einheit 94–96, 337
– Hot spots, ökologische 92
– Initialbewertung 97
– Iterationsschritte 9, 10
– Lebensweg 88–90, 97
– – Hauptlebensweg 89
– Ökobilanz 88, 89
– – Iterative Screening-Ökobilanz 89
– Rangfolgenfestlegung 99, 100, 102
– Systemgrenze, -umfang 10, 90, 93, 94, 97,
   98
– Untersuchungsgegenstand 9
– Vorgehensweise 10, 88–90
– Wirkungsabschätzung 99–102
– – Eutrophierung 99, 101, 102
– – Eutrophierungspotential 98
– – Ozonabbau
– – Ozonabbaupotential 98
– – Ressourcenverbrauch 98, 102
– – Ressourcenverknappungspotential
   95, 96, 98
– – Treibhauseffekt 102
– – Treibhauspotential 92, 98, 101
– – Versauerung 101, 102
– – Versauerungspotential 98, 101
Umweltabteilung 18
Umweltbelastung 347
Unterprogramme 232, 347
Untersuchungsergebnis 6, 7
Untersuchungsgegenstand 6–9, 11
Up-cycling 57, 67

Verbund, dauerhafter 25, 64
Verbundkomponenten 25, 35
(Verbund-)Material 347
(Verbund-)Materialarten 82
(Verbund-)Materialcluster 79, 93
(Verbund-)Materialgruppen 77, 90
Verbundmaterialgruppen 35
Verbundmaterialien 25, 324, 347
– Eigenschaftsermittlung 324
Verbundmaterialmodelle 23, 24, 34, 35, 248,
   324, 347
– Durchdringungsverbundwerkstoffe 24,
   34
– Faserverbundwerkstoffe 24, 34, 35, 50
– Schichtverbundwerkstoffe 24, 34, 35
– Teilchenverbundwerkstoffe 24, 34
Verbundwerkstoff, keramischer 325

Verfahren 347
Verfahren* 234
Verfahrensarten 347
Verfahrenscluster 347
Verfahrensgruppen 348
Verfahrensspezifikationen 348
Verlustmodul 330
Versauerung 101, 102, 348
Versauerungspotential 98, 101
Verwendung 31
Verwertung 31, 67, 290–294
– energetische 31, 44, 57, 67, 290–294, 336,
   348
– rohstoffliche 31, 44, 57, 67, 290–294, 348
– stoffliche 348
– werkstoffliche 31, 44, 57, 67, 290–294, 348
VM 349
VMM 349
Vorgehensweise, allgemeine 21, 22, 25

Wärmekapazität, spezifische 331
Wärmeleitfähigkeit 331
Wasseraufnahme (23 °C) 332
Weichmacher 33
Weiterverwendung 27, 57, 67, 285–289, 349
Werkstoffe 24
– metallische 24
– nichtmetallisch-anorganische 24
– polymere 24
Werkstoffeigenschaften 25
– makroskopische 25
– mikroskopische 25
Werkstoffkennwerte, berechenbare 324
Werkzeugkoffer 124–129
– Abstandsgewebe 126
– Anforderungsprofil 125
– Bewertung 127, 128
– – Arbeitsumwelt 127
– – Eignung, Fertigung 127, 129
– – Gebrauch 129
– – Kosten 127, 129
– – Recycling 127, 129
– – Umwelt 127, 129
– Defizite 126
– Fa. Black & Decker GmbH 125
– Fasermaterialien 126
– Fasern 126, 128
– Faserverbundmaterialien 125, 128
– Holz 125
– Kunststoffe 125
– Leichtmetalle 125
– Materialauswahl 125, 128
– Matrix 125, 128
– Metalle 125
– Metallfasern 127
– Naturmaterialien 125
– Polymere 125

Werkzeugkoffer
- Schichtverbundmaterialien   125, 126
- Teilchenverbunde   125
- Wabenstrukturen   126
- Whisker   127
Werterhalt, technischer   43–45, 57, 58, 67
Wertstufe   42
Wichtung   38
Wiederverwendung   27, 57, 67, 349
Wiederverwertung   27, 57, 67, 285–289, 349
WIG-Schweißen   349
Wirkungsabschätzung   99–102
Wirkungskategorie   349
wissensbasiertes System   229

Youngsche Gleichung   65

Zeitstandsverhalten   35, 66, 263
Zisterne für Regenwasser   160–163
- Anforderungsprofil   160, 161
- Baustoffe   161, 162
- Bewertung   162, 163
- - Arbeitsumwelt   163
- - Fertigung   163
- - Gebrauch   163
- - Kosten   163
- - Recycling   163
- - Umwelt   163
- Defizite   161, 162
- Duroplaste   161, 162
- - verstärkt   161
- Faserverbundmaterialien   160
- Faserverstärkung   162
- Kunststoffe, gebrauchte   163
- Materialauswahl   160, 161
- Materialgruppen   160, 161
- nichtmetallische anorganische Stoffe   160
- Thermoplaste   161
- Verbunde, teilchengefüllte   160
- Verbundmaterialien   160
- Verlegung, unterirdische   160
Zugdehnung   328
Zug-Elastizitäts-Modul   328
Zugfestigkeit   327
Zulieferer   20